21 世纪全国本科院校土木建筑类创新型应用人才培养规划教材

土木工程制图(第 2 版)

主　编　张会平
副主编　任　萍　段保军　朱晓菲
参　编　程　玉　李静静

内 容 简 介

本书的内容主要包括三部分：第一部分为画法几何，包括投影基本知识，点、直线、平面的投影，投影变换，立体的投影，轴测投影，标高投影，透视投影，主要介绍图示理论和方法，以培养学生空间想象能力和空间思维能力，它是制图的理论基础；第二部分为制图基础，包括制图基本知识、工程形体的各种表达方法，主要介绍制图的基本规定以及建筑形体的画法和读法，它是专业制图的基础；第三部分为专业制图，包括建筑施工图、结构施工图、给水排水施工图、道路及桥涵工程图等，以培养学生绘制和阅读建筑施工图的能力。

本书内容涵盖面广，不但可作为本科院校土木工程专业的教材，而且可作为建筑学、工程管理及给水排水等专业的教学用书，同时还可作为土建类工程技术人员的参考用书。

图书在版编目(CIP)数据

土木工程制图/张会平主编. —2 版. —北京：北京大学出版社，2014.8

(21 世纪全国本科院校土木建筑类创新型应用人才培养规划教材)

ISBN 978-7-301-23905-6

Ⅰ. ①土… Ⅱ. ①张… Ⅲ. ①土木工程—建筑制图—高等学校—教材 Ⅳ. ①TU204

中国版本图书馆 CIP 数据核字(2014)第 022554 号

书　　名：土木工程制图(第 2 版)
著作责任者：张会平　主编
策 划 编 辑：吴　迪　卢　东
责 任 编 辑：卢　东
标 准 书 号：ISBN 978-7-301-23905-6/TU・0390
出 版 发 行：北京大学出版社
地　　址：北京市海淀区成府路 205 号　100871
网　　址：http://www.pup.cn　新浪官方微博：@北京大学出版社
电 子 信 箱：pup_6@163.com
电　　话：邮购部 62752015　发行部 62750672　编辑部 62750667　出版部 62754962
印　刷　者：三河市博文印刷有限公司
经　销　者：新华书店
787 毫米×1092 毫米　16 开本　22.5 印张　519 千字
2009 年 8 月第 1 版
2014 年 8 月第 2 版　　2021 年 1 月第 8 次印刷
定　　价：45.00 元

第 2 版前言

本书结合土木工程专业的特点及创新型应用人才培养目标的要求，在认真听取各方面的建议和参阅国内同类优秀教材的基础上进行修订，主要工作如下。

（1）参照国家最新标准修订，例如《房屋建筑制图统一标准》(GB/T 50001—2010)、《总图制图标准》(GB/T 50103—2010)、《建筑制图标准》(GB/T 50104—2010)、《建筑结构制图标准》(GB/T 50105—2010)、《建筑给水排水制图标准》(GB/T 50106—2010)和《暖通空调制图标准》(GB/T 50114—2010)等。

（2）第 1 章制图基本知识全部内容按照新标准进行了修改、补充和完善，对图幅、线型、线宽、字体、尺寸标注等均做了大幅度的修改。

（3）对书中概念进行更加清晰、准确的概括和总结，对第 3 章内容及图样进行分类总结，使内容叙述简洁明了，图样一目了然，便于学生理解和自学。

（4）在广泛征求第 1 版编者及广大读者的基础上对重点、难点章节的例题作图步骤做修改，使之更加清晰，第 4 章线与面相交求交点并判断可见性、面与面相交求交线并判断可见性部分内容，通过补充新的例题对其解题方法和步骤进行了更加详细的叙述。

（5）更换了第 5 章换面法内容，使现有内容更加有条理、文字叙述更简洁，作图步骤更清晰。

（6）对第 7 章截交线与相贯线的图样进行了补充和完善，对个别看起来较小的图样进行了放大，并完善了图样作图步骤，使图样中数字和字母更加清晰明了，图样表达效果更好。

（7）第 10 章中基本视图全部按新标准进行了修改，同时把剖视图统一改为剖面图，使图名和房屋建筑图中的剖面图图名一致。

（8）对第 14 章建筑施工图、第 16 章给水排水施工图章节的图样进行了大量的修改，力求使线型、线宽、字体更加符合建筑制图标准。

本书由河南城建学院的张会平主持修订，参加修订的人员及分工如下：河南城建学院的张会平修订绪论及第 1、2、3、5 章，河南城建学院的任萍修订第 4、7、10 章，宁夏理工学院建筑与环境学院的李静静修订第 6、17 章，河南工业大学的程玉修订第 8、9 章，河南城建学院的朱晓菲修订第 11、12、14、15、16 章，河南城建学院的段保军修订第 13 章。

由于编者水平有限，本书难免存在缺点和错漏，敬请读者和同行批评指正。

编　者

2014 年 5 月

目　　录

第 17 章 道路及桥梁、涵洞、隧道工程图

绪　论

一、本课程的地位、性质及任务

在生产建设中，无论是建造房屋还是修筑道路、桥梁、水利工程、水电站等，都离不开工程图。因为它们的形状、大小、位置及其它有关资料等，都很难用语言和文字表达清楚，这就需要在平面上用图形把它们表达出来。根据投影原理，在平面上表达空间工程形体的图就称为工程图。工程图是建造各类工程的重要技术资料，它和文字、数字一样是人类借以表达构思、分析和交流思想的一种重要技术手段，不同的国家有不同的文字和语言，如不经过专门的学习就无法交流，但是世界各国的工程图样都是以投影原理为基础绘制的。所以工程图样被喻为“工程界的共同语言”。作为建筑工程方面的技术人员，必须具备绘制和阅读本专业的工程图样的能力，才能更好地从事工程技术工作。

土木工程制图是土建类专业学生必修的一门技术基础课，它以画法几何为理论基础，研究绘制和阅读工程图样的理论和方法，目的是培养学生的空间想象能力和空间思维能力以及读图和绘图能力，其理论性和实践性都很强。本课程的主要任务如下。

1. 学习各种投影法，其中主要是正投影法的基本理论及其运用。
2. 培养绘制和阅读建筑工程图样的能力。
3. 培养空间想象能力和空间思维能力。
4. 培养认真负责的工作态度和严谨细致的工作作风。
5. 为培养计算机绘图能力打下基础。

二、本课程的主要内容及研究对象

本课程分画法几何、制图基础、专业制图三部分。其中画法几何部分是制图的理论基础，主要介绍图示理论和方法、培养空间想象能力和空间思维能力；制图基础部分包括制图基本知识、工程形体的各种表达方法，主要介绍制图基本规定和工程形体的画法和读法，为后面的专业制图打基础；专业制图部分包括建筑施工图，结构施工图，给水排水施工图、道路及桥涵工程图，主要培养绘制和阅读施工图的能力。

三、本课程的学习方法和要求

1. 学习画法几何部分时，要注重理解概念，掌握投影基本理论，遇到问题时应先想象空间，再利用基本作图原理和方法，逐步作图求解，要求作图时图线粗细分明，作图步骤清晰。

2. 学习制图基础部分时，要自觉培养正确使用绘图工具的习惯，严格遵守国家新颁布的建筑制图标准。

3. 学习专业制图部分时，了解建筑图的表达方法和表达内容，严格按照建筑制图标准来制图，平时注意多观察实际工程，以加深对建筑形体、部件等构造的认识及其功能上的理解。

工程图样是施工的依据，往往由于图纸上一条线的疏忽或一个字的差错，都可能会给工程造成巨大的损失，所以从画第一张图开始，就要养成耐心细致、认真负责的工作态度和工作作风。

第1章 制图基本知识

教学提示：本章介绍国家制图标准中关于正确使用绘图工具和仪器作图以及图幅、比例、字体、线型的规定。

学习要求：掌握图线的画法，图线的正确交接，尺寸标注的有关规定，常用的几何作图方法，平面图形的分析与画法，徒手作图的方法与技巧等。

1.1 制图工具及其使用方法

绘制工程图应掌握绘图工具和仪器的正确使用方法，因为它是提高绘图质量，加快绘图速度的前提。

1.1.1 图板

如图 1.1 所示，图板用来铺放和固定图纸，一般用胶合板做成，板面平整。图板的短边作为丁字尺上下移动的导边，因此要求平直。图板不可受潮或暴晒，以防板面变形，影响绘图质量。图板有几种规格，可根据需要选用。

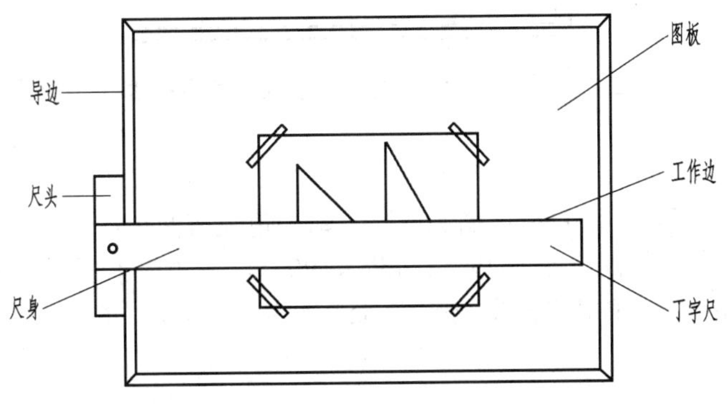

图 1.1 图板

1.1.2 丁字尺

丁字尺由有机玻璃做成，尺头与尺身垂直，尺身的工作边必须保持光滑平直，且勿用工作边裁纸。丁字尺用完之后要挂起来，防止尺身变形。

如图 1.2 所示，丁字尺主要用来画水平线，画线时，左手握住尺头，使它紧靠图板的左边，右手扶住尺身，然后左手上下推动丁字尺，在推动的过程中，尺头一直紧靠图板左边，推到需画线的位置停下来，自左向右画水平线，画线时可缓缓旋转铅笔。也可用三角板与丁字尺配合画铅直平行线，如图 1.3 所示。

注意不要用丁字尺画铅直线。

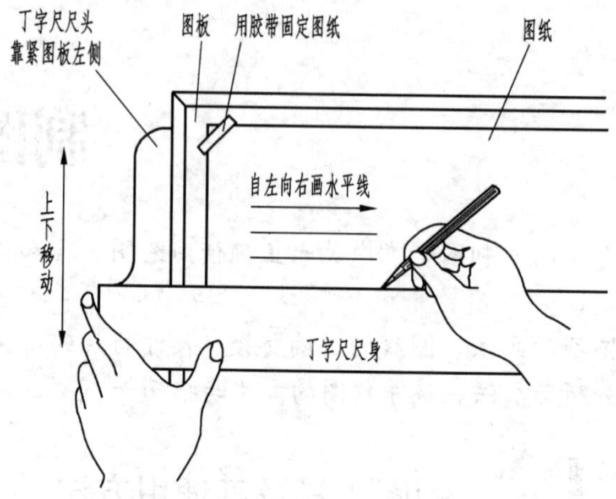

图 1.2　用丁字尺画水平平行线

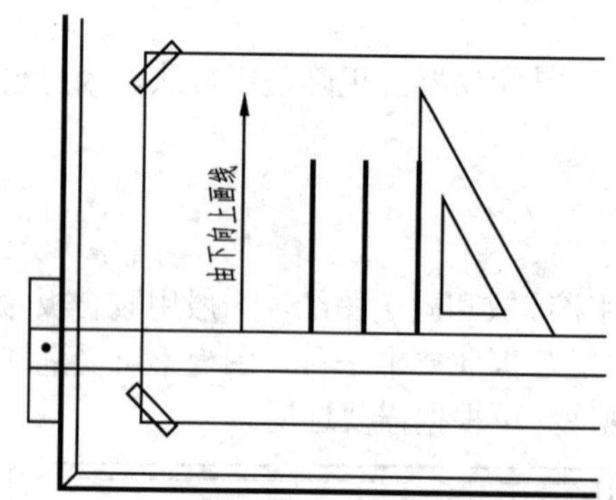

图 1.3　用三角板与丁字尺配合画铅直平行线

1.1.3　三角板

如图 1.4 所示，三角板由有机玻璃制成，一副三角板有两个：一个三角板角度为 30°、60°、90°，另一个三角板角度为 45°、45°、90°。三角板主要用来画铅直线，也可与丁字尺配合使用画出一些常用的斜线，例如，15°、30°、45°、60°、75°等方向的斜线。

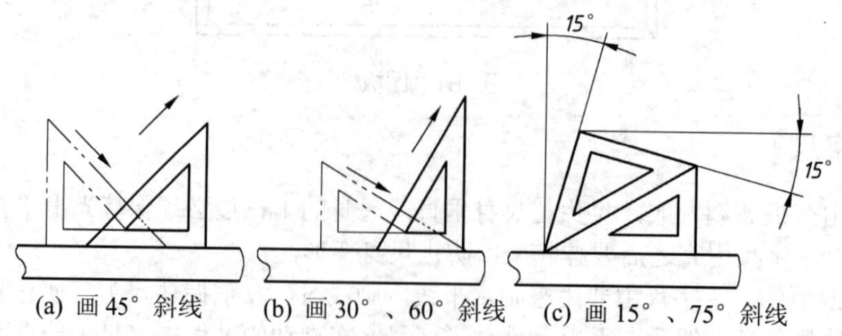

(a) 画 45°斜线　(b) 画 30°、60°斜线　(c) 画 15°、75°斜线

图 1.4　用三角板与丁字尺配合画斜线

1.1.4 比例尺

绘图时会用到不同的比例，这时可借助比例尺来截取线段的长度。如图 1.5(a)所示，比例尺上的数字以米为单位。常见的比例尺称为三棱比例尺，3 个尺面共有 6 个常用的比例刻度，即 1∶100、1∶200、1∶300、1∶400、1∶500、1∶600。使用时，先要在尺上找到所需的比例，不用计算，即可按需在其上量取相应的长度作图。若绘图比例与尺上的 6 种比例不同，则选尺上最方便的一种相近的比例折算量取。

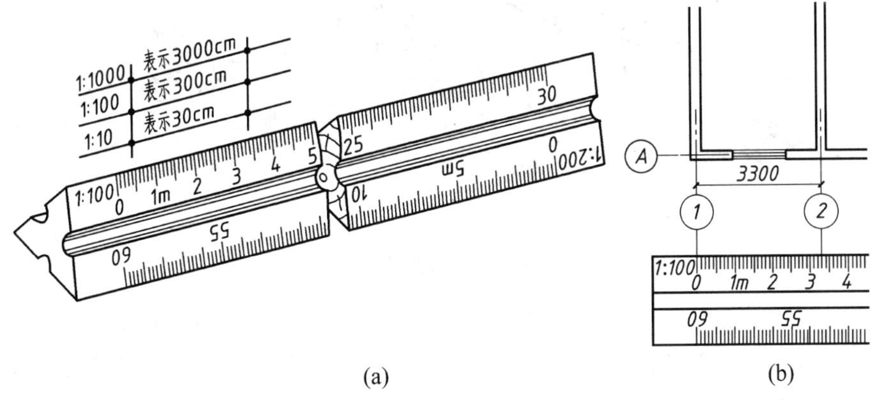

图 1.5 比例尺

注意不要把比例尺当直尺来画线，以免损坏尺面上的刻度。绘图时先选定比例尺。如图 1.5(b)所示，要用 1∶100 的比例尺在图纸上画出 3300mm 长的线段，只需在比例尺的 1∶100 面上，找到 3.3m，那么尺面上 0～3.3m 的一段长度，就是在图纸上需要画的线段长度。

1.1.5 曲线板

如图 1.6 所示，有些曲线需要用曲线板分段连接起来。使用时，首先要定出足够数量的点，然后徒手将各点连成曲线，然后选用适当的曲线板，并找出曲线板上与所画曲线吻合的一段，沿着曲线板边缘，将该段曲线画出。一般每描一段最少应有 4 个点与曲线板的曲线重合。为使描画出的曲线光滑，每描一段曲线时，应有一小段与前一段所描的曲线重叠。

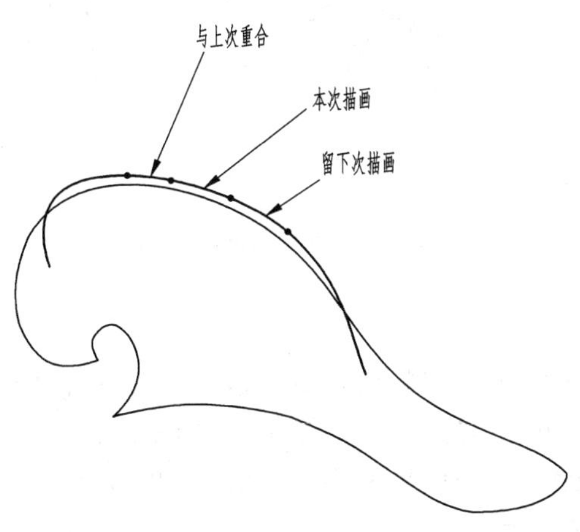

图 1.6 曲线板

1.1.6 绘图铅笔

如图 1.7 所示，绘图铅笔种类很多，专门用于绘图的铅笔是“中华绘图铅笔”，其型号以铅芯的软硬程度来分，H 表示硬，B 表示软；H 或 B 前面的数字越大表示越硬或越软；HB 表示软硬适中。绘图时常用 H 或 2H 的铅笔打底稿，用 HB 铅笔写字，B 或 2B 铅笔加深。

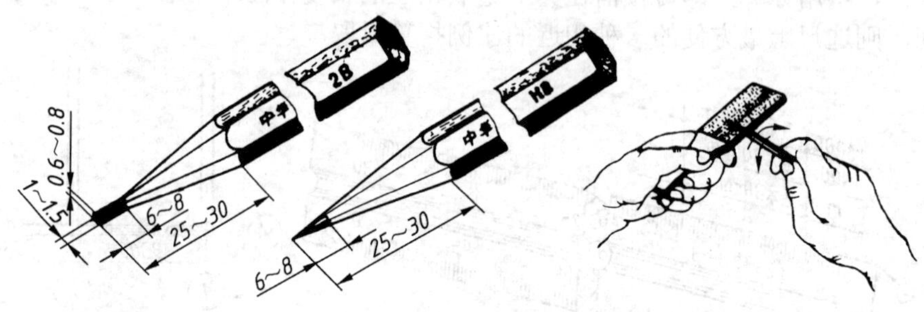

图 1.7 铅笔削法

削铅笔时要注意保留有标号的一端，以便于识别。铅笔尖应削成锥状，用于打底稿；也可削成四棱状，用于加深粗线。使用铅笔绘图时，用力要均匀，画长线时要边画边转动铅笔，使线条均匀。

1.1.7 分规

如图 1.8 所示，分规的形状像圆规，但两腿都为钢针。分规是用来等分线段或量取长度的，量取长度是从直尺或比例尺上量取需要的长度，然后移到图纸上相应的位置。用分规来等分线段，通常用来等分直线段或圆弧。为了准确地度量尺寸，分规的两针尖应平齐。

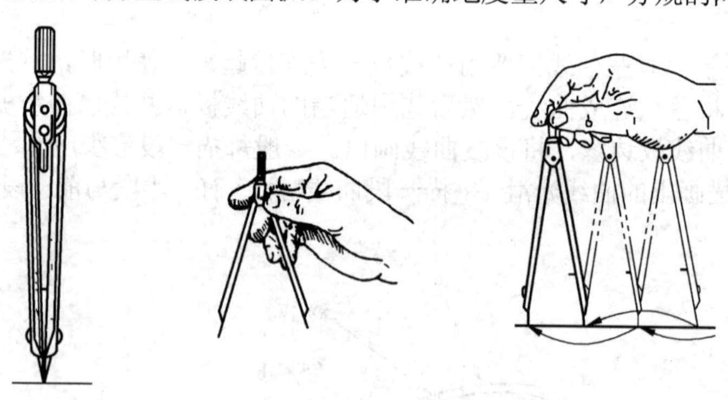

图 1.8 分规及使用示例

1.1.8 圆规

如图 1.9 所示，圆规是用来画圆和圆弧的仪器。在使用前应调整带针插脚，使针尖略长于铅芯。铅芯应磨削成 65° 的斜面，如图 1.9(a)所示。使用时，先将两脚分开至所需的半径尺寸，用左手食指把针尖放在圆心位置，如图 1.9(b)所示，将带针插脚轻轻插入圆心处，使带铅芯的插脚接触图纸，然后转动圆规手柄，沿顺时针方向画圆，转动时用力和速度要均匀，并使圆规向转动方向稍微倾斜，如图 1.9(c)所示。圆或圆弧应一次画完，画大圆时，要在圆规插脚上接大延长杆，要使针尖与铅芯都垂直于纸面，左手按住针尖，右手转动带铅芯的插脚画图，如图 1.9(d)所示。

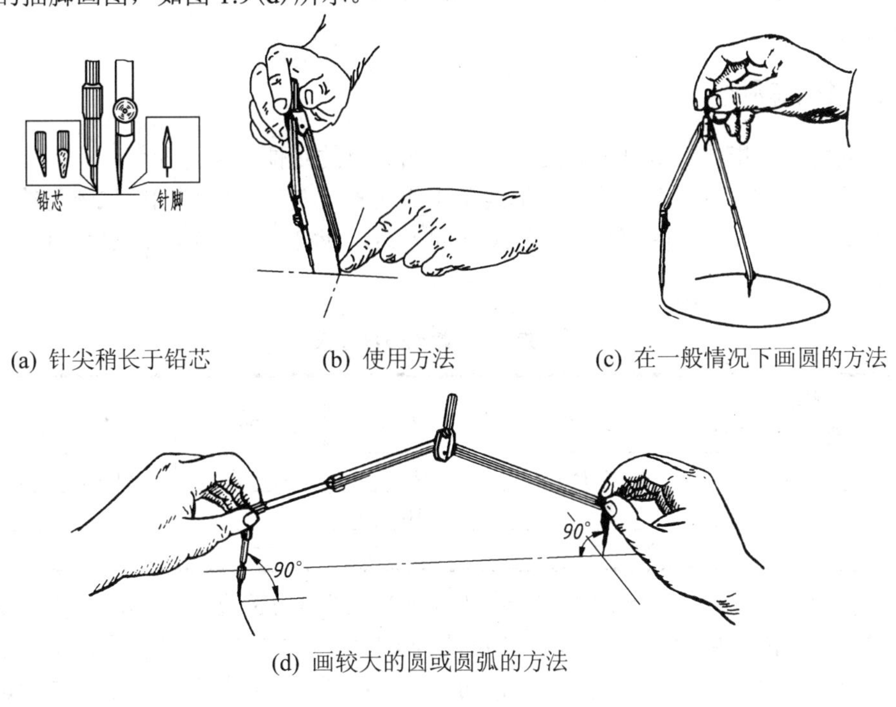

(a) 针尖稍长于铅芯　(b) 使用方法　(c) 在一般情况下画圆的方法

(d) 画较大的圆或圆弧的方法

图 1.9　圆规及其用法

1.1.9　绘图墨水笔

如图 1.10 所示，绘图墨水笔是用来上墨线用的。它的针尖为一针管，所以又称针管笔。它有不同的粗细规格，可以分别画出粗细不同的墨线，由于墨线笔针管较细，在使用过程中容易发生堵塞，当出现堵塞时，可轻轻甩动笔尖，听到响声，就表示通了。用完后，需刷干净存放在盒内。

图 1.10　绘图墨水笔

1.1.10　其他绘图用品

单(双)面刀片，绘图橡皮，绘图模板，透明胶等也是绘图时常用的用品。

1.2　制图基本规定

图样是工程界的共同语言，是施工的依据。为了使工程图表达统一、清晰、满足设计、施工等的需要，又便于技术交流，对图幅大小、图样的画法、线型、线宽、字体、尺寸标注、图例等都有统一的规定。本章内容在《房屋建筑制图统一标准》(GB/T 50001—2010)、《总图制图标准》(GB/T 50103—2010)、《建筑制图标准》(GB/T 50104—2010)等标准的基础上进行编写。

1.2.1 图纸幅面

图纸幅面是指图纸宽度与长度组成的图面。目的是便于装订和管理。图幅线用细实线画，在图幅线的内侧有图框线，图框线用粗实线画，图框线内部的区域才是绘图的有效区域。关于图幅的大小，图幅与图框线之间的关系，应符合表 1-1 的规定及图 1.11、图 1.12 的格式。

表 1-1 幅面及图框尺寸

幅面代号 尺寸代号	A0	A1	A2	A3	A4
$b\times L$	841×1189	594×841	420×594	297×420	210×297
c	10			5	
a	25				

幅面的长边与短边的比例为 $L:b=\sqrt{2}$，A0 号图幅的长边为 1189mm，短边为 841mm。A1 号幅面是 A0 号幅面的对开，A2 号幅面是 A1 号幅面的对开，其他幅面依次类推(图 1.13)。初学者只需记住其中一两种幅面尺寸即可。需要缩微复制的图纸，其一个边上应附有一段准确米制尺度，四个边上均应附有对中标志，米制尺度的总长应为 100mm，分格应为 10mm。对中标志应画在图纸内框各边长的中点处，线宽应为 0.35mm，并应伸入内框边，在框外为 5mm。

对中标志作用：图样复制和缩微摄影时定位方便。

同一项工程的图纸，一般不宜多于两种幅面。图纸以短边作为垂直边称为横式，以短边作为水平边称为立式。一般 A0～A3 图纸宜横式使用；必要时，也可立式使用。

绘图时，图纸的短边尺寸不应加长，A0～A3 幅面长边可以加长，但应符合表 1-2 的规定。

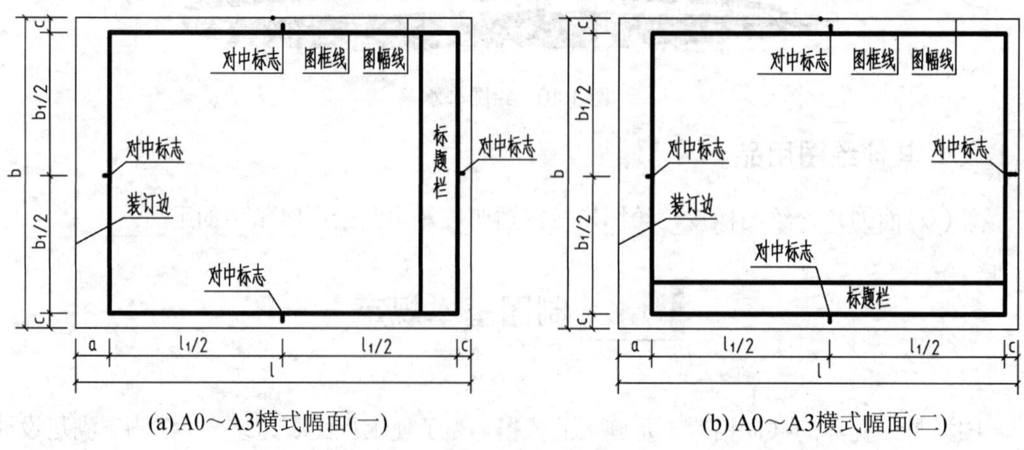

(a) A0～A3横式幅面(一)　　(b) A0～A3横式幅面(二)

图 1.11 横式幅面

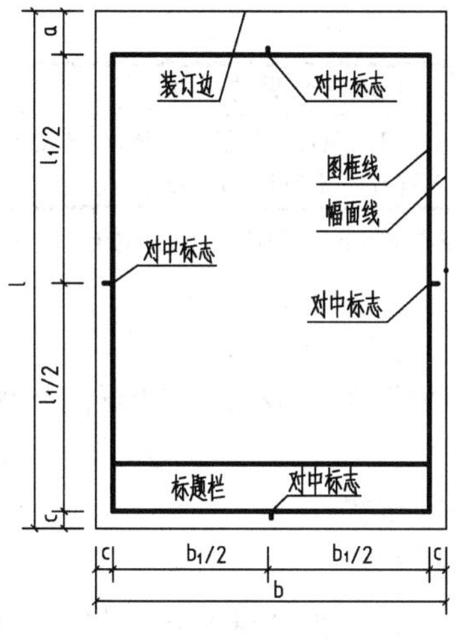

(a) A0～A4立式幅面(一)

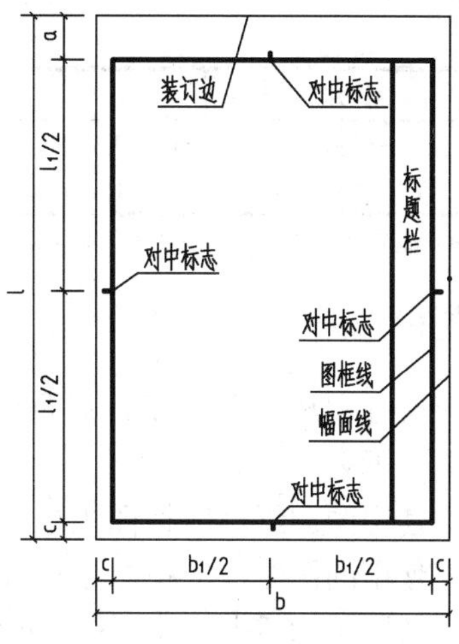

(b) A0～A4立式幅面(二)

图 1.12　立式幅面

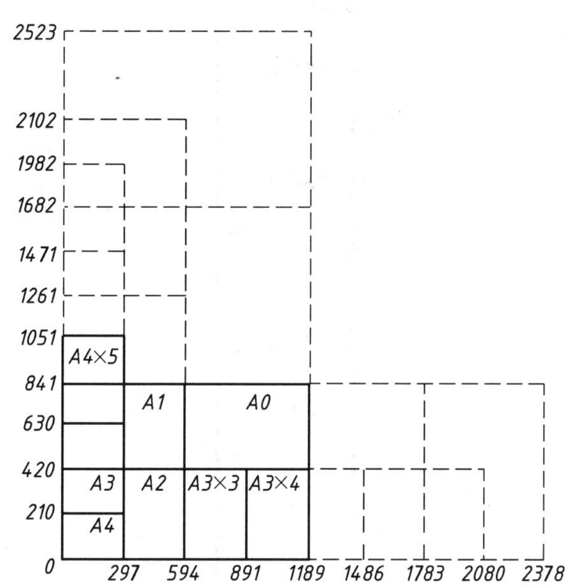

图 1.13　幅面尺寸(mm)

表 1-2　图纸长边加长尺寸(mm)

幅面代号	长边尺寸	长边加长后的尺寸
A0	1189	1486(A0+1/4*l*)　1635 (A0+3/8*l*)　1783(A0+1/2*l*)　1932(A0+5/8*l*) 2080(A0+3/4*l*)　2230(A0+7/8*l*)　2378(A0+1*l*)
A1	841	1051(A1+1/4*l*)　1261(A1+1/2*l*)　1471(A1+3/4*l*)　1682(A1+*l*) 1892(A1+5/4*l*)　2102(A1+3/2)
A2	594	743(A2+1/4*l*)　891(A2+1/2*l*)　1041(A2+3/4*l*)　1189(A1+*l*) 1338(A2+5/4*l*)　1486(A2+3/2*l*)　1635(A2+7/4*l*)　1783(A2+2*l*) 1932(A2+9/4*l*)　2080(A2+5/2*l*)

续表

幅面代号	长边尺寸	长边加长后的尺寸
A3	420	630(A3+1/2l)　841(A3+l)　1051(A3+3/2l)　1261(A3+2l) 1471(A3+5/2l)　1682(A3+3l)　1892(A3+7/2l)

注：有特殊需要的图纸，可采用 $b\times l$ 为 841mm×891mm 与 1189mm×1261mm 的幅面。

1.2.2　标题栏

图纸中应有标题栏、图框线、幅面线、装订边线和对中标志。图纸的标题栏及装订边的位置，应符合下列规定。

（1）横式使用的图纸，应按图 1.11 的形式进行布置。

（2）立式使用的图纸，应按图 1.12 的形式进行布置。

标题栏应按图 1.14 和图 1.15 的规定，根据工程的需要选择确定其尺寸、格式及分区。签字栏应包括实名列和签名列。涉外工程的标题栏内，各项主要内容的中文下方应附有译文，设计单位的上方或左方，应加“中华人民共和国”字样。

图 1.14　标题栏（一）

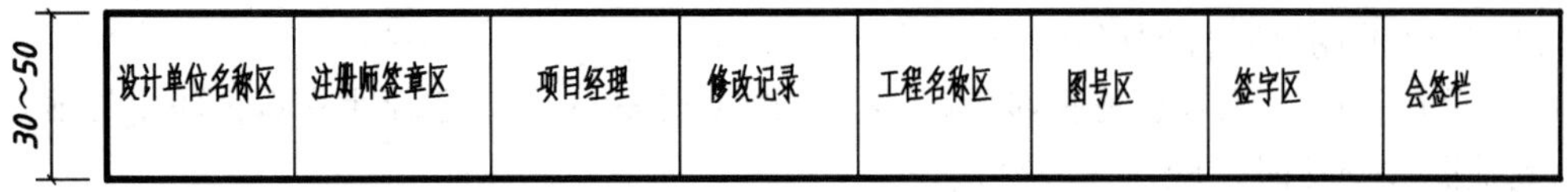

设计单位名称区	注册师签章区	项目经理	修改记录	工程名称区	图号区	签字区	会签栏

30～50

图 1.15　标题栏（二）

1.2.3　图线

图线是指起点和终点间以任何方式连接的一种几何图形，形状可以是直线或曲线，连续和不连续线。图线线宽比为，特粗线∶粗线∶中粗线∶细线=4∶3∶2∶1。工程建设制图应采用表 1-3 所示的图线。

图线的宽度 b，宜从 1.4、1.0、0.7、0.5、0.35、0.25、0.18、0.13mm 线宽系列中选取。图线宽度不应小于 0.1mm。每个图样，应根据复杂程度与比例大小，先选定基本线宽 b，再选用表 1-4 中相应的线宽组。

在画图线时，应注意下列几点。

(1) 同一张图纸内，相同比例的各图样，应选用相同的线宽组。

(2) 相互平行的图例线，其净间隙或线中间隙不宜小于 0.2mm。

(3) 虚线、单点长画线或双点长画线的线段长度和间隔，宜各自相等。虚线线段长约 3～6mm，间隔约为 0.5～1mm。单点长画线或双点长画线的线段长度约为 15～20mm。

表 1-3　图线

名称		线型	线宽	一般用途
实线	粗		b	主要可见轮廓线
	中粗		$0.7b$	可见轮廓线
	中		$0.5b$	可见轮廓线、尺寸线、变更云线
	细		$0.25b$	图例填充线、家具线
虚线	粗		b	见各有关专业制图标准
	中粗		$0.7b$	不可见轮廓线
	中		$0.5b$	不可见轮廓线、图例线
	细		$0.25b$	图例填充线、家具线
单点长画线	粗		b	见各有关专业制图标准
	中		$0.5b$	见各有关专业制图标准
	细		$0.25b$	中心线、对称线、轴线等
双点长画线	粗		b	见各有关专业制图标准
	中		$0.5b$	见各有关专业制图标准
	细		$0.25b$	假想轮廓线、成型前原始轮廓线
折断线	细		$0.25b$	断开界线
波浪线	细		$0.25b$	断开界线

(4) 图纸的图框和标题栏线，可采用表 1-5 的线宽。

(5) 单点长画线或双点长画线的两端，不应是点(表 1-6)。点画线与点画线交接或点画线与其他图线交接时，应是线段交接。

(6) 虚线与虚线交接或虚线与其他图线交接时，应是线段交接。虚线为实线的延长线时，不得与实线连接。具体画法见表 1-6。

表 1-4　线宽组

线宽比	线宽组			
b	1.4	1.0	0.7	0.5
0.7*b*	1.0	0.7	0.5	0.35
0.5*b*	0.7	0.5	0.35	0.25
0.25*b*	0.35	0.25	0.18	0.13

注：1．需要缩微的图纸，不宜采用 0.18 及更细的线宽。

2．同一张图纸内，各不同线宽中的细线，可统一采用较细的线宽组的细线。

表 1-5　图框线、标题栏线的宽度

幅面代号	图框线	标题栏外框线	标题栏分格线
A0、A1	*b*	0.5*b*	0.25*b*
A2、A3、A4	*b*	0.7*b*	0.35*b*

表 1-6　图线相交的画法

名　称	举　例	
	正　确	错　误
两点画线相交		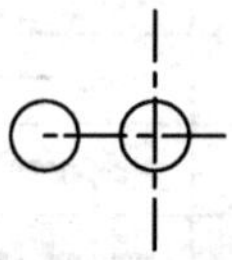
实线与虚线相交，两虚线相交	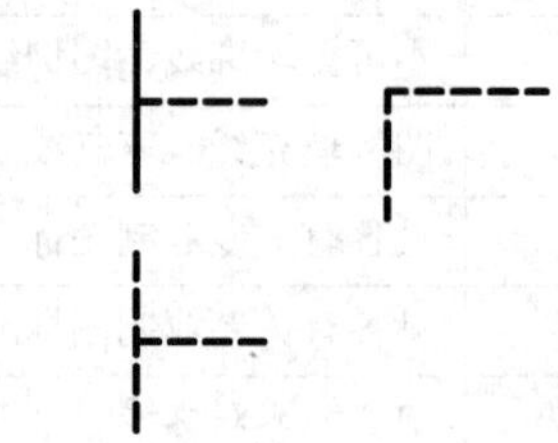	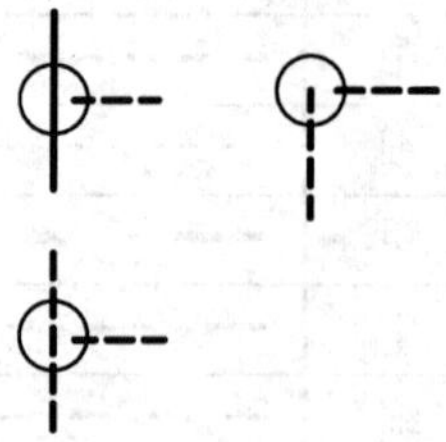
虚线为粗实线的延长线	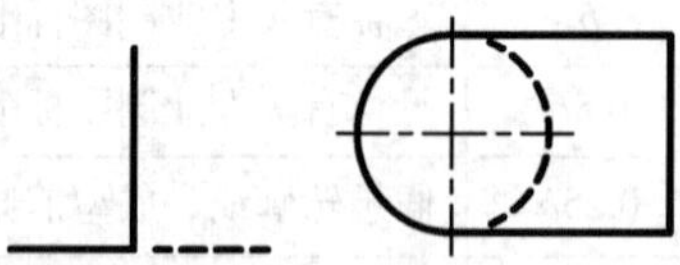	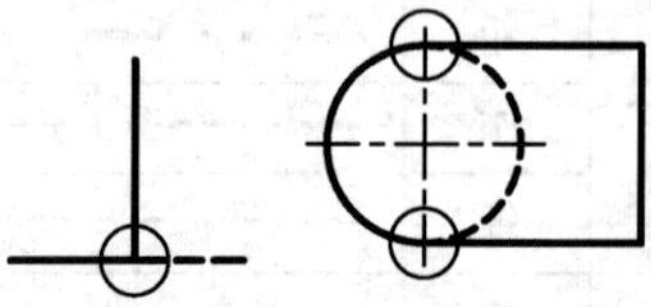

(7) 图线不得与文字、数字或符号重叠、混淆；如果不可避免时，应首先保证文字等的清晰。

(8) 绘制圆或圆弧的中心线时，圆心应为线段的交点，且中心线两端应超出圆弧约 2～3mm。当圆较小，画点画线有困难时，可用细实线来代替。

1.2.4　字体

字体是指文字的风格样式，又称书体。图纸上所需书写的文字、数字或符号等，均应笔画清晰、字体端正、排列整齐；标点符号应清楚正确。

文字的字高，应从表 1-7 中选用。字高大于 10mm 的文字宜采用 TRUETYPE 字体，如需书写更大的字，其高度应按 $\sqrt{2}$ 的倍数递增。

表 1-7　文字的字高

字体种类	中文矢量字体	TRUETYPE 字体与非中文矢量字体
字高	3.5、5、7、10、14、20	3、4、6、8、10、14、20

1. 汉字

(1) 图样及说明中的汉字，宜采用长仿宋体（矢量字体）或黑体，同一图纸字体种类不应超过两种。长仿宋体的宽度与高度的关系应符合表 1-8 的规定，长仿宋体示例如图 1.16 所示。黑体字的宽度与高度应相同。大标题、图册封面、地形图等的汉字，也可书写成其他字体，但应易于辨认。汉字的简化字书写应符合国家有关汉字简化方案的规定。

表 1-8　长仿宋字高宽关系(mm)

字高	20	14	10	7	5	3.5
字宽	14	10	7	5	3.5	2.5

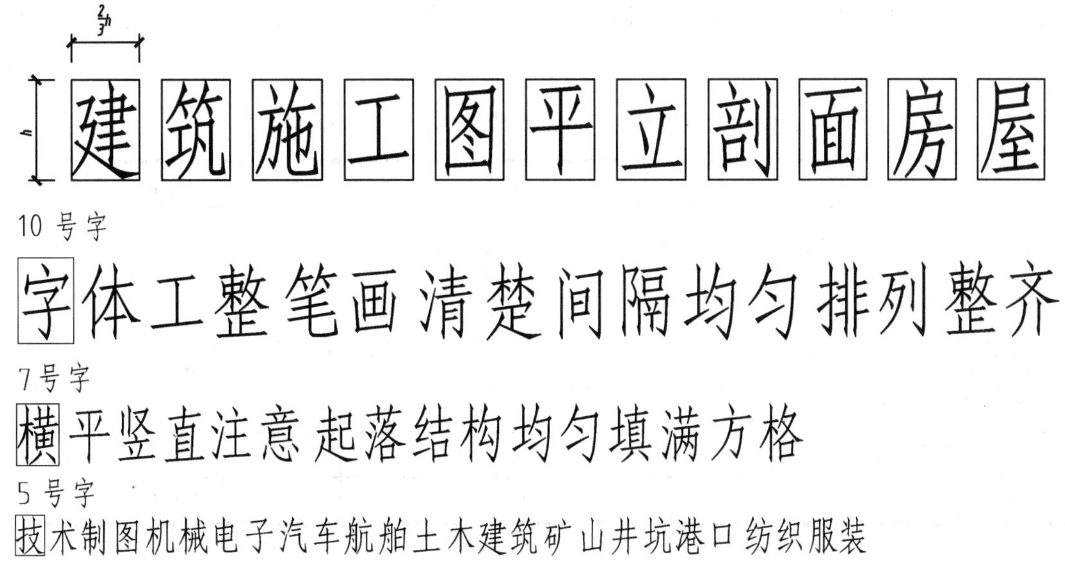

$\frac{2}{3}h$

h

建筑施工图平立剖面房屋

10 号字

字体工整笔画清楚间隔均匀排列整齐

7号字

横平竖直注意起落结构均匀填满方格

5 号字

技术制图机械电子汽车航舶土木建筑矿山井坑港口纺织服装

图 1.16　长仿宋字示例

(2) 仿宋字特点。

① 横平竖直：横画平直刚劲，稍向上倾；竖画一定要写成竖直状，写竖画时用力一定要均匀。

② 起落分明：“起”指笔画的开始，“落”指笔画的结束，横、竖的起笔和收笔，撇的起笔，钩的转角，都要顿笔，形成小三角。但当竖画首端与横画首端相连时，横画首端不再筑锋，竖画改成曲头竖。

③ 排列均匀：笔画布局要均匀紧凑，但应注意字的结构，每一个字的偏旁部首在字格中所占的比例是写好仿宋字的关键。

④ 填满方格：上、下、左、右笔锋要尽量触及方格。但也有个别字例外，如日、月、口等都要比字格略小，考虑缩格书写。

要想写好仿宋字，最有效的办法就是首先练习基本笔画的写法，尤其是顿笔，然后再打字格练习字体，且持之以恒，方可熟能生巧，写出的字自然、流畅、挺拔、有力。

2. 数字和字母

图样及说明中的拉丁字母、阿拉伯数字与罗马数字，宜采用单线简体或 ROMAN 字体。拉丁字母、阿拉伯数字与罗马数字的书写规则，应符合表 1-9 的规定。

拉丁字母、阿拉伯数字与罗马数字，需书写成斜体字时，其斜度应是从字的底线逆时针向上倾斜 75°。斜体字的高度和宽度应与相应的直体字相等。

拉丁字母、阿拉伯数字与罗马数字的字高，不应小于 2.5mm。

阿拉伯数字、拉丁字母、希腊字母、罗马数字示例如图 1.17 所示。

分数、百分数和比例数的注写，应采用阿拉伯数字和数学符号，例如，二分之一、百分之五十和一比二十应分别写成 1/2、50%和 1∶20。

当注写的数字小于 1 时，应写出各位的“0”，小数点应采用圆点，齐基准线书写，如 0.01。

表 1-9 拉丁字母、阿拉伯数字与罗马数字的书写规则

书写格式	字体	窄字体
大写字母高度	h	h
小写字母高度(上下均无延伸)	$7/10h$	$10/14h$
小写字母伸出的头部和尾部	$3/10h$	$4/14h$
笔画宽度	$1/10h$	$1/14h$
字母间距	$2/10h$	$2/14h$
上下行基准线的最小间距	$15/10h$	$21/14h$
词间距	$6/10h$	$6/14h$

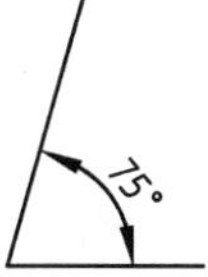

(a) 阿拉伯数字图

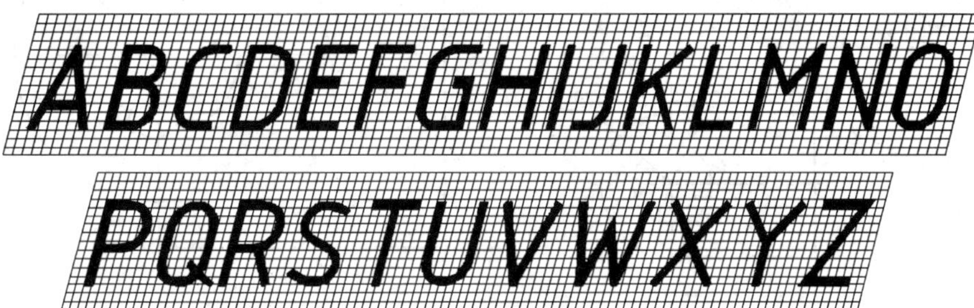

(b) 大写拉丁字母图

abcdefghijklmnopq
rstuvwxyz

(c) 小写拉丁字母图

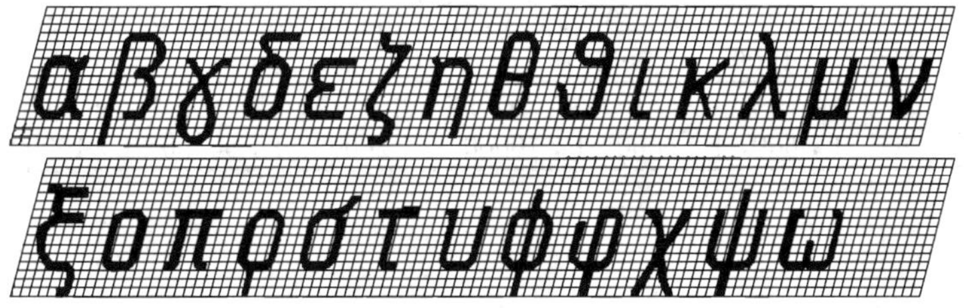

(d) 小写希腊字母图

(e) 罗马数字

图 1.17　阿拉伯数字、拉丁字母、希腊字母、罗马数字示例

1.2.5　比例

图样的比例是指图样中图形与其实物相应要素的线性尺寸之比。图样比例分原值比例、放大比例、缩小比例 3 种，如图 1.18 所示。根据实物的大小与结构的不同，绘图时可根据情况放大或缩小。比例的大小是指比值的大小，如 1∶50 大于 1∶100。比例宜注标在图名的右侧，字号比图名号小一号或二号，如图 1.19 所示。

绘图所用的比例，应根据图样的用途与被绘对象的复杂程度，从表 1-10 中选用，并优先选用表中常用比例。

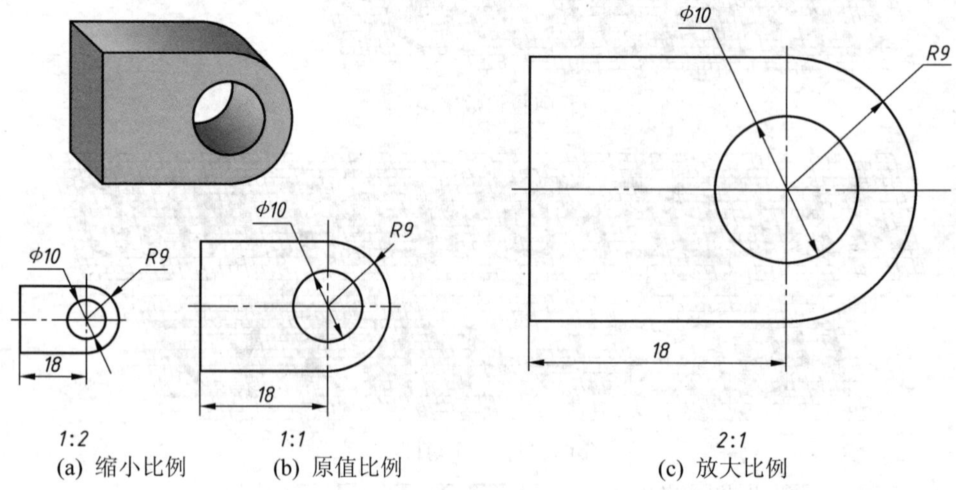

(a) 缩小比例　(b) 原值比例　(c) 放大比例

图 1.18　比例

平面图　*1:100*

图 1.19　比例的注写

表 1-10　绘图所用的比例

常用比例	1∶1，1∶2，1∶5，1∶10，1∶20，1∶30，1∶50，1∶100，1∶150，1∶200，1∶500，1∶1000，1∶2000
可用比例	1∶3，1∶4，1∶6，1∶15，1∶25，1∶30，1∶40，1∶60，1∶80，1∶250，1∶300，1∶400，1∶600，1∶5000，1∶10000，1∶20000，1∶50000，1∶100000，1∶200000

1.2.6　尺寸标注

工程图上除画出构造物的形状外，还必须准确、完整和清晰地标注出构造物的实际尺寸，作为施工的依据。

1. 尺寸的组成

图样上的尺寸由尺寸界线、尺寸线、尺寸起止符号和尺寸数字四部分组成，如图 1.20 所示。

2. 尺寸标注的一般原则

1) 尺寸界线

(1) 尺寸界线应用细实线绘制，一般应与被注长度垂直，其一端应离开图样轮廓线不小于 2mm，另一端宜超出尺寸线 2～3mm。图样轮廓线可用作尺寸界线。

(2) 尺寸的尺寸界线应靠近所指部位，中间分尺寸的尺寸界线可稍短，但其长度应相等。

2) 尺寸线

(1) 尺寸线应用细实线绘制，应与被注长度平行。图样本身的任何图线均不得用作尺寸线。

(2) 互相平行的尺寸线，应从被注写的图样轮廓线由近及远整齐排列，较小尺寸应离轮廓线较近，较大尺寸应离轮廓线较远。

(3) 平行排列的尺寸线的间距，宜为 7～10mm。

3) 尺寸起止符号

(1) 尺寸线与尺寸界线相接处为尺寸的起止点。

(2) 尺寸起止符号一般用中粗斜短线绘制，其倾斜方向应与尺寸界线成顺时针 45° 角，长度宜为 2mm～3mm。半径、直径、角度与弧长的尺寸起止符号，宜用箭头表示，如图 1.21 所示。

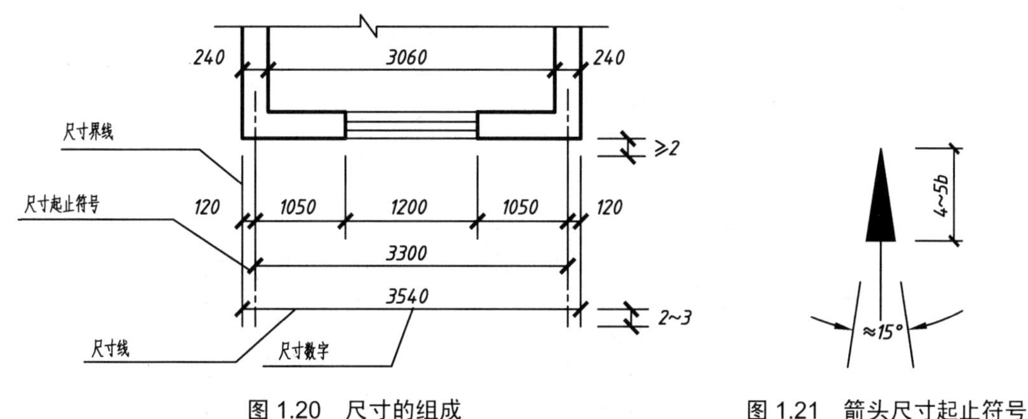

图 1.20 尺寸的组成

图 1.21 箭头尺寸起止符号

(3) 在轴测图中标注尺寸时，其起止符号宜用小圆点。

4) 尺寸数字

(1) 工程图样上标注的尺寸数字，是物体的实际尺寸，它与绘图所用的比例无关。因此，抄绘工程图时，不得从图上直接量取。应以所注尺寸数字为准。

(2) 图样上的尺寸单位除标高及总平面图以 m(米)为单位外，其他必须以 mm(毫米)为单位。

(3) 尺寸数字的读数方向，应按图 1.22(a)所示标注。对于靠近竖直方向向左或向右 30° 范围内的倾斜尺寸，应从左方读数的方向来注写尺寸数字。必要时，也可以按图 1.22(b)所示的形式来注写尺寸数字。

(4) 尺寸数字一般应依据其方向注写在靠近尺寸线的上方中部。如没有足够的注写位置，最外边的尺寸数字可注写在尺寸界线的外侧，中间相邻的尺寸数字可错开注写，如图 1.23(a)所示。

(5) 尺寸宜标注在图样轮廓线以外[图 1.23(b)]，不宜与图线、文字及符号等相交，无法避免时，应将图线断开[图 1.23(c)]。

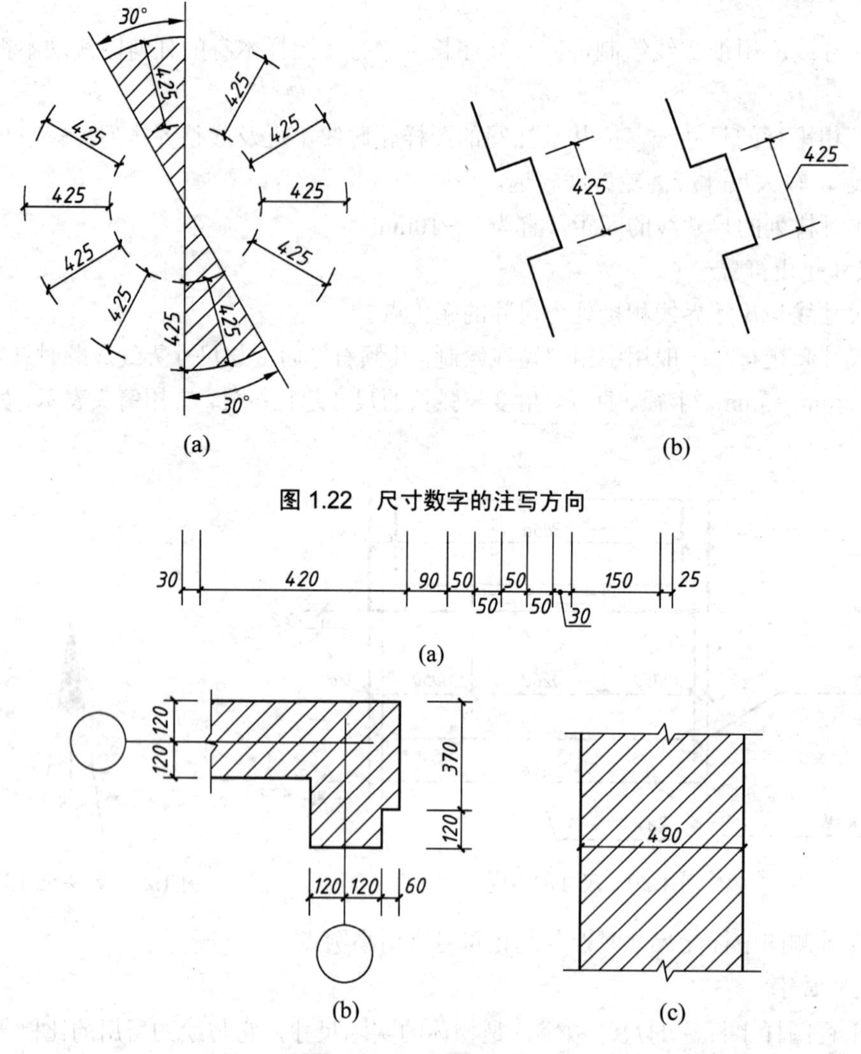

图 1.22　尺寸数字的注写方向

图 1.23　尺寸数字的注写

3. 半径、直径、角度的尺寸注法

(1) 半径：半径的尺寸线应一端从圆心开始，另一端画箭头指向圆弧。半径数字前应加注半径符号“R”。较小圆弧的半径标注方法可按图 1.24 所示标注。

(2) 直径：标注圆的直径尺寸时，直径数字前应加直径符号“ϕ”。在圆内标注的尺寸线应通过圆心，两端画箭头指至圆弧。较小圆的直径尺寸，可标注在圆外(图 1.24)。

(3) 角度的尺寸线应以圆弧表示。该圆弧的圆心应是该角的顶点，角的两条边为尺寸界线。起止符号应以箭头表示，如没有足够位置画箭头，可用圆点代替，角度数字应沿尺寸线方向注写(图 1.24)。

(4) 标注圆弧的弧长时，尺寸线应以与该圆弧同心的圆弧线表示，尺寸界线应指向圆心，起止符号用箭头表示，弧长数字上方应加注圆弧符号“︵”，如图 1.25(a)所示。

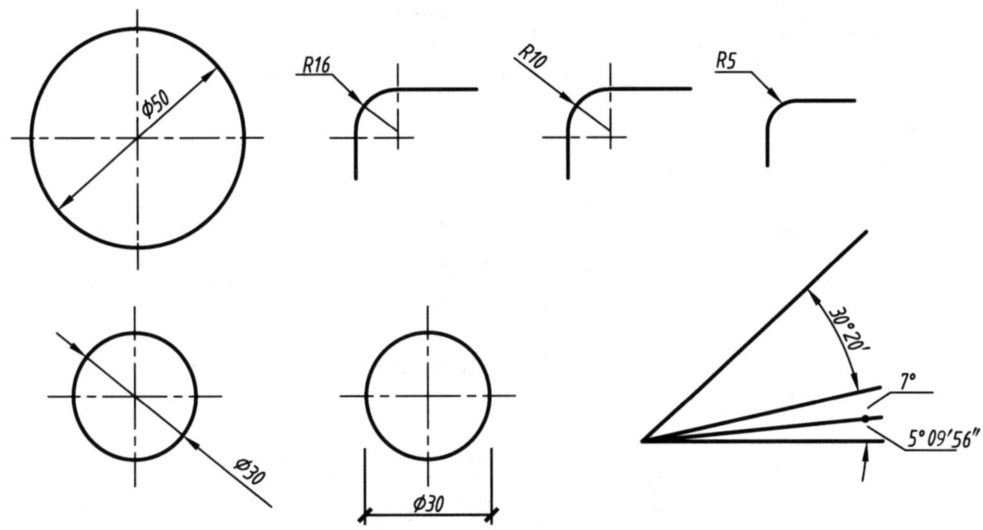

图 1.24　半径、直径、角度的尺寸注法

(5) 标注圆弧的弦长时，尺寸线应以平行于该弦的直线表示，尺寸界线应垂直于该弦，起止符号用中粗斜短线表示，如图 1.25(b)所示。

(6) 杆件或管线的长度，在单线图(桁架简图、钢筋简图、管线简图)上，可直接将尺寸沿杆件或管线的一侧注写，如图 1.25(c)所示。

(7) 标注坡度时，应加注坡度符号“◢——”，该符号为单面箭头，箭头应指向下坡方向。坡度也可用直角三角形形式标注，如图 1.26 所示。

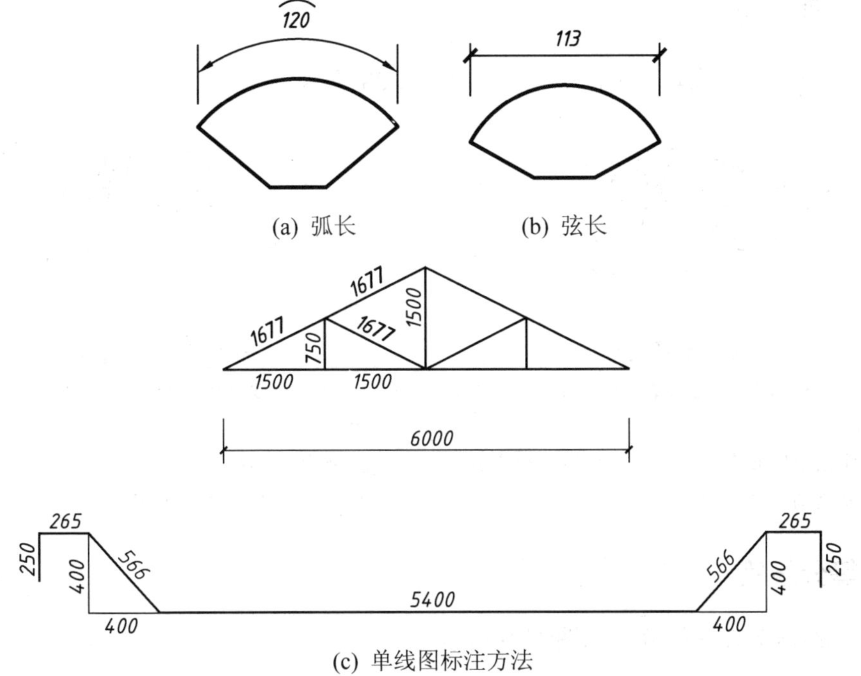

图 1.25　弧长、弦长、单线图标注方法

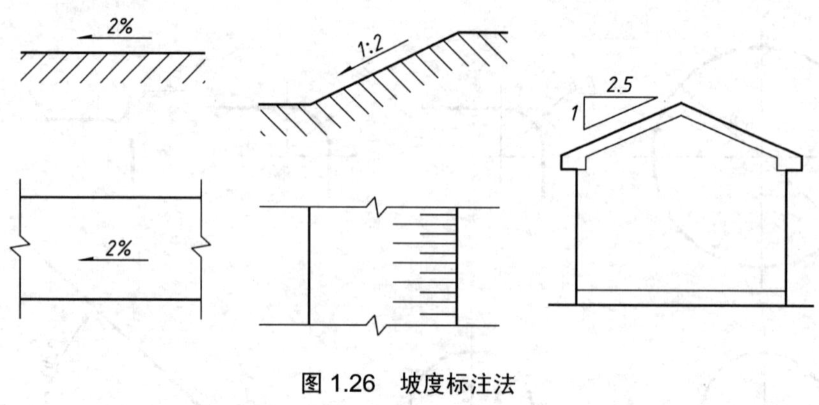

图 1.26　坡度标注法

1.3 几 何 作 图

任何工程图实际上都是由各种几何图形组合而成的，正确掌握几何图形的画法，能够提高制图的准确性和速度，保证制图质量。下面介绍几种常用的几何作图方法。

1.3.1　作平行线

过已知点作一直线平行于已知直线，如图 1.27 所示。

1.3.2　作垂直线

过已知点作一直线垂直于已知直线，如图 1.28 所示。

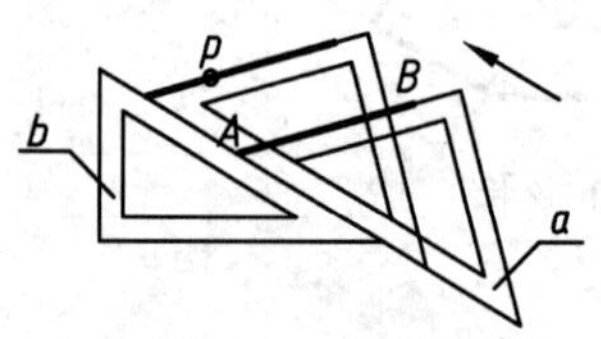

图 1.27　作平行线

注：1. 使三角板 *a* 的一边靠贴 *AB*，另一边靠上另一三角板 *b*。

2. 按住三角板 *b* 不动，推动三角板 *a* 至点 *p*。

3. 过 *p* 点画一直线即可。

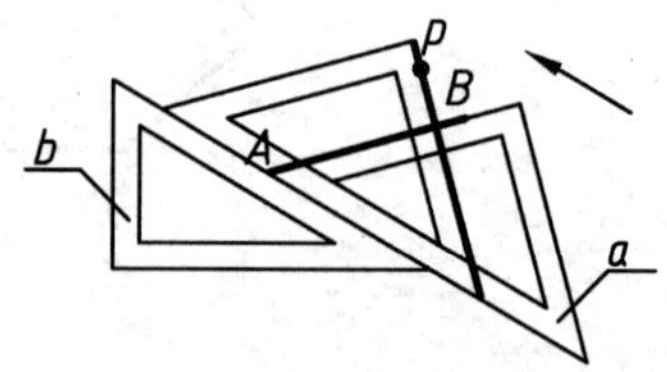

图 1.28　作垂直线

注：1. 使三角板 *a* 的一直角边靠贴 *AB*，其斜边靠上另一三角板 *b*。

2. 按住三角板 *b* 不动，推动三角板 *a*。

3. 过 *p* 点画一直线即可。

1.3.3　等分线段

分已知线段为任意等分，如图 1.29 所示。

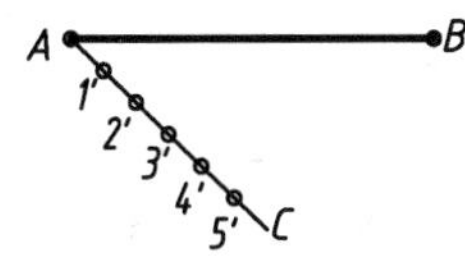

(a) 已知直线段 *AB*，过点 *A* 作任意直线 *AC*，用直尺在 *AC* 上从点 *A* 起截取任意长度的 5 等分，得 1′、2′、3′、4′、5′ 点

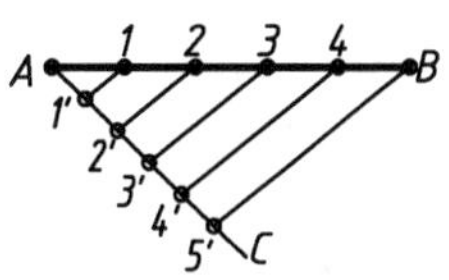

(b) 连 *B*5′，然后过其他点分别作直线平行于 *B*5′，交 *AB* 于 4 个等分点，即为所求

图 1.29　分线段为 5 等分

1.3.4　等分两平行线间的距离

等分已知两平行线之间的距离，如图 1.30 所示。

(a) 已知平行线 *AB* 和 *CD*

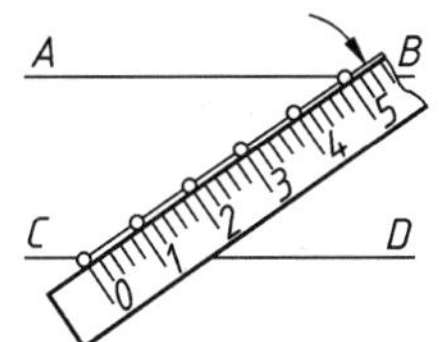

(b) 放直尺 0 点于 *CD* 上，使刻度 5 落在 *AB* 上，截得 1、2、3 、4 各等分点

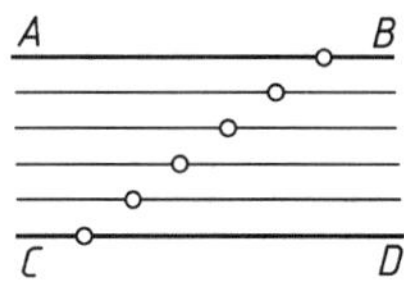

(c) 过各等分点作 *AB*(或 *CD*) 的平行线，即为所求

图 1.30　等分两平行线之间的距离

1.3.5　作正多边形

(1) 作已知圆的内接正五边形，如图 1.31 所示。

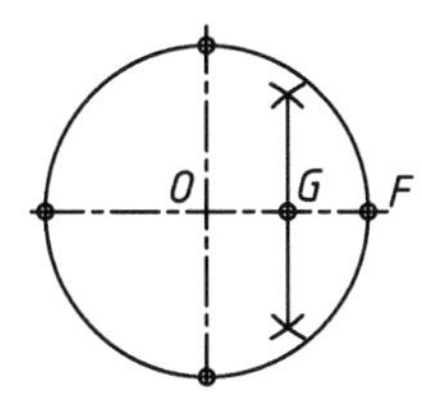

(a) 二等分半径 *OF* 得点 *G*

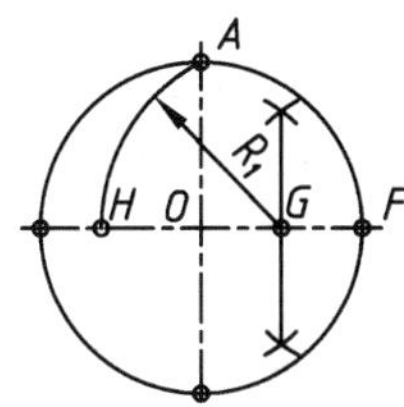

(b) 以点 *G* 为圆心，*GA* 为半径画圆弧交直径于点 *H*

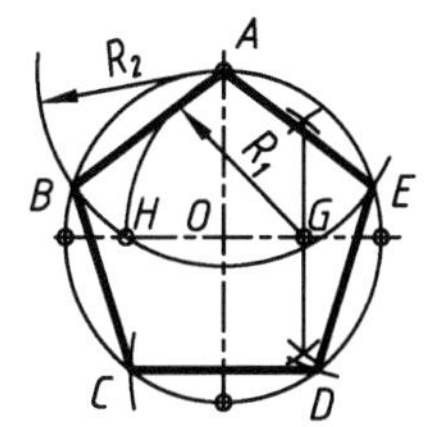

(c) 以 *AH* 为半径，分圆周为 5 等分

图 1.31　作已知圆的内接正五边形

(2) 作已知圆的内接正六边形(图 1.32)。

① 用圆规作图，如图 1.32(a)所示。

② 用丁字尺、三角板作图，如图 1.32(b)所示。

(3) 作任意边数的正多边形。以正七边形为例，如图 1.33 所示。

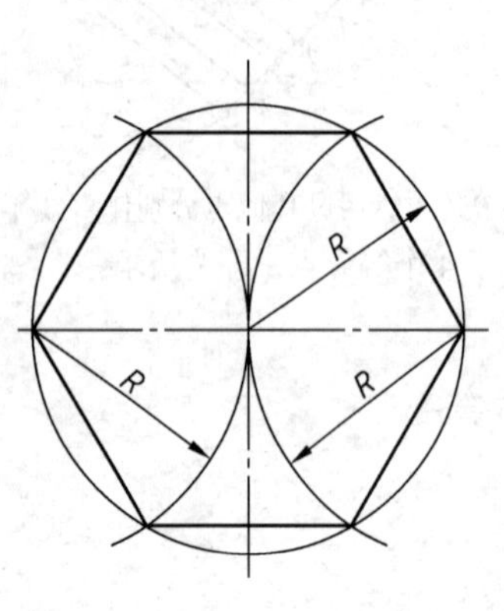

(a) 用圆规6等分圆周

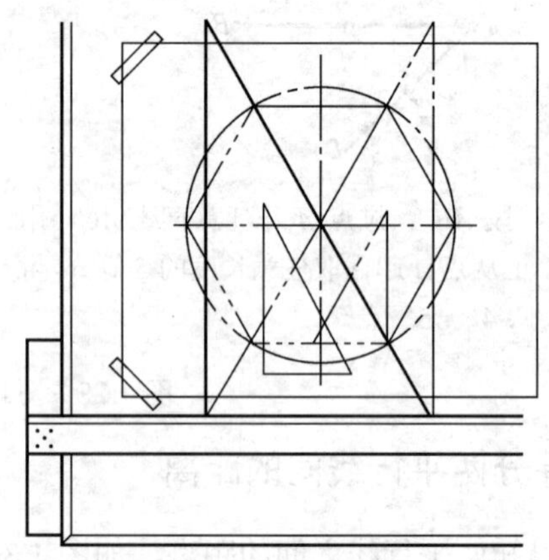
(b) 用丁字尺三角板6等分圆周

图 1.32　作已知圆的内接正六边形

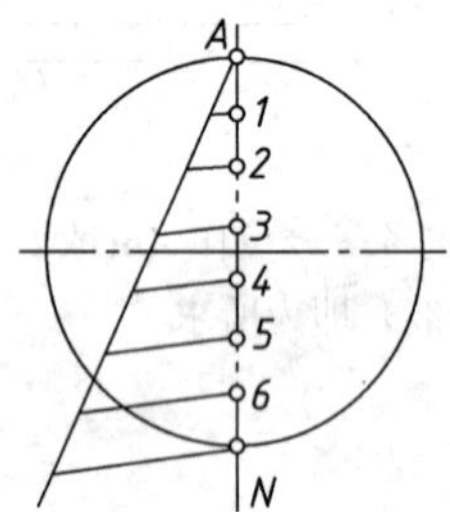

(a) 将直径 *AN* 7等分，得等分点1、2、3、4、5、6

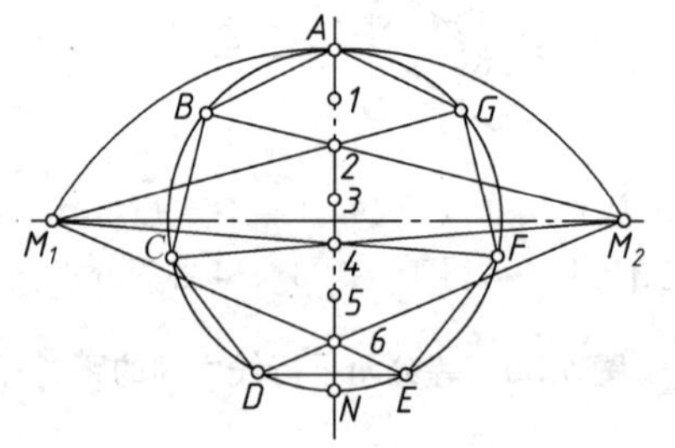

(b) 以 *N* 为圆心，*AN* 为半径作弧，交水平中心线于 M_1、M_2 点；将 M_1、M_2 分别与等分点 2、4、6 相连，延长后与圆周相交，即得与点 *A* 相配的其他六个等分点 *B*、*C*、*D*、*E*、*F*、*G*，依次连接各等分点

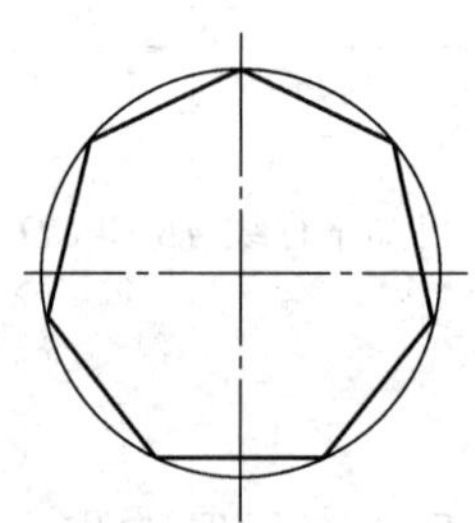
(c) 清理图面，加深图线

图 1.33　作正七边形

1.3.6　圆弧连接

圆弧与直线以及不同圆弧之间连接的问题，称为圆弧连接。作图时，根据已知条件，先求出连接圆弧的圆心和切点的位置。下面列举几种常见的圆弧连接。

(1) 作圆弧与相交两直线连接，如图 1.34 所示。

(2) 直线和圆弧间的圆弧连接，如图 1.35 所示。

(3) 作圆弧与两已知圆弧内切连接，如图 1.36 所示。

(4) 作圆弧与两已知圆弧外切连接，如图 1.37 所示。

(5) 作圆弧与一已知圆弧外切且与另一已知圆弧内切连接，如图 1.38 所示。

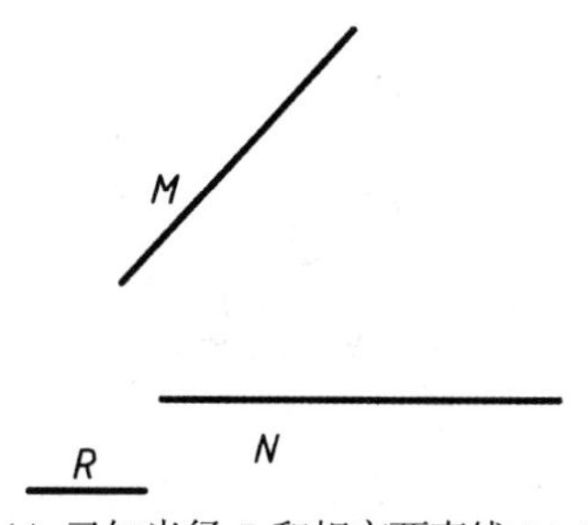

(a) 已知半径 R 和相交两直线 M、N

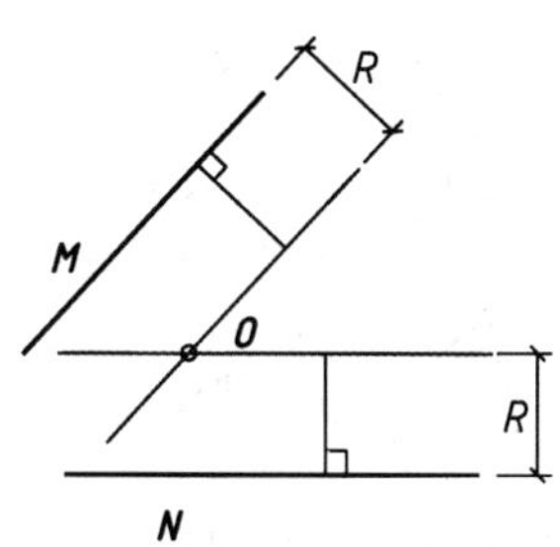

(b) 分别作出与 M、N 平行且相距为 R 的两直线，交点 O 即为所求圆弧的圆心

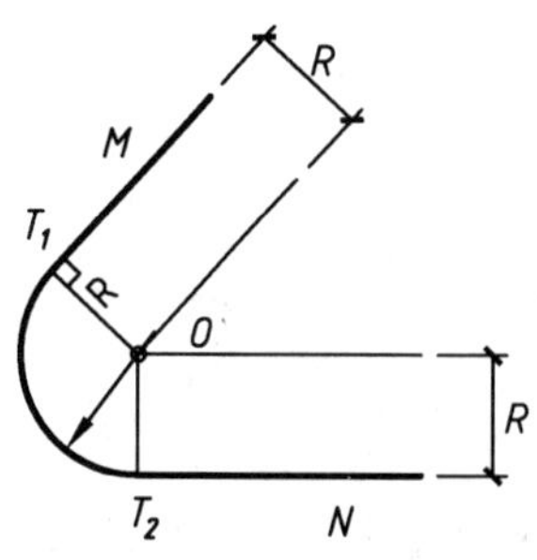

(c) 过点 O 分别作 M 和 N 的垂线，垂足 T_1 和 T_2 即为所求的切点。以 O 为圆心，R 为半径，在切点 T_1、T_2 之间连接圆弧即为所求

图 1.34 作圆弧与相交两直线连

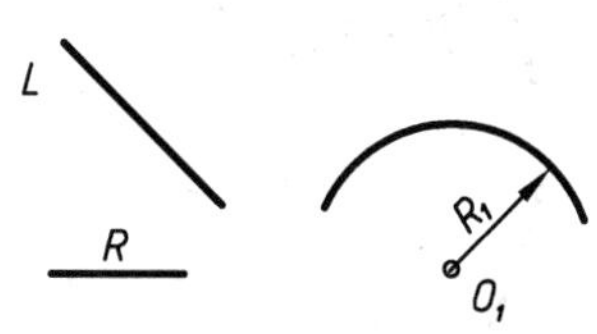

(a) 已知直线 L，半径为 R_1 的圆弧和连接圆弧的半径 R

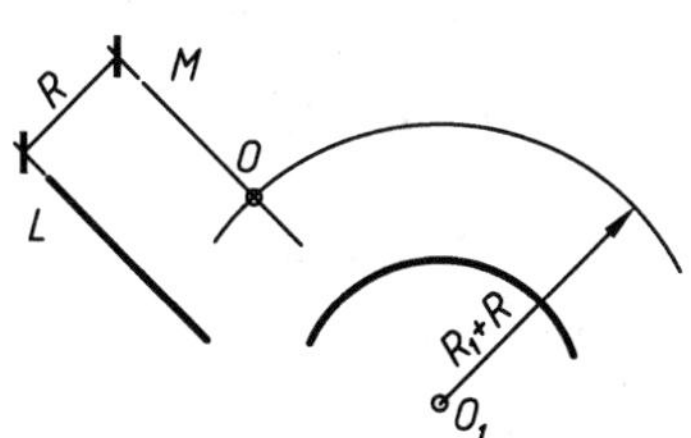

(b) 作直线 M 平行于 L 且相距为 R；又以 O_1 为圆心，R+R_1 为半径作圆弧，交直线 M 于点 O

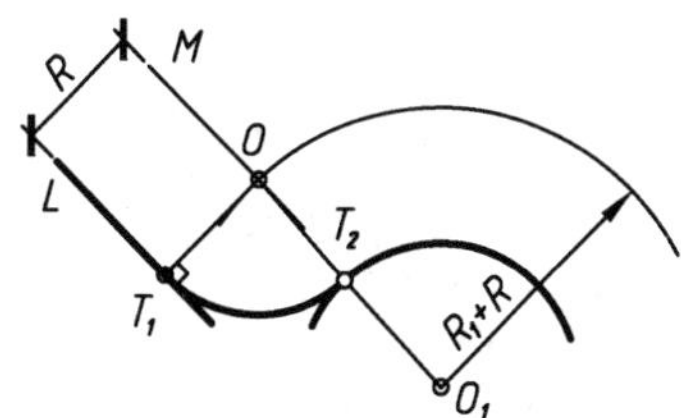

(c) 连 OO_1，交已知圆弧于切点 T_2，又作 OT_1 垂直于 L，得另一切点 T_1。以 O 为圆心，R 为半径，在切点 T_1、T_2 之间连接圆弧，即为所求

图 1.35 直线和圆弧间的圆弧连接

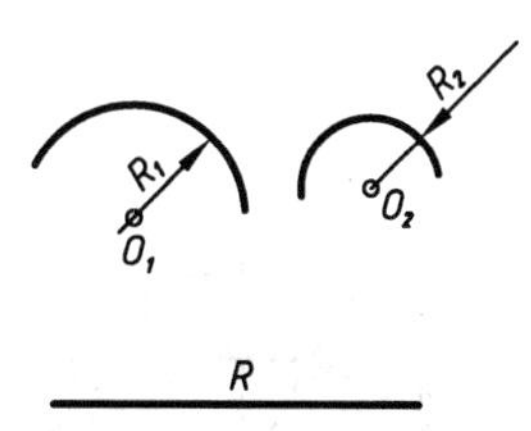

(a) 已知内切圆弧的半径 R 和半径为 R_1、R_2 的两已知圆弧

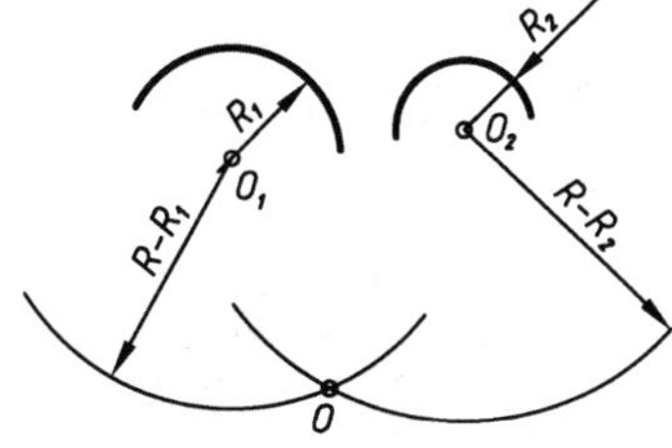

(b) 以 O_1 为圆心，$|R-R_1|$ 为半径画圆弧，又以 O_2 为圆心，$|R-R_2|$ 为半径画圆弧，两弧相交于点 O

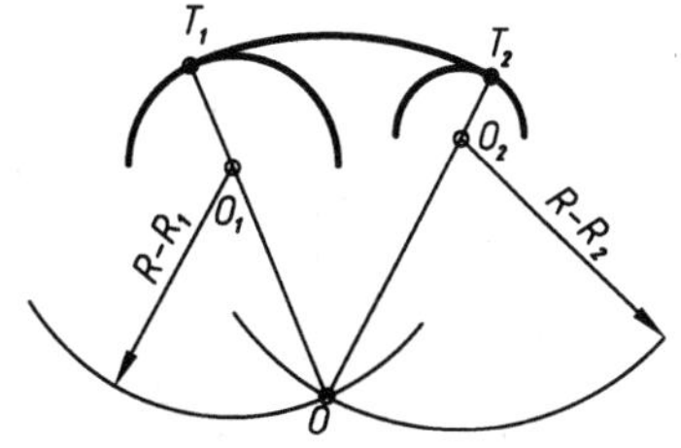

(c) 延长 OO_1 交圆弧 O_1 于切点 T_1；延长 OO_2 交圆弧 O_2 于切点 T_2；以 O 为圆心，R 为半径，在切点 T_1、T_2 之间连接圆弧即可

图 1.36 作圆弧与两已知圆弧内切连接

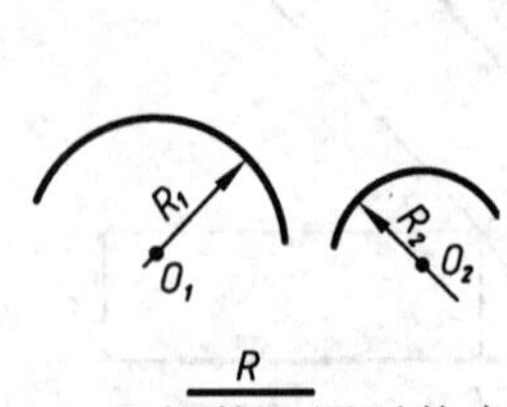

(a) 已知外切圆弧的半径 R 和半径为 R_1、R_2 的两已知圆弧

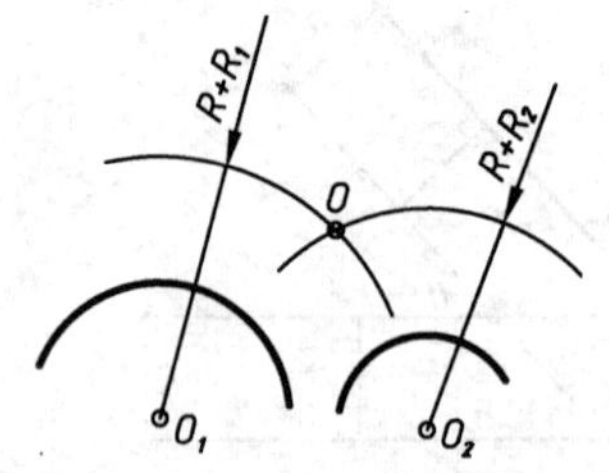

(b) 以 O_1 为圆心，$R+R_1$ 为半径作圆弧，又以 O_2 为圆心，$R+R_2$ 为半径作圆弧，两弧相交于点 O

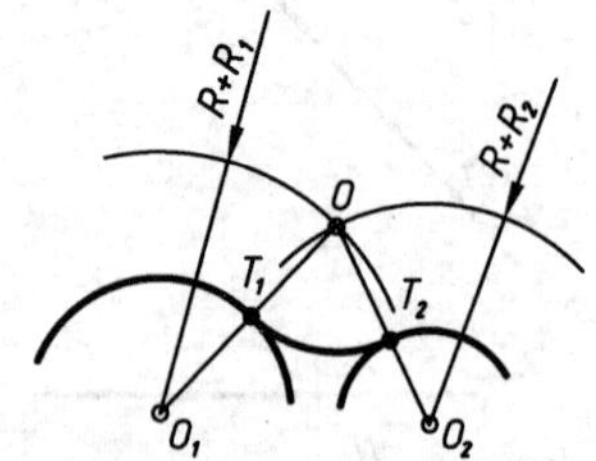

(c) 连 OO_1，交圆弧 O_1 于切点 T_1，连 OO_2，交圆弧 O_2 于切点 T_2，以 O 为圆心，R 为半径，连接 T_1、T_2 间的圆弧即可

图 1.37　作圆弧与两已知圆弧外切连接

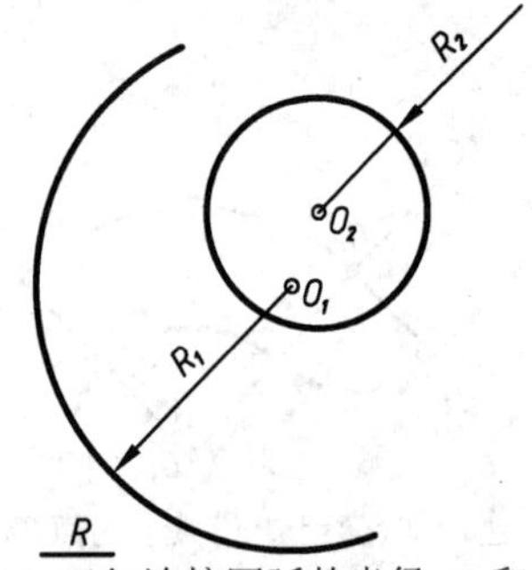

(a) 已知连接圆弧的半径 R 和半径 R_1、R_2 的两已知圆弧

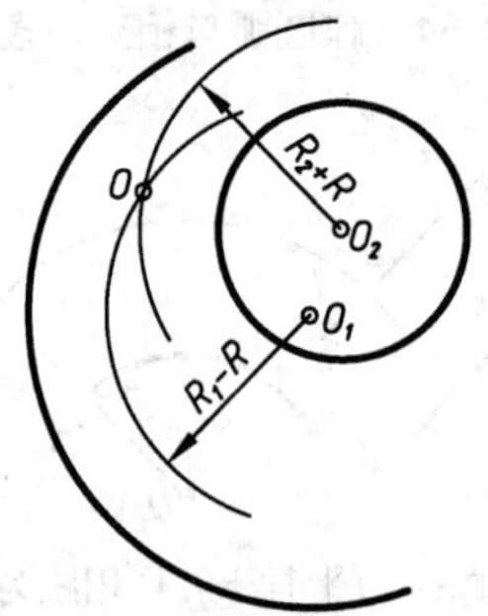

(b) 以 O_1 和 O_2 为圆心，分别以 $|R_1-R|$ 和 R_2+R 为半径，作两圆弧交于 O 点。即为连接圆弧圆心

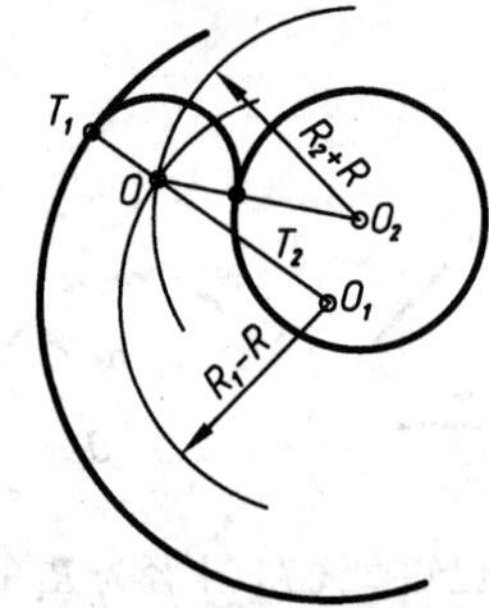

(c) 连接 OO_1 并延长交圆弧 O_1 于切点 T_1，连接 OO_2 交圆弧 O_2 于切点 T_2，以 O 为圆心，R 为半径作圆弧 T_1、T_2，即为所求

图 1.38　作圆弧与一已知圆弧外切且与另一已知圆弧内切连接

1.3.7　椭圆

椭圆画法有多种，这里仅介绍常用的同心圆法和四心法。

(1) 同心圆法画椭圆(比较准确)，如图 1.39 所示。

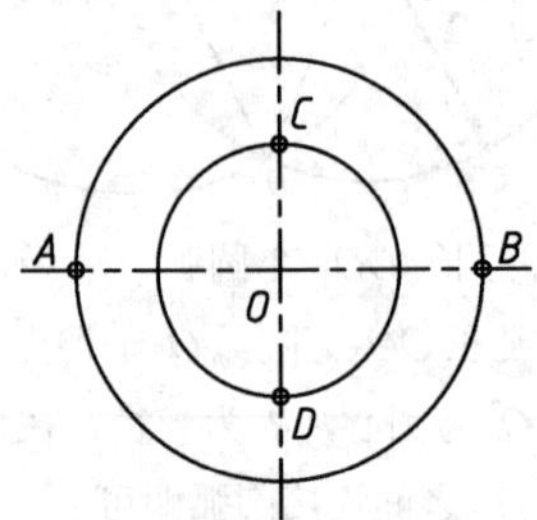

(a) 已知椭圆的长轴 AB、短轴 CD，分别以 AB、CD 的一半为半径画两个同心圆

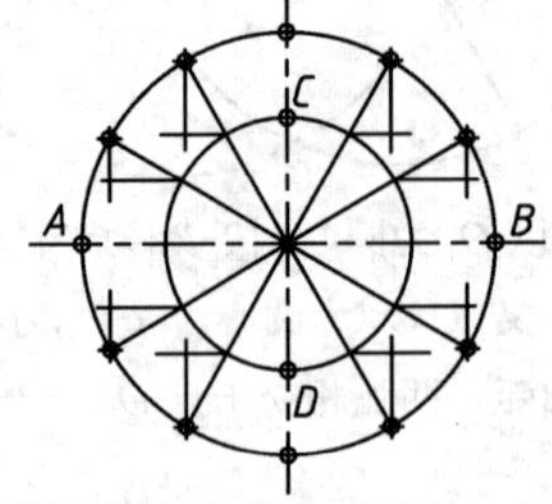

(b) 把圆周等分为若干等份，过圆心及各等分点作辐射线与同心圆相交，过大圆交点作垂直线、过小圆交点作水平线，其交点即为椭圆上点

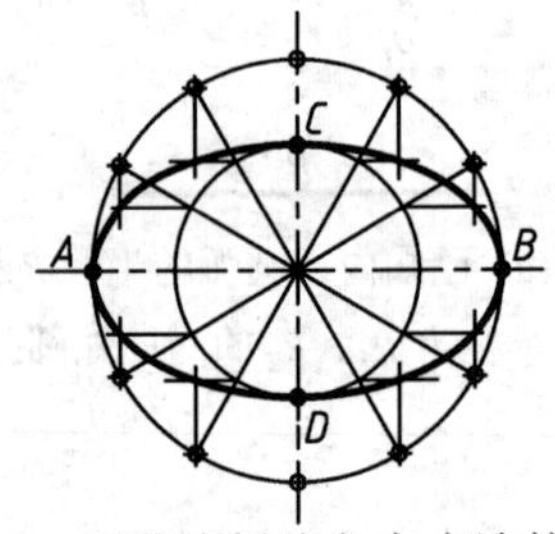

(c) 用曲线板将各交点连接成椭圆

图 1.39　根据长短轴 AB、CD，用同心圆法作椭圆

(2) 四心法画近似椭圆(近似做法)，如图 1.40 所示。

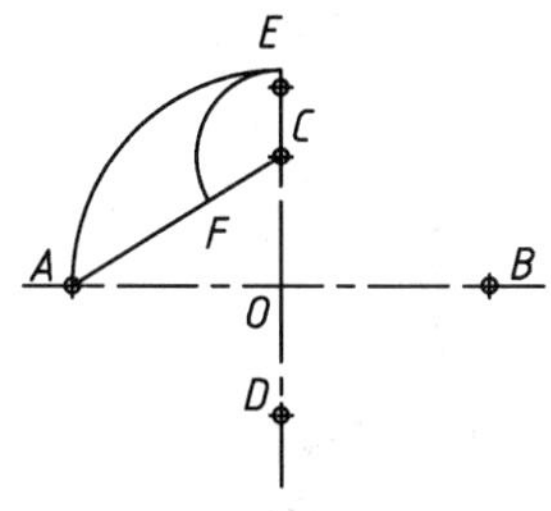

(a) 已知椭圆的长轴 AB、短轴 CD，以 O 为圆心，OA 为半径画弧 AE；以 C 为圆心，CE 为半径画弧 EF

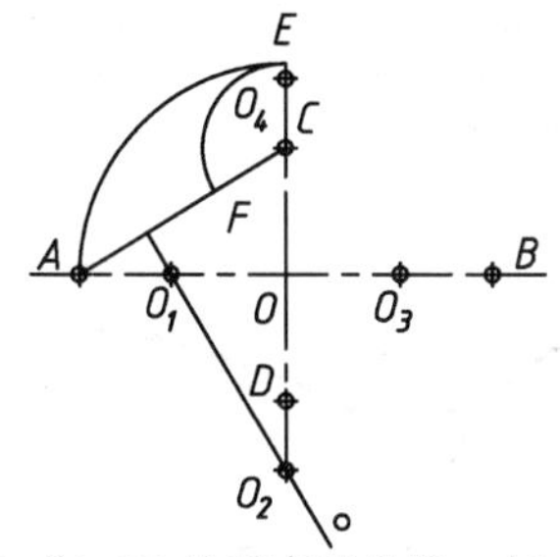

(b) 作 AF 的垂直平分线，与 AB 交于 O_1，与 CD 交于 O_2

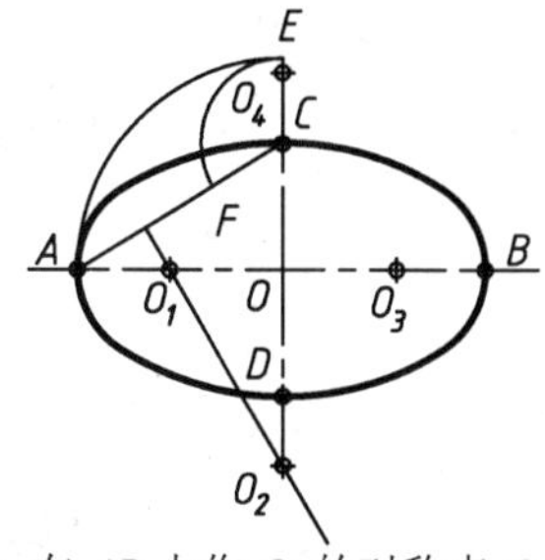

(c) 在 AB 上作 O_1 的对称点 O_3，在 CD 上作 O_2 的对称点 O_4，以 O_1、O_3 为圆心，O_1A、O_3B 为半径画小弧；以 O_2、O_4 为圆心，O_2C、O_4D 为半径画大弧，即得椭圆

图 1.40 根据长短轴 *AB*、*CD*，用四心法作椭圆

1.4 平面图形的分析与画法

平面图形由若干线段所围成，而线段的形状和大小是根据给定的尺寸确定的。构成平面图形的各种线段中，有些线段的尺寸是已知的，可以直接画出，有些线段需根据已知条件用几何作图方法来作出。因此，画图之前需对平面图形的尺寸和线段进行分析。

1.4.1 平面图形的尺寸分析

1. 尺寸基准

尺寸基准是标注尺寸的起点。平面图形的长度方向和宽度方向都要确定一个尺寸基准，画图时通常以平面图形的对称线、底边、侧边、图中圆周或圆弧的中心线等作为尺寸基准。

2. 定形尺寸

用来确定平面图形各组成部分形状和大小的尺寸称为定形尺寸(图 1.41)中的ϕ5、*R*10、*R*15、*R*12 等。

3. 定位尺寸

用来确定平面图形各组成部分的相对位置的尺寸称为定位尺寸(图 1.41)中的 8、75、45 分别是确定ϕ5、*R*10、*R*50 圆心位置的定位尺寸。

1.4.2 平面图形的线段分析

平面图形的圆弧连接处的线段，根据尺寸是否完整可分为以下 3 类。

1) 已知线段

根据给出的尺寸可以直接画出的线段称为已知线段。如图 1.41 所示中根据尺寸ϕ20、15、*R*10、*R*15 画出的直线和圆弧。

2) 中间线段

有定形尺寸，无定位尺寸，需依靠另一端相切或相接的条件才能画出的线段称为中间线段。如图 1.41 所示中的 $R50$ 的圆弧。

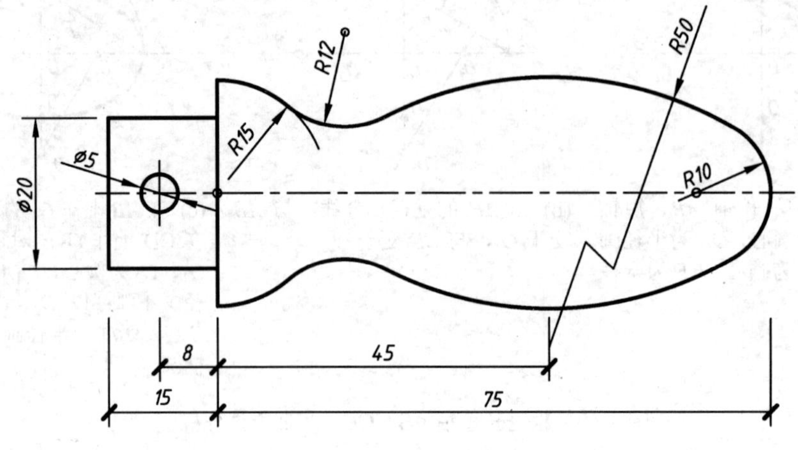

图 1.41 手柄平面图

3) 连接线段

有定形尺寸，缺少两个定位尺寸，需要依靠两端相切或相接的条件才能画出的线段称为连接线段。

绘图时，一般先画出已知线段，再画中间线段，最后画连接线段。

1.4.3 作平面图形的一般步骤

一般来说，作平面图形包括以下几个步骤。

(1) 对平面图形进行分析。

(2) 选比例，定图幅。

(3) 画尺寸基准线。

(4) 顺次画已知线段，中间线段，连接线段。

(5) 标注定形、定位尺寸。

(6) 加深，整理完成全图。

1.5 制图的步骤与方法

在绘制工程图样时，除了正确使用绘图工具和仪器外，为了提高图面质量和绘图速度，还需掌握正确的绘图步骤和方法。

1. 绘图前的准备工作

(1) 备好图板、丁字尺、三角板、图纸、铅笔、橡皮、刀片等工具。

(2) 图纸铺在图板上，注意铺放时需借助丁字尺的配合，尽量使图纸的长边与丁字尺的工作边保持大致平行。丁字尺头要紧靠图板的左侧，然后上下移动图纸，使图纸的长边与丁字尺的工作边吻合。

(3) 放图纸时，一般应靠左边来固定，使离图板左边约 5cm，离下边约 1～2 倍的丁字尺宽度。

2. 画底稿线

(1) 底稿线用 H、2H 或 3H 铅笔绘制。

(2) 纸粘贴好后，先画图幅线、图框线、图纸标题栏。

(3) 排整张图纸中各个图所占的位置，并且预留各图标注尺寸、注写图名的位置，使整张图安排得疏密均匀，节约图幅。

(4) 布完图后，逐个绘制各图的轻细铅笔稿线。一般先画每个图的基准线、中心线或轴线，再画主要轮廓线。例如：画建筑平面图，第一步画各个墙或柱的定位轴线，形成轴网；第二步画墙或柱、门窗洞；第三步画构配件和细部。尺寸标注、剖切线、符号可等图形加深完后再注写。

3. 加深底稿

加深底稿有两种：一种是用铅笔(可用 B、2B 等铅笔)加深，另一种是墨线笔加深。无论用哪一种笔加深，其过程基本上都是一样的。

(1) 检查底稿，确认无误后，可开始加深。

(2) 加深的顺序。

① 从上到下加深水平线，从左往右加深铅直线，然后加深其他方向的线。

② 先粗线、后中粗、再细线。

③ 加深完后，标注尺寸，画尺寸线，尺寸界线，起止符号，注写数字，标注图名，加深图框，标题栏，填写标题栏中内容。

4. 复核

整张图完成后，还要认真复核一遍，如发现错误，应修改。对于用铅笔加深的图样，需用橡皮来修改；对于用硫酸纸绘制的墨线图，则需用双面刀片来刮掉错误的地方，刮图时需在图纸下垫一个三角板或直尺。用刀片刮时，注意刮的范围要比错的范围稍大一些，用力均匀。这样刮图不至于把图纸刮破。刮完图后，不能立即用墨线笔画图，需用橡皮先擦一下，使刮后的毛面变光，以免渗墨，才能再上墨线。

1.6 徒手画图

徒手画图是指不用绘图仪器和工具，而以目测的方法画出来的图样。徒手画出来的图一般称为草图，它是工程技术人员在技术交流过程中常常要用到的图样，也是学生在学习过程中需要掌握的一种方法。例如，在组合体一章中，已知形体两投影，画出第三投影。学生可先徒手画出形体的轴测图，形成直观的感觉，而使问题简化，从而很快地作出第三投影。徒手画图一般用 HB 或 B、2B 铅笔。

1.6.1 画直线

徒手画直线的方法如图 1.42 所示。

(1) 画水平线时，铅笔放平些，从起点画线，而眼则看其终点，掌握好方向，图线宜一次画成。对于较长的直线，可分段画出，自左而右画。

(2) 画铅直线时，与画水平线方法相同，但持笔可稍高些，自上而下画。

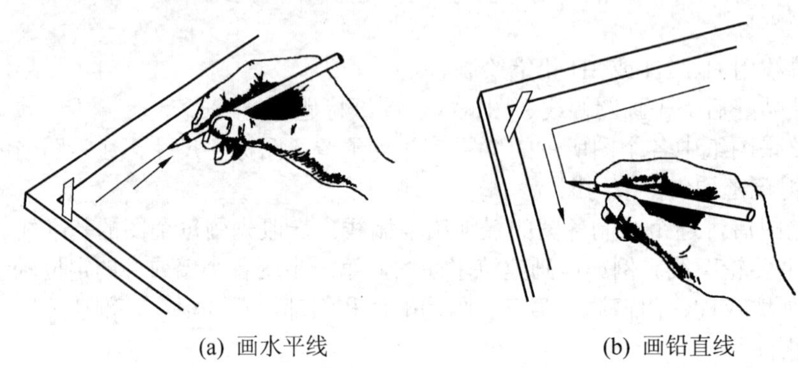

(a) 画水平线　　(b) 画铅直线

图 1.42 徒手画直线

(3) 画斜线时，画与水平线成 30°、45°、60°等特殊角度的斜线，可按两直角边的近似关系，定出两端点后连接画出，如图 1.43 所示。

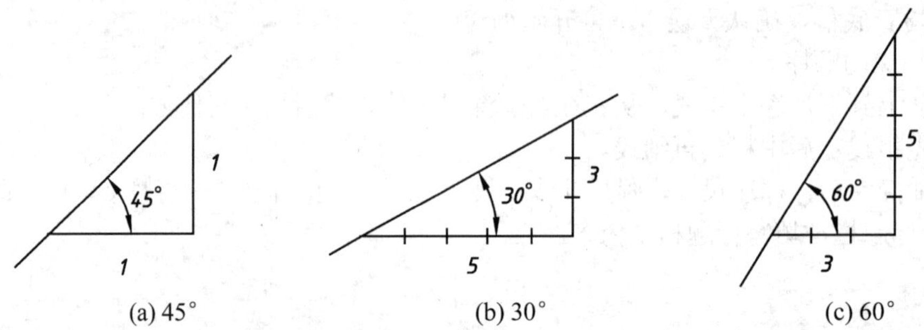

(a) 45°　　(b) 30°　　(c) 60°

图 1.43 画与水平线成 45°、30°、60°等特殊角度的斜线

1.6.2 画圆

如图 1.44 所示，画圆时，可过圆心作均匀分布的直线，在每根线上目测半径，然后顺连成圆。画较小的圆，可在中心线上按半径目测定出 4 点后连成。

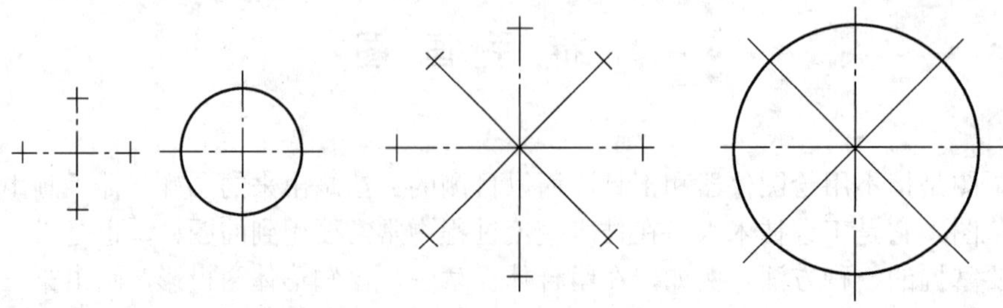

图 1.44 徒手画圆

1.6.3　画椭圆

如图 1.45 所示，已知长短轴画椭圆，作出椭圆的外切矩形，然后连对角线，在矩形各对角线的一半上目测 10 等分，并定出 7 等分的点，把这 4 个点与长短轴端点顺次连成椭圆。

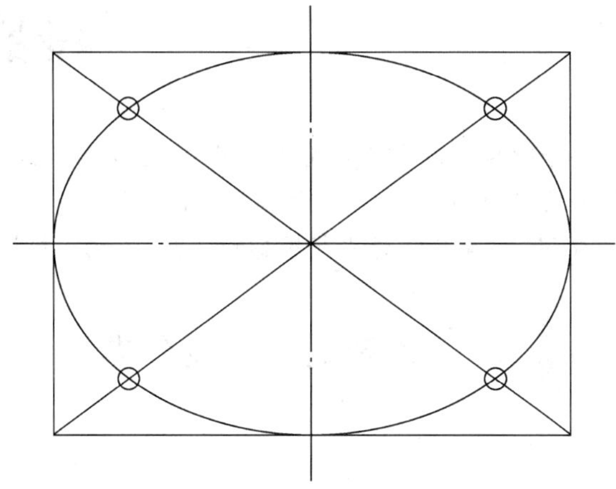

图 1.45　徒手画椭圆

章 后 小 结

(1) 制图基本知识主要讲述制图的基本规定和要求，凡是从事土建专业的学生和从事实际工程的专业技术人员都应熟练掌握本章内容。

(2) 本章内容不但为学习后边的建筑施工图、结构施工图、给水排水等专业制图部分打下绘图基础，同时也为后续的专业课识图、课程设计、毕业设计等打下良好的绘图基础。

第2章

投影基本知识

教学提示：本章主要介绍投影的形成及分类，平行投影的特性及三面正投影图。掌握平行投影的特性及三面正投影图的形成、投影规律和作图步骤。

学习要求：通过本章学习，学生应掌握平行投影的特点，三面正投影图的形成及投影规律。

2.1 投影的概念及分类

2.1.1 投影的概念

在日常生活中，我们所见到的形体都是具有长、宽、高的立体，如何在平面上表达空间物体的形状和大小呢？而投影又是如何形成的呢？

1. 影子

日常生活中，我们对影子并不陌生，在光线照射下，物体在地面或墙面上投下影子，而且随着光线照射角度或距离的改变，影子的位置和大小也会随之改变，并且这种影子内部灰黑一片，只能反映物体外形的轮廓，如图 2.1(a)所示。

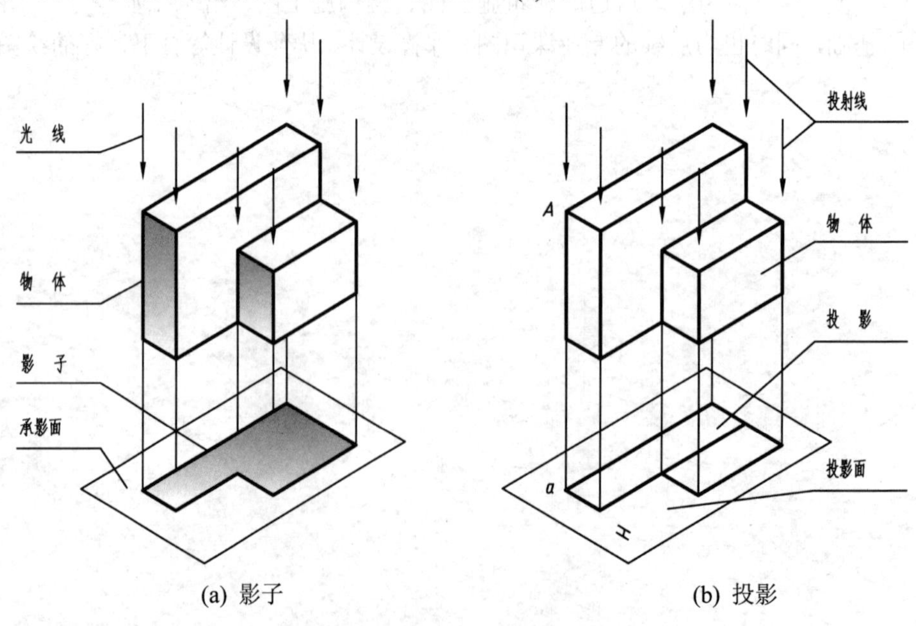

(a) 影子　　(b) 投影

图 2.1　影子和投影

2. 投影

如果将物体的影子经过如下科学的抽象：假设光线能够穿透形体，而将形体上的各顶点和所有轮廓线都在平面上投落下影子，这些点和线的影将组成一个能够反映出形体各部分形状的图形，这个图形通常称为形体的投影，如图 2.1(b)所示。

通过分析，物体进行投影的条件有：投射线、物体、投影面，如图 2.2 所示。

投影法：对物体进行投影，在投影面上产生图像的方法称为投影法。

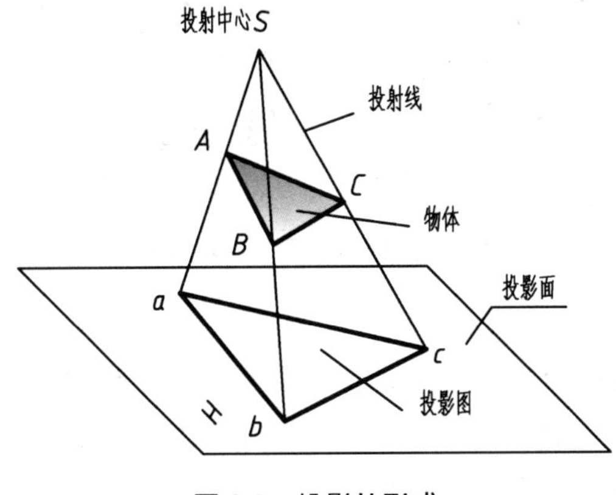

图 2.2　投影的形成

2.1.2　投影的分类

根据投射中心与投影面距离远近的不同，投影可分为中心投影和平行投影，如图 2.3 所示。

1. 中心投影

投射中心 S 在有限的距离内，发出放射状的投射线，用这些投射线作出的投影，称为中心投影。这种方法称为中心投影法，如图 2.3(a)所示。

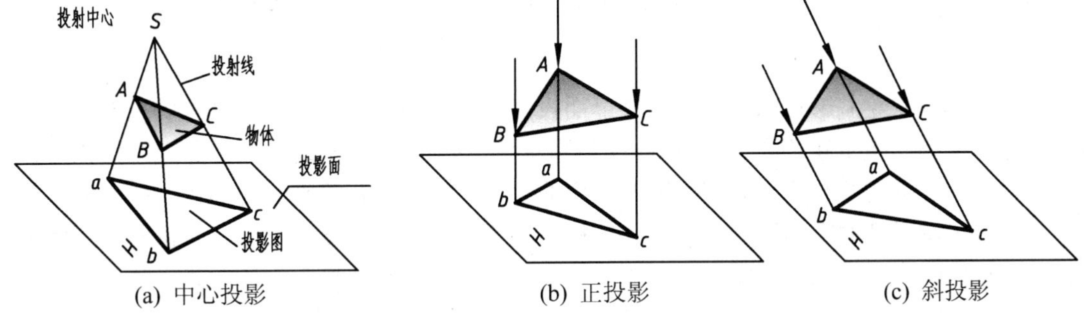

(a) 中心投影　　(b) 正投影　　(c) 斜投影

图 2.3　投影的分类

2. 平行投影

当投射中心距离投影面为无限远时，投射线将依一定的投射方向平行地投射，用平行投射线作出的投影称为平行投影。这种方法称为平行投影法，如图 2.3 所示。

平行投影又可分为正投影和斜投影。当投射线垂直于投影面时，称为正投影，如图 2.3(b)所示；当投射线倾斜于投影面时，称为斜投影，如图 2.3(c)所示。

2.1.3 工程上常用的四种投影图

在实际工作中，由于表达目的和对象的不同，常用不同的投影法来表达不同的投影图，工程上常用到4种投影图，如图2.4所示。

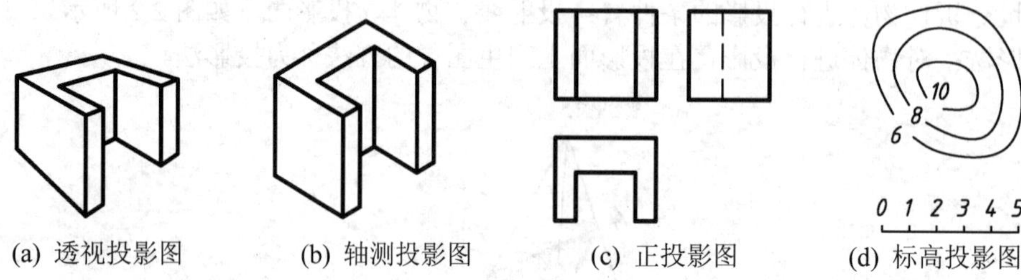

(a) 透视投影图　(b) 轴测投影图　(c) 正投影图　(d) 标高投影图

图2.4 工程上常用的4种投影图

1. 透视投影图

用中心投影法绘制形体的单面投影图，称为透视投影图，也可称效果图。这种图有较强的立体感和真实感，常在建筑初步设计阶段绘制，用于方案比较，选取最佳方案。但这种图作图较繁，不能反映物体的真实形状和大小。

2. 轴测投影图

用平行投影法绘制形体的单面投影图，称为轴测投影图。这种图也有立体感，有的图还能反映物体上某些方向的真实形状和大小，且作图简便。但这种图不能反映整个物体的真实形状。

3. 正投影图

用正投影法在两个或两个以上相互垂直的投影面上绘制形体的多面投影图，称为正投影图。正投影图度量性好，在工程上应用最广，且作图简便，但缺乏立体感。

4. 标高投影图

用正投影法绘制形体的标有高度的单面投影图，称为标高投影图。这种图主要用于表示地形、道路和土工建筑物。作图时，用间隔相等的水平面截割地形面，其交线即为等高线，将不同高程的等高线投影在水平的投影面上，并标注出各等高线的高程，即为标高投影图。地形图及地面上建造的土工形体的标高投影，可表示出该土工形体的位置、形状和大小，坡面间的交线以及坡面与地面的交线，从而为施工中计算土方量及确定施工界限提供依据。

2.2 平行投影的基本性质

平行投影具有度量性、积聚性、类似性、定比性、平行性五大性质，这5个性质是正投影作图的理论基石。

1. 度量性

直线平行于投影面时，其平行投影反映直线的实长；平面平行于投影面时，其平行投影反映平面的实际形状，如图 2.5 所示。

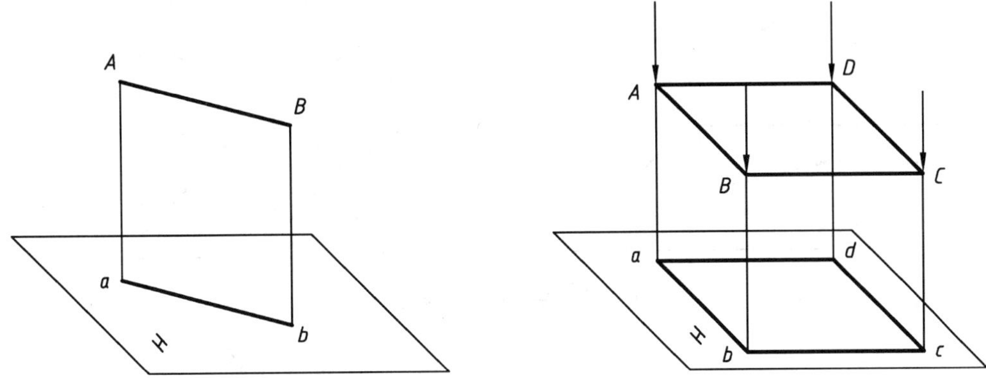

图 2.5　平行投影的度量性

2. 积聚性

直线与投射线平行时，其平行投影积聚为一点。平面与投射线平行时，其平行投影积聚为一条直线，如图 2.6 所示。

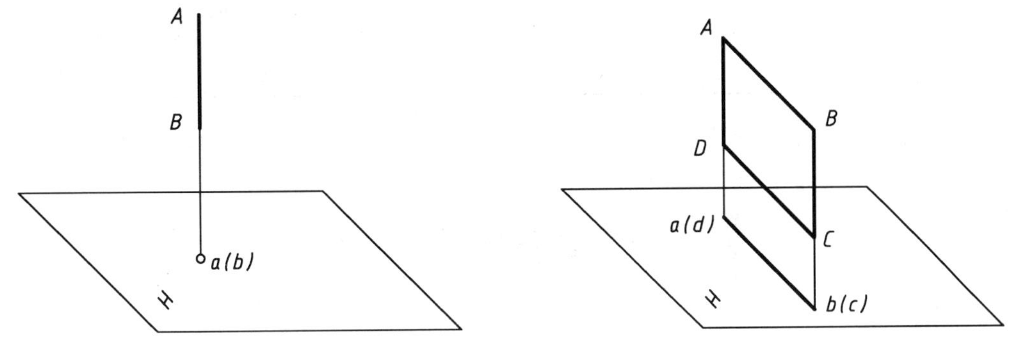

图 2.6　平行投影的积聚性

3. 类似性

当直线与投影面倾斜时，其平行投影是变短的直线。当平面与投影面倾斜时，其平行投影是面积缩小的类似形，如图 2.7 所示。

4. 定比性

直线上两线段的长度比等于它们平行投影的长度比，即 $AC：CB=ac：cb$，如图 2.8 所示；两平行直线段的长度比等于它们平行投影的长度比，即 $AB：CD=ab：cd$，如图 2.9 所示。

5. 平行性

若两直线平行，则两直线的平行投影也平行，即 $AB//CD$，则 $ab//cd$，如图 2.9 所示。

由于正投影具有反映实长和实形，且作图简便的优点，因此，正投影图是工程制图中的主要图样，在以后的叙述中如不特别说明，所述投影均指正投影。

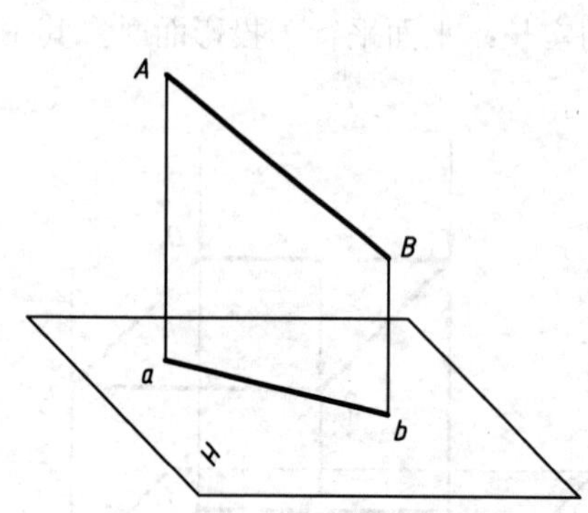

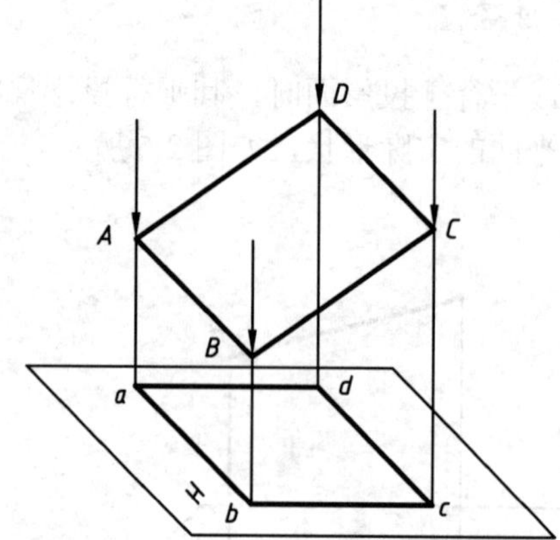

图 2.7 平行投影的类似性

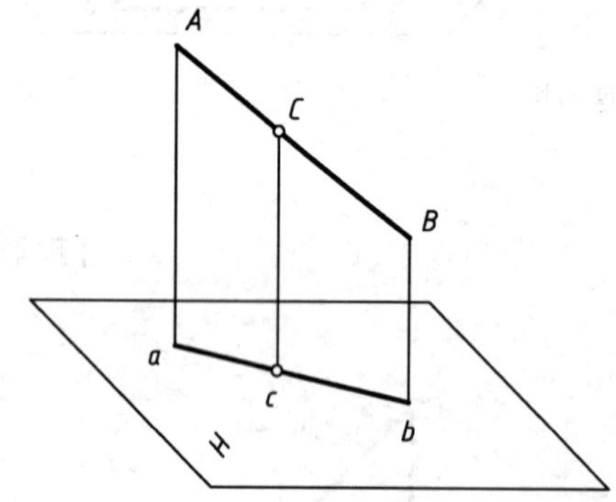

图 2.8 平行投影的定比性

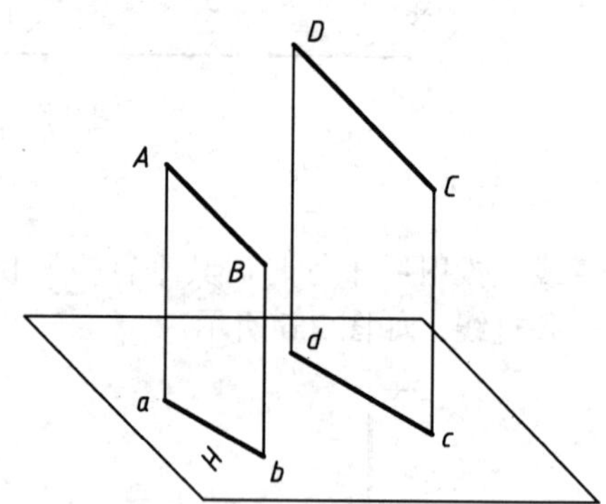

图 2.9 平行投影的平行性

2.3 三面正投影图概述

如图 2.10 所示，两个不同的形体，它们在同一投影面上的投影完全相同，这说明仅有形体的一个投影图，一般是不能确定形体的空间形状和大小。因此，在工程上常用多个投影图来表达形体的形状和大小，基本的表达方法是采用三面正投影图。

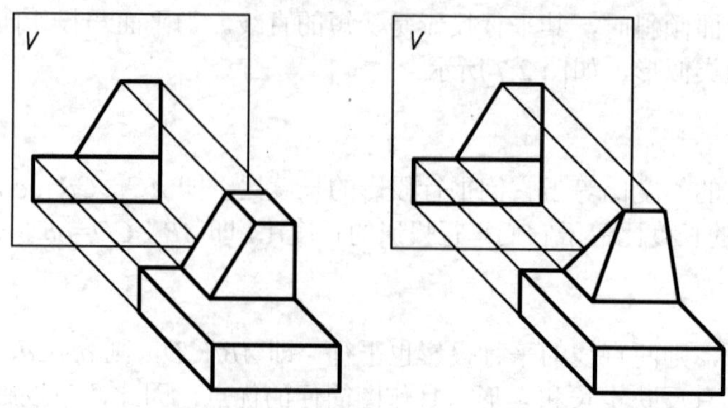

图 2.10 物体的一个投影不能完全表达空间物体的形状和大小

2.3.1 三面正投影图的形成

1. 三投影面体系的建立

按照国家标准规定设置的3个相互垂直的投影面，称为三投影面体系，如图2.11所示。

在3个投影面中，直立在观察者正对面位置的投影面称为正立投影面，简称正面，用字母*V*标记；水平位置的投影面称为水平投影面，简称水平面，用字母*H*标记；右侧的投影面称为侧立投影面，简称侧面，用字母*W*标记。

3个投影面的交线*OX*、*OY*、*OZ*称为投影轴，分别简称为*X*、*Y*、*Z*轴。三轴互相垂直相交于一点*O*，称为原点。以原点*O*为基准，可以沿*X*轴方向度量形体的长度尺寸和确定左右位置；沿*Y*轴方向度量形体的宽度尺寸和确定前后位置；沿*Z*轴方向度量形体的高度尺寸和确定上下或高低位置。

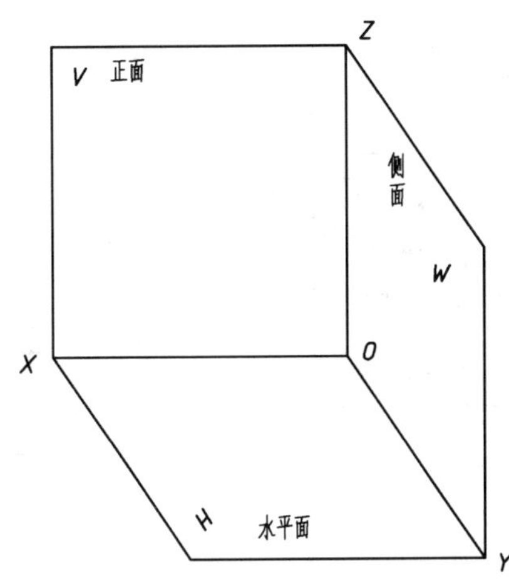

图2.11 三投影面体系

2. 分面进行投影

如图2.12所示，把形体正放在三面投影体系中。正放就是把形体上的主要表面或对称面置于平行投影面的位置。形体的位置一经放定，其长、宽、高及上下、左右、前后方位即确定，然后将形体的各几何要素分别向三投影面进行投影，即得到形体的三面投影图。

投射方向从上到下在*H*面上得到的形体的正投影图称为水平投影图(简称*H*投影)。

投射方向从前到后在*V*面上得到的形体的正投影图称为正面投影图(简称*V*投影)。

投射方向从左到右在*W*面上得到的形体的正投影图称为侧面投影图(简称*W*投影)。

3. 三面正投影图的展开

3个投影图分别位于3个投影面上，如图2.12(a)所示，画图非常不便。在实际绘图时，这3个投影图要画在一张图纸上(即同一个平面上)。为此要将投影面展开，如图2.12(b)所示；展开时保持*V*面不动，将*H*面绕*OX*轴向下旋转90°，将*W*面绕*OZ*轴向右旋转90°，这样，3个投影面便位于同一绘图平面上，如图2.12(c)所示。这时，*Y*轴分为两条，位于*H*面上的记为Y_H，位于*W*面的记为Y_W。通常绘制形体的三面正投影图时，因形体与投影面的距离并不影响形体在这个投影面上的形状，故不需要画出投影面的边框也可不画出投影轴。

正面投影(*V*)投影、水平投影(*H*)投影和侧面投影(*W*)投影，组成的投影图，称为三面正投影图，如图 2.12(d)所示。

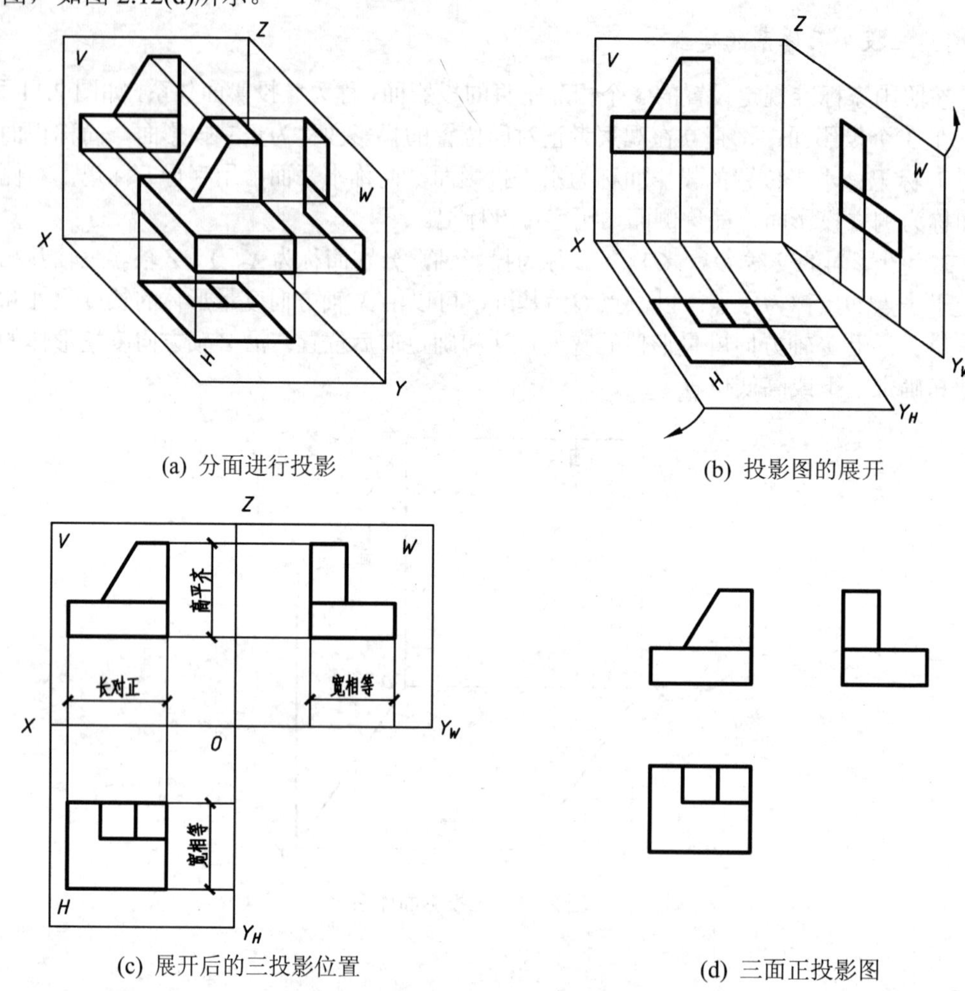

(a) 分面进行投影

(b) 投影图的展开

(c) 展开后的三投影位置

(d) 三面正投影图

图 2.12　三面正投影图

2.3.2　三面正投影图的投影规律

1. 三面正投影图与空间形体的关系

由三面正投影图的形成可知，每个投影图都表示形体一个方向的形状、两个方向的尺寸和四个方位，如图 2.13 所示。

H 面投影反映从形体上方向下看的形状和长度、宽度方向的尺寸以及左右、前后方向的位置。

V 面投影反映从形体前方向后看的形状和长度、高度方向的尺寸以及左右、上下方向的位置。

W 面投影反映从形体左方向右看的形状和宽度、高度方向的尺寸以及前后、上下方向的位置。

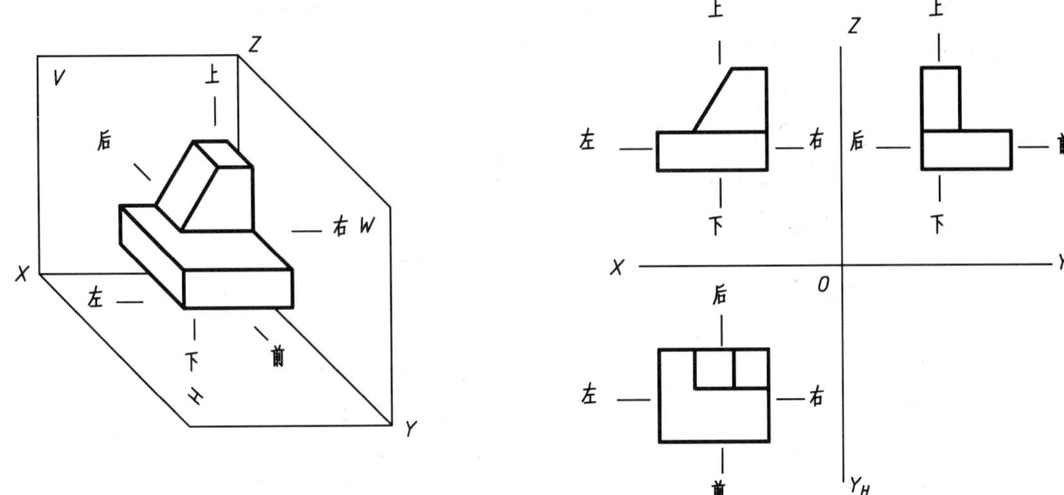

图 2.13　三面正投影图与空间形体的关系

2. 三面正投影图的投影规律

三面正投影图表达的是同一个形体，而且是形体在同一位置分别向 3 个投影面所作的投影，所以三面正投影图间每对相邻投影图同一方向的尺寸相等，由图 2.12(c)可知。

H 面投影和 *V* 面投影中的相应投影长度相等，并且对正。

V 面投影和 *W* 面投影中的相应投影高度相等，并且平齐。

H 面投影和 *W* 面投影中的相应投影宽度相等。

“长对正、高平齐、宽相等”是形体的三面投影图之间最基本的投影关系，也是画图和读图的基础。无论是形体的总体轮廓还是某个局部都必须符合这样的投影关系。

应当指出的是：形体的宽度在 *H* 面投影中为竖直方向，在 *W* 面投影中为水平方向，因此根据“宽相等”作图时，要注意宽度尺寸量取的起点和方向。

2.3.3　三面正投影图的作图步骤

1. 作图步骤

(1) 根据三投影图的复杂程度，先选定比例和图幅，确定各投影图在图纸上位置，画出定位线或基准线。

(2) 根据形体的特征，用 2H 或 3H 铅笔画底稿线，画图时可先画一个投影面上的投影，而后根据“长对正、高平齐、宽相等”画另外两个投影，也可同时画出 3 个投影面上的投影。

(3) 检查，加深，擦去多余的线条。

2. 按模型或轴测图画三面投影图

画出如图 2.14(a)所示形体的三面正投影图。

(1) 分析物体的形状，该形体是由长方体被挖去一个长方体形成的，以最能表达物体形状特征的方向作为 *V* 投影方向，如图中箭头所示。

(2) 用细线画出长方体的投影轮廓线，如图 2.14(b)所示。

(3) 用细线画出被挖去的长方体的投影轮廓线，如图 2.14(c)所示。

(4) 检查，加深，完成全图，如图 2.14(d)所示。

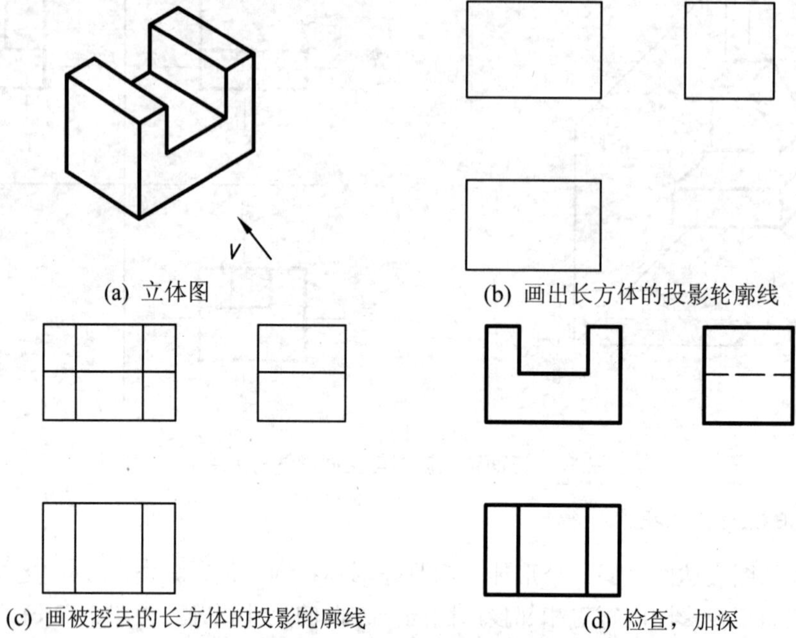

(a) 立体图　(b) 画出长方体的投影轮廓线

(c) 画被挖去的长方体的投影轮廓线　(d) 检查，加深

图 2.14　形体的三面正投影图作图步骤

章后小结

(1) 投影基本知识主要讲述投影法的概念、工程上常用的 4 种投影图，重点掌握三面正投影的形成和投影特点，平行投影的特点。

(2) 三面正投影的投影规律，即“长对正、高平齐、宽相等”，已知组合体的两投影求其第三投影作图中，组合体中每一个基本形体的三面投影都需要满足此规律。

第3章

点、直线和平面的投影

教学提示：任何形体，不论其复杂程度如何，都可以看成由空间几何元素点、线、面所组成。本章主要研究点、各种位置直线、各种位置平面的投影规律和图示方法，为正确绘制和阅读形体的投影图打基础。

学习要求：掌握点、直线和平面的投影规律和方法，在学习的过程中要注意将所学内容与实际工程结合起来，以加强空间想象能力。

3.1 点的投影

如图3.1所示，一个形体由多个侧面围成，各侧面相交于多条侧棱，各侧棱相交于多个顶点 A、B、C、…、J 等。如果画出各点的投影，再把各点的投影一一连接，就可以作出一个形体的投影。所以，点是形体的最基本的元素。点的投影规律是点、线、面投影的基础。

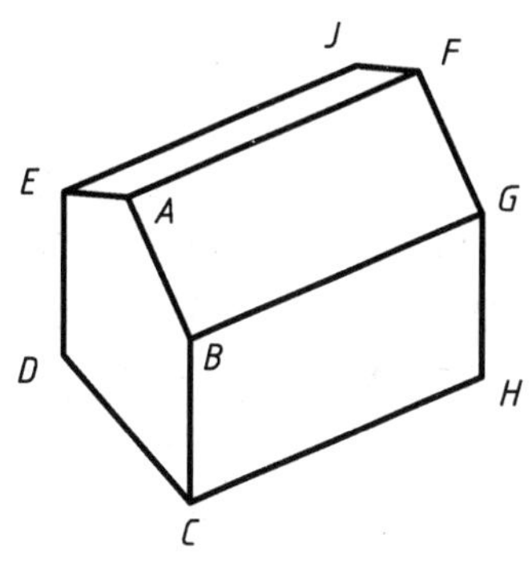

图3.1　房屋形体

3.1.1　点的单面投影

如图3.2(a)所示，过空间点向投影面 H 作垂直投射线，该投射线与 H 面的交点 a 即为点 A 在 H 面上的正投影，这个正投影是唯一确定的。相反，由点的正投影却不能确定点 A 的空间位置，因为位于投射线 Aa 上所有点在 H 面上的正投影均与 a 重合，如图3.2(b)所示中的 A_1、A_2 等。所以由点的一个正投影不能确定点 A 在空间的位置。

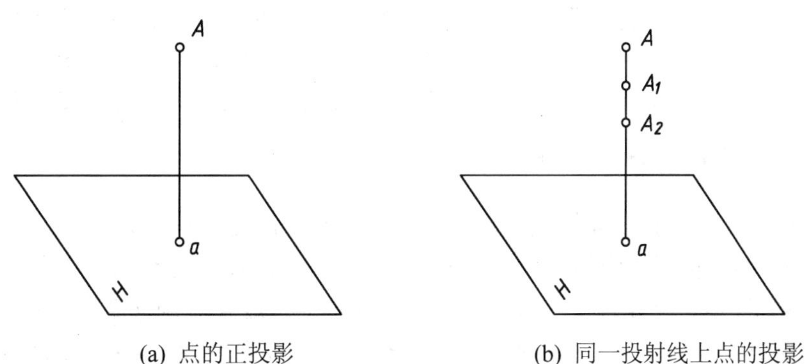

(a) 点的正投影　　(b) 同一投射线上点的投影

图3.2　点的单面投影

3.1.2 点的两面投影

如图 3.3 所示，设在互相垂直的 H 面和 V 面作投射线 Aa 和 Aa'，交点 a 和 a' 就是 A 点在 H 面和 V 面的投影，分别称为 A 点的水平投影和正面投影，也称为 H 面投影和 V 面投影。点用小圆圈表示。

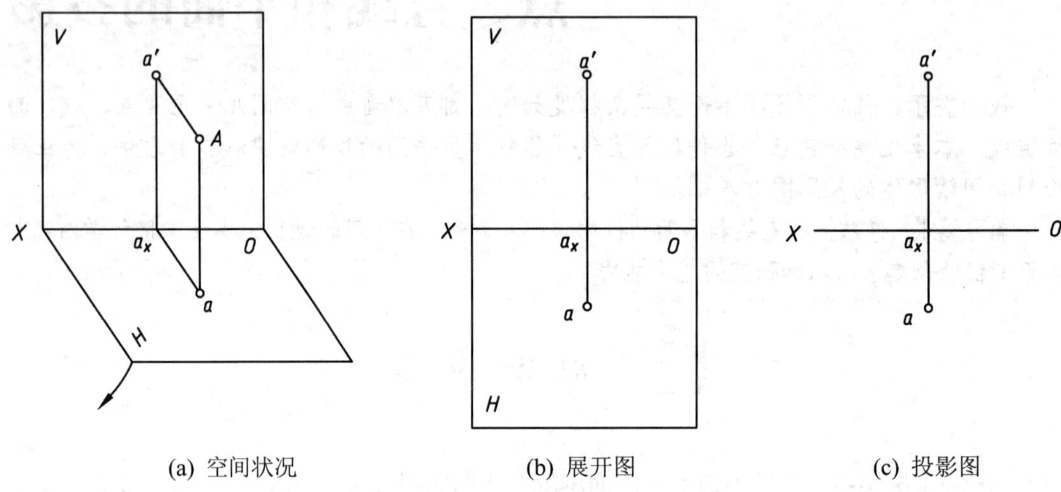

(a) 空间状况　　(b) 展开图　　(c) 投影图

图 3.3　点在两面投影体系中的投影图

由图 3.3(a)可知，因投射线 Aa 垂直于 H 面，Aa'垂直于 V 面，故平面 Aa_xa' 垂直于 H 面和 V 面，且 H 面和 V 面互相垂直，因而这 3 个平面互相垂直，故交线 $aa_x \perp OX$，$a'a_x \perp OX$ 和 $aa_x \perp a'a_x$；同时说明 Aa_xa'是一个矩形，并且能确定点在空间的位置，由此得出结论，由点的两个投影能够确定点在空间的位置。

点的两面投影分别位于两个投影面上，但实际上应在一个平面上表示出空间两个投影面上的投影，为此，应把 H 面和 V 面展成一个平面，如图 3.3(a)所示，V 面不动，把 H 面绕 OX 轴向下旋转 90°，使得与 V 面重合，如图 3.3(b)所示，a 和 a' 之间的连线称为投影连系线，简称连系线，用细实线表示。因为投影面的边框线与确定点的位置无关，故在投影图上只画出投影轴和点的两个投影即可，如图 3.3(c)所示。

综上所述，点的两面投影规律如下。

(1) 点的水平投影和正面投影之间的连系线垂直于 OX 轴。如图 3.3(c)所示，$a'a \perp OX$。

(2) 点的水平投影到 OX 轴的距离等于空间点 A 到 V 面的距离，如图 3.3(a)中的 $aa_x= Aa'$。

(3) 点的正面投影到 OX 轴的距离等于空间点 A 到 H 面的距离，如图 3.3(a)中的 $a'a_x=Aa$。

3.1.3 点在三面投影体系中的投影

虽然，由点的两面投影能够确定点在空间的位置，但在某些情况下，如已知点 A 到 H 面和 V 面的距离已知，则不能确定点 A 在空间的位置，所以，需要设立 3 个投影面。

如图 3.4(a)所示，点 A 位于三投影面体系的空间内，过 A 分别向 3 个投影面作投射线，可得到 3 投影 a、a'、a''，a'' 称为 A 点的侧面投影，也称为 W 面投影。为了使 3 个投影面上的投影成为在一个平面上的投影图，如图 3.4(a)所示，使 V 面保持不动，H 面绕 OX 轴向下旋转 90°，W 面绕 OZ 轴向右旋转 90°与 V 面重合，结果如图 3.4(b)所示。

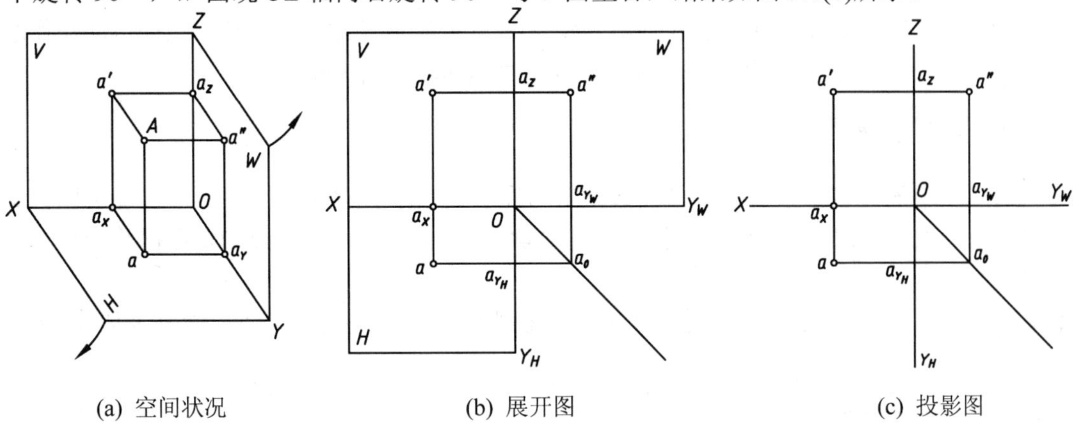

(a) 空间状况　　(b) 展开图　　(c) 投影图

图 3.4　点在三面投影体系中的投影图

去掉投影面边框，即得点的三面投影图，如图 3.4(c)所示。在三投影图上，过 a 点的水平线与过 a''的竖直线刚好交于通过原点 O 的一条 45°斜线上，H 面投影与 W 面投影总满足此关系。

今后如无特殊要求，a_X、a_Y、a_{YH}、a_{YW}、a_Z、a_0可以省去，投影轴也可以省去。

根据以上分析及点的两面投影规律，可以得出点的三面投影规律，具体如下。

(1) 投影之间连系线垂直于投影轴，如图 3.4(c)所示中的 $aa'\perp OX$，$a'a''\perp OZ$。

(2) 点的 H 面投影 a 到 OX 的距离等于点的 W 面投影 a''到 OZ 轴的距离，即 $aa_X=a''a_Z$。

上述投影特性，即“长对正、高平齐、宽相等”。根据上述投影规律，在三面投影体系中，由一点的任意两个投影均可确定点在空间的位置，同时由点的任意两个投影可以求出第三个投影。

【例 3.1】 已知点的两面投影，求第三投影，如图 3.5(a)所示。

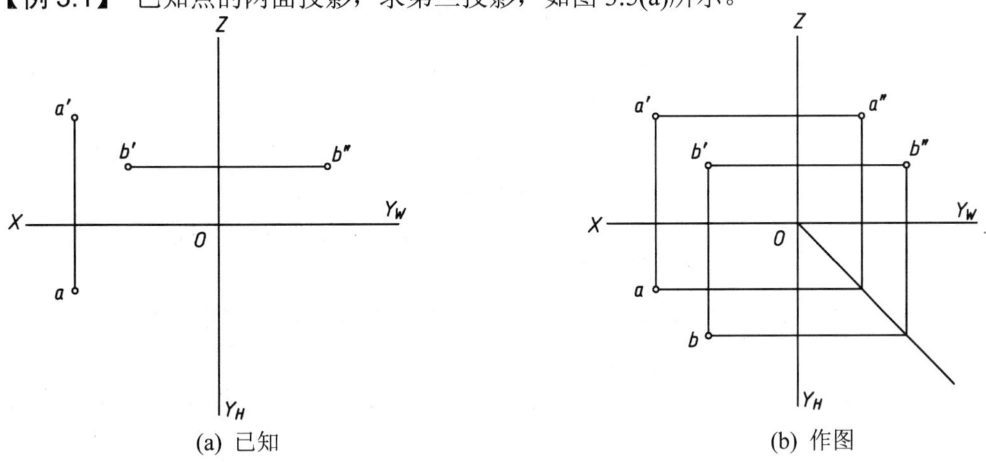

(a) 已知　　(b) 作图

图 3.5　求点的第三投影

【解】 分析：因为根据点的任意两面投影可以求出第三投影，作图步骤如下。

(1) 过 a'向 OZ 轴作水平线并延长，过 a 作水平线与 45°分角线相交，从交点处向上作铅垂线，该铅垂线与过 a' 所作水平线相交，交点即为 a''，如图 3.5(b)所示。

(2) 过 b' 向下作铅垂线，过 b'' 向下作铅垂线与 45° 分角线相交，从交点处再向左作水平线，该水平线与过 b' 所作铅垂线相交，交点即为 b，如图 3.5(b)所示。

3.1.4 特殊位置的点

图 3.4 中的 A 点，没有位于任何投影面和投影轴及原点 O 上，实际上，一点可以位于投影面、投影轴或原点 O 上。不论点位于空间体系中的任何位置，点的投影都符合点的三投影规律。

【例 3.2】 已知 A、B、C、D 分别位于投影面和投影轴上，求作各点的三面投影图，如图 3.6(a)所示。

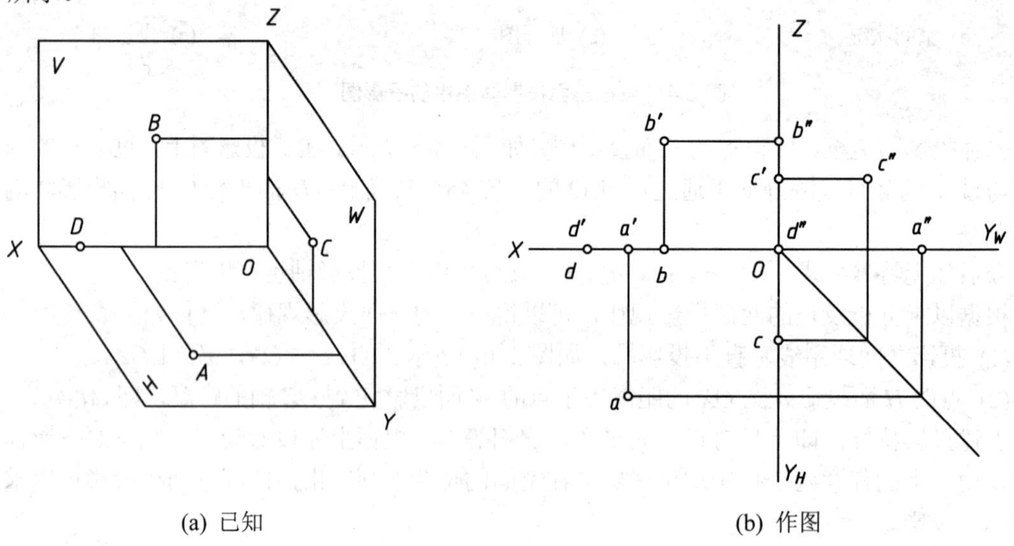

(a) 已知 (b) 作图

图 3.6 特殊位置点

【解】 分析：因为不论点位于空间体系中的任何位置，点的投影都符合点的三投影规律。作图步骤如下。

(1) 由图 3.6(a)可知，点 A 位于 H 面上，其水平投影 a 与 A 点重合，其正面投影 a' 和侧面投影 a''分别位于 OX 轴和 OY 轴上，作图结果如图 3.6(b)所示。

(2) B 点位于 V 面上，其正面投影 b'与 B 点重合，水平投影 b 和侧面投影 b''分别位于 OX 轴和 OZ 轴上，作图结果如图 3.6(b)所示。

(3) C 点位于 W 面上，其侧面投影与 C 点重合，其正面投影 c' 和水平投影 c 分别位于 OZ 轴和 OY 轴上，作图结果如图 3.6(b)所示。

(4) D 点位于 OX 轴上，其正面投影 d' 和水平投影 d 与 D 点重合位于 OX 轴上，侧面投影 d''位于原点 O 上。

需要注意的是：A 点的侧面投影 a''应在 OY_W 轴上，C 点的水平投影应在 OY_H 轴上。

3.1.5 点的坐标

点的空间位置可用坐标来确定，如 A 点的坐标可表示为 $A(x，y，z)$，以毫米(mm)为单位，其中 x 表示点 A 到 W 面的距离，即 $x=Aa''$；y 表示点 A 到 V 面的距离，即 $y=Aa'$；z 表示点 A 到 H 面的距离；即 $z=Aa$，如图 3.7 所示。

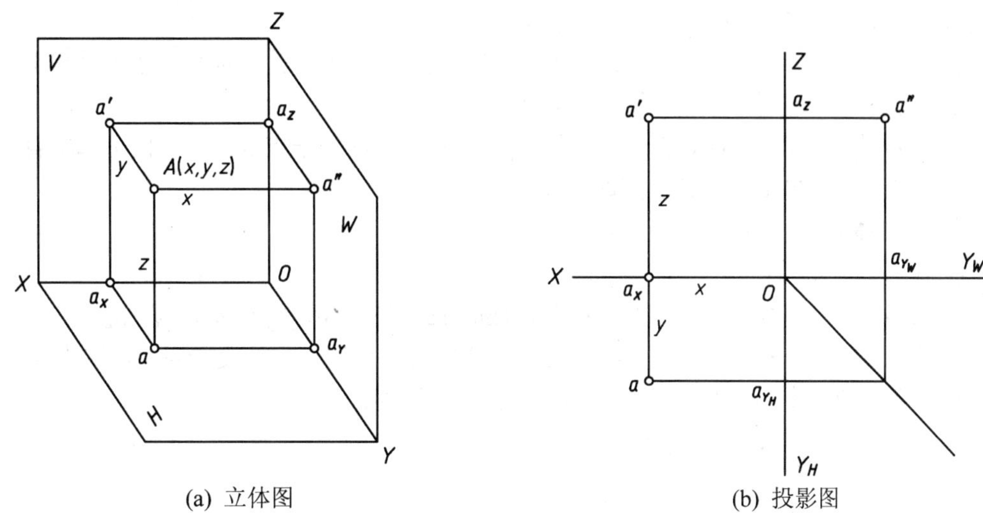

(a) 立体图　　　　(b) 投影图

图 3.7　点的坐标

一点的三投影与点的坐标关系如下。

(1) 一点的 H 投影可反映该点的 X，Y 坐标。

(2) 一点的 V 投影可反映该点的 X，Z 坐标。

(3) 一点的 W 投影可反映该点的 Y，Z 坐标。

已知点的 3 个坐标，可作出该点的三面投影，已知点的三面投影，可以量出该点的 3 个坐标，如图 3.7 所示。

【例 3.3】 已知点 A(18，15，20)，作点 A 的三面投影图和立体图，如图 3.8 所示。

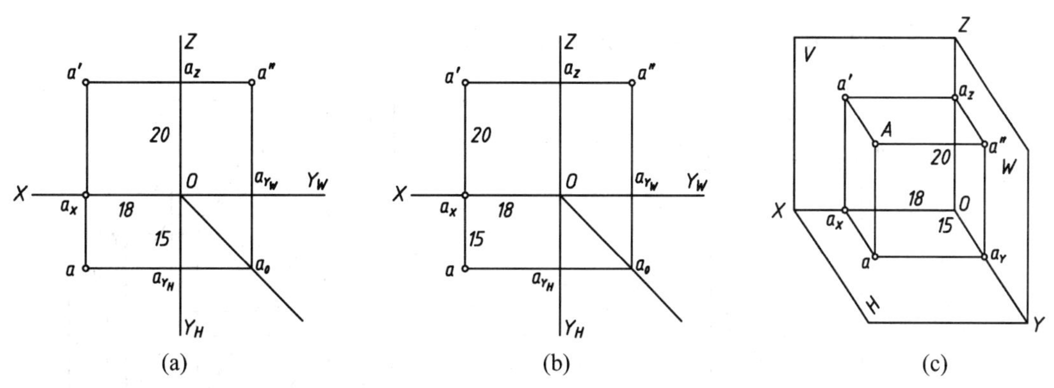

(a)　　　　(b)　　　　(c)

图 3.8　根据点的坐标求作点的投影图和立体图

【解】 分析：由于已知点的 3 个坐标，可作出该点的三面投影图，并且点的空间位置可用坐标来确定，作图步骤如下。

(1) 作三面投影图方法一，如图 3.8(a)所示。

① 画出投影轴，在投影轴 OX、OY_H、OY_W、OZ 上，分别从原点 O 截取 18、15、20，得到点 a_X、a_{Y_H}和 a_{Y_W}、a_Z。

② 过 a_X、a_{Y_H}和 a_{Y_W}、a_Z等点，分别作投影轴 OX、OY_H、OY_W、OZ 的垂线，分别相交得到点 A 的三面投影 a、a'、a''。

(2) 作三面投影图方法二，如图 3.8(b)所示。

① 在 OX 轴上，从 O 点截取 18，得 a_X 点，过该点作 OX 轴的垂线，在该垂线上，从 a_X 点向下截取 15，得到 a，向上截取 20，得到 a'。

② 过 O 点作 45° 方向斜线，从 a 作水平线交 45° 斜线于点 a_0，过 a_0 向上作竖直线与过 a' 向右作的水平线相交，其交点即为 a''。

(3) 作立体图，如图 3.8(c)所示。

① 画出三投影面体系。

② 在 OX、OY、OZ 轴上，从 O 点分别截取 18、15、20，得点 a_X、a_Y、a_Z。

③ 从点 a_X、a_Y、a_Z 在 H、V、W 面内分别作轴的平行线，三线交于点 A，即为 A 点的立体图(该立体图即本书中第 8 章轴测图，这里不再详述)。

3.1.6 空间两点的相对位置

1. 相对位置的判断

空间每个点具有前后、左右、上下 6 个方位，由点的 3 个坐标可知空间点到 3 个投影面之间的距离，因此，分析空间两点的相对位置，只需分析它们的坐标值即可。

X 坐标值大的点在左，小的在右。

Y 坐标值大的点在前，小的在后。

Z 坐标值大的点在上，小的在下。

另外，空间两点的相对位置可在它们的三面投影中反映，两点的 H 面投影能反映两点的前后、左右关系；两点的 V 面投影能反映两点的上下、左右关系；两点的 W 面投影能反映两点的前后、上下关系。

【例 3.4】 已知 A、B 的三面投影，判断两点的相对位置，如图 3.9(a)所示。

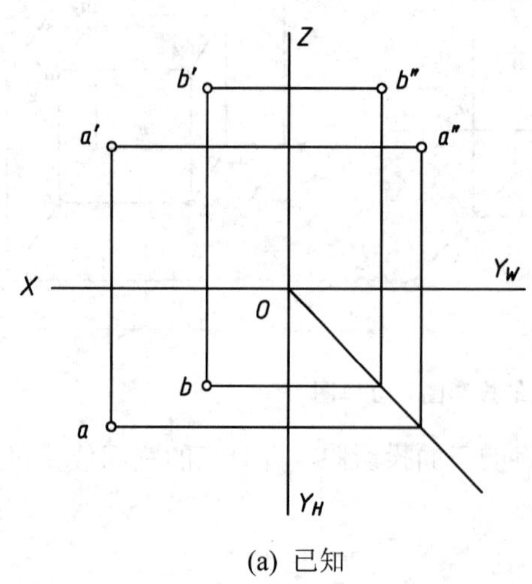

(a) 已知

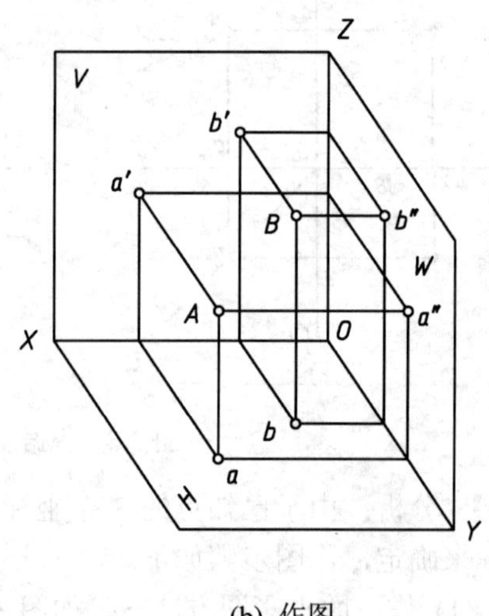

(b) 作图

图 3.9 两点的相对位置

【解】 分析：空间两点的相对位置，可在它们的三面投影中得到反映。

(1) 由 H 面投影可判断出 A 在 B 的左前方。

(2) 由 V 面投影可判断出 A 在 B 的左下方。

(3) 由 W 面投影可判断出 A 在 B 的前下方。

(4) 由三投影中任两投影即可得出 A 在 B 的左、前、下方。

2. 重影点

两点位于某一投影面的同一条投射线上，则它们在这一个投影面上的投影互相重合，重合的投影称为重影点。重影点的 3 个坐标值中必有两个相同，另一个不同。

一个投影面上重影点反映空间点的可见性，必须根据该两点在另外的投影面上的相对位置来判定。重影点可见点的投影写在前面，不可见点的投影写在后面，最好加上圆括号。

如图 3.10(a)所示，A、B 两点的水平投影重合为一点，A、B 两点称为 H 面的重影点，A 点在上，B 点在下，A 可见，B 不可见，标注为 $a(b)$。

如图 3.10(b)所示，C、D 两点的正面投影重合为一点，C、D 两点称为 V 面的重影点，C 点在前，D 点在后，C 可见，D 不可见，标注为 $c'(d')$。

如图 3.10(c)所示，E、F 两点的侧面投影重合为一点，E、F 两点称为 W 面的重影点，E 点在左，F 点在右，E 可见，F 不可见，标注为 $e''(f'')$。

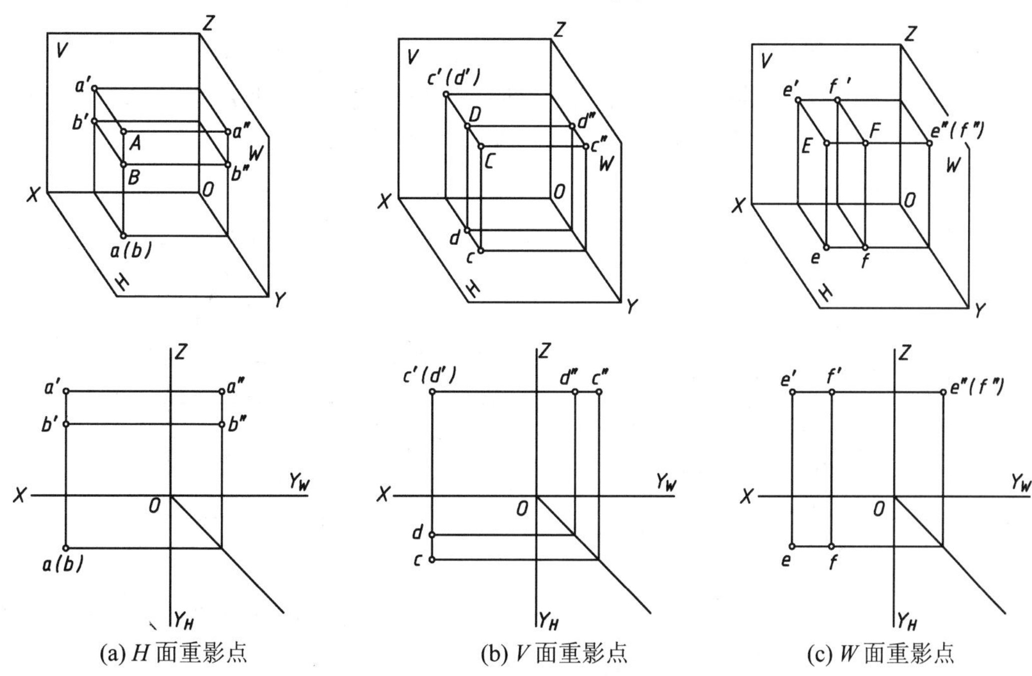

(a) H 面重影点　　(b) V 面重影点　　(c) W 面重影点

图 3.10　重影点

【例 3.5】已知形体的立体图及投影图，试在投影图上标记形体上重影点的投影，如图 3.11 所示。

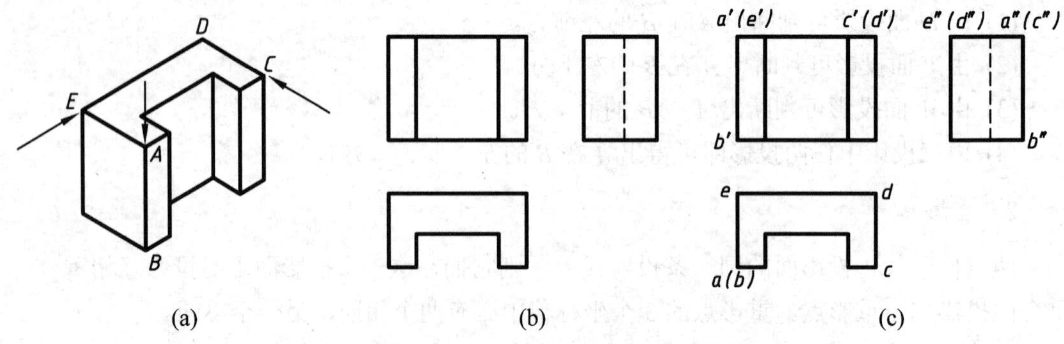

图 3.11　重影点的投影

【解】(1) 因 *AB* 两点位于同一条垂直于 *H* 面的侧棱上，它们的 *H* 面投影重影，*A* 点在上为可见，*B* 点在下为不可见。它们的重合投影标记为 *a*(*b*)。

(2) 因 *CD* 两点位于同一条垂直于 *V* 面的侧棱上、它们的 *V* 面投影重影，*C* 点在前为可见，*B* 在后为不可见。它们的重合投影标记为 *c*′(*d*′)。

(3) 因 *ED* 两点分别位于同一条垂直于 *W* 面的侧棱上、它们的 *W* 面投影重影，*E* 点在左为可见，*D* 点在右为不可见。它们的重合投影标记为 *e*″(*d*″)。

3.2 直线的投影

一条直线可由直线上的任意两点来决定，所以画出直线上任意两点的投影，连接其同面投影(同一个投影面上的投影)即得到直线的投影，如图 3.12 所示。

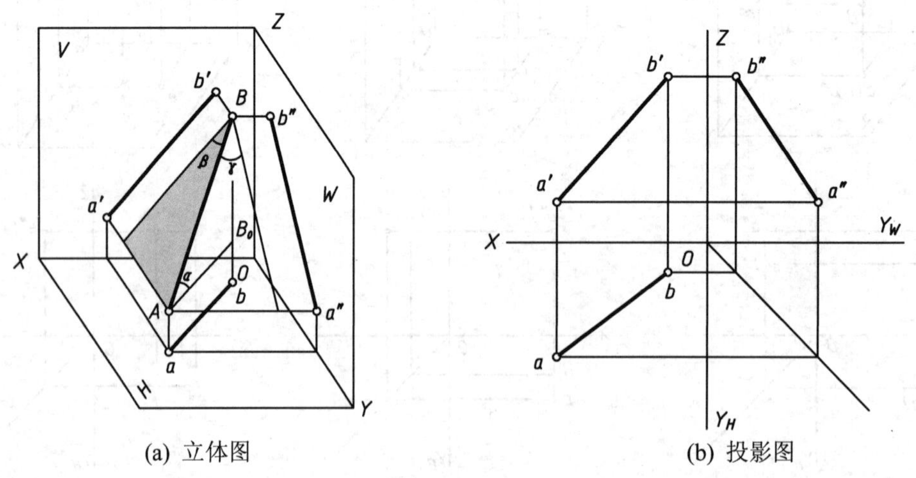

图 3.12　直线的投影

3.2.1 各种位置直线的投影

按空间直线与投影面的相对位置不同，可分为投影面的平行线、投影面的垂直线和一般位置直线、前两种称为特殊位置直线。

直线与各投影面的倾角分别表示为：与 H 面倾角 α、与 V 面倾角 β、与 W 面倾角 γ。

1. 投影面的平行线

(1) 投影面平行线是指在空间与一个投影面平行同时与另外两个投影面倾斜的直线。

(2) 投影面平行线分为水平线、正平线、侧平线。

① 水平线与 H 面平行同时与 V 面、W 面倾斜。如图 3.13(a)中水平线 AB。

② 正平线与 V 面平行同时与 H 面、W 面倾斜。如图 3.13(b)中正平线 CD。

③ 侧平线与 W 面平行同时与 H 面、V 面倾斜。如图 3.13(c)中侧平线 EF。

(3) 投影面平行线的投影特点为：在它所平行的投影面上的投影反应其实长并且反映与另外两个投影面的倾角，另外两个投影平行或者垂直于相应的投影轴，如图 3.13 所示。

投影面平行线在形体投影图和立体图中的位置如图 3.14 所示。

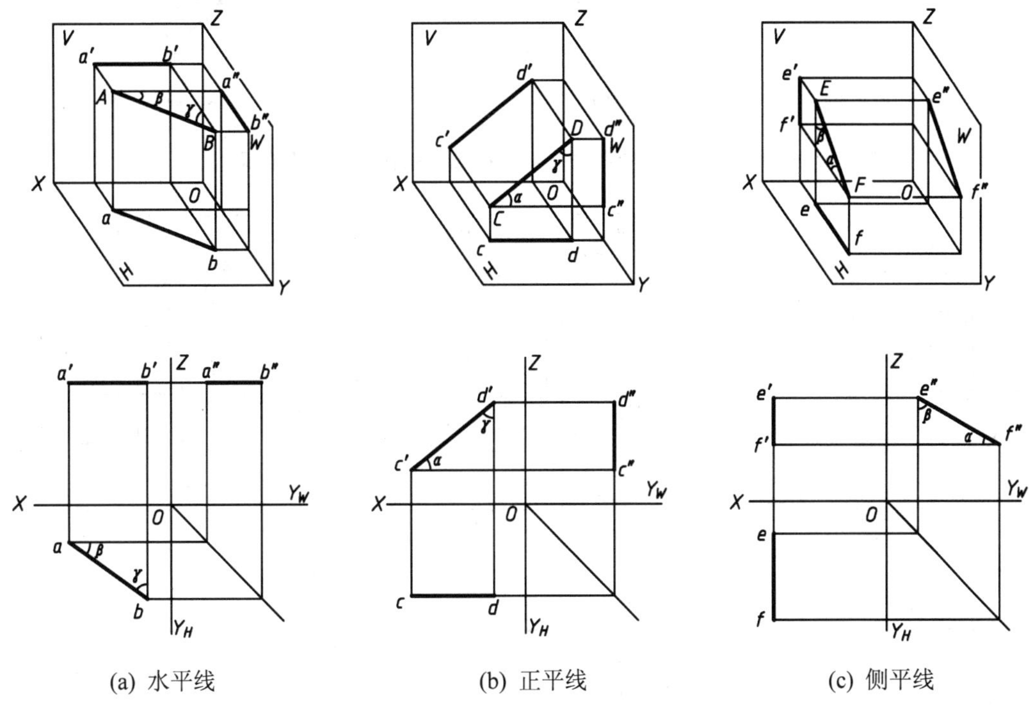

(a) 水平线　　(b) 正平线　　(c) 侧平线

图 3.13　投影面的平行线

2. 投影面的垂直线

(1) 投影面垂直线是指在空间与一个投影面垂直，同时与另外两个投影面平行的直线。

(2) 投影面垂直线分为铅垂线、正垂线、侧垂线。

① 铅垂线与 H 面垂直同时与 V 面、W 面平行。如图 3.15(a)中铅垂线 AB。

② 正垂线与 V 面垂直同时与 H 面、W 面平行。如图 3.15(b)中正垂线 CD。

③ 侧垂线与 W 面垂直同时与 H 面、V 面平行。如图 3.15(c)中侧垂线 EF。

(3) 投影面垂直线的投影特点为：在它所垂直的投影面上的投影积聚为一点，另外两个投影垂直或平行于相应的投影轴，如图 3.15 所示。

投影面垂直线在形体投影图和立体图中的位置如图 3.16 所示。

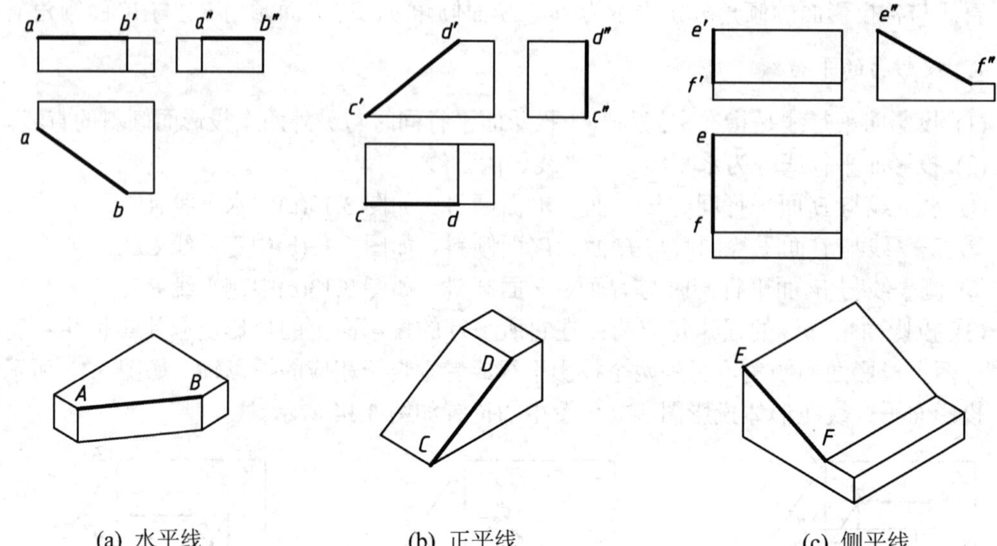

(a) 水平线 (b) 正平线 (c) 侧平线

图 3.14 投影面平行线在形体投影图和立体图中的位置

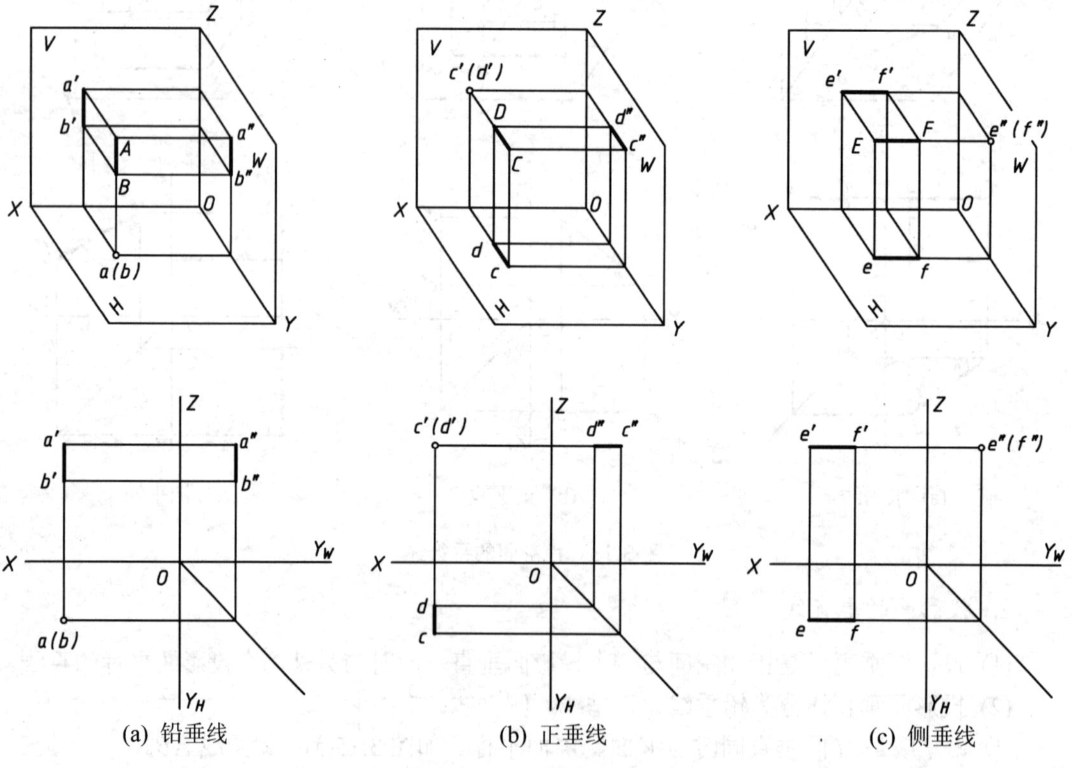

(a) 铅垂线 (b) 正垂线 (c) 侧垂线

图 3.15 投影面的垂直线

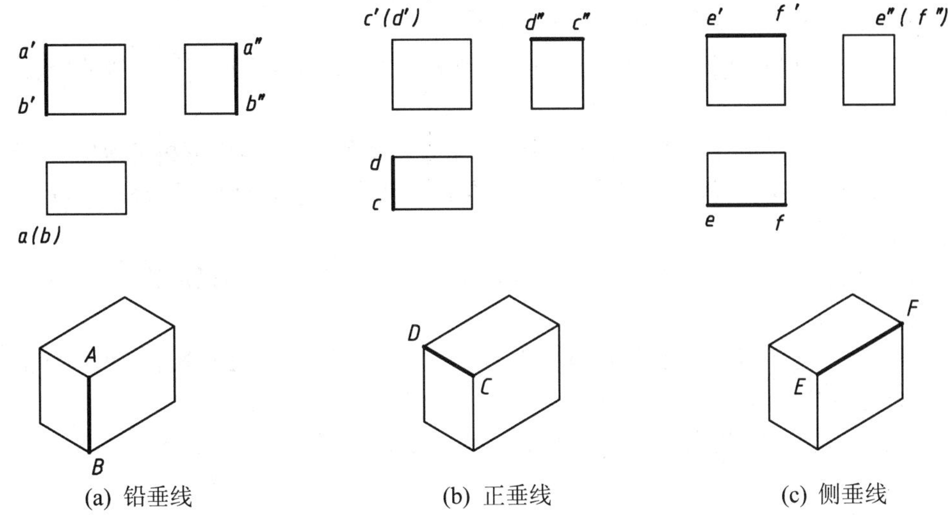

(a) 铅垂线　　(b) 正垂线　　(c) 侧垂线

图 3.16　投影面垂直线在形体投影图和立体图中的位置

3. 一般位置直线

(1) 一般位置直线在空间与 3 个投影面都倾斜，它的三面投影都是直线，并且与各投影轴都倾斜，都不反映直线的实长及与各投影面倾角的大小，如图 3.12 所示。

(2) 因为一般位置直线与各投影面之间存在夹角，才使得一般位置直线的投影不能反映其实长，但是一般位置直线的任意两个同面投影可以确定它在空间的位置，所以可以利用其任意两个同面投影来求出一般位置直线的实长和倾角，这种方法称为直角三角形法。

求直线段对 H 面的倾角 α 及实长,如图 3.17(a)所示，一般位置直线 AB 的投影 ab、$a'b'$ 的长度均小于实长，且不反映与任意倾角的大小。过 A 作 ab 的平行线交 Bb 于 B_0，得直角三角形 ABB_0，该直角三角形的一条直角边 $AB_0=ab$，即 H 面投影长度；另一直角边 $BB_0=|Bb-B_0b|=|Z_B-Z_A|=\Delta Z$，即该直线两端点的 Z 坐标差。由于两直角边在投影图上都为已知，因此可以在投影图上画出这样的直角三角形求出倾角 α 及 AB 实长。同理，按照同样的方法可以求出直线段对 V 面的倾角 β 及实长。

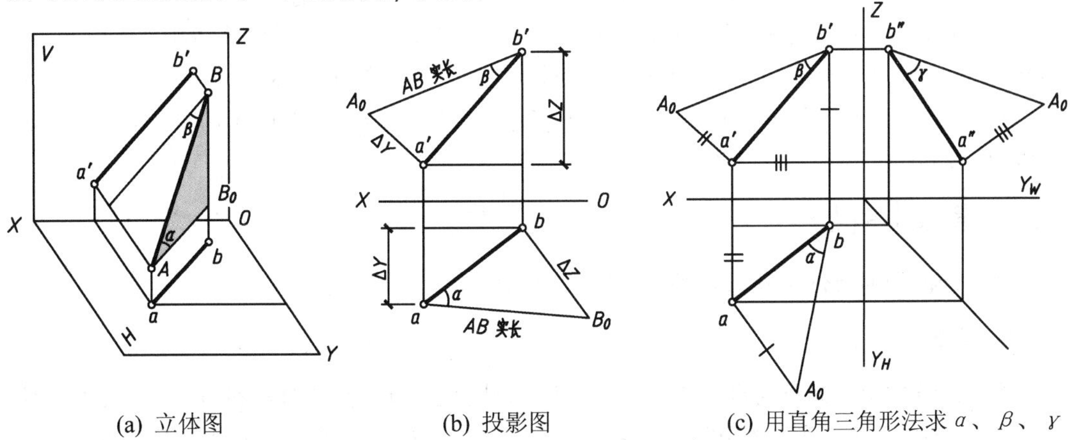

(a) 立体图　　(b) 投影图　　(c) 用直角三角形法求 α、β、γ

图 3.17　直角三角形法求直线段的实长及倾角

对 W 面的倾角 γ 及实长，请读者自行分析。

直角三角形可以画在投影图的任何位置，但为了方便，可以直接利用直线的投影作出，如图 3.17(c)所示。

直角三角形法的四要素为投影长、坐标差、实长和倾角。综合以上分析可得出以下结论。

(1) 在 α 所存在的直角三角形中，α 所相邻的一条直角边为 H 面投影长，所对应的直角边为 Z 坐标差 ΔZ。

(2) 在 β 所存在的直角三角形中，β 所相邻的一条直角边为 V 面投影长，所对应的直角边为 Y 坐标差 ΔY。

(3) 在 γ 所存在的直角三角形中，γ 所相邻的一条直角边为 W 面投影长，所对应的直角边为 X 坐标差 ΔX。

【例 3.6】 已知直线 AB 的投影 a、$a'b'$，AB=30，点 B 在点 A 之前，求 b、β，如图 3.18(a)所示。

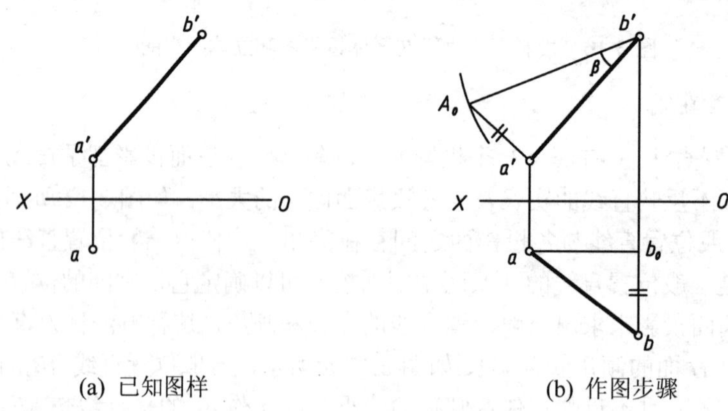

(a) 已知图样　　(b) 作图步骤

图 3.18　求直线的 H 面投影和 β 角

【解】 分析：由点的投影规律可知，b 必定位于 b'正下方的 H 投影面上，只要作出 A、B 两点的 Y 坐标差，即可以确定 b。因 β 所存在的直角三角形中，β 所相邻的一条直角边为 V 面投影长，所对应的直角边为 Y 坐标差。作图步骤如图 3.18(b)所示。

(1) 过 a'作 $a'b'$的垂线，再以 b'为圆心，以 30 为半径作圆弧与所作垂线相交于一点 A_0，连接 A_0b'，得直角三角形 $A_0a'b'$，A_0a'的长度即为 A、B 两点的 Y 坐标差。

(2) 过 a 作水平线与过 b'所作的 X 轴垂线交于点 b_0，在该垂线上自 b_0 向下截取 $b_0b=A_0a'$ 得 b，连接 ab。

3.2.2　直线上的点

由平行投影的特性可知，直线上的点的投影规律。

1. 从属性

若点在直线上，则点的投影必在直线的同名投影上且符合点的投影规律。如图 3.19 所示，C 在直线 AB 上，则 c 在 ab 上，c'在 $a'b'$上，c''在 $a''b''$上。反之，如果点 C 的各投影在直线的各同名投影上，且符合点的投影规律，则点 C 必在直线上。

2. 定比性

直线上两线段长度之比等于它们的同名投影长度之比。若点 *C* 在直线 *AB* 上，则 $AC:CB=ac:cb=a'c':c'b'=a''c'':c''b''$。

直线上点的投影规律可作为求直线上点的投影，或判断点是否在直线上的依据。

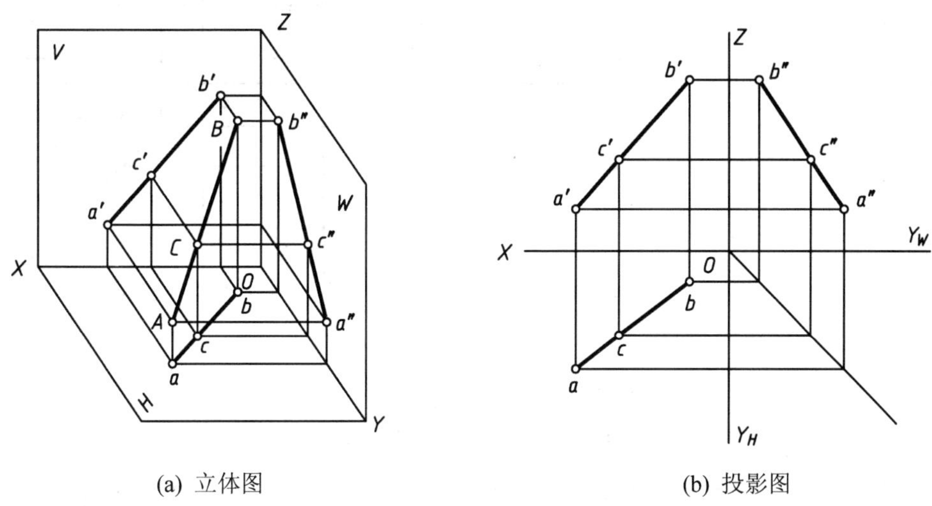

(a) 立体图　　(b) 投影图

图 3.19　直线上的点

【例 3.7】 已知直线 *AB* 的投影 *ab*、*a'b'*，点 *C* 在直线 *AB* 上，且 $AC:CB=2:3$，求 *C* 点的投影 *c*、*c'*，如图 3.20(a)所示。

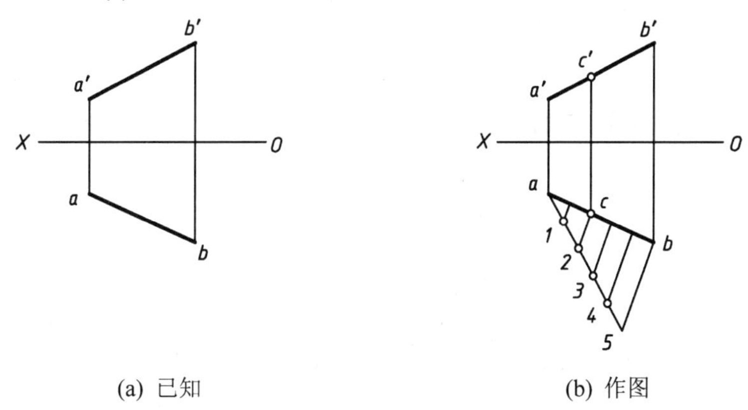

(a) 已知　　(b) 作图

图 3.20　求直线上点的投影

【解】 分析：由定比性可知，$AC:CB=ac:cb=a'c':c'b'=2:3$。作图步骤如图 3.20(b)所示。

(1) 过 *a*、*b*、*a'*、*b'* 4 个点中的任意一个作一条斜线，此题过 *a* 点作，把该斜线等分为 5 等分。

(2) 连接 *b*5，过第 2 等分点作 *b*5 的平行线，得点 *c*，过 *c* 向上作连系线交 *a'b'* 于点 *c'*。

【例 3.8】 判断点 K 是否在侧平线 AB 上，如图 3.21(a)所示。

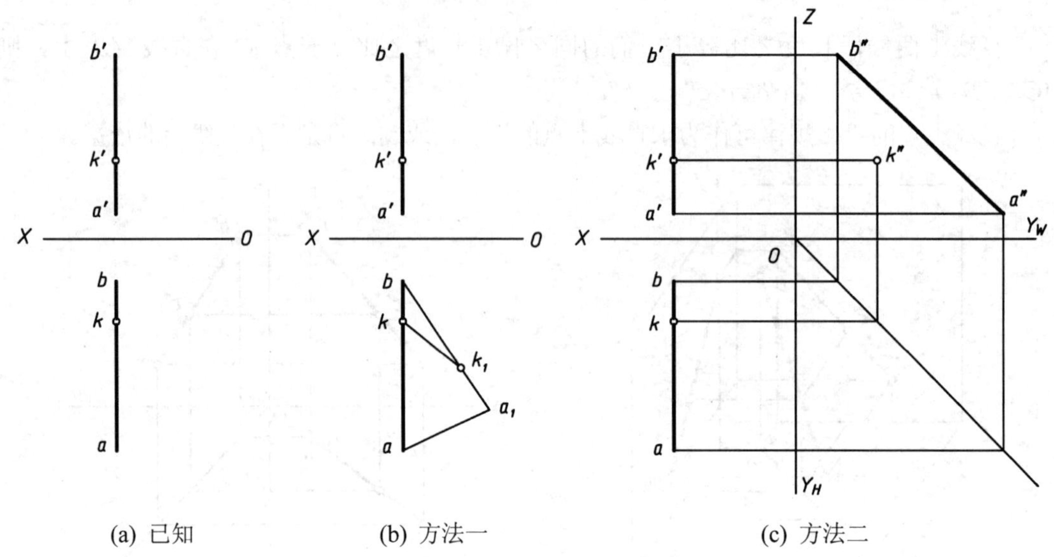

(a) 已知　　(b) 方法一　　(c) 方法二

图 3.21　判断点是否在直线上

【解】 分析：由定比性可知，若点在直线上，则 $AC:CB=ac:cb=a'c':c'b'=a''c'':c''b''$，因此可用定比性判断点是否在直线上；另外也可作出 W 投影后来判断。作图步骤如下。

(1) 方法一，如图 3.21(b)所示：

① 在 ab 上过 b 作一斜线，取 $bk_1=b'k'$，$k_1a_1=k'a'$。

② 连接 aa_1 和 kk_1，发现 aa_1 和 kk_1 不平行，得出点 K 不在直线 AB 上。

(2) 方法二，如图 3.21(c)所示：

求出 $a''b''$ 和 k''，发现 k'' 不在 $a''b''$ 上，得出点 K 不在直线 AB 上。

3.2.3　两直线间的相对位置关系

空间两直线的相对位置关系有平行、相交和交叉 3 种情况。其中，两平行直线和两相交直线都在同一平面上，称为共面直线。两交叉直线不在同一平面上，称为异面直线。

1. 平行两直线

(1) 如图 3.22 所示，由平行投影的特性可知，平行两直线的投影规律。

① 若两直线平行，则它们的同面投影必互相平行。

如图 3.22 所示，$AB // CD$，则 $ab // cd$、$a'b' // c'd'$、$a''b'' // c''d''$。

② 若两直线平行，则它们的同面投影长度之比与它们实长之比相等，且指向相同。

如图 3.22 所示，$AB:CD=ab:cd=a'b':c'd'=a''b'':c''d''$，$AB$ 与 CD 指向相同，则 ab 与 cd、$a'b'$ 与 $c'd'$、$a''b''$ 与 $c''d''$ 指向亦各自相同。

(2) 判断方法。

① 若两直线的 3 组同面投影都平行，则两直线在空间平行。

② 若两条一般位置直线，任意两组同面投影平行，则可判断两直线在空间平行。

③ 若两直线同时平行于某一投影面，则需通过两直线在该投影面上的投影来判断，或者通过定比性和指向来判断。

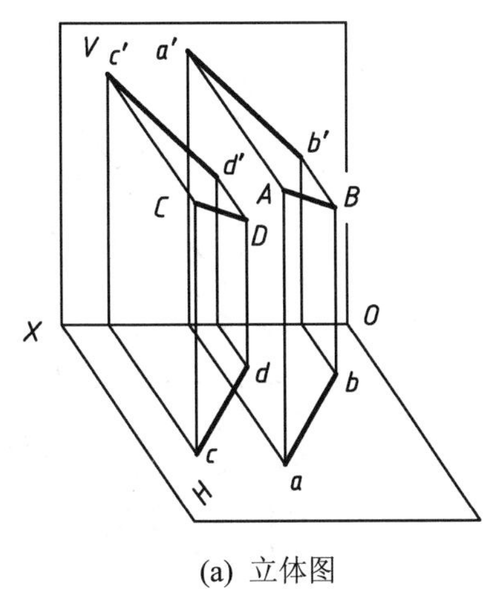

(a) 立体图

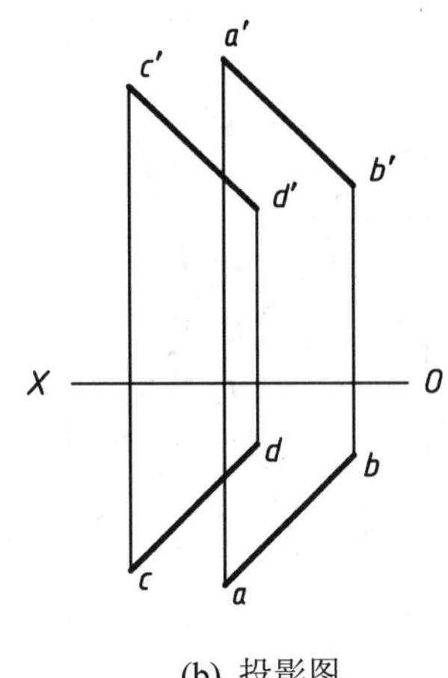

(b) 投影图

图 3.22 平行两直线

【例 3.9】 判断两侧平线 AB 与 CD 是否平行，如图 3.23(a)所示。

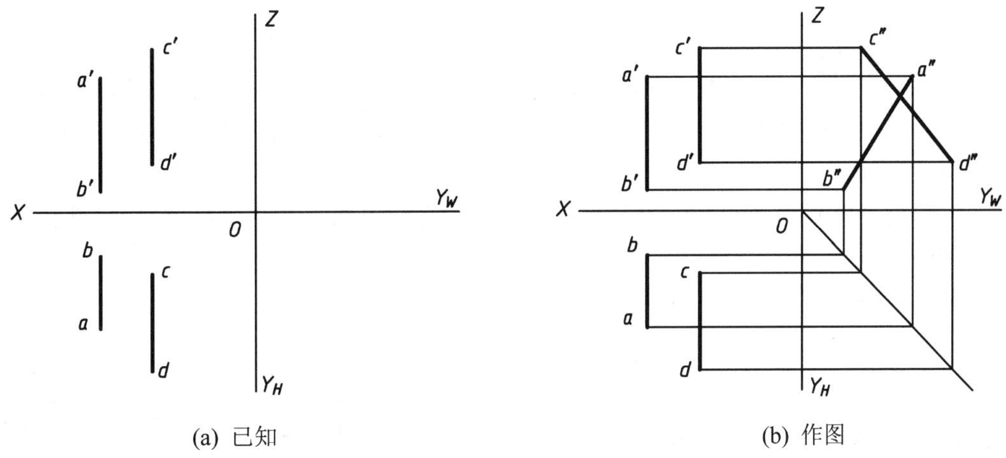

(a) 已知 (b) 作图

图 3.23 判断两直线是否平行

【解】 分析：因 AB 与 CD 同时平行于 W 投影面，则需通过两直线在 W 投影面上的投影来判断，或者通过定比性和指向来判断。作图步骤如图 3.23(b)所示。

作出两直线的 W 投影，发现 $a''b''$、$c''d''$相交，因此说明 AB 与 CD 在空间不平行，即为交叉直线。也可通过定比性和指向来判断出不平行，请读者自行分析。

2. 相交两直线

(1) 如图 3.24 所示，相交两直线的投影规律。

若两直线相交，则它们的同面投影必相交，且交点的投影必符合点的投影规律。如图 3.24 所示，AB 与 CD 交于 K 点，则 ab 与 cd 交于 k 点，$a'b'$与 $c'd'$交于 k'点，同理 $a''b''$ 与 $c''d''$也应交于 k''点，并且 k 与 k'位于同一竖直线上，k'与 k''位于同一水平线上。

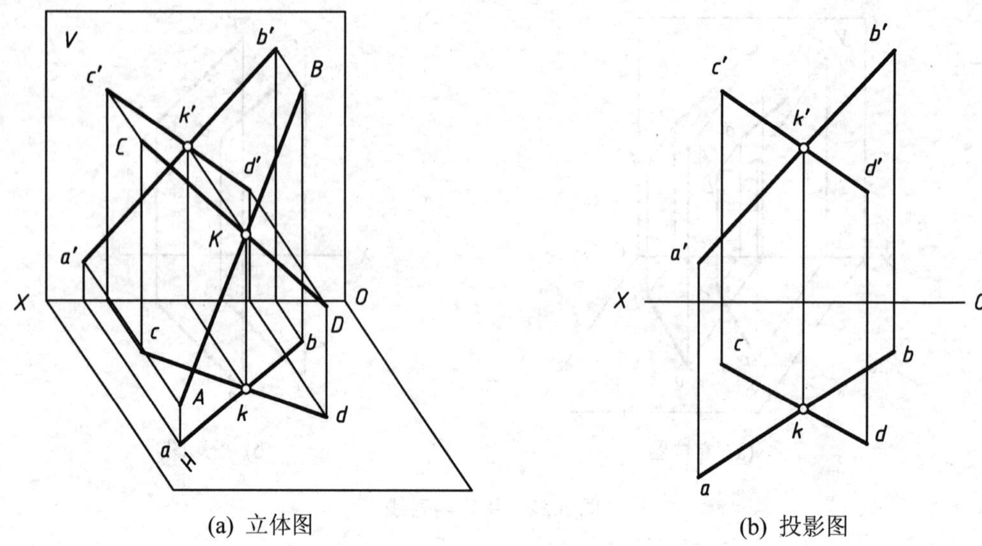

(a) 立体图

(b) 投影图

图 3.24 相交两直线

(2) 判断方法。

① 若两直线的3组同面投影都相交，且交点符合点的投影规律，则两直线在空间相交。

② 两条一般位置直线，任意两组同面投影相交，且交点符合点的投影规律，则可判断两直线在空间相交。

③ 两直线中其中之一平行于某一投影面，则需作出两直线在该投影面上的投影来判断。或者通过定比性来判断。

【例 3.10】 判断两直线 *AB* 与 *CD* 是否相交，如图 3.25(a)所示。

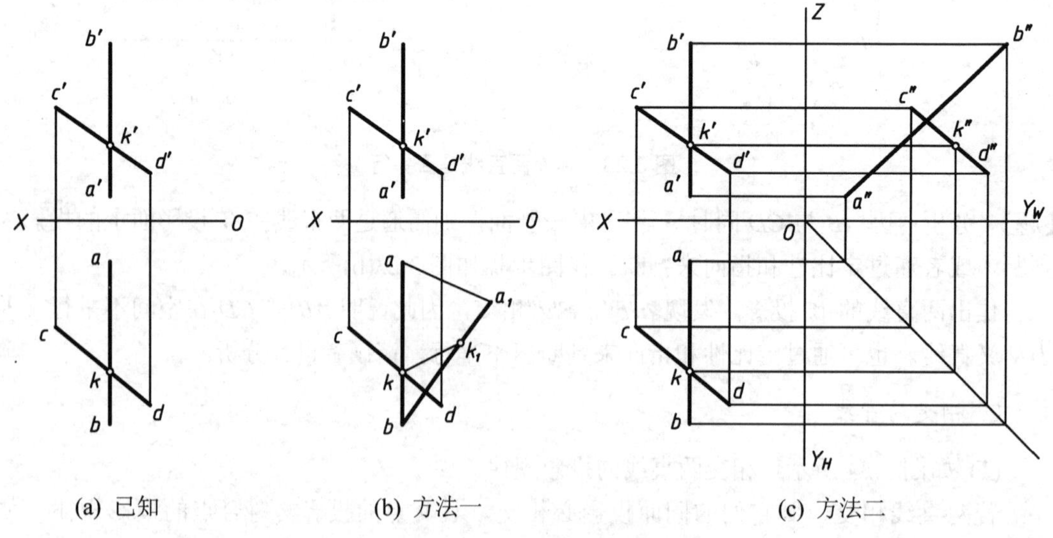

(a) 已知

(b) 方法一

(c) 方法二

图 3.25 判断两直线是否相交

【解】 分析：因两直线中 *AB* 平行于 *W* 投影面，则需作出两直线在 *W* 投影面上的投影来判断；或者通过定比性来判断。

(1) 方法一，如图 3.25(b)所示。

① 过 b 任作斜线，在该斜线上取 $bk_1=b'k'$，$k_1a_1=k'a'$。

② 连接 kk_1 和 a_1a，发现 kk_1 和 a_1a 不平行，说明 AB 与 CD 不相交，为交叉直线。

(2) 方法二，如图 3.25(c)所示。

作出 W 投影，发现投影交点 k'、k''不符合点的投影规律，所以 AB 与 CD 不相交，为交叉直线。

3. 交叉两直线

如图 3.26 所示，交叉两直线既不平行又不相交。其投影既不符合平行两直线的投影特性，也不符合相交两直线的投影特性。

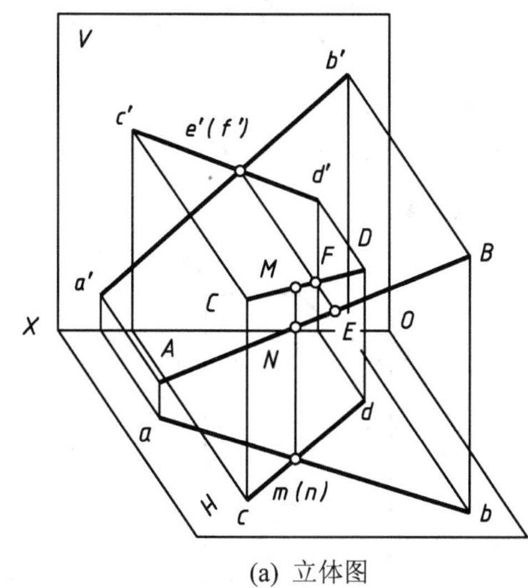

(a) 立体图

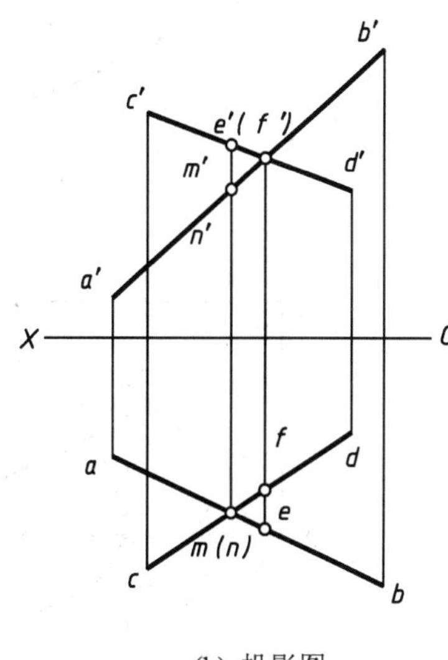

(b) 投影图

图 3.26 交叉两直线

在交叉两直线的投影图中，同面投影有可能会出现交点，但该交点并非是空间两直线真正的交点，而是重影点。重影点的可见性需根据其他投影来判断。如图 3.26(b)所示，过 H 面重影点 $m(n)$向上作连系线交 $c'd'$于点 m'，交 $a'b'$于点 n'，m'点在上，n'点在下，说明当从上向下看时，CD 遮挡住 AB；过 V 面重影点 $e'(f')$向下作连系线交 ab 于点 e，交 cd 于点 f，e 点在前，f 点在后，说明当从前向后看时 ，AB 遮挡住 CD。

图 3.27(a)和图 3.27(b)均是交叉两直线的投影图。读者也可自行分析其可见性。

4. 垂直两直线

(1) 两垂直相交直线之一平行于某投影面，另一边不平行也不垂直于该投影面时，则在该投影面上的投影是直角。如图 3.28 所示，$AB \perp BC$，$AB /\!/ H$ 面，又因 $AB \perp Bb$，所以 AB 垂直于平面 $BbcC$，因而 AB 垂直或平行于该面内的任何直线，即 $AB \perp bc$，又因 $AB /\!/ ab$，所以 $ab \perp bc$。

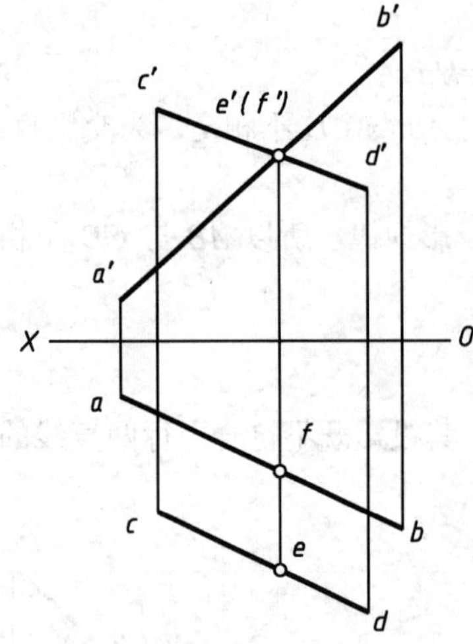

(a) 判断 V 面重影点

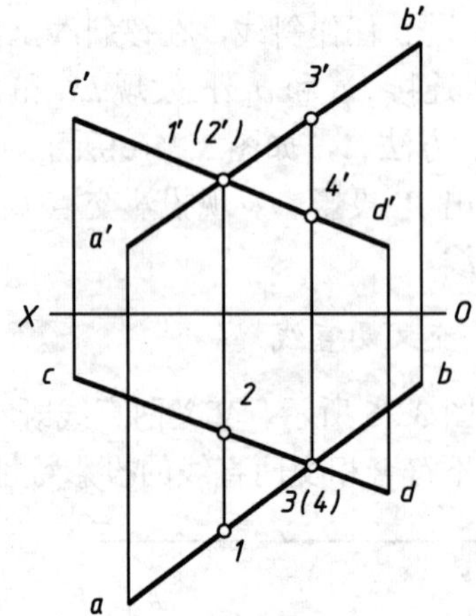

(b) 判断 V、H 面重影点

图 3.27　交叉两直线的投影图

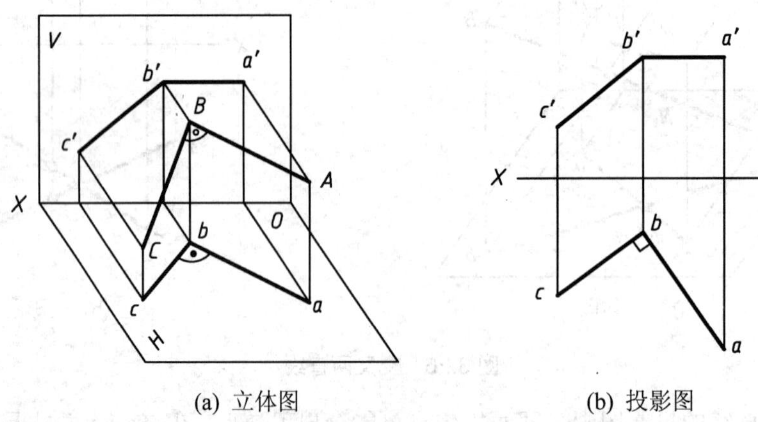

(a) 立体图　　(b) 投影图

图 3.28　两垂直相交直线其中之一平行于某投影面

反之，相交两直线之一是某投影面平行线，且两直线在该投影面上的同名投影互相垂直，则在空间两直线互相垂直。

(2) 当空间交叉垂直两直线之一平行于某投影面，另一直线不平行也不垂直于该投影面时，则这两直线在该投影面上的投影也垂直。如图 3.29 所示，AB 与 ED 交叉垂直，$ED /\!/ BC$，则 ed 与 bc 重合，由图 3.28 中已证明出 $ab \perp bc$，则 $ab \perp ed$。

反之，交叉两直线之一是某投影面平行线，且两直线在该投影面上的同名投影互相垂直，则在空间两直线互相交叉垂直。

【例 3.11】 求点 C 到水平线 AB 的距离，如图 3.30(a)所示。

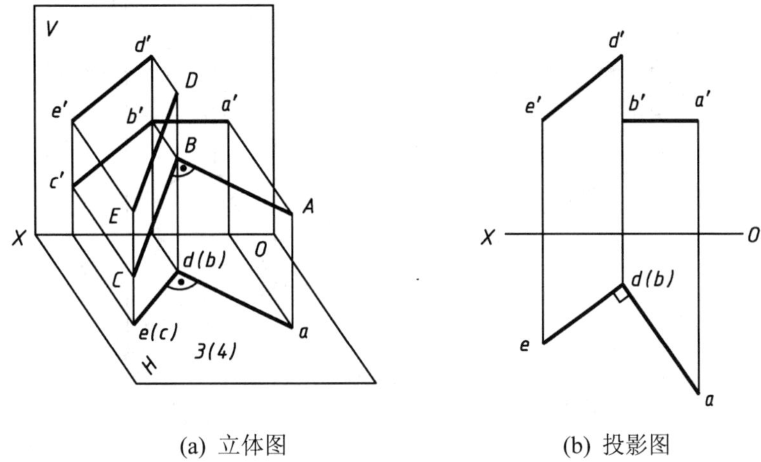

(a) 立体图　　(b) 投影图

图 3.29　交叉垂直两直线之一平行于某投影面

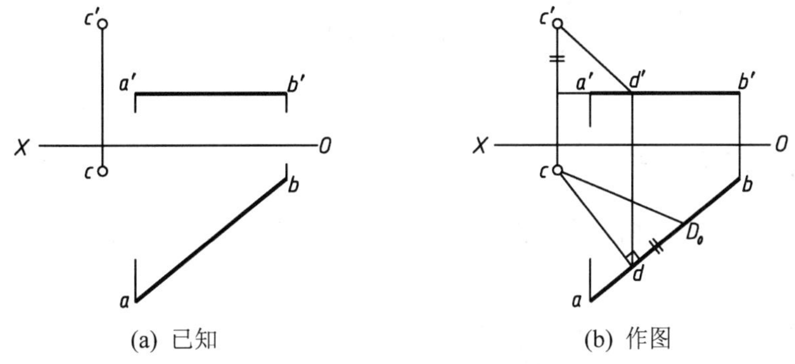

(a) 已知　　(b) 作图

图 3.30　求点到水平线的距离

【解】 分析：求点到直线的距离，也就是过点向直线作垂线，从而问题转化为研究空间垂直相交两直线问题。作图步骤如下。

(1) 因 $AB /\!/ H$ 面，所以可过 c 向 ab 作垂线，得垂足 d，过 d 向上作连系线，交 $a'b'$于点 d'，连接 $c'd'$。如图 3.30(b)所示。

(2) 利用直角三角形法求 CD 的实长，过 d 在 ab 上截取 dD_0 等于 CD 两点的 Z 坐标差，连接 cD_0，则 cD_0 即为点 C 到 AB 的距离。

【例 3.12】 已知 AB 为水平线，补全矩形 $ABCD$ 的两面投影，如图 3.31 所示。

【解】 分析：因四边形 $ABCD$ 矩形，故 $AB \perp AD$，又因 AB 为水平线，可利用垂直两直线关系求作。作图步骤如下。

(1) 过 a 作 $ad \perp ab$。

(2) 利用矩形对边平行关系完成矩形两面投影。

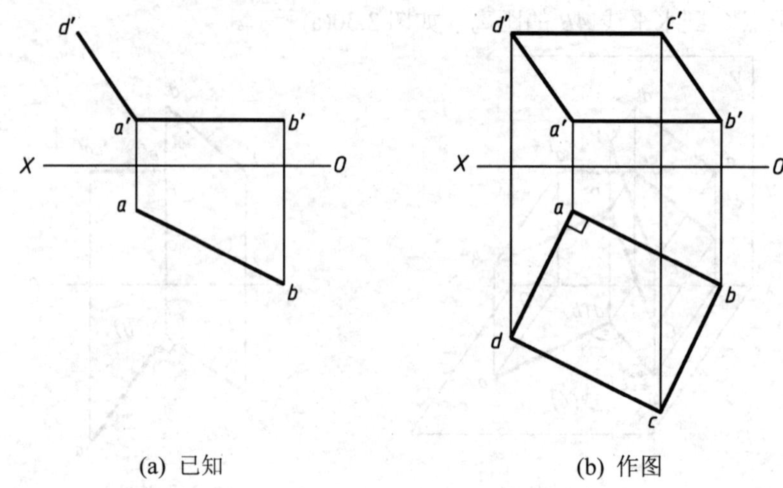

(a) 已知　　　　(b) 作图

图 3.31　求矩形的两面投影

3.3 平面的投影

3.3.1　平面的表示方法

由初等几何可知：平面是广阔无边的，而平面图形是有有限范围的，平面的表示方法有以下几种。

(1) 不在同一直线上的 3 个点，如图 3.32(a)所示。

(2) 一直线和直线外一点，如图 3.32(b)所示。

(3) 两相交直线，如图 3.32(c)所示。

(4) 两平行直线，如图 3.32(d)所示。

(5) 平面图形，如图 3.32(e)所示。

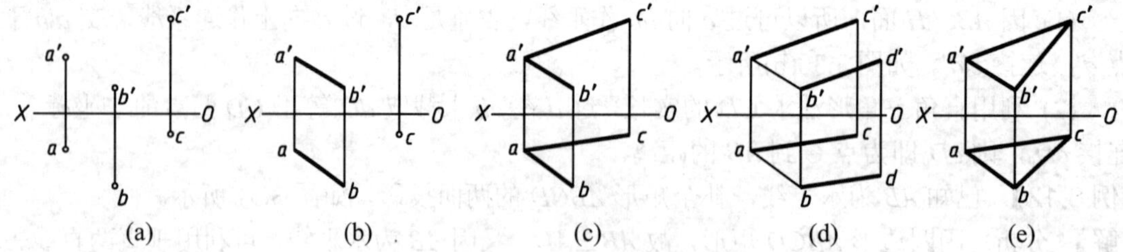

(a)　(b)　(c)　(d)　(e)

图 3.32　平面的表示法

3.3.2　各种位置平面的投影

按空间平面与投影面的相对位置不同，可分为投影面的平行面、投影面的垂直面和一般位置平面，如图 3.33 所示。前两种称为特殊位置平面。

平面与各投影面的倾角仍然表示为：与 H 面倾角为 α 、与 V 面倾角为 β、与 W 面倾角为 γ 。

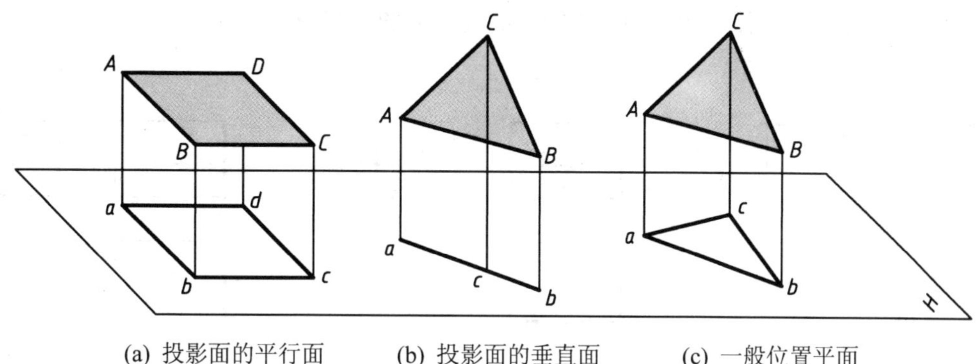

(a) 投影面的平行面　(b) 投影面的垂直面　(c) 一般位置平面

图 3.33　各种位置平面的投影

1. 投影面的平行面

(1) 投影面平行面是指在空间与一个投影面平行同时与另外两个投影面垂直的平面。

(2) 投影面平行面分为水平面、正平面、侧平面。其定义分别如下。

① 水平面与 H 面平行同时与 V 面、W 面垂直。如图 3.34(a)中水平面 P。

② 正平面与 V 面平行同时与 H 面、W 面垂直。如图 3.34(b)中正平面 Q。

③ 侧平面与 W 面平行同时与 H 面、V 面垂直。如图 3.34(c)中侧平面 R。

(3) 投影面平行面的投影特点为：在它所平行的投影面上的投影反映其实形，另外两个投影积聚成直线并平行于相应的投影轴，如图 3.34 所示。

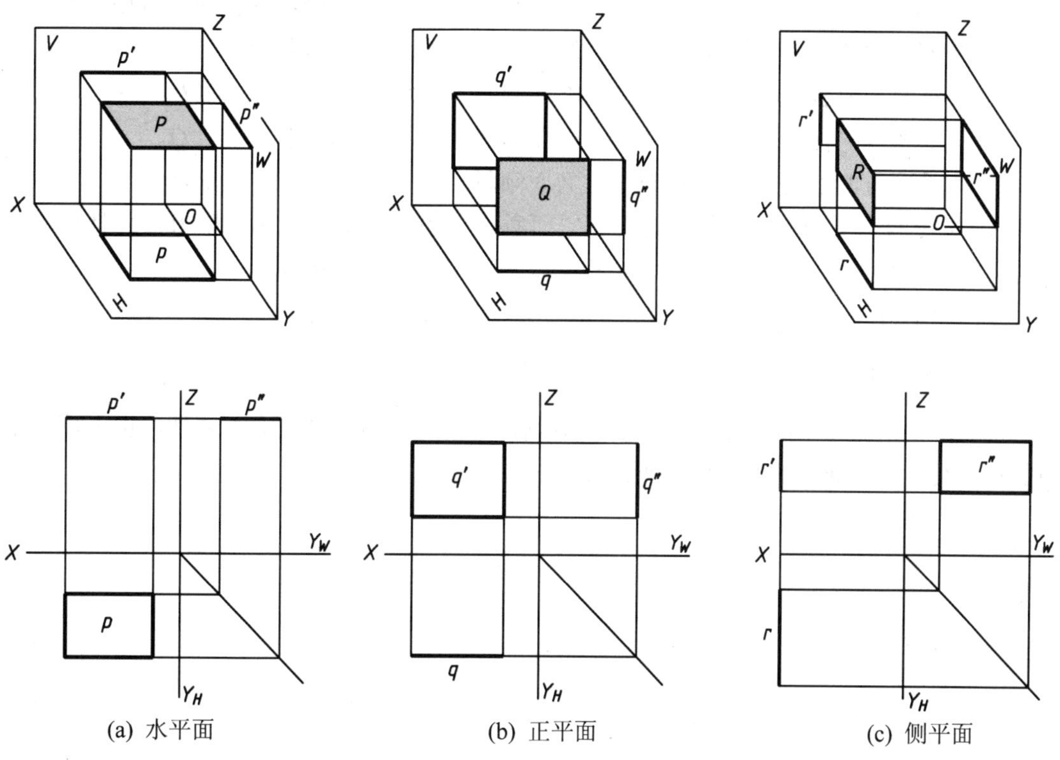

(a) 水平面　(b) 正平面　(c) 侧平面

图 3.34　投影面的平行面

投影面平行面在形体投影图和立体图中的位置如图 3.35 所示。

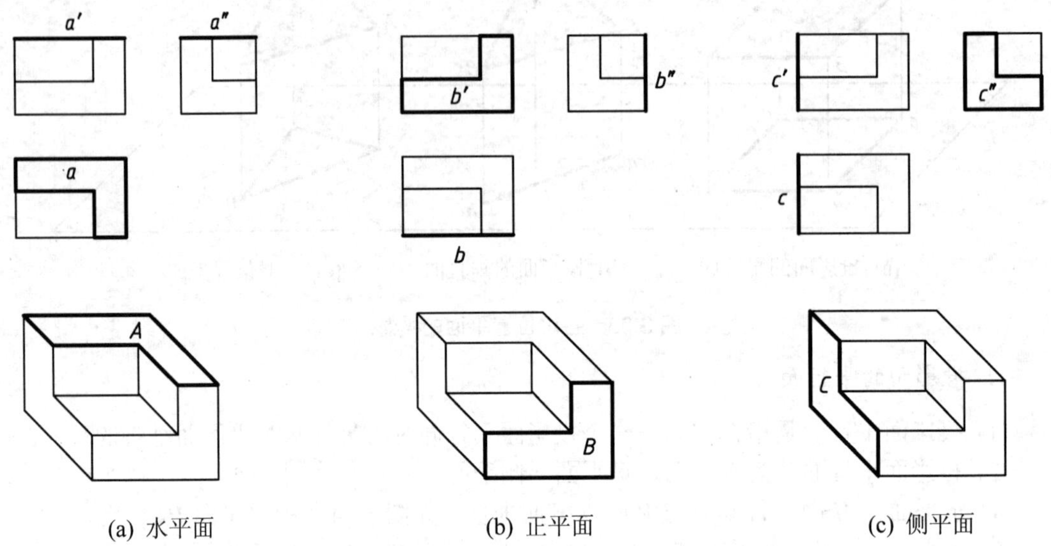

(a) 水平面　　(b) 正平面　　(c) 侧平面

图 3.35　投影面平行面在形体投影图和立体图中的位置

2. 投影面的垂直面

(1) 投影面垂直面是指在空间与一个投影面垂直同时与另外两个投影面倾斜的平面。

(2) 投影面垂直面分为铅垂面、正垂面、侧垂面。其定义分别如下。

① 铅垂面与 H 面垂直同时与 V 面、W 面倾斜。如图 3.36(a)中铅垂面 P。

② 正垂面与 V 面垂直同时与 H 面、W 面倾斜。如图 3.36(b)中正垂面 Q。

③ 侧垂面与 W 面垂直同时与 H 面、V 面倾斜。如图 3.36(c)中侧垂面 R。

(3) 投影面垂直面的投影特点为：在它所垂直的投影面上的投影积聚为直线且反映平面与另外两个投影面的倾角，另外两个投影呈类似形，如图 3.36 所示。

投影面垂直面在形体投影图和立体图中的位置如图 3.37 所示。

3. 一般位置平面

一般位置平面在空间与 3 个投影面都倾斜，它的三面投影都没有积聚性，也不反映平面的实形及与各投影面的倾角的大小，如图 3.38 所示。

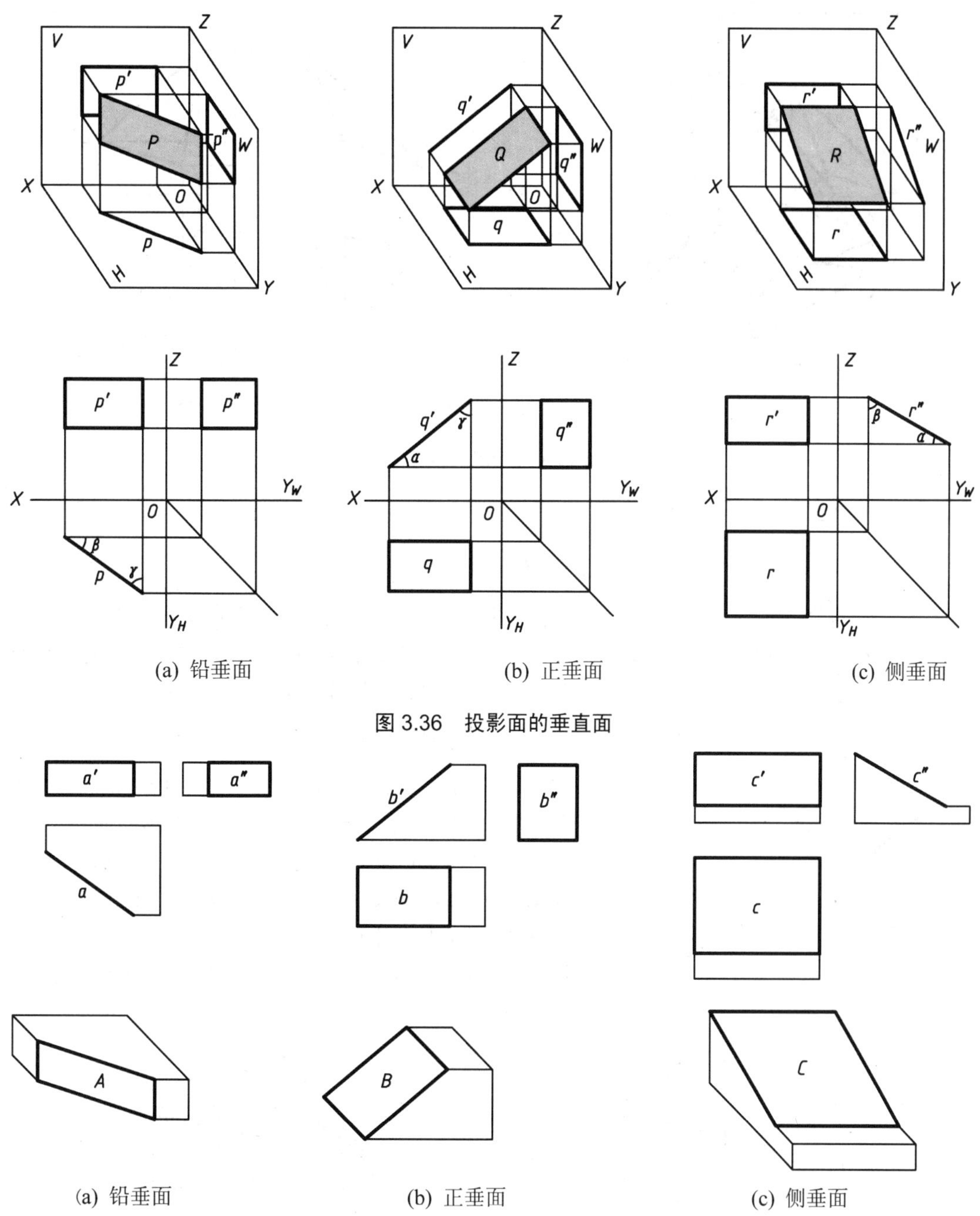

图 3.36　投影面的垂直面

图 3.37　投影面垂直面在形体投影图和立体图中的位置

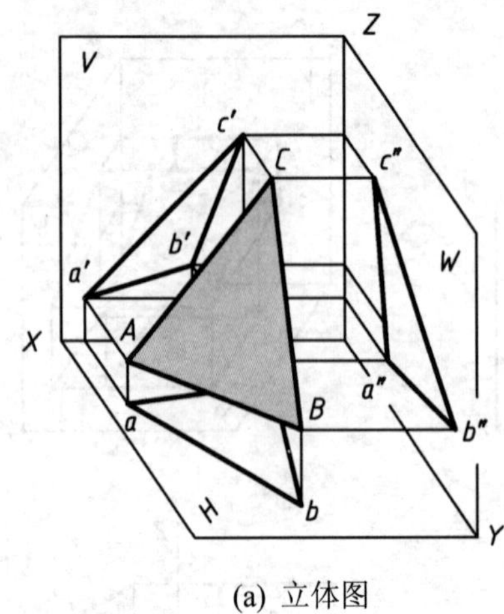

(a) 立体图

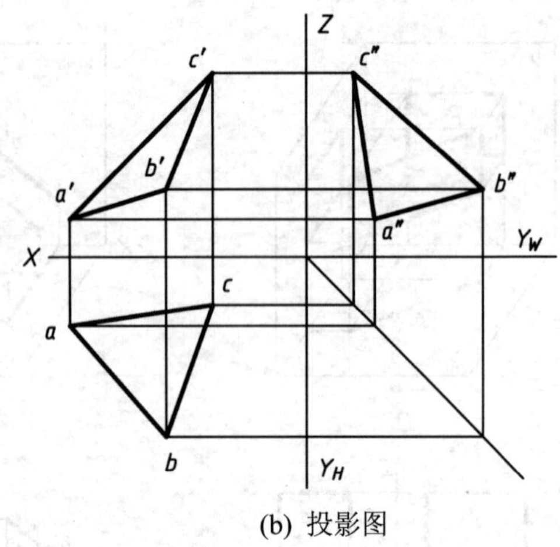

(b) 投影图

图 3.38　一般位置平面

3.3.3　平面上的点和直线

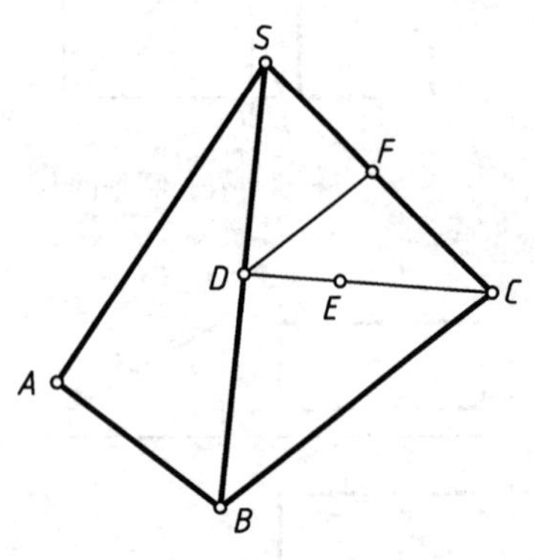

图 3.39　平面上点和直线

1．平面上的点

一个点如果在一个平面上，它一定在这个平面的一根直线上。如图 3.39 所示的 *E* 点，由于它在平面 *SBC* 的一根直线 *DC* 上，所以它必然在平面 *SBC* 上。

2．平面上的直线

一直线如果通过平面上两个点或者通过平面上一个点且平行于平面上的一条直线，则该直线在该平面上。如图 3.39 所示的直线 *DC* 通过平面 *SBC* 上的点 *D*、*C*，则 *DC* 在平面 *SBC* 上；直线 *DF* 通过平面上点 *D* 且平行于平面上的一条直线 *BC*，则 *DF* 在平面 *SBC* 上。

【例 3.13】　已知平面 *ABC* 内一点 *K* 的 *H* 投影 *k*，试求 *K* 点的 *V* 投影 *k'*，如图 3.40 所示。

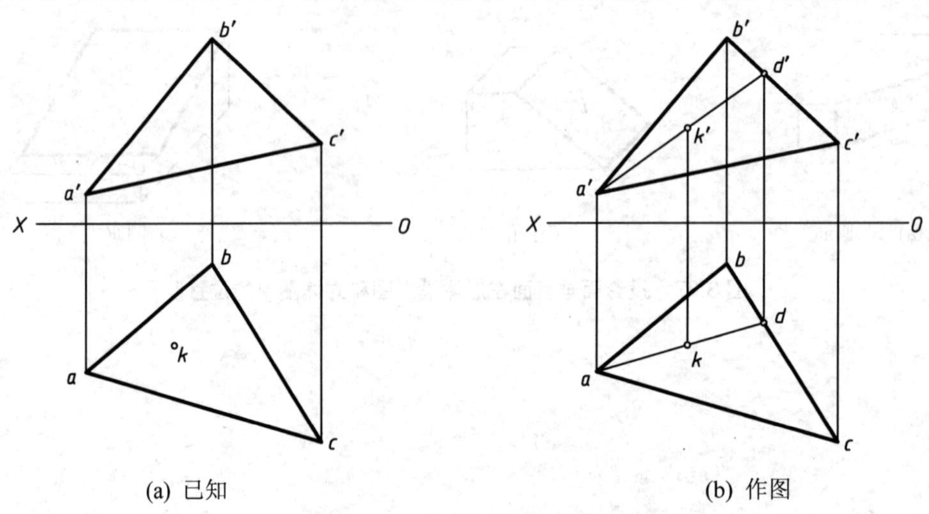

(a) 已知　　　　(b) 作图

图 3.40　求作平面上点 *K* 的投影

【解】 分析：点 K 在平面 ABC 上，它一定在这个平面的一根直线上。作图步骤如下。

(1) 在 H 面内，连接 ak 并延长交 bc 于点 d，过 d 向上作连系线交 $b'c'$ 于点 d'。

(2) 过 k 向上作连系线交 $a'd'$ 于 k'。

此题也可用作平行线的方法求解，读者请自行解决。

【例 3.14】 判断点 K 是否在平面 ABC 上，如图 3.41 所示。

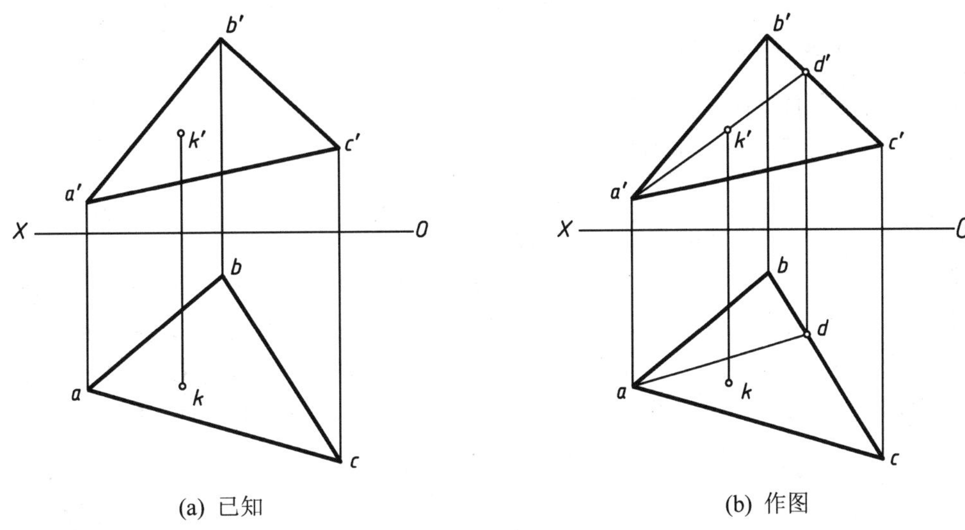

(a) 已知　　(b) 作图

图 3.41　判断点 K 是否在平面上

【解】 分析：点 K 如果在平面 ABC 上，它一定在这个平面的一根直线上。作图步骤如下。

(1) 过 k' 作辅助线 $a'd'$，过 d' 往下作连系线交 bc 于点 d，连接 ad。

(2) 发现点 k 不在 ad 上，说明点 K 不在平面 ABC 上。

【例 3.15】 已知平面 SAB 内一直线段 EF 的 V 投影 $e'f'$，试求其 H 投影，如图 3.42 所示。

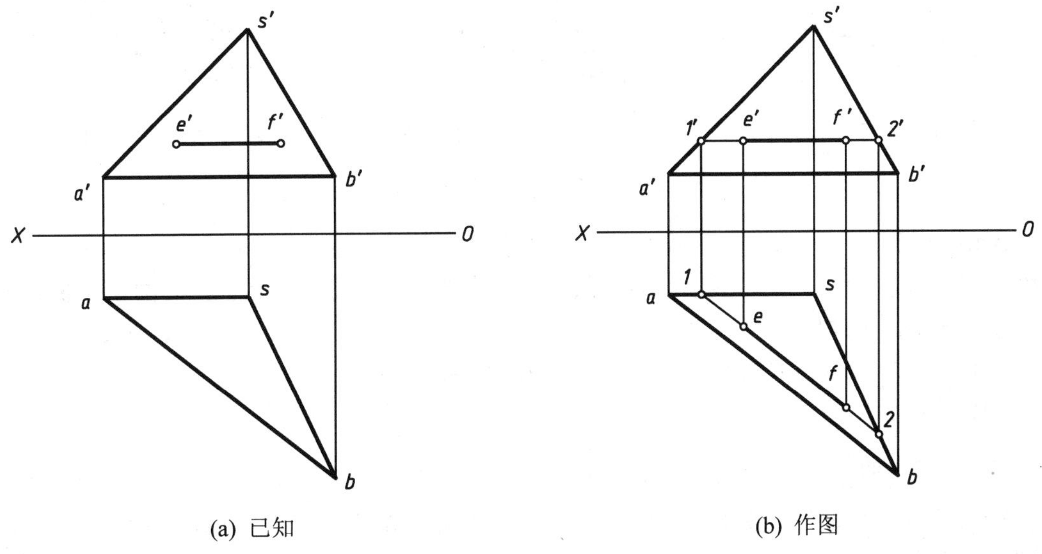

(a) 已知　　(b) 作图

图 3.42　求直线段 EF 的 H 投影

【解】 分析：线段 EF 在平面 SAB 上，它一定通过平面上两个点。作图步骤如下。

(1) 延长 $e'f'$ 分别与 $s'a'$、$s'b'$ 交于 $1'2'$。

(2) 过 $1'2'$ 分别往 H 面作连系线交 sb、sc 与 1、2 两点。

(3) 连接 12，过 $e'f'$ 分别往 H 面作连系线交 12 于 e、f 两点。

(4) 加深 ef 即得直线段 EF 的 H 面投影 ef。

3. 平面上的投影面平行线

平面上的投影面平行线有以下 3 种。

(1) 平面上平行于 H 面的直线称为平面上的水平线。

(2) 平面上平行于 V 面的直线称为平面上的正平线。

(3) 平面上平行于 W 面的直线称为平面上的侧平线。

常用的是平面上的水平线和平面上的正平线。平面上的投影面平行线既符合直线在平面上的几何条件，又具有投影面平行线的投影特点，因此它的投影特性具有二重性。

如图 3.43 所示，要在平面上作水平线，需先作水平线的 V 投影，然后再作水平线的 H 投影；要在平面上作正平线，需先作正平线的 H 投影，然后作正平线的 V 投影。

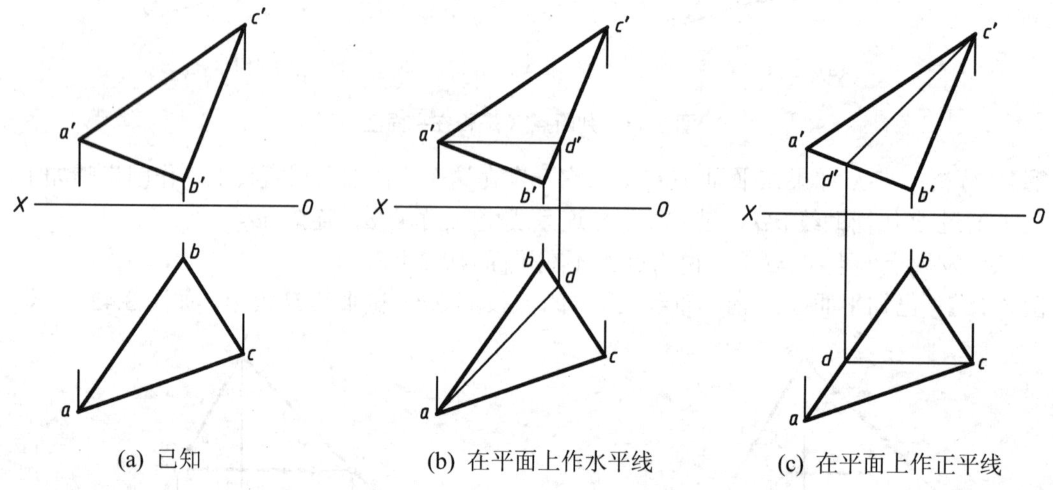

(a) 已知　　(b) 在平面上作水平线　　(c) 在平面上作正平线

图 3.43　在平面上作水平线和正平线

【例 3.16】 过平面 ABC 上点 C 作平面 ABC 内的水平线，如图 3.44 所示。

【解】 平面上的投影面平行线既符合直线在平面上的几何条件，又具有投影面平行线的投影特点。作图步骤如下。

(1) 在平面 ABC 内任意作一条水平线 AD，即 ad，$a'd'$。

(2) 过 c' 作水平线 $c'f'$，过 c 作 $cf /\!/ ad$。

4. 平面上的最大斜度线

平面上对投影面倾角最大的直线，称为平面的最大斜度线，它必垂直于平面内相应的投影面平行线。

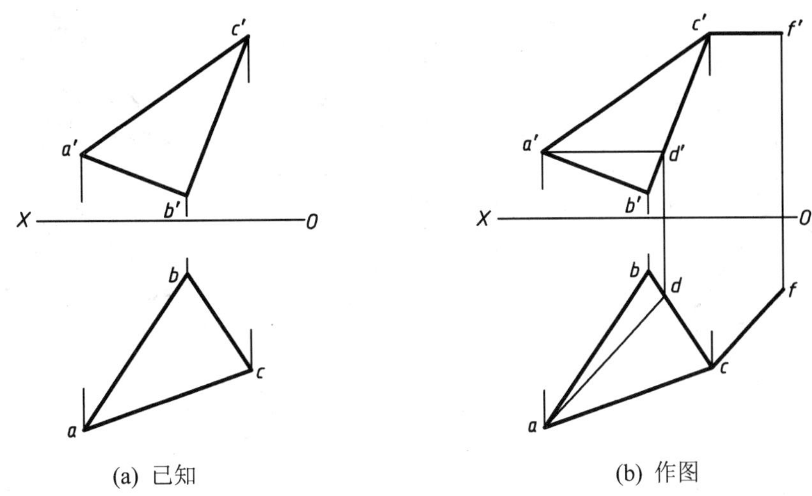

图 3.44　过 C 点在平面 ABC 上作一条水平线

(1) 平面内垂直于该平面内水平线的直线称为该平面对 H 面的最大斜度线。

(2) 平面内垂直于该平面内正平线的直线称为该平面对 V 面的最大斜度线。

(3) 平面内垂直于该平面内侧平线的直线称为该平面对 W 面的最大斜度线。

如图 3.45 所示，L 是平面 P 内的水平线，AB 在平面 P 内，$AB \perp L$，AB 即是平面 P 内对 H 面的最大斜度线，AB 对 H 面的倾角 α 最大，平面 P 对 H 面的倾角可用最大斜度线 AB 对 H 面的倾角 α 来反映，即求面与投影面的倾角实际上是通过一定的过程转化成求直线与投影面的倾角。

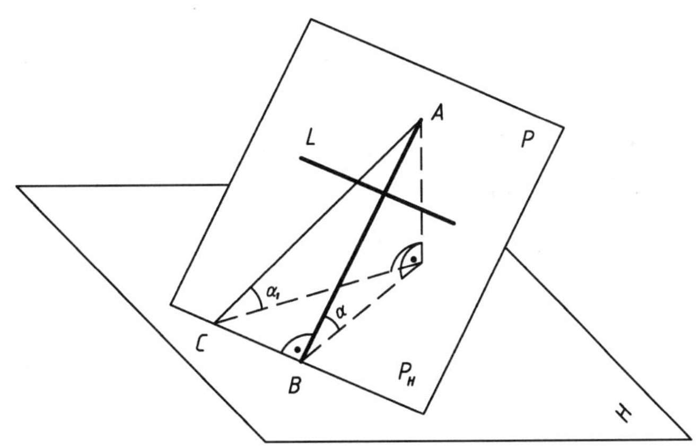

图 3.45　平面内对 H 面的最大斜度线

【例 3.17】 求三角形 ABC 对 H 面和 V 面的倾角 α 和 β，如图 3.46(a)所示。

【解】 (1) 第一步求作 α。

① 过 C'在平面 ABC 内作水平线 $c'd'$，过 d' 往 H 面作连系线交 ab 于点 d，连接 cd。

② 过 b 作 $bk \perp cd$，交 cd 于 k，过 k 往 V 面作连系线交 $c'd'$于 k'，BK 即为平面 ABC 对 H 面的最大斜度线。

③ 利用直角三角形法求出 BK 对 H 面的倾角 α，α 即为平面 ABC 对 H 面的倾角，如图 3.46(b)所示。

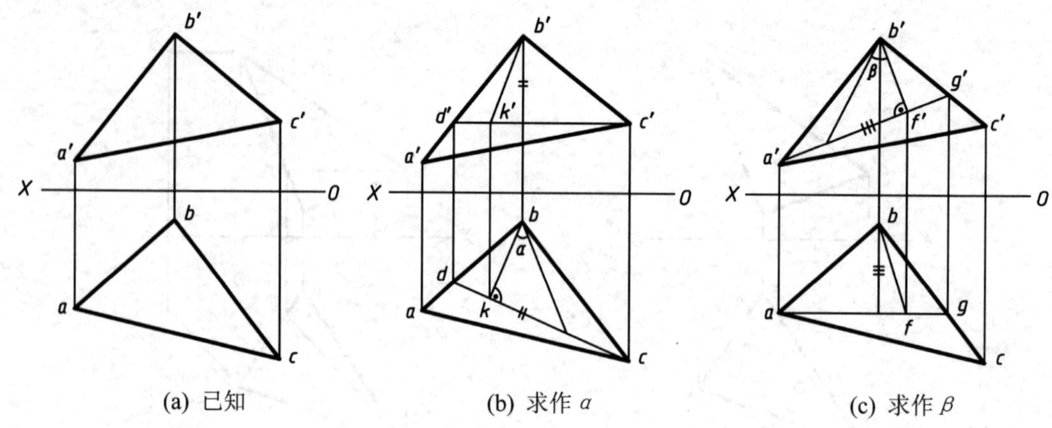

图 3.46　求三角形 *ABC* 对 *H* 面和 *V* 面的倾角 α 和 β

(2) 第二步求作 β。

① 过 *a* 在平面 *ABC* 内作正平线 *ag*，过 *g* 往 *V* 面作连系线交 *b′c′*于点 *g′*，连接 *a′g′* 。

② 过 *b′*作 *b′f′*⊥*a′g′*，交 *a′g′*于 *f′*，过 *f′* 往 *H* 面作连系线交 *ag* 于 *f*，*BF* 即为平面 *ABC* 对 *V* 面的最大斜度线。

③ 利用直角三角形法求出 *BF* 对 *V* 面的倾角 β，β 即为平面 *ABC* 对 *V* 面的倾角，如图 3.46(c)所示。

章后小结

(1) 任何形体都是由点、线、面组成的，本章内容主要讲述点、直线、平面的投影规律和特点，掌握本章内容能培养空间想象能力和空间思维能力。

(2) 理解并掌握各种位置直线和各种位置平面的投影特性且学会应用，学习这些线和面的投影是为后面的求解组合体和工程形体的投影图打基础的，而且最终为绘制和阅读施工图服务，学习时一定要把理论知识和实际工程结合起来。

第 4 章 直线与平面、平面与平面的相对位置

教学提示：在空间中，直线与平面之间和两平面之间的相对位置可分为平行、相交及垂直 3 种情况。

学习要求：掌握直线与平面之间和两平面之间 3 种相对位置关系的判定条件；掌握直线与平面相交求交点、平面与平面相交求交线的作图方法并学会判断可见性。

4.1 直线与平面、平面与平面平行

4.1.1 直线与平面平行

1. 直线与一般平面平行

从几何学知道，一直线只要平行于平面上某一直线，它就平行于该平面。如图 4.1 所示，直线 *L* 与 *P* 平面内的直线 *AB* 平行，则 *L* 平行于平面 *P*。反之，如果直线 *L* 平行于 *P* 平面，则在平面 *P* 可以找到与直线 *L* 平行的直线。检查一平面是否平行于一已知直线，只要看能否在该平面内作出一直线与已知直线平行即可。

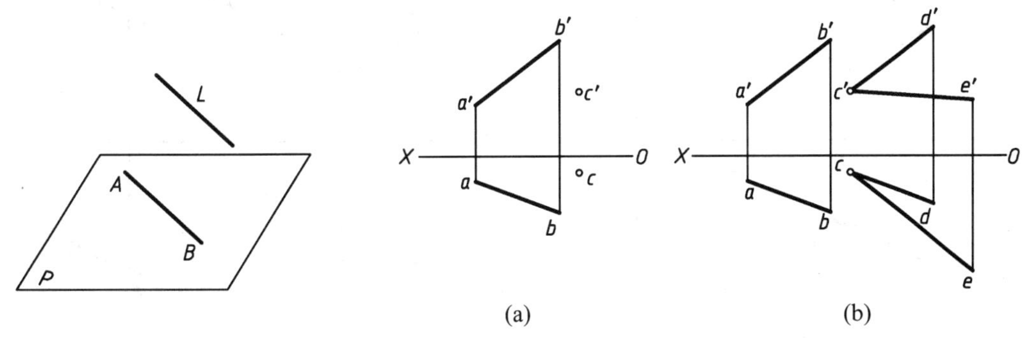

图 4.1　直线与平面平行　　图 4.2　过点 *c* 作平面平行于直线 *AB*

【例 4.1】 如图 4.2(a)所示，过 *C* 点作平面平行于已知直线 *AB*。

【解】 作法：(1)如图 4.2(b)所示，过 *C* 点作 *CD*//*AB*，即 *cd*//*ab*，*c'd'*// *a'b'*。

(2) 过点 *C* 任意作一直线 *CE*，即 *ce*、*c'e'*，则 *CD*、*CE* 相交决定的平面即为所求。

2. 直线与投影面垂直面平行

直线和投影面垂直面平行，则该直线的同面投影与该投影面垂直面的积聚投影平行。如图 4.3 所示，*CD* 与铅垂面 *P* 平行，故 *cd* 平行于平面 *P* 的积聚投影。反之，要作一投影

面垂直面平行于一已知直线，只需作投影面垂直面的积聚投影与已知直线的同面投影平行即可。

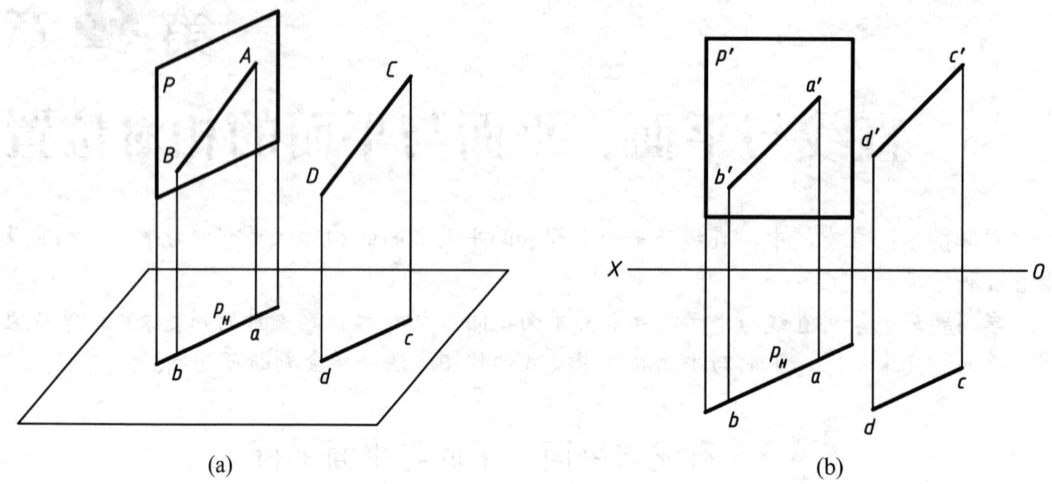

图 4.3　直线与投影面垂直面平行

【例 4.2】 如图 4.4(a)所示，过点 E 作直线平行于平面 $ABCD$。

【解】 分析：由图 4.4(a)观察可得，平面 $ABCD$ 是一个铅垂面，求作铅垂面的平行线，只需作出铅垂面积聚投影的平行线。

作法：如图 4.4(b)所示，过 e 作 ef 平行于平面 $ABCD$ 的积聚投影 $acbd$，过 f 向上作连系线，f'在此连系线上的位置自定。

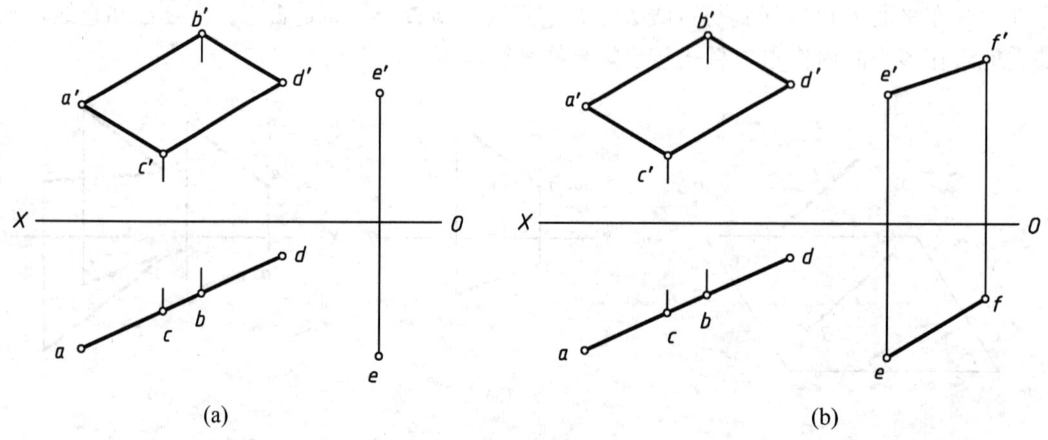

图 4.4　过点 E 作直线平行于平面 $ABCD$

4.1.2　平面与平面平行

1. 两一般平面相互平行

若一个平面上的一对相交直线，分别与另一个平面上的一对相交直线互相平行，则这两个平面互相平行。如图 4.5 所示，平面 P 上有一对相交直线 AB、AC 与平面 Q 上一对相交直线 DE、DF 对应平行，即 $AB/\!/DE$，$AC/\!/DF$，则 $P/\!/Q$。

【例 4.3】 如图 4.6(a)所示，已知 *A* 点和△*DEF*，过 *A* 作一平面平行于△*DEF*。

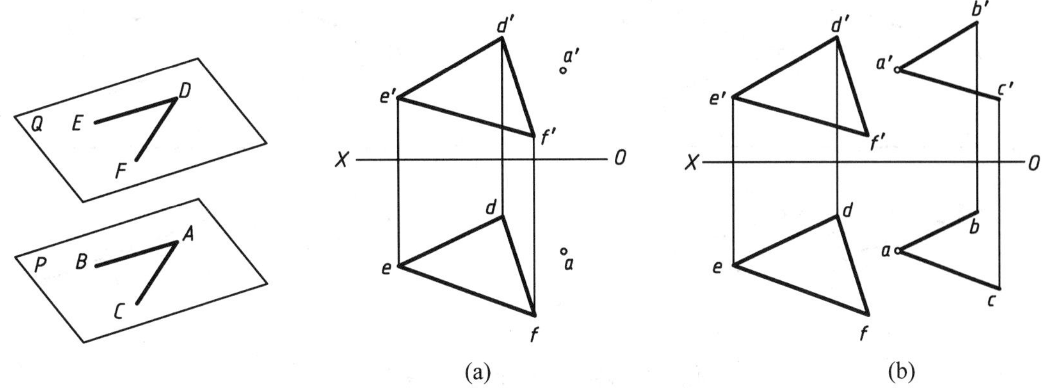

(a) (b)

图 4.5 平面与平面平行

图 4.6 作平面与已知平面平行

【解】 作法：如图 4.6(b)所示，过 *A* 点作两条直线 *AB* 和 *AC*，使 *AB*//*DE*，*AC*//*EF*，即 *ab*//*de*，*a'b'*//*d'e'*，*ac*//*ef*，*a'c'*//*e'f'*，则 *AC* 和 *AB* 所决定的平面即为所求。

2. 两投影面垂直面相互平行

如图 4.7(a)所示，当两个投影面垂直面 *P* 与 *Q* 相互平行时，它们的积聚投影，即它们与该投影面的交线，也相互平行。因此在投影图中，要作一个投影面垂直面 *Q* 平行于另一已知投影面垂直面 *P* 时，只要作出 *Q* 的同面积聚投影平行于 *P* 的积聚投影即可，如图 4.7(b)所示。

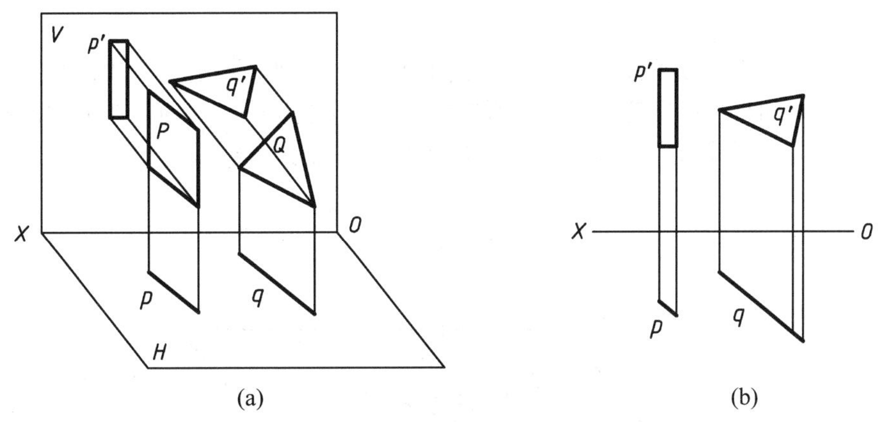

(a) (b)

图 4.7 两铅垂面互相平行

【例 4.4】 如图 4.8(a)所示，过线段 *AB* 作平面平行于平面△*CDE*。

【解】 作法：由已知可得，△*CDE* 为铅垂面，因 *ab*//*cde*，*ab* 即为所求作平面的 *H* 面积聚投影，在 *ab* 上任取点 *m*，过 *m* 向上作连系线，*m'*在此连系线上任意位置，连接 *a'm'*、*b'm'*，平面 *ABM* 即为所求平面。如图 4.8(b)所示。

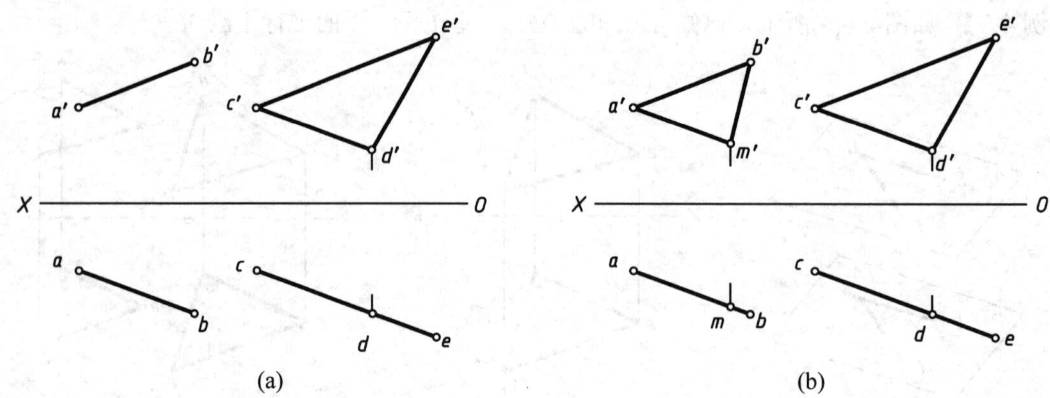

图 4.8　过线段 *AB* 作平面平行于平面△*CDE*

4.2　直线与平面、平面与平面垂直

4.2.1　直线与一般平面垂直

直线与平面垂直的几何条件是：若直线垂直于平面内的两相交直线，则该直线与平面垂直。反之，若直线垂直于平面，则该直线垂直于平面内的所有直线。

如图 4.9 所示，当直线 *L* 垂直于 *P* 平面内的两相交直线 *AB*、*CD* 时，*L*⊥*P*。反之若 *L*⊥*P*，则 *L* 必垂直于 *P* 平面内所有直线。由此直线与平面的垂直实质上成为直线与直线的垂直问题。

在投影图上作平面的垂线时，可作出平面的正平线和水平线作为面上的相交两直线。根据两直线垂直的直角投影特性可知，所作垂线与正平线所夹的直角，在 *V* 面投影仍反映为直角。垂线与水平线所夹的直角，在 *H* 面投影仍反映为直角。

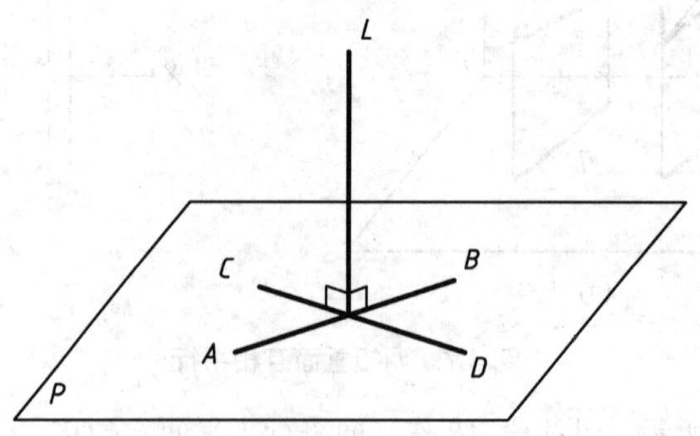

图 4.9　直线垂直于一般平面

【例 4.5】 如图 4.10(a)所示，过 *E* 点作平面 *Q* 的垂线。

【解】 作法：(1) 如图 4.10(b)所示，要过 *E* 作平面 *Q* 的垂线，可先作出 *Q* 平面上正平线 *AB* 和水平线 *CD* 的两面投影 *ab*、*cd*、*a'b'*、*c'd'*。

(2) 过 *e*、*e'*分别垂直作 *eh*⊥*cd*、*e'h'*⊥*a'b'*，*EH* 即为所求垂线。

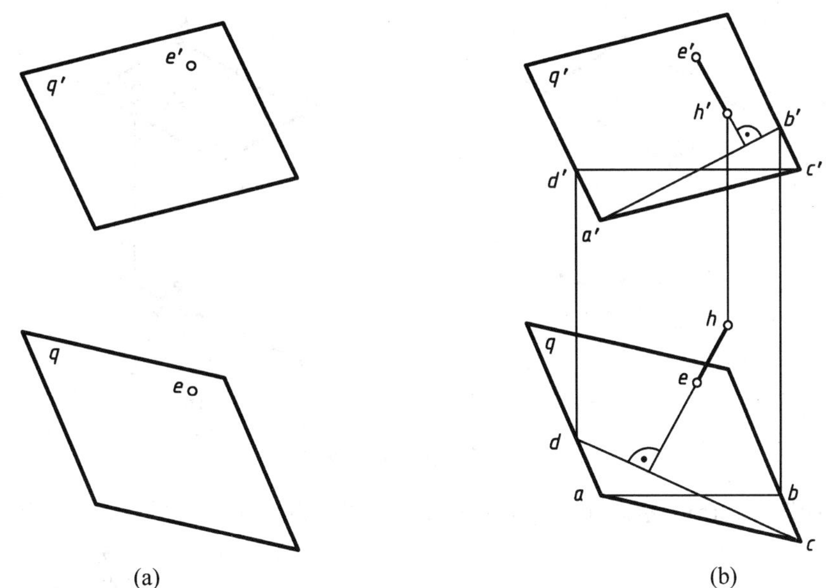

(a) (b)

图 4.10 作直线垂直于一般平面

4.2.2 直线与投影面垂直面垂直

如图 4.11(a)所示，直线垂直于投影面垂直面时，它必然是一条投影面平行线，平行于该平面所垂直的投影面。该面的积聚投影与该垂线的同面投影相互垂直，如图 4.11(b)所示。

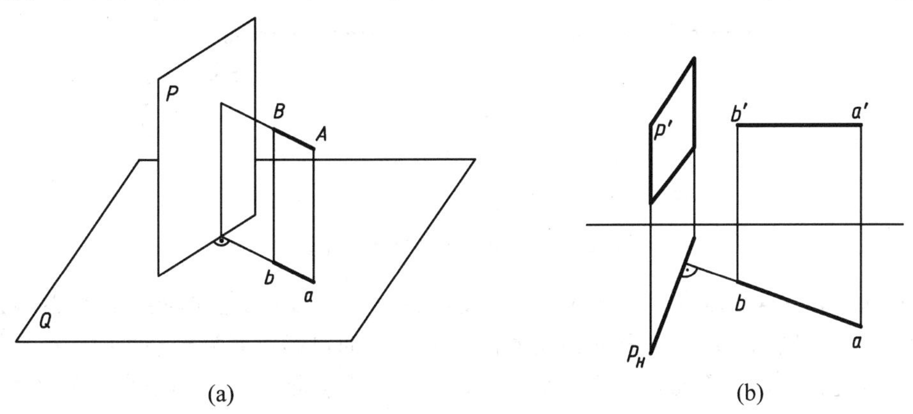

(a) (b)

图 4.11 直线与垂直面相互垂直

【例 4.6】 如图 4.12(a)所示，过 E 点作平面 $ABCD$ 的垂线。

【解】 分析：如图 4.12(a)所示，平面 $ABCD$ 为铅垂面，在 H 面积聚为一条线段，要作铅垂面的垂线，只需作出其 H 面投影的垂线即可。与铅垂面垂直的直线均为水平线，因此，所求垂线的 V 面投影一定为平行于 OX 轴直线。作图步骤如下。

(1) 过 e 点作 $em \perp ad$，则 em 即为所求垂线的 H 面投影。

(2) 过 e' 作 OX 轴的平行线，过 m 向上作连系线，两者交于一点 m'，则 $e'm'$ 即为所求垂线的 V 面投影。

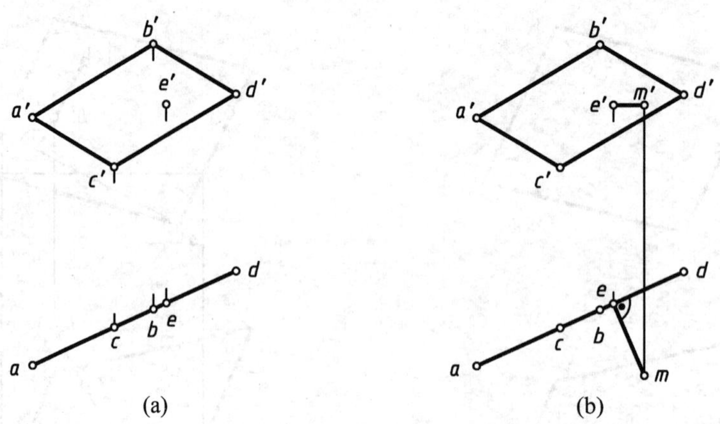

(a)　　　　　　(b)

图 4.12　作平面的垂线

【例 4.7】 如图 4.13(a)所示，作正垂面垂直于正平线 *CD*。

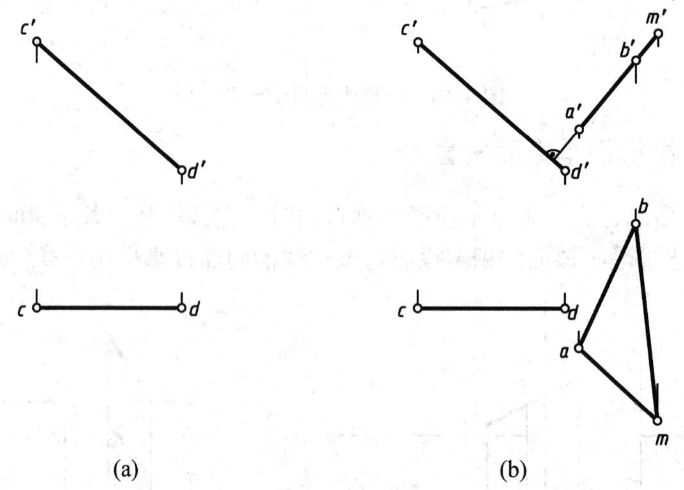

(a)　　　　　　(b)

图 4.13　作正垂面垂直于正平线

【解】 作法：如图 4.13(a)所示，正平线的投影特点是在 *V* 投影面反映实长，在 *H* 投影面为一条平行于 *OX* 轴的线段；正垂面的投影特点是在 *V* 面投影积聚为一条线段，*H* 面投影为相似形。因此，要作正垂面垂直于正平线，只需在 *V* 投影面作 *c'd'* 的垂线，在此垂线上自定点 *a'*、*b'*、*m'*，向下作连系线，可确定平面△*ABM* 即为所求正垂面。

4.2.3　两平面相互垂直

两平面垂直的几何条件是：若一平面上有一直线与另一平面垂直，则两平面相互垂直。如图 4.14 所示，因 *P* 平面中一条直线 *L* 垂直于平面 *Q*，则 *P*⊥*Q*。

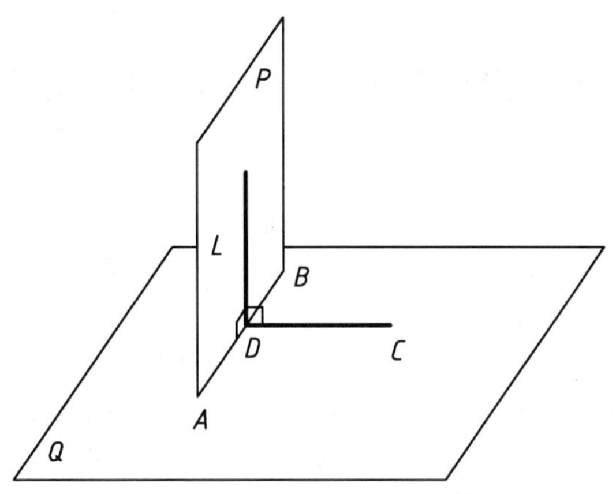

图 4.14　两平面垂直条件

【例 4.8】 如图 4.15(a)所示，过点 *A* 作平面 *AKC* 垂直于△*DEF* 且平行于直线 *MN*。

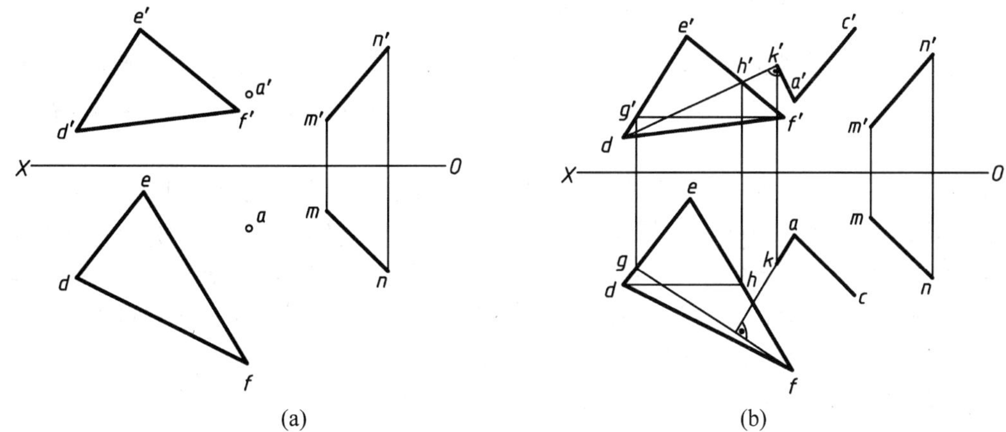

图 4.15　作平面垂直于已知平面并平行于已知直线

【解】 分析：作平面垂直于已知平面时，需先作一直线垂直于已知平面，然后包含所作垂线作平面即可。因又要求平面平行于直线 *MN*，故作另一直线平行于 *MN* 即可。作图步骤如下。

(1) 过 *A* 点作直线垂直于△*DEF*。先在△*DEF* 内作水平线 *FG* 和正平线 *DH*，然后过 *A* 作直线 *AK* 与水平线和正平线垂直，即 $ak \perp fg$，$a'k' \perp d'h'$。则 *AK* 即与△*DEF* 垂直。

(2) 包含 *AB* 作平面平行于 *MN*。即作一直线 *AC*，使 *ac*//*mn*，*a'c'*//*m'n'*，则直线 *AK* 与 *AC* 所组成的平面平行于直线 *MN*。

在特殊情况下，当两平面都是同一投影面的垂直面时，则两平面的垂直关系可直接在两平面的积聚投影中表现出来。

4.3 直线与平面、平面与平面相交

直线与平面相交于一点，该点称为交点，交点是平面与直线的共有点，它既在直线上又在平面上。平面与平面相交于一条直线，该直线称为交线，交线是两平面的共有线，它应同属于两平面。

直线与平面、平面与平面相交的求解方法一般有两种。

(1) 积聚投影法：当直线或平面有积聚投影时，可利用积聚投影来求交点或交线。

(2) 辅助面投影法：当直线或平面均无积聚投影时，可利用辅助平面来求交点或交线。交点、交线是互相联系的，为叙述方便起见，先介绍几种特殊情况，然后再讨论一般的作图方法。

4.3.1 一般位置直线与特殊位置平面相交

由于平面处于特殊位置时，其某一投影具有积聚性因此可利用其积聚投影来求交点，并判别可见性。如图 4.16 所示，一般线 *AB* 与铅垂面 *P* 相交，交点 *K* 既在 *AB* 上又在 *P* 平面上。

【例 4.9】 如图 4.17(a)所示，求直线 *AB* 与平面 *P* 的交点 *K*，并判别可见性。

【解】 作法：如图 4.17(b)所示，因平面 *P* 为铅垂面，故在 *H* 面上积聚，则 *p* 与 *ab* 的交点 *k* 即为所求，由 *k* 向上作连系线与 *a'b'* 相交得 *k'*。在正面投影中 *a'b'*与 *p'*相重合，这段直线存在可见性问题，可见部分与不可见部分的分界点为交点 *K*，从水平投影中可以看出，在 *k* 点的右边，*ab* 在 *p* 的前面，因此 *k'*的右边 *k'a'*为可见，左边 *k' b'* 为不可见。也可用重影点来判断，即取 *AB* 与平面 *P* 边线的重影点 1'(2')，其在 *H* 面上的投影 1 在 2 的前方，故由前向后看，2 点不可见，其所在的直线段 2'*k'*不可见，因而 2'*k'*为虚线。

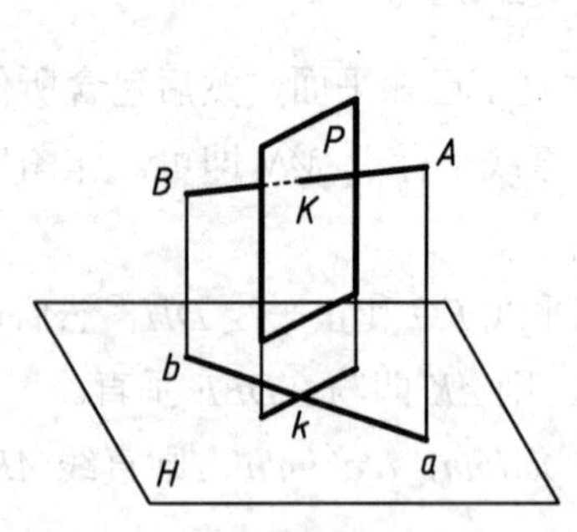

图 4.16 一般位置直线与铅垂面相交

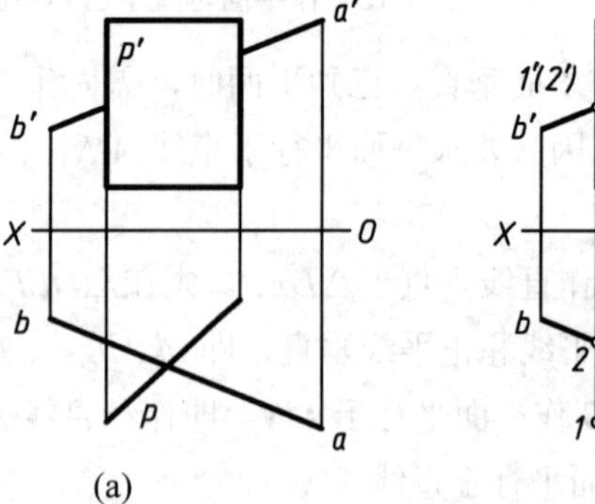

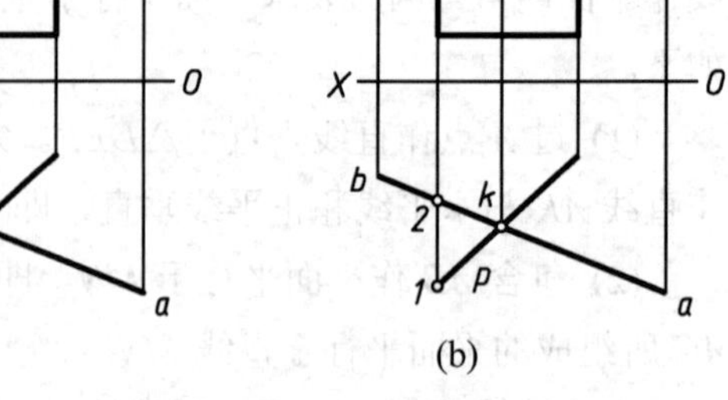

图 4.17 一般位置直线与铅垂面交点的作法

4.3.2 投影面垂直线与一般位置平面相交

由于直线具有积聚性，因此可利用其积聚投影来求交点，并判别可见性。

如图 4.18 所示，铅垂线 *AB* 与平面△*CDE* 相交，交点 *K* 既在 *AB* 上又在 *CDE* 平面上。

【例 4.10】 如图 4.19(a)所示，求直线 *AB* 与△*CDE* 的交点 *K*，并判别可见性。

【解】 作法：如图 4.19(b)所示，因直线 *AB* 在 *H* 面积聚成一点，则交点 *k* 必在其上，且交点 *K* 又在△*CDE* 上，可根据平面上取点的方法作辅助线 *D* Ⅰ,然后求出 *k*′。取交叉两直线的重影点Ⅱ、Ⅲ，从 *H* 面可知，2 在前，3 在后，在 *V* 投影面上为 2′(3′)。因 II 在△*CDE* 上，而 III 在直线 *AB* 上，故 *k*′*b*′不可见，应画虚线。

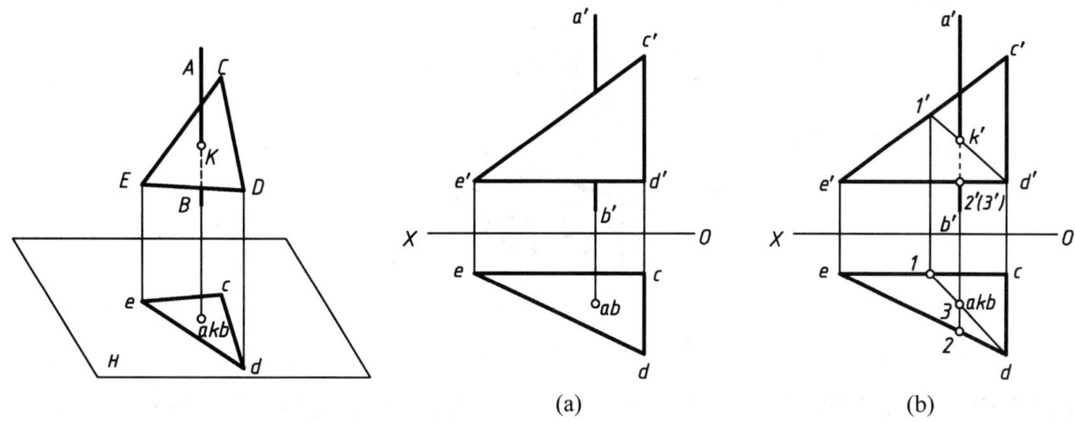

图 4.18　垂直线与一般面相交

图 4.19　垂直线与一般面交点的求法

4.3.3　两特殊位置平面相交

当两平面均垂直于某投影面时，它们的交线也垂直于该投影面。可利用两平面的积聚投影求交线，并判别可见性。

如图 4.20 所示，铅垂面 *ABC* 与铅垂面 *P* 相交，交线 *MN* 既在 *ABC* 上又在平面 *P* 上。

【例 4.11】 如图 4.21(a)所示，求△*ABC* 与平面 *P* 的交线 *MN*，并判别可见性。

【解】 作法：如图 4.21(b)所示，因△*ABC* 与平面 *P* 均垂直于 *H* 面，故交线必为铅垂线，且积聚于一点 *m(n)*，然后作出此交线的 *V* 面投影 *m*′*n*′，它的长度仅为两平面在 *V* 面的共有部分。在 *V* 面投影中，取交叉两直线的任一重影点 I、II，判断可见性 1′(2′)，从 *H* 面可知，1 在前，2 在后，因 1 在 *ABC* 上,而 2 在平面 *P* 上，故 *a*′*n*′可见为实线。这时交线 *mn* 为可见与不可见的分界线。

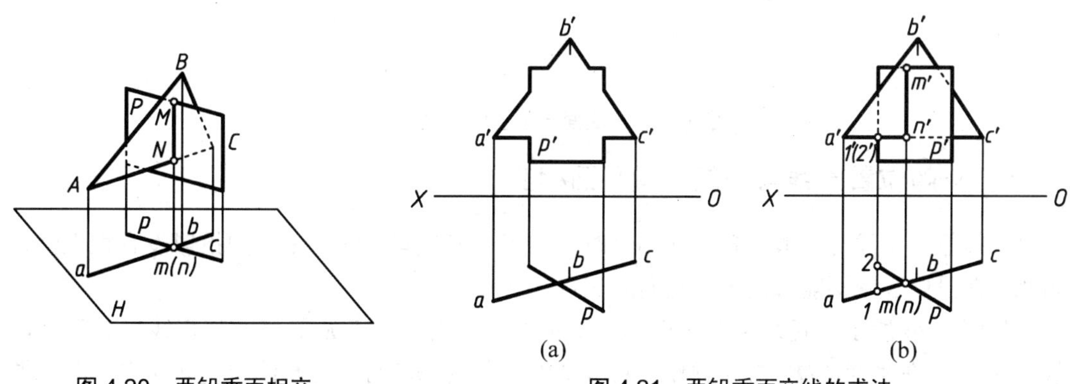

图 4.20　两铅垂面相交

图 4.21　两铅垂面交线的求法

4.3.4 一般位置平面与特殊位置平面相交

一般位置平面与特殊位置平面相交，可利用特殊位置平面的积聚性投影求交线，并判断可见性。如图 4.22 所示，铅垂面 *P* 与△*ABC* 相交，由于 *P* 面的 *H* 面投影积聚为 *p*，交线 *MN* 的 *H* 投影 *mn* 在 *p* 上；交线 *MN* 既在△*ABC* 上又在平面 *P* 上。利用平面的积聚投影求交线，并判别可见性。

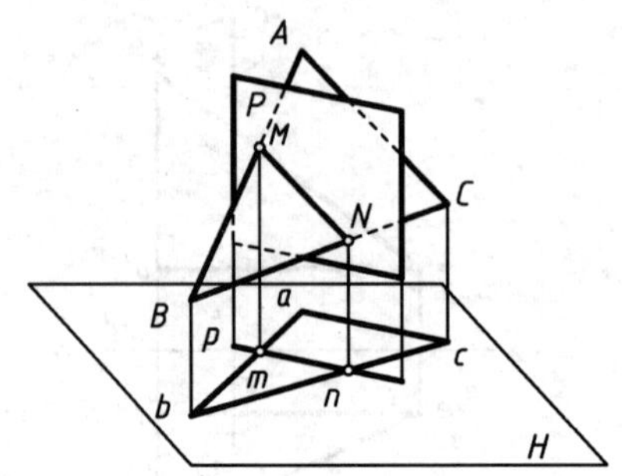

图 4.22　一般面与铅垂面相交

【例 4.12】 如图 4.23(a)所示，求△*ABC* 与平面 *P* 的交线 *MN*，并判别可见性。

【解】 作法：如图 4.23(b)所示，因平面 *P* 垂直 *H* 面，故交线 *mn* 必在 *p* 上，为△*abc* 与 *p* 的公共部分，交线为 *mn*，利用交线 *MN* 在△*ABC* 上，由 *mn* 求 *m'n'*。利用 *V* 面的重影点 1'(2')来判别可见性，从 *H* 面投影可知，1 在前，2 在后，2 在 *ab* 上，故 *V* 面投影中 2'*m'*为虚线，*m'n'*为 *V* 面投影中两个面可见与不可见的分界线。

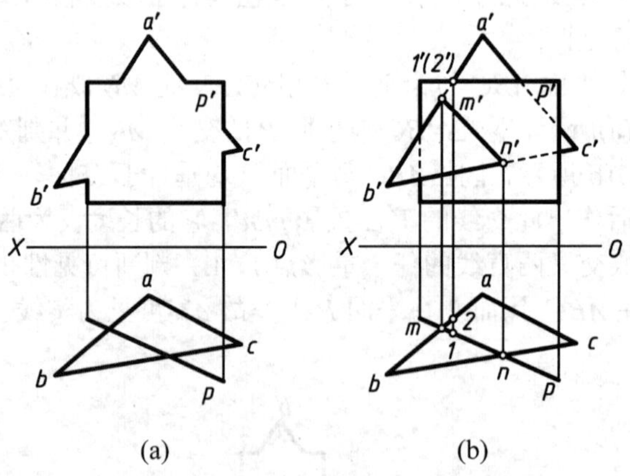

图 4.23　一般面与铅垂面交线的求法

4.3.5 一般位置直线与一般位置平面相交

一般位置直线与一般位置平面相交时，由于一般位置直线、平面的投影没有积聚性，因此，在投影图中不能直接求出它们的交点。

如图 4.24 所示，直线 *AB* 与平面△*CDE* 相交，由于交点 *K* 是平面与直线的共有点，故过 *K* 点可在平面 *CDE* 内任意作一直线 *MN*，直线 *MN* 与已知直线 *AB* 可构成一个辅助平面 *R*，而 *MN* 就是辅助平面与已知平面的交线。*MN* 与直线 *AB* 的交点 *K* 即为已知直线与平面的交点。由此可得出利用辅助平面求一般位置直线与一般位置平面相交求交点的作图方法。

(1) 包含 *AB* 直线作一辅助平面 *R*，一般作投影面的垂直面。

(2) 求辅助平面 *R* 与已知平面 *CDE* 的交线 *MN*。

(3) 求 *AB* 直线与交线 *MN* 的交点 *K*。

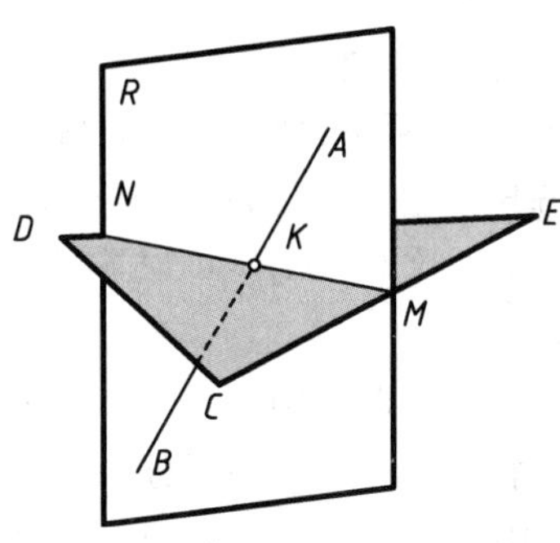

图 4.24 一般位置直线与一般位置平面求交点

【例 4.13】 如图 4.25(a)所示，已知直线 *DE* 和△*ABC* 的两投影，试求 *DE* 和△*ABC* 的交点，并判断可见性。

【解】 作法如下。

(1) 如图 4.25(b)所示，过 *DE* 作铅垂面 *P*。可在投影图上延长 *de*，加上标记 P_H。

(2) 求 *P* 和△*ABC* 的交线 *FG*，*fg* 和 *f′g′* 即为交线的两面投影。

(3) *f′g′*与 *d′e′* 相交于点 *k′*，从 *k′* 引铅直连线与 *de* 相交于 *k*，则 *k*、*k′*即为所求交点的两面投影。

(4) 判别可见性如图 4.25(c)所示。如判断 *V* 面可见性，可选取 *ED* 和 *AB* 在 *V* 面的重影点 1′(2′)向下作连系线交 *ab* 于点 1，交 *ed* 于点 2，1 点在前，2 点在后，说明当从前向后看时 ，*AB* 遮挡住 *ED* 了，故 2′ *k′* 不可见为虚线。如判断 *H* 面可见性，可选取 *ED* 和 *BC* 在 *H* 面的重影点 3(4)向上作连系线交 *e′d′*于点 3′，交 *b′c′*于点 4′，3′点在上，4′点在下，说明当从上向下看时，*ED* 遮挡住 *BC* 了，故 3*k* 可见为实线。

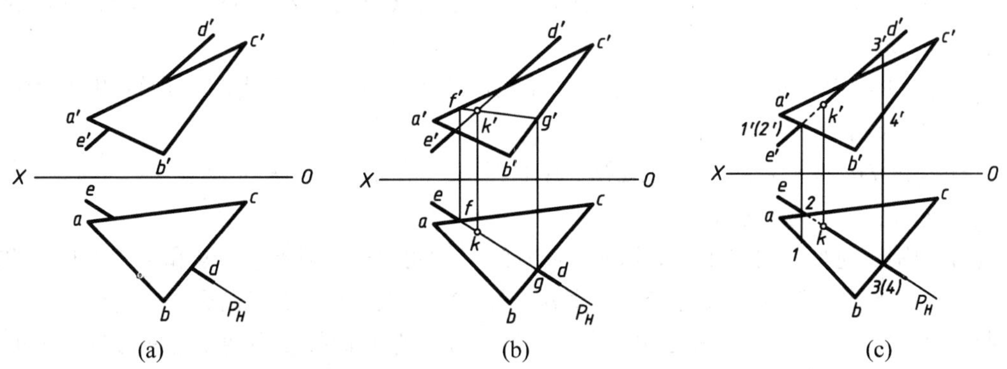

图 4.25 求一般线与一般面的交点

4.3.6 两一般位置平面相交

两一般位置平面相交。求两一般位置平面的交线时，可选两个平面内的任意两条直线，分别求出它们与另一平面的交点，即可求得交线上的两个点，两点连线即为两平面的交线。由此可知，两一般位置平面相交求交线其实也就是运用了两次一般位置直线与一般位置平面相交求交点的方法。因此只要掌握一般位置直线与一般位置平面相交求交点的方法，那么求作两一般位置平面相交的交线也就很容易掌握了。

在作图时，首先要在两个平面内选两条直线，两条直线可以在一个平面内，如图 4.26(a)；也可分属于两个平面，如图 4.26(b)。由于选择直线的不同，可能会出现线面交点在两平面的同名投影的重合部分以外的情况，这时，仍然可以连接两点成直线段，但交线仅取两平面同面投影中重合的部分。

求出两平面交线后，还要利用重影点判别可见性。已知的两平面投影中不重叠部分都是可见的，而两平面正面投影及水平投影的重叠部分，需要判别可见性。交线 MN 是可见与不可见的分界线，它在各投影中都是可见的。可见性判断出来后，可见线段画实线，不可见线段画虚线。

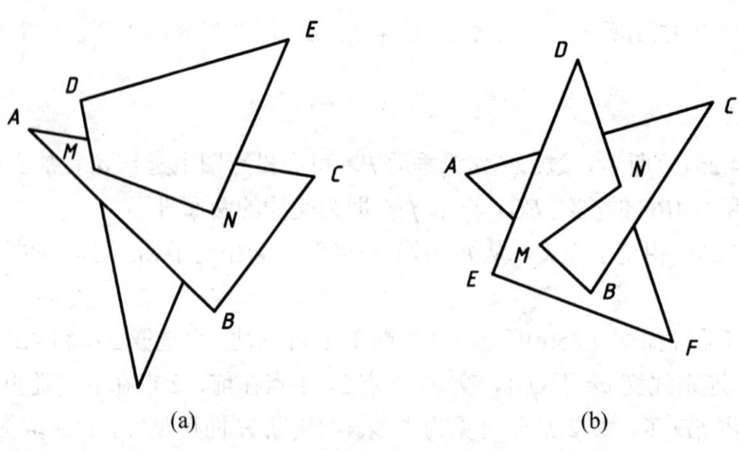

图 4.26　两一般位置平面的交线作法

【例 4.14】 如图 4.27(a)所示，求两一般位置平面△*ABC* 与△*DEF* 的交线，并判断可见性。

【解】 作法如下。

(1) 如图 4.27(b)所示，通过 *DE* 边作一正垂面 *P*, 交△*ABC* 于直线 *JK*，直线 *JK* 与 *DE* 的交点 *M*，即为两平面交线上的一点。

(2) 又过 *DF* 作正垂面 *Q*，交△*ABC* 于直线 *HI*。并求得与 *DF* 的交点 *N*。

(3) 连 *MN*，即为所求交线。

(4) 判别可见性。如图 4.27(c)所示，如判断 *V* 面可见性，可选取 *DE* 和 *AC* 在 *V* 面的重影点 1′(2′)向下作连系线交 *de* 于点 1，交 *ac* 于点 2，1 点在前，2 点在后，说明当从前向后看时 ，*DE* 遮挡住 *AC* 了，故 2′*m*′ 可见为实线。*m*′*n*′ 为 *V* 面投影中两个平面可见与不可见的分界线。如判断 *H* 面可见性，可选取 *DF* 和 *AC* 在 *H* 面的重影点 3(4)向上作连系线交 *d*′*f*′ 于点 3′，交 *a*′*c*′于点 4′，3′点在上，4′点在下，说明当从上向下看时，*DF* 遮挡住 *AC* 了,故 3*n* 可见为实线。*mn* 为 *H* 面投影中两个平面可见与不可见的分界线。

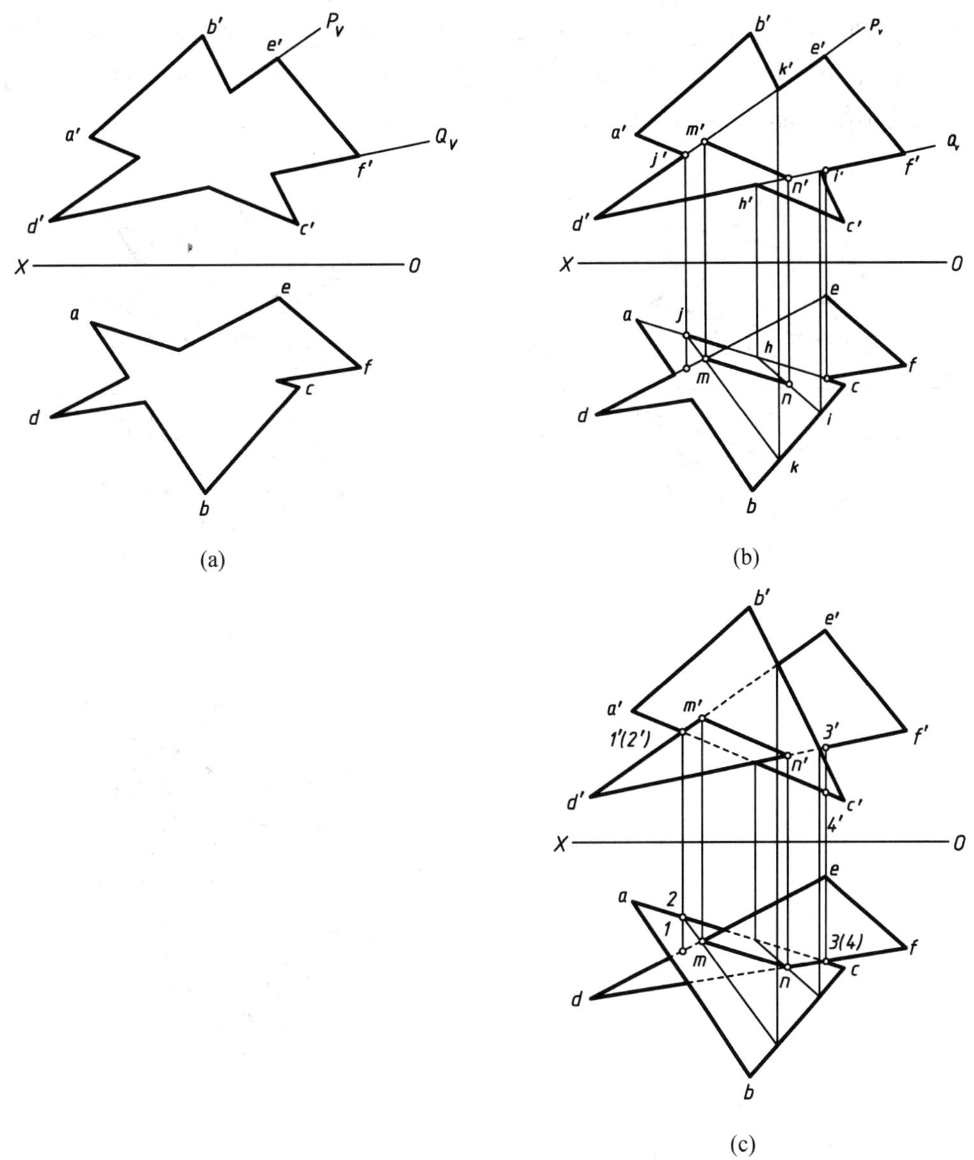

图 4.27 两一般位置平面的交线作法(续)

【例 4.15】 如图 4.28(a)所示，求两一般位置平面△*ABC* 与△*DEF* 的交线，并判断可见性。

【解】 作法如下。

(1) 如图 4.28(b)所示，通过 *AC* 边作一正垂面 *P*，交△*DEF* 于直线 *HI*，直线 *HI* 与 *AC* 的交点 *N*，即为两平面交线上的一点。

(2) 又过 *EF* 作正垂面 *Q*，交△*ABC* 于直线 *JK*。并求得与 *EF* 的交点 *M*。

(3) 连 *MN*，即为所求交线。

(4) 判别可见性。如图 4.28(c)所示，如判断 *V* 面可见性，可选取 *EF* 和 *BC* 在 *V* 面的重影点 1′(2′)向下作连系线交 *ef* 于点 1，交 *bc* 于点 2，1 点在前，2 点在后，说明当从前向后看时，*EF* 遮挡住 *BC* 了，故 1′*m*′ 可见为实线，*m*′*n*′ 为 *V* 面投影中两个平面可见与不可见的分界线。如判断 H 面可见性，可选取 AC 和 ED 在 H 面的重影点 3(4)向上作连系线交 $e'd'$ 于点 $3'$，交 $a'c'$于点 $4'$，$3'$点在上，$4'$点在下，说明当从上向下看时，ED 遮挡住 AC 了,故 $3n$ 不可见为虚线。mn 为 H 面投影中两个平面可见与不可见的分界线。

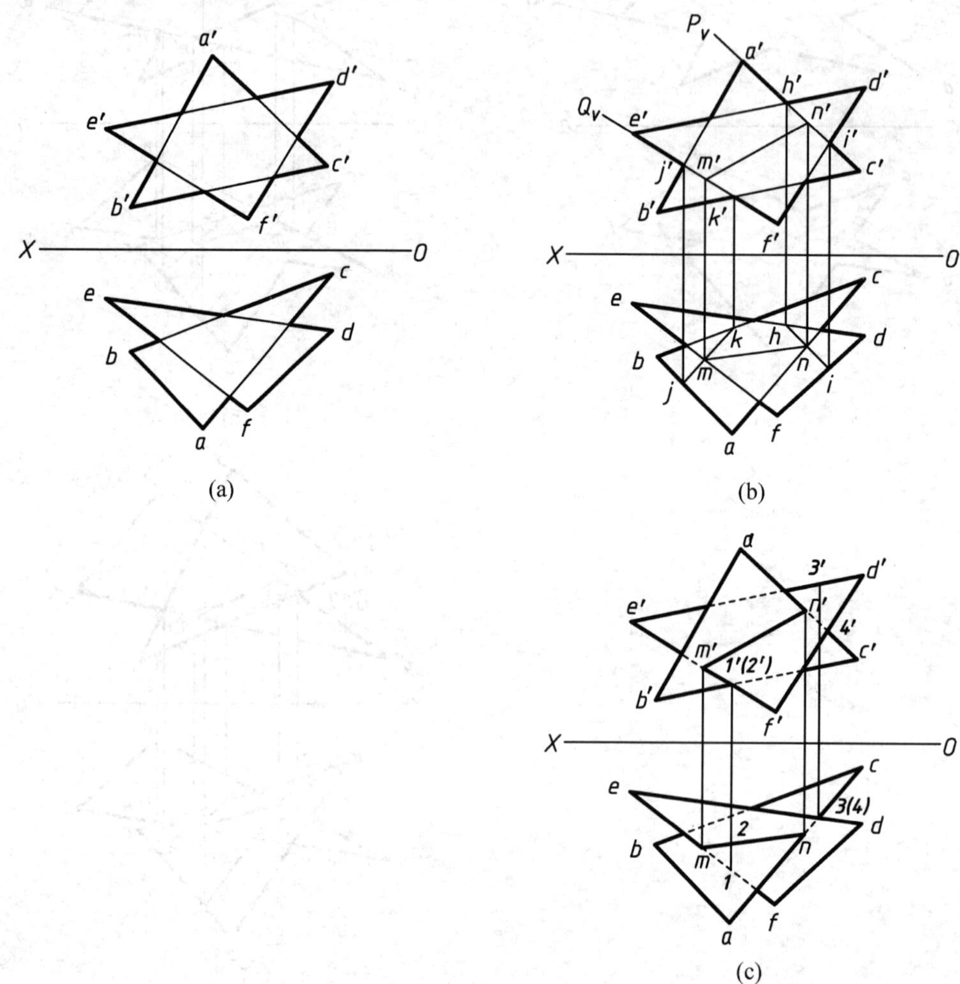

图 4.28 求两一般位置平面的交点

章后小结

(1) 本章主要介绍了直线与平面、平面与平面之间的相对位置关系的判定条件以及求其交点、交线的作法，并学会如何判别可见性。

(2) 理解并掌握线与面、面与面之间相对位置关系投影，能为学习后边的截交线与相贯线内容打下良好基础。

第5章 投影变换

教学提示：当直线或平面对投影面处于平行或垂直等特殊情况时，它们的投影一般能够直接反映其实长或实形等，但当直线或平面对投影面处于一般位置时，它们的投影一般是不能反映其实长或实形的。为了有利于解题，可以采用换面法将处于一般位置的几何元素改变为与投影面处于有利于解题的位置，以达到简化解题的目的。

学习要求：通过本章的学习，主要掌握换面法的基本概念以及点的投影变换规律；掌握换面法的四个基本作图方法及应用。

5.1 换面法

根据前面学习过的投影特性可知，当直线或平面对于投影面处于特殊位置时，它们的投影能够反映线段的实长、平面的实形及其与投影面之间的夹角。当直线或平面相对于投影面处于一般位置时，它们的投影则不具备上述特性。投影变换就是将直线或平面从一般位置变换为与投影面平行或垂直的位置，以便于解决它们的度量和定位问题。这种变换称为投影变换。

投影变换的方法有换面法、旋转法等多种方法，本章主要介绍换面法。

5.1.1 换面法的基本概念

换面法是保持空间几何元素的位置不动，而用新的投影面代替原来的投影面，使空间几何元素对新投影面处于有利于解题的位置。

如图 5.1 所示，$\triangle ABC$ 为铅垂面，为了求出它的实形，可选取新投影面 V_1 代替 V 面，这时 $V_1 // \triangle ABC$，所以$\triangle ABC$ 在 V_1 面上的投影$\triangle a_1'b_1'c_1'$就能反映实形。又根据正投影原理，新投影面体系 V_1、H 必须是直角投影体系。

由此可见，新投影面的选择应符合下列两个条件。

(1) 新投影面必须垂直于某一个原有的投影面，以构成一个相互垂直的两投影面新体系，只有这样，正投影原理才能继续有效。

(2) 新投影面对空间几何元素应处于有利于解题的位置，否则换面将失去意义。

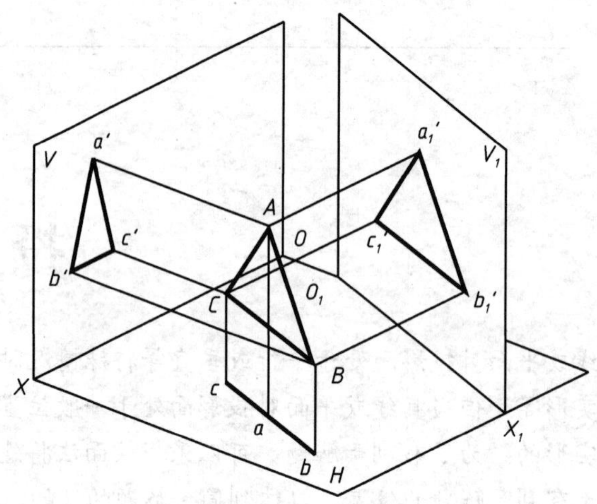

图 5.1 换面法举例

5.1.2 点的换面

1. 点的一次换面

(1) 新投影体系的建立。

如图 5.2(a)所示，已知点 A 在 H、V 投影面体系中的投影 a、a'。若以 V_1 面(V_1 面垂直于 H 面)替换 V 面，则点 A 在新的 H 、V_1 投影面体系中的投影为 a、a_1'。由图 5.2(a)可知，新投影面 V_1 垂直于 H 面，与 H 面相交于 O_1X_1，O_1X_1 即为新的投影轴，将 V 面、V_1 面分别绕投影轴 OX_1、O_1X_1 旋转到与 H 面重合的位置，得到投影图如图 5.2(b)所示。

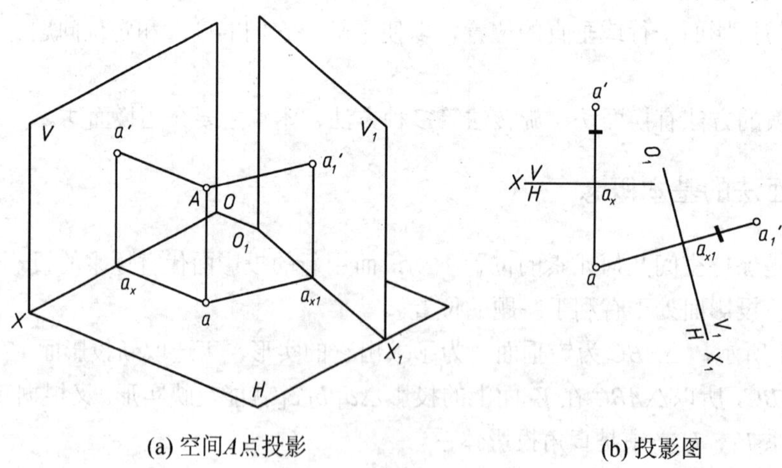

(a) 空间 A 点投影　　(b) 投影图

图 5.2 点的一次换面

(2) 新旧投影之间的关系。

如图 5.2 所示，根据正投影原理，在 H、V_1 投影体系中，a 与 a_1'的连线必定垂直于投影轴 O_1X_1，投影 a_1' 到 O_1X_1 轴的距离即为空间点 A 到 H 面的距离，也即等于 a'到 OX 轴的距离。即 $a_1'a_{x1}=a'a_x=Aa$。

(3) 点在换面法中的变换规律。

① 在新投影面体系中，点的两个投影连线垂直于新的投影轴。

② 点的新投影到新投影轴的距离等于被替换了的投影到原投影轴的距离。

(4) 点在一次换面法中的作图步骤。

① 选择新的投影面，画出新的投影轴 O_1X_1。

② 过 a 作 O_1X_1 轴的垂线。

③ 在垂线上截取 $a_1'a_{x1}$ 等于 $a'a_x$，即得到点 A 在 V_1 面上的新投影 a_1'。

同理，若更换 H 面，建立 V、H_1 投影面体系时，点的变换作图与上述步骤类似，其中 a_1a'垂直于 O_1X_1 轴，$a_1a_{x1}=aa_x=Aa'$。

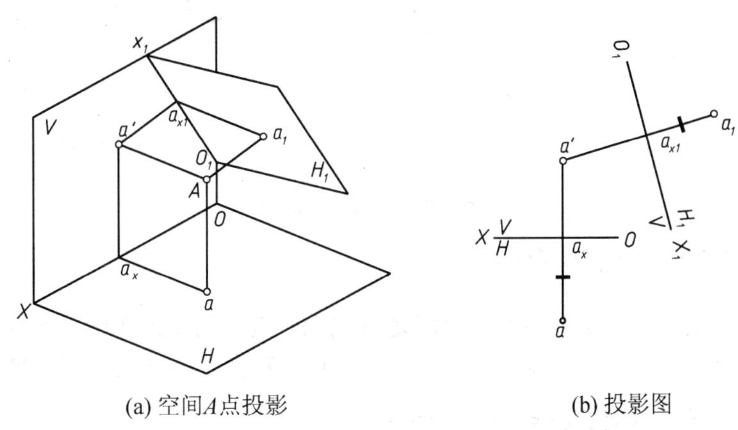

(a) 空间A点投影　　(b) 投影图

图 5.3　点的一次换面

2. 点的二次换面

在解题的过程中，有些问题需要经过两次或两次以上的变换才能解决问题，下面介绍点的两次换面作图方法。

点的两次换面就是在上述第一次换面的基础上，继续进行第二次换面。它的原理和作图方法与第一次换面完全类同。但必须注意投影面要交替进行更换。即第一次换面用 V_1 代替 V，第二次换面用 H_2 代替 H，最后组成以 V_1、H_2 体系，或者第一次换面用 H_1 代替 H，第二次换面用 V_2 代替 V，最后组成以 H_1、V_2 体系。在投影图中，点的两次换面的作图步骤如图 5.4 所示。

(1) 作 O_1X_1 轴，以 V_1 面更换 V 面，进行第一次变换用 V_1 代替 V，求得在 V_1 面上的投影 a_1'($aa_1' \perp O_1X_1$；$a_1'a_{x1}=a'a_x$)。

(2) 作 O_2X_2 轴，以 H_2 面更换 H 面，进行第二次变换用 H_2 代替 H，求得在 H_2 面上的投影 a_2($a_1'a_2 \perp O_2X_2$；$a_2a_{x2}=aa_{x1}$)。

3. 点的多次换面

由上述点的一次换面，点的两次换面可知，当连续多次换面时，V 面和 H 面应交替变换，可按 V_1，H_2，V_3…的次序换面，也可以按 H_1，V_2，H_3…的次序换面。实质上每一次换面，都是在上一次换面的基础上进行的，也是点的换面规律的重复应用。

为了区分多次换面后投影的关系，规定在相应的字母旁边加注下标数字，以表示是第几次换面所产生的投影，如 a_1'是第一次换面后的投影，a_2 是第二次换面后的投影，以此类推。

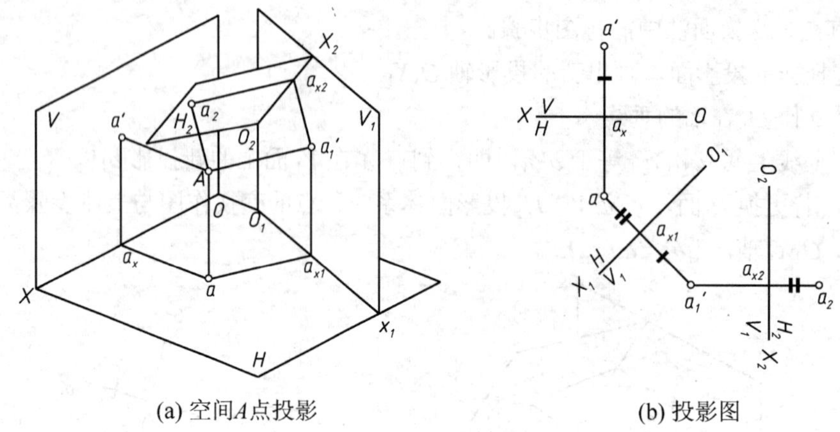

(a) 空间A点投影　　　　(b) 投影图

图 5.4　点的二次换面

5.1.3　换面法的四个基本应用

直线在换面法中的变换作图实质上就是直线上两端点的变换作图，平面的变换作图常常是通过平面上不在同一条直线上的三个点或一直线和直线外一点的变换来实现的。

1. 把一般位置直线变为投影面平行线

一般位置直线经过一次变换能使其成为新投影面的平行线。只要选择一个既与已知直线平行，又与原来一个投影面垂直的新的投影面就可实现这个变换。

如图 5.5 所示就是选择一个既与直线 AB 平行，又垂直于 H 面的新投影面 V_1，来更换 V 面，从而建立新的 V_1、H 投影面体系，使直线 AB 成为 V_1 面的平行线，在 V_1 面上的投影为 $a_1'b_1'$。其具体作图步骤如下。

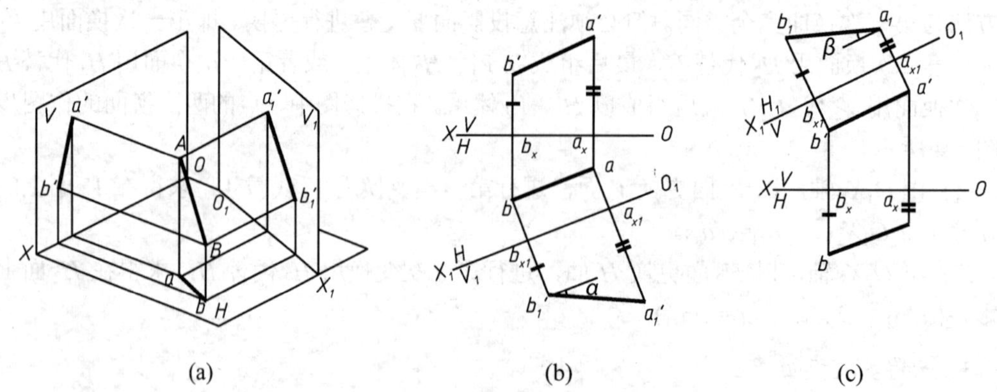

(a)　　　　(b)　　　　(c)

图 5.5　一般位置直线变换为投影面的平行线

(1) 作投影轴 O_1X_1，O_1X_1 必须平行于直线 AB 的水平投影 ab，离 ab 的距离可任意选择，与解题无关。

(2) 将直线的两端点 A、B 进行变换，分别过 a、b 两点作轴 O_1X_1 的垂线，垂足分别为 a_{x1}、b_{x1}，在两条垂线上分别取 $a_{x1}a_1'=a'a_x$、$b_{x1}b_1'=b'b_x$，得投影 a_1'、b_1'。

(3) 连接 $a_1'b_1'$，$a_1'b_1'$即为直线 AB 在 V_1 面上的新投影，且 $a_1'b_1'$反映直线 AB 的实长和 α 角的真实大小。

如果求解直线 AB 的实长和 β 角的真实大小，方法与求直线 AB 的实长和 α 角的真实大小相似。

2. 把一般位置直线变为投影面垂直线

要使一般位置直线成为新投影面的垂直线，新投影面必须与该直线垂直。由于不可能直接选择一个既垂直于直线又垂直于原来的一个投影面的新投影面，也就是说，一般位置直线变换为垂直线只经一次变换是无法实现的。因此，要进行两次变换，即先将一般位置直线变换成平行线，再将平行线变换成垂直线。

如图 5.6 所示，第一次变换以 V_1 面更换 V 面，使直线 AB 成为 V_1 面的平行线；第二次变换以 H_2 面更换 H 面，使直线成为 H_2 面的垂直线。其具体作图步骤如下。

(1) 作 O_1X_1 平行于 ab，分别过 a、b 两点作 O_1X_1 垂线，取 $a_1'a_{x1}=a'a_x$、$b_1'b_{x1}=b'b_x$、得投影 a_1'、b_1'，连接 $a_1'b_1'$。

(2) 作 O_2X_2 垂直于 $a_1'b_1'$，取 $a_2a_{x2}=aa_{x1}$，$b_2b_{x2}=bb_{x1}$，求得投影 a_2b_2，a_2b_2 必定积聚一点。

同理，若第一次变换以 H_1 面更换 H 面；第二次变换以 V_2 面更换 V 面，也能使直线成为 V_2 面的垂直线。

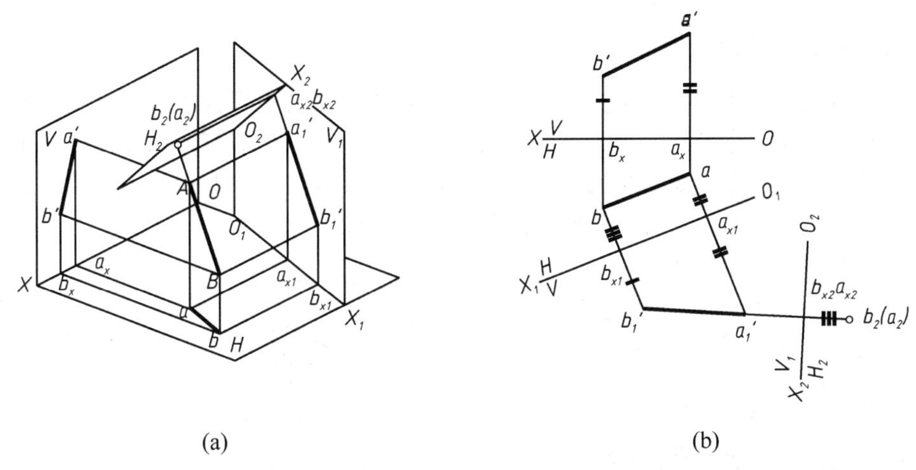

图 5.6 一般位置直线变换为投影面的垂直线

3. 把一般位置平面变为投影面垂直面

要使一般位置平面变换成投影面垂直面，就必须选择一个新的投影面，使其既垂直于一般位置平面，又垂直于一个原有投影面。为简化变换作图，可以在平面上先作一条水平线或正平线，然后作新投影面垂直于此水平线或正平线。

如图 5.7 所示，表示△ABC 经一次变换后，由一般位置平面变换成为新投影面的垂直面。作图步骤如下。

(1) 在△ABC 内作辅助水平线 CD(即求得 V、H 面的投影 $c'd'$、cd)。

(2) 作新投影轴 O_1X_1 垂直 cd，分别过 a、b、c 三点作 O_1X_1 垂线，取 $a_1'a_{x1}=a'a_x$、$b_1'b_{x1}=b'b_x$、$c_1'c_{x1}=c'c_x$、$d_1'd_{x1}=d'd_x$，得投影 a_1'、b_1'、c_1'及 d_1'，它们连接成一直线。则△ABC 变换成新投影面的垂直面(即与新投影面 V_1 垂直)。

(3) △ABC 在新投影面 V_1 面上的投影积聚成一条线，该线与 O_1X_1 轴线的夹角反映平面与 H 面倾角 α 的真实大小。

同理，若变换 H 面，以 H_1 面更换 H 面，需先在△ABC 面内取一条正平线，使其与新投影面 H_1 垂直，△ABC 在 H_1 面上积聚投影与 O_1X_1 轴的夹角反映 β 的真实大小。

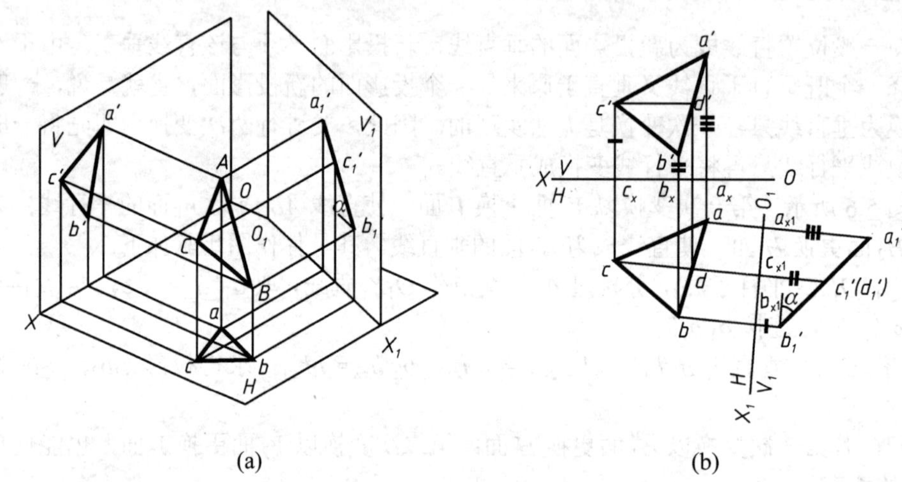

(a) (b)

图 5.7 一般位置平面变换为投影面的垂直面

4. 把一般位置平面变为投影面平行面

要使一般位置平面变换成新投影面平行面，新投影面必须平行于已知平面。若已知平面为垂直面，只需进行一次变换：若为一般位置平面，由于不能直接选择一个既平行此平面又垂直于一个原有投影面的平面作新投影面，所以要经过两次变换，即先将一般位置平面变换成投影面垂直面，再将垂直面变换成投影面平行面。

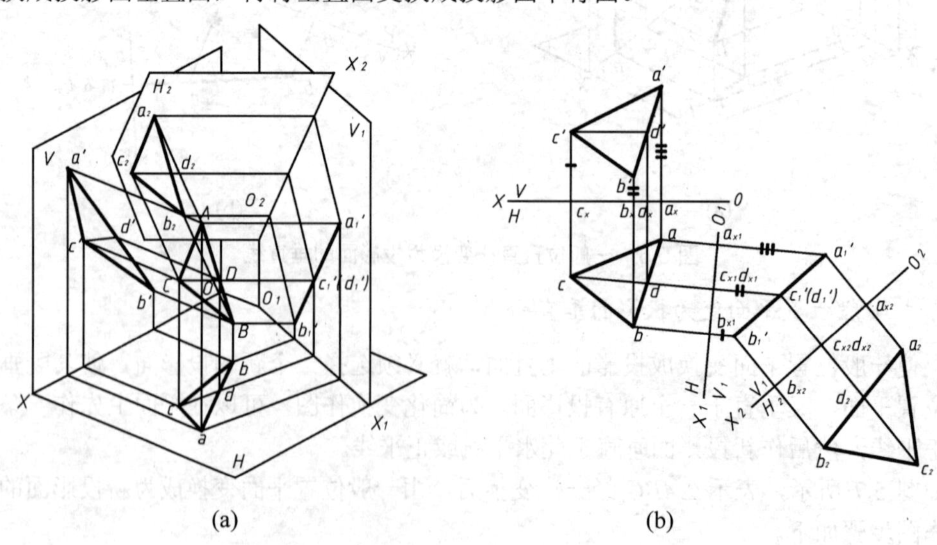

(a) (b)

图 5.8 一般位置平面变换为投影面的平行面

图 5.8 表示一般位置平面(△*ABC*)变换成为平行面的情况。先建立 H、V_1 新投影体系，变换为垂直面，再建立 V_1、H_2 新投影体系，并使 H_2//△*ABC*，即把△*ABC* 变换为 V_1、H_2 体系中的水平面。

具体作图步骤如下。

(1) 作 O_1X_1 轴，使△*ABC* 变换成为投影面 V_1 的垂直面，得投影 $a_1'b_1'c_1'$。

(2) 作 O_2X_2//$a_1'b_1'c_1'$，得投影△$a_2b_2c_2$，△$a_2b_2c_2$ 即为新投影面的平行面，它反映△*ABC* 的实形。

5.2 解题举例

根据换面法的基本原则，可将一般位置直线或平面变换成新投影面的特殊位置，利用直线或平面与投影面平行或者垂直的位置关系，进而求其原形，已达到解题的目的。第一节中针对换面法的四种基本运用作了详细的介绍，这些方法是我们今后解题的基础。对于各式各样的问题，我们的解题方法并不唯一，可以根据题目所给定的具体条件进行分析，灵活运用所学的知识。

下面的例题，解法有很多种，在这里我们仅作出一种常用的解题方法加以讲解。希望通过以下例题的学习，可以达到举一反三，融会贯通，掌握解题的基本思路和方法，培养分析问题和解决问题的能力。

【例 5.1】 如图 5.9(a)所示，求点 *C* 到直线 *AB* 的距离。

【解】 分析：求点 *C* 到直线 *AB* 的距离，就是求解点到线的距离，最终要落实在求点到点的距离上面来。因此我们要寻找一新投影面，使直线 *AB* 和点 *C* 在该投影面上的投影都是点，这样一来，两个投影点的连线便是点 *C* 到直线 *AB* 的距离。

作图步骤如图 5.9(b)所示。

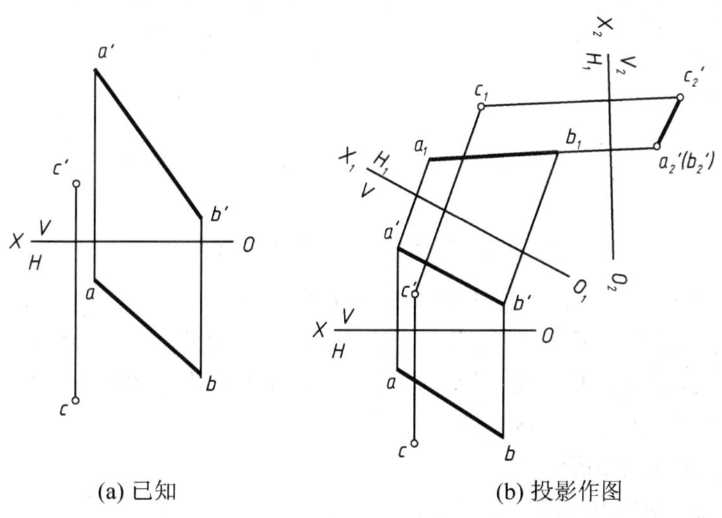

(a) 已知　　(b) 投影作图

图 5.9　求点到直线的距离

(1) 绘制 O_1X_1 轴，使 O_1X_1// $a'b'$，作出 a_1、b_1、c_1。

(2) 绘制 O_2X_2 轴，使 $O_2X_2 \perp a_1b_1$，作出 a_2'、b_2'、c_2'，其中 a_2'、b_2' 两点重合，即直线 AB 的投影。

(3) 连接 c_2' 和 $a_2'(b_2')$ 点，则 $c_2'a_2'(c_2'b_2')$ 即为空间点 C 到直线 AB 的距离。

【例 5.2】 如图 5.10(a)所示，求两交叉直线 AB 与 CD 的公垂线。

【解】 分析：求两交叉直线的公垂线，就是求解线与线之间的距离，最终要落实到求点到直线的距离上面来。因此我们要寻找一新投影面，使直线在该投影面上的投影是点；另外还要将该直线变化成某一投影面的水平线，利用直角定理，找到垂足，这样一来，两到直线间的距离就求解出来了。

作图步骤如图 5.10(b)所示。

(1) 绘制 O_1X_1 轴，使 $O_1X_1 // ab$，作出 a_1'、b_1'、c_1'、d_1'。

(2) 绘制 O_2X_2 轴，使 $O_2X_2 \perp a_1'b_1'$，作出 a_2、b_2、c_2、d_2，其中 a_2、b_2 两点重合。

(3) 过 $a_2(b_2)$ 点作直线 c_2d_2 的垂线，垂足为 n_2、m_2，则 m_2n_2 即为两交叉直线的公垂线。

(4) 返回 V_1 投影面，作出 n_1'，然后过 n_1' 作 O_2X_2 轴的平行线，与 $a_1'b_1'$ 相交于 m_1'。

(5) 返回 H 投影面，作出 m、n，返回 V 投影面，作出 m'、n'。

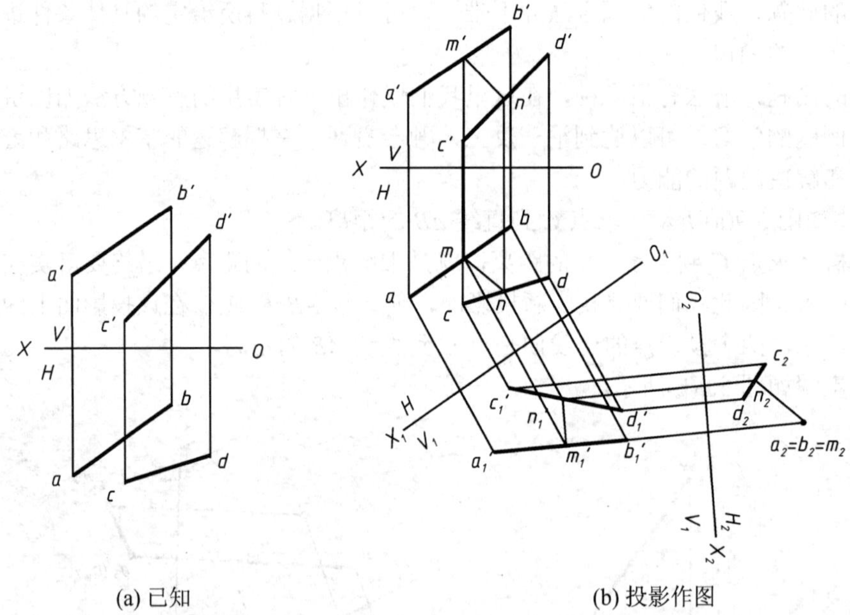

(a) 已知　　　　(b) 投影作图

图 5.10　求两交叉直线的公垂线

【例 5.3】 如图 5.11(a)所示，求点 S 到平面 ABC 的距离。

【解】 分析：求点 S 到平面 ABC 的距离，就是求解点到面的距离，最终要落实在求点到线的距离上面来。因此我们要寻找一新投影面，使平面 ABC 在该投影面上的投影是线，这样一来，点 S 到平面 ABC 的距离就求解出来了。

作图步骤如图 5.11(b)所示。

(1) 先在平面 ABC 内绘出一条平面内的正平线 CD。

(2) 绘制 O_1X_1 轴，使 $O_1X_1 \perp c'd'$，作出 a_1、b_1、c_1、d_1，其中 c_1、d_1 两点重合，a_1、b_1、c_1、d_1 四点位于同一条直线上。

(3) 过 s_1 点作直线 a_1b_1 的垂线，垂足为 k_1，则 s_1k_1 即为点 S 到平面 ABC 的距离。

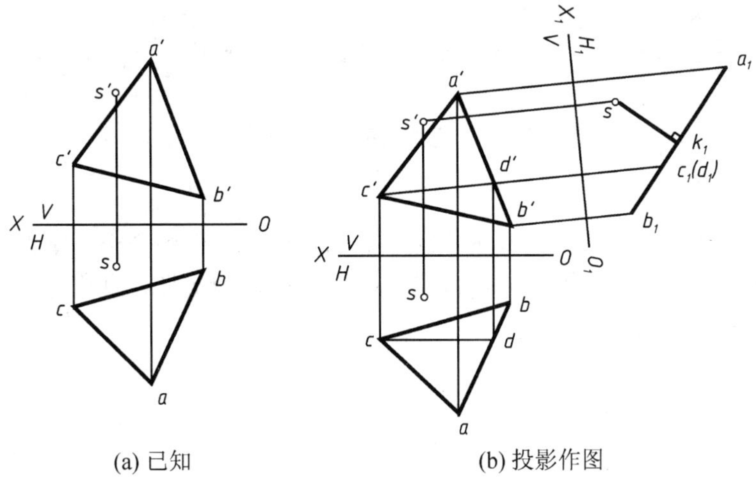

图 5.11　求点到平面的举例

【例 5.4】 如图 5.12(a)所示，求平面 ABC 和平面 BCD 之间的夹角。

【解】 分析：求两平面的夹角需要将两平面变成同一投影面的垂直面，这时需把两平面的交线变成投影面的垂直线。因为两平面的交线 BC 为一般位置直线，此题需要经过两次换面才能解决问题。

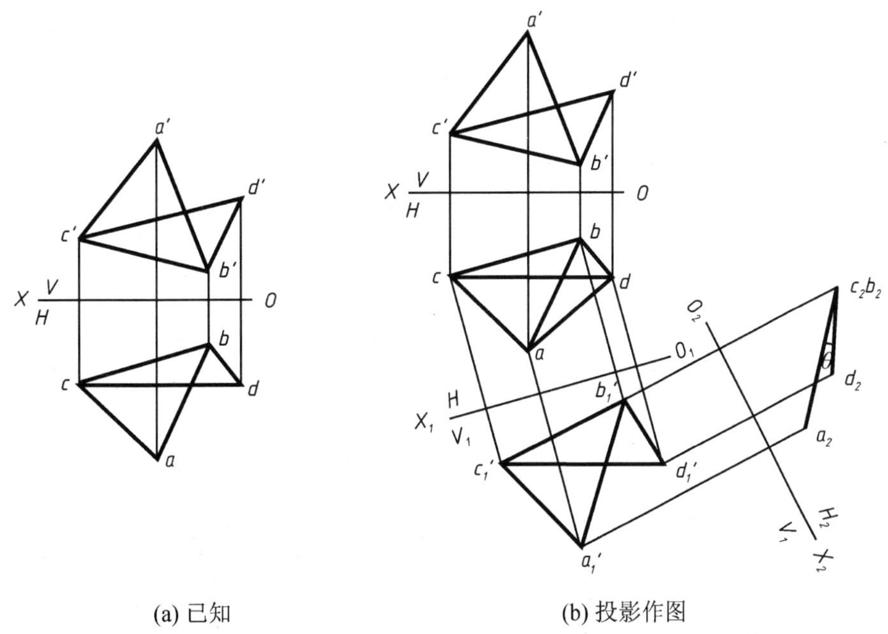

图 5.12　求两平面之间的夹角

作图步骤如图 5.12(b)所示。

(1) 第一次换面将交线 BC 变成投影面的平行线，绘制 O_1X_1 轴，使 O_1X_1 平行于 bc，作出 b_1'、c_1'、a_1'、d_1'。

(2) 第二次换面将投影面的平行线变成投影面的垂直线，绘制 O_2X_2 轴，使 O_2X_2 垂直于 $c_1'b_1'$，作出积聚投影 c_2b_2 及点、a_2、d_2。

(3) 两平面积聚投影之间的夹角 θ 即为两平面之间的夹角。

章后小结

本章内容主要讲述换面法的基本概念，点的投影变换作图规律，掌握换面法的四个基本作图规律。学会利用换面法求线段实长、平面图形的实形、直线及平面对投影面的倾角等。

第 6 章 曲线与曲面

教学提示：本章通过对常用工程曲线、曲面及其投影的分析和综合，使学生了解曲线与曲面的概念、分类及图示特点。教学难点在于用辅助线法、纬圆法找到曲面上的点。

学习要求：通过本章的学习，学生应了解曲线和曲面的种类和特点；熟悉曲面立体投影特点及在其表面取点、取线的具体方法；重点掌握正圆柱螺旋线的形成及作图方法和回转面上定点的方法及步骤。

6.1 曲　　线

6.1.1 曲线的形成和分类

在工程构造物中，经常可以看到形态各异的建筑外形，图 6.1 为无锡卫东双曲拱桥，这些建筑外形所体现的曲线与曲面称为工程曲线与曲面。

图 6.1　无锡卫东双曲拱桥

曲线可以看成是由以下 3 种情况形成的。

(1) 点作变向连续运动的轨迹，如图 6.2(a)所示。

(2) 曲面与曲面或曲面与平面相交的交线，如图 6.2(b)所示。

(3) 直线族或曲线族的包络线，如图 6.2(c)所示。

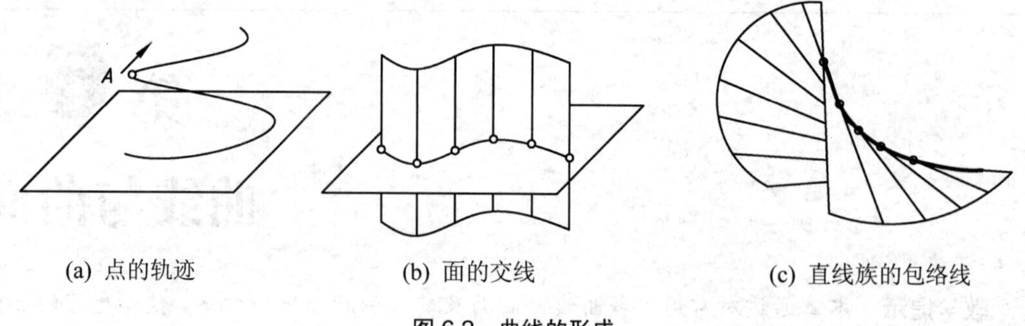

(a) 点的轨迹　　(b) 面的交线　　(c) 直线族的包络线

图 6.2　曲线的形成

根据点的运动有无规律，曲线可以分为规则曲线和不规则曲线。一般情况下，规则曲线可以用数学方法精确描述，如圆、渐伸线、正弦曲线及螺旋线等；不规则曲线随意性比较大，不能用数学公式表达，只能用图或数据列表的方式表示，如地形起伏、海岸线及山脊线等。

曲线又可以分为平面曲线和空间曲线。所有的点都位于同一平面内的曲线，称作平面曲线，如圆、圆弧等；任意连续 4 个点不在同一平面内的曲线，称作空间曲线，如图 6.2(c)所示包络线。

6.1.2　曲线的投影

在画法几何中，通常根据曲线的投影来研究曲线的性质。因为曲线可看做是点的运动轨迹，所以画出曲线上一系列点的投影，并连成光滑曲线，就可以得到该曲线的投影。为了较准确地画出曲线的投影，一般应画出曲线上一些特殊点的投影，以便控制曲线的形状。

平面曲线的投影，视曲线所在平面对投影面的相对位置有以下 3 种不同情况。

(1) 当曲线所在平面与投影面平行时，曲线在该投影面上的投影反映曲线的实形，如图 6.3(a)所示。

(2) 当曲线所在平面与投影面垂直时，曲线在该投影面上的投影是一条直线，如图 6.3(b)所示。

(3) 当曲线所在平面倾斜于投影面时，曲线在该投影面上的投影是变形曲线，如图 6.3(c)所示，但对于二次曲线(例如椭圆、抛物线和双曲线)来说其投影仍为二次曲线，在特殊情况下，它们的投影可变为圆或直线。

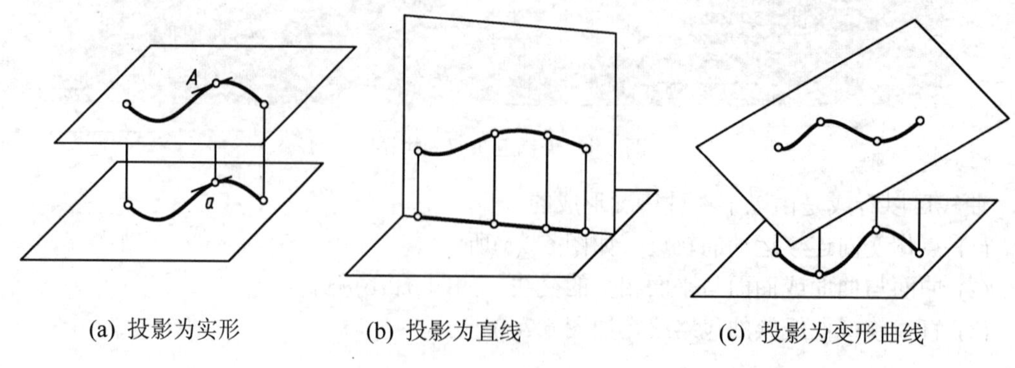

(a) 投影为实形　　(b) 投影为直线　　(c) 投影为变形曲线

图 6.3　平面曲线的投影

曲线的一个重要性质是过曲线上任意一点的切线，其投影仍与曲线的投影相切于该点的同面投影，如图 6.3(a)所示。

6.1.3　圆的投影

圆是常见的平面曲线之一。根据圆平面对投影面的相对位置：当圆平面平行于投影面时，其投影是反映圆的实形，如图 6.4(b)所示；当圆平面垂直于投影面时，其投影是长度等于圆直径的线段，如图 6.4(a)所示；当圆平面倾斜于投影面时，其投影是长轴等于圆直径的椭圆，如图 6.4(b)所示。

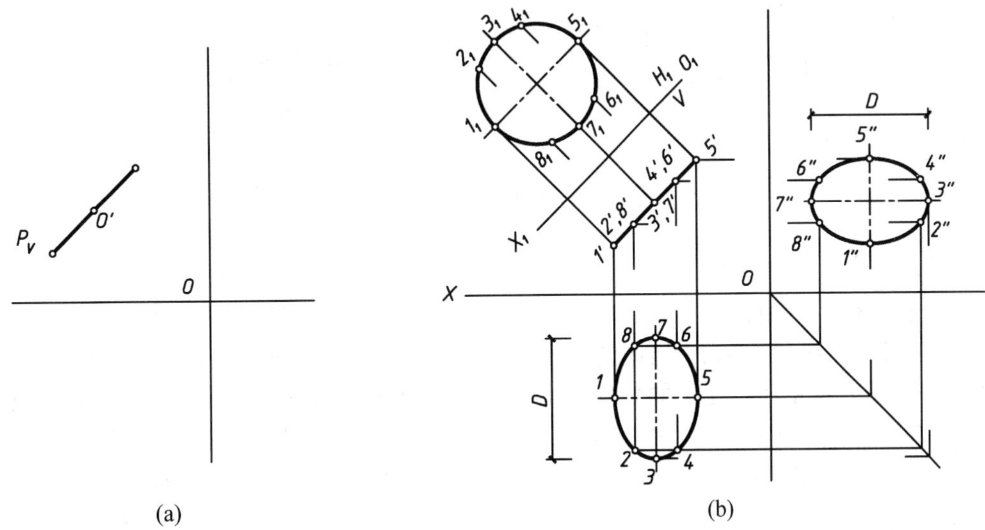

(a)　　(b)

图 6.4　圆的投影

【例 6.1】 已知直径为 D 的圆位于正垂面 V 内，并知圆心 O 和 P_V 的位置，如图 6.4(a)所示，试作出其实形及另外两面投影。

【解】 作法如下。

(1) 通过投影变换作出圆的实形，如图 6.4(b)所示。

(2) 圆的水平投影和侧面投影都是椭圆，长轴等于 D，短轴可以根据投影变换和正面投影作出，如图 6.4(b)所示。为了较精确画出椭圆，另外增加 4 个辅助点 2、4、8、6。

6.1.4　圆柱螺旋线

圆柱螺旋线是工程中常用的空间曲线之一，是以圆柱面为导面时形成圆柱螺旋线。

1. 形成

动点 P 在圆柱面上沿着圆柱轴线方向作等速移动，同时圆柱又绕轴线作等速旋转运动，则点 P 在圆柱面上留下的运动轨迹为圆柱螺旋线。圆柱的半径称为螺旋半径；柱轴称为螺旋线的轴线；圆柱转动一周后，点沿轴线方向移动的距离称为导程，记为 h，如图 6.5(a)所示。螺旋线有左旋和右旋之分。当动点 P 的运动轨迹符合右手螺旋法则时，称为右螺旋线，如图 6.5(a)所示；同样，符合左手螺旋法则时，称为左螺旋线，如图 6.5(b)所示。

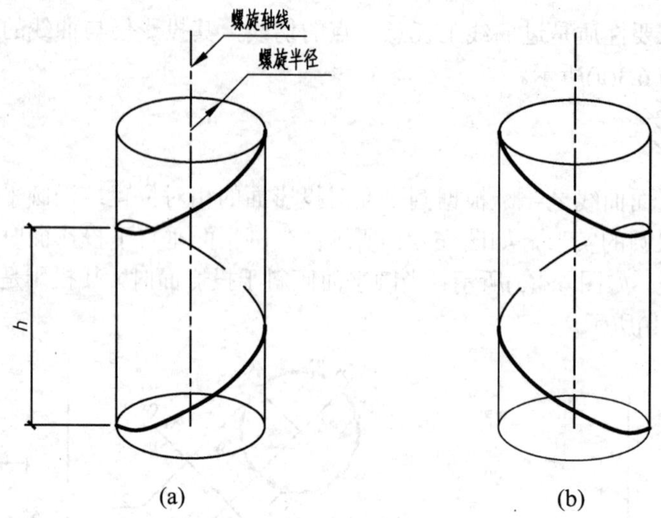

图 6.5　圆柱螺旋线的形成

2. 投影的画法

根据圆柱螺旋线的形成，当已知螺旋半径 r，导程 h，旋转方向和轴线位置后，便可作出螺旋线的投影。在图 6.6(a)中给出的柱轴线为铅垂线，所以圆柱的水平投影为圆周。把圆周 12 等分，同时把正面投影中的导程 h 也 12 等分，并过各等分点作水平线，如图 6.6(b)；过圆周上各等分点向正面投影作竖直线，与正面投影中相应的水平线相交，得到 1′、2′、3′、4′、…、12′等，把这些交点连接成光滑的曲线即得到圆柱螺旋线的正面投影，如图 6.6(c)和图 6.6(d)所示。

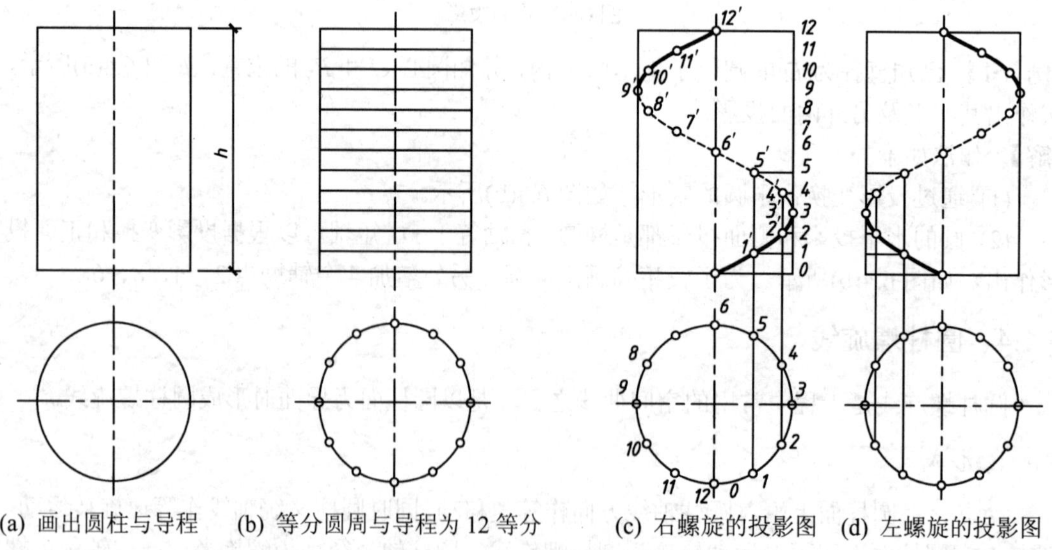

(a) 画出圆柱与导程　(b) 等分圆周与导程为 12 等分　(c) 右螺旋的投影图　(d) 左螺旋的投影图

图 6.6　圆柱螺旋线的画法

6.2 曲面的形成和分类

6.2.1 曲面的形成

一条动线按一定约束条件移动的轨迹称为曲面。该动线称为母线；曲面轨迹中任一位置的母线统称为素线；控制或约束母线运动的点、线、面，分别称为导点、导线、导面。导线可以是直线或曲线，导面可以是平面或曲面，如图 6.7 所示。

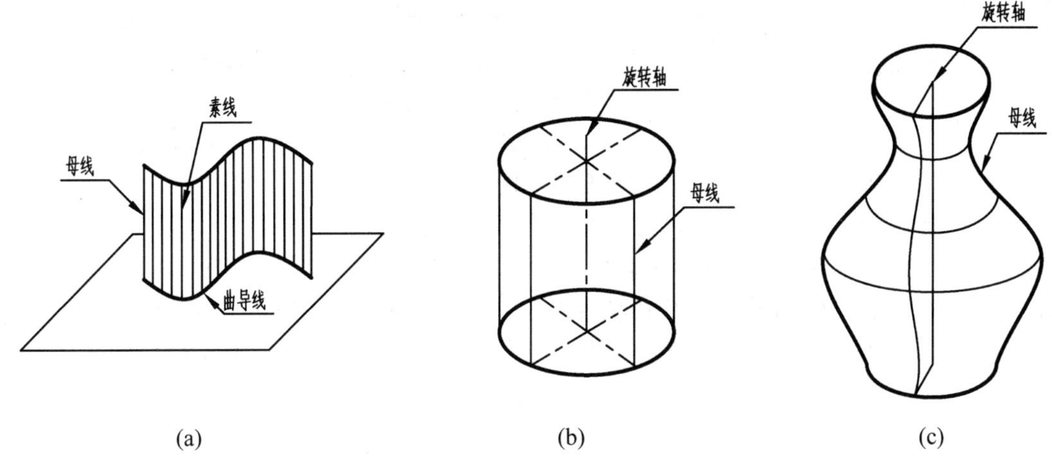

图 6.7 曲面的形成

6.2.2 曲面的分类

根据曲面和母线的性质、形成方法等的不同，曲面的分类如下。

(1) 按母线的形状分，曲面可分为直纹面和曲线面。

(2) 按母线的运动方式分，曲面可分为回转面和非回转面。

(3) 按母线在运动中是否变化分，曲面可分为定母线和变母线面。

(4) 按曲面是否能无折皱地摊平在一个平面上来分，曲面可分为可展曲面和不可展曲面。

(5) 按母线运动是否有规律来分，曲面可分为规则曲面和不规则曲面。

6.3 回转面及其表面上的点和线

从控制条件上说，由母线绕一固定的轴线旋转生成的曲面称为回转面，该固定轴线称为旋转轴。由直母线旋转生成的称为旋转直纹面，例如圆柱面、圆锥面，只能由曲母线旋转生成的称为旋转曲线面，例如球面、圆环面等。

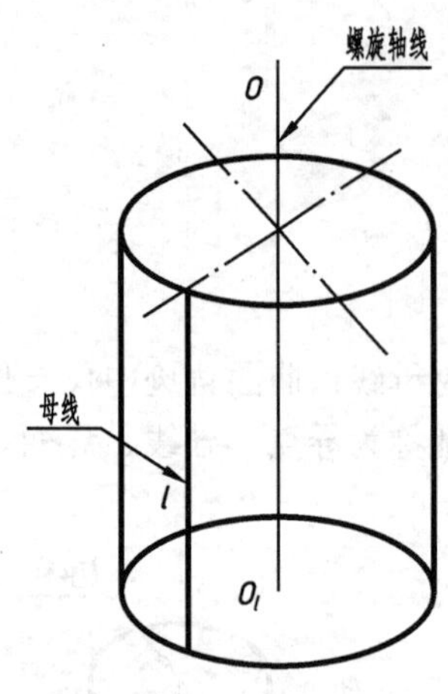

图 6.8　圆柱面的形成

6.3.1　圆柱面

圆柱面是一直母线 l 沿圆周绕与它平行的轴线 OO_l 旋转而成，如图 6.8 所示。

1. 圆柱面的投影

如图 6.9(a)所示为轴线垂直于水平投影面时圆柱面的投影情况。从图 6.9(a)中可以看出，圆柱面上的所有素线均是平行于轴线的铅垂线，所以其水平投影积聚成一个圆周，圆周半径等于旋转半径，圆柱面上任意的点、线、面，其水平投影都在该圆周上；圆柱面的正面和侧面投影只画确定其投影范围的外形轮廓线。图 6.9(b)所示，图中正面投影中外形轮廓线 $a'a_1'$、$b'b_1'$ 是圆柱面上最左与最右两条素线 AA_1、BB_1 的投影，它们的侧面投影重合在轴线侧面投影的位置。这两条素线将圆柱面分成前、后两部分，是圆柱面在正面投影中的可见与不可见部分的分界线。

同理可得，侧面投影中的外形轮廓线 $c''c_1''$、$d''d_1''$是圆柱面上最前与最后两条素线 CC_1、DD_1 的投影，它们的正面投影重合在轴线正面投影的位置。这两条素线将圆柱面分成左、右两部分，是圆柱面在侧面投影中的可见与不可见部分的分界线，如图 6.9(a)所示。

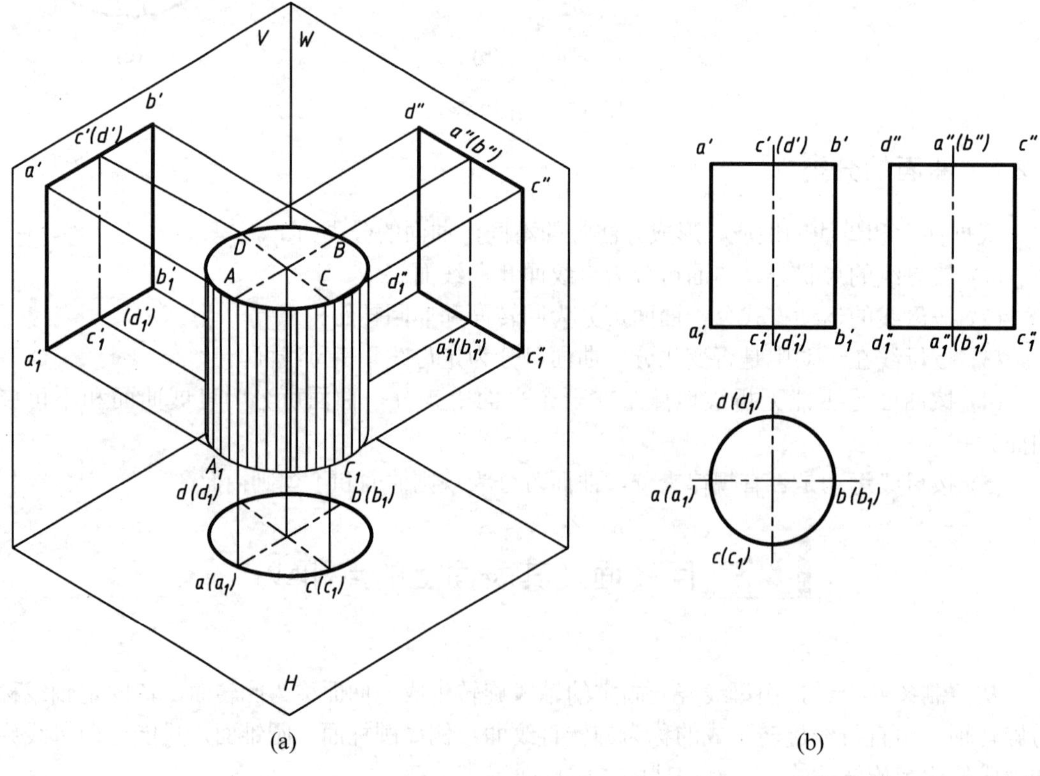

(a)　　　　(b)

图 6.9　圆柱面的投影

2. 圆柱面上取点、取线

在圆柱面上作点和线的投影，可以利用圆柱面有积聚性的投影进行作图。

【例 6.2】 已知点 A 和线 BC 的一面投影，如图 6.10(a)所示，求另外两面投影。

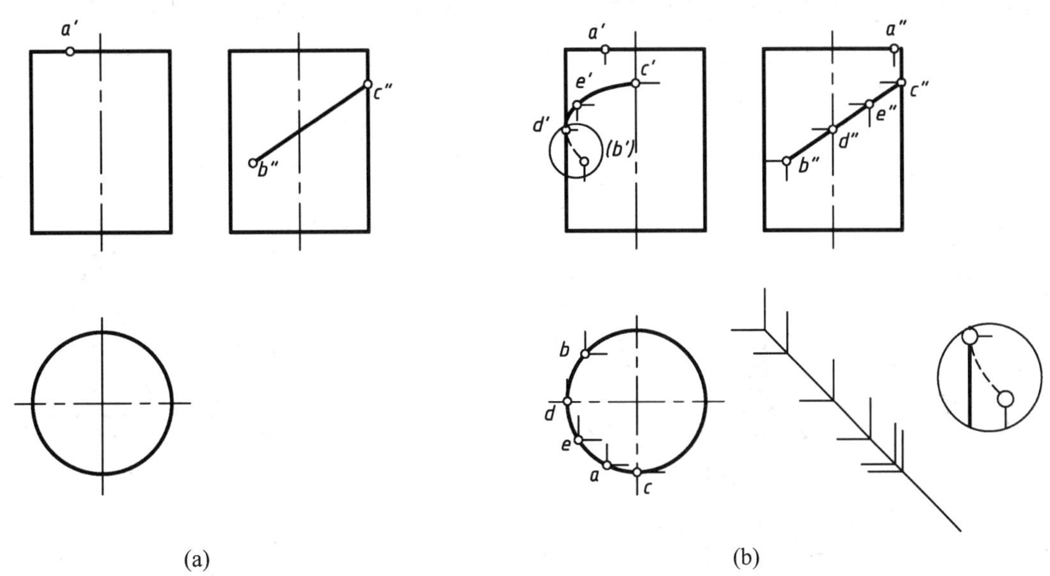

图 6.10 作圆柱面上的点和线

【解】 分析：A 点在圆柱表面上，其水平投影在圆周上，侧面投影可由水平投影和正面投影求出。由于 a'可见，所以 A 点位于圆柱的前半部分，利用圆柱面的水平投影的积聚性和长对正的投影原理，可以在圆周上作出 a，如图 6.10(b)所示。根据投影原理，由 a'、a 作出 a''。因为 A 点位于圆柱的左半部分，所以 a''可见。

由 c''的投影，可以判断出点 C 位于圆柱面的最前面的轮廓线上，其水平投影 c 在圆周的最前面点，利用 c''、c 作出 c'。根据 b''投影，可以得到 B 点位于圆柱的左、后半部分，所以(b')不可见，(b')的作图过程同 c'点。在线 BC 上再取两点 D、E，作出它们的正面投影 d'、e'，用光滑的曲线把(b')、d'、e'、c'连接起来。由于 D 点是最左边点，所以是前、后部分的分界点，(b')、d'应该用虚线连接。线 BC 在水平投影面上积聚成一段圆弧 $bdec$。

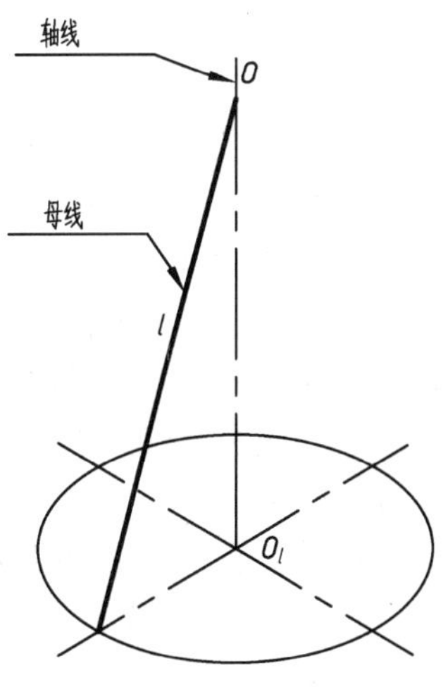

图 6.11 圆锥面的形成

6.3.2 圆锥面

圆锥面是一直母线 l 绕与它相交的轴线 OO_1 旋转而成，如图 6.11 所示。母线在任一位置称为圆锥面的素线。

1. 圆锥面的投影

如图 6.12 所示，圆锥面的轴线垂直于水平面，底圆平行于水平投影面。圆锥面在水平面上的投影为一圆面，锥顶的水平投影即在圆心上。圆锥面的正面投影和侧面投影都为相同的等腰三角形，三角形的底边是圆锥底面的投影，三角形的其余边是圆锥面不同投射方向的外形轮廓线，其中 $s'a'$和 $s'b'$分别为圆锥面的最左、最右轮廓线的正面投影，对应的水平投影重合在圆面的中心轴上，对应的侧面投影重合在侧面投影的中心对称轴上；$s''c''$和 $s''d''$分别为圆锥面的最前、最后轮廓线的侧面投影，对应的水平投影重合在圆面的中心轴上，对应的正面投影重合在中心对称轴上。

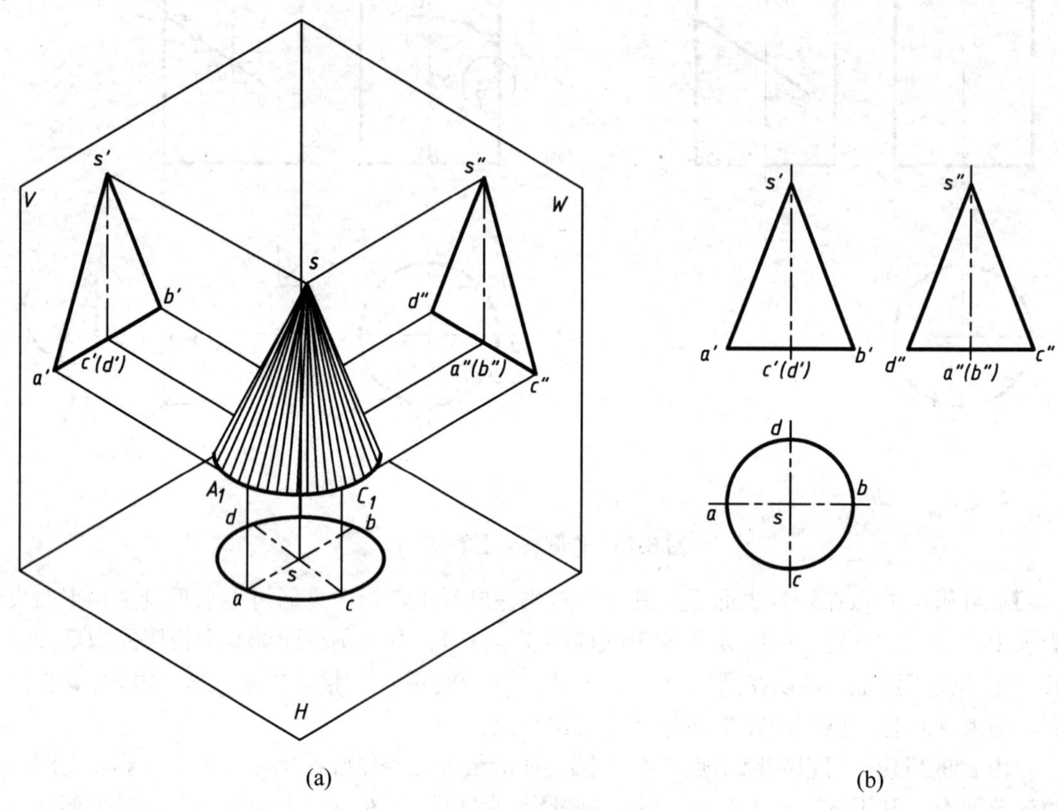

(a)　　　(b)

图 6.12　圆锥面的投影

2. 圆锥面上取点、取线

圆锥面的三面投影都没有积聚性，所以在其表面上的点的投影必须通过作辅助线求得。作辅助线的方法有以下两种。

1) 辅助素线法

【例 6.3】 已知点 A 的正面投影，如图 6.13(a)所示，求另外两面投影。

【解】 分析：过 A 点和锥顶 S 作一条辅助素线并交底圆于 C，求出辅助素线 SC 的另外两面投影，根据直线上点的投影规律求出点 A 的另外两面投影。作图步骤如下，如图 6.13(b)所示。

(1) 连接 s'、a'两点并延长交于底圆上一点 c'，即可得到素线 SC 的正面投影 $s'c'$。

(2) 由于 c'可见且在底圆上，所以 C 点的水平投影在圆锥底面的前半部分，即得到 c，连接 sc。

(3) 由 $s'c'$、sc 求出素线的侧面投影 $s''c''$，因为 A 点在 SC 上，最后由 a' 求出 a 和 a''。

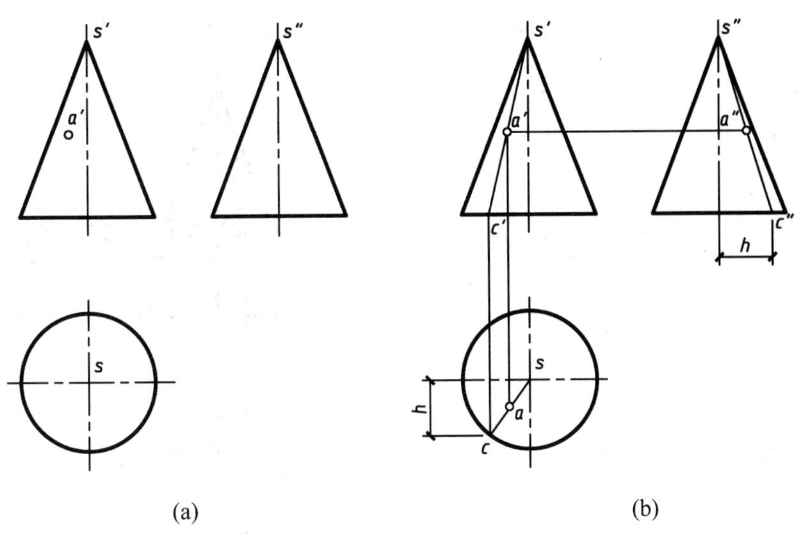

(a) (b)

图 6.13 辅助素线法求圆锥面上点的投影

2) 辅助圆法

【例 6.4】 已知点 A 的正面投影，如图 6.14(a)所示，求另外两面投影。

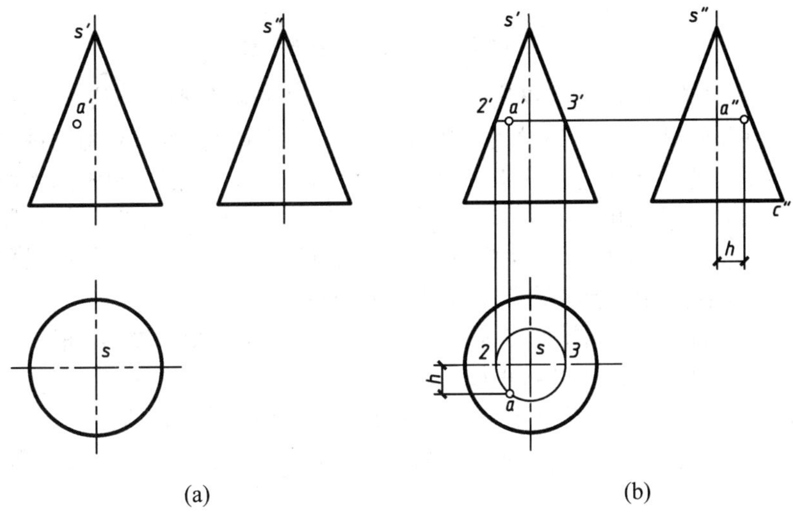

(a) (b)

图 6.14 辅助圆法求圆锥面上点的投影

【解】 分析：过 A 点作一辅助水平圆，求出水平圆的另外两面投影，根据圆上的点的投影规律求出点 A 的另外两面投影。作图步骤如下，如图 6.14(b)所示。

(1) 在圆锥的正面投影上，过 a′作一平行于底面的平行线，交三角形两边于 2′、3′，并求出水平投影 2、3 点。

(2) 在水平面上，以 s 点为圆心，23 长为直径画圆，即得到辅助水平圆的水平投影，同时根据点 A 在辅助圆上，得到 A 点水平投影 a。

(3) 根据点的两面投影，画出 A 点的侧面投影 a''。

【例 6.5】 已知圆锥面上线 AB 的正面投影，如图 6.15(a)所示，求另外两面投影。

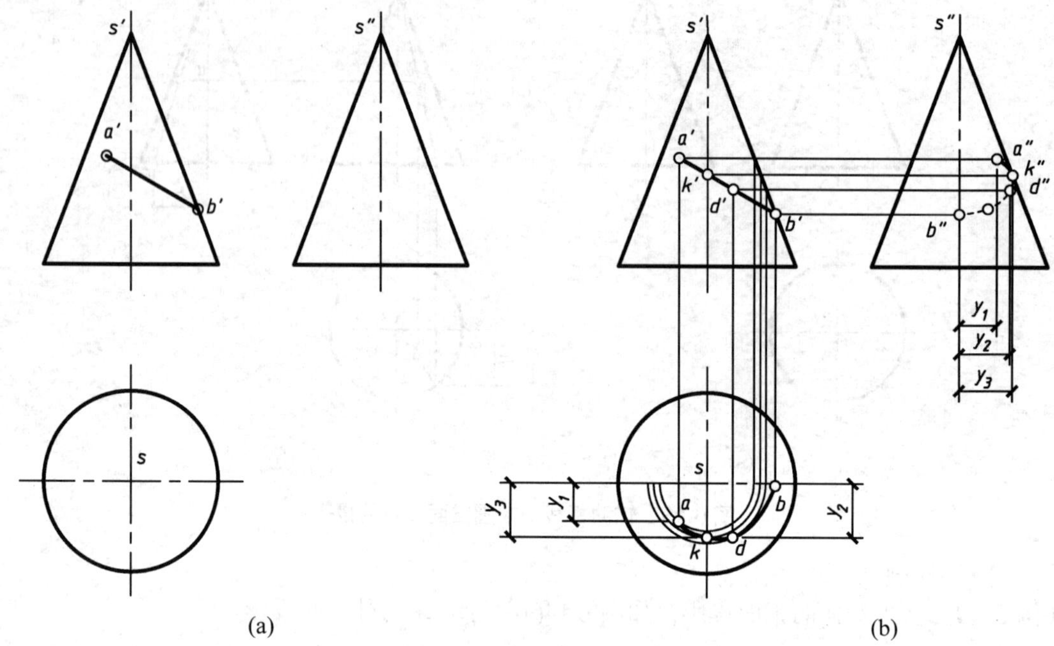

(a) (b)

图 6.15 圆锥面上曲线的投影

【解】 分析：线 AB 的正面投影 $a'b'$ 与轴线相交于 k'，b' 点在外形轮廓线上，可见空间点 K、B 在圆锥面上属于特殊位置的点(分别在轴线和外形轮廓线上)，可以利用圆锥的轴线与外形轮廓线之间的关系直接求出它们的水平面投影和侧面投影。A 点在圆锥面上属于一般位置的点，可以用辅助圆法求出 a' 和 a''。为了使曲线连接光滑，在线 $a'k'b'$ 上再增加 d' 点，并用辅助圆法求出其另外两面投影，由于 $k'd'b'$ 在圆锥的右半部分，所以侧面投影曲线 $k''d''b''$ 不可见，用虚线相连。作图步骤如下，如图 6.15(b)所示。

(1) 先求出正面投影上两特殊点 K、B 两点的水平投影和侧面投影。根据外形轮廓线各投影的对应关系，可直接求出其水平投影和侧面投影。

(2) 利用辅助圆法求一般位置 A 点和 D 点的水平投影和侧面投影。

(3) 用光滑的曲线把水平投影 $akdb$、侧面投影 $a''k''d''b''$ 连接起来，并判断其可见性。

6.3.3 球面

球面是以一个半圆弧 ABC 为母线绕其直径旋转而形成的，如图 6.16 所示。

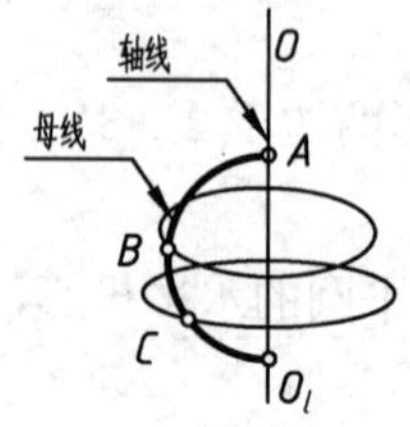

图 6.16 球面的形成

1. 球面的投影

球面的三面投影都是直径相等的圆，如图 6.17(b)所示。但三个圆所代表的意义不同，球面的水平投影圆、正面投影圆、侧面投影圆分别表示的是平行于水平面、平行于正立面、平行于侧立面的直径最大的圆，也都是可见与不可见的分界圆，但绝不是一个空间圆的三面投影。球面的水平投影圆，在正面投影和侧面投影中分别积聚成直线 $1'2'$ 和 $3''4''$；同理，球面的正面投影，在水平面投影和侧面投影中分别都积聚成直线 12、5″6″；球面的侧面投影，在水平面投影和侧面投影中分别积聚成直线 1112、9′10′，如图 6.17(b)所示。

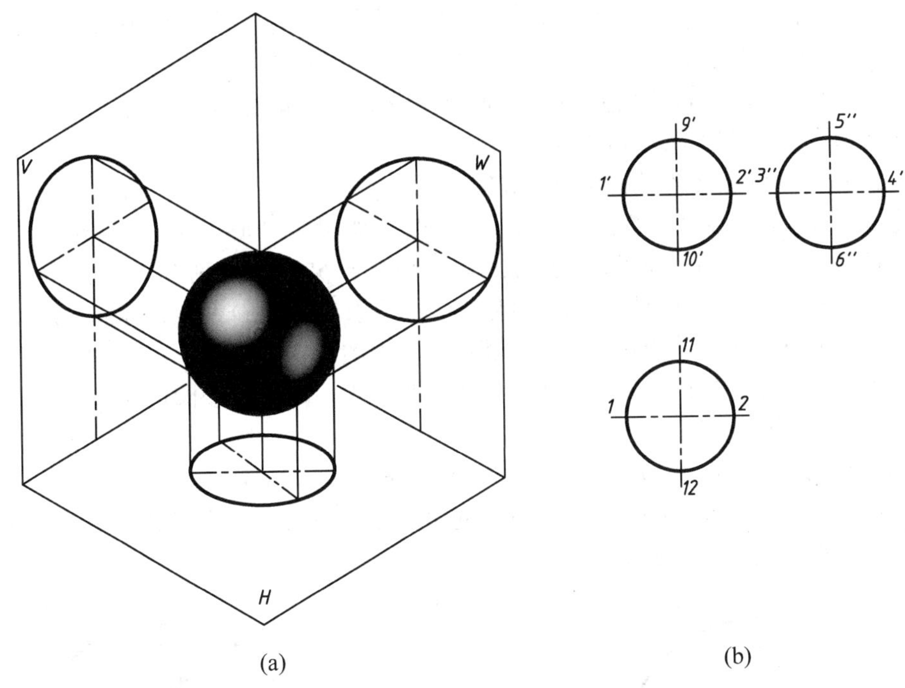

(a) (b)

图 6.17 球面的投影

2. 球面上取点

如前所述，球面的 3 个投影都是平行于投影面的圆。在球面上取点可以通过作投影面的平行圆作为辅助圆来解决。

【例 6.6】 已知点 *A* 的正面投影，如图 6.18(a)所示，求另外两面投影。

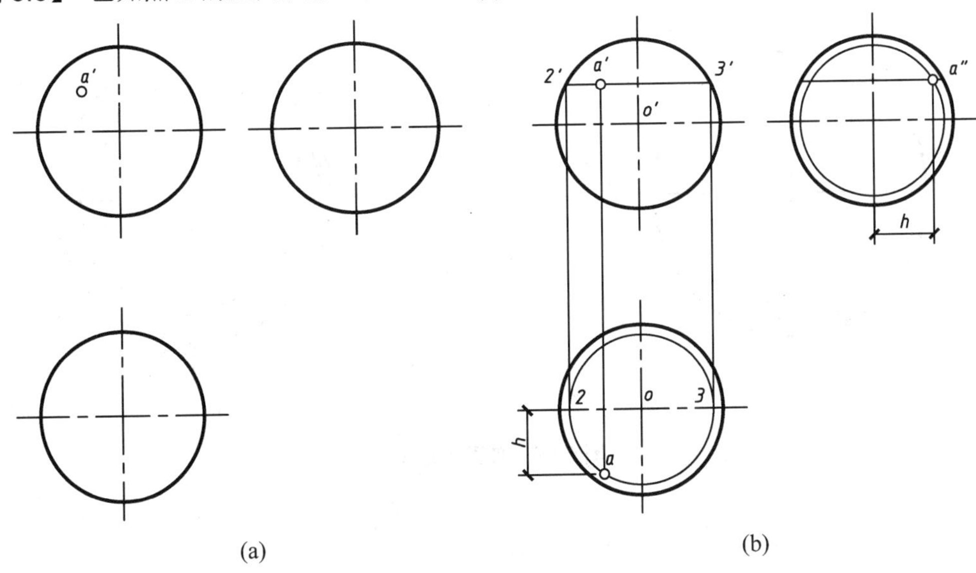

(a) (b)

图 6.18 球面上取点

【解】 分析：过 A 点作一辅助水平圆，求出水平圆的另外两面投影，根据圆上的点的投影规律求出点 A 的另外两面投影。作图步骤如下，如图 6.18(b)所示。

(1) 在球面的正面投影上，过 a'作一平行于水平面的平行面，交正面投影圆于 2′、3′，并求出水平投影 2、3 点。

(2) 在水平面上，以 O 点为圆心，23 长为直径画圆，即得到辅助水平圆的水平投影，同时根据点 A 在辅助圆上，得到 A 点水平投影 a。

(3) 由 a'、a，画出 A 点的侧面投影 a''。

【例 6.7】 已知球面上线 $ABCD$ 的正面投影 $a'b'c'd'$，如图 6.19(a)所示，求另外两面投影。

【解】 分析：线 $ABCD$ 的正面投影 $a'b'c'd'$与轴线相交于 b'、c'，可见 B、C 两点属于球面上的特殊点，它们的投影可以由投影圆与对称轴的关系求出。A、D 两点在球面上是一般位置的点，需辅助圆法求出水平投影。作图步骤如下，如图 6.19(b)所示。

(1) 先求出正面投影上特殊点 C 点的水平投影。水平投影 c 在圆周的前半部分，而且可见，是可见与不可见的分界点。

(2) 用辅助圆法求 A 点、B 点、D 点的水平投影。

(3) 用光滑的曲线把水平投影 $abcd$ 连接起来，cd 段在球面的下半部分，所以不可见，用虚线相连。曲线 abc 用实线相连。

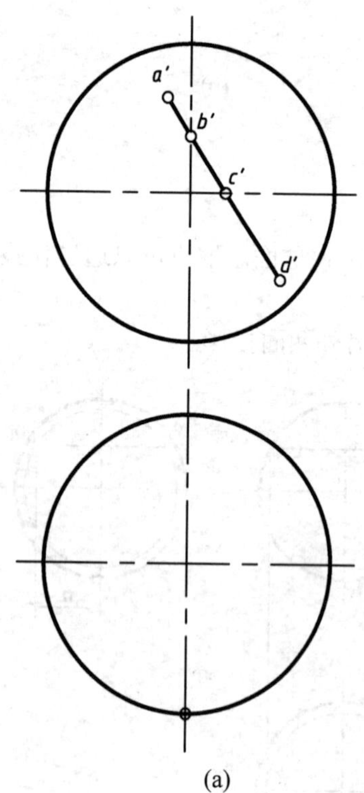

(a)

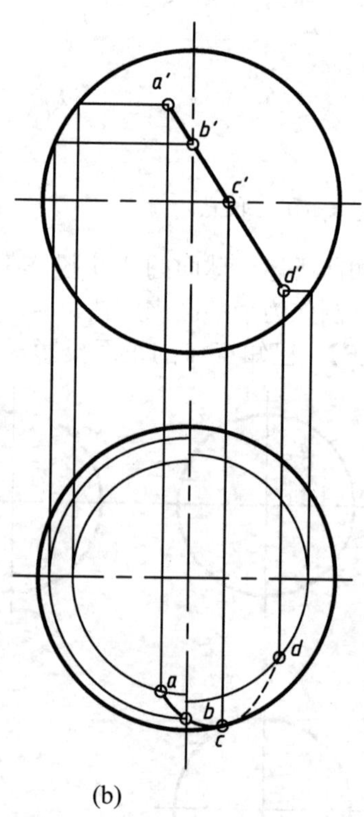

(b)

图 6.19 球面上取线

6.3.4 圆环面

圆环面是圆母线 $ABCD$ 绕与其共面但不通过圆心的轴线 OO_l 旋转所形成的回转面称为圆环面，如图 6.20 所示。

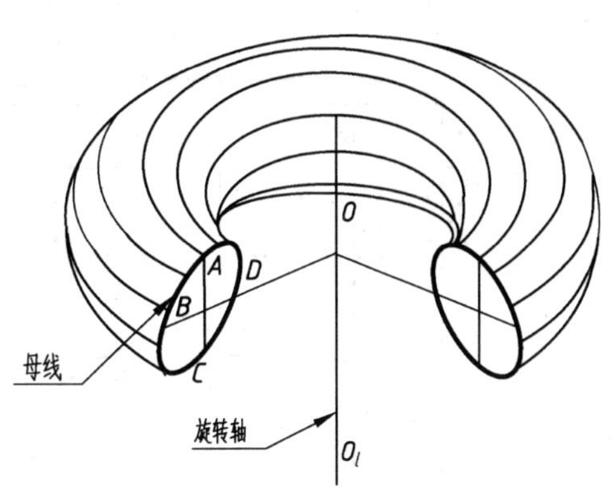

图 6.20 圆环的形成

1. 圆环的投影

如图 6.21 所示，圆环的三面投影：圆环的正面投影中两个小圆(一半为实线，一半为虚线)表示平行于正立面的素线圆，其在水平投影中的积聚线与水平投影中水平向对称轴 a 重合，正面投影中的水平向中心对称轴 b 与水平面投影中最大直径圆 C 的正面投影积聚线重合；竖向对称轴 d 与圆环侧面投影在正面投影中的积聚线重合。同理，圆环的侧面投影在水平投影中积聚线与竖向对称轴 e 重合，侧面投影中两个虚线圆是表示平行于侧立面的素线圆，侧面投影中的水平向中心对称轴 g 与最大直径圆 C 的侧面投影积聚线重合；竖向对称轴 f 与圆环正面投影在侧立投影面上的积聚线重合。圆 C 将圆环面分成上下两部分；轴线 d、e 将圆环分成左右两部分；轴线 a、f 将圆环分成前后两部分。

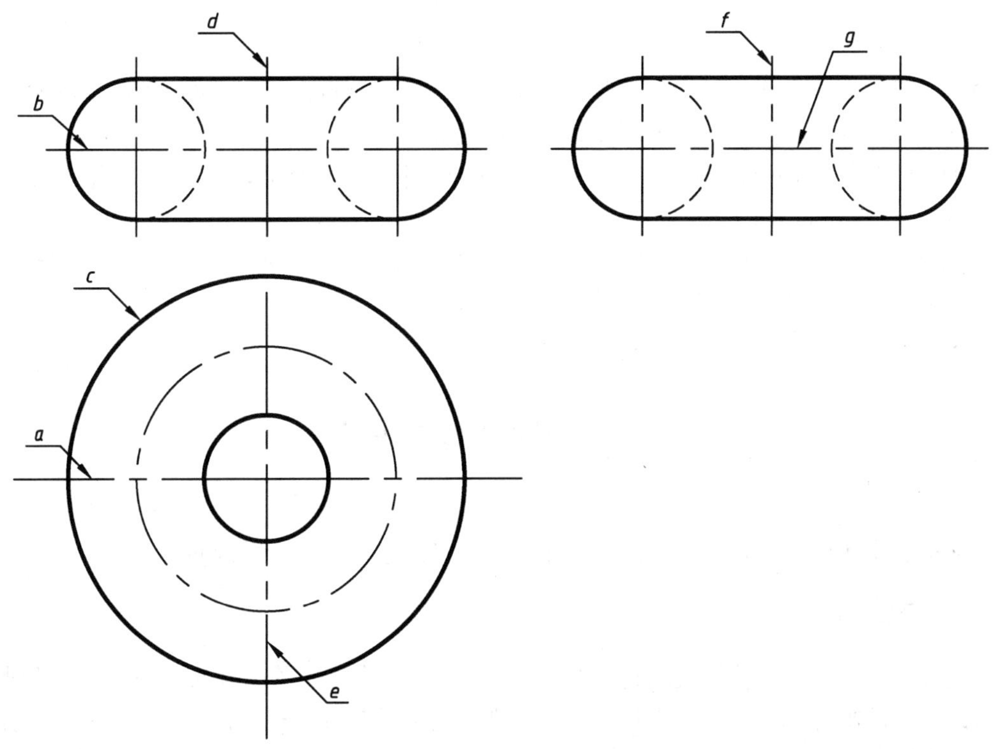

图 6.21 圆环的形成及投影

2. 圆环面上取点

【例 6.8】 已知圆环面上 k 点的正面投影 k'，如图 6.22 所示，求另外两面投影。

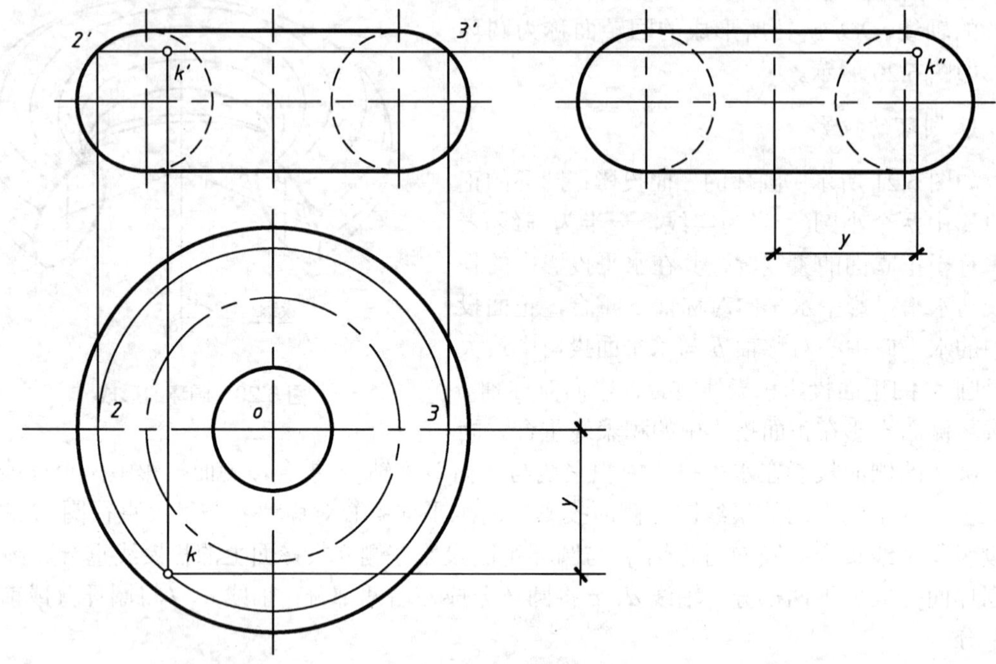

图 6.22 圆环面上的点

【解】 分析：过 K 点作一辅助水平圆，求出水平圆的水平投影，根据圆上的点的投影规律求出点 A 的另外两面投影。作图步骤如下，如图 6.22 所示。

(1) 在圆环面的正面投影上，过 k'作一平行于水平面的平行面，交正面投影圆于 2′、3′，并求出水平投影 2、3 点。

(2) 在水平面上，以 O 点为圆心，23 长为直径画圆，即得到辅助水平圆的水平投影，同时根据点 K 在辅助圆上，得到 K 点水平投影 k。

(3) 由 k'、k，画出 K 点的侧面投影 k''。

6.4 非回转直纹曲面

常见的非回转直纹曲面有锥状面、柱状面、双曲抛物面和平螺旋面。

6.4.1 锥状面

直母线 l 沿着一条曲导线和直导线移动，且始终平行于一个导平面，这样形成的曲面称为锥状面，如图 6.23 所示。由形成可知，锥状面上所有素线都平行于导平面 V 面，是正平线，所以在水平面与侧平面上的投影分别互相平行，因素线与素线之间是交叉关系，所以在正平面上的投影必定不平行。

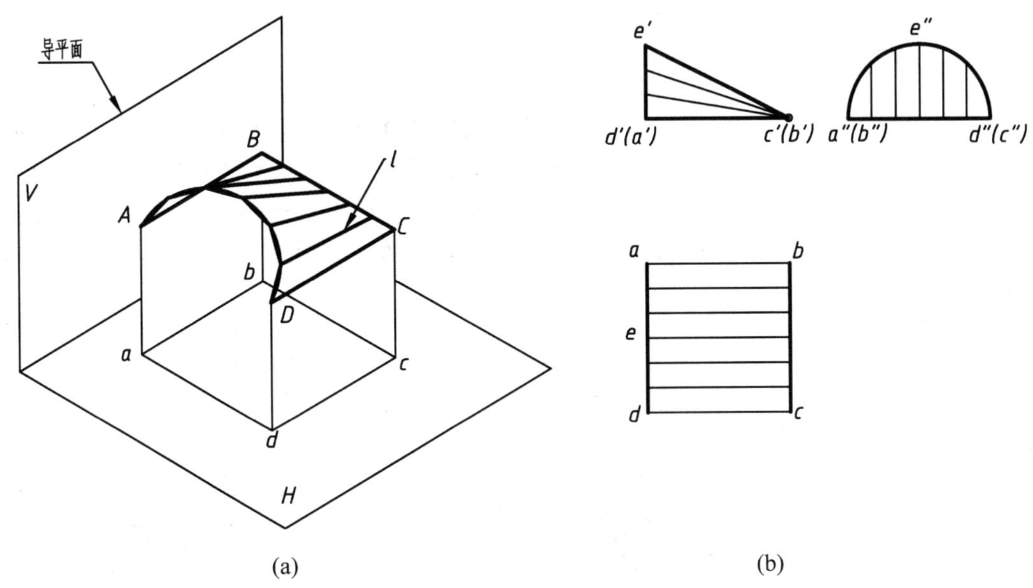

(a) (b)

图 6.23 锥状面的形成及投影

6.4.2 柱状面

直母线 l 沿着两条曲导线移动，且始终平行于一个导平面，这样形成的曲面称为柱状面，如图 6.24 所示。由形成可知，柱状面上所有素线都平行于导平面 V 面，是正平线，所以在水平面与侧平面上的投影分别互相平行，因素线与素线之间是交叉关系，所以在正平面上的投影必定不平行。

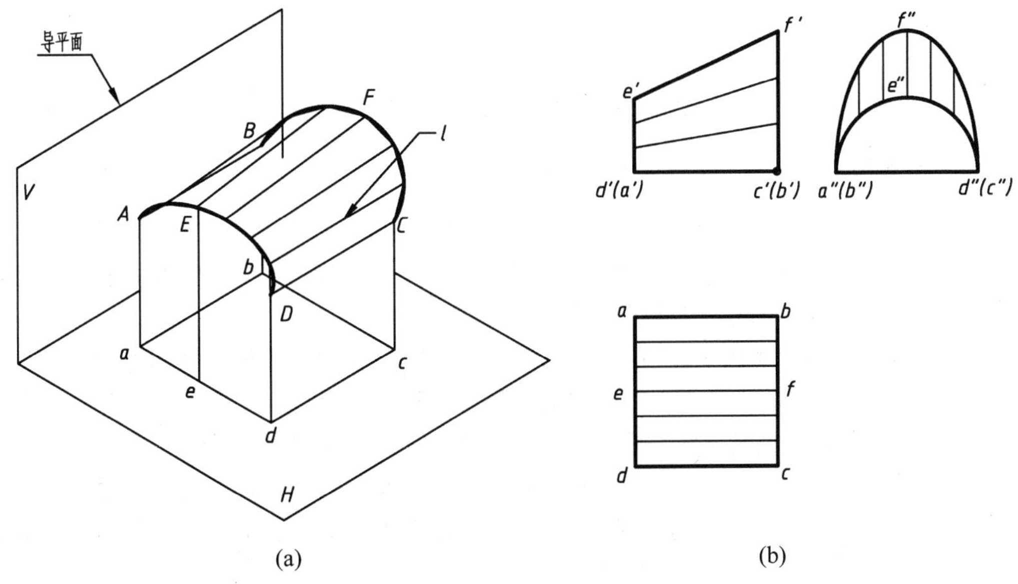

(a) (b)

图 6.24 柱状面的形成及投影

6.4.3 双曲抛物面

如图 6.25 所示，直母线 *l* 沿着两条交叉直线 *AB*、*CD* 移动，且始终平行于一个导平面，这样形成的曲面称为双曲抛物面。由形成可知，双曲抛物面上所有素线都平行于导平面 *P* 面，但素线彼此之间是交叉直线，在水平面的投影为互相平行的直线，其他面上的投影是相交直线。同理，如果导线沿着两交叉直线 *AC*、*BD* 移动，将产生新的导平面和素线族。

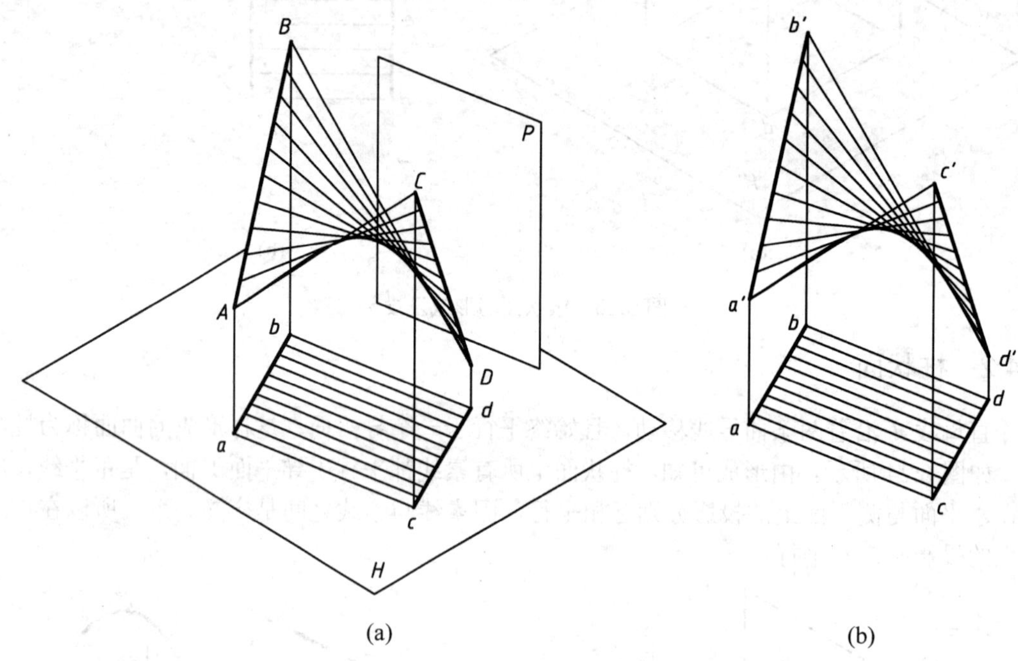

图 6.25 双曲抛物面的形成及投影

6.4.4 平螺旋面

直母线 *l* 沿着轴线与圆柱螺旋线移动，但始终与轴线垂直，这样所形成的曲面称为平螺旋面，如图 6.26 所示。由形成可知，平螺旋面上所有素线都平行于导平面，但素线彼此之间是交叉直线，其作图方法与螺旋线类似。

螺旋楼梯是平螺旋面在工程中的应用实例，螺旋楼梯的投影图画法如图 6.27 所示。

(1) 先画平螺旋面的投影。根据已知的内外直径和楼梯的级数、踏步的高度(图中假定每圈为 12 级)，作出两条螺旋线，将 *H* 面的圆环和 *V* 面曲线均作 12 等分。

(2) 再画楼梯各踏步的投影。每一踏步各有一个踢面和踏面，踢面为铅垂面，踏面为水平面。在 *H* 面投影中圆环的每个线框，就是各个踏步的 *H* 面投影，由此可作出各个踏步的 *H* 面投影，同时也可作出各个踏步的 *V* 面投影。

(3) 然后画楼梯底板面的投影。楼梯底板面是与顶面相同的螺旋面，因此可从顶面各点向下量取垂直厚度，即可作出底板面的两条螺旋线。

(4) 最后将可见的线画为粗实线，不可见的线画为虚线或擦去，完成全图。

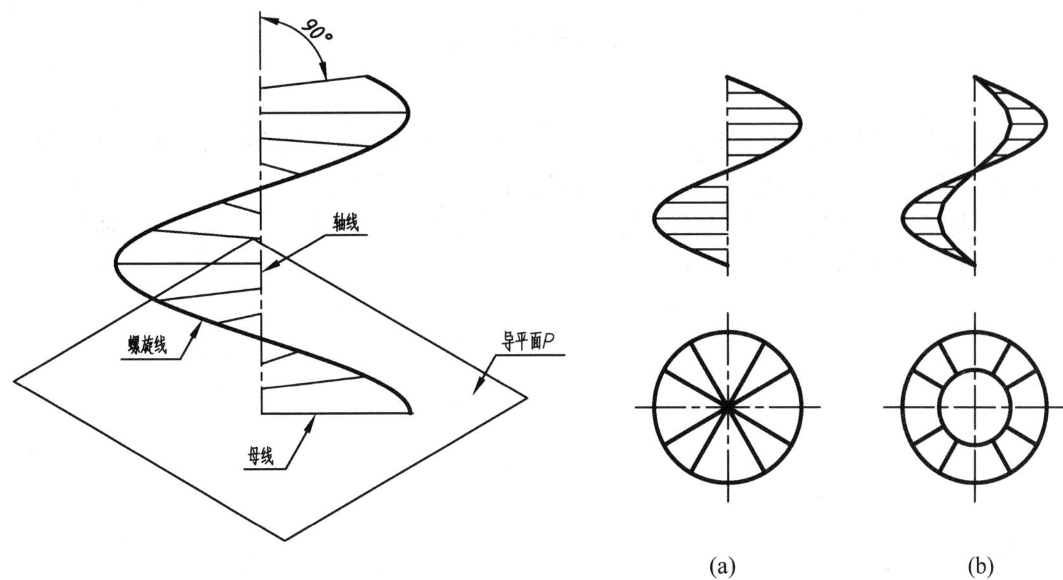

图 6.26 平螺旋面的形成及投影

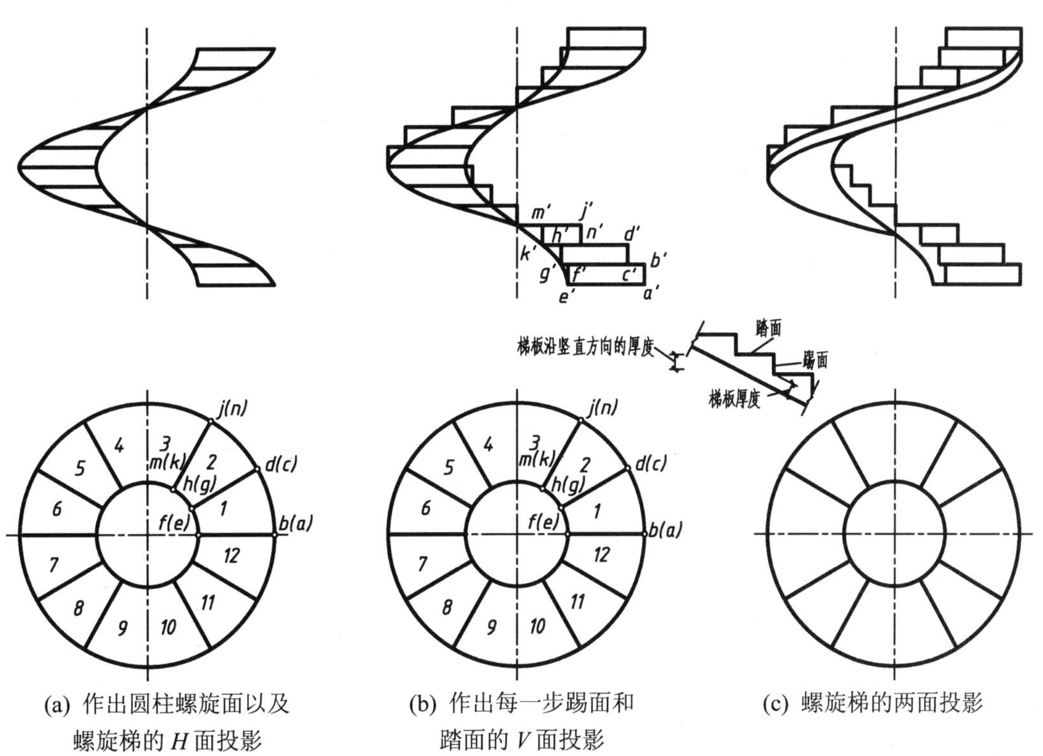

(a) 作出圆柱螺旋面以及螺旋梯的 H 面投影

(b) 作出每一步踢面和踏面的 V 面投影

(c) 螺旋梯的两面投影

图 6.27 螺旋梯的画法

章后小结

(1) 曲线的投影作图与其性质和特殊点的选择密切相关，曲面的投影作图与其性质、几何要素和轮廓线也密不可分，因此选择合适的点，有利于作图。

(2) 曲线与曲面在工程结构物中是非常普遍的表达形式，所以熟练地掌握曲线与曲面的投影作图，将更有利于今后专业课的学习及应用。

第 7 章 截交线与相贯线

教学提示：本章主要介绍立体表面截交线和相贯线的形成、基本性质及作图方法。

学习要求：通过本章的学习，掌握立体表面交线的形成、性质；学会截交线、相贯线的投影分析，掌握截交线、相贯线的基本作图方法。

7.1 概　　述

在组合形体和建筑形体的表面上，经常出现一些交线。这些交线有些是由平面与形体相交而产生，有些则是由两形体相交而形成。如图 7.1 所示的著名建筑物悉尼歌剧院，其壳形屋面的檐口曲线就是平面与锥面的交线；屋面与屋面相接处的空间曲线，则是锥面与锥面或平面的交线。

图 7.1　悉尼歌剧院

常见的工程形体一般不是一个简单的基本体，都是由基本体组合、截切或相贯组成。

如图 7.2(a)所示，这个形体可以看作是由一个四棱柱被三次截切而得到的。如图 7.2(b)所示，形体可看作是圆柱被三次截切而得到的。那么我们把假想用来截切形体的平面，称为截平面，截平面与形体表面的交线称为截交线。

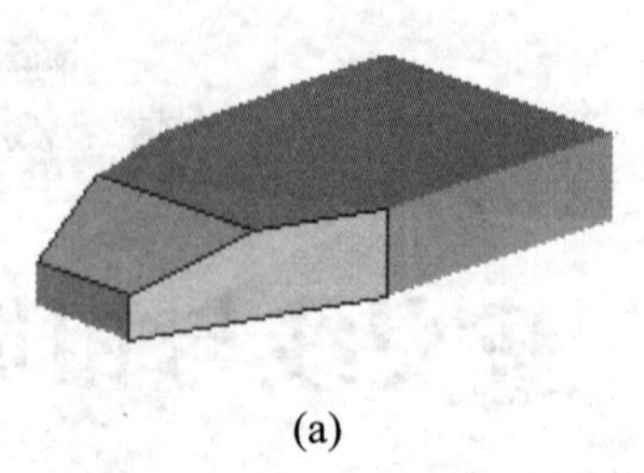

(a)

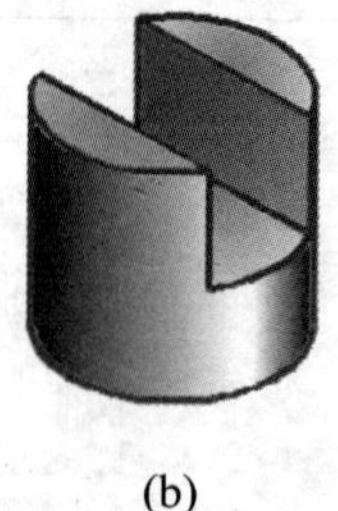

(b)

图 7.2　零件模型

有些建筑形体是由两个相交的基本形体组成的，相交形体的表面交线称为相贯线。

两形体相交，有以下 3 种情况：平面体与平面体相交[图 7.3(a)]，平面体与曲面体相交[图 7.3(b)]，以及曲面体与曲面体相交[图 7.3(c)]。

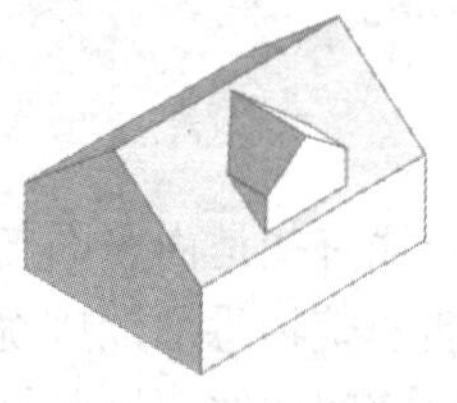

(a) 两平面体相交

(b) 平面体与曲面体相交

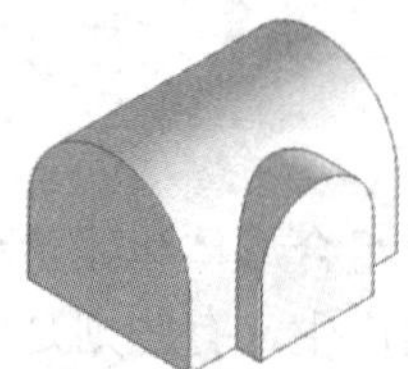

(c) 两曲面体相交

图 7.3　相贯线

7.2　平面立体的截交线

平面与立体相交，就是用平面去截切立体，此平面称为截平面。截平面与立体表面的交线称为截交线，由截交线围成的平面图形称为截断面，如图 7.4 所示。平面与立体相交，主要是求作截交线的投影及截断面的实形。

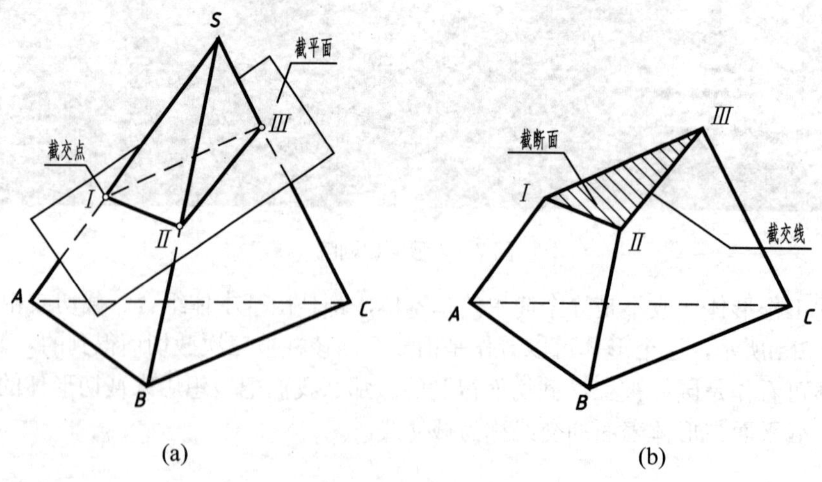

(a)

(b)

图 7.4　平面与平面体相交

1. 平面体截交线的特点和性质

(1) 任何基本体的截交线都是一个封闭的平面图形(平面折线、平面曲线或两者的结合)。此平面图形的各顶点是平面体棱线与截平面的交点，各条边线是平面体棱面与截平面的交线。

(2) 截交线是截平面与基本体表面的共有线。

2. 求作平面体截交线的方法

1) 交点法

先求出平面体的各棱线与截平面的交点，然后把位于同一棱面上的两交点连成线。

2) 交线法

直接作出平面体的各棱面与截平面的交线。

在投影图中，截交线的可见性取决于平面体各棱面的可见性，位于可见棱面上的交线才可见，应画成实线，否则，交线不可见，应画成虚线。但若立体被截断后，截交线成为投影轮廓线时，则该段截交线是可见的。

7.2.1 棱锥上的截交线

【例7.1】 如图7.5(a)所示，求正垂面 *P* 与三棱锥 *S—ABC* 的截交线。

【解】 分析：截平面 *P* 与三棱锥的3条棱线 *SA*、*SB*、*SC* 均相交，故截交线为△ⅠⅡⅢ，如图7.5(b)所示。作图步骤如下。

(1) 由于截平面 *P* 的 *V* 面投影有积聚性，故截交线的 *V* 面投影必积聚在 p' 上并为已知，即截交点 *V* 面投影 $1'$、$2'$、$3'$ 可直接求出。

(2) 从 $1'$ 和 $3'$ 点向下作投影连系线，分别与 *sa* 和 *sb* 相交于1和3点。由于Ⅱ点在平行于 *W* 面的棱线 *SB* 上。需用分比法或经由 *W* 投影才能求出2点，所得123为截交线的 *H* 面投影。

(3) 从 $1'$、$2'$、$3'$ 各点向右作投影连系线，分别与 $s''a''$、$s''b''$、$s''c''$ 相交于 $1''$、$2''$、$3''$，所得△$1''2''3''$为截交线的 *W* 面投影。

(4) 截交线的可见性判别如下：在 *H* 投影中，3个侧棱面均是可见的，故△123可见，应画实线；在 *W* 面投影中，右侧棱面 *SBC* 不可见，故 $2''3''$ 不可见，应画虚线，整理如图7.5(c)所示。

【例7.2】 已知正四棱锥及其上缺口的 *V* 面投影，求 *H* 和 *W* 投影，如图7.6(a)所示。

【解】 分析：从给出的 *V* 投影可知，四棱锥的缺口是由正垂面 *P* 和水平面 *Q* 截割四棱锥而形成的。只要分别求出 *P* 面和 *Q* 面与四棱锥的截交线 *DHNMED* 和 *ABNMCA*，以及 *P*、*Q* 两平面的交线 *NM* 即可。作图步骤如下。

(1) 在 *V* 面投影上确定出控制截交线的点的投影，a'、b'、c'、d'、e'、h'、m'、n'。

(2) a'、b'、c'、d'、e'、h' 为特殊点，可直接作出其另外两面投影，如图7.6(b)所示。

(3) m'、n' 为棱面上的点，可利用 *BN*、*CM* 平行于地面棱线的性质，求出另两面投影。

(4) 依次连接截交线上各点的同名投影，并判断其可见性，整理如图7.6(c)所示。

s'
P_V
a'
b'
c'
s"
a"c"
b"
a
c
s
b
(a)
1'
2'
3'
1"
2"
3"
1
2
3
(b)
(c)

图 7.5　作棱锥截交线

P_V
d'
h'(e')
Q_V
a'
b'(c')
n'(m')
d"
e"
h"
c"
m"
a"
n"
b"
y_1
y_2
y_3
c
e
a
d
m
n
h
b
(a)
(b)

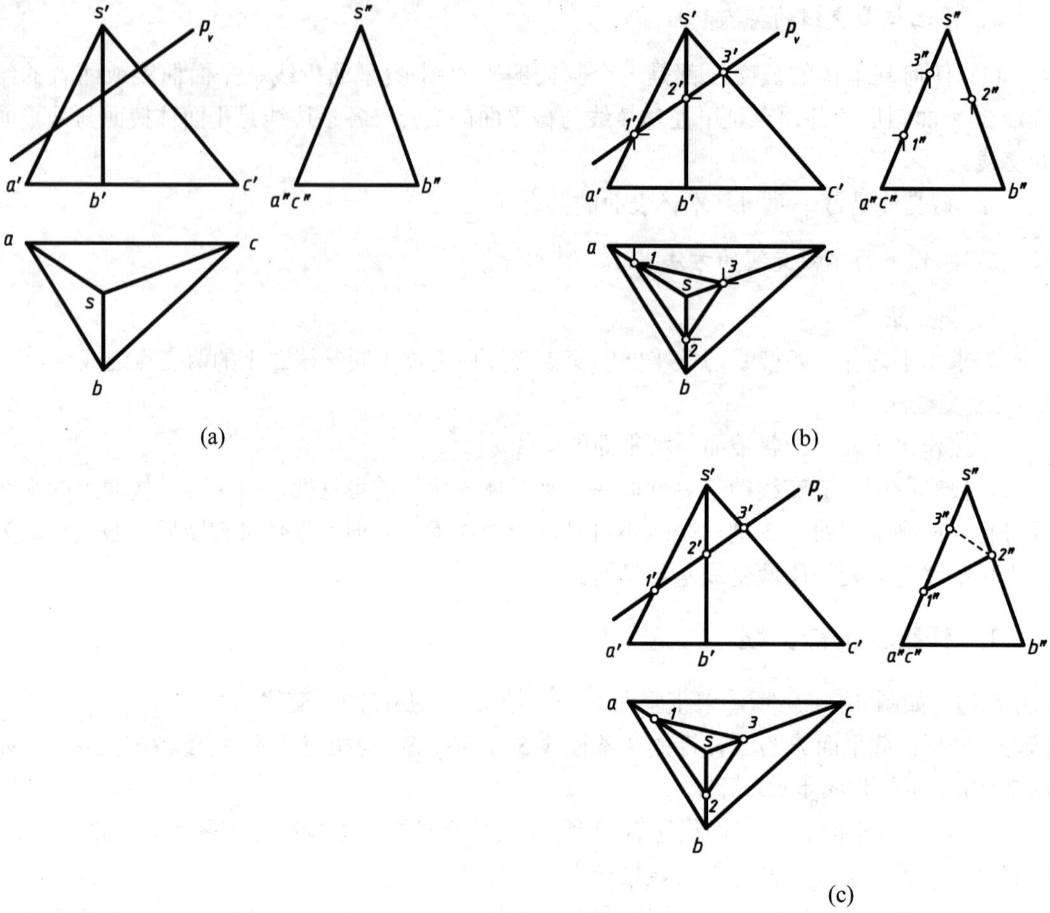

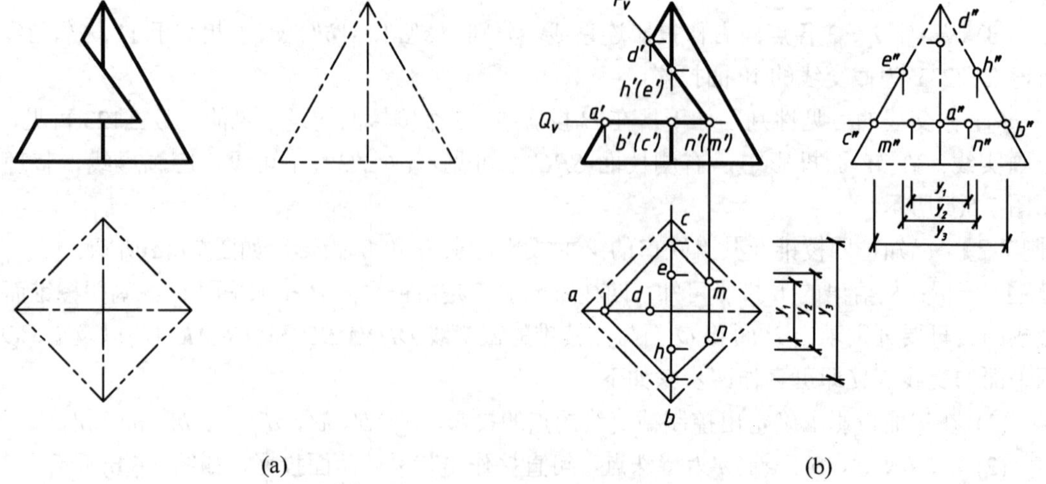

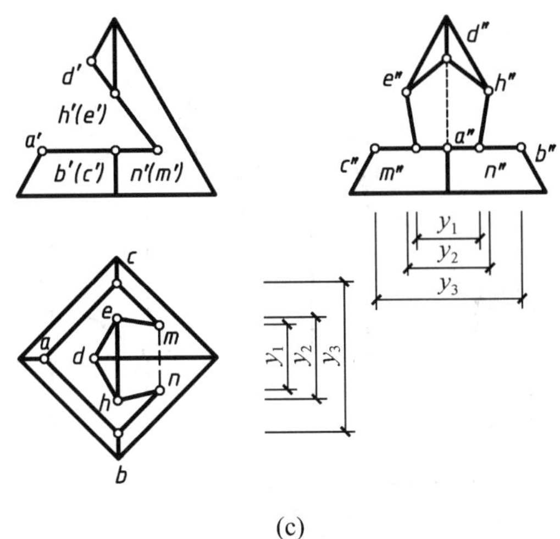

(c)

图 7.6 作四棱锥的缺口

7.2.2 棱柱上的截交线

【例 7.3】 求作截切后六棱柱的投影。

【解】 分析：如图 7.7(a)所示，立体的六棱线和六棱面均垂直于 H 面，截平面垂直于 V 面，则截交线的 V 投影已知。截平面与立体的 5 条棱线相交，形成 5 个截交点Ⅲ、Ⅳ、Ⅴ、Ⅵ、Ⅶ；与顶面相交，形成两个截交点Ⅰ、Ⅱ。作图步骤如下。

(1) 如图 7.7(b)所示，截交点的 V 投影 1′、2′、3′、4′、5′、6′、7′，可作为已知条件，求截交点的 H 投影 1、2、3、4、5、6、7，进而求得截交点的 W 投影。

(2) 依次连接成截交线，并判断其可见性；最后完成立体轮廓线的投影，如图 7.7(c)所示。

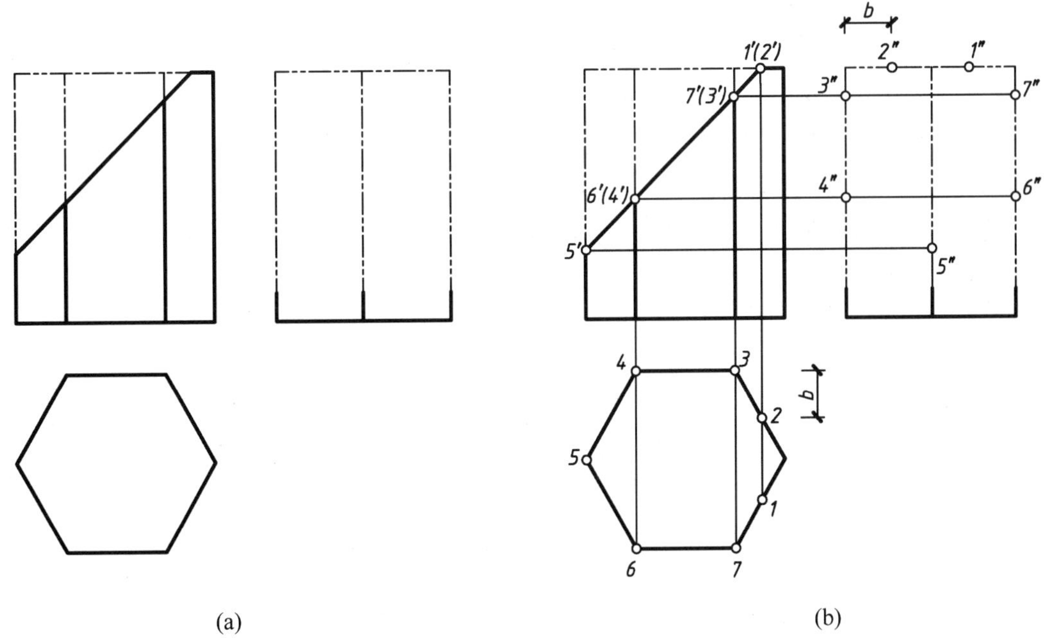

(a) (b)

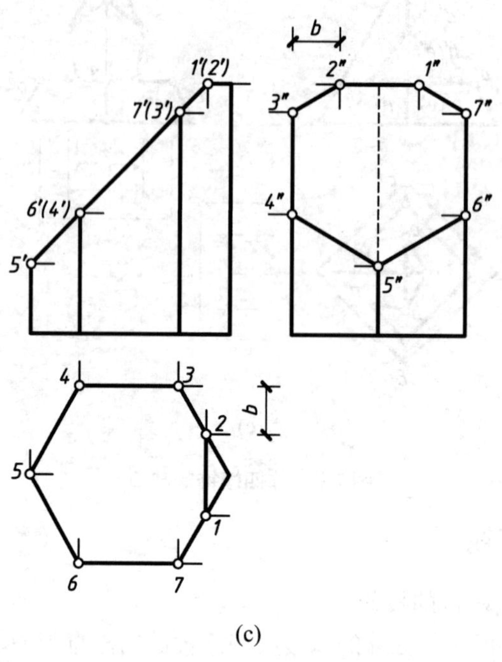

(c)

图 7.7　作棱柱截交线

【例 7.4】 求作截切后四棱柱的投影。

【解】 分析：如图 7.8(a)所示，四棱柱被 3 个截平面截割，分别是一个水平面、一个侧平面和一个正垂面。截交线是由折线组成的封闭图形。作图步骤如下。

(1) 在 V 面投影上确定控制截交线形状的 9 个点，分别为 1′、2′、3′、4′、5′、6′、7′、8′、9′。

(2) 棱柱的 H 面投影积聚为一个四边形，截交线的 H 面投影也在此四边形上，因此，1、2、3、4、5、6、7、8、9 可视为已知。

(3) 如图 7.8(b)所示，1、2、3、4 点为特殊点，因此可以直接求出其 H 面投影。根据截交线上 9 个点的 H、V 面投影可直接求出其 W 面投影。

(4) 依次连接截交线上各点的同名投影，并判断其可见性，补全棱柱的投影，整理如图 7.8(c)所示。

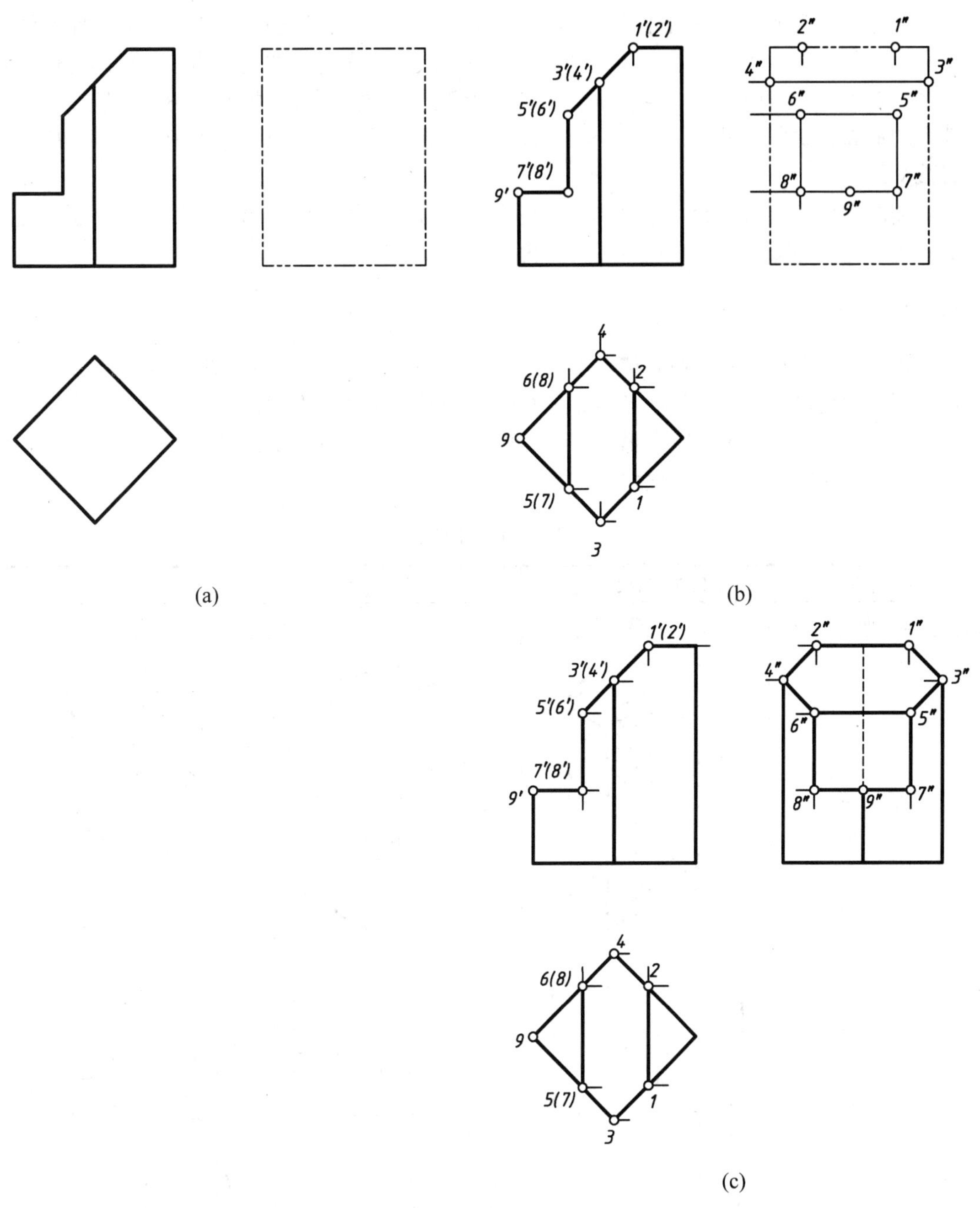

图 7.8 作棱柱截交线

7.3 曲面立体的截交线

曲面体的截交线一般情况下均是平面曲线。当截平面与直线面交于直素线，或与曲面体的平面部分相交时，截交线可为直线。

截交线是截平面与曲面体的共有线，截交线上的点是它们的共有点。因此求曲面体的截交线，实际上是作出一系列的共有点，然后顺次连成光滑的曲线。为了能正确地作出截交线，首先要作出控制截交线形状、范围的特殊点，如截交线与投影轮廓线的切点，以及其上的最高、最低、最左、最右、最前及最后点等，然后再作出一些中间一般点，最后连成截交线。

曲面体截交线的投影可见性的的判别方法，与平面体类似，当截交线位于曲面体可见部分时，这段截交线的投影是可见的，否则是不可见的。

7.3.1 圆柱的截交线

根据截平面与圆柱的相对位置不同，截交线的形状有 3 种情况，见表 7-1。当截平面平行于圆柱轴线时，截交线为两条平行的直线；当截平面垂直于圆柱轴线时，截交线为圆；当截平面倾斜于圆柱轴线时，截交线为椭圆，此椭圆的短轴等于圆柱的直径，长轴随截平面与圆柱轴线的夹角变化而变化。

表 7-1　圆柱上的截交线

截平面位置	平行于圆柱的轴线	垂直于圆柱的轴线	倾斜于圆柱的轴线
截平面形状	直线	圆周	椭圆
空间形状	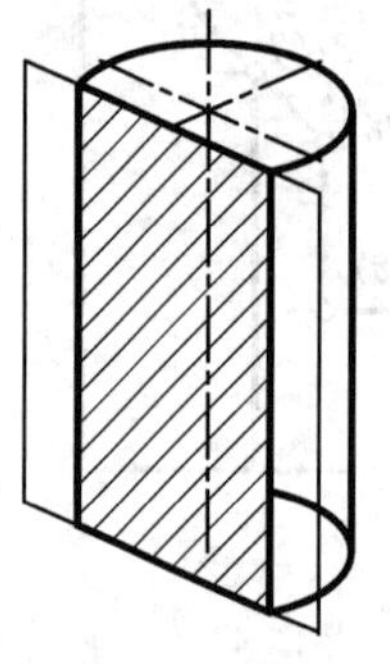	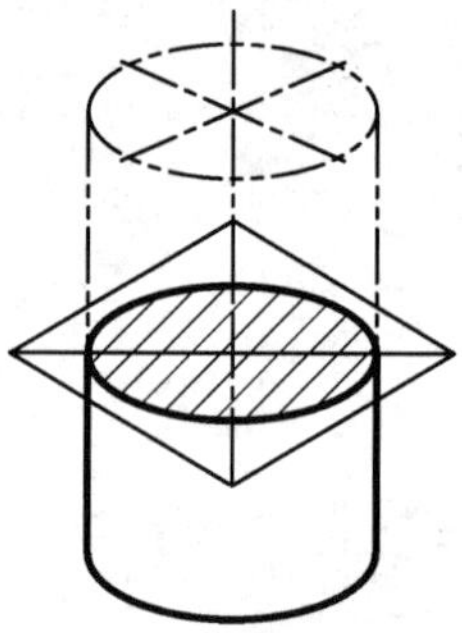	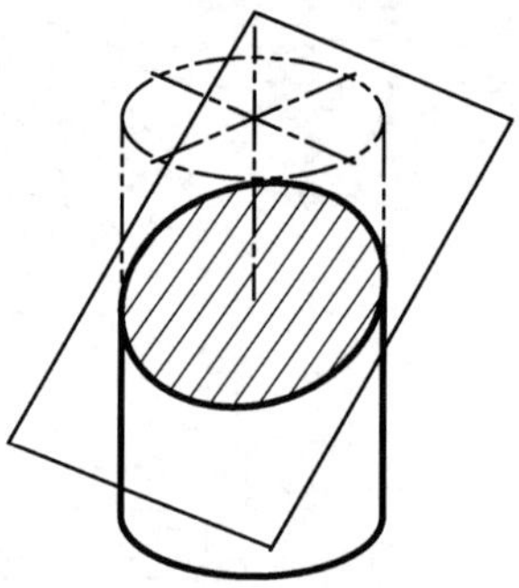
投影图	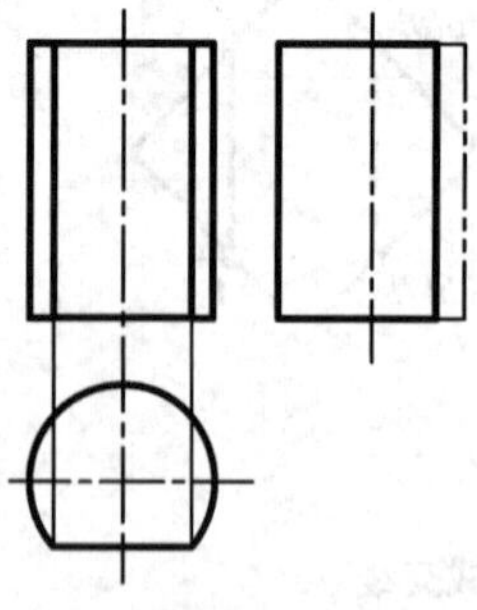	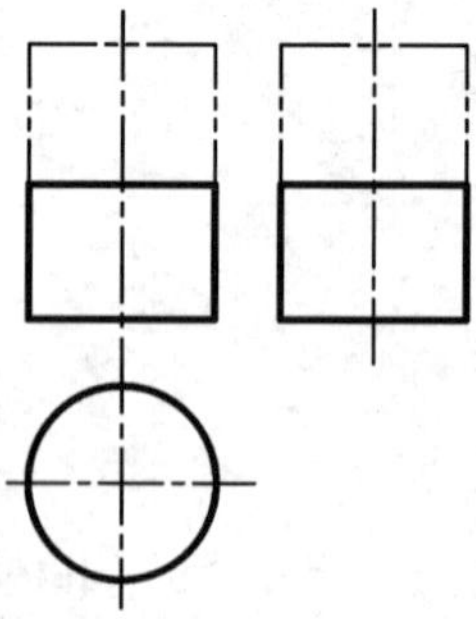	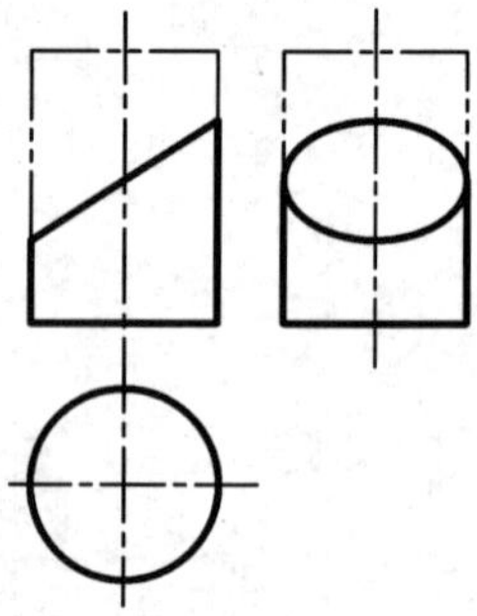

【例 7.5】 求作圆柱被截断后的投影。

【解】 分析：如图 7.9(a)所示，侧垂面 P 与圆柱的截交线为椭圆，该椭圆的 W 投影积聚在 P_W 上，其 H 投影与圆周重合，需要作出 V 面投影。椭圆的投影一般仍是椭圆。但长短轴的长度有变化。作图步骤如下。

(1) 先求特殊点，即椭圆长短袖的端点。长轴 $AB//W$ 面，A 和 B 在圆柱的最后、最前素线上，在 W 面投影轮廓线上定出 a'' 和 b''，由 a'' 和 b'' 作连系线至 V 面投影上交得 a' 和 b'；$CD \perp W$ 面，C 和 D 在圆柱的最左、最右素线上，由 c'' 和 d'' 作连系线在 V 面投影上交得 c' 和 d'，如图 7.9(b)所示。

(2) 作一般点，如 E、F、M、N 等。利用圆柱面上取点的方法，由 $e''f''m''n''$ 定出 e、f、m、n，再求出 e'，f'，m'，n'。如图 7.9(b)所示。

(3) 依次光滑连接截交线上各点的同名投影，并判断其可见性，整理如图 7.9(c)所示。

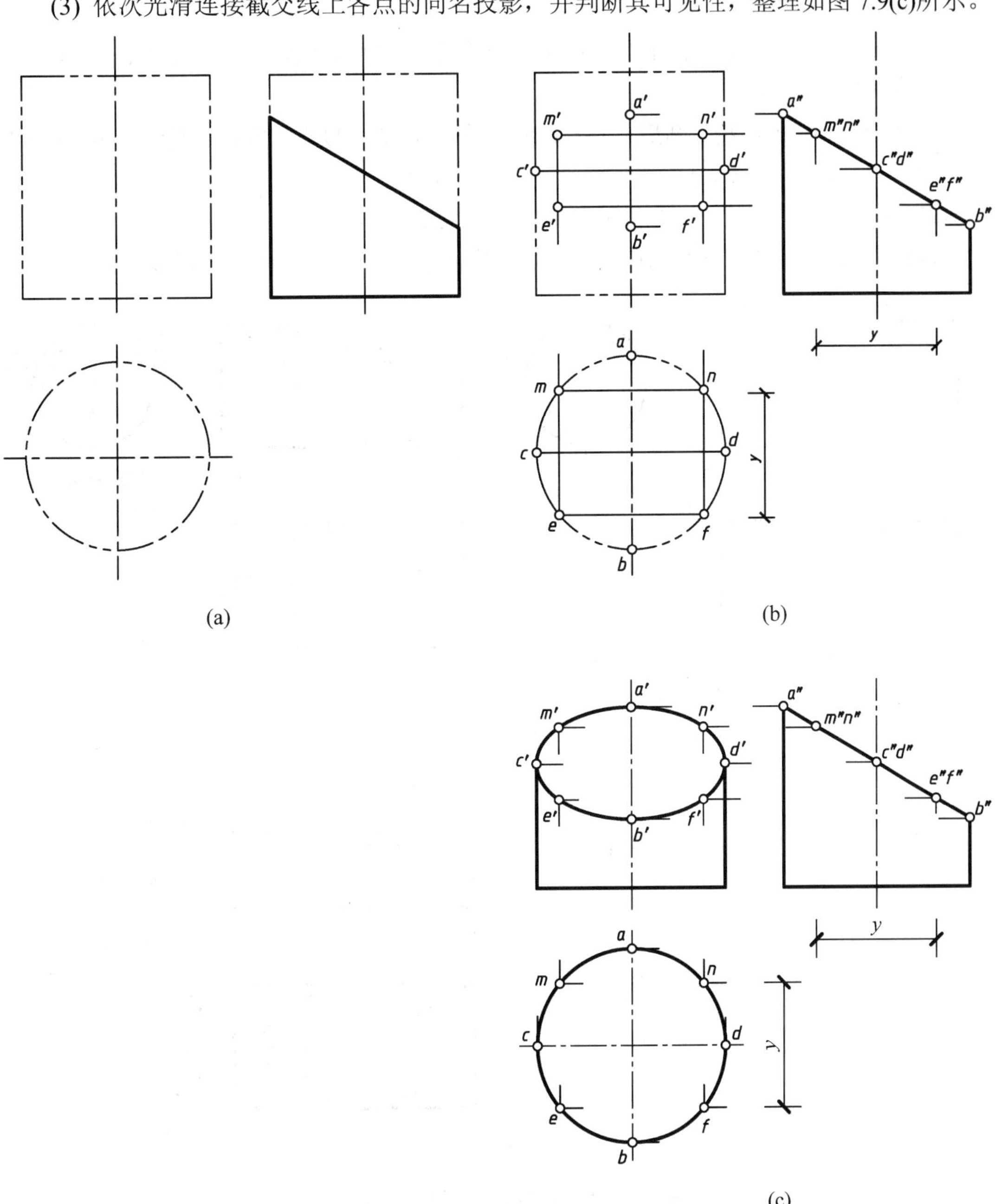

图 7.9　作圆柱截交线

【例 7.6】 如图 7.10 所示，求作圆柱被组合截面截割后截交线的投影。

【解】 分析：由 7.10(a)可知，圆柱被 3 个截面截割，分别为侧平面、水平面和正垂面，则截交线的实形由 3 部分组成，分别为圆弧、矩形和部分椭圆。由于 3 个截平面都垂直于 V 投影面，所以，截交线的 V 面投影可视为已知，又因为截交线均位于圆柱面上，其 W 面投影积聚为圆周可视为已知，所以只需根据截交线的 V、W 面投影求出其 H 面投影即可。作图步骤如下。

(1) 如图 7.10(b)所示，在 V 投影面上分别确定出控制截交线形状的 1′、2′、3′、4′、5′、6′、7′、8′ 点。

(2) 圆柱面的 W 面投影圆周，利用截交线上各点的 V 面投影向右作连系线直接可得 1″、2″、3″、4″、5″、6″、7″、8″ 点。

(3) 根据这 8 个点的 V、W 投影求出其 H 面投影。

(4) 依次连接截交线各点的同名投影，并判断其均为可见，整理如图 7.10(c)所示。

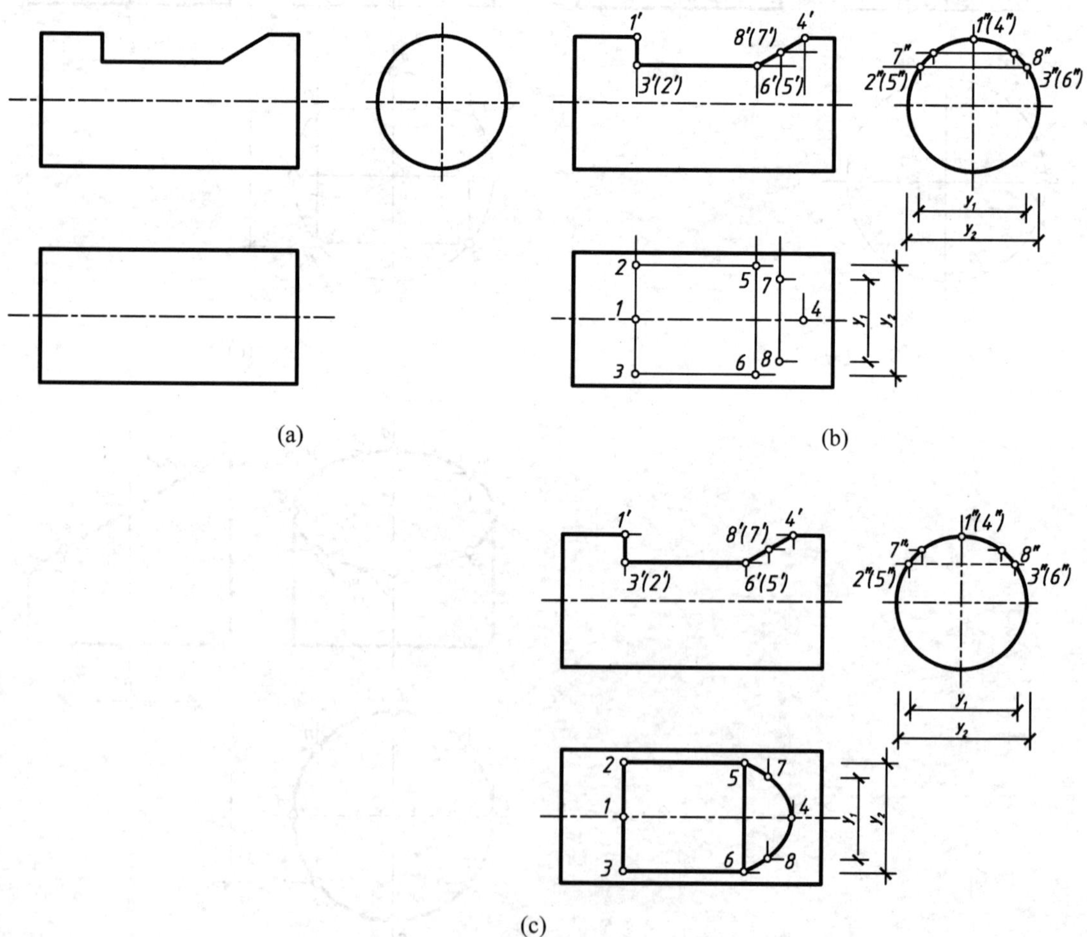

图 7.10 作组合截面截割圆柱截交线

7.3.2 圆锥的截交线

根据截平面与圆锥轴线相对位置不同，截交线的形状有 5 种情况，见表 7-2。

截交线的形状不同，其作图方法也不同。交线为直线时，只需求出直线上两点的投影，连接直线即可；截交线为圆时，应找出圆的圆心和半径；当截交线为椭圆、抛物线和双曲线时，需作出截交线上一系列点的投影。

表 7-2 圆锥上的截交线

截平面位置	与轴线垂直	与轴线倾斜		与轴线平行	过锥顶
		与所有素线相交	平行于一条素线		
截交线形状	圆周	椭圆	抛物线加直线段	双曲线加直线段	三角形
空间形状					
投影图	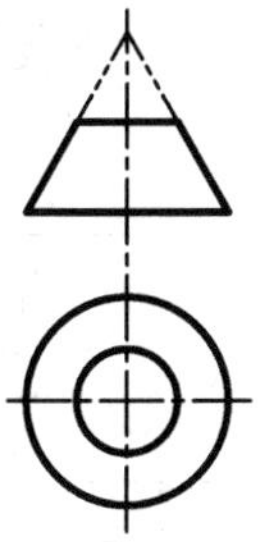	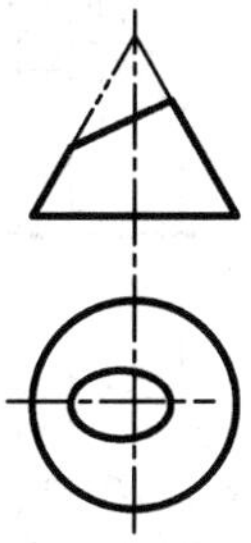	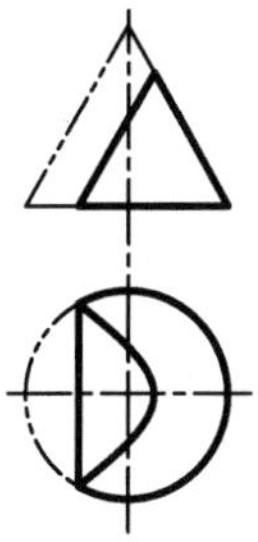	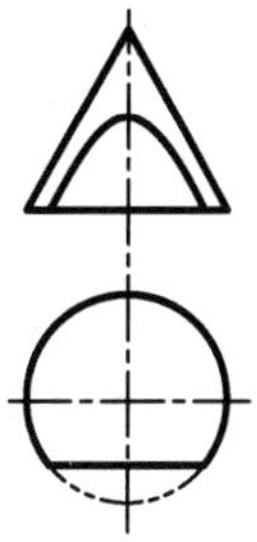	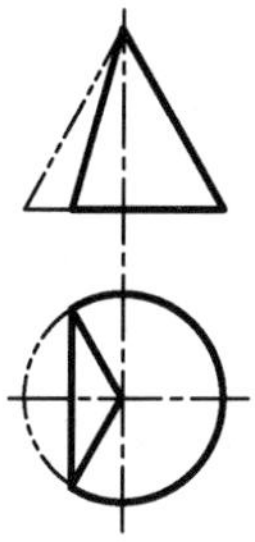

【例 7.7】 求作圆锥被正垂面 P 截断后的投影。

【解】 分析：如图 7.11(a)所示，截平面 P 与圆锥轴线倾斜，并与所有的素线均相交，故截交线为椭圆。椭圆的 V 面投影积聚在 P_V 上成为一直线，其 H 面和 V 面投影仍是椭圆。作图步骤如下。

(1) 作椭圆长轴的端点 A 和 B。由于 $AB//V$，A 和 B 在圆锥的最左、最右素线上，在 V 面投影轮廓线上定出 a'和 b'，再作出 H 面投影 a 和 b 以及 W 面投影 a'' 和 b''。

(2) 作椭圆短轴的端点 C 和 D。由于 $CD\perp V$ 面，在 $a'b'$的中点定出 c'、d'，再用纬圆法作出 c 和 d，然后作出 c'' 和 d''。

(3) 作 W 面投影轮廓线上的 E 和 F。E 和 F 在圆锥的最前、最后素线上，先在 V 面投影上定出 e'和 f'，然后向右作连系线交得其 W 面投影。它们是 W 面投影中椭圆和轮廓线的切点。

(4) 用纬圆法或素线法作若干一般点，如 M 和 N 等，如图 7.11(b)所示。

(5) 分别在 H 面和 W 面投影中，依次将上述各点连成光滑的椭圆。由于圆锥上部截去后，截交线的 H 面和 W 面投影均可见，应画成实线。

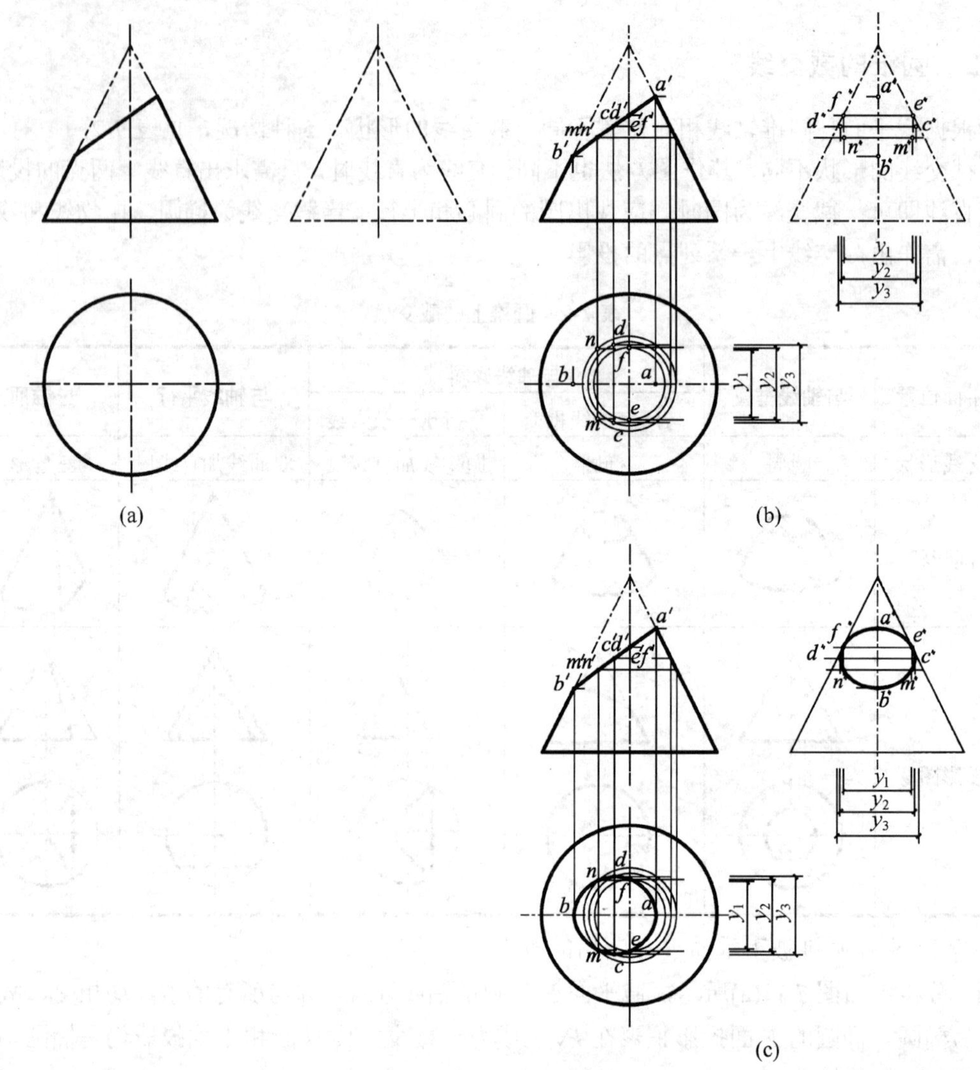

图 7.11　作圆锥截交线

【例 7.8】 求作圆锥被截割后的投影。

【解】 分析：如图 7.12(a)所示，圆锥被 3 个组合截面截割，分别为侧平面、水平面和正垂面，求被截割圆锥的投影实际上就是求 3 个截平面与圆锥的截交线。截交线由 3 部分组成，分别为双曲线、圆弧和抛物线的一部分。作图步骤如下。

(1) 在 V 投影面上确定控制截交线形状的 9 个点，分别是 1′、2′、3′、4′、5′、6′、7′、8′、9′，另找两个一般点 10′、11′，如图 7.12(b)所示。

(2) 过 1′ 向下、向右作连系线，可确定 1、1″。

(3) 已知 2′、3′、4′、5′、10′、11′，可根据前面讲过的纬圆法或素线法，确定 2、3、4、5、10、11 和 2″、3″、4″、5″、10″、11″。

(4) 6′、7′、8′、9′ 都是特殊位置点。由 6′、7′ 向下作连系线可得 6、7 点，根据宽相等可得到 6″、7″。由 8′、9′ 向右作连系线可得到 8″、9″，根据宽相等可确定 8、9。

(5) 判断截交线的 H、V 投影均为可见，光滑连接各点，整理后如图 7.12(c)所示。

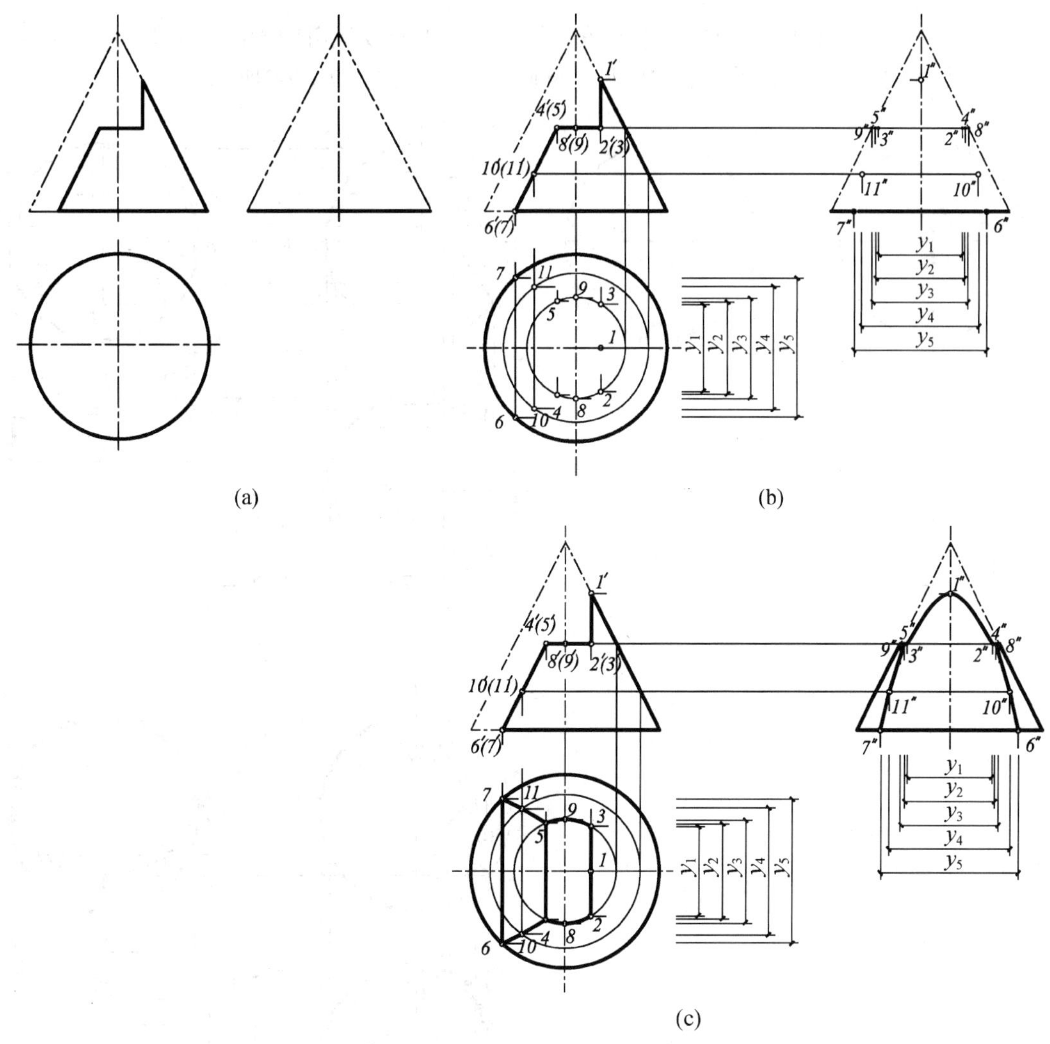

图 7.12　作组合截面截割圆锥截交线

7.3.3　圆球的截交线

无论截平面处于何种位置，它和圆球的截交线总是圆。截平面越靠近圆心，截得的圆越大，当截平面通过球心时，截得的圆最大，其直径等于球的直径。

只有当截平面平行于投影面时，截交线在该投影面上的投影反映圆的实形，否则投影为椭圆。

【例 7.9】 求作球面被正垂面截断后的投影。

【解】 分析：如图 7.13(a)所示，截交线是圆，其 *V* 面投影是积聚在 *V* 投影面上的一直线段，其 *H* 面、*W* 面投影为椭圆。作图步骤如下。

(1) 在 *V* 面投影上定出最左、最右点 1′、2′(在轮廓线圆上)，最前、最后点 3′、4′(在线段 1′2′的中点处)，上、下半球分界圆上的点 9′、10′和左、右半球分界圆上的点 7′、8′，5′、6′为一般点。

(2) 求出这些点的 *H* 面、*W* 面投影如图 7.13(b)所示。

(3) 分别在 H 面和 W 面投影中，依次将上述各点连成光滑的椭圆，由于圆球上部截去后，截交线的 H 面和 W 面投影均可见，应画为实线，如图 7.13(c)所示。

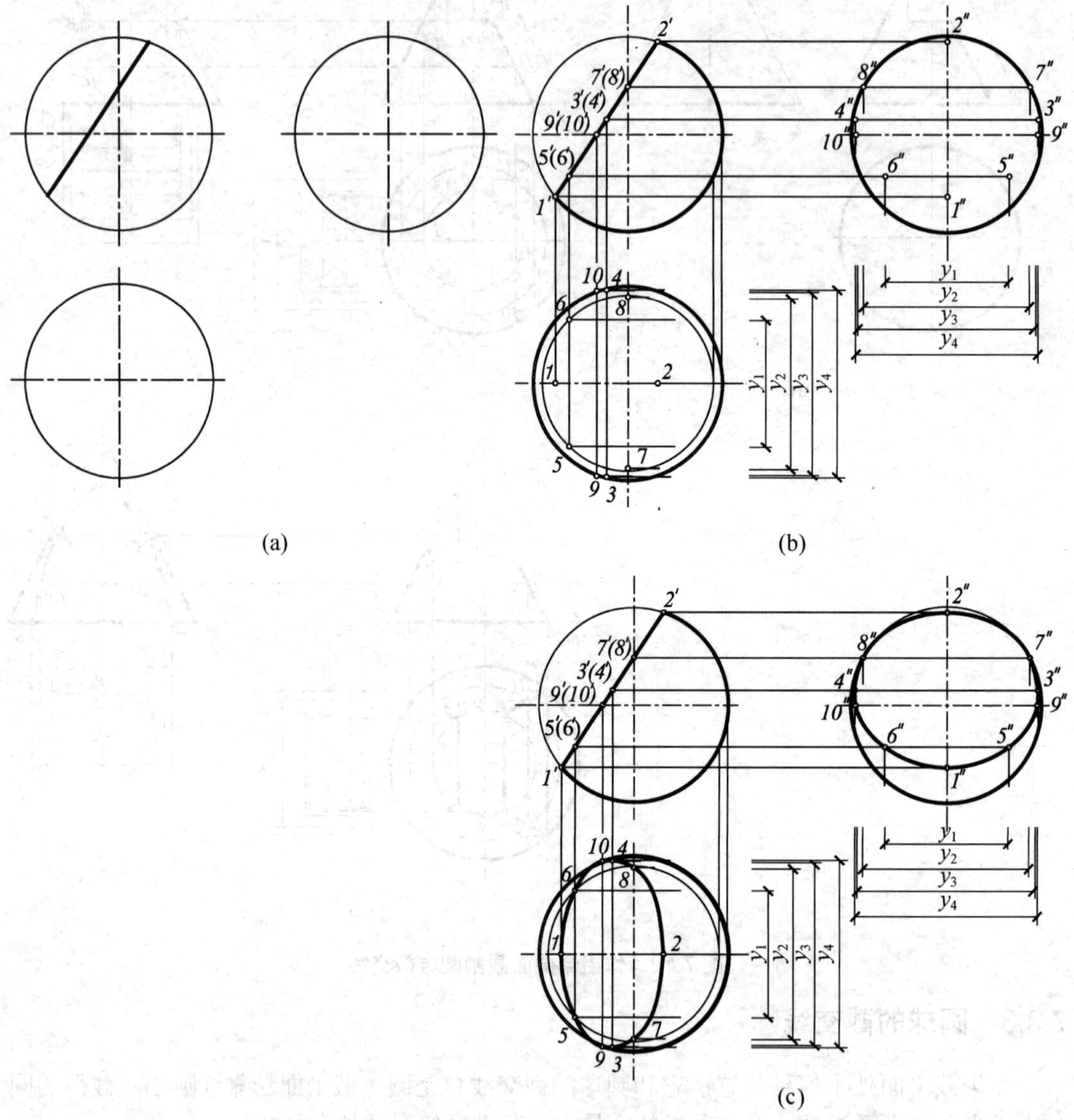

图 7.13 作圆球截交线

【例 7.10】 求作半球面被截割后的投影。

【解】 分析：如图 7.14(a)所示，半球面被 4 个截面截割，分别为两个正平面和两个侧平面，截交线是四段圆弧。作图步骤如下。

(1) 在 H 投影面上定出控制截交线形状的 8 个点 1、2、3、4、5、6、7、8。

(2) Ⅰ、Ⅱ、Ⅲ、Ⅳ 为特殊点，可直接作图得到其另外两面投影 1′、2′、3′、4′，1″、2″、3″、4″，如图 7.14(b)所示。

(3) Ⅴ、Ⅵ、Ⅶ、Ⅷ为一般点，可通过纬圆法作出其另外两面投影，如图 7.14(b)所示。

(4) 各投影面的同名投影作圆弧，整理如图 7.14(c)所示。

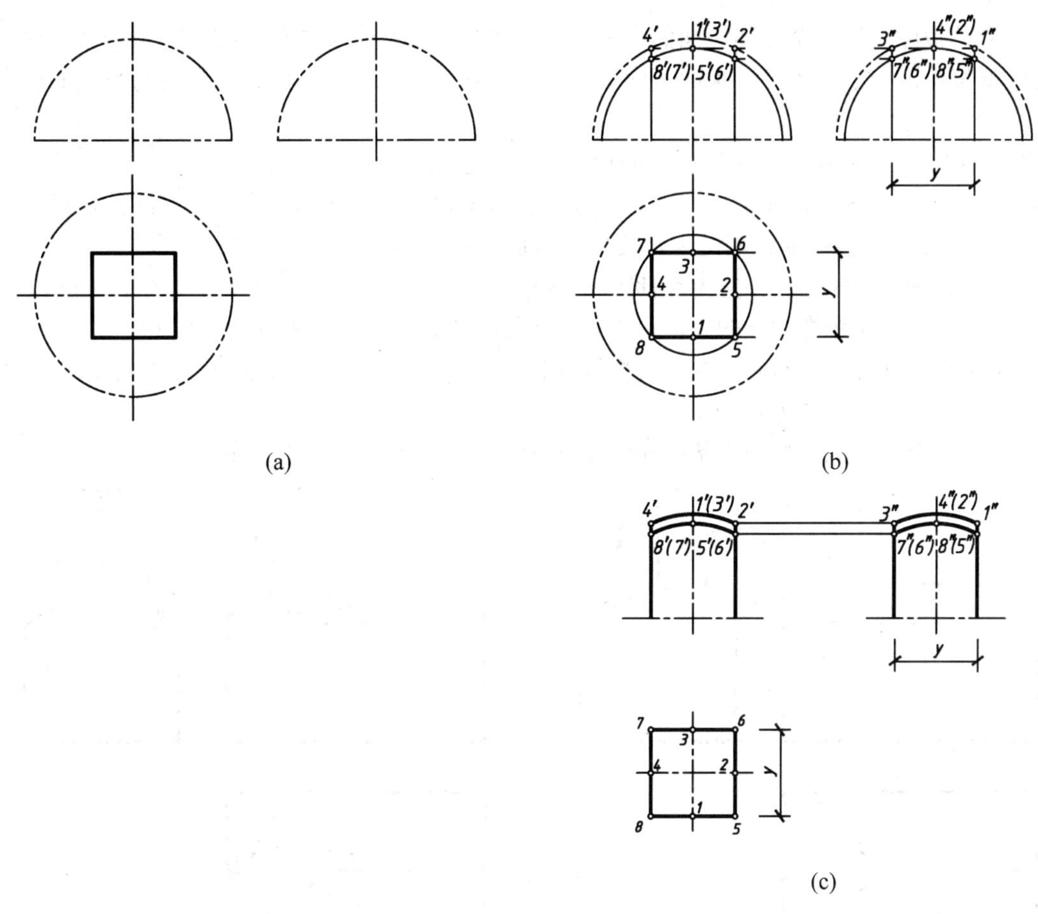

图 7.14 作圆球截交线

7.4 两平面立体相交

7.4.1 平面立体的相贯线

两立体相交又称为两立体相贯，相交两立体表面的交线称为相贯线。相贯线上的点称为相贯点。

相贯线是两立体表面的共有线，相贯点是两立体表面的共有点。求作相贯线，可利用立体投影的积聚性作图，也可利用辅助面作图。

相贯线投影的可见性判别原则为：两立体表面都可见的部分相交，它们的交线才可见，否则不可见。

两立体相交后就形成一个整体，因此一个立体位于另一个立体内部的部分就互相融合在一起，无需画出。

7.4.2 作平面立体的相贯线

两平面立体的相贯线一般情况下为空间折线，特殊情况下为平面折线。每段折线均是一个立体棱面与另一个立体棱面的交线，每一个折点均是一个立体的棱线与另一个立体的棱线或棱面的交点，因此，求两平面立体的相贯线，实际上就归结为求直线与平面的交点和平面与平面的交线。

【例 7.11】 已知六棱台烟囱与屋面的投影，求作它们的交线。

【解】 分析：如图 7.15(a)所示，六棱台烟囱的 6 条侧棱均与屋面相交，相贯线前后对称，可利用屋面 W 面投影的积聚性，直接求得相贯线的 V 面投影和 H 面投影。作图步骤如下。

(1) 在 W 面投影上确定控制相贯线的 6 个点，分别为 1″、2″、3″、4″、5″、6″点。

(2) Ⅲ和Ⅵ是屋脊线上的点，可以直接确定其 H、V 面投影 3、6 和 3′、6′。

(3) ⅠⅡ和ⅣⅤ都是侧垂线，可根据其积聚性，由 1″、2″、4″、5″可求得 1、2、4、5，1′、2′、4′、5′，如图 7.15(b)所示。

(4) 补全图中六棱柱的 6 条侧棱的 H 面投影，整理结果如图 7.15(c)所示。

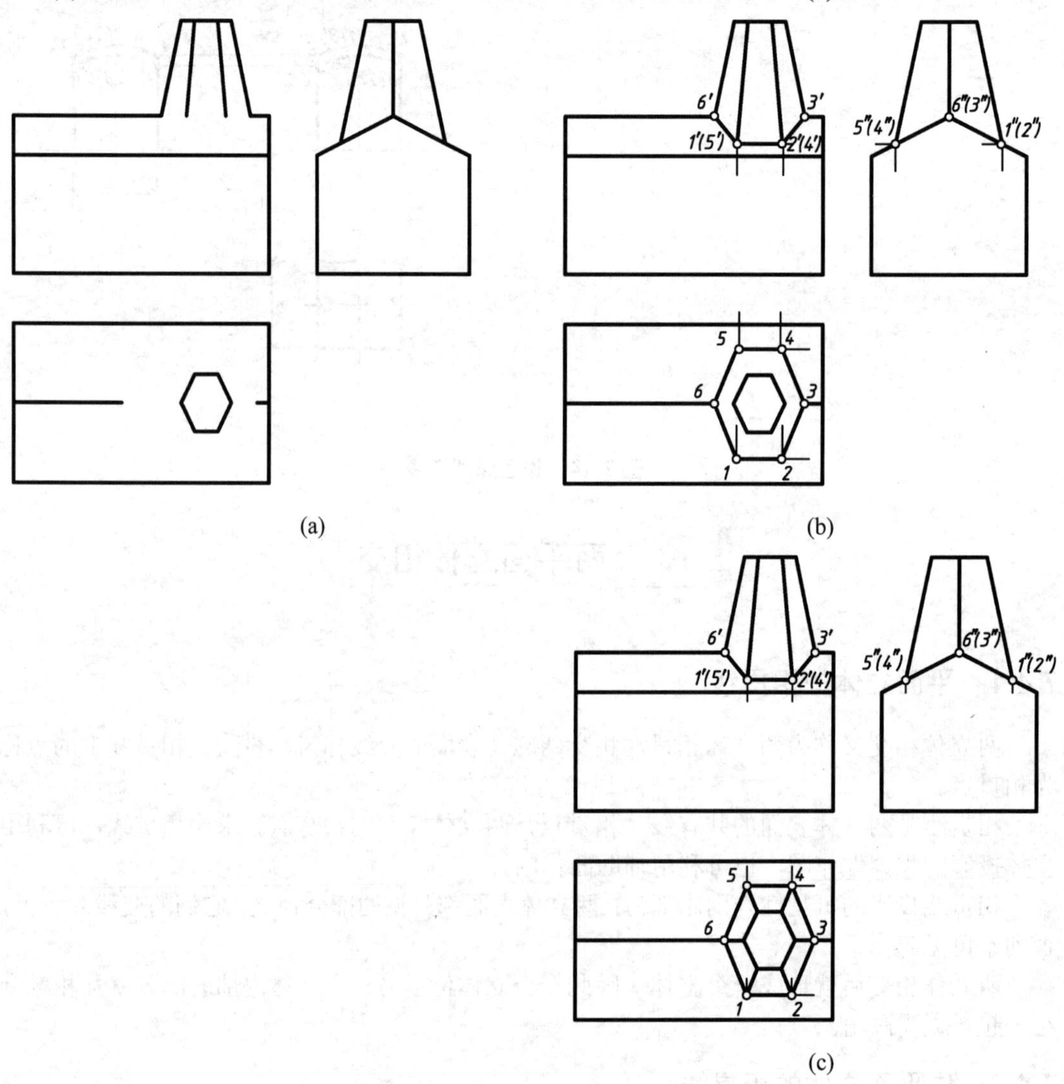

图 7.15 作烟囱与坡屋面的相贯线

【例 7.12】 求直立三棱柱与水平三棱柱的相贯线。

【解】 分析：如图 7.16 所示，直立三棱柱的 *H* 面投影有积聚性，相贯线的 *H* 面投影必积聚在直立三棱柱的 *H* 面投影轮廓线上；同样，水平三棱柱的 *W* 面投影有积聚性，相贯线的 *W* 面投影必积聚在水平三棱柱的 *W* 面投影轮廓线上。于是，只需求出相贯线的 *V* 面投影。从 *H*、*W* 面投影中可见，只有水平三棱柱的 *D* 棱、*E* 棱和直立三棱柱的 *B* 棱参与相交，每条棱线有两个交点，由此可见，相贯线上共有 6 个折点，求出这些折点，就可连成相贯线。作图步骤如下。

(1) 在 *H* 面和 *W* 面投影上分别定出上述 6 个折点的投影 1、2、3、4、5、6 和 1″、2″、3″、4″、5″、6″。

(2) 由这些点的 *H* 面和 *W* 面投影作连系线，得到它们的 *V* 面投影。

(3) 连点并判别可见性：图中 3′5′ 和 4′6′ 两段不可见，应画虚线。

(4) 判别两立体轮廓线的可见性，在 *V* 面投影上，直立三棱柱后面的两棱线被水平三棱柱挡住的部分画成虚线。

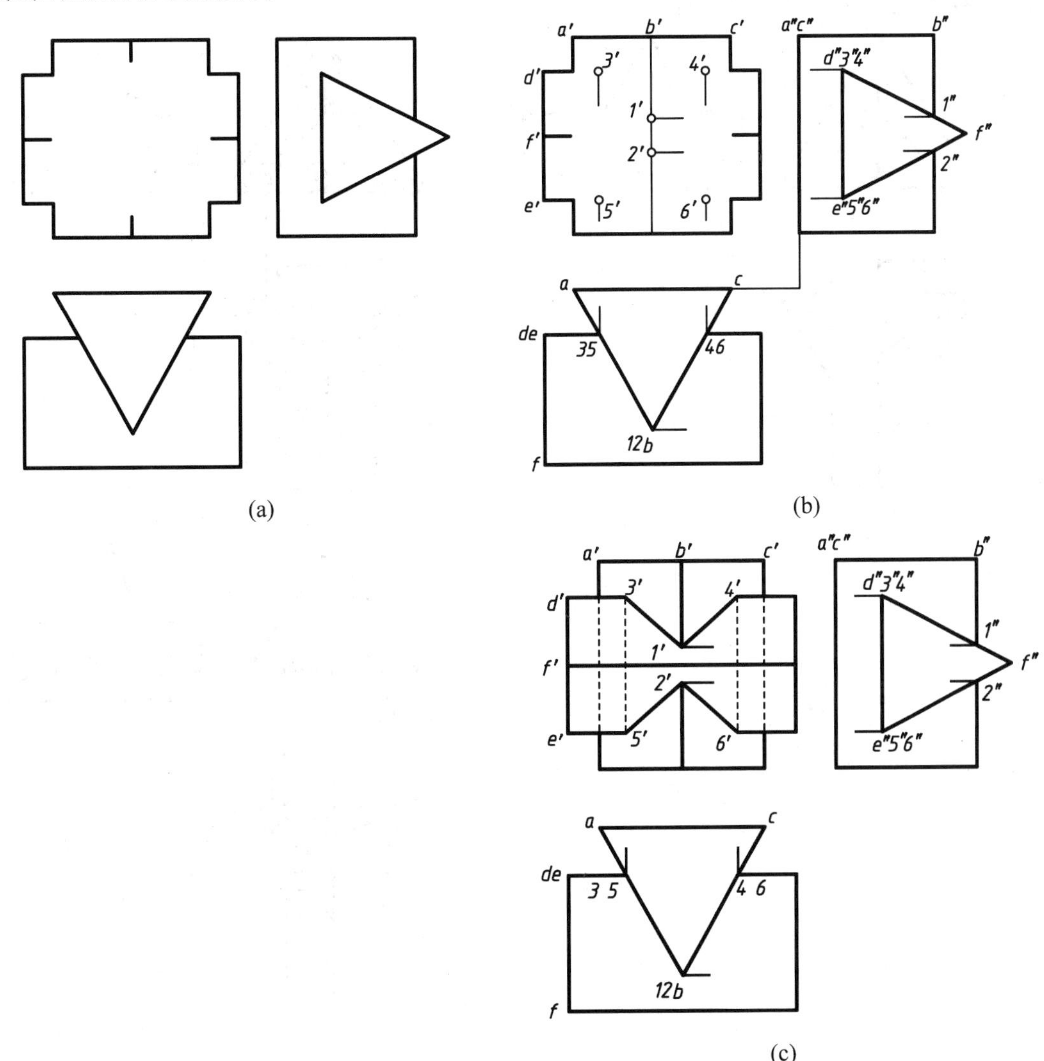

图 7.16 作两三棱柱相贯线

【例 7.13】 求作三棱柱与三棱锥的相贯线，如图 7.17(a)所示。

【解】 分析：如图 7.17(a)所示，三棱柱与三棱锥相交并贯穿，在前方三棱柱与两个棱锥面相贯，为一组闭合的空间折线。在后方三棱柱与一个棱锥面相贯，为一组闭合的平面折线。三棱柱垂直于 *V* 面，三条侧棱与三棱锥分别交于Ⅰ、Ⅱ、Ⅲ、Ⅳ、Ⅴ、Ⅵ、Ⅶ，三棱锥的一条侧棱与三棱柱的一条侧棱和一个棱面分别交于Ⅰ、Ⅳ。利用三棱柱 *V* 面积聚性投影，确定 *V* 面相贯点和相贯线的投影，然后按照点、线的投影规律，分别求出 *W* 面和 *H* 面上的特殊点和一般位置点，最后判别其可见性。作图步骤如下。

(1) 利用积聚性直接标出三棱柱与三棱锥交点(相贯点)的 *V* 面投影 1′、2′、3′、4′、5′、6′、7′。

(2) 按照点的投影规律，作出三棱柱与三棱锥相交特殊位置点的 *W* 面投影 1″、4″、5″、6″、7″和 H 面投影 1、4、5、6、7。

(3) 按照点的投影规律，过锥顶通过 2′、3′作辅助线，得三棱柱与三棱锥相交一般位置点的 *H* 面投影 2、3 和 W 面投影 2″、3″。

(4) 判定其可见性，连接各点。

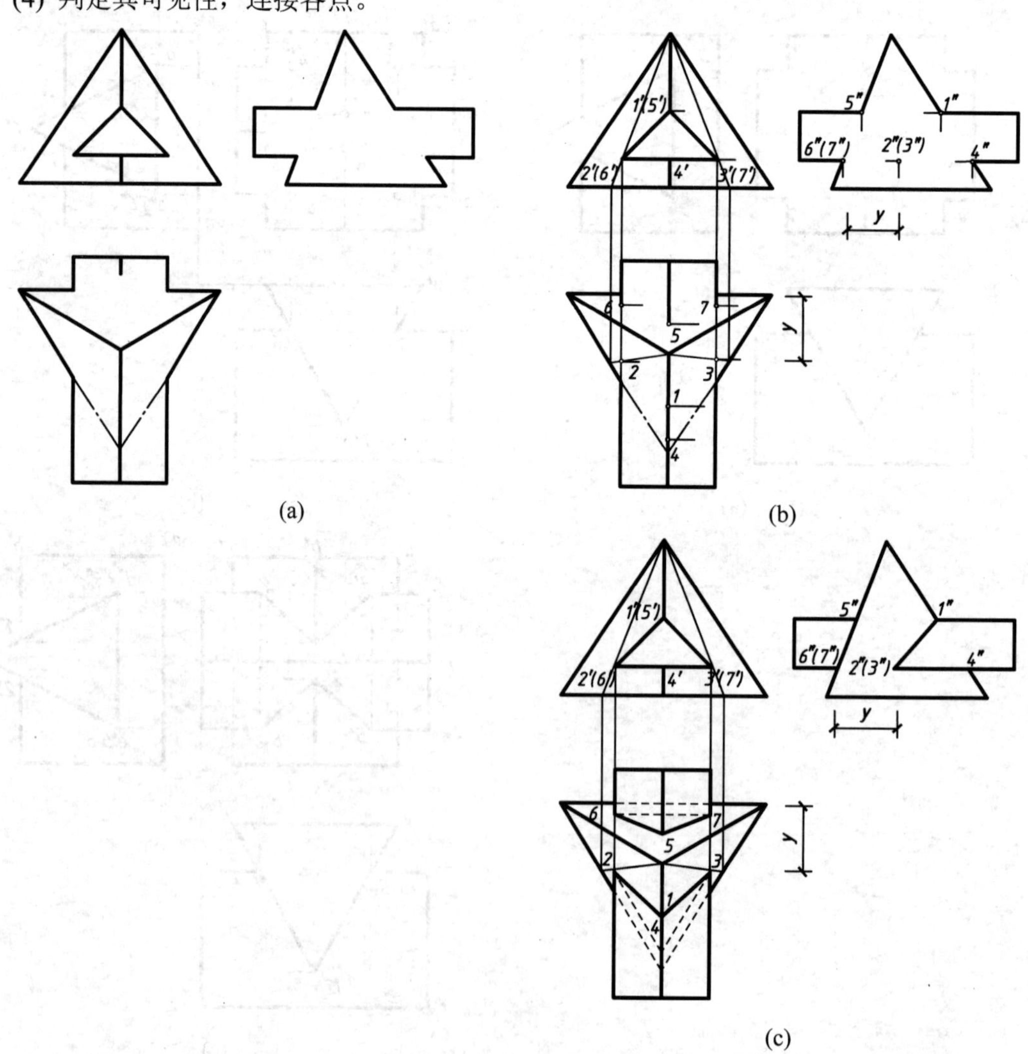

图 7.17 作三棱柱与三棱锥相贯线

7.5 平面立体与曲面立体相交

平面体与曲面体的相贯线，一般情况下是由若干段平面曲线组成的，特殊情况下也可包含直线段。它们是平面体的棱面与曲面体的截交线，相邻平面曲线的连接点是平面体的棱线与曲面体的交点。因此，求平面体与曲面体的相贯线，可归结为求曲面体的截交线和求直线与曲面体的交点。

【例 7.14】 求作三棱柱和圆锥的相贯线。

【解】 分析：如图 7.18(a)所示，三棱柱从前至后全部贯穿圆锥，形成前后对称的两组相贯线。每组相贯线有 3 段截交线组成。三棱柱的水平侧棱面与圆锥的交线为圆弧，三棱柱的左右侧棱面与圆锥的交线为抛物线。各段交线的连接点是三棱柱的三条侧棱与圆锥的交点。由于三棱柱的侧棱面的 V 面投影有积聚性，故相贯线的 V 面投影与之重合，需要作出的是 H、W 面投影。作图步骤如下。

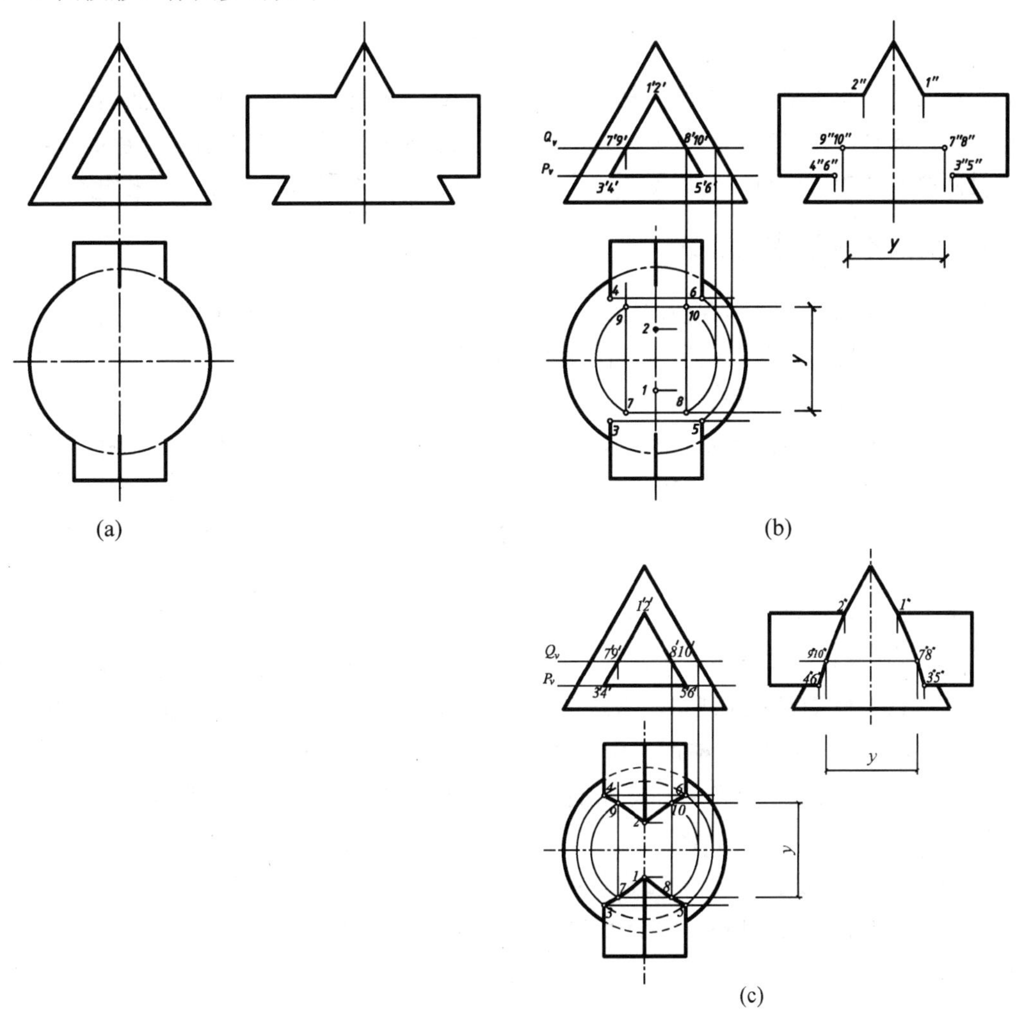

图 7.18 作三棱柱和圆锥的相贯线

(1) 在 V 面投影上定出三棱柱的 3 条侧棱与圆锥面交点 V 面投影 1′、2′、3′、4′、5′、6′；利用圆锥表面求点的方法，求出上述各点的 H 面投影和 W 面投影。

(2) 画各段截交线。在 H 面投影中，35、46 为圆弧。13、15 和 24、26 均为抛物线。为了正确作出抛物线，应再作出若干一般点，如 7、8、9、10 等。然后作 W 面投影。

(3) 判别相贯线的可见性。H 面投影中圆锥面可见，三棱柱上方两侧棱面可见，下方侧棱面不可见，故 4 段抛物线均应画成实线，两段圆弧画为虚线。在 W 投影中，相贯线是左右重合的，故画为实线。

(4) 对投影轮廓线的处理。三棱柱的三条侧棱穿入圆锥内部的部分不画出。H 投影中圆锥底圆被三棱柱遮住部分应画为虚线。W 投影中圆锥的轮廓线穿入三棱柱的部分不应画出。

7.6 两曲面立体相交

两曲面体的相贯线一般情况下是闭合的空间曲线，特殊情况下可能为平面曲线。

求两曲面体的相贯线，一般要先作出一系列的相贯点，然后顺次光滑地连成曲线。相贯点是两曲面体的共有点，要根据两曲面的形状、大小、位置以及投影特性来作图。

7.6.1 积聚投影法求相贯线

当曲面体表面的某投影有积聚性时，则相贯线的一个投影与此积聚投影重合而成为已知，于是其他投影就可利用在另一个曲面上取点的方法作出。

【例 7.15】 求作两圆柱的相贯线。

【解】 分析：如图 7.19(a)所示，两圆柱的轴线正交，小圆柱从上向下贯穿大圆柱，相贯线是上下两条闭合的空间曲线。它们上下、左右、前后均对称。由于小圆柱面的 H 面投影和大圆柱面的 W 面投影都有积聚性，故相贯线的 H、W 面投影为已知，只需作出相贯线的 V 面投影。

因上下两条相贯线的作法相同，这里仅说明上面一条相贯线的作图步骤。

(1) 先作特殊点，相贯线上最左点 I，最右点 II，它们同时为最高点。相贯线上最前点 III，最后点 IV，它们又是最低点。这四个点是小圆柱上的 4 条特殊位置的素线与大圆柱的交点，可直接在 H 面投影和 W 面投影中求出，然后再作它们的 V 面投影。

(2) 作若干一般点，可在最高点和最低点之间作水平辅助面，然后求出左右和前后对称的四个相贯点 A、B、C、D。

(3) 将各点的 V 面投影光滑地连成相贯线。

(4) 相贯线的可见性判别。由于相贯线前后对称，V 面投影重合，故画实线。

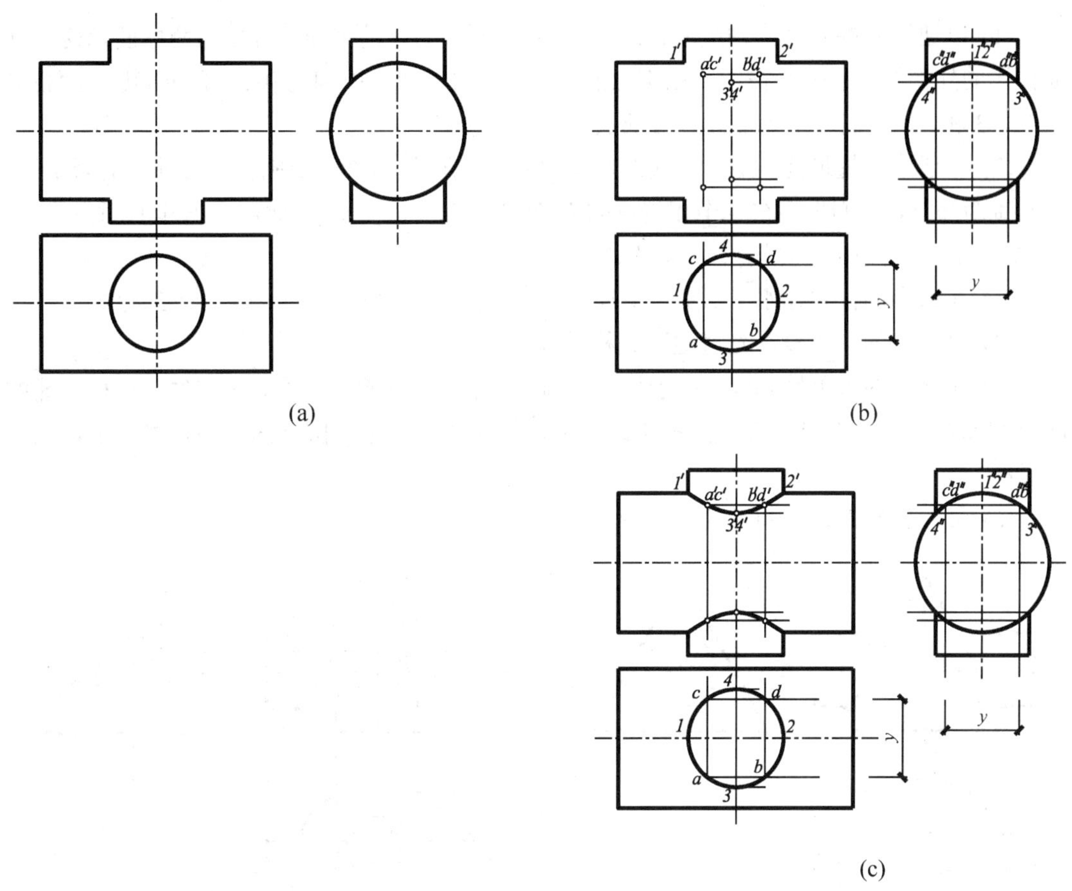

图 7.19　作两圆柱的相贯线

7.6.2　辅助平面法求相贯线

作辅助面与两曲面相交，求出两辅助截交线的交点，即相贯点。通常选择平面作为辅助面，并使其与两曲面的截交线的投影成为直线或圆，才能使作图准确、简便，否则无实用意义。

为了准确地画出相贯线，首先需要作出控制相贯线形状和范围的一些特殊位置的相贯点，如最高、最低、最左、最右、最前、最后点，以及投影轮廓线上的点等，其次还要作出若干中间位置的相贯点。

【例 7.16】 求作圆柱和圆锥的相贯线。

【解】 分析：如图 7.20(a)所示，圆柱体完全贯穿圆锥体，相贯线是左右两条闭合的空间曲线，左右、前后对称。由于圆柱的 W 面投影有积聚性，所以相贯线的 W 面投影积聚在圆柱的 W 面投影上，为已知，要求的是相贯线的 H、V 面投影，可用辅助平面法作图。作图步骤如下。

(1) 以通过圆柱和圆锥轴线所在的 V 面平行面作为辅助平面，分别与两曲面相交成 V 面投影的外形线，它们交得四个相贯点的 V 面投影 1′、2′、3′、4′。由此可求出其 H 面投影 1、2、3 和 4。它们分别为最高、最低点。

(2) 以通过圆柱最前、最后素线的水平面 Q 作为辅助平面，交圆柱为最前、最后素线，交圆锥为纬圆，它们也交得 4 个相贯点的 H 面投影 5、6、7、8。由此可求出其 V 面投影 5′、6′、7′和 8′。它们分别为最前、最后点。

(3) 在适当的位置作水平面 P，重复上面的作图，可得到一般点 A、B、C、D。

(4) 将各点的同面投影光滑地连成相贯线。

(5) 相贯线的可见性判别。由于相贯线前后对称，V 面投影重合，画实线。在相贯线的 H 面投影中，上半个圆柱面上的相贯线可见，画实线，下半个圆柱面上的相贯线不可见，画虚线。

(6) 最后处理圆柱和圆锥的投影轮廓线，完成全图。

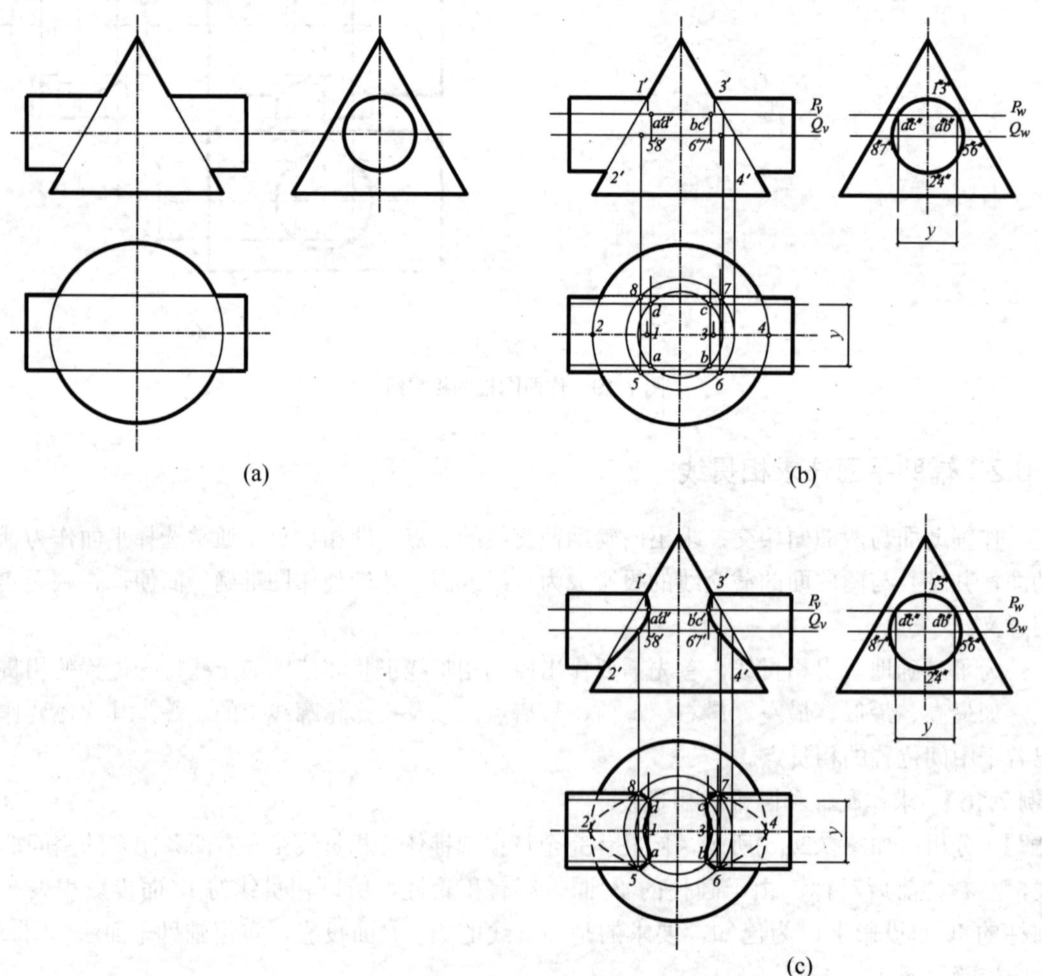

图 7.20　作圆柱和圆锥的相贯线

章后小结

(1) 通过本章的学习，我们要掌握立体表面交线的形成、基本性质；学会截交线、相贯线的投影分析，掌握截交线、相贯线的基本作图方法。

(2) 学习求作截交线、相贯线的投影，为学习后边的剖面图、断面图以及施工图打下基础。

第8章 轴测投影

教学提示：本章首先讲述了轴测投影的形成和分类，并着重介绍了正等轴测图和斜二轴测图的画法。掌握轴测图的绘制方法，可以帮助初学者提高理解形体及空间想象的能力，并为读懂正投影图提供形体分析及空间想象的思路及方法。

学习要求：通过本章学习，要求学生能够了解轴测投影的基本特点及轴测图的优缺点和轴测图在工程上的作用；熟练掌握正等轴测图、斜轴测图的基本绘图方法。其中，正等轴测图是本章的重点。

8.1 轴测投影的基本知识

正投影的优点是能够完整、准确地表达形体的形状和大小，而且作图简便，所以在实践中被广泛采用。但是，这种图缺乏立体感，要有一定的读图能力才能看懂。如图 8.1 所示，仅仅看它的三面投影如 8.1(a)所示，由于每个投影只反映出形体的长、宽、高 3 个向度中的两个，不易看出形体的形状。但如果画出该形体的轴测图如 8.1(b)所示，由于该投影图可以在一个投影中同时反映形体的长、宽、高和不平行于投射方向的平面，所以具有较好的立体感，较易看出形体的形状，并可沿图上的长、宽、高 3 个向度度量尺寸，可以弥补多面正投影图的不足，可为初学者读懂正投影图提供形体分析及空间想象的思路和方法。但是轴测图的作图比较繁琐，特别是外形或构造都比较复杂的形体，作图更为困难。因此，在实际应用中轴测图一般只作为辅助图样，用来帮助阅读正投影图使用。

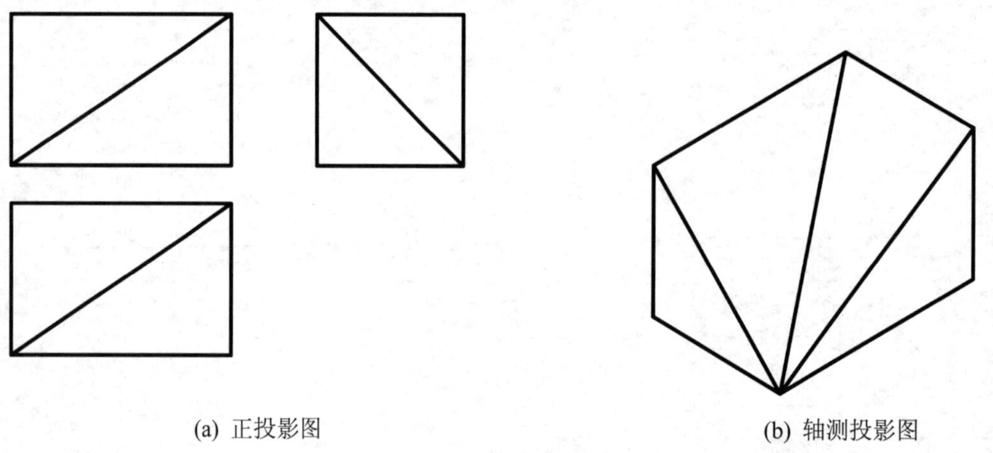

(a) 正投影图　　(b) 轴测投影图

图 8.1　正投影图和轴测投影图

8.1.1 轴测图的形成

根据平行投影的原理，把形体连同确定其空间位置的三根坐标轴 OX、OY、OZ 轴一起沿不平行于任一坐标平面的方向 S，投射到新投影面 P 上，所得的投影称为轴测投影。当投射方向 S 垂直于投影面时，所得的投影称为正轴测投影，如 8.2(a)所示，当投射方向 S 倾斜于投射面时，所得的投影称为斜轴测投影，如 8.2(b)所示。

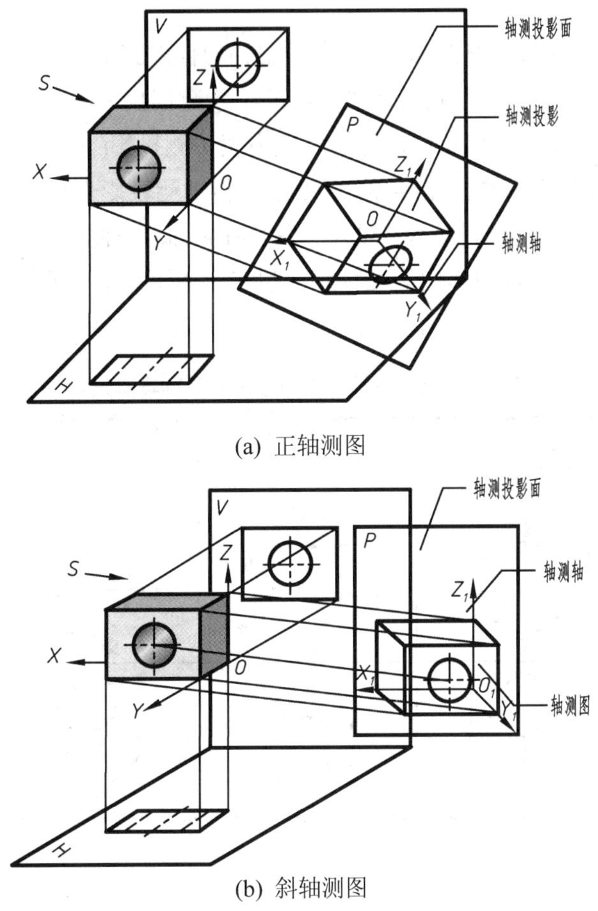

(a) 正轴测图

(b) 斜轴测图

图 8.2 轴测投影的形成

8.1.2 轴测图的基本参数

在轴测投影中，投影面 P 称为轴测投影面；坐标轴 OX、OY、OZ 在轴测投影面 P 上的投影 O_1X_1、O_1Y_1、O_1Z_1 称为轴测轴。轴测轴之间的夹角 $\angle X_1O_1Y_1$、$\angle Y_1O_1Z_1$、$\angle X_1O_1Z_1$ 称为轴间角。轴测轴 O_1X_1、O_1Y_1、O_1Z_1 上的线段与空间坐标轴 OX、OY、OZ 上对应线段的长度比，分别用 p、q、r 表示，称为 O_1X_1、O_1Y_1、O_1Z_1 轴的轴向伸缩系数。

8.1.3　轴测图的分类

根据轴测投射方向与轴测投影面是否垂直，可将轴测图分为以下两类。

(1) 正轴测图。轴测投射方向垂直于轴测投影面，见图 8.2(a)，投射方向 *S* 垂直于平面 *P*。

(2) 斜轴测图。轴测投射方向倾斜于轴测投影面，见图 8.2(b)，投射方向 *S* 倾斜于平面 *P*。

因物体相对于轴测投影面位置的不同，根据轴向伸缩系数的不同，正轴测投影和斜轴测投影又可分为 3 种类型：正轴测投影的轴向伸缩系数都相等的，称为正等测投影(简称正等测)，其中只有两个轴向伸缩系数相等的，称为正二测投影(简称正二测)，3 个轴向伸缩系数各不相等的，称为正三测投影(简称正三测)；斜轴测投影也相应的分为斜等测投影(简称斜等测)、斜二测投影(简称斜二测)、斜三测投影(简称斜三测)。

表 8-1 是土木建筑工程中常用的几种轴测投影，本书中只着重讲述其中的正等测，正面斜二测的画法。

表 8-1　土木建筑工程中常用的几种轴测投影

轴测投影的类型	正等测	正二测	斜等测	斜二测
轴间角和轴向伸缩系数	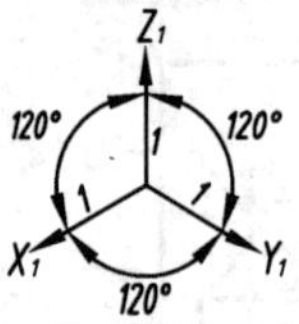 Z_1, X_1, Y_1; 120°, 120°, 120°; 1, 1, 1	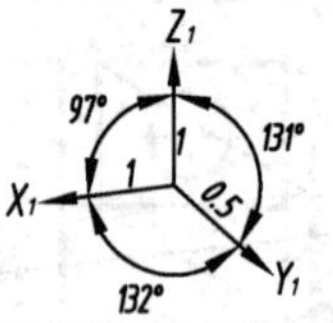 Z_1, X_1, Y_1; 97°, 131°, 132°; 1, 1, 0.5	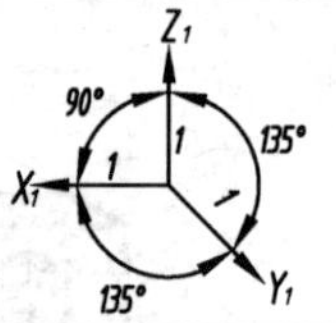 Z_1, X_1, Y_1; 90°, 135°, 135°; 1, 1, 1	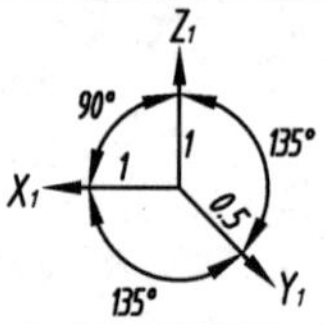 Z_1, X_1, Y_1; 90°, 135°, 135°; 1, 1, 0.5
轴测投影	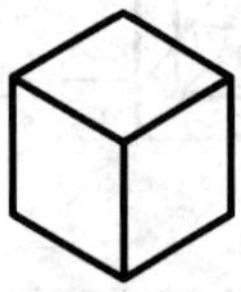	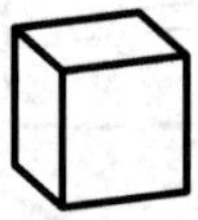	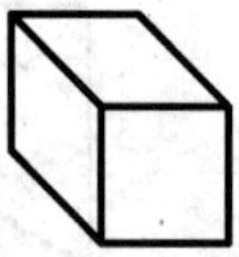	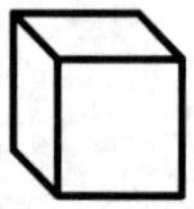

8.1.4　轴测图的特性

由于轴测图是根据平行投影原理作出的，所以它必然具有如下特性。

(1) 根据投影的平行性，空间互相平行的直线，它们的轴测投影仍然相互平行。形体上平行于坐标轴的线段，在轴测投影中，都分别平行于相应的轴测轴。

(2) 根据投影的定比性，两平行线段或同一直线上的两线段长度之比，在轴测投影图中保持不变。

(3) 形体上平行于轴测轴的线段，在轴测图上的长度等于沿该轴的轴向伸缩系数与该线段长度的乘积。

因此，如果已知各轴测轴的方向及各轴向伸缩系数(p、q、r)，对于任何空间形体都可以根据形体的正投影图，作出其轴测投影。

8.2 正轴测图

当轴测投射方向与轴测投影面相互垂直时，所得的投影称为正轴测投影。根据轴向伸缩系数 p、q、r 是否相等，正轴测投影可分为正等轴测投影、正二等轴测投影和正三轴测投影，在本节中，主要介绍正等测投影的绘制方法。

8.2.1 正等轴测图的形成、轴间角和轴向伸缩系数

正等轴测投影简称正等测，是当空间直角坐标轴 OX、OY、OZ 与轴测投影面倾斜的角度相等时，用正投影法得到的单面投影图，如图 8.3(a)所示。

轴间角

$$\angle X_1O_1Y_1、\angle Y_1O_1Z_1、\angle X_1O_1Z_1$$

轴向伸缩系数

$$p=q=r=0.82$$

为了作图方便，将轴向伸缩系数取为 1(称为简化系数)，即 $p=q=r=1$，这样可以直接按实际尺寸作图。但此时画出来的正等轴测图比实际的轴测投影要大一些，利用简化系数画出的轴测投影称为轴测图。正等测图具有度量方便、容易绘制的特点，因此，正等测是适用于各种工程形体且最常采用的轴测图。

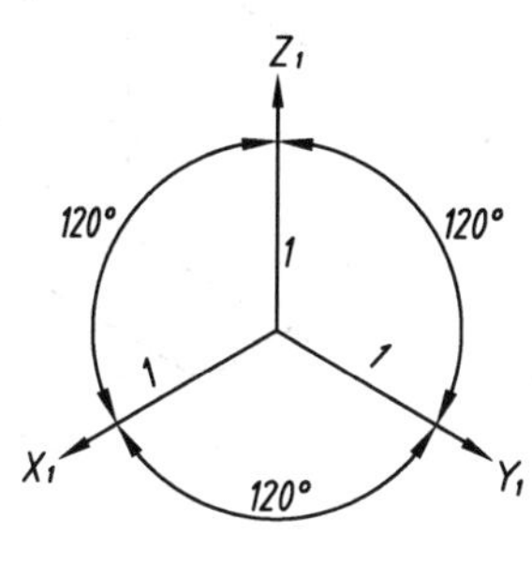

(a) 轴间角和轴向伸缩系数

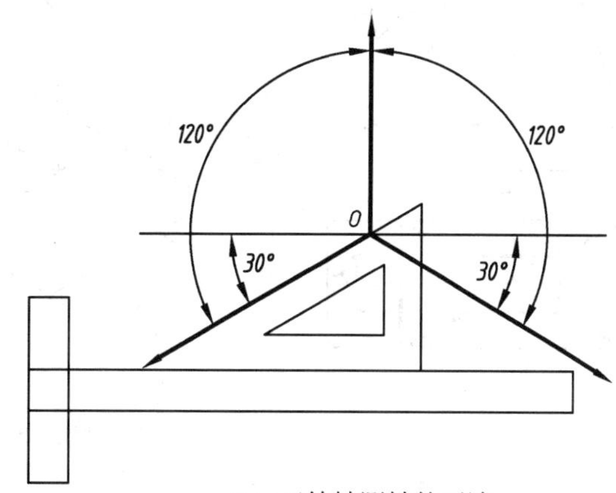

(b) 正等轴测轴的画法

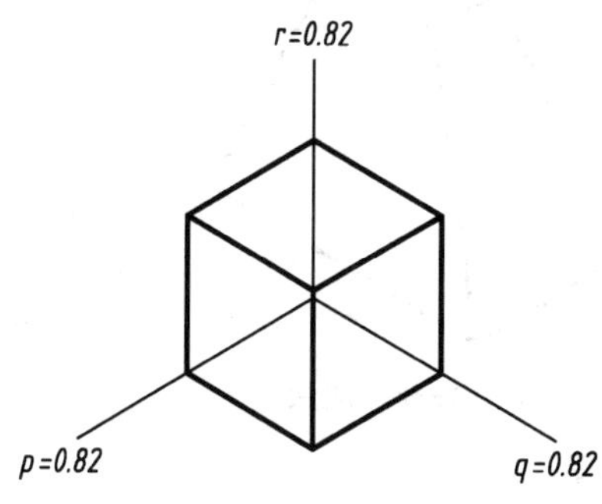

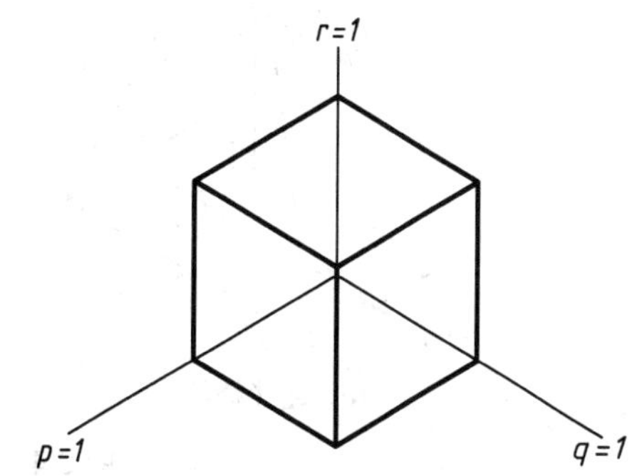

(c) 轴向伸缩系数等于 0.82 和等于 1 的区别

图 8.3 正等轴测投影

8.2.2 平面体的正等轴测图画法

绘制平面立体正等测的方法主要有坐标法、叠加法和切割法3种。

1) 坐标法

根据立体表面上各顶点的坐标，分别画出它们的轴测投影，然后依次连接立体表面的轮廓线。该方法是绘制轴测图的基本方法，它不但适用于平面立体，也适用于曲面立体；也适用各种轴测图的绘制，如图8.4所示。

2) 叠加法

若物体可以看作由若干个基本体叠加而成，则可以用叠加法作出它的轴测投影。先用坐标法作出第一个基本体的轴测投影，然后顺次根据各基本体之间的相对位置，作出各个基本体的轴测投影。

3) 切割法

该方法适用于切割方式构成的平面立体，它以坐标法为基础，先用坐标法画出未被切割的平面立体的轴测图，然后用截切的方法逐一画出各个切割部分。

【例8.1】 如图8.4所示，根据投影图求作立体的正等轴测图。

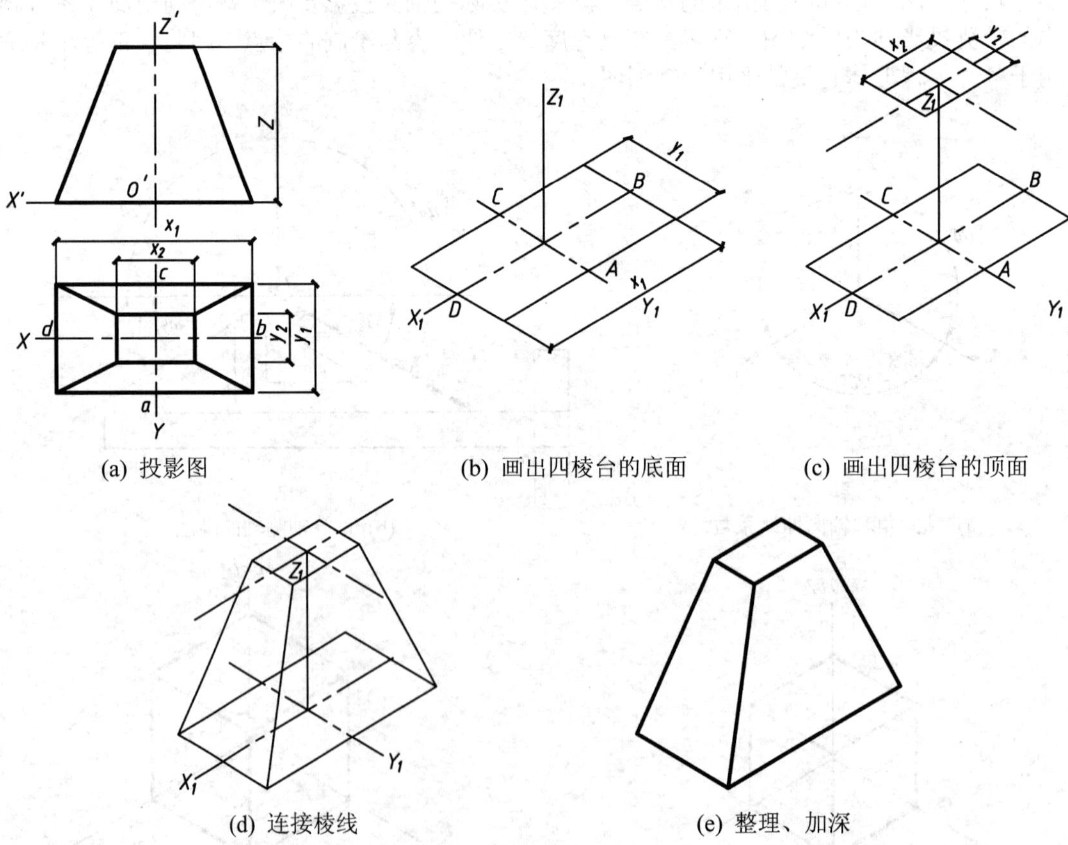

(a) 投影图　(b) 画出四棱台的底面　(c) 画出四棱台的顶面

(d) 连接棱线　(e) 整理、加深

图8.4 棱台的正等轴测图

【解】(1) 分析形体，选定坐标原点。因形体前后、左右对称，故选择底面的中心为坐标原点，如图8.4(a)所示。

(2) 作出轴测轴，作底面的轴测投影，如图 8.4(b)所示。先根据各底边的中点 A、B、C、D 的坐标，找出它们的轴测投影，再通过这四点分别作相应轴测轴的平行线，从而得到底面的轴测投影。

(3) 根据形体的高 h 确定顶面的中心，作顶面的轴测投影，如图 8.4(c)所示。

(4) 连接底面、顶面的对应顶点，如图 8.4(d)所示。

(5) 擦去作图过程线和不可见轮廓线，加粗可见轮廓线(通常轴测图中不可见轮廓线不需要画出)，完成四棱台的正等轴测图，如图 8.4 所示。

【例 8.2】 如图 8.5 所示，根据台阶的投影图，求它的正等轴测图。

【解】 (1) 进行形体分析。台阶由两侧栏板和三级踏步组成。一般先逐个画出两侧栏板，然后画踏步。

(2) 画两侧栏板。先根据侧栏板的长、宽、高画出一个长方体如图 8.5(b)所示，然后切去一角，画出斜面。

(3) 斜面上斜边的轴测投影方向和伸缩系数都未知，通常先画出斜面上、中、下两根平行于 O_1X_1 方向的边，然后连对应点，画出斜边。作图时，先在长方体顶面沿 O_1Y_1 方向量 y_2，又在正面沿 O_1Z_1 方向量 z_2，并分别引线平行于 O_1X_1 如图 8.5(c)所示。

(4) 画出两斜边，得栏板斜面如图 8.5(d)所示。

(5) 沿 O_1X_1 方向量出两栏板之间的距离 x_1，用同样方法画出另一侧栏板如图 8.5(e)所示。

(6) 画踏步。在右侧栏板的内侧面上，先按踏步的侧面投影形状，画出踏步端面的正等测，即画出各踏步在该侧面上的次投影如图 8.5(f)所示。

(7) 过端面各顶点引线平行于 O_1X_1，画出踏步，擦去作图过程线和不可见轮廓线，加粗可见轮廓线，得台阶的正等测图，如图 8.5(g)所示。

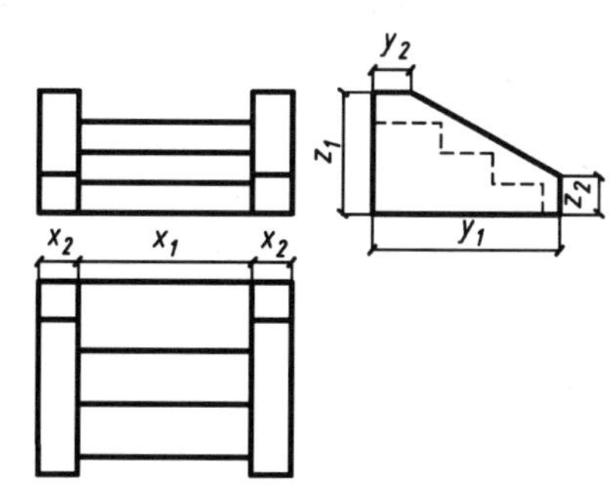

(a) 已知投影图

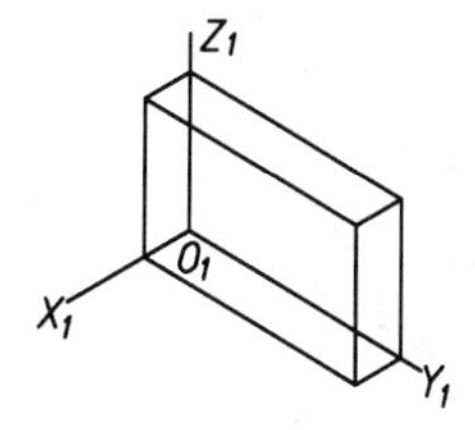

(b) 画长方体

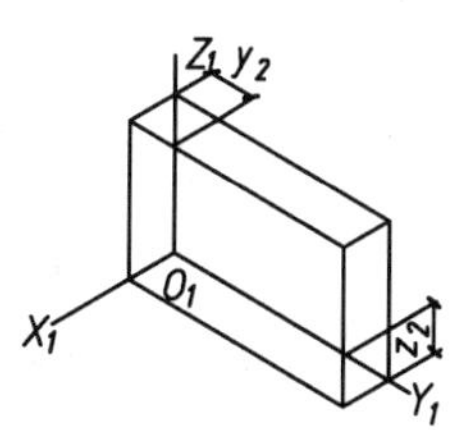

(c) 画斜面两水平边

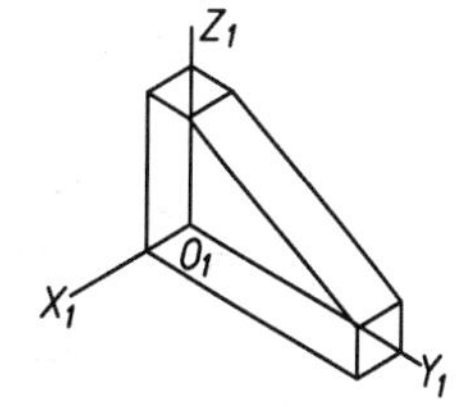

(d) 画斜边

图 8.5 台阶的正等轴测图

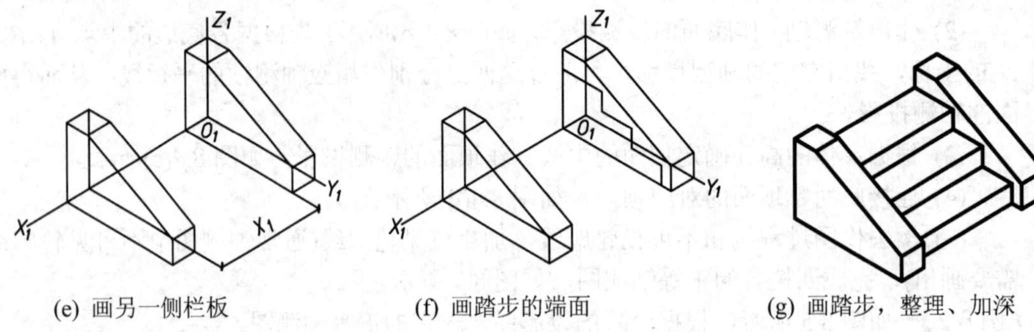

(e) 画另一侧栏板　　(f) 画踏步的端面　　(g) 画踏步，整理、加深

图 8.5　台阶的正等轴测图(续)

8.2.3　曲面体的正等轴测图画法

1. 平行于坐标平面的圆的正等轴测图的画法

在平行投影中，当圆所在的平面平行于投影面时，它的投影还是圆。当圆所在平面倾斜于投影面时，它的投影就变成椭圆。下面介绍坐标法、四圆心法画圆的正等测。

当画平行于坐标面的圆的正等测图时，它的投影是一个椭圆，通常用 4 段圆弧连接近似画出，称之为菱形四心法。现以平行于 H 面的圆为例，说明作图的方法和步骤。

(1) 在圆的水平投影中建立直角坐标系，并作圆的外切正方形如图 8.6(a)所示，得 4 个切点分别为 a、b、c、d。

(2) 画轴测轴 O_1X_1、O_1Y_1 及与圆外切的正方形的轴测投影——菱形 $ABCD$ 如图 8.6(b)所示。

(3) 过切点 A、B、C、D 分别作各点所在菱边的垂线，这四条垂线两两连线之间的交点 O_1、O_2、O_3、O_4 即为构成近似椭圆的四段圆弧的圆心，如图 8.6(c)所示。

(4) 分别以 O_1、O_2 为圆心，O_1A、O_2C 为半径画圆弧 AB 和 CD，如图 8.6(d)所示；再以 O_3、O_4 为圆心，以 O_3A、O_4B 为半径，作出圆弧 AD 和 BC，这四段圆弧光滑连接即为所求的近似椭圆，如图 8.6(e)所示。

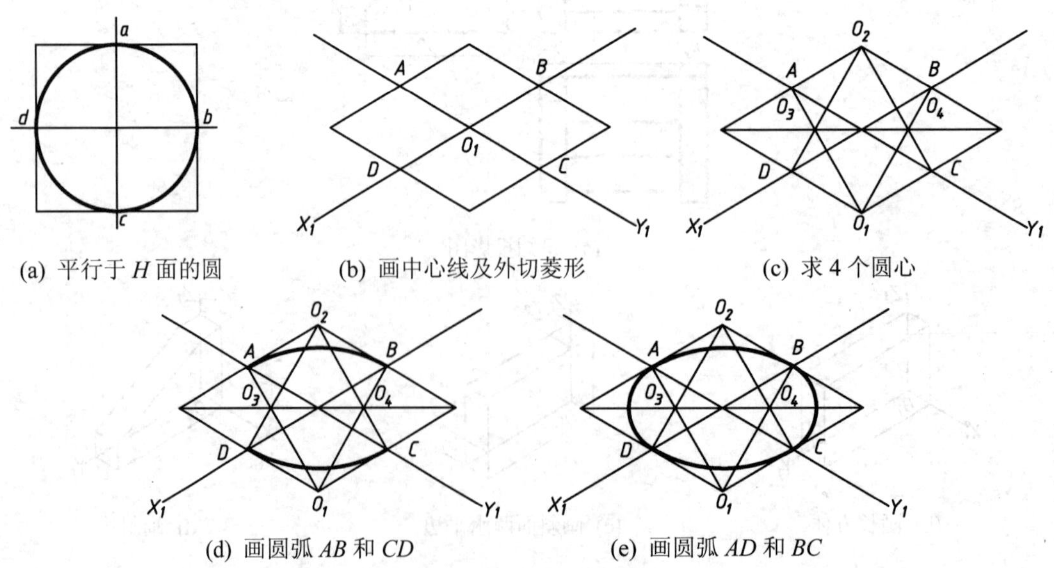

(a) 平行于 H 面的圆　　(b) 画中心线及外切菱形　　(c) 求 4 个圆心

(d) 画圆弧 AB 和 CD　　(e) 画圆弧 AD 和 BC

图 8.6　圆的正等测近似画法

2. 曲面体的正等测图的画法

掌握了坐标面上圆的正等测图的画法后，就不难画出各种轴线垂直于坐标面的圆柱、圆锥及组合形体的轴测图了。

1) 圆柱的正等测画法

按照如图 8.7 所示，圆柱上下底面平行于 H 面放置时，绘制其正等测图时，先分别作出其顶面和底面的轴测图椭圆，再作其公切线，整理加粗后即成。图 8.8 为 3 个轴线垂直于各坐标面的圆柱的正等测图。

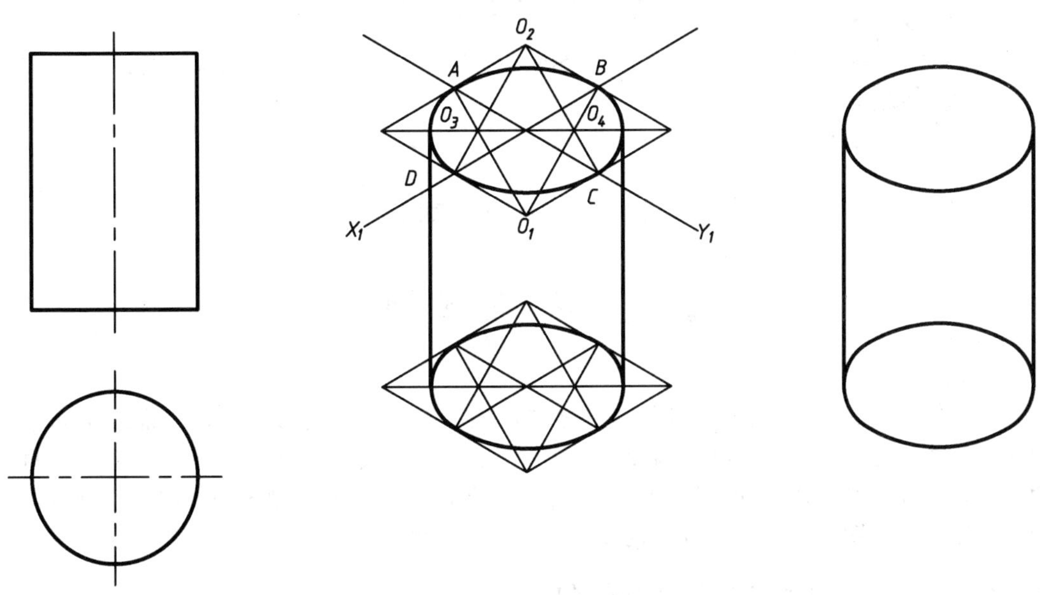

图 8.7 圆柱的正等测图

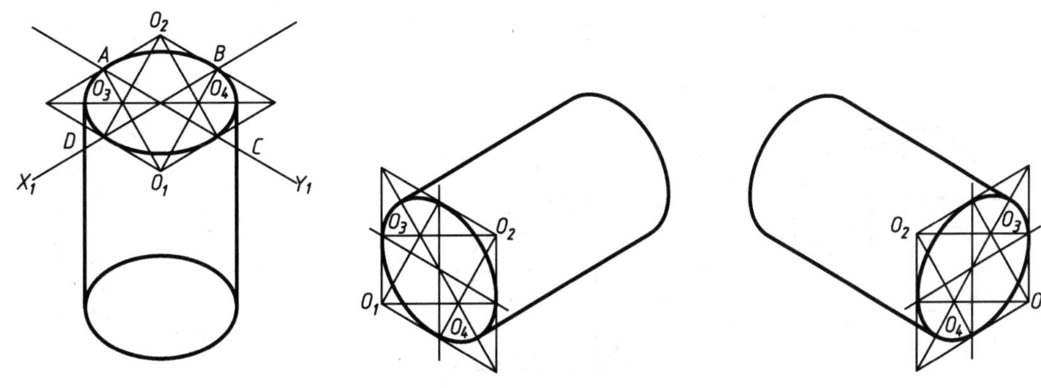

图 8.8 3 个方向的圆柱的正等测图

2) 圆台的正等测图

按照如图 8.9 所示，圆台上下底面平行于 H 面放置时，绘制其正等测图时，先分别作出其顶面和底面的轴测图椭圆，再作其公切线，整理加粗后即成。

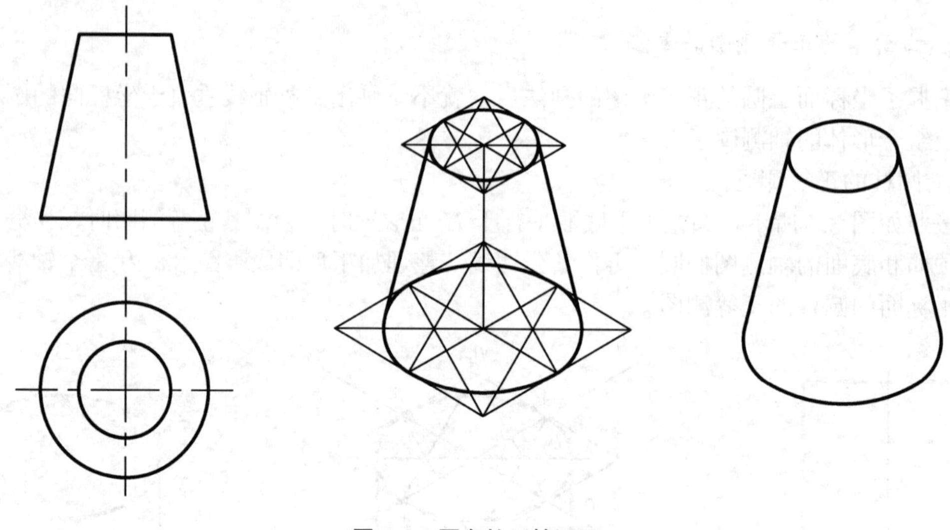

图 8.9　圆台的正等测图

8.3 斜轴测图

当投射方向 S 倾斜于轴测投影面时得到的投影，称为斜轴测投影。以 V 面或 V 面平行面作为轴测投影面，所得的斜轴测投影，称为正面斜轴测投影。若以 H 面或 H 面平行面作为轴测投影面，则得水平面斜轴测投影，本节主要讲述正面斜二测图的画法。绘制斜轴测图与绘制正轴测图一样，也要确定轴间角、轴向伸缩系数以及选择轴测类型和投射方向。

8.3.1　正面斜二测图的轴间角和轴向伸缩系数

如图 8.10(a)所示，形体处于作正投影时的位置，投射方向 S 倾斜于 V 面，将形体向 V 面投影，得到形体的正面斜轴测图，它能同时反映出形体的 3 个向度，有较强的立体感。

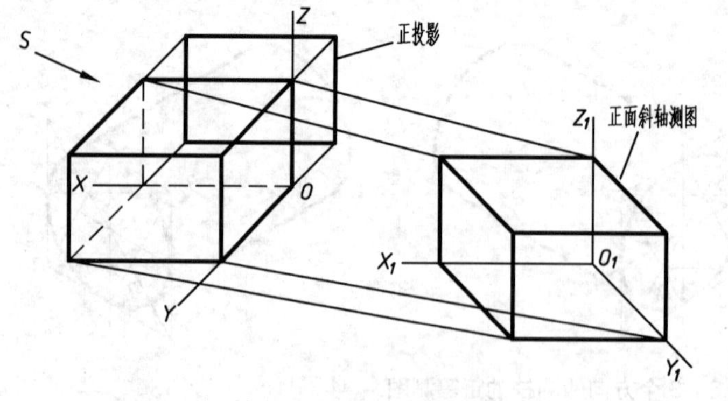

(a) 长方体的正面斜轴测图的形成过程

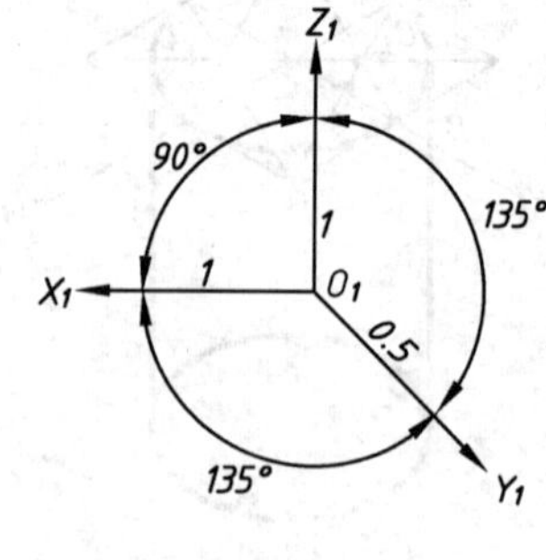

(b) 常用的轴向伸缩系数和轴间角

图 8.10　正面斜轴测图的形成

在正面斜轴测图中，不管投射方向如何倾斜，平行于轴测投影面的平面图形，它的斜轴测投影反映实形。也就是在斜轴测图中，$\angle X_1O_1Z_1=90°$，X_1 轴、Z_1 轴的轴向伸缩系数都等于 1，即 $p=r=1$。而垂直于投影面的直线的轴测投影的方向和长度将随着投射方向 S 的不同而变化。一般多采用$\angle X_1O_1Y_1=135°$ 或 45°，轴向伸缩系数 $q=0.5$，如图 8.10(b)所示。

8.3.2 平面体正面斜二轴测图的画法

因为在斜二测图中，立体上平行于 V 面的平面仍反映实形，作图就较为方便。尤其当形体仅在平行于 V 面的平面上形状较复杂时，采用斜二测作图就更为简便。绘制的时候，也常用我们前面讲的坐标法、叠加法、切割法等方法，实际上，除了物体的正面和物体上平行于正面的平面图形反映实形，圆也反映实形，以及平行于坐标面 XOY、YOZ 的圆的正面斜二测不能用菱形法画近似轴测椭圆以外，其余的作图原理和方法都与正等测图的画法相同。

【例 8.3】 求作如图 8.11(a)所示立体的斜二测图。

【解】 (1) 先确定轴测轴和轴间角，即$\angle X_1O_1Y_1=135°$。

(2) 先画出竖板和底板的正面斜二测图，如图 8.11(b、c)所示。

(3) 侧板到竖板边的距离是 y_1。从竖板边往后量 $y_1/2$，画出侧板的三角形的实形，如图 8.11(c)所示。

(4) 沿三角形再向后量取 $y_2/2$，画出侧板的轴测投影如图 8.11(d)所示。

(5) 擦去作图过程线和不可见轮廓线，加粗可见轮廓线，得该形体的正面斜二测图，如图 8.11(e)所示。

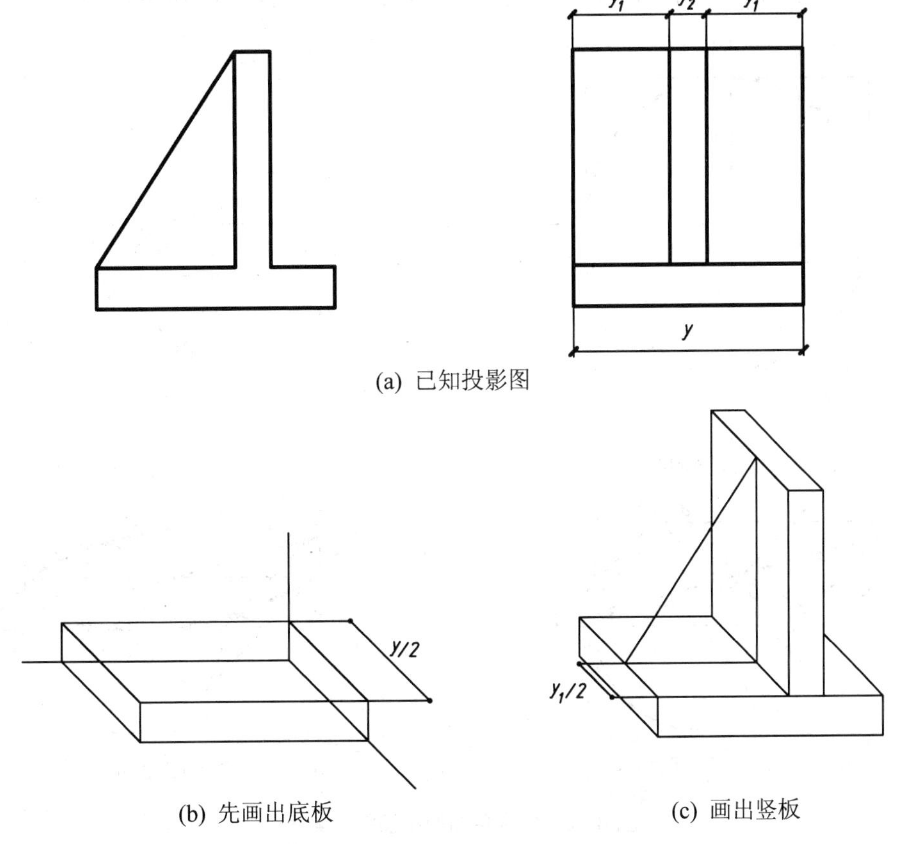

(a) 已知投影图

(b) 先画出底板

(c) 画出竖板

图 8.11 平面立体的正面斜二测图

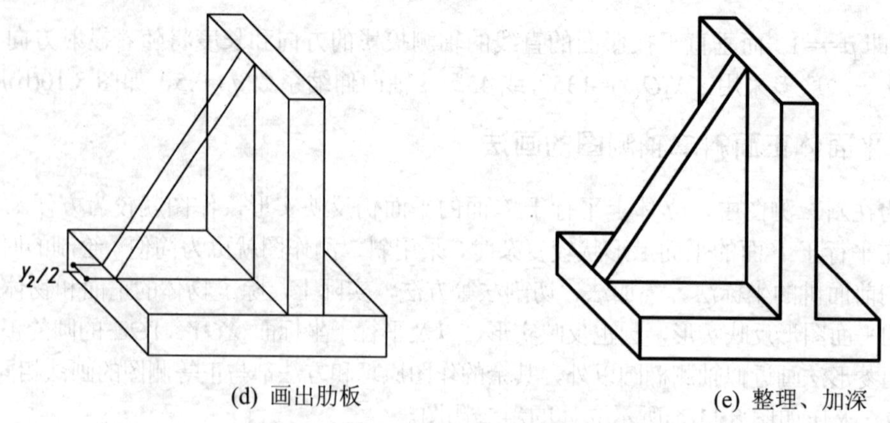

(d) 画出肋板　　(e) 整理、加深

图 8.11　平面立体的正面斜二测图(续)

8.3.3　曲面体正面斜二轴测图的画法

1. 平行于坐标面的圆的正面斜二测的画法

因为正面斜二测的轴向伸缩系数 $p=r=1$、$q=0.5$，所以在坐标面 XOY、YOZ 上的圆，以及平行于这两个坐标面的圆的正面斜二测椭圆，由于两条坐标轴的伸缩系数都分别不相等，不能用菱形法画近似轴测椭圆，通常都是用八点法绘制，如图 8.12 所示。

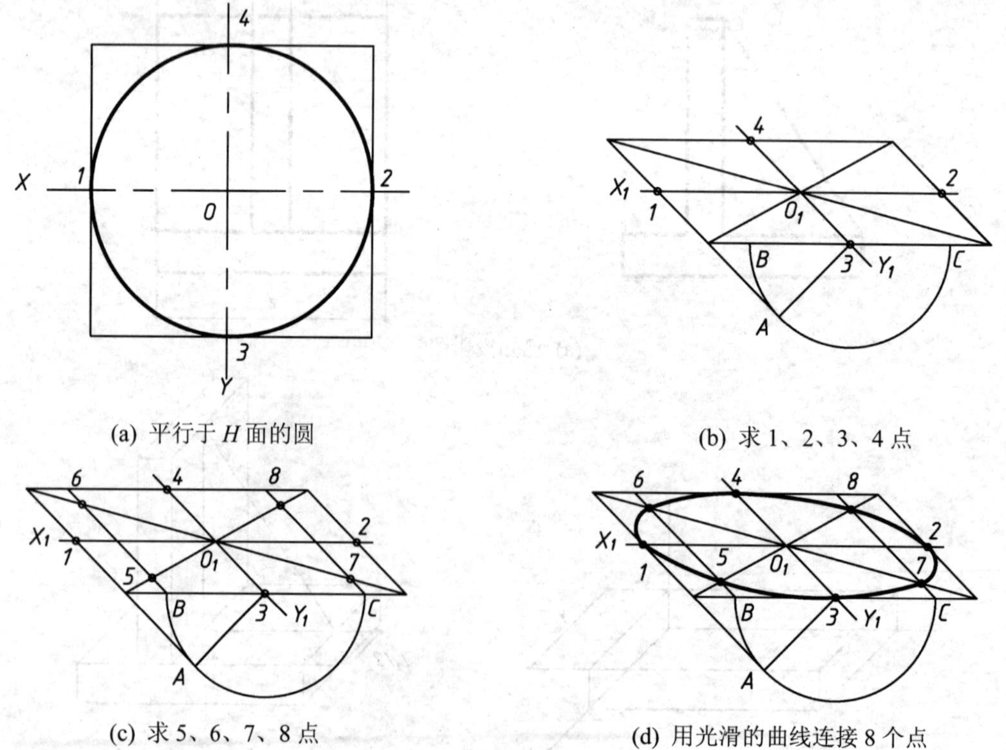

(a) 平行于 H 面的圆　　(b) 求 1、2、3、4 点

(c) 求 5、6、7、8 点　　(d) 用光滑的曲线连接 8 个点

图 8.12　作水平圆的正面斜二测图

(1) 在圆的水平投影中建立直角坐标系，并作圆的外切正方形，如图 8.12(a)所示，得到 4 个切点分别为 1、2、3、4。

(2) 画轴测轴 O_1X_1、O_1Y_1 及与圆外切的正方形的轴测投影 1234，如图 8.12(b)所示，过 3 点向 1A 作垂线交垂足于 A 点，以 3 点为圆心，以 3A 为半径作圆弧，交平行于 X 轴的正方形边线于 B、C 两点。

(3) 过点 B、C 分别作 OY 轴的平行线交对角线于 5、6、7、8 点，如图 8.12(c)所示。

(4) 用光滑的曲线连接 1、2、3、4、5、6、7、8 点，即为所求的近似椭圆，如图 8.12(d)所示。

2. 曲面体的正面斜测图

掌握了坐标面上圆的正面斜二测图的画法后，就可以画出各种轴线垂直于坐标面的圆柱、圆锥及组合形体的轴测图了。

【例 8.4】 求作如图 8.13(a)所示圆锥的斜二测图。

【解】 (1) 以圆锥的底圆的圆心为坐标原点 O，设置坐标轴 OX、OY、OZ，如图 8.13(a)所示。

(2) 绘制底圆的斜二测图，因为 q=0.5，所以沿 OY 轴的圆的直径只按直径的一半来量取[图 8.13(b)]。

(3) 过点 O_1 按正面斜二测作轴测轴 O_1Z_1，按 r=1 从点 O_1 往 O_1Z_1 的方向量取图 8.13(a)中圆锥的高度，得锥顶的正面斜二测。由锥顶分别向底圆的正面斜二测椭圆的左、右两侧作切线，即为圆锥面的轴测投影的转向轮廓线，如图 8.13(c)所示。

(4) 擦去作图过程线和不可见轮廓线，加粗可见轮廓线，得到圆锥的正面斜二测图，如图 8.13(d)所示。

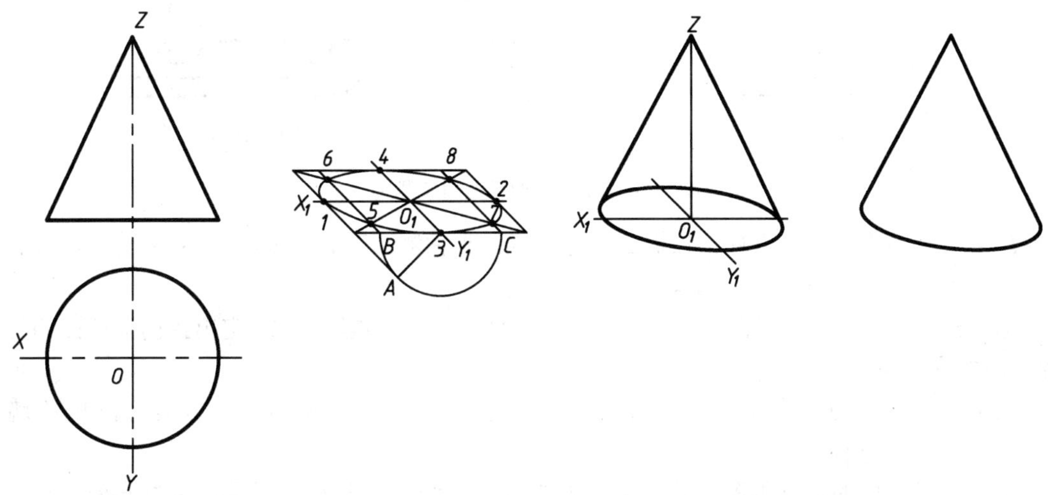

(a) 圆锥的 H 面和 V 面投影　(b) 作底圆的轴测椭圆　(c) 作锥顶，完成圆锥的底稿　(d) 整理、加深

图 8.13　作圆锥的正面斜二测图

因为正面斜轴测投影的坐标面 $X_1O_1Z_1$ 平行于轴测投影面 P，所以物体上平行于坐标面 $X_1O_1Z_1$ 的平面图形，也就是物体的正面和物体上平行于正面的平面图形，它们的正面斜轴

测投影都显示实形，所以如果立体中有平行于坐标面 *XOZ* 的圆时，圆的正面斜二测图中仍然是同样大小的圆，显示圆的实形。

【例 8.5】 作拱门的正面斜二测图(图 8.14)。

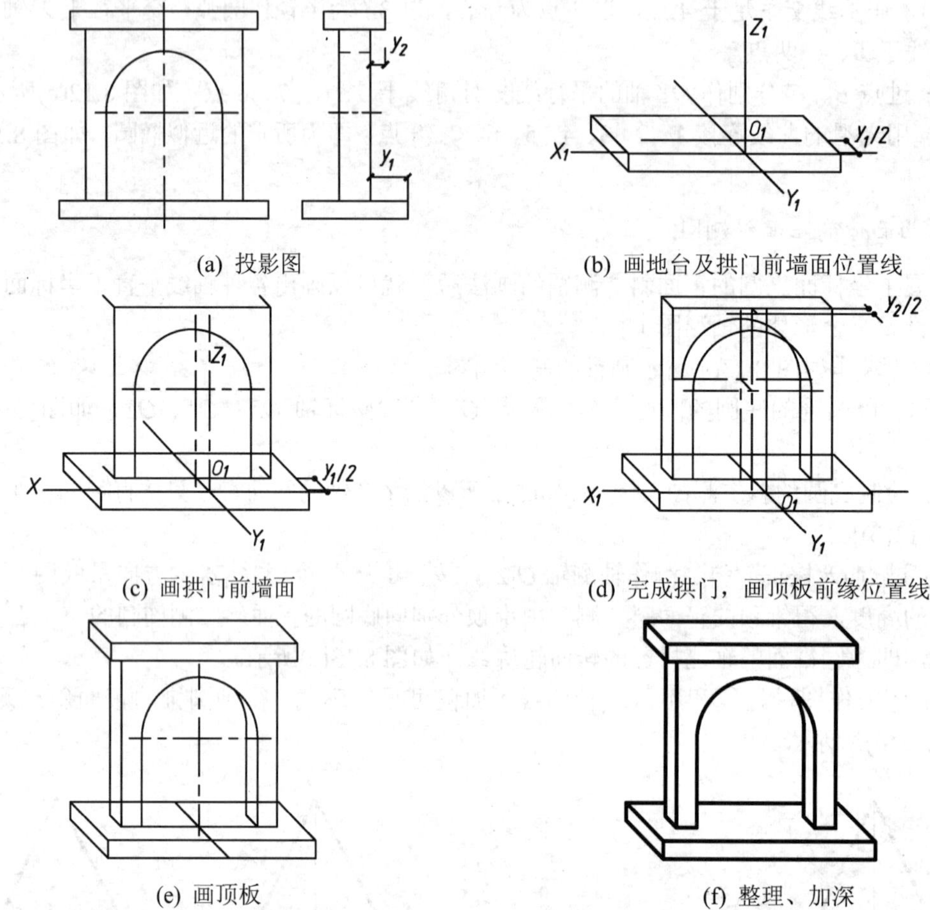

(a) 投影图 (b) 画地台及拱门前墙面位置线

(c) 画拱门前墙面 (d) 完成拱门，画顶板前缘位置线

(e) 画顶板 (f) 整理、加深

图 8.14 作拱门的正面斜二测图

【解】 (1) 拱门由地台、门身及顶板三部分组成，画轴测图时必须要注意各部分在 Y_1 轴方向的相对位置，如图 8.14(a)所示。

(2) 先画地台的斜二测图，并在地台面的对称线上向后量取 $y_1/2$，定出拱门前墙面的位置线，如图 8.14(b)所示。

(3) 因为前墙面平行于 $X_1O_1Z_1$ 面，所以在斜二测图中反映实形，按实形画出前墙面，如图 8.14(c)所示。

(4) 完成拱门的斜轴测图。注意后墙面半圆拱的圆心位置及半圆拱的可见部分。在前墙面顶线中点作 *Y* 轴的平行线，向前量取 $y_2/2$，定出顶板底面前边缘的位置线，如图 8.14(d)所示。

(5) 画出顶板，完成拱门的轴测图，如图 8.14(e)所示。

(6) 擦去作图过程线和不可见轮廓线，加粗可见轮廓线，得拱门的正面斜二测图，如图 8.14(f)所示。

8.4 轴测图的选择

在轴测图中，不同种类的轴测图，其形象当然是不同的。就是同一类的轴测图，如果轴测轴选取的方向不同，则相当于从不同的方向来观察物体，得到的形象也是不同的。所以，在画轴测图时，应根据不同的对象选取最恰当的轴测图种类和方向。

选择哪一种轴测投影来表达一个物体，应按物体的形状特征和对立体感程度的要求综合考虑而确定。通常应从以下两个方面考虑：首先是作图的简便性，也就是说应该尽可能的简捷地画出这个物体的轴测投影。其次是表达效果，也就是画出的轴测投影立体感强，尽可能多地表达清楚物体的各部分的形状，尤其要把形体的主要形状特征表达清楚。

8.4.1 作图简单

对土木建筑工程中常用的 5 种轴测投影来说，一般情况下，正二测的直观性和立体感最好，其次是正等测，再次是正面斜二测，正面斜等测和水平斜等测最差；但从作图的简便性来看，正面斜等测和水平斜等测作图最为简单，其次是正等测和正面斜二测，正二测作图最为复杂。一般来说，我们在选择时，先考虑作图比较简便的正等测，如果效果不好或出现了 8.4.2 中所说的情况时，才考虑选择正面斜二测投影图。

8.4.2 表达效果

除了要考虑作图简单之外，在土木建筑工程中，较为常用的是正等测，正面斜等测和正面斜二测，绘制物体的轴测投影时，应适当注意选择投影方向和轴测类型，避免产生削弱轴测投影的直观性和立体感的 3 种情况。

(1) 避免物体有较多部分或主要部分的形状被遮挡，轴测图中，要尽可能将隐蔽部分表达清楚，能看透孔洞或看见孔洞的底面(图 8.15)。

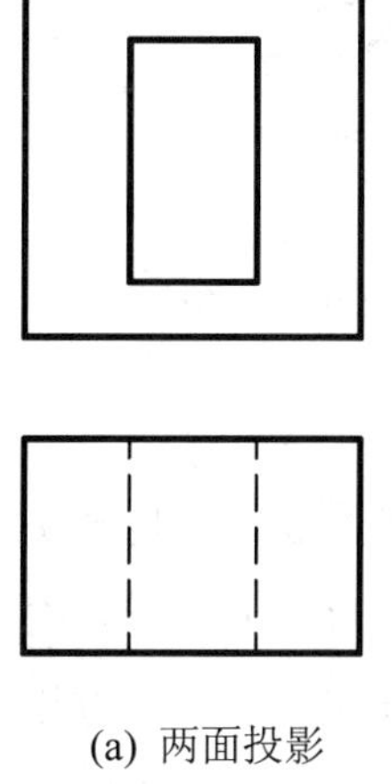

(a) 两面投影

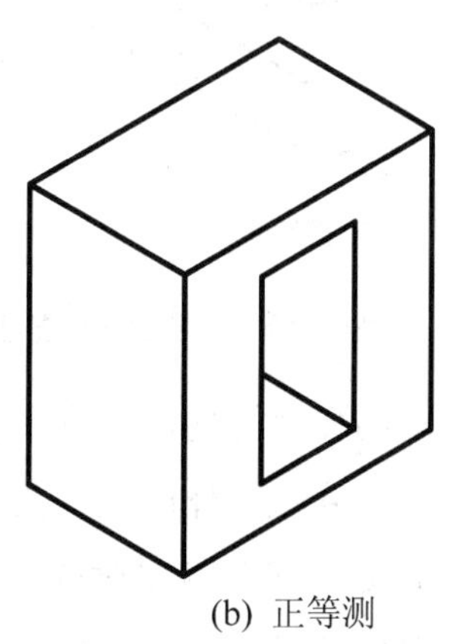

(b) 正等测

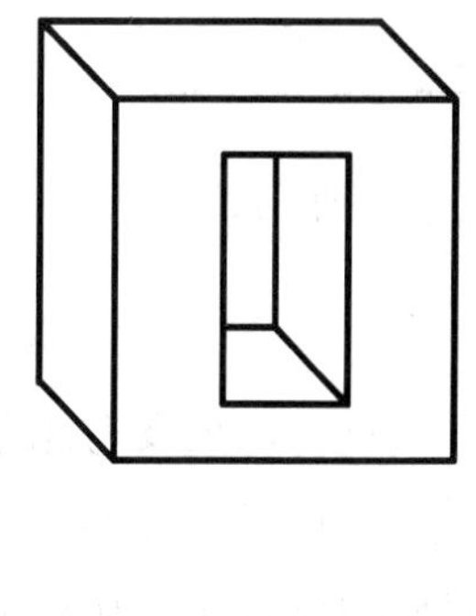

(c) 正面斜二测

图 8.15 避免被遮挡

(2) 避免转角处的交线投射成一直线(图 8.16)。

(3) 避免有些侧面积聚成直线(图 8.17)。

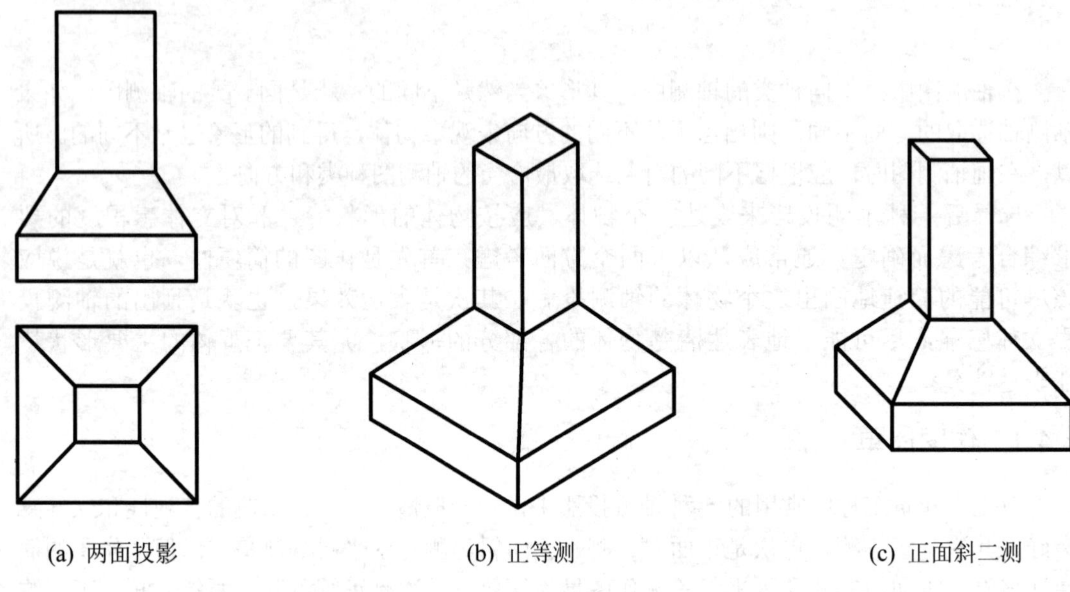

(a) 两面投影　　(b) 正等测　　(c) 正面斜二测

图 8.16　避免转角处不同交线在轴测图中共线

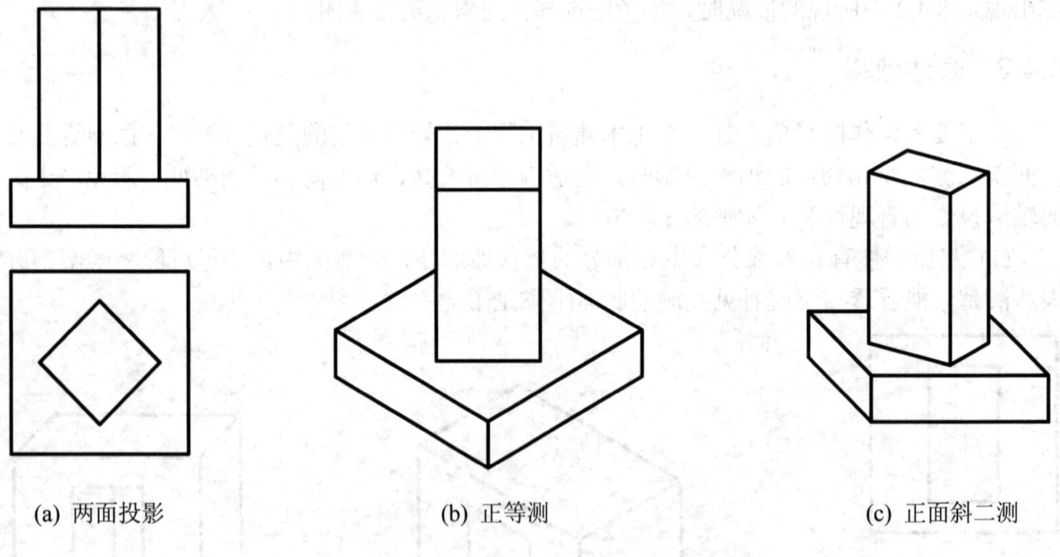

(a) 两面投影　　(b) 正等测　　(c) 正面斜二测

图 8.17　避免物体某些表面积聚成直线

此外，还要考虑选择作轴测图时的投射方向。通常情况下总是将形体放正，也就是把形体的最主要的一个面放置在前面，并从形体的左、前、上方向右、后、下方投射得到轴测投影图，如图 8.18(b)，图 8.18(c)所示是从形体的右、前、上方向左、后、下方投射所得的图形，轴测轴的方向与第一种比较，相当于绕 O_1Z_1 轴顺时针旋转了 90°。图 8.18(d)是从形体的左、前、下方向右、后、上方投射所得的图形，轴测轴和第一种比较，只是

把 O_1X_1 和 O_1Y_1 两个轴间角改画在水平线的上方。图 8.18(e)是从形体右、前、下方向左、后、上方投射所得的图形，轴测轴的方向与第一种比较，相当于绕 O_1Z_1 轴逆时针旋转了 90°。

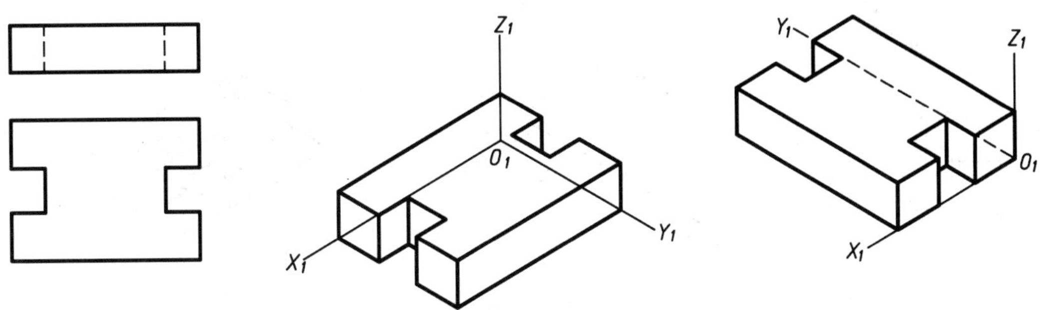

(a) 投影图　(b) 从左、前、上方向右、后、下方投射　(c) 从右、前、上方向左、后、下方投射

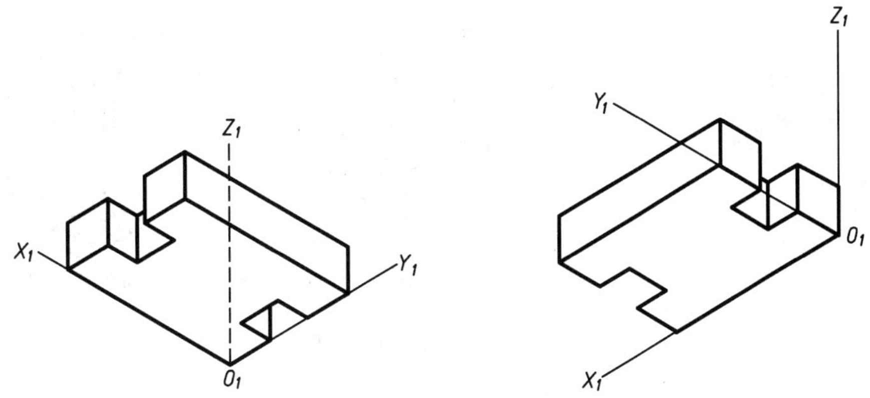

(d) 从左、前、下方向右、后、上方投射　(e) 从右、前、下方向左、后、上方投射

图 8.18　4 种投射方向的轴测图

【例 8.6】 根据柱顶节点的投影图，如图 8.19(a)所示作出它的正轴测图。

【解】 因为正等测图作图比较简便，所以我们选取绘制其正等测图，但是需要注意的是必须选择从下向上的投射方向，才能把柱顶节点表达清楚，不被遮挡。

(1) 参照如图 8.18(d)所示，从左、前、下方向右、后、上方投射的方向，画出楼板的正等测，如图 8.19(b)所示。

(2) 在楼板底面上画出柱、主梁、次梁的次投影位置，如图 8.19(c)所示。

(3) 作柱子的正等测，如图 8.19(d)所示。

(4) 根据主梁的位置及高度作出主梁的正等测，如图 8.19(e)所示。

(5) 根据次梁的位置及高度作出次梁的正等测。最后将不可见线条擦去，画出截面处的材料图例，完成柱节点的正等轴测图，如图 8.19(f)所示。

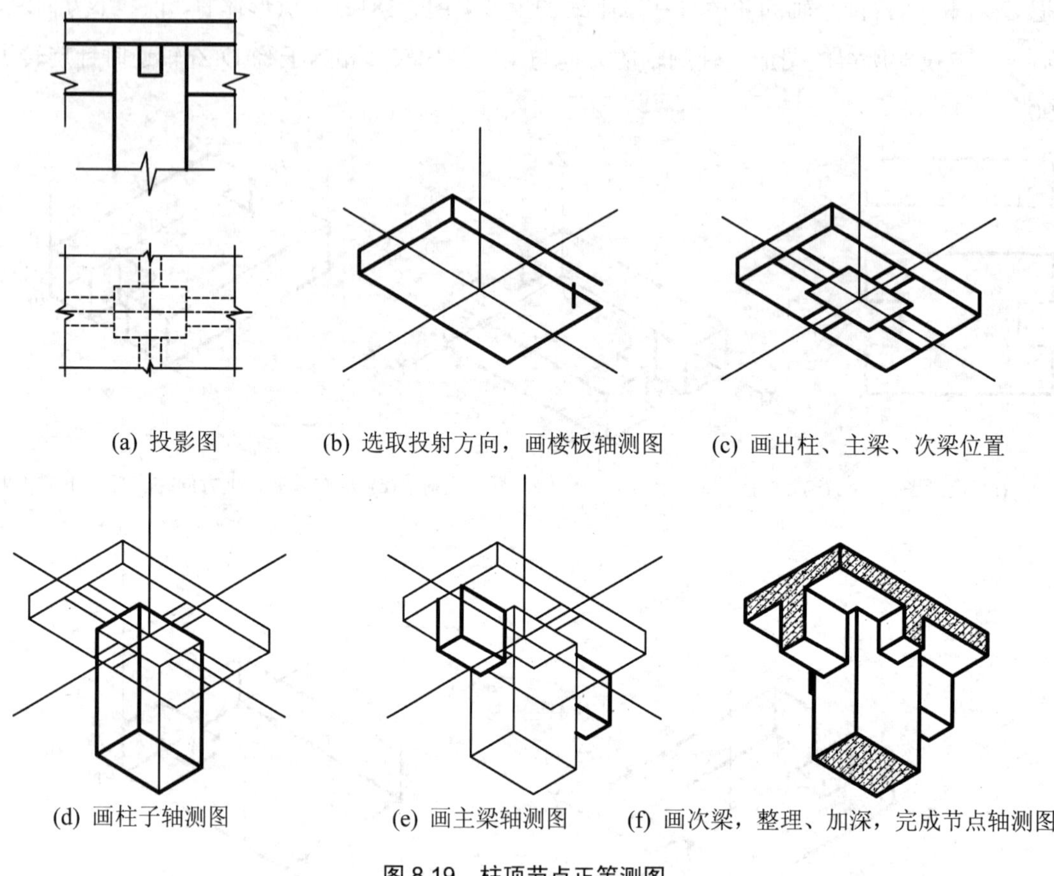

(a) 投影图　(b) 选取投射方向，画楼板轴测图　(c) 画出柱、主梁、次梁位置

(d) 画柱子轴测图　(e) 画主梁轴测图　(f) 画次梁，整理、加深，完成节点轴测图

图 8.19　柱顶节点正等测图

章 后 小 结

(1) 轴测图是用平行投影法绘制的形体的单面投影图，有立体感，不能用来施工，但能作为施工中的辅助图样，有的并能反映物体上某些方向的真实形状和大小，是工程图中的一个重要图样，另外掌握轴测投影图的画法能为绘制和阅读管道系统图打下基础。

(2) 轴测图不能反映整个物体的真实形状，但作图简便，另外学会画轴测图，对解题帮助很大，尤其对于已知形体的两投影求作第三投影，效果非常好。

第9章 组 合 体

教学提示：本章首先讲述了组合体的概念和常见的组合方式，重点讨论组合体的形体分析、画图、看图及尺寸标注等内容。

学习要求：通过本章学习，要求学生能够了解组合体的组合方式，能够根据形体分析法和线面分析法阅读和绘制组合体的投影图，以此提高学生的空间想象能力，为今后学习专业图纸打下重要基础。

9.1 组合体概述

由若干几何形体经过叠加、挖切、相贯等方式构成的形体称为组合体。任何复杂的工程建筑物，从宏观上都可把它们看成是由若干个几何形体，经叠加或挖切等方式组成的，反过来说，也可以将组合体假想分解为若干个基本的几何形体，分析这些几何形体的形状大小与相对位置，从而得到组合体的完整形象，这种方法称为形体分析法。

按组合体的组合特点，可将它们的组合方式分为叠加型、切割型和综合型 3 种。

必须指出的是，在许多情况下，叠加型和切割型并无严格的界限，同一组合体既可按叠加方式分析，也可按切割方式来理解，如图 9.1 所示。因此，这里所说的叠加型和切割型只具有相对意义，在进行具体形体的分析时，应以便于作图和理解为原则。

几何形体之间的表面连接关系一般可分为平齐与不平齐、相交、相切。

1) 平齐与不平齐

(1) 两表面间平齐。两表面间平齐(即共面)的连接处不应有线隔开，如图 9.2 所示。

(2) 两表面间不平齐。两表面间不平齐的连接处应有线隔开，如图 9.3 所示。

2) 相交

(1) 截交。截交处应画出截交线，如图 9.4 所示。

(2) 相贯。相贯处应画出相贯线，如图 9.5 所示。

3) 相切

当组合体中两几何形体的表面相切时，其相切处是圆滑过渡，无明显分界线的，故不应画出切线。如图 9.6 所示底板前表面(平面)与圆柱外表面(曲面)相切，其正面和侧面投影图中的轮廓线末端应画至切点为止，具体的切点位置则由水平投影作出并通过投影关系来确定，两表面相切处不应画线。

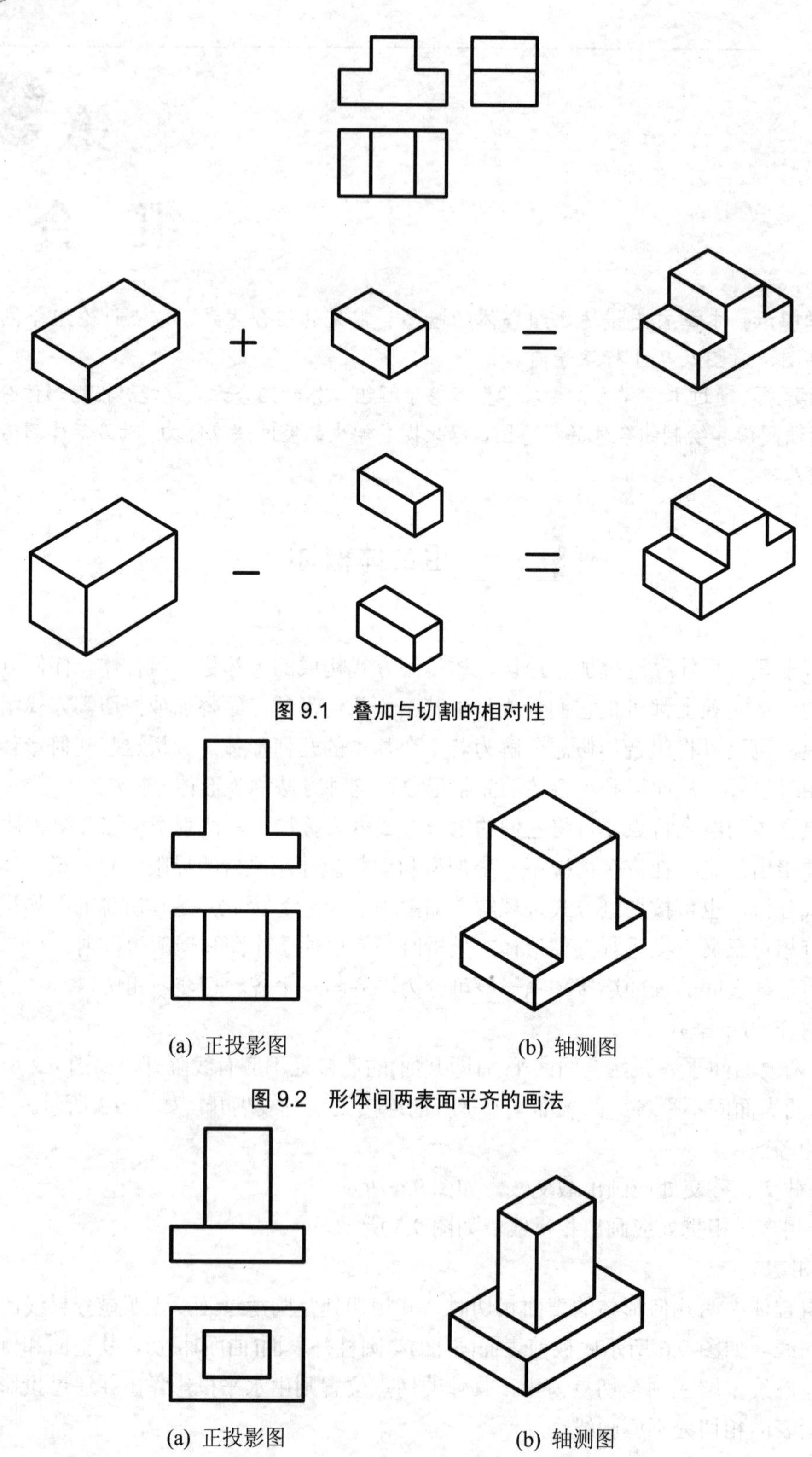

图 9.1　叠加与切割的相对性

图 9.2　形体间两表面平齐的画法

图 9.3　形体间两表面不平齐的画法

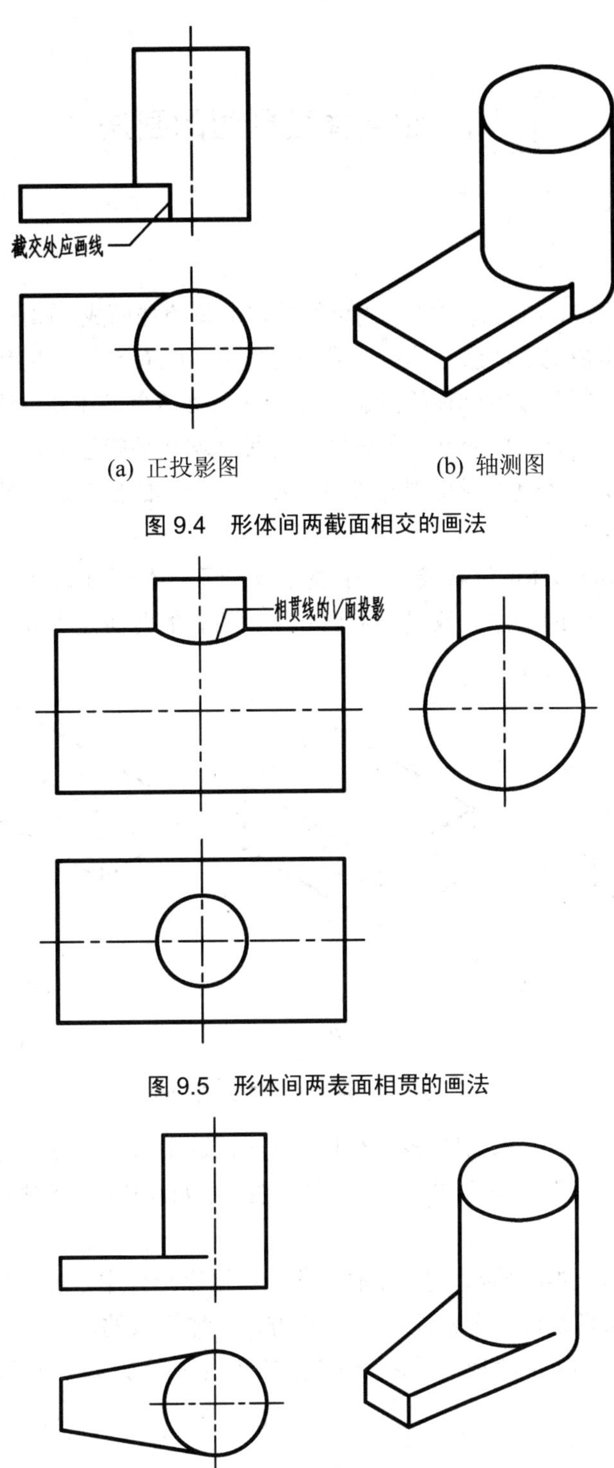

图 9.4 形体间两截面相交的画法

图 9.5 形体间两表面相贯的画法

图 9.6 形体间两表面相切的画法

9.2 组合体投影图的画法

9.2.1 形体分析

由前面的内容可知，组合体可能由简单的基本形体叠加而成，如图 9.7(a)所示，也可能由切割而成。在通常情况下，组合体在形成的过程中，既有叠加，又有切割。

在画组合体的投影和读组合体的投影之前，首先要学会形体分析法，即将一个复杂形体分解为若干基本几何体；同时必须熟练掌握各种基本形体投影的画法和读法。先分析该组合体是由哪些基本形体叠加或切割而成的，画出组合体的投影图，然后才能根据尺寸注法的规定和要求标注尺寸。

如图 9.7(a)所示的形体可以看成是一个叠加型的组合体。其由 3 部分组成，下面是一个大长方体，在大长方体的上方又放置一个长方体，两者的背面是平齐的，在大长方体的正中上方又放置了一个五棱柱。

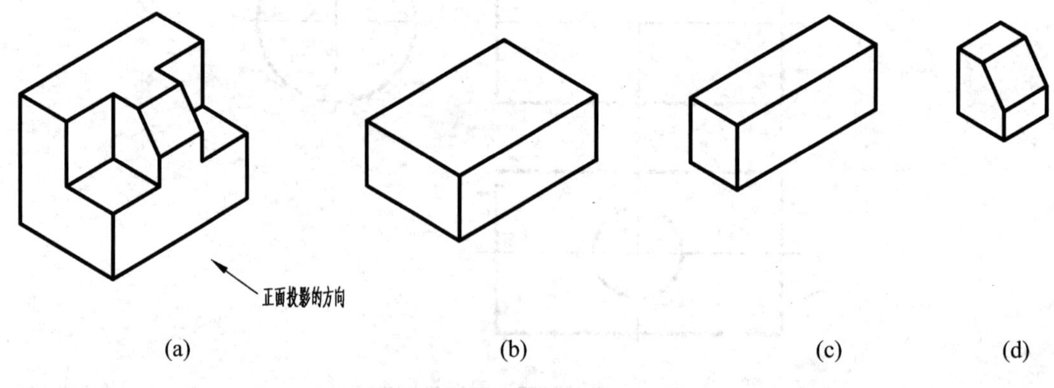

图 9.7 组合体的形体分析(一)

如图 9.8(a)所示的组合体，对其形体分析：该形体是由一个长方体切去前上方的一个三棱柱[图 9.8(b)]，然后又在左前方切去了一个四棱柱[图 9.8(c)]之后形成的，该形体是切割型组合体。

如图 9.9(a)中所示的结合体，对其形体分析：在这个形体中，既有叠加，又有切割，该形体总体来说可以看做是由一个栏板和 3 个长方体叠加而成的，3 个长方体的后表面和栏板的后表面平齐，而其中的栏板又是由一个长方体切去前上方的一个三棱柱而形成的。

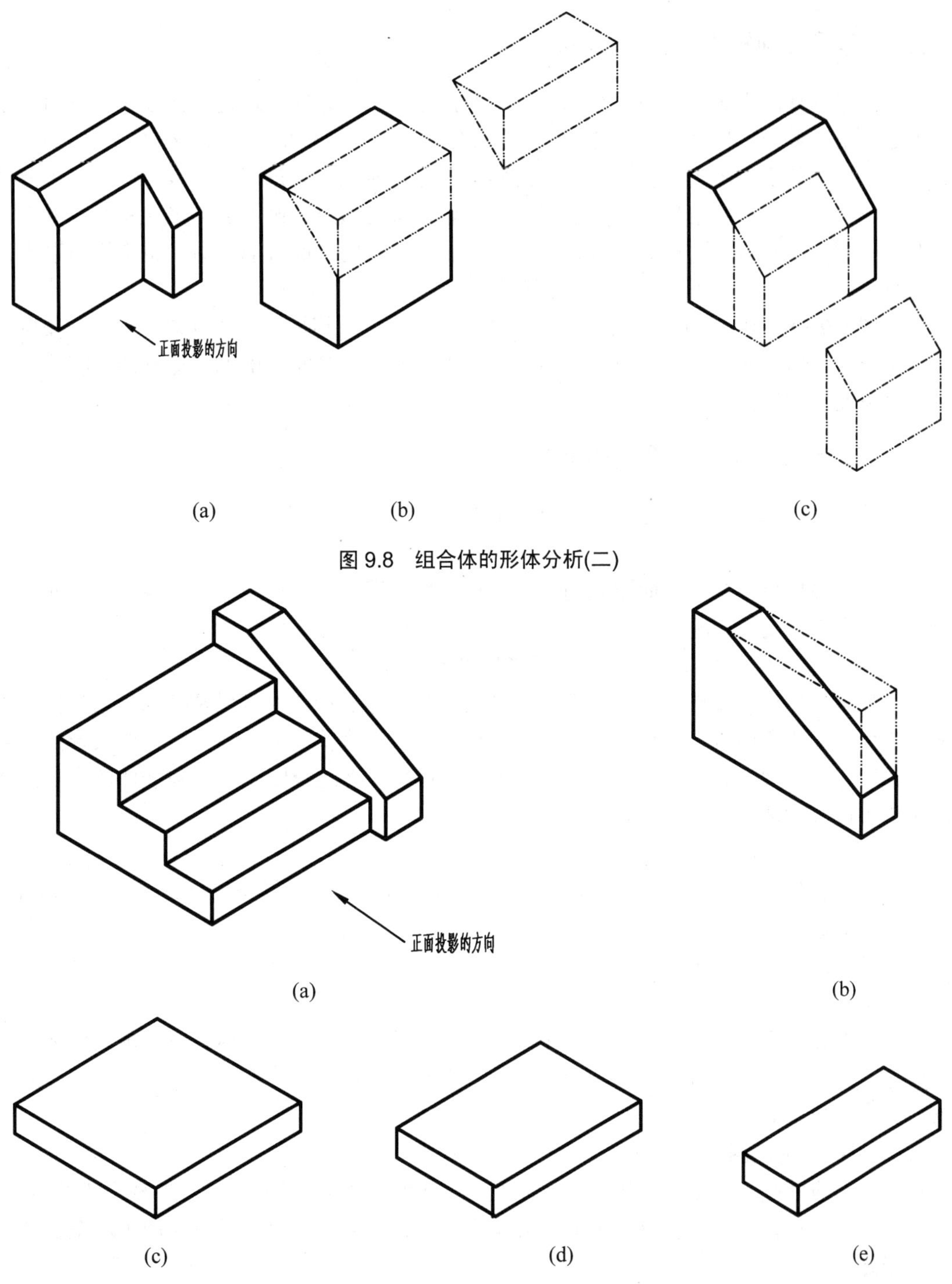

图 9.8　组合体的形体分析(二)

图 9.9　组合体的形体分析(三)

9.2.2 选择正面投影的投影方向

绘制组合体的投影图，应该正确选定正面投影的投影方向。选定正面投影的方向，原则上是使组合体处于自然安放的位置，使组合体的各个主要表面平行于 H 面、V 面、W 面，让每个投影都能反映出组合体部分表面的实形，尽量避免出现过多的虚线，然后将由前、后、左、右 4 个方向投影所得的投影图进行比较，选择最能反映组合体形状特征及各部分相对位置的方向作为正面投影的投影方向。绘制建筑物的三面投影图时，也常用垂直于此建筑物正面的方向作为正面投影的投影方向。

如图 9.7(a)、图 9.8(a)和图 9.9(a)所示的组合体立体图都是按自然位置画出的，按自然位置选定箭头所示的正面投影方向，能使组合体的 H 面、V 面、W 面投影都能反映出组合体部分表面的实形。

9.2.3 绘制组合体三面投影图的步骤

在绘制组合体的三面投影图时，通常采用下列步骤绘制。

1) 形体分析

将组合体假想分析成由简单几何体经叠加、切割等方式所构成，确定各简单几何体的相对位置和表面交接情况。

2) 确定组合体的安放位置和正面投影的投影方向

一般按自然位置安放组合体，选择最能反映组合体的特征形状以及各部分相对位置的方向作为正面投影的投影方向。有时，还需要将安放组合体的位置与选定正面投影的投影方向结合起来一起考虑，互相协调，使三面投影图尽量多地反映出组合体表面的实形，并避免出现过多的虚线。

3) 选定比例和布置投影图

根据组合体的大小和复杂程度，选定适当的绘图比例，然后计算出总长、总宽及总高，根据选定的绘图比例按“长对正、高平齐、宽相等”布置 3 个投影图位置，在投影图之间应留出适当的间距。如需标注尺寸，则在各个投影图的周围留有相应位置。

4) 画底稿

按已布置三面投影图的位置，逐个画出形体分析的各简单几何体。画简单几何体时，一般是先画主要的，后画次要的；先画大的，后画小的；先画外面的轮廓，后画里面的细部；先画实体，后画孔和槽。

5) 校核、加深图线，复核

校核完成的底稿，如有错漏，应及时改正。当确定底稿正确无误后，按规定线型加深、加粗。加深完毕，再进行复核，如有错漏，立即改正。复核无误后，就完成了此组合体的三面投影。

【例 9.1】 已知图 9.7(a)是按简化系数画出的正等测，作出这个组合体的三面投影图。

【解】 (1) 如绘制图 9.7 所示的组合体的三面投影图时，应根据形体分析和选定的正面投影箭头方向，用轻淡细线按 1∶1 的比例量取尺寸布图，画底稿。按“长对正、高平齐、宽相等”原则先画下方的第一个长方体的三面投影，如图 9.10(a)所示。

(2) 再根据在后上方有一个长方体和它叠合的相对位置是后表面重合，画出第二个长方体的三面投影，如图 9.10(b)所示。

(3) 最后在此图的基础上，画出正中位置的五棱柱的三面投影。

(4) 在作图过程中应注意，对组合体进行形体分析，是为了正确、快速地全面了解组合体的形体特征，组合体实际上是一个不可分割的整体，因组合体的形体分析而出现的组合体表面上实际上不存在的形体分界线，应该用橡皮擦去。例如在图 9.10(a)、(b)、(c)中 3 个立体表面重合不存在的形体分界线(用虚线表示)；最后，经校核无误，按规定线型加深图线，如图 9.10(d)所示。

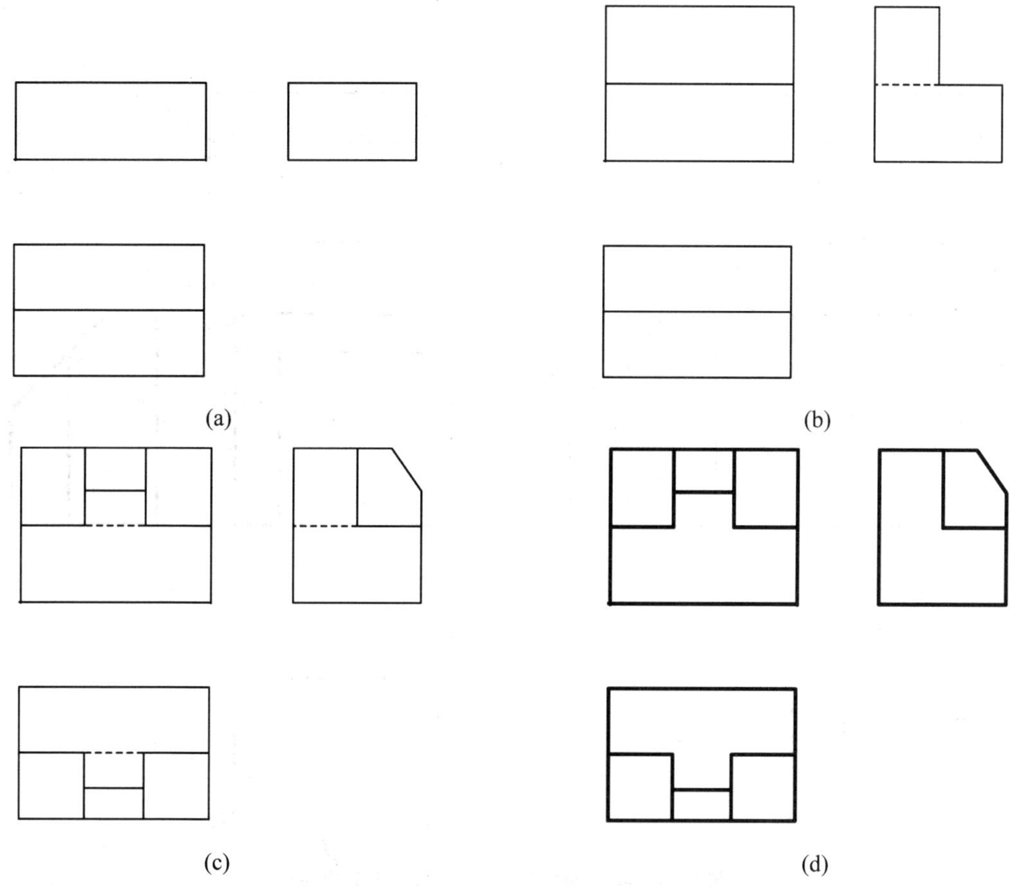

图 9.10 组合体投影图的作图步骤示例(一)

【例 9.2】 已知图 9.8(a)是按简化系数画出的正等测，作出这个组合体的三面投影图。

【解】 (1) 绘制如图 9.8 所示的组合体的三面投影图时，应根据形体分析和选定的正面投影箭头方向，用轻淡细线按 1∶1 的比例量取尺寸布图，画底稿。按“长对正、高平齐、宽相等”的原则，先画一个长方体的三面投影，如图 9.11(a)所示。

(2) 然后画出在前上方切去的三棱柱，切去后在长方体的前面将形成一个垂直于 *W* 面的斜面，在 *W* 面上积聚为一条斜线，擦去切割后形体上位于前上方不存在的棱线的投影，如图 9.11(b)所示。

(3) 再沿着长方体的前表面向后切去一个上下贯通的四棱柱，擦去切割后形体上位于前方不存在的棱线的投影如图 9.11(c)所示。

(4) 最后，对整个图线校核，清理图面，按规定加深图线，如图 9.11(d)所示。

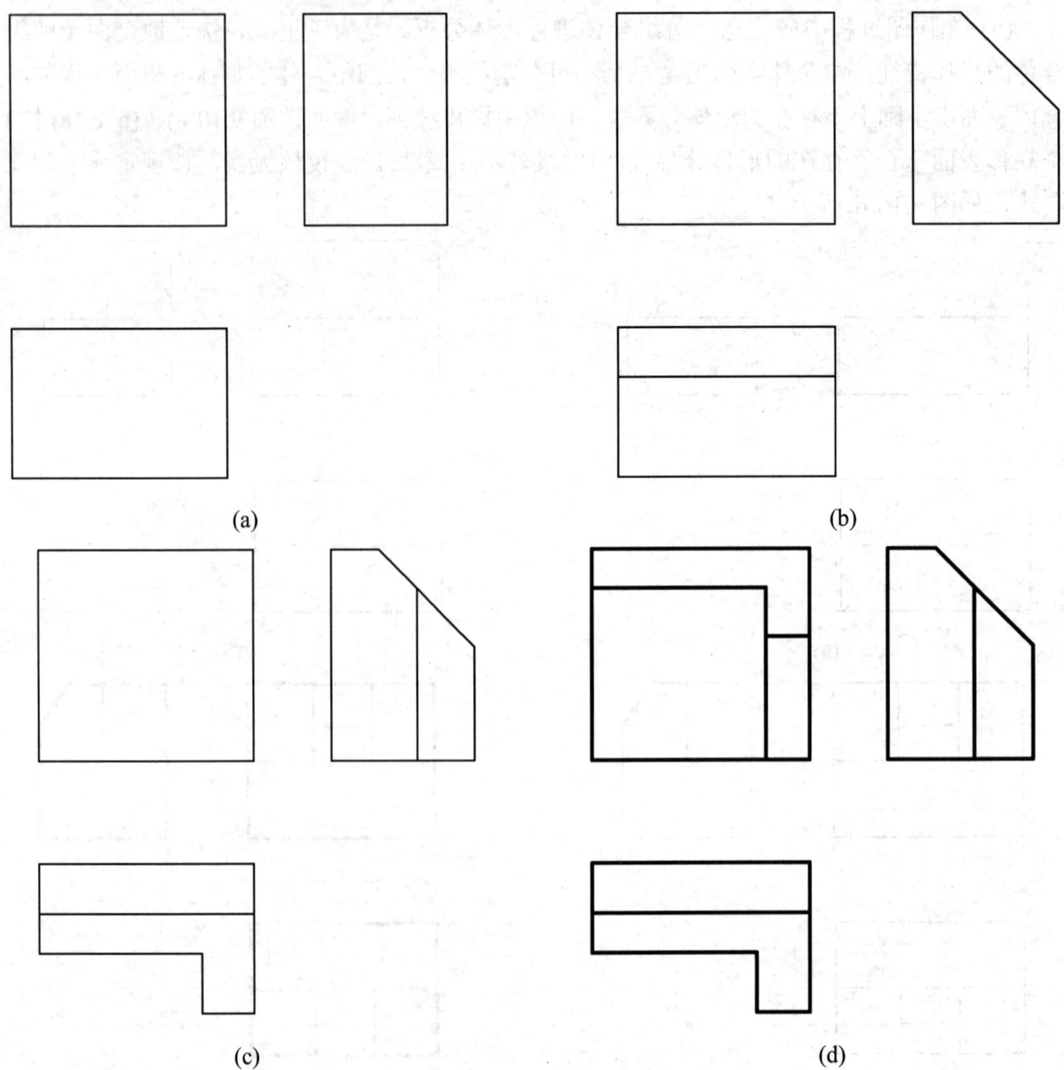

图 9.11 组合体投影图的作图步骤示例(二)

【例 9.3】 已知图 9.9(a)是按简化系数画出台阶的正等测图，作出这个组合体的三面投影图。

【解】 (1) 如图 9.9 所示的组合体的三面投影图时，应根据形体分析和选定的正面投影箭头方向，用轻淡细线按 1∶1 的比例量取尺寸布图，画底稿。按“长对正、高平齐、宽相等”的原则，先画一个长方体的三面投影，如图 9.12(a)所示。

(2) 然后按后表面重合的相对位置画出第二个长方体，如图 9.12(b)所示；按后表面重合的相对位置画出第三个长方体，如图 9.12(c)所示。

(3) 再按后表面重合的相对位置在 3 个长方体的右侧画出一个竖向放置的长方体，如图 9.12(d)所示。

(4) 画出右侧垂直的长方体的前上方切去一个三棱柱后的三面投影，如图 9.12(e)所示。

(5) 最后，对整个图线校核，清理图面，按规定加深图线，如图 9.12(f)所示。

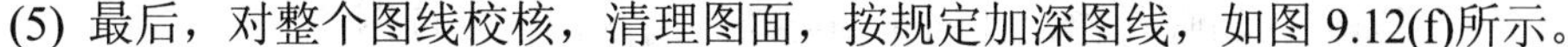

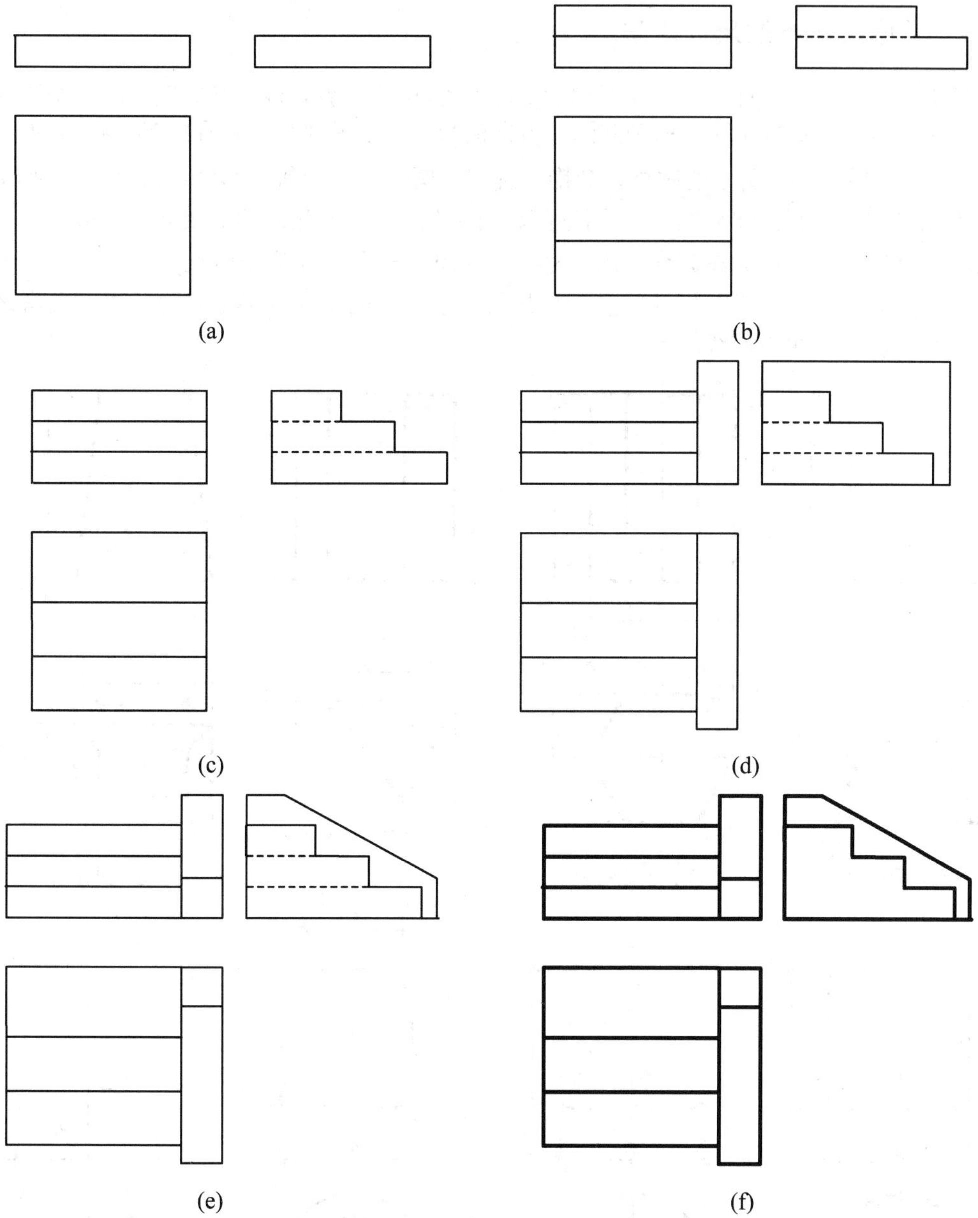

(a) (b)

(c) (d)

(e) (f)

图 9.12 组合体投影图的作图步骤示例(三)

9.3 组合体投影图的尺寸标注

组合体的投影图虽然已经能够反映出组合体的形状，但是，投影图只能表达组合体的形状，而组合体各部分的真实大小及相对位置，则要通过标注尺寸来确定；组合体的尺寸标注应做到正确、完整且清晰。所谓正确是指要符合制图国家标准的规定；完整是指尺寸必须注写齐全，不遗漏；清晰是指尺寸的布局要整齐清晰，便于读图。

9.3.1 常见几何体的尺寸注法

常见几何体的尺寸标注，如图 9.13 所示。平面立体一般要标注长、宽、高 3 个方向的尺寸；回转体一般要标注径向和轴向两个方向的尺寸，前者要加注直径或半径符号(ϕ、$S\phi$ 或 R、SR)，如图 9.13 所示的圆柱、圆锥、圆球、圆环、圆台等回转体的尺寸。图 9.14 是当基本几何体被平面截断后的尺寸注法示例，除了标注基本几何体的尺寸外，应标注出截平面的定位尺寸，但不标注截交线的尺寸，以免出现多余尺寸或矛盾尺寸。

同理，如果两个基本几何体相交，也只要分别注出两个几何体的尺寸，以及两者之间的定位尺寸，不标注相贯线的尺寸。

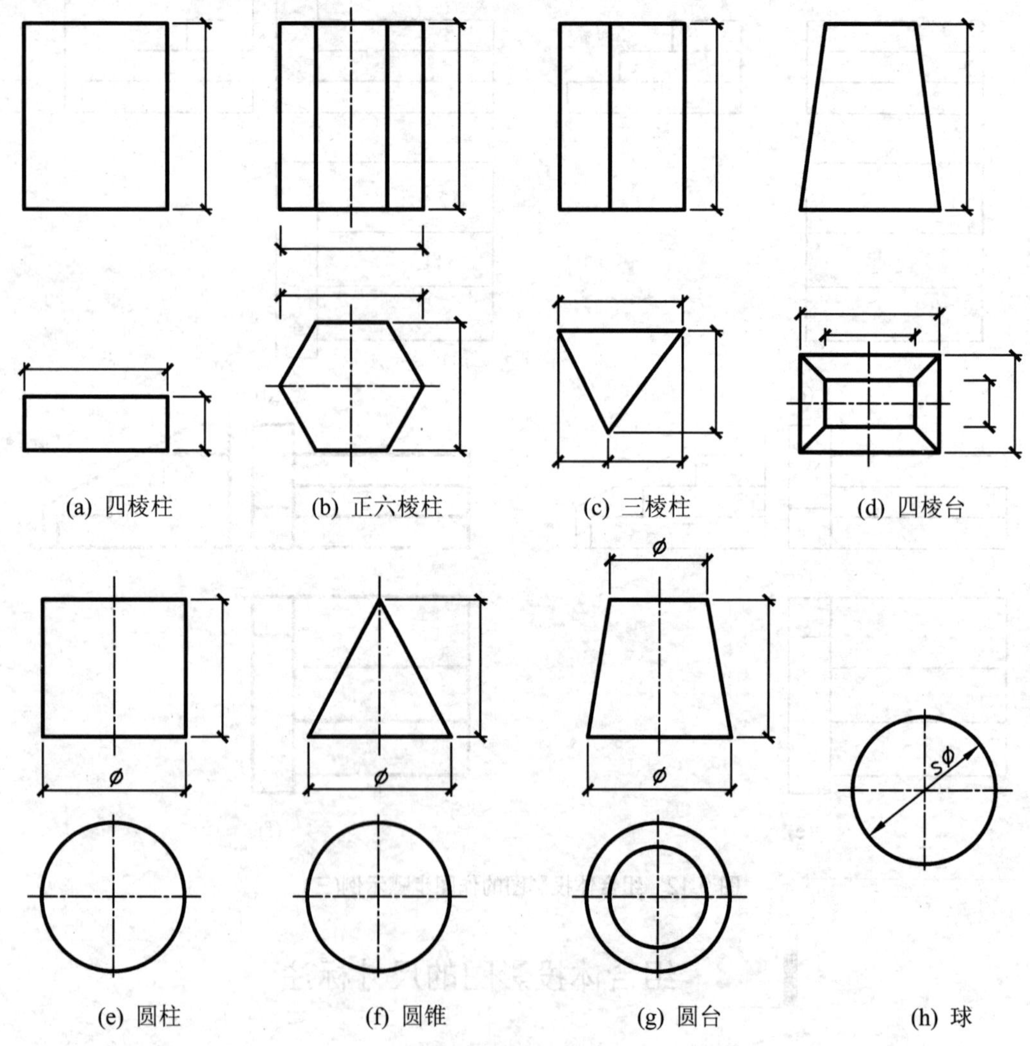

图 9.13 常见几何体的尺寸注法示例

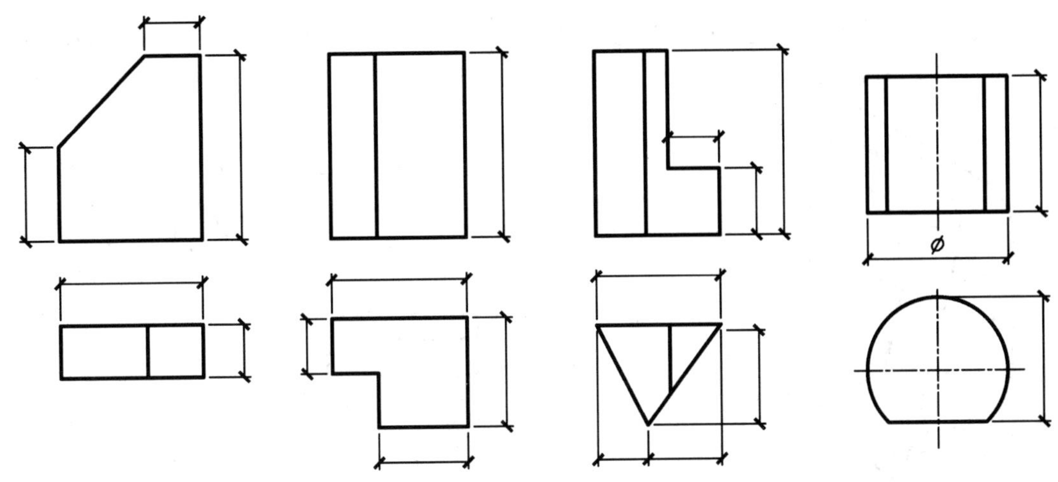

图 9.14 基本几何体被平面截断后的尺寸注法示例

9.3.2 组合体的尺寸分析

标注组合体的尺寸，仍应采用形体分析法。首先考虑长、宽、高 3 个方向的尺寸基准；然后考虑标注组成组合体各简单几何体的定形尺寸和各简单几何体之间的定位尺寸；最后考虑标注组合体的长、宽、高 3 个方向的总尺寸。由于标注组成组合体各简单几何体的尺寸是逐个进行的，因此，从组合体的整体考虑，可能会有某些定形尺寸、定位尺寸和总尺寸相互替代，以避免重复。

标注定位尺寸时，还必须在长、宽、高 3 个方向上分别确定一个尺寸基准(标注尺寸的起点，称为尺寸基准)，通常组合体的底面、重要端面、对称平面以及回转体的轴线等可作为尺寸基准。

以图 9.15 的组合体为例说明分析和标注组合体尺寸的方法。

(1) 对组合体投影图进行形体分析和确定尺寸基准。图 9.15(a)是一个组合体的正等测图，从图中可以看出,这个组合体是左右对称的,可选用左右对称面，后壁面，底面作为长、宽、高 3 个方向的尺寸基准。按形体分析可将这个组合体看作由上、中、下 3 个简单几何体叠加形成的[图 9.15(b)]：上方是五棱柱，中间是切去一个角的四棱柱；中间切割出一个正垂的洞，左右洞壁为侧平面；下方是四棱柱的基础。

(2) 考虑各简单几何体的定形尺寸。针对形体分析得出的各个简单几何体，逐个标注定形尺寸，分别如图 9.15(c)、(d)、(e)所示。

(3) 从整体出发考虑各简单几何体之间的定位尺寸。因为这 3 个简单几何体具有公共的左右对称面，长度方向的相对位置已确定，不需定位尺寸。由于这三个简单几何体具有公共的后壁面，宽度方向的相对位置已确定，也不需定位尺寸。又由于上方五棱柱的底面就是中间被切四棱柱的顶面，被切四棱柱的顶面又是基础的顶面，因此，三个简单几何体高度方向的相对位置也已确定，彼此之间也不需另行标注高度方向的定位尺寸。经过形体分析后知道，长、宽、高 3 个方向彼此间都不必标注定位尺寸。通过形体分析，应标注若干定位尺寸，则不得漏注。

(4) 从整体出发考虑总尺寸。从如图 9.15 所示的情况可以看出：总尺寸就是基础四棱柱的长度 61；总宽尺寸就是基础四棱柱的宽度 39；而总高尺寸则是这三个简单几何体高度的总和为 10+49+10=69。完整的尺寸标注如图 9.16 所示。

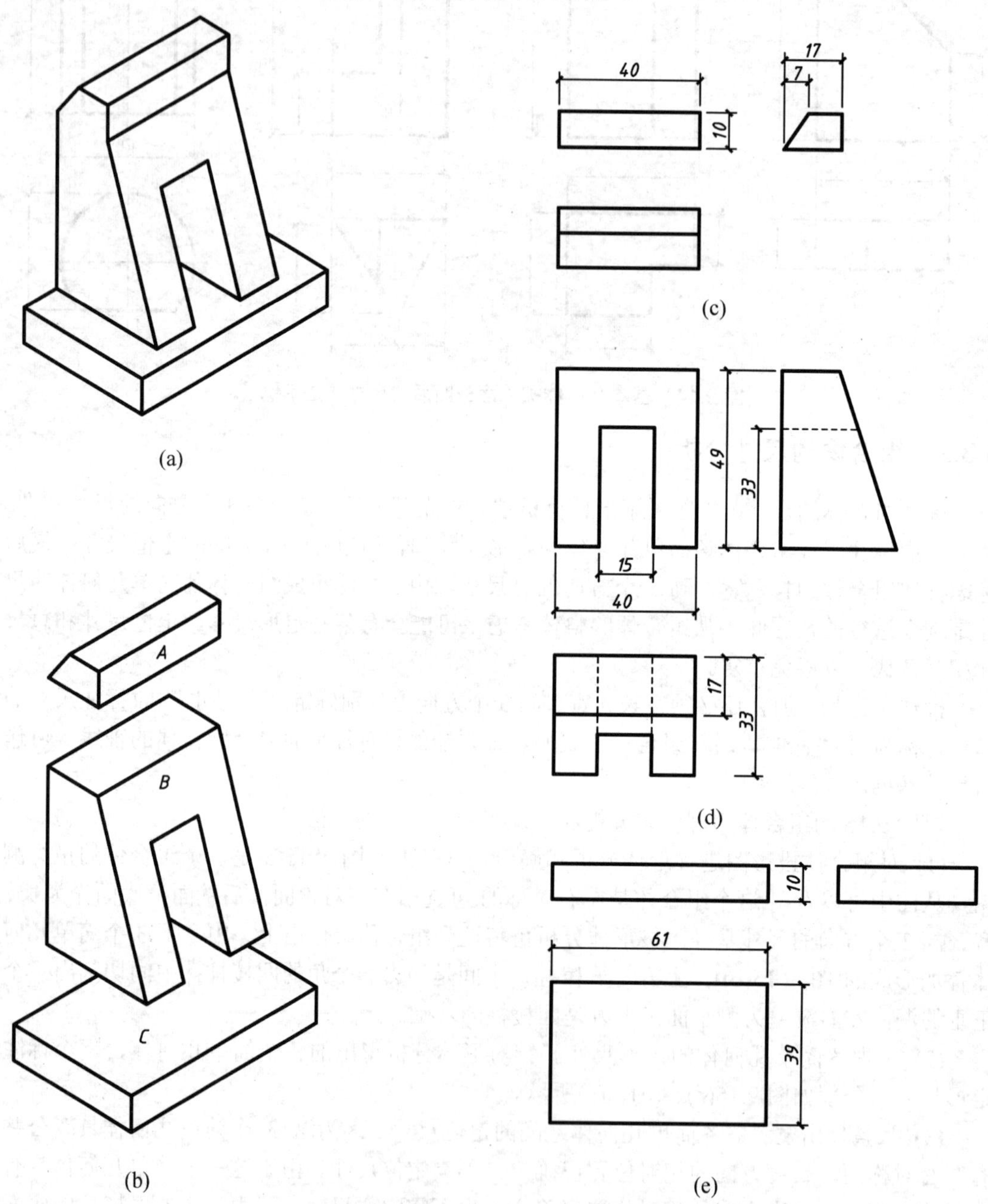

图 9.15　组合体的尺寸分析示例

9.3.3　组合体投影图的尺寸标注方法和步骤

当确定了在组合体投影图上应该标注哪些尺寸后，要考虑如何防止标注尺寸错漏，同时还要考虑尺寸如何布置才能做到清晰、整齐。

(1) 为了防止标注尺寸错漏，可采取以下两个措施：一是按一定的顺序标注尺寸；二是尺寸标注结束后必须认真进行复核。在比较简单的组合体投影图上标注尺寸时，可以先将各个简单几何体的定形尺寸分别完整地标注出，然后标注各简单几何体的定位尺寸，最后标注总尺寸。在比较复杂的组合体投影图上标注尺寸时，可以先标注一个简单几何体的定形尺寸，然后标注第二个简单几何体与第一个简单几何体的定位尺寸，再标注第二个简单几何体的定形尺寸；继续标注第三个简单几何体对第一或第二个简单几何体的定位尺寸，再标注第三个简单几何体的定形尺寸；直到标注完最后一个简单几何体的定形尺寸为止，最后标注组合体的总尺寸。尺寸标注结束后，还必须认真复核，如有漏标、错标，立即改正。

(2) 为了使尺寸布置的清晰、整齐，便于读图，在一般情况下，应注意以下几个方面：尺寸宜标注在图形的轮廓线之外、两个投影图之间(一些细部尺寸为了避免引出标注的距离太远，也可以就近标注)；简单几何体的定形尺寸宜标注在形状特征明显的投影图上，并尽可能靠近基本形体；同方向的尺寸宜布置在一条直线上，为了避免漏标和施工时计算，尽可能分布标注，注成尺寸链(即在同一道尺寸线上连续标注的各段尺寸之和等于它们的总尺寸)；有几道平行尺寸时，小尺寸宜布置得靠近轮廓线处，大尺寸或总尺寸在离轮廓线远处。

以下通过例题来说明在组合体投影图上标注尺寸的方法和步骤。

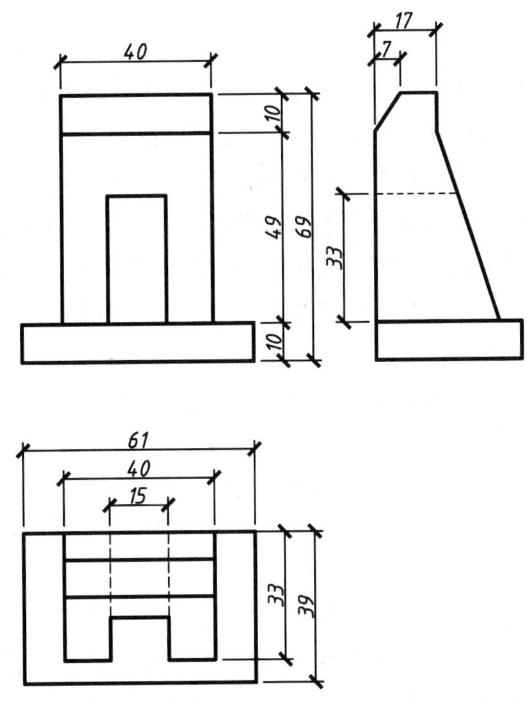

图 9.16　组合体的尺寸标注

【例 9.4】如图 9.16 所示，在已画出组合体的三面投影图上标注尺寸。

【解】 标注的步骤如下。

(1) 根据图 9.16 所示的三面投影对组合体进行形体分析，可看做是由上、中、下 3 个简单几何体叠加形成的组合体，上方是五棱柱，中间是切去斜角的四棱柱，下方是四棱柱，如图 9.15(b)所示；选定左右对称面、后壁面、底面作为长、宽、高 3 个方向的尺寸基准。

(2) 将如图 9.15(c)、(d)、(e)所示标注的五棱柱、切去斜角的四棱柱、四棱柱 3 个简单几何体的定形尺寸，逐个标注在图 9.16(a)的三面投影图上。例如，先标注形体 *A*，接着标注形体 *B*，因为形体 *B* 的顶面的长和宽的尺寸 40 和 17 已经标出，不必重复标注，然后标注形体 *C*。

(3) 标注 3 个简单几何体之间的定位尺寸。在图 9.15 的尺寸分析中已阐述了这 3 个简单几何体之间的相对位置已全部确定，因而不必标注定位尺寸。

(4) 标注总尺寸，按图 9.15 中的尺寸分析，总长、总宽尺寸就是组合体下方的四棱柱的长 61 和宽 39，不必另行标注；只标注组合体的总高尺寸，即 3 个简单几何体高度的总和为 10+49+10=69。

(5) 按尺寸布置得清晰、整齐，便于读图的要求，逐步标注完上述尺寸后，再进行复核，如果复核无误，就完成了在这个组合体投影图上标注尺寸的任务。

9.4 组合体投影图的阅读

根据组合体的视图想象出它的空间形状，称为读图(或称看图、识图)。组合体的读图与画图一样，仍采用形体分析法，有时也采用线面分析法。想要正确、迅速地读懂组合体投影图，就必须掌握读图的基本方法，通过不断实践，培养空间想象能力，才能逐步提高。

阅读组合体的投影图，要首先分析该形体是由哪些基本形体所组成的。并且物体的形状通常不能只凭一个投影来确定，有时两个投影也还不能决定，因此，在读图时，必须要将几个投影联系起来思考。例如在图 9.17 中，在该组合体的投影图中，联系三面投影看，可知该组合体是由两个基本几何体组成的。在上面的是一个挖去圆孔的圆柱，因为它的 *H* 面投影是两个同心圆，*V*、*W* 投影是相等的矩形。在下面的是一个正六棱柱，它的 *H* 面投影是一个正六边形，是六棱柱的上、下底面的实形投影。*V*、*W* 投影的大、小矩形线框，是六棱柱各个侧面的 *V*、*W* 投影。综合起来，这个组合体的形状如图 9.17(d)中的立体图所示。这种将一个组合形体分析为由若干基本形体所组成，以便画图和读图的方法，称为形体分析法。

同时，在分析该图的同时可知，投影图中的线段可以有以下 3 种不同的意义。

(1) 可能是形体表面上相邻两面的交线，也就是形体上的棱线的投影。例如图 9.17(a)中 *V* 面投影上标注①的 4 条竖直线，就是六棱柱上侧棱面交线的 *V* 面投影。

(2)可能是形体上某一个侧面的积聚投影。例如图 9.17(a)、(c)中标注②的线段和圆，就是六棱柱的顶面、底面、侧面和圆柱面的积聚投影。

(3) 可能是曲面的投影轮廓线。例如图 9.17(a)中标注③的左右两线段，就是圆柱面的 *V* 面投影轮廓线。

在投影图中的线框，可以有以下 4 种不同的意义。

(1) 可能是某一侧面的实形投影，如图 9.17(a)、(c)中标注ⓐ的线框，是圆柱上下底面的 *H* 面实形投影和六棱柱上平行 *V* 面的侧面的实形投影。

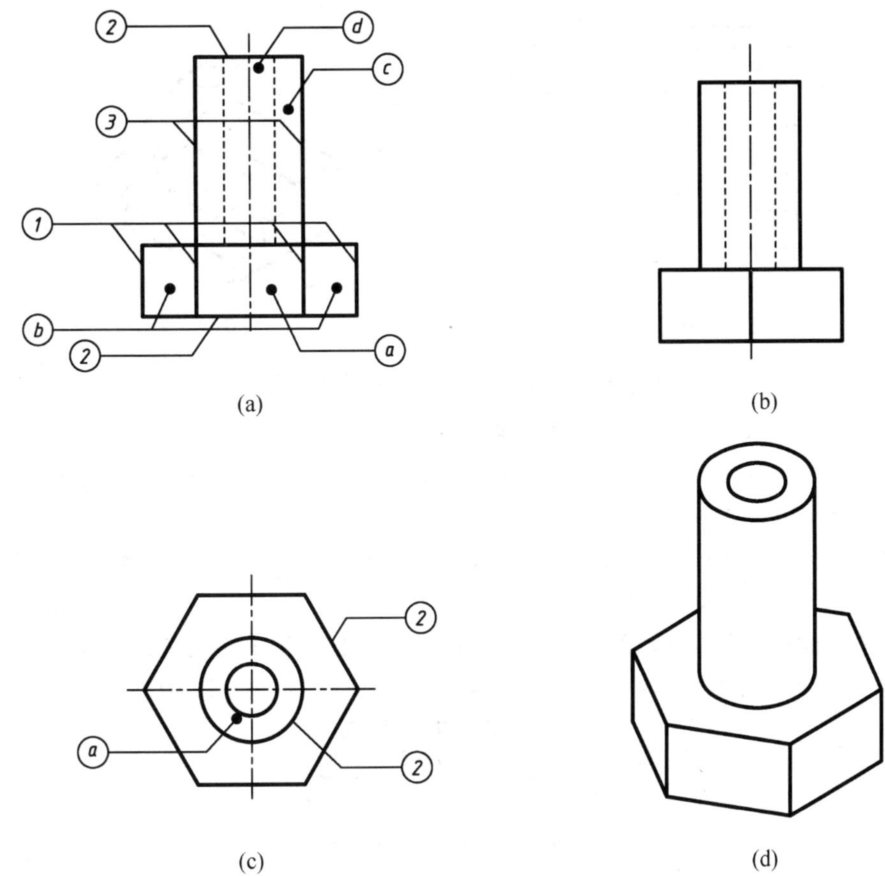

图 9.17　阅读组合体的投影图(一)

(2) 可能是某一侧面的相仿投影，例如图 9.17(a)中标注ⓑ的线框，是六棱柱上垂直于 H 面但对 V 面倾斜的侧面投影。

(3) 可能是某一个曲面的投影，例如图 9.17(a)中标注ⓒ的线框，是圆柱面的 V 面投影。

(4) 也可能是形体上一个空洞的投影。例如图 9.17(a)中标注ⓓ的线框，是圆柱体中心被挖空洞的 V 面投影。

通过分析三面投影图中相互对应的线段和线框的意义，可以进一步认识组成该组合形体的基本几何体的形状和整个形体的形状。这种方法称为线面分析法。

【例 9.5】 试读如图 9.18 所示的组合体投影图。

【解】 (1) 先进行整体形状的分析。从 3 个投影来看，给出的组合体可以想象是由 4 个基本几何体组成，左边是 3 个叠放的大小不同的长方体，右边是一个棱柱体。

(2) 分析其他细部，从 W 面投影来看并对照 H 和 V 面投影，可知右边的棱柱是一个长方体被切去一个三棱柱而形成。

(3) 将每一步分析结果用立体草图表示出来，可得到组合体的整体形象，如图 9.18(b)所示。

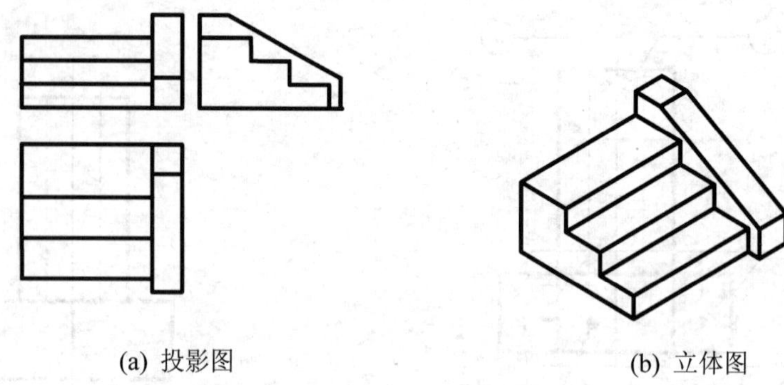
(a) 投影图　　(b) 立体图

图 9.18　阅读组合体的投影图(二)

【例 9.6】试读如图 9.19(a)所示的组合体投影图。

【解】 (1) 先进行整体形状的分析。从 3 个投影来看，给出的组合形体从整体上来看做是由一个四棱柱被切割和挖切后形成的，如图 9.19(b)所示。

(2) 由 W 面投影图中的斜线，并分别对比 H、V 投影中的线框，可知这个四棱柱在前上方被切去了一个角，如图 9.19(c)所示。

(3) 由 V 面投影图中挖切部分，结合 H 面中的线框和 W 面中的虚线，可知又在该形体的中间从后至前挖切了一个沟槽，形成了最终的组合体，如图 9.19(d)所示。

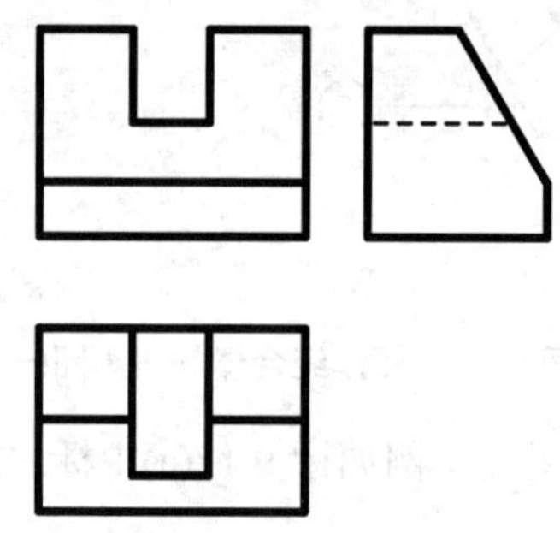
(a) 组合体的三面投影图

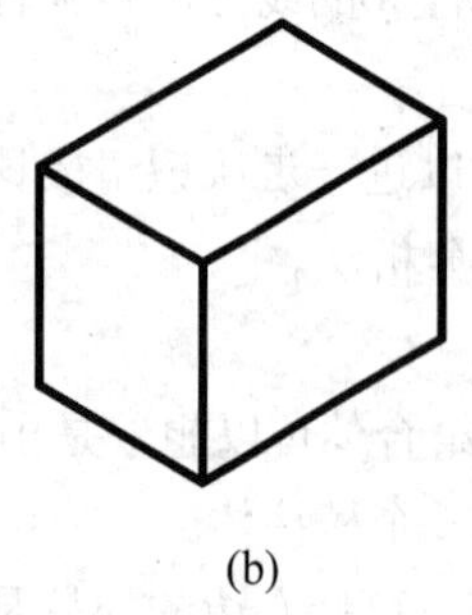
(b)

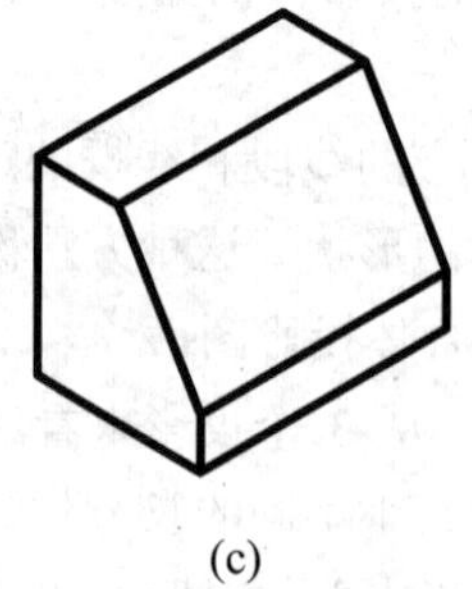
(c)

(d)

图 9.19　阅读组合体的投影图(三)

章后小结

(1) 根据组合体的组合特点，可将它们的组合方式分为叠加型、切割型和相贯综合型3种。

(2) 形体分析法是指将一个复杂形体分解为若干基本几何体。绘制一个组合体的投影图往往采用形体分析法先对形体进行分析后，再逐步作出每个基本几何体的投影图，最后把各部分的投影图叠加在一起，分析修正后形成组合体的投影图。

(3) 组合体的尺寸标注应做到正确、完整且清晰。

(4) 组合体的读图与画图一样，仍采用形体分析法，有时也采用线面分析法。要正确、迅速地读懂组合体投影图，必须掌握读图的基本方法，通过不断实践，培养空间想象能力，逐步提高。

(5) 绘制和阅读组合体的投影主要是为后面讲到的施工图打基础。

第 10 章 工程形体的表达方法

教学提示：房屋建筑可以看成是复杂的组合形体，为了清晰、完整且准确地表达建筑形体的内外结构，《房屋建筑制图统一标准》(GB/T 50001—2010)规定了各种表达方法：视图、剖面图、断面图等。本章主要介绍这些方法的画法及其应用。

学习要求：熟练掌握视图、剖面图和断面图的概念及其画法以及其适用条件。掌握视图、剖面图和断面图的标注方法及其有关的规定画法和简化画法。

10.1 视　　图

10.1.1 基本视图

在工程制图中，以观察者处于无限远处的视线来代替正投影中的投射线，将物体向投影面作正投影时，所得到的图形称为视图。对于形状比较复杂的物体，用两个或 3 个视图尚不能完整、清楚地表达它们的内外形状时，可在原有三个投影面的基础上，再增设 3 个投影面(分别与 H、V、W 平行)，组成一个正六面体。以正六面体的 6 个面作为基本投影面，物体向基本投影面投射所得到的视图，称为基本视图。其中，把由前向后投射得到的视图称为主视图；把由上向下投射得到的视图称为俯视图；把由左向右投射得到的视图称为左

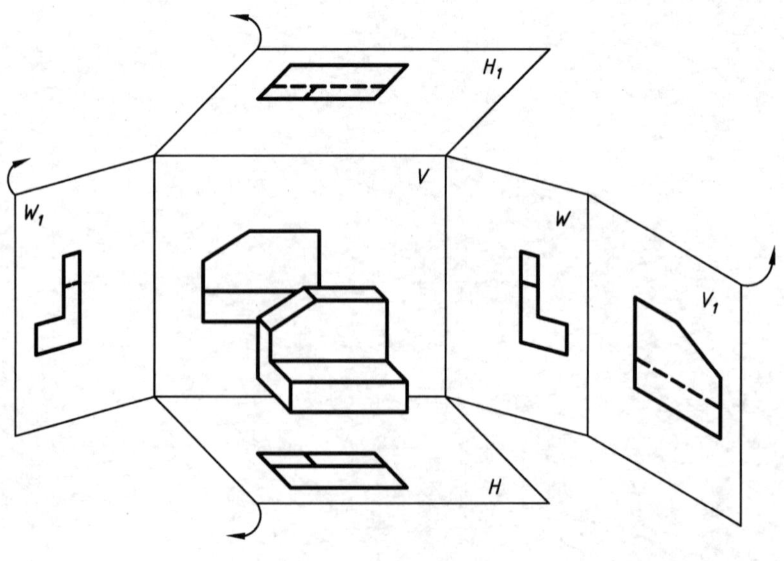

图 10.1　基本视图的展开

视图；把由下向上投射得到的视图称为仰视图；把由右向左投射所得到的视图称为右视图；把由后向前投射所得到的视图称为后视图。

基本投影面按图 10.1 展开后，各基本视图的配置关系如图 10.2(a)所示。显然，基本视图之间仍保持“长对正、高平齐、宽相等”的关系。

在 6 个基本视图中，主视图、俯视图、左视图所表示的方位关系与前述的三面投影相同。右视图表示物体的上下、前后关系、仰视图表示物体的左右、前后关系、后视图表示物体的上下、左右关系。

通常，在建筑制图中，将主视图称为正立面图；俯视图称为平面图；左视图称为左侧立面图；仰视图称为底面图；右视图称为右侧立面图；后视图称为背立面图。

如在同一张图纸上绘制若干个视图时，各视图的位置宜按图 10.2（b）的顺序进行布置。

每个视图一般均应标注图名。各视图图名的命名，主要包括：平面图、立面图、剖面图或断面图、详图。同一种视图多个图的图名前加编号以示区分。平面图，以楼层编号，包括地下二层平面图、地下一层平面图、首层平面图、二层平面图等。立面图以该图两端头的轴线号编号，剖面图或断面图以剖切号编号。详图以索引号编号。图名宜标注在视图的下方或一侧，并在图名下用粗实线绘一条横线，其长度应以图名所占长度为准[图 10.2(b)]。使用详图符号作图名时，符号下不再画线。

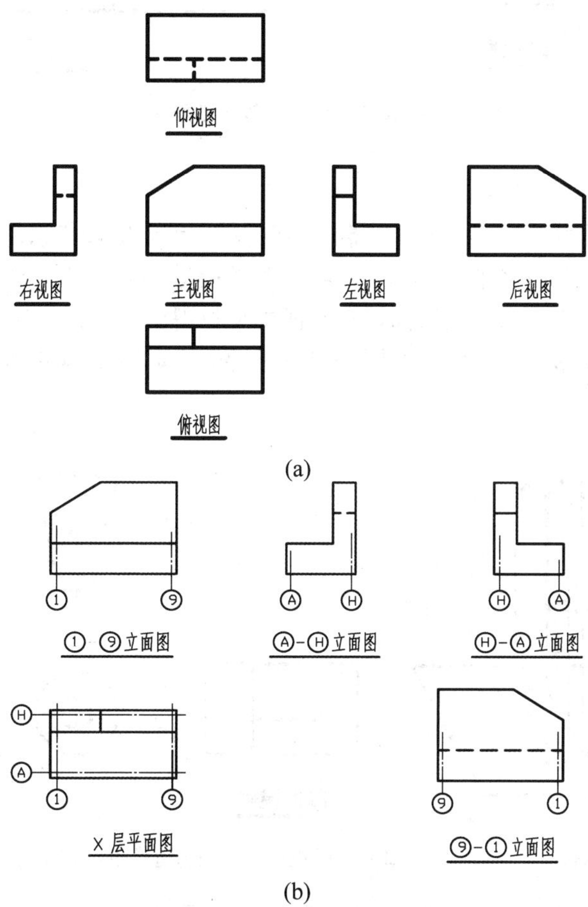

图 10.2　基本视图的布置

工程形体并不全部都要用六面视图来表达，而是在完整、清晰表达的前提下，视图数量应尽可能的少。如图 10.3 只用了 4 个立面图和一个平面图就能清楚地表达出一栋房屋的外形。

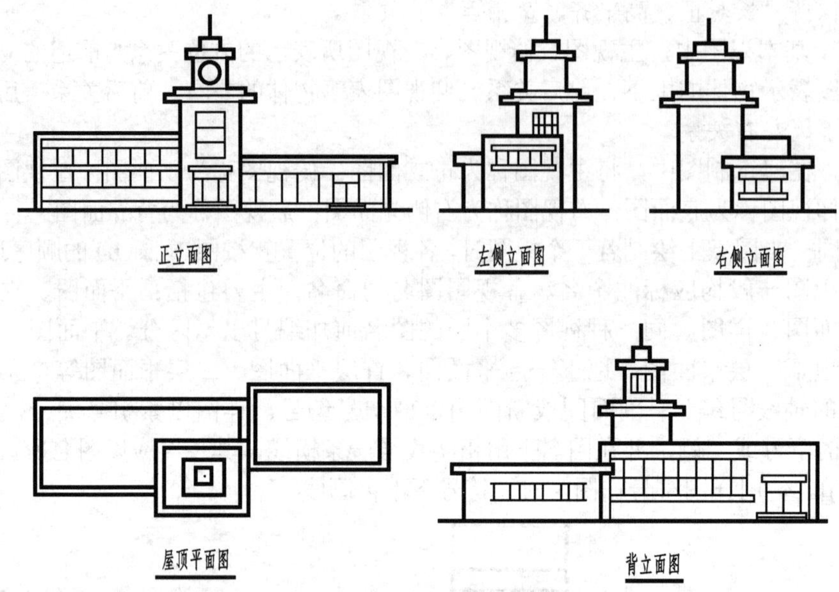

图 10.3　房屋的多面投影图

10.1.2　镜像视图

当某些建筑形体直接用正投影法绘制不易表达时,可用镜像投影法绘制(图 10.4)，但应在图名后注写“镜像”两字[图 10.4(b)]，或按图 10.4(c)所示画出镜像投影识别符号。把镜面放在物体的下面，代替水平投影面，在镜面中反射得到的图像，称为“平面图(镜像)”。由此可知它和用正投影法绘制的平面图是有所不同的，如图 10.4(d)所示。

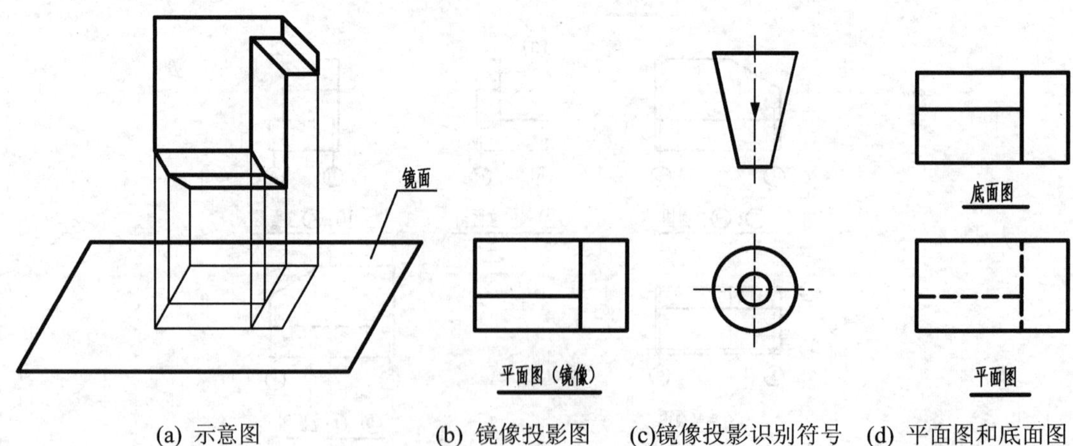

图 10.4　形体的镜像投影图

10.2 剖 面 图

10.2.1 剖面图的形成

视图只能反映形体的外部形状和大小，形体的内部结构在投影图中只能用虚线表示。对内部结构比较复杂的建筑形体，在投影图上将出现很多虚线，从而造成虚线与实线纵横交错，致使图面不清晰，难以阅读。在工程制图中．为了解决这一问题，采用了剖面图。

如图 10.5 所示杯形基础的正立面图，其内部被外形挡住，因此在视图上只能用虚线表示。为了将正立面图中的凹槽用实线表示，现假想用一个正平面沿基础的对称面将其剖开[图 10.6(a)]，然后移走观察者与剖切平面之间的那一部分形体，将剩余部分形体向正立面(*V* 面)投影，所得到的视图称为剖面图[图 10.6(b)]，用来剖开形体的平面称为剖切平面。

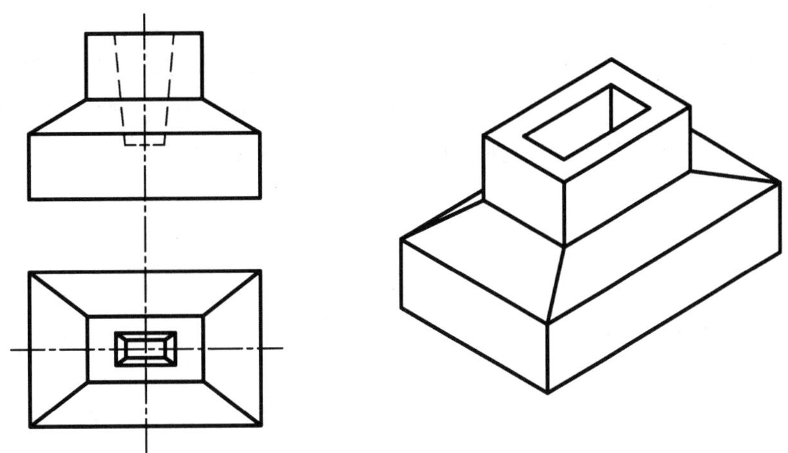

图 10.5 杯形基础正立面图

应该注意的是：剖切是假想的，只有在绘制剖面图时，才假想剖开形体并移走一部分；绘制其他视图时，则一定要按未剖的完整形体画出。如图 10.7 所示中的平面图就是按未剖的完整形体画出的视图。

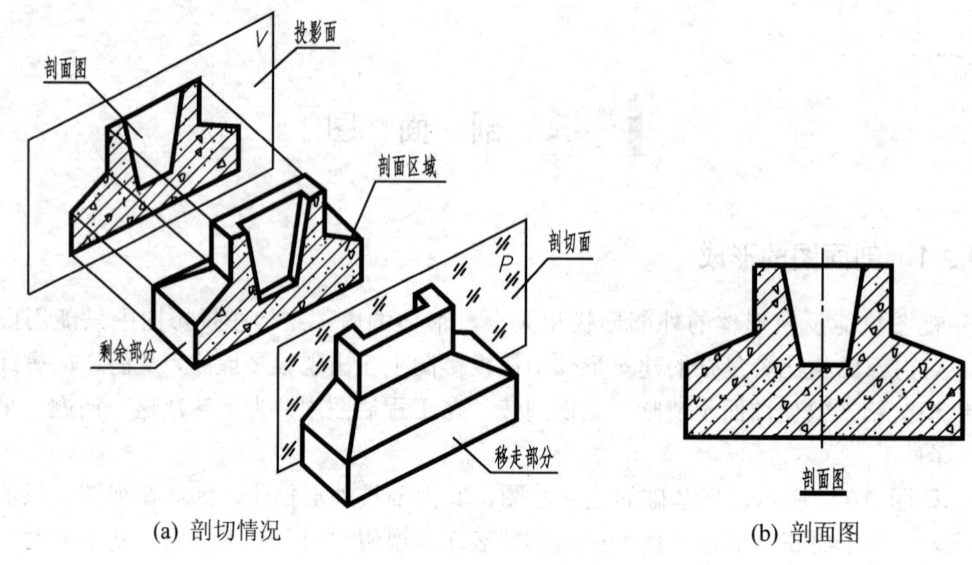

(a) 剖切情况　　(b) 剖面图

图 10.6　杯形基础剖面图

10.2.2　剖面图的画法

1) 剖切位置的表示

作剖面图时，一般应使剖切平面平行于基本投影面，从而使断面的投影反映实形。剖切平面在它所垂直的投影面上的投影积聚成一条直线(图中不画出)，这条直线表示剖切位置，称为剖切位置线。在投影图中用断开的两段短粗实线表示，长度为 6～10mm (图 10.7)。

2) 投影方向

为了表明剖切后剩余部分形体的投影方向，在剖切位置线两端的同侧各画一段与之垂直的短粗实线表示投影方向，称为剖视方向线，长度为 4～6mm(图 10.7)。

3) 编号

对结构复杂的形体，可能要剖切几次，为了区分清楚，对每一次剖切要进行编号，规定用阿拉伯数字编号，书写在表示投影方向的短画线一侧，并在对应的剖面图下方注写“×–×剖面图”字样。如图 10.7 所示中，在剖面图的下方注写“1-1 剖面图”。

4) 材料图例

剖面图中包含了形体的截断面，在断面上必须画上表示材料类型的图例。如果没有指明材料时，要用 45° 方向的平行线表示，其线型为 0.25*b* 的细实线。当一个形体有多个断面时，所有图例线的方向和间距应相同。

5) 画法

剖面图除应画出剖切面切到部分的图形外，还应画出沿投射方向看到的部分，被剖切面切到部分的轮廓线用粗实线绘制，剖切面没有切到，但沿投射方向可以看到的部分，用中实线绘制。

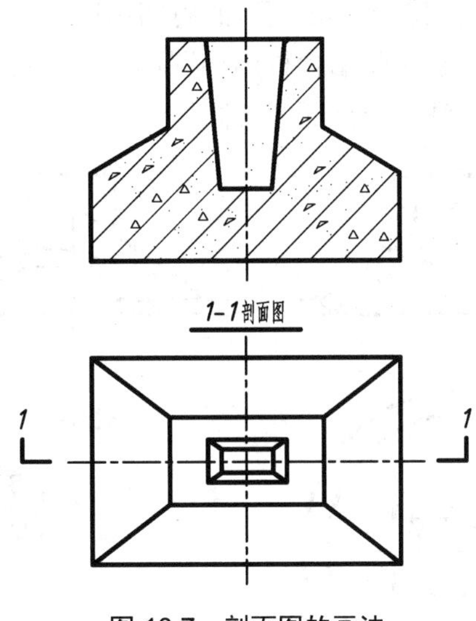

图 10.7 剖面图的画法

10.2.3 剖面图的分类

1. 全剖面图

假想用一个剖切平面将形体完全剖开，然后画出它的剖面图，这种剖面图称为全剖面图，如图 10.8 所示。全剖面图适用于不对称形体或对称形体，但外部结构比较简单，而内部结构比较复杂。全剖面图一般都要标注剖切平面的位置。只有当剖切平面与形体的对称平面重合，且全剖面图又位于基本视图的位置时，可省略标注。

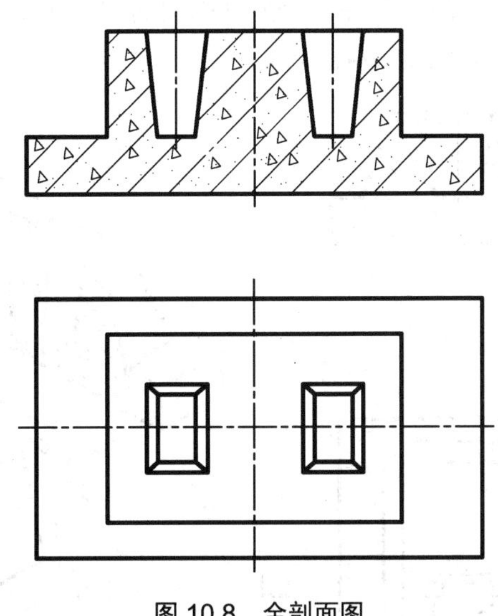

图 10.8 全剖面图

2. 半剖面图

当建筑形体是左右对称或者前后对称，而外形又比较复杂时，可以画出由半个外形视图和半个剖面图拼成的图形，以同时表示形体外形和内部构造，这种剖面称为半剖面。如图 10.9 所示的正锥壳基础，可画出半个正面视图和半个侧面视图以表示基础的外形和相贯线，另外各配上半个相应的剖面图表示基础的内部构造。

半剖面图一般应用于形体被剖切后内外结构图形均具有对称性，而且在中心线上没有轮廓线时。半剖面图的标注方法与全剖面图相同。

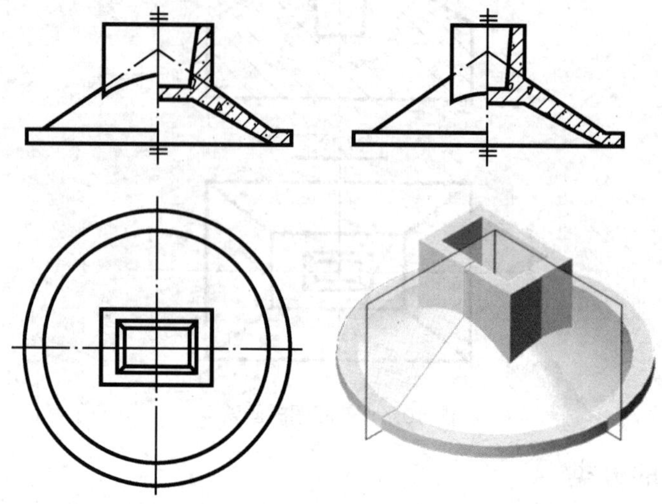

图 10.9　半剖面图

3. 阶梯剖面图

一个剖切平面，若不能将形体上需要表达的内部构造一齐剖开时，可将剖切平面转折成两个互相平行的平面，沿着需要表达的地方剖开，然后画出剖面图。用相互平行的两个剖切平面剖切一个形体所得到的剖面图，称为阶梯剖面图。如图 10.10(a)所示，1-1 剖面图为阶梯剖面图，其剖切情况如图 10.10(b)所示。

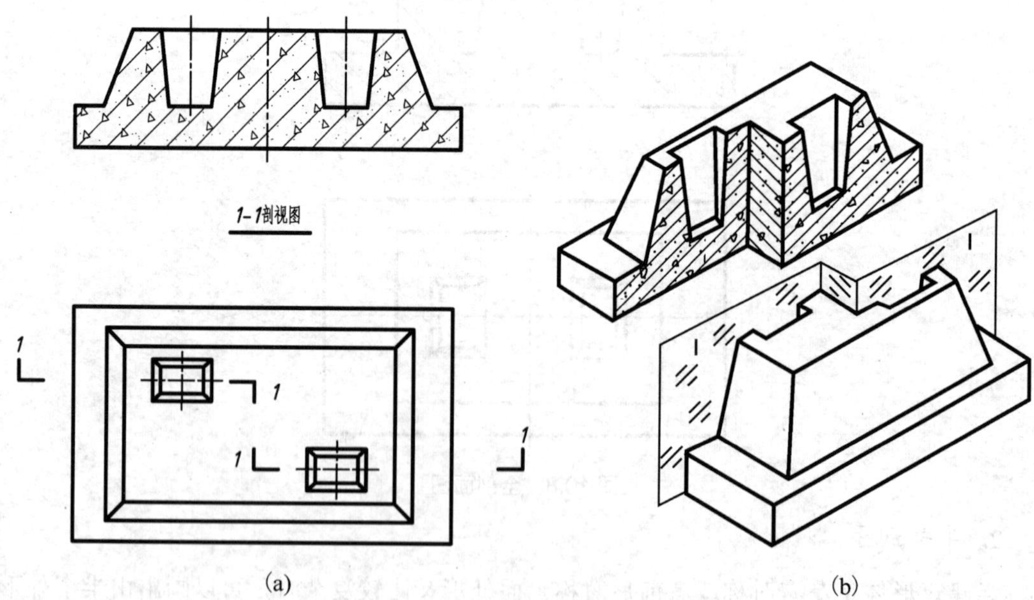

图 10.10　阶梯剖面图

阶梯剖面图属于全剖面图的一种特例，其标注方法如图 10.10(a)所示。另外，由于剖切是假想的，故阶梯剖面图中，在两剖切平面转折处不画线。

4. 旋转剖面图

有的形体不能用一个或几个相互平行的平面进行剖切，而需要用两个相交的剖切平面(这两个剖切平面的交线应垂直基本投影面)进行剖切。剖开后，将倾斜于基本投影面的剖切平面绕其交线旋转到与基本投影面平行的位置后，再向基本投影面投影。这样得到的剖面图，称为旋转剖面图，如图 10.11 所示的剖面图。

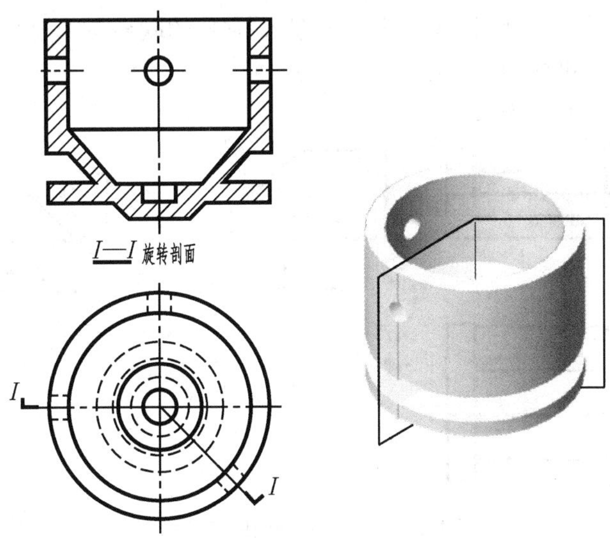

图 10.11　旋转剖面图

5. 局部剖面图

当形体只有某一个局部需要剖开表达时，就在投影图上将这一局部结构画成剖面图，这种局部地剖切后得到的剖面图，称为局部剖面图，如图 10.12 所示。局部剖面图不用标注剖切位置线与观察方向，但是，局部剖面图与外形之间要用波浪线分开，波浪线不得与轮廓线重合，也不得超出轮廓线之外。

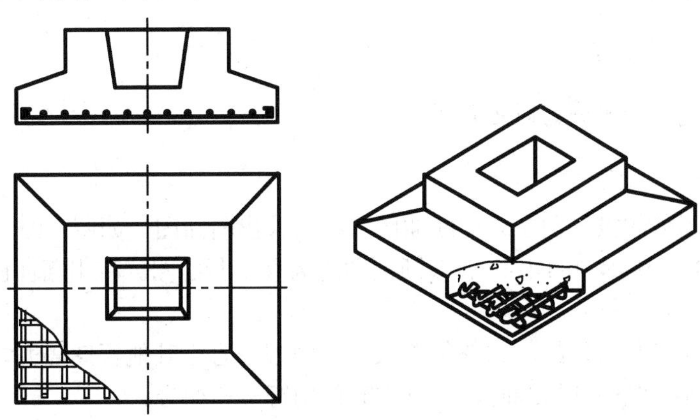

图 10.12　局部剖面图

10.3 断 面 图

10.3.1 断面图的形成

假设用一个平面将形体剖切开，剖切平面与形体交得的图形称为断面图。如图 10.13 所示中的 2–2 断面图。断面图与剖面图既有区别又有联系，区别在于断面图是一个截交面的实形，而剖面图是剖切后剩余部分形体的投影。它们的联系在于剖面图中包含了断面图，如图 10.13 所示，1–1 剖面图包含了 2–2 断面图。

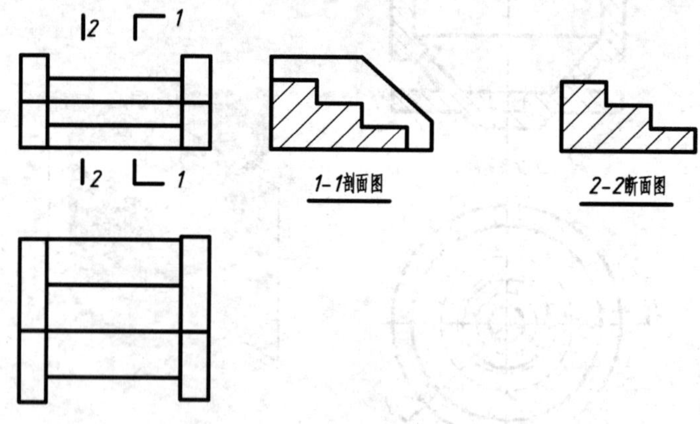

图 10.13 台阶的剖面图和断面图

10.3.2 断面图的画法

断面图只画剖切平面与形体的截面那分，其标注与剖面图的标注有所不同。断面图也用粗短画线表示剖切位置，但不再画出表示投影方向的粗短画线，而是用表示编号的数字所处的位置来表明投影方向。编号写在剖切线的下方，表示向下投影，编号写在右方，表示向右投影，如图 10.13 中的 2–2 断面图是向右投影画出的，如图 10.14 所示中的 1–1 断面图和 2–2 断面图是向下投影画出的。

10.3.3 断面图的分类

根据断面图的配置可分为以下几类。

1. 移出断面图

将断面画在形体的投影图之外的断面图，称为移出断面图。如图 10.13 所示中的 2–2 断面图和如图 10.14 所示中的 1–1、2–2 断面图均为移出断面图。移出断面图的轮廓线用粗实线画出，并画出材料符号。

当移出断面图形是对称的，它的位置又紧靠原视图且无其他视图隔开，即断面图的对称轴线为剖切平面迹线的延长线时，也可省略剖切符号和编号。

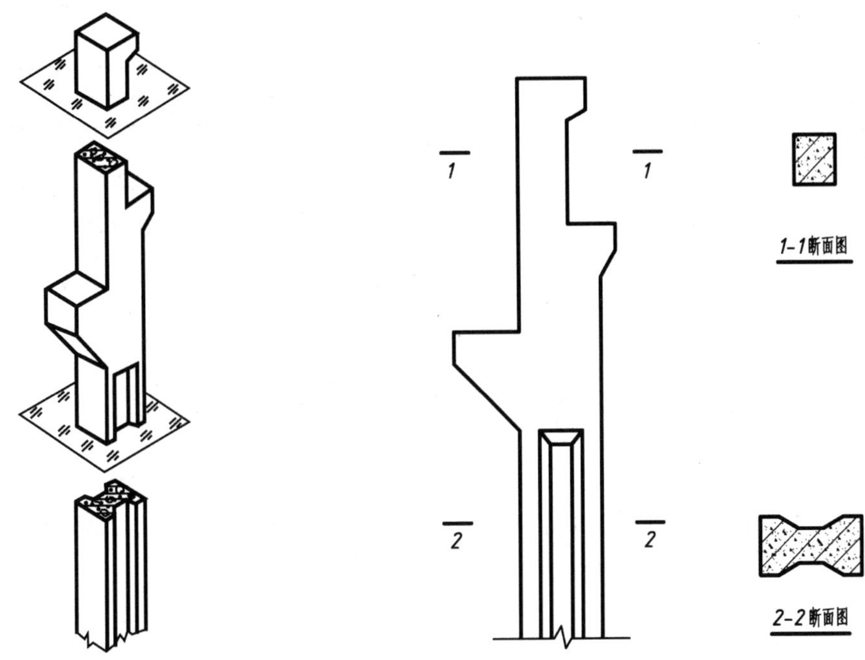

图 10.14 立柱的移出断面图

2. 中断断面图

画长构件时，常把视图断开，并把剖面图画在中间断开处，称为中断断面图。如图 10.15 所示为一用中断断面图表示的十字形梁(又称花篮梁)。中断断面图是直接画在视图内的中断位置处，因此省略任何标注。

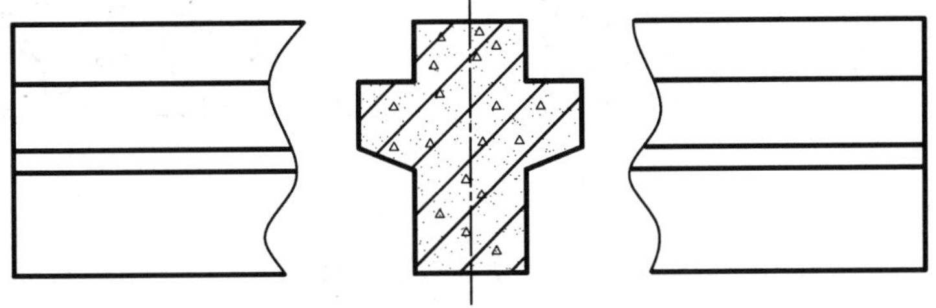

图 10.15 中断断面图

3. 重合断面图

将断面图画在形体的投影图以内的断面图，称为重合断面图(图 10.16)。为了与轮廓线相区别，重合断面的轮廓线用细实线表示。这种断面常用来表示型钢、墙面的花饰、屋面的形状、坡度以及局部杆件等。

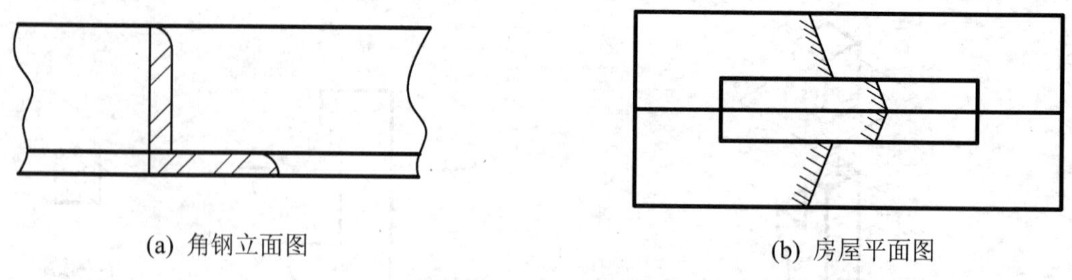

(a) 角钢立面图

(b) 房屋平面图

图 10.16　重合断面图

10.4 简化画法

应用简化画法，可提高工作效率。建筑制图国家标准中规定了一些简化画法，此外，还有一些在工程制图中惯用的简化画法，现简要介绍如下。

1. 对称图形的画法

当构配件具有对称的投影时，可以以对称中心线为界只画出该图形的一半，并画出对称符号。对称符号用两平行细实线绘制，其长度以 2～3mm 为宜，平行线在对称线两侧的长度应相等[图 10.17(a)]，也可画至超出图形的对称线为止，用折断线断开，此时可不画对称符号[图 10.17(c)]。如果图形不仅左右对称，而且上下也对称，还可进一步简化，只画出该图形的 1/4，但此时要增加一条竖向对称线和相应的对称符号[图 10.17(b)]。

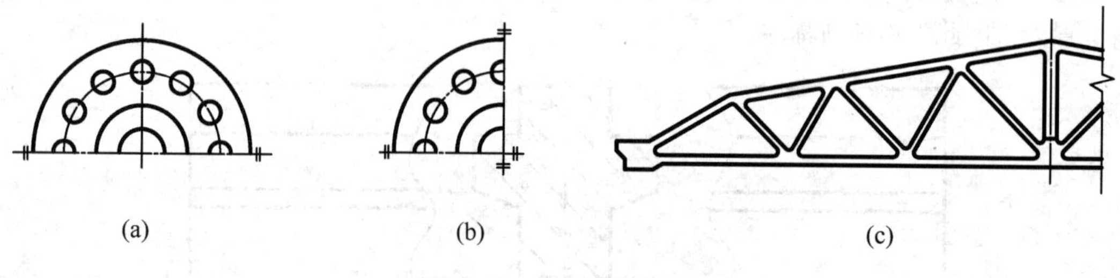

(a)　(b)　(c)

图 10.17　对称图形的画法

2. 相同构造要素的画法

当构配件内有多个完全相同而且连续排列的构造要素时，可仅在两端或适当位置画出其完整形状，其余部分以中心线或中心线的交点表示(图 10.18)。如相同构造要素少于中心线交点，则其余部分应在相同构造要素位置的中心线交点处用小圆点表示[图 10.18(d)]。

3. 较长构件的画法

较长的构件，如沿长度方向的形状相同，或按一定规律变化，可断开省略绘制，断开处应以折断线表示(图 10.19)。应注意的是：用折线省略画法所画出的较长构件，在图形上标注尺寸时，其长度尺寸数值应标注构件的全长。

4. 构件局部不同的画法

当两个构件仅部分不相同时则可在完整地画出一个后，另一个只画不同部分，但应在两个构件的相同部分与不同部分的分界线处，分别绘制连接符号，且保证两个连接符号对准在同一线上，如图 10.20 所示。

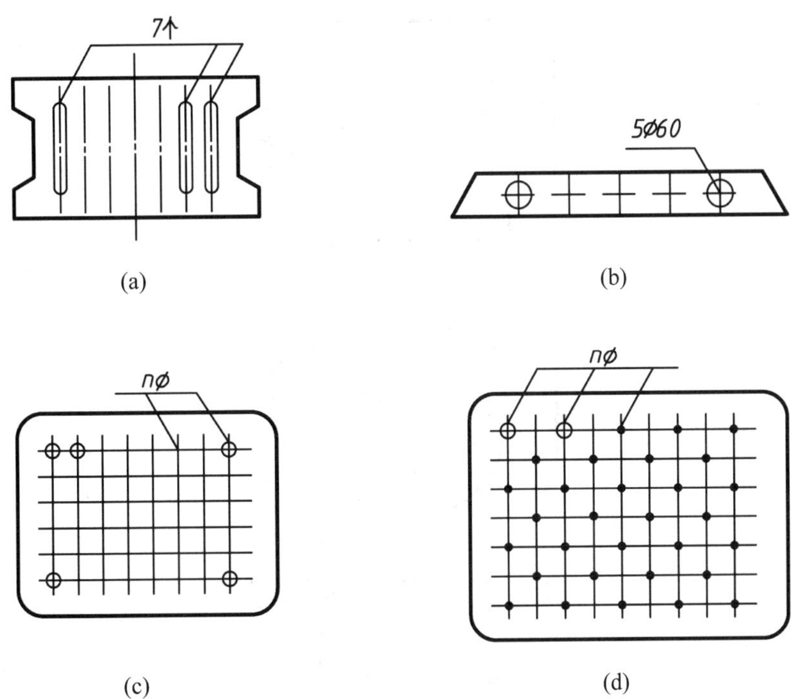

图 10.18　相同要素的省略画法

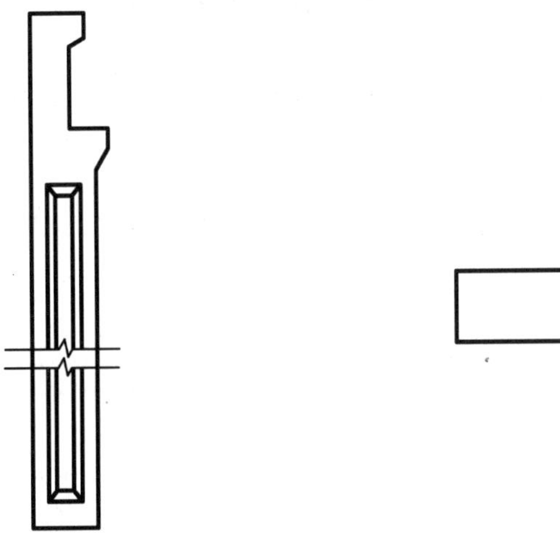

图 10.19　折断省略画法

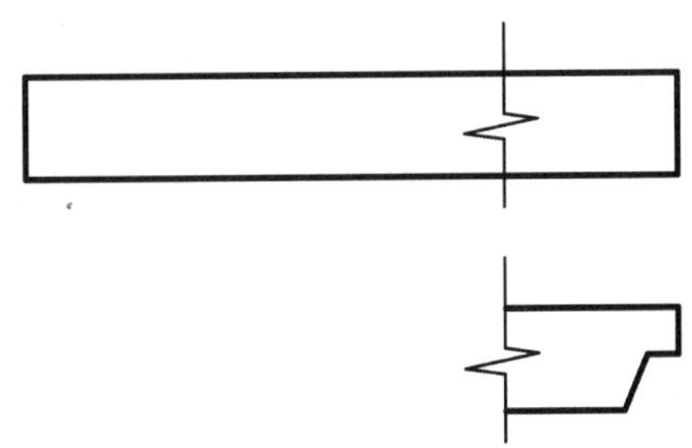

图 10.20　构件局部不同的省略画法

5. 相贯线投影的简化画法

在不致引起误解时，允许采用简化相贯线投影的画法，例如用圆弧代替非圆曲线，如图 10.21 所示。

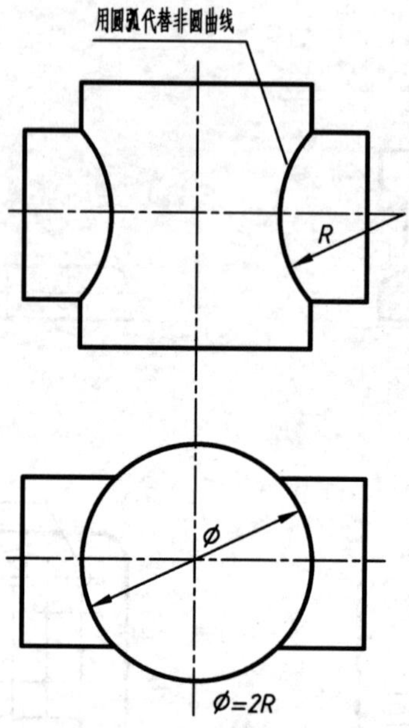

图 10.21　非圆曲线简化为圆弧

章 后 小 结

(1) 通过本章的学习，掌握视图、剖面图和断面图的标注方法及其有关的规定画法和简化画法。

(2) 掌握本章内容为学习后面施工图中的平面图、立面图和剖面图的形成等内容打下基础。

第11章
阴　　影

教学提示：本章首先讲述正投影图中阴影的基本知识，接着重点介绍了点、线、面及体的阴影的作图方法，最后介绍了建筑形体的阴影作图。本章的重点和难点是采用阴影的形成原理，将建筑形体的阴影效果表现在图纸上。

学习要求：通过本章的学习，学生应该了解和掌握阴影的基本知识，熟练掌握建筑形体阴影的作图方法。

11.1 阴影的基本知识

11.1.1 基本概念

物体受到光线照射时，表面上不直接受光的阴暗部分，称为阴影。

如图 11.1 所示，房屋表面上受光的明亮部分，称为阳面；背光的阴暗部分，称为阴面。阳面和阴面间的界线，称为阴线。此外，由于一般物体是不透光的，故照射在阳面上的光线，被物体挡住，使得在物体本身或其他物体的其他原来阳面上产生的阴暗部分，称为影子或影。影子的轮廓线，称为影线。影子所在的面，称为承影面，它可为平面或曲面，且必为受光的阳面。阴面和影子，合并称为阴影。阴线和影线上的点，分别称为阴点和影点。影点实为照于阴点上光线延长后与承影面的交点，故影点为阴点的影子，而影线实为阴线的影子。

显然，形成阴影的 3 个要素是光线、物体和承影面，三者缺一不可。

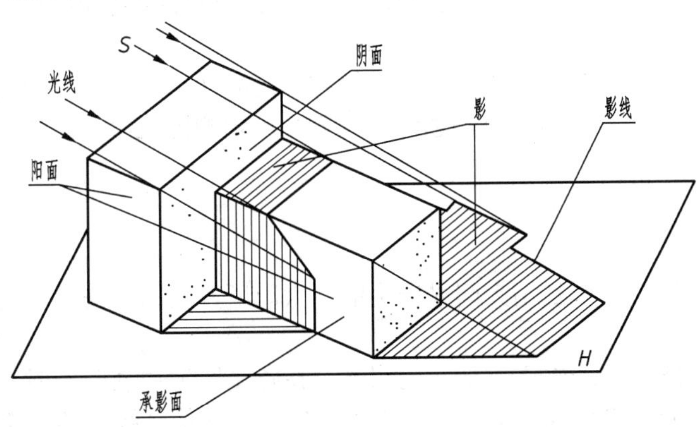

图 11.1　阴影的形成

11.1.2 投影图中的阴影

图 11.2(b)为带有阴影效果的某房屋正立面图。与图 11.2(a)相比，该图可以明显地反映出房屋的凹凸、深浅及明暗，使图面生动逼真，富有立体感，加强并丰富了立面图的表现能力。此外，在房屋立面图上画出阴影，对研究建筑物造型是否优美，立面是否美观和比例是否恰当，都有很大的帮助。因此，在建筑设计的表现图中，往往借助于阴影来反映建筑物的体形组合，并以此权衡空间造型的处理和评价立面装修的艺术效果。

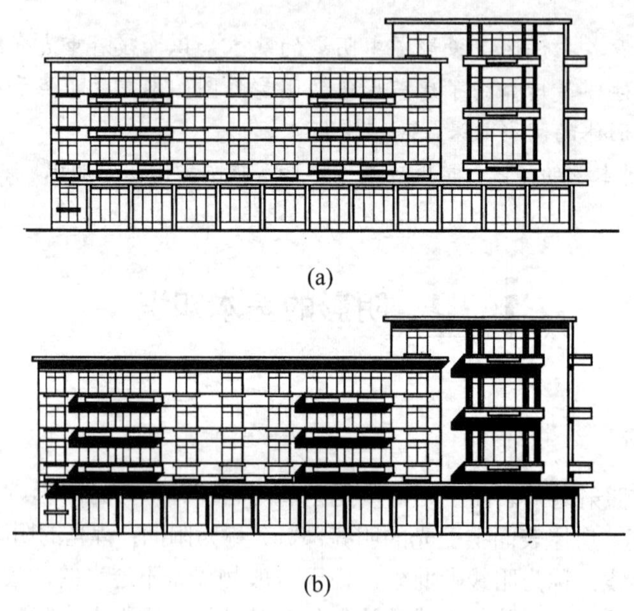

图 11.2 阴影的效果

但是，专供施工用的图纸，由于正投影图已经能够明确地显示出物体的形状、大小和相互位置，故无需画出阴影。因此，阴影仅绘制在供展览用的或参考用的建筑表现图上，例如，在正投影图中，则特别是在表示建筑物外形的立面图上；又如建筑群的总平面图上，也时常加绘建筑物等阴影。投影图上加绘阴影，不是已知空间阴影的具体形状、大小和位置来画出阴影的投影，而是由物体的画出的投影，根据光线方向和阴影及其投影特性，直接在物体的投影上加绘阴影的投影。

本章专门介绍阴影和它在正投影中的性质和绘制方法。由于本书中常用轴测图来表示阴影的形成原理和作法的空间状况，也间接地表达了轴测图上绘制阴影的方法，故不予专门介绍。

11.1.3 常用光线

建筑物上的阴影，主要是由太阳光产生的。太阳所发出的光线，可视为互相平行，称为平行光线。

不同方向的光线，将产生不同形状的阴影。在建筑图上加画阴影时，通常采用下述方向的平行光线，即光线 S 由物体的左、前、上方射来，并使光线 S 的 3 个投影 s、s'、s''对投影轴都成 45°的方向。如图 11.3(a)所示，即假设有一个正方体，它的各个面平行于投影面，光线 S 相当于由该正方体的前方左上角，射至后方右下角的对角线方向。光线 S 的投影图如图 11.3(b)所示。这种方向的平行光线，称为常用光线，常用光线与三个投影面的倾角均相等。本章中，全部采用常用光线。有时候也可以把常用光线记为 L。

正投影图上使用常用光线作阴影，非但将使作图时方便和有统一的规律，且如后所述，在某些情况下，可使阴影反映出有些形体的形状和相互间的距离关系而具有量度性。

但在实际应用时，在有的场合下，对个别建筑物采用常用光线，所得阴影的形状和大小甚至位置不恰当时，可选择其他合适的平行光线方向，但本章中某些仅适用于常用光线时的阴影规律，则不能使用了。

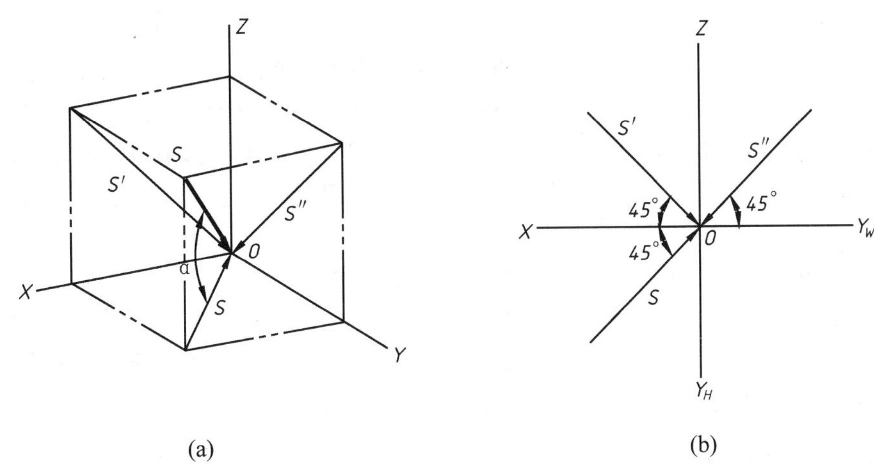

图 11.3 常用光线

11.2 点、直线和平面的阴影

11.2.1 点的影子

1. 点的落影

一点落于一个承影面上的影子仍为一点，为通过该点的光线与承影面的交点。

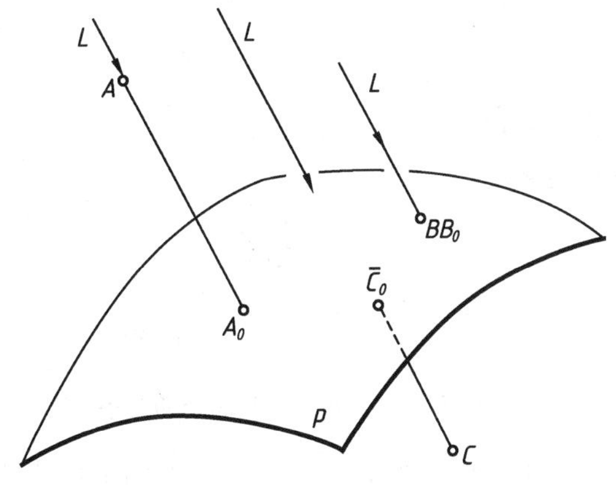

图 11.4 点的影子

在图 11.4 中，空间一点 A 在光线 L 照射下，落于承影面 P 上的影子为 A_0。A_0 实为照于 A 点的光线延长后与 P 面的交点。因为，光线 L 照到 A 点后，被 A 点所阻挡，使得原来照到 P 面的光线中，缺少了为光线 L 的延长线的那条光线。于是在 P 面上 A_0 处形成一个暗点，即为影子。所以 A_0 为照于 A 点的光线 L 延长后与 P 面的交点。但为了语言简洁起见，常说成 A_0 为通过 A 点的光线 L 与 P 面的交点。

因此，求点在承影面上影子的问题，成为作通过该点的直线与面的交点问题。

一点在承影面上，其影子即为该点本身。如图 11.4 所示 B 点，因位于承影面 P 上，故影子 B_0 与 B 点本身重合。

假影：如图中所示的一点 C，位于承影面 P 的下方，实际上，C 点不可能在 P 面上产生影子。现如假设通过 C 点有一光线，与 P 面交于一点 C_0，假想为 C 点的影子。以后把所有假想成的影子，均称为假影。在以后的作图过程中，常作假影来进行作图。因此，在后面介绍作法时，也时常介绍假影作法，不过以后在习题中，不特别提出要作假影，而指只要作真正的影子。

几何形体的影子，一般用与表示几何形体本身的相同字母，于右下角加一“0”表示，右下角也可用承影面的标记符号表示，如 A_H 表示 A 点在 H 承影面上的影子。假影则于字母上方再加一横线表示。但在供展览用的阴影图中，非但不注出字母符号，也不画出作图线；而且点不会单独存在，所以点也不用小圆圈表示。

2. 点在投影面上的落影

当一投影面为承影面时，点的落影就是通过该点的光线与投影面的交点(即光线的迹点)。一般来说，在两面投影体系中，空间一点距哪个投影面较近，即过点的光线首先与该投影面相交，则该空间点的落影就在该投影面上。如图 11.5(a)所示，A 点跟 V 面较近，过 A 点的光线首先与 V 面相交，则迹点 A_0 即为 A 点的落影。

如果假想 V 面是透明的，则 A 点的落影会在 H 面上，即($\overline{A}_0$)。在今后的作图中，我们把 A_0 称为点的真影，($\overline{A}_0$)称为点的假影，并加括号表示。点的假影由于是假想产生的，故解题时一般可不画出，但如果作图需要，则应画出。

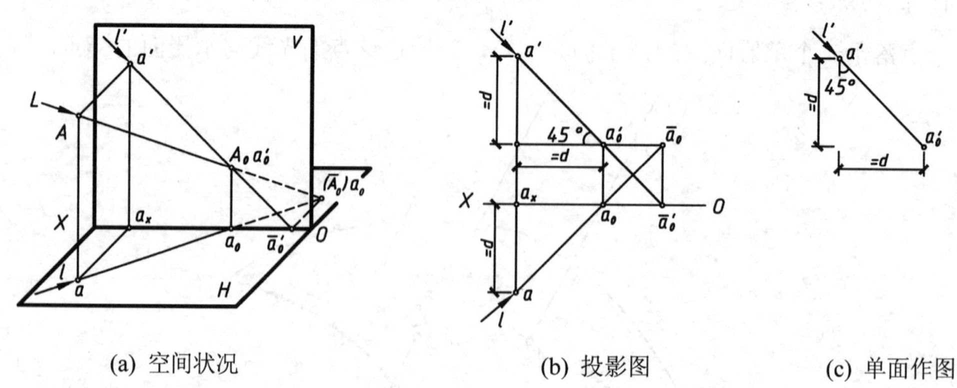

(a) 空间状况　　(b) 投影图　　(c) 单面作图

图 11.5　一点 A 落于 V 面上的影子

单面作图法——若要作出影子 A 点在 V 面上影子 A_0 的 V 面投影 a'，根据上述结论，只要已知 A 点到 V 面的距离，就可在 V 面上单独作出 a_0'，不必利用 H 面投影来作图，如图

11.5(c)所示，如已知 a'，并知 A 点到 V 面的距离 d。求 a_0'时，可先过 a'作光线的投影 l'，再在右下方取水平或竖直距离等于 d 的一点 a_0'。

这种在常用光线下，在一个投影面上，由空间形体的一个投影，利用空间几何关系，作出影子在该投影面上投影的方法，称为单面作图法。

同理，当点落在 H 投影面时的影子的求解方法同上。

从图 11.5(b)可得出点在投影面上的落影规律：空间点在某投影面上的落影，与其同面投影间的水平距离和垂直距离，都等于空间点到该投影面的距离。

3. 点在投影面垂直面上的落影

一点落于垂直于投影面的平面或柱面上的影子，可利用它们的积聚性来作图。

如图 11.6(a)所示，承影面为柱面 P，垂直于 H 面，P 的 H 面投影 p 积聚成一曲线 p。于是空间一点 A 落于 P 面上影子 A_0 的 H 面投影 a_0，亦必积聚在 p 上；且位于通过 A 点的光线 L 的 H 面投影 l 上，a_0 成为 l 与 p 的交点。故在投影图 11.6(b)上，如已知 $P(p, p')$ 和 $A(a, a')$。由 a、a'作光线的投影 l、l'，l 与 p 相交得 a_0；由之作连系线，即与 l'相交得 a_0'。

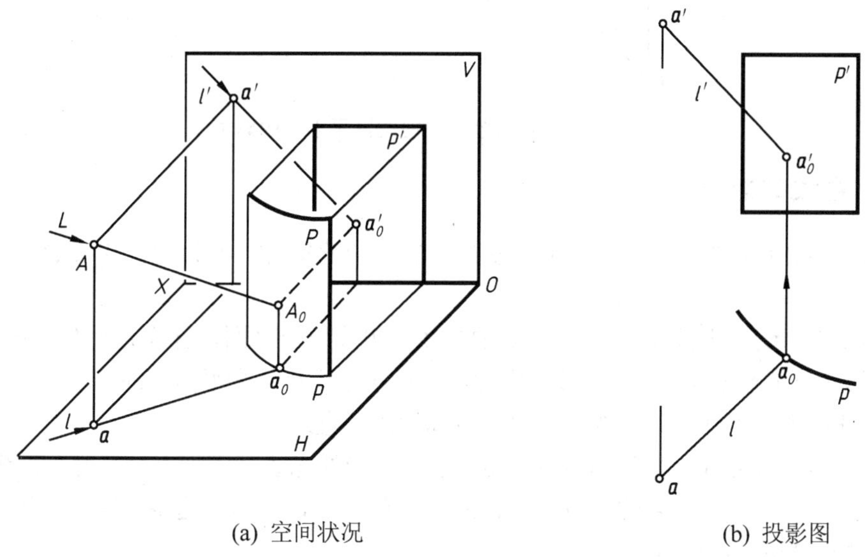

(a) 空间状况　　(b) 投影图

图 11.6　一点 A 落于 H 面垂直面上的影子

4. 点在一般位置平面上的落影

当承影面为一般位置平面时，如图 11.7 所示的△BCD 平面，要求空间中一点 A 在△BCD 平面上的落影，可过 A 点作光线 L，光线 L 与△BCD 平面的交点即为 A 点的落影。可利用以前所学过的求直线与平面交点的方法进行作图，如图 11.7 所示。

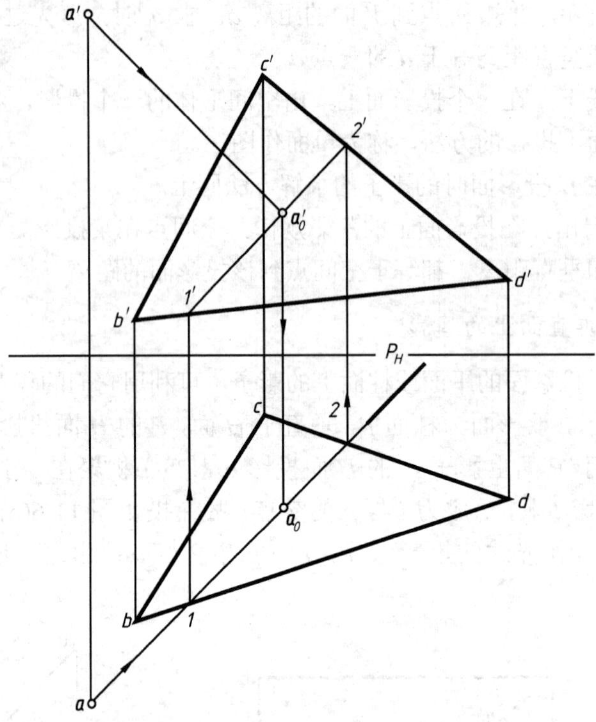

图 11.7　一点 A 落于一般位置平面上的影子

11.2.2　直线的影子

线(直线或曲线)的影子，为线上一系列点的影子的集合，亦为通过该线的光线面与承影面的交线。

如图 11.8 所示，照到直线 A 上各点的光线，组成一个平面，称为光平面。它延伸后，与承影平面 P 的交线 A_0 是一条直线。因此，作一条直线在一个平面上的影子，成为作两个平面的交线问题。直线的影子为直线时，也称为影子直线。

但当直线平行光线时，如图示直线 B，它所承受的光线，实际上只有射在直线上端 B_1 的那条光线，延长后且与直线本身重合，故 B 线的影子，相当于这条光线、也相当于直线 B 本身与 P 面交成的一点 B_0。

1. 直线在平面上的影子作法

作一条直线落于一个平面上影子的投影，只要作出其两个端点的影子的同名投影，就连得直线的影子的同名投影。因直线在一个平面上的影子仍为一条直线，且直线的端点的影子必为直线的影子的端点。因而在图 11.9 中，求直线 $AB(ab，a'b')$落于 $CDEF$ 上的影子 $A_0B_0(a_0b_0，a_0'b_0')$，先过 A、B 作光线 $L_A(l_A，l_A')$、$L_B(l_B，l_B')$。再用图 11.7 的方法，作出影子 $A_0(a_0，a_0')$、$B_0(b_0，b_0')$，就可连得影子 A_0B_0 的投影 a_0b_0、$a_0'b_0'$。

2. 直线在一个承影面上的落影

1) 线与承影面相交时

线(直线或曲线)与承影面(平面或曲面)相交时，线的影子通过交点，故影子的投影也通过交点的投影，如图 11.10 所示。

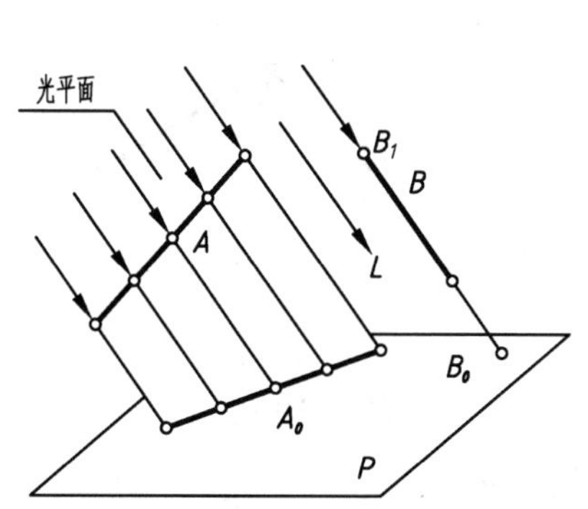

图 11.8 直线的影子

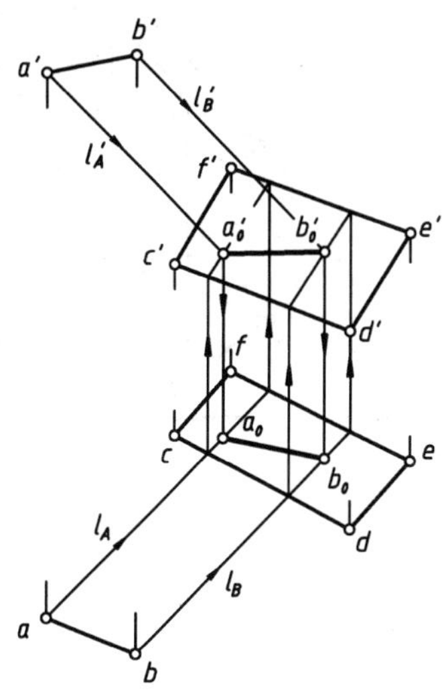

图 11.9 直线影子的投影作图

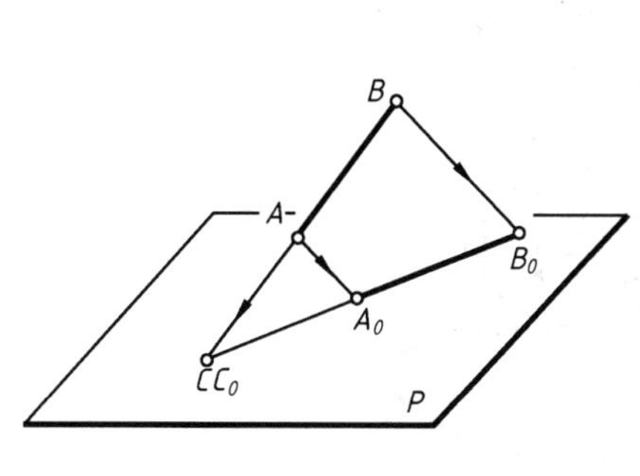

(a) 空间状况

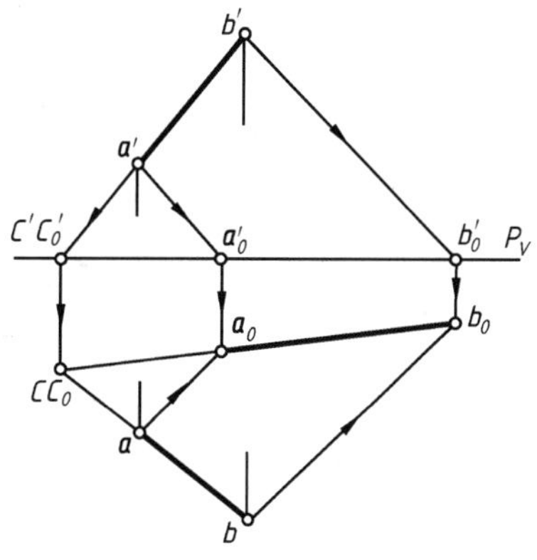

(b) 投影图

图 11.10 直线与承影面相交

2) 直线与承影平面平行时

直线与一个承影平面平行时，它的影子与直线本身平行且等长。它们的同名投影亦平行且等长，如图 11.11 所示。

若两直线互相平行，它们在同一落影面上的两段落影应互相平行，如图 11.12 所示。

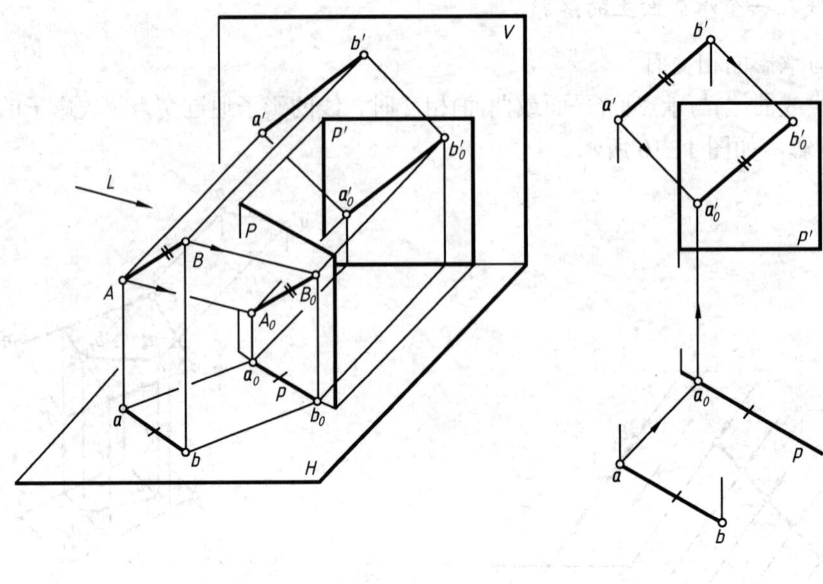

(a) 空间状况　　　　(b) 投影图

图 11.11　直线与承影面平行

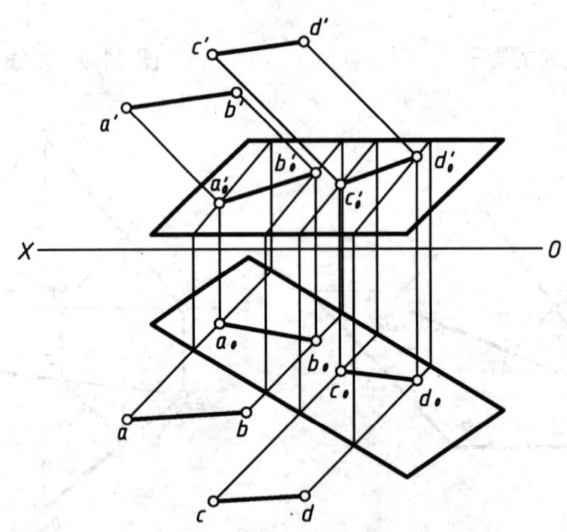

图 11.12　平行两直线的落影

3. 直线在两个承影面上的落影

(1) 一条直线落在两个平行的承影平面上的两段影子必互相平行，如图 11.13 所示。

因为通过直线 A 的光平面与两个平行的承影平面 P 与 Q 的交线应互相平行，故影子 A_{01} 和 A_{02} 必互相平行。

(2) 一条直线落在两个相交的承影面上的两段影子，必相交于这两个承影面的交线上一点，如图 11.14 所示。由于 3 个相交平面的 3 条交线必相交于一点，故通过直线 AB 的光平面与两个承影平面 P、Q 所交成的两段影子 A_0C_0、C_0B_0 必与 P、Q 的交线 MN 共同交于一点 C_0。此交点 C_0 称为折影点。

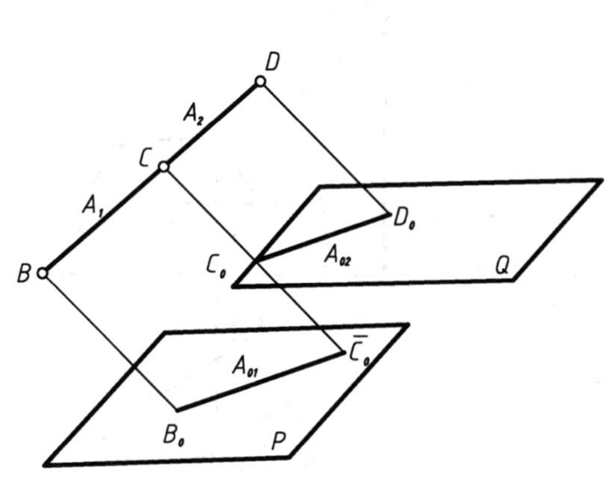

图 11.13 一条直线在两个平行平面上影子

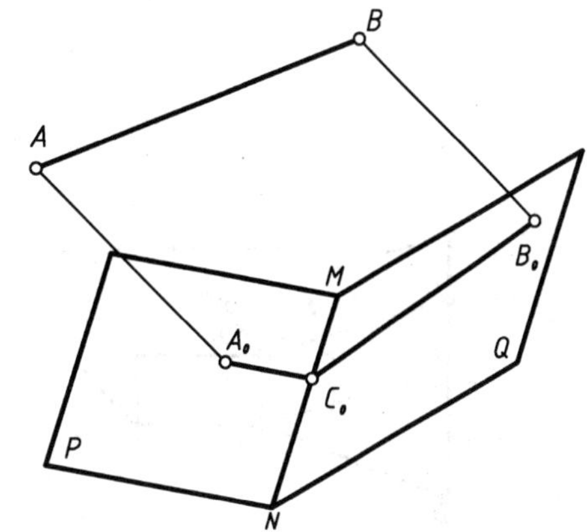

图 11.14 一条直线在两个相交平面上的影子

4. 投影面垂直线的影子的投影特性

1) 投影面垂直线的影子在投影面上投影

投影面垂直线在另一投影面(或平行面)上的落影。与原直线的同面投影平行，其距离等于该直线到落影面的距离，如图 11.15 所示。

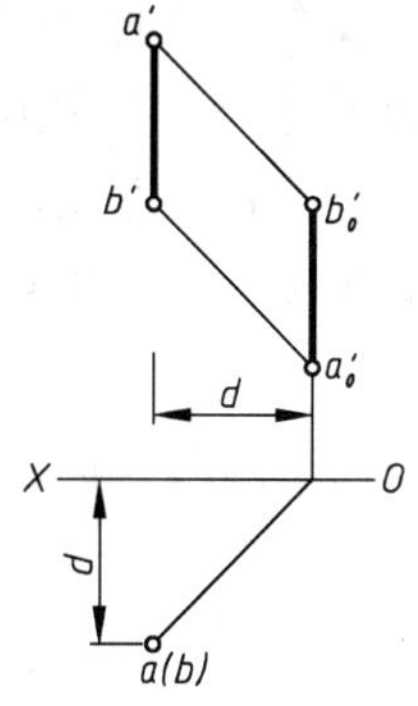

(a) 铅垂线在 V 面上的落影

(b) 侧垂线在 V 面上的落影

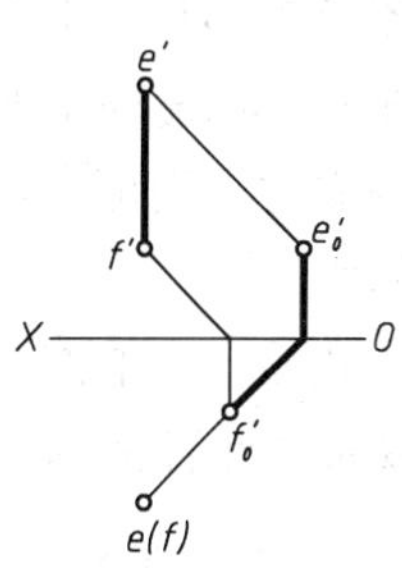

(c) 铅垂线在 V、H 面上的落影

图 11.15 投影面垂直线在投影面上的影子

2) 投影面垂直线的影子在任何落影面上投影

投影面垂直线在任何落影面上的落影，在该直线所垂直的投影面上的落影必为一直线，其方向与光线在该投影面上的投影方向一致，如图 11.16 所示。

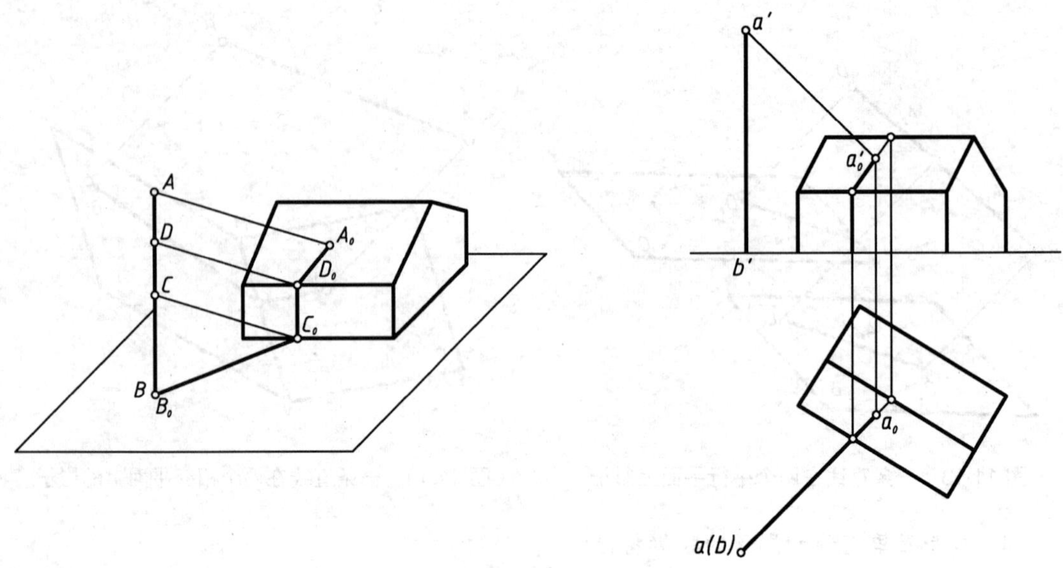

图 11.16　投影面垂直线在地面和建筑物上的影子

11.2.3　平面的影子

求作一个平面图形在投影面上的落影，实际上是作出它的轮廓线在投影面上的落影，即平面图形的影是由平面图形各边线的影所围成。平面图形为多边形时，只要作出多边形各顶点在同一承影面上的落影，并依次以直线连接，即为所求的影线；若平面图形为平面曲线所围成时，则可先作出曲线上一系列点的影子，然后以圆滑曲线顺次地连接起来，即为所求的影线。

建筑立面上各细部的形体主要由正平面、水平面和侧平面所围成，因此我们着重介绍这些特殊位置平面的落影和圆形影子的求法。

1. 正平面的落影

如图 11.17 所示，*ABCD* 为正平面，分别作 *A*、*B*、*C*、*D*4 个端点在 *V* 面投影 a'、b'、c'、d' 的落影 a_0'、b_0'、c_0'、d_0'，依次连接 a_0'、b_0'、c_0'、d_0'，即得正平面的落影。由图可知，正平面的落影反映正平面的实形，正平面与正投影面的距离为图中所注 h。

投影图中，一般将平面的阴影涂上淡色，或作平行的等距离细线，或加均匀密点来表示。

2. 水平面的落影

如图 11.18 所示，*ABCD* 为水平面，分别作 *A*、*B*、*C*、*D*4 个端点在 *V* 面投影 a'、b'、c'、d'的落影 a_0'、b_0'、c_0'、d_0'，依次连接 a_0'、b_0'、c_0'、d_0'，即得水平面的落影。由图可知，水平面的落影虽不能反映水平面的实形，但能反映出该平面的相似形状，且平面的两边 *AB* 和 *CD* 距正投影面最近的距离及最远的距离，分别为 h_1，(h_2-h_1)。

3. 侧平面的落影

如图 11.19 所示，*ABCD* 为侧平面，分别作 *A*、*B*、*C*、*D*4 个端点在 *V* 面投影 a'、b'、c'、d'

的落影 a_0'、b_0'、c_0'、d_0'，依次连接 a_0'、b_0'、c_0'、d_0'，即得侧平面的落影。由图可知，侧平面的落影虽不能反映侧平面的实形，但与水平的落影一样，它能反映侧平面相似形状，且反映侧平面与水平投影最远点与最近点的距离分别为 h_2，(h_1-h_2)。

以上所介绍的是平面图形落在一个投影面上的做法。平面图形一部分落在 H 面上，一部分落在 V 面上影子的作法，如图 11.20 所示，下面以正平面为例来介绍。

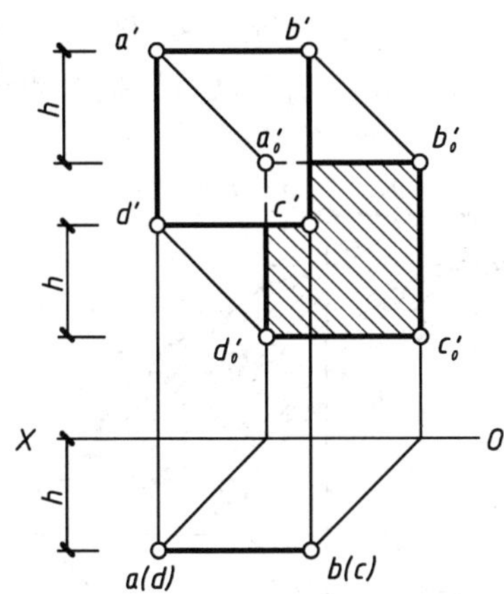

图 11.17 正平面的落影

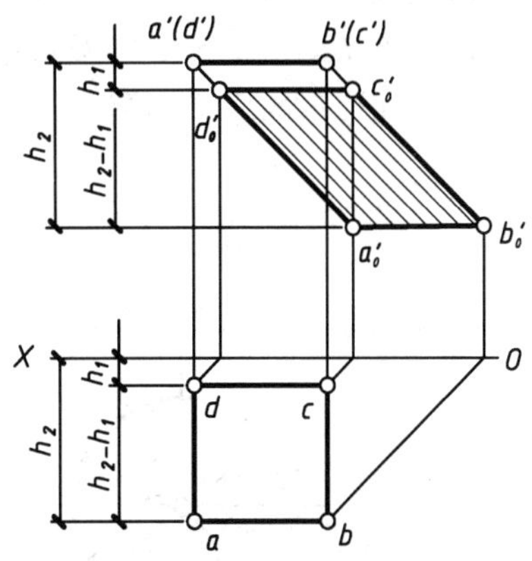

图 11.18 水平面的落影

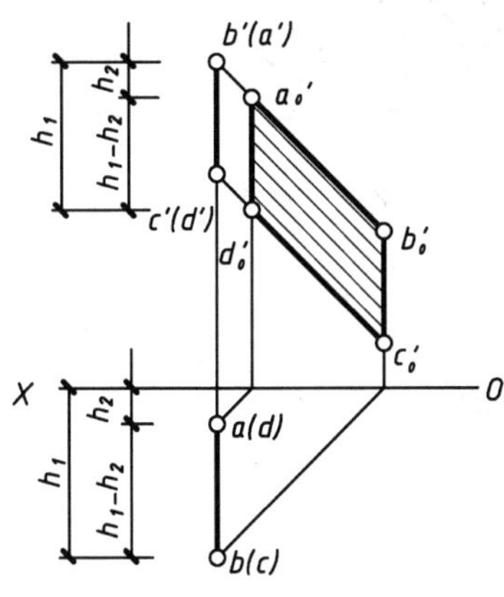

图 11.19 侧平面的影子

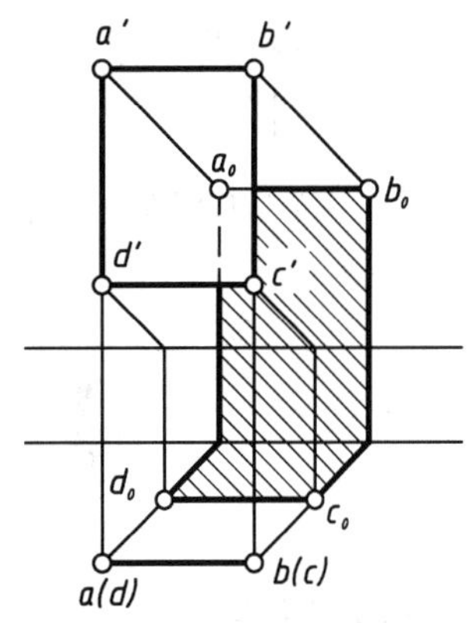

图 11.20 正平面的影子

4. 圆的落影

(1) 圆形平面的影子，其影线为圆周的影子。当圆周平面平行于承影平面时，其影线为一个大小相等的圆周；当圆周平面平行光线时，其影子为一条直线。

因为圆周也是平面图形，故有前述的平面的影子特性。图 11.21(a)为一个水平的圆形落在 H 面上影子的投影。

(2) 一般情况下，圆周在一个平面上的影子是一个椭圆，椭圆心为圆心的影子。

圆周的影子椭圆可以作出圆周上一些点的影子来连得，但一般可用八点法来作影子椭圆。图 11.21(*b*)为一个水平圆周落在 V 面上影子椭圆的八点法作图。首先，作圆周的外切

正方形 $ABCD$，其边线平行或垂直 V 面，其 H 面投影 $abcd$ 反映了实形。这时，由于 AD、BC 平行 V 面，为与 V 面平行的水平线，故影子与其重合的 V 面投影成水平线；AB、CD 垂直 V 面，故影子与其重合的 V 面投影呈 45° 的光线的 V 面投影方向，利用这些直线的影子及其投影特性来简化作图。于是得出呈平行四边形的投影 $a_0'b_0'c_0'd_0'$，因圆周切正方形的四边于中点并与两条对角线交于四点，则通过对角线上四点作辅助线，如连线 28、46，必平行正方形边线。然后作出对角线和辅助线的影子的 V 面投影。于是，可求得影子平行四边形的各边中点 $1_0'$、$3_0'$、$5_0'$、$7_0'$及对角线上：4 点 $2_0'$、$4_0'$、$6_0'$、$8_0'$，就可连接 8 点来得出切于影子平行四边形的影子椭圆。

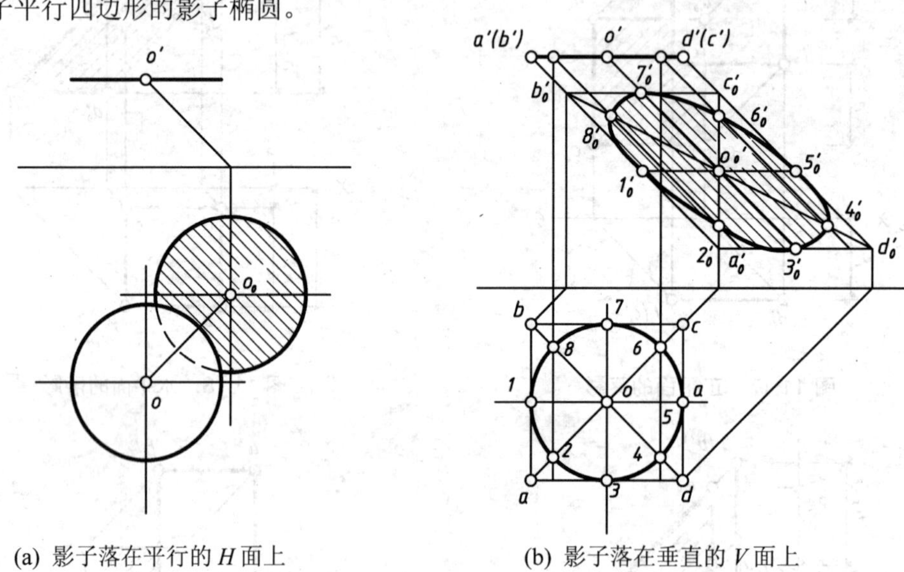

(a) 影子落在平行的 H 面上　　(b) 影子落在垂直的 V 面上

图 11.21　水平圆形的影子

11.3 立体的阴影

11.3.1 阴线和影线

1. 立体的阴影

图 11.22 为一个四棱柱的阴影形成情况。因光线由立体的左前上方射下，故棱柱的顶面、前侧面和左侧面受光而明亮，称为阳面；底面、后侧面和右侧面背光而阴暗，称为阴面。阳面和阴面的分界线 $ABCGJEA$ 称为阴线。由于一般物体是不透光的，故照到阳面上的光线必被物体所阻挡，使得在物体本身或其他物体的原来的阳面上产生了阴暗部分，如在 V 面上 $A_0B_0C_0$…包围的图形，称为影子，简称为影。影子的轮廓线，称为影线。阴面与影子，合并称为阴影。显然，照在阴线上的那些光线，延伸后必与承影面相交。

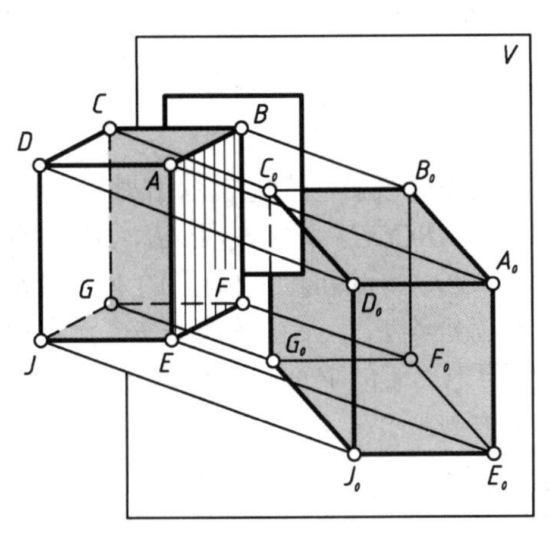

(a) 空间状况

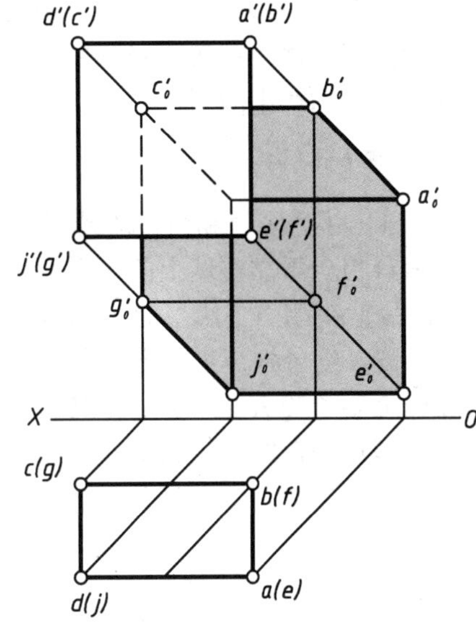

(b) 投影图

图 11.22 四棱柱的阴影

2. 立体的阴影的确定

求立体的阴影时，常会遇到以下两种情况。

(1) 倘若能够先判断出立体的阳面、阴面，也就能够确定出阴线；则作出阴线的影子，就是立体的影线，它所包围的图形，就是立体的影子。

(2) 倘若不能先判断出立体的阳面、阴面及阴线，那么，就先作出立体表面的全部影子，它的最外界线必是立体的影线，则与它对应的立体上的线条，就是立体的阴线。由之，可判断出向光一侧的棱面为阳面，则另一侧即为阴面。

11.3.2 建筑形体的阴影

建筑物由平面立体组成时，作建筑物的阴影，实质上就是确定阳面、阴面和阴线，以及求作点和各种位置直线在各种位置的承影面上影子的问题。

作建筑物阴影的步骤如下。

(1) 进行形体分析：把建筑物分析成有哪些基本几何体所组成，它们的形状、相对大小和相互位置关系。

(2) 判断出阳面和阴面，它们的分界线属于凸角时则为阴线，并判别出承影面。

(3) 根据阴线与承影面相互之间以及与投影面之间的位置关系，利用有关影子及其投影的平行、相交、45° 方向、对称等特性，并利用量度性、返回光线、假影等方法，作出阴线的影子，即为影线。作图时应严格区分出阴影的空间特性和投影特性。

(4) 如不能先判断出阳面和阴线，则先作出属于凸角处棱线的影子，它们中的最外者，即为影线。对应它们的棱线即为阴线。由之可判断出阳面和阴面。

(5) 最后将阴面和影子涂上淡色、加均布细点或作平行的细直线作为阴影来表示阴影。除练习外，不必画出光线、作图线，也不注出字母符号。

下面列举一些常见的门窗、雨篷、台阶和阳台等的阴影，由此可解决房屋建筑中其他有关的阴影作法，就可完成一座由平面立体组成的房屋等的阴影问题。推而广之，也可作出其他工程物体上的阴影。

1. 窗的阴影

图 11.23 为窗台和窗口的影子。阴面属于不可见或成积聚投影而未能显示出来。

窗台相当于靠在墙上的一个横向四棱柱，阴线为折线 $ABCDE$。其中线段 AB、DE 垂直 V 面，故落在墙面上影子的 V 面投影呈 45° 方向；BC、CD 平行墙面，故影子的 V 面投影方向不变，仍分别是水平方向和竖直方向。窗口的阴线为折线 FG，H 面垂直线 FG 落在窗台顶面上影子的 H 面投影，呈 45° 方向；落在平行的窗面上影子的 V 面投影仍呈竖直方向。水平线 GJ 落在平行的窗面上影子的 V 面投影仍是水平方向。

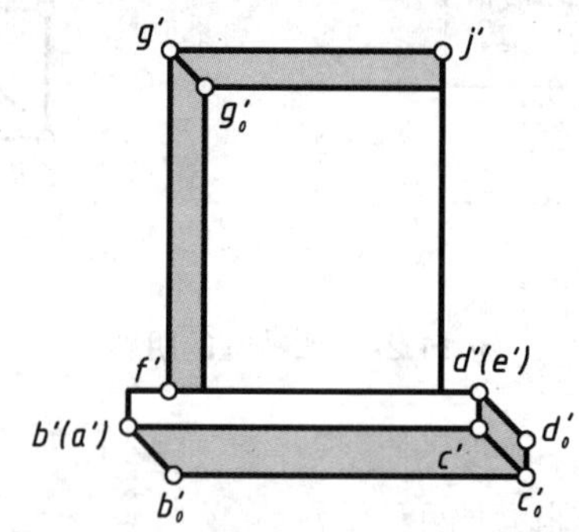

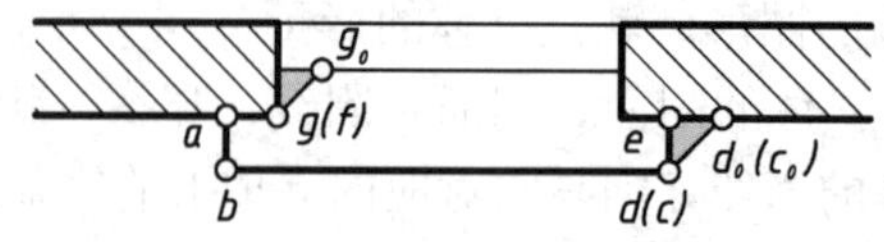

图 11.23 窗的阴影

2. 雨篷的阴影

图 11.24 为带有台阶、雨篷的门口的影子。台阶为靠于墙脚和地面上的四棱柱，阴线为折线 ABC。H 面垂直线 AB 落于地面上影子的 H 面投影成 45° 方向；V 面垂直线 BC 平行于 H 面，故落在地面上影子与本身平行；落于墙面上影子的 V 面投影，则呈 45° 方向。

门口的影子相同于窗口的影子。雨篷的影子相同于窗台的影子，仅因水平边 EF 与墙面、门面的距离不同，故影子高低错开，作法如图 11.24 所示。

3. 台阶的阴影

如图 11.25 所示是台阶的阴影。台阶左、右挡墙的影分别落在地面、踏面、踢面和墙面上。其左侧挡墙的阴线为正垂线 AB 和铅垂线 AC，右侧挡墙的阴线为正垂线 ED 和铅垂线 EF。作图步骤如下。

(1) 求左侧挡墙上阴线 AC、AB 在各落影面上的落影。从 W 投影可知，点 A 的影 A_0 落在第二个踢面上，所以过点 A 作 45° 光线与第二个踢面的积聚性投影相交于 a_0，ca_0 就是阴线 AC 在地面和第一个踏面上影子的 H 面投影。影的 V 面投影应和 AC 线平行。同理，可求出 AB 线在各承影面上的落影。

(2) 求右侧挡墙上阴线在墙面、地面上的落影。阴线 DE 在墙面上的落影是一条通过 $e'(d')$ 的 45° 光线。在地面上的落影为平行于 DE 的直线，EF 在地面上的落影为 45° 直线。

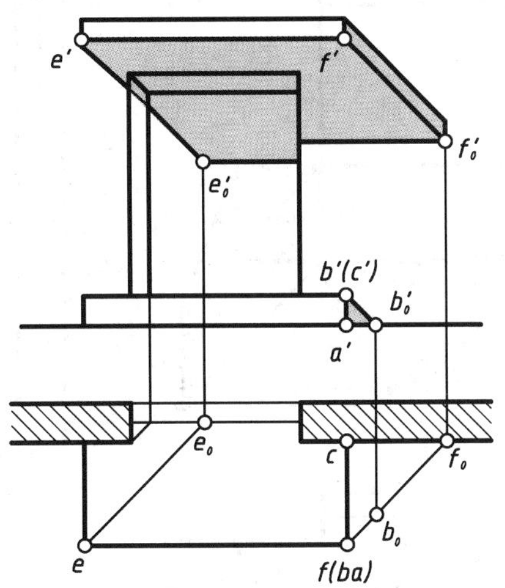

图 11.24 门的阴影

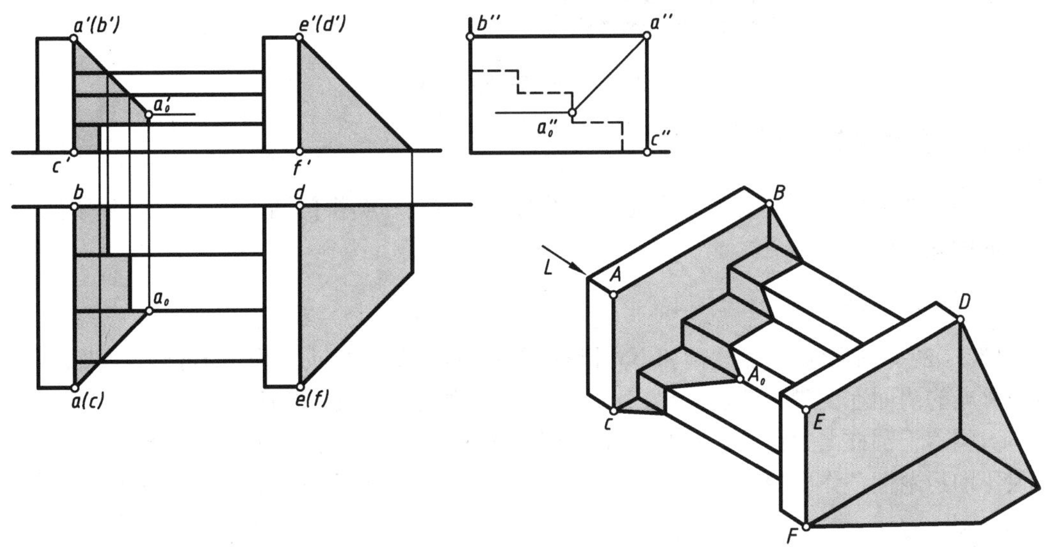

图 11.25 台阶的阴影

4. 阳台的阴影

图 11.26 是具有转折式栏板的外挑阳台的阴影。其作图步骤如下。

(1) 先求出栏板上一点如 $A(a, a')$的影子 A_0的 V 面投影 a_0'，即可判断出右方斜栏板的外侧为阴面，并可作出整座阳台落于墙面上影子的 V 面投影。

(2) 利用栏板上方扶手内侧边缘 DE 为 W 面垂直线，可作出落于右方栏板内侧在 W 面投影(剖面图)中影线为 45° 方向。由此并可在 H 面投影作出落于阳台底面上影子的 H 面投影。

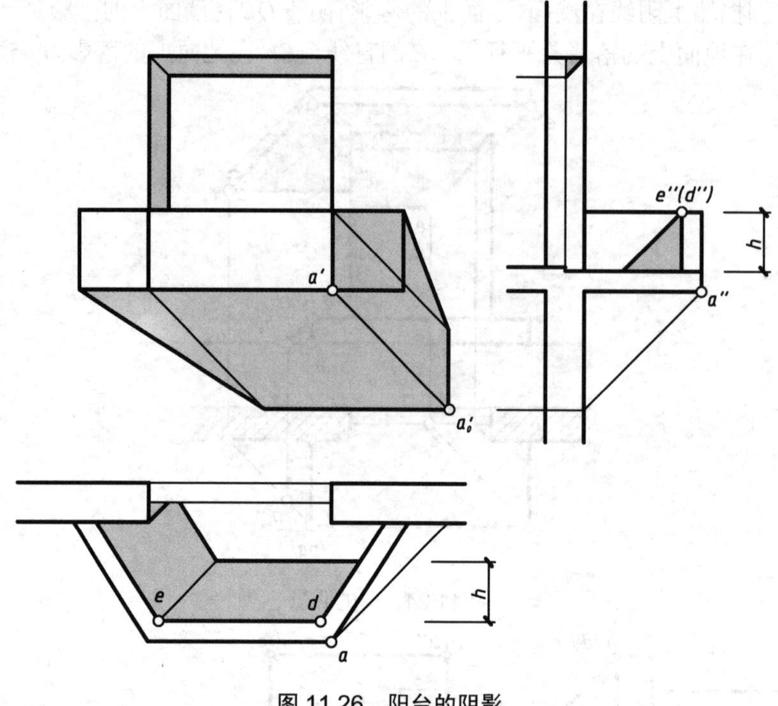

图 11.26　阳台的阴影

11.3.3　曲面体的阴影

曲面体的阴影绘制较复杂，因此，在本书中以柱头和圆拱门两个较为典型的例子，来讲解曲面体的阴影。

1．柱头的阴影

图 11.27 表示由正方形柱帽和下方圆柱形柱身构成的一柱头，作阴影的 *V* 面投影。正方形柱帽的阴面在图中未能显示出来，柱身的阴线作法如图 11.27 所示。

方帽落于圆柱面上影线，是由方帽的底边 *AB* 和 *AC* 所产生的，可利用承影圆柱面的 *H* 面投影的积聚性，作出 *AB* 和 *AC* 上一些点落在圆柱面上影子来连得，作法如 *A* 点的影子 $A_0(a_0,\ a_0')$。

现利用截交线的作法求作：因通过 *AB*、*AC* 的光平面与圆柱面的截交线即为影线，各为一段椭圆弧。两个椭圆心重合于柱轴上一点 *O*。影线的两段椭圆弧的 *H* 面投影，必积聚在圆柱的 *H* 面投影上而为两段圆弧。因 *AB* 为 V 面垂直线，故通过它的光平面与圆柱面交得的影线即一段椭圆弧的 *V* 面投影成为 45° 方向的一段直线，止于 *A* 点的影子 A_0 的 *V* 面投影 a_0；延长之，与圆柱的轴线的 *V* 面投影交得椭圆心 *O* 的 *V* 面投影 *O′*。

AC 为 *W* 面垂直线，故通过它的光平面 *P* 的 *W* 面投影 *p″*有积聚性，如图中由所附的 *W* 面投影所示。由于 *P* 面对 *V* 面和 *H* 面的倾角均为 45° ，故该影线椭圆的 *W* 面投影的形状应与 *H* 面投影的形状相同，也为一段圆弧，半径等于圆柱半径，故可由已经作出的 *O′*来作得 *AC* 落于圆柱面上影线的圆弧形 *V* 面投影。

图 11.27 的 *W* 面授影，仅供说明 *V* 面投影中阴影之用，未作出柱头阴影的 *W* 面投影。

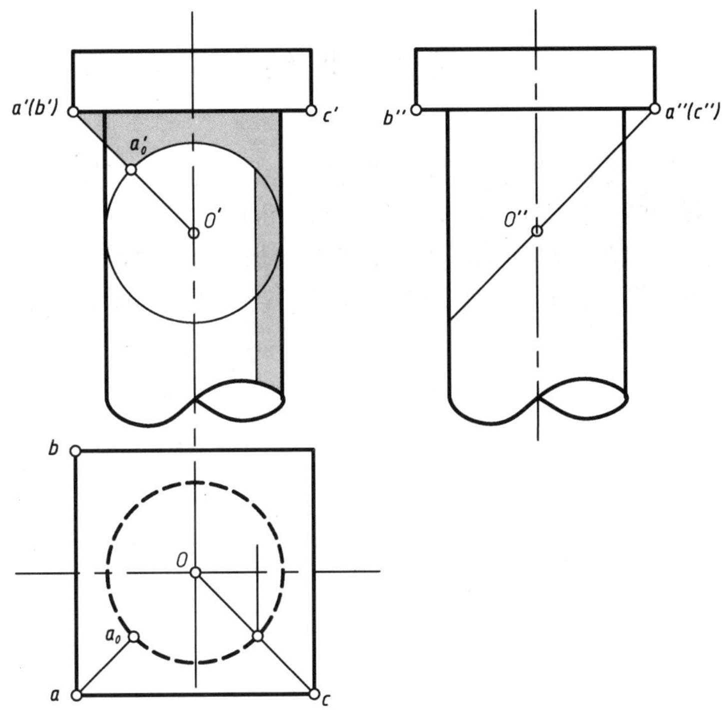

图 11.27 柱头的 V 面投影中阴影

2. 圆拱门洞的阴影

图 11.28 为一座靠于主楼墙面具有圆拱形门洞的门廊的两面投影。作其阴影。因所有阴面均为不可见或成积聚投影而未能显示出来。

所有为阴线的柱身的侧棱和墙角线均垂直于 *H* 面和平行于与 *V* 面平行的墙面，故落于地面和墙面上影子的投影，分别为 45° 方向和竖直方向。门廊右上方屋顶边线垂直于后方主楼的墙面，故影子的 *V* 面投影成 45° 方向。

作此圆拱的影子时，先作前、后圆心的影子，因均落于墙面上，故半圆形圆拱口落于墙面上影子也成等大的半圆。作法如图 11.28 所示。

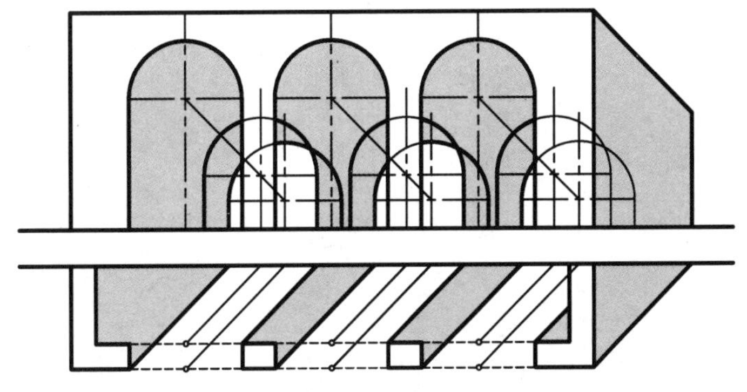

图 11.28 圆拱门的影子

章 后 小 结

(1) 任何物体在光线的作用下都会产生阴影，本章研究的是正投影图中的阴影绘制，重点介绍了在正投影图中点、线、面及体的阴影的绘制方法。

(2) 建筑阴影的绘制，会使建筑立面图的效果更加丰富，明显地反映出房屋的凹凸、深浅及明暗，使图面生动逼真，富有立体感，加强并丰富了立面图的表现能力。

第 12 章 透视投影

教学提示：本章首先讲述透视投影的基本知识，接着重点介绍了透视的作图方法——视线法，最后介绍了透视的其他辅助作法。本章的重点和难点是采用适当的作图方法，将建筑形体的透视图表现在图纸上。

学习要求：通过本章的学习，学生应该了解和掌握透视投影的基本知识，熟练掌握透视投影作图方法。

12.1 透视投影的基本知识

12.1.1 透视投影的形成

人们在观察景物时，会发现一种明显的现象，即同样大小的东西，近大、远小，近高、远低。例如，路边等距同高的电线杆，两根宽度相等的铁轨，都是逐渐相交而消逝在远方的地平线上，这就是透视现象。

如图 12.1 所示，当人们站在玻璃窗内用一只眼睛观看室外的建筑物时，自人眼投向建筑物的视线与玻璃面相交，这些交点的集合就形成了建筑物在玻璃面上的投影，这个投影就是透视投影。因此，将人眼视为投射中心时，空间几何元素在投影面(画面)上的中心投影，称为透视投影或透视图，简称透视。

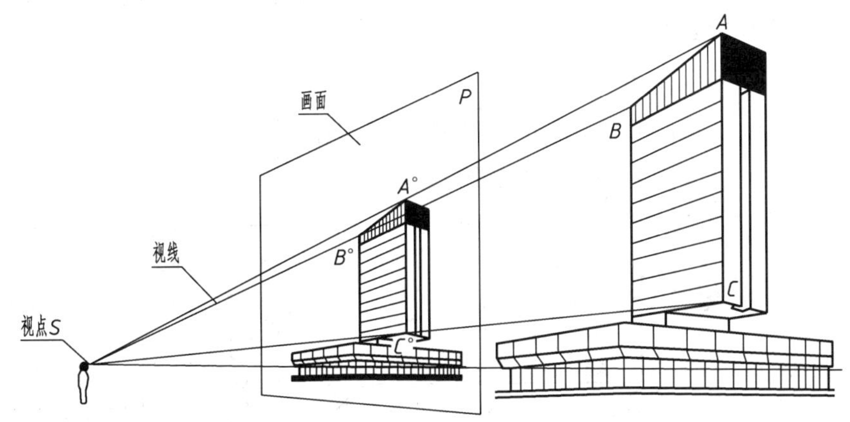

图 12.1 透视的形成

由于透视图符合人们观察事物的情景，它因形象逼真而使人如临其境，赏心悦目。因此，在建筑设计中，常常需要绘制建筑物及其背景的透视图，以便直观生动地表达建筑物的逼真形体。

12.1.2　透视投影的特点

如图 12.2 所示为某办公楼的透视投影，从图中可以看出以下几个特点。

(1) 近大远小。建筑物上等体量的构件，距离近的大，远的小。

(2) 近高远低。建筑物上等高的柱子，距离近的高，远的低。

(3) 近疏远密。建筑物上等距离的柱子，距离近的疏，远的密。

(4) 水平线交于一点。建筑上平行的水平线，在透视图中，延长后交于一点。

图 12.2　某办公楼的透视投影

12.1.3　透视投影中的常用术语

绘制透视图的面，称为画面。画面有平面形状，也有曲面形状，但通常仅采用平面形状的画面，且一般放成竖直位置。在本章中，主要讲述竖直平面上的透视。如图 12.3 所示，画面恰好与正立投影面 V 重合。

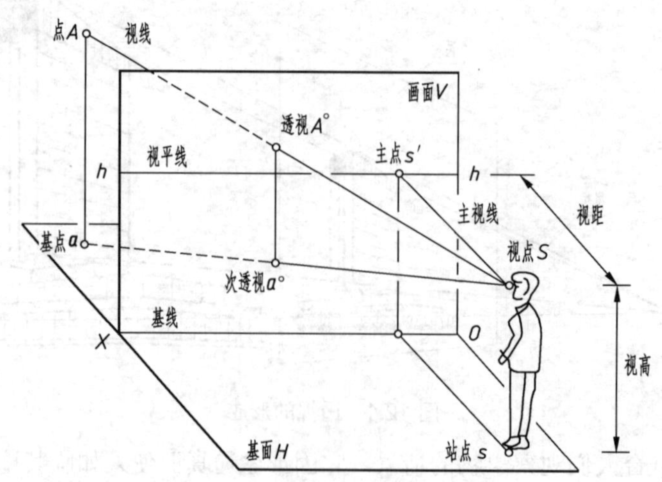

图 12.3　常用术语

H ——基面，放置物体的水平面，当绘制建筑物时，即为地面。

V ——画面，透视图所在的平面，一般以垂直于基面的铅垂面为画面。

OX ——地平线，也称基线，是基面和画面的交线。

S ——视点，即人眼所在的位置。

h—*h* ——视平线，相当于通过视点 *S* 的一个水平面与画面的交线，它与 *OX* 轴的距离等于视高。

s' ——主点，视点 *S* 在画面 *V* 上的正投影。

s ——站点，视点 *S* 在基面 *H* 上的正投影。

Ss ——视高，是视点到地面的垂直距离。

Ss' ——视距，是视点到画面的垂直距离。

SA——视线，是视点和物体上各点的连线。

空间一点 *A* 与视点 *S* 的连线，即为视线。它与画面 *V* 的交点 A° 即为 *A* 点的透视。以后凡是几何形体的透视，均用表示几何形体本身相同的字母或数字，于右上角加一“◦”表示。*A* 点的 *H* 面投影 *a*，也称为基点，其透视 a° 称为 *A* 点的次透视。透视 A° 与次透视 a° 间连线 $A^{\circ}\ a^{\circ}$，称为连系线。

观察者在观看建筑透视图时，主要凭生活经验来体会出建筑物的形状和大小等，因而在完成后的建筑透视图上，不必表示出基面、视点对画面的相对位置，也不必画出建筑物的次透视。次透视仅在作建筑透视图过程中需要时才画出。

12.1.4 透视投影的分类

根据物体的坐标轴与画面的相对位置不同，透视图有以下 3 种。

1. 一点透视

形体的主要面与画面平行，其上的 *X*、*Y*、*Z* 三条坐标轴中，只有一条轴与画面垂直，另两轴与画面平行。在所作形体的透视图中，与三条坐标轴平行的直线，只有一个轴向的透视线有灭点，称为一点透视，如图 12.4 所示。

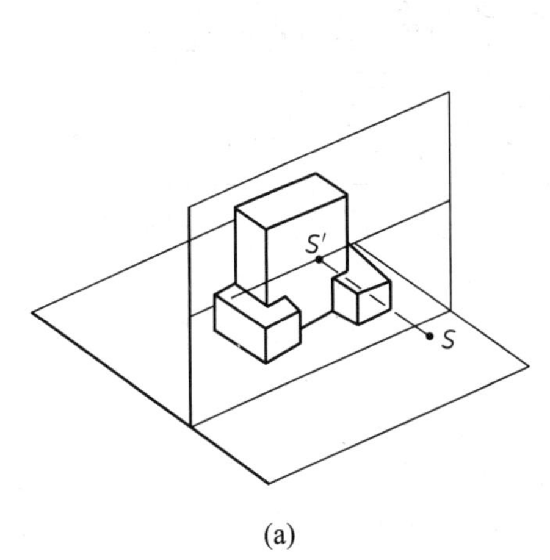

(a)

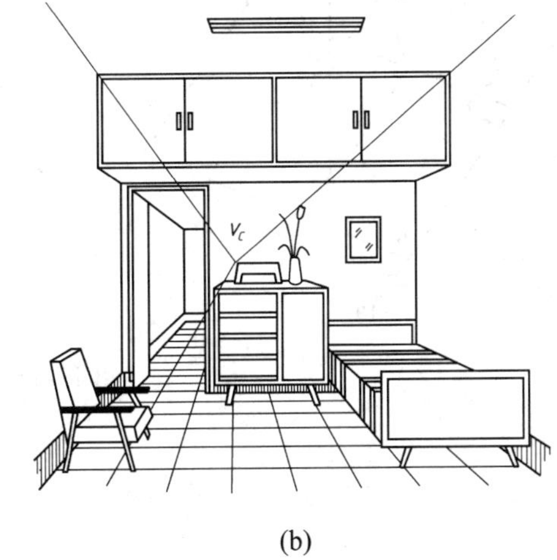

(b)

图 12.4 一点透视

2. 两点透视

形体上的 *X*、*Y*、*Z* 三个轴中任意两轴(通常为 *X*、*Y* 轴)与画面倾斜相交，第三轴(*Z*)与画面平行。在所作形体的透视图中，两个轴向的透视线有灭点，称为两点透视，如图 12.5 所示。

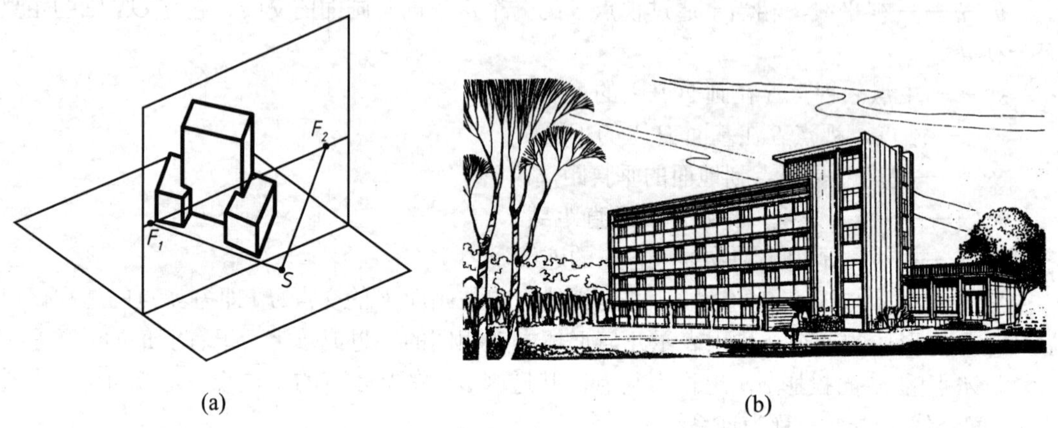

(a)　　　　(b)

图 12.5　两点透视

3. 三点透视

当面面与基面倾斜时，形体上 *X*、*Y*、*Z* 三个轴与画面均倾斜相交。在所作形体的透视图中，三个轴向均有灭点，称为三点透视，如图 12.6 所示。

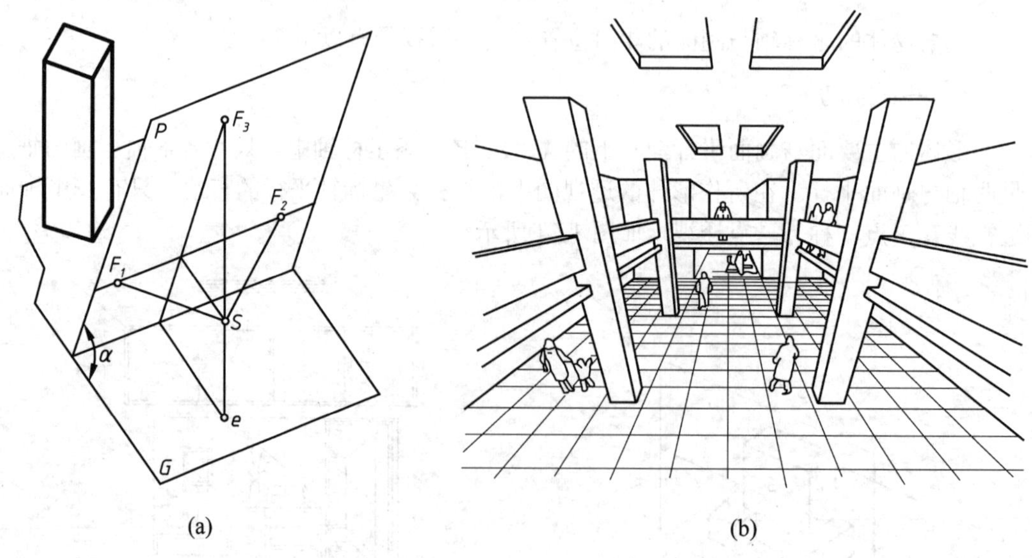

(a)　　　　(b)

图 12.6　三点透视

12.2 点、直线和平面的透视

12.2.1 点的透视

1. 点的透视概述

点的透视仍为一点，是通过该点的视线与画面的交点。一点如在画面上，则其透视即为该点本身。

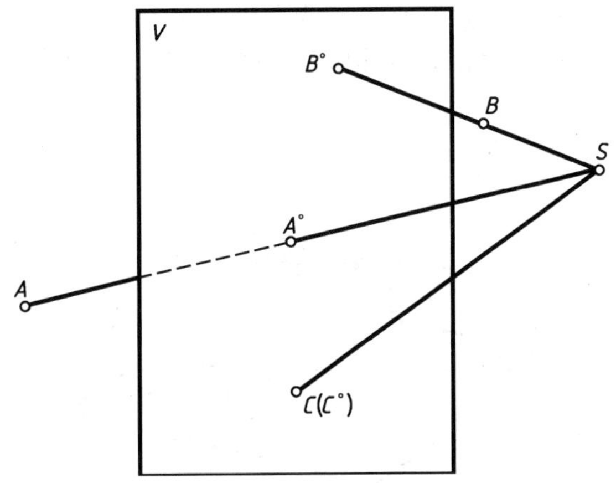

图 12.7 点的透视

如图 12.7 所示，设画面为 V，视点为 S。现有一点 A 位于画面 V 的后方，引视线 SA，与 V 面的交点 A°，即为 A 点的透视。因为视线为一条直线，与一个平面只能交于一点，故一点的透视仍为一点。

现设一点 B 位于画面 V 的前方，则延长视线 SB 与 V 面交得透视 B°。

若一点 C 恰在画面 V 上，则通过 C 点的视线与 V 面的交点 C°，即为 C 点本身。本章为使插图简洁起见，一点在画面上时，其透视常不再另用字母标记。

2. 点的透视作法——正投影法

点的透视，可利用正投影法中求直线与 V 面的交点方法作出。因为一点的透视，就是通过该点的视线与画面 V 的交点。

如图 12.8(a)所示，设 A 点的 H 面和 V 面投影为 a 和 a'，视点 S 的 H 面和 V 面投影为 s 和 s'，则视线 SA 的 V 面投影为连线 $s'a'$。因透视 A° 在 V 面上，其 V 面投影即为本身，故 A° 必在 $s'a'$上。又视线 SA 的 H 面投影为连线 sa，因 V 面上 A° 的 H 面投影既在 sa 上，也在投影轴即基线 OX 上，它们的交点 a_x°。连系线 $A^\circ a_x^\circ$ 是投射线，必垂直于 OX。故一点 A 的透视 A°，位于该点的 H 面投影 a 和站点 s 间连线 sa 与 OX 交点 a_x 处竖直线上。

至于次透视 a°，因 a 点的 V 面投影为 OX 上的 a_x 点，故视线 Sa 的 V 面投影为 $s'a_x$，a° 必在其上；又 sa 也为视线 Sa 的 H 面投影，所以 sa 与 OX 的交点 a_x°，也是 a° 的 H 面投影，故 a° 也在投射线 $A^\circ a_x^\circ$ 上。于是得出下列结论：一点的透视 A° 与次透视 a° 位于 OX 轴的同一条垂直线上，即 A° 与 a° 间连系线为一条竖直线。

投影图如图 12.8(b)、(c)所示，为了使得 H 面和 V 面上图形不重叠，在透视图作法中，一般将 H 面和 V 面拆开来排列。如图 12.8(b)所示，V 面排在上方，H 面排在下方。而不像正投影图中，我们常把 H 面绕着 OX 轴向下、向后旋转直至与 V 面同在一个平面上。此时，OX 轴就分别在 H 面及 V 面上各出现一次，在 H 向上的用 ox 表示；在 V 面上的用 $o'x'$表示。但 H 面和 V 面仍在竖直方向上下对齐。也可将 H 面放在上方而 V 面放在下方，甚至布置成其他合适位置。而且通常不画出边框，如图 12.8(c)所示。

如图 12.8(b)所示为已知条件，如图 12.8 (c)所示为作图过程。先在 H 面上作连线 sa，与 ox 交于 a_x°；由 a_x° 作竖直线，与 V 面上连线 $s'a'$、$s'a_x$ 的交点 A° 、a° ，即为 A 点的透视和次透视。

这种利用视点和空间点等正投影来作出透视和次透视的方法，称为正投影法。这是作透视的最基本的方法。但在以后作其他几何形体的透视时，可以利用它们的透视特性来使作图更有规律。

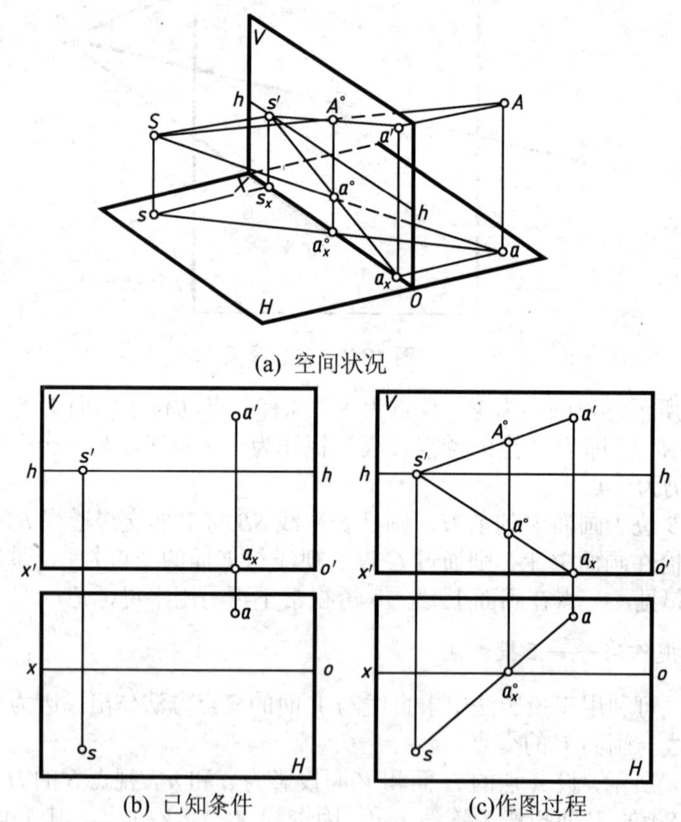

(a) 空间状况

(b) 已知条件　　(c)作图过程

图 12.8　点的透视作法——正投影法

12.2.2　直线的透视

直线(曲线)的透视，一般情况下仍为直线(曲线)；只有当直线通过视点时，其透视成为一点，如图 12.9 所示。在图 12.9 中，直线 A 的透视为通过直线 A 上各点的视线所组成的视平面与画面 V 交成的直线 A° ，故直线的透视仍为直线。但当直线 B 通过视点 S 时，通过直线上各点的视线，实际上只有一条，故这时的直线的透视 B° 必成为一点。

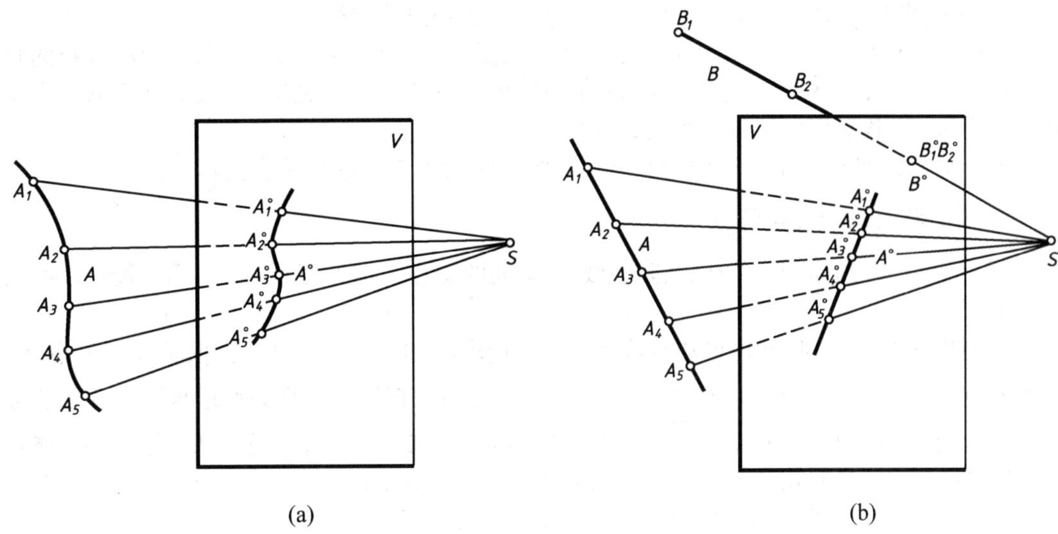

(a) (b)

图 12.9 线的透视

当直线在画面上时，其透视与本身重合。

直线对画面的相对位置，可分为两大类：即画面平行线——与画面平行的直线；画面相交线——与画面相交的直线，它们有不同的透视特性。

1. 画面平行线的透视特性

1) 画面平行线的透视，与直线本身平行

在图 12.10(a)中，直线 AB 平行画面 V，通过它的视平面 SAB 与画面交得的直线,即透视 $A^\circ B^\circ$ ，应与 AB 平行。

又由于画面平行线方向的不同，分为 3 种，即竖直线、水平线和倾斜线。当画面为竖直方向时，则这种画面平行线的透视仍成竖直、水平和同样倾斜的方向。

2) 两条平行的画面平行线的透视，仍互相平行

在图12.10(b)中，如V面平行线$AB//CD$，因为$A^\circ B^\circ //AB$，$C^\circ D^\circ //CD$，故$A^\circ B^\circ //C^\circ D^\circ$。

推而广之，所有互相平行的画面平行线，它们的透视仍互相平行。

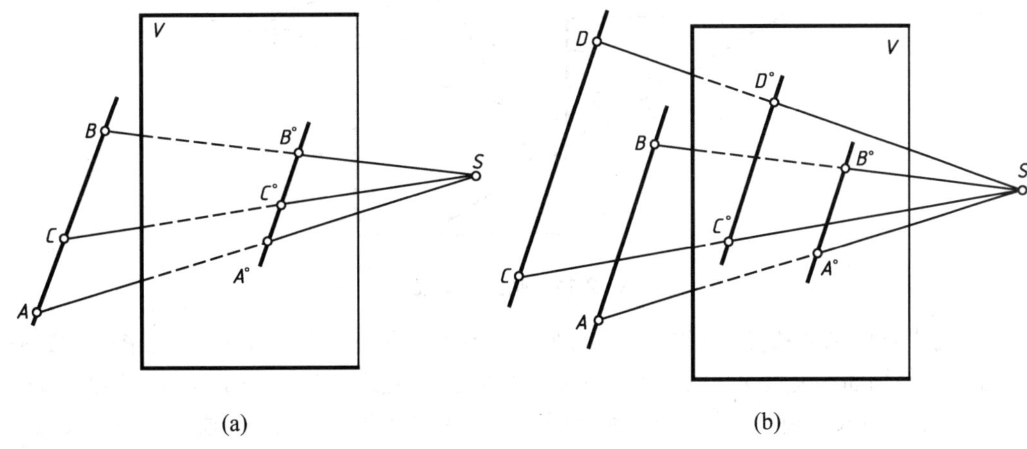

(a) (b)

图 12.10 画面平行线

3) 画面平行线上各线段的长度之比，等于这些线段的透视的长度之比

如图 12.10(a)所示，虽然画面平行线 AD 的透视 $A^\circ D^\circ$ 的长度，不等于 AD 本身的长度。但 AD 上各点的视线，被平行两直线 AD 和 $A^\circ D^\circ$ 所截，AD 上各线段的长度之比，应与 $A^\circ D^\circ$ 上各对应线段的长度之比相同。

故一条画面平行线上各线段的长度相等时，它的各段的透视长度也相等。

2. 画面相交线的透视特性

(1) 迹点——画面相交线(或其延长线)与画面的交点，称为画面迹点，简称迹点，或画面交点。

画面相交线的透视，必通过该直线的迹点。在图 12.11 中，直线 A 与画面 V 交于迹点 $\overline{A}$。由于迹点 $\overline{A}$ 在画面上，它的透视 $\overline{A^\circ}$ 即为 $\overline{A}$ 本身；且由于直线的透视必通过直线上各点的透视，故直线 A 的透视 A° 必通过 $\overline{A^\circ}$，即通过 $\overline{A}$。因 $\overline{A^\circ}$ 必与 $\overline{A}$ 重合，故以后标注时常省略。

(2) 灭点——画面相交线上无限远点的透视，称为灭点。

画面相交线的透视(或其延长线)必通过该直线的灭点。

在图 12.11 中，设画面相交线 A 上有许多点 A_1、A_2…。它们的透视为 A_1°，A_2°…，构成直线 A 的透视 A°。当一点离开视点 S 越远，则其视线与直线 A 之间的夹角 φ 越小，即 $\varphi_3<\varphi_2<\varphi_1$。设一点 A_∞ 在直线 A 上无限远处，则通过该点的视线 SA_∞ 将平行于直线 A，SA_∞° 与画面交于一点 F，即为直线上无限远点的透视。因为整条直线的透视好像消灭于此，故称为灭点。本书中灭点用字母 F 表示。

从上可知：一直线的灭点，为平行于该直线的视线与画面的交点。

并可看出：直线 A 上各等长线段，如 $\overline{A}A_1=A_1A_2=A_2A_3$，但透视 $\overline{A}A_1^\circ>A_1^\circ A_2^\circ>A_2^\circ A_3^\circ$，即在空间，一条画面相交线上线段，离视点越远，其透视长度越短，这种情况称为近大远小现象。

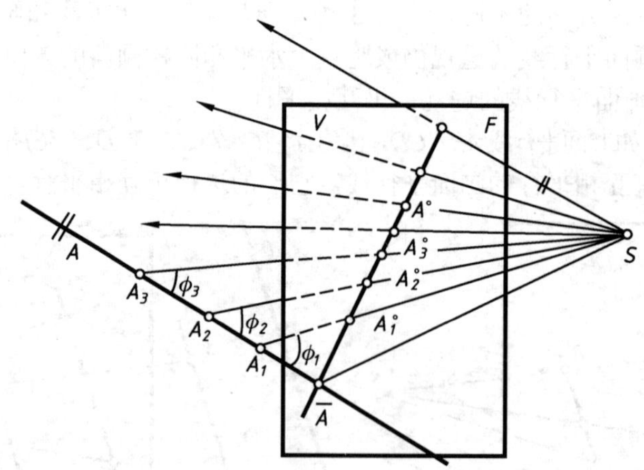

图 12.11　画面相交线

(3) 两平行的画面相交线有同一灭点，它们的透视应通过该同一灭点。在在图 12.12 中，有平行的两条画面相交线 A 和 B。平行其中一条如 A 的视线 SF，也必平行另一条 B，即 $SF/\!/A/\!/B$，故 A 和 B 共有一条视线 SF 而有同一灭点 F，即透视 A°、B° 通过该同一灭点 F。

推而广之，所有互相平行的一组画面相交线的透视，都通过同一灭点。

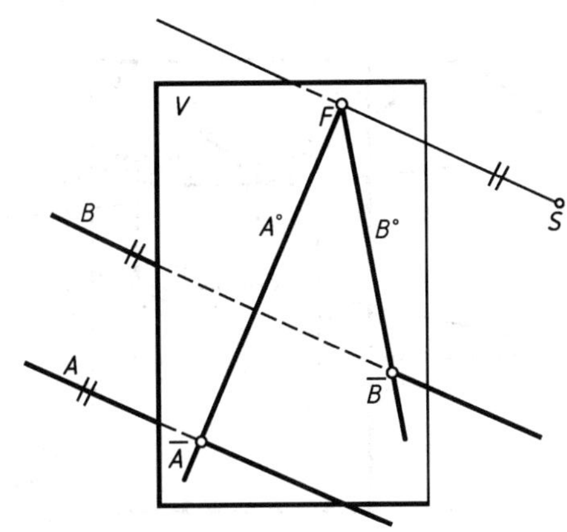

图 12.12 两平行的画面相交线

3. 相交两直线

两相交直线的交点的透视，必为两直线的透视的交点。在在图 12.13 中，直线 *AB* 和 *CD* 交于 *E* 点，则透视 E° 必分别在 $A^{\circ}B^{\circ}$ 和 $C^{\circ}D^{\circ}$ 上，故 E° 为 $A^{\circ}B^{\circ}$ 和 $C^{\circ}D^{\circ}$ 的交点。

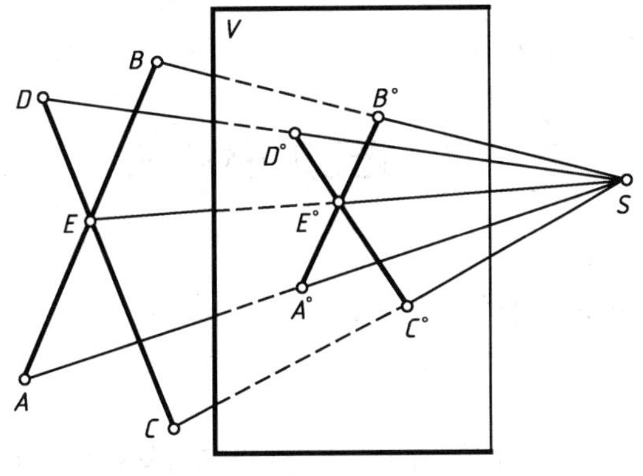

图 12.13 相交的两直线

12.2.3 平面的透视

1. 平面的透视概述

平面图形的透视，为平面图形边线的透视。一般情况下，平面多边形的透视仍为一个边数相同的平面图形，如图 12.14 所示为一个五边形 *ABCDE* 的透视仍为一个五边形 $A^{\circ}B^{\circ}C^{\circ}D^{\circ}E^{\circ}$。

当平面通过视点时，则通过平面各点的视线，包括通过边线上各点的视线，必位于与该平面重合的视平面上，故平面的透视相当于这个视平面与画面的相交直线。故该平面的透视成为一条直线。

平面图形位于画面上时，其透视即为图形本身，即形状、大小和位置等均不变。

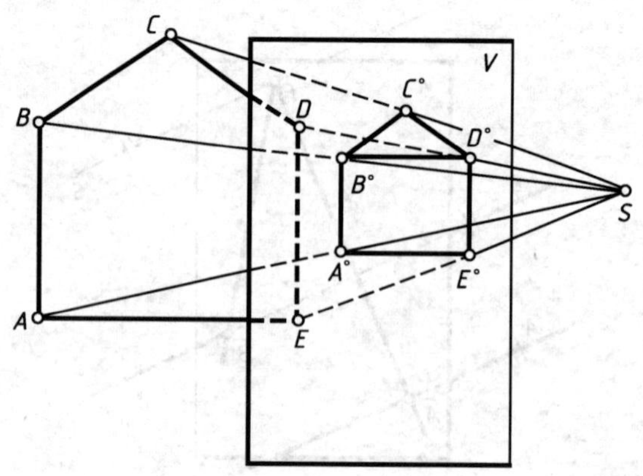

图 12.14　平面的透视

2. 画面平行面的透视特性

与画面平行的平面，称为画面平行面。画面平行面的透视，为一个与原形相似的图形。如图 12.14 所示，因为经过平面图形边线上各点的视线，组成一个以视点为顶点的锥面，其透视相当于以画面为截平面的截交线。又因 V 面与锥面的底面平行，故相当于截交线的透视图形，必与底面的形状相似。

12.3　透视图的作法

12.3.1　视线法、交线法作透视图

1. H 面平行线的透视作法

如图 12.15(a)所示，已知画面 V、基面 H、视点 $S(s)$及视平线 h-h。设有一条与 V 面相交的 H 面平行线 AB，其 H 面投影为 ab。AB 离开 H 面的高度相当于投射线 Aa、Bb 的高度 h。视线 SA、SB 与 V 面交得透视 A° 、B° ，连线 $A^{\circ}\ B^{\circ}$ 即为 AB 的透视。又视线 Sa、Sb 与 V 面交得的透视 a° 、b° ，连线 $a^{\circ}\ b^{\circ}$ 即为 AB 的次透视。连系线 $A^{\circ}\ a^{\circ}$ 、$B^{\circ}\ b^{\circ}$ 分别为平行于 V 面、竖直方向的投射线 Aa、Bb 的透视，故仍为竖直方向。

现介绍利用直线的迹点、灭点和视线的 H 面投影来作透视的方法。

(1) 投影图布置——如图 12.15(b)所示，为了使得 H 面、V 面上的图形不重叠，可将 H、V 面拆开来排列。如在图中，H 面排于下方，V 面排于上方，但上下仍应对齐。两图中的基线 OX 均置于水平位置，且分别以 ox、$o'x'$表示。H 面上画出已知的 ab 和 s。V 面上画出了 h-h。因为 h-h 为通过 S 的 H 面平行面与 V 面的交线，故 h-h 与 $o'x'$间距离表示了视高 Ss，因而无需作出 s'。在实际作图时，也可不必画出 H、V 的边框，如图 12.15(c)所示。H、V 的位置上下相调或交叉。

(2) 迹点作法和真高线——如图 12.15(a)所示，延长 AB，可与 V 面相交得迹点 N。此时，H 面上 ab 也必延长，与 V 面交于 OX 上的 n 点，则 n 为 ab 的迹点，也为 N 的 H 面投影。故投射线 nN 垂直 OX，且长度 nN 反映了 AB 离开 H 面的高度，故连线 nN 称为 H 面平行线的真高线。

于是在图 12.15(c)中，如已知 ab，则延长后必与 ox 交于 n 点。由 n 作竖直线，又与 $o'x'$ 交于 n，由之量取高度 h，即得 AB 的迹点 N，nN 即为真高线。

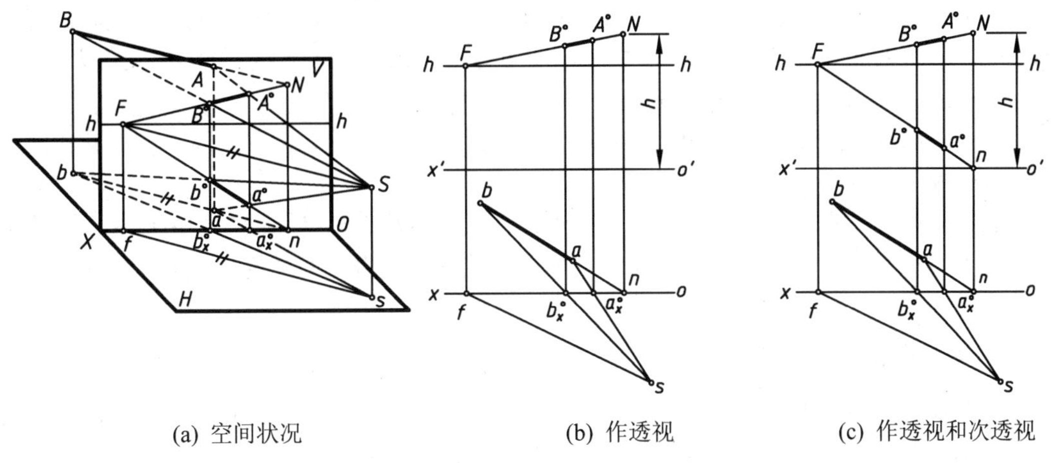

图 12.15　*H* 面平行线的透视作法

(3) 灭点作法——H 面平行线的灭点位于视平线 h–h 上。如图 12.15(a)所示，现过 S 作视线 $SF /\!/ AB$，可与 V 面相交得灭点 F。因 AB 为 H 面平行线，故 SF 也为一条 H 面平行线，且位于通过 S 的水平的视平面内，因而 SF 与 V 面交得的灭点 F，应位于该视平面与 V 面交得的视平线 h–h 上。又因 $AB /\!/ ab$，故 SF 也必平行 ab，即 F 亦为 ab 的灭点。

SF 的 H 面投影为 sf，因 SF 为 H 面平行线，故 $sf /\!/ SF$；又因 $SF /\!/ AB$，$ab /\!/ AB$，故 $sf /\!/ ab$。sf 与 OX 的交点 f 为 F 的 H 面投影，故连系线 $fF \perp OX$。

在图 12.15(c)中，先过 s 作 $sf /\!/ ab$，与 ox 交于 f 点。再由 f 作连系线 fF，即可与 h–h 相交得灭点 F。

(4) 由视线的 H 面投影作直线的透视——视线法。

如上所述，如先求出 $AB(ab)$的迹点 $N(n)$和灭点 F，则连线 NF 为直线 AB 延长后的透视，$A^\circ B^\circ$ 必在其上。这种迹点和灭点的连线 NF(以及延长线)，也称为直线 AB 的全透视或透视方向。同样 $a^\circ b^\circ$ 必在连线 nF 上。

现再利用视线的 H 面投影来定出端点 A、B 在 NF 上 A°、B° 的位置和 a、b 在 nF 上 a°、b° 的位置。如图 12.15(c)所示，视线 SA 的 H 面投影为 sa，也为视线 Sa 的 H 面投影。sa 与 OX 的交点 a_x°，为 A°、a° 的 H 面投影，故连系线 $a_x^\circ A^\circ \perp OX$。

在图 12.15(c)中，引连线 sa，与 ox 交于 a_x° 点，作连系线 $a_x^\circ A^\circ$，即可与 NF 交得透视 A°，与 nF 相交得次透视 a°。

同法，求出 B 点的透视 B° 和次透视 b°。则线段 $A^\circ B^\circ$ 为 AB 的透视，$a^\circ b^\circ$ 为 ab 的透视，即 AB 的次透视。

这种利用直线的迹点、灭点和视线的 H 面投影作透视的方法，称为视线法，是作建筑物透视时最常用的基本作法。

2. H 面上直线的透视作法

如图 12.16 所示，设已作出 H 面上直线 $AB(ab)$的迹点 $N(n)$、灭点 F 及全透视 NF。至

于端点 A、B 的透视 A° 、B° 的定法如下。

由于两直线交点的透视，为两直线的透视的交点。于是在 H 面上，可过 A 点任意作一条为辅助线的画面相交线 $A\overline{A}$，与画面交于 OX 上迹点 $\overline{A}$。H 面投影 $a\overline{a}$ 与 $A\overline{A}$ 重合。再作辅助线 $A\overline{A}$ 的灭点 $\overline{F}$；先作 $s\overline{f}\,/\!/\,a\overline{a}$，与 ox 交于 $\overline{f}$ 点，由之作连系线，与 h-h 交得灭点 $\overline{F}$。连线 $\overline{A}\,\overline{F}$（$\overline{a}\,\overline{F}$）为 $A\overline{A}$（$a\overline{a}$）的全透视。于是 $\overline{A}\,\overline{F}$ 与 NF 的交点 A°，即 A 点的透视。

同法，再过 $B(b)$ 作一辅助线 $B\overline{B}$（$b\overline{b}$），一般使 $B\overline{B}\,/\!/\,A\overline{A}$，可利用同一灭点 $\overline{F}$，就可求出 B°（b°）。得透视 A° 、B° 。

这种利用相交直线求直线段的透视作法，称为交线法。这种作法的实用场合，由于空间直线不单独存在，当两条直线相交时，如作出这些相交直线的全透视，也可相交得各线段的透视。

3. 画面垂直线的透视作法

画面垂直线的灭点为主点 s'。画面垂直线是垂直画面的直线，必定平行 H 面，而为 H 面平行线的特殊情况。在图 12.17 中，设已知画面垂直线 AB 的 H 面投影 ab，及离开 H 面的高度 h，作透视 $A^\circ\ B^\circ$ 及次透视 $a^\circ\ b^\circ$ 。

图中 a、b 位于 ox 一侧，延长 ab 与 ox 相交得迹点 n。则由 n 作连系线，并在它与 $o'x'$ 的交点 n 处作真高线 $nN=h$，即可求得 AB 的迹点 N。

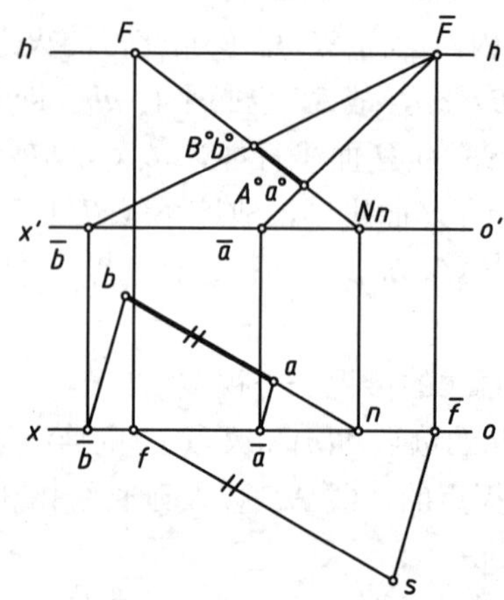

图 12.16 H 面上直线的透视作法——交线法

平行 AB 的视线，为主视线 Ss'，故主点 s'为画面垂直线 AB 及 ab 的灭点。

于是作连线 ns'、Ns'，并由视线的 H 面投影 sa、sb 与 OX 的交点 a_x° 、b_x° 作连系线，即可与 Ns'、ns' 交得透视 $A^\circ\ B^\circ$ 和次透视 $a^\circ\ b^\circ$ 。

4. H 面垂直线的透视作法

如图 12.18(a)所示，设空间有一条高度为 h 的 H 面垂直线 Aa(本图为 A 点的投射线)，其下端 a 因恰在 H 面上，也是 Aa 的 H 面投影。在图 12.18(b)中，已知 ox、s、a 及 $o'x'$、h-h，及高度 h，作透视 $A^\circ\ a^\circ$ 。

H 面垂直线也平行画面 V，故透视 $A^\circ\ a^\circ$ 仍为一条竖直线。引连线 sa，在它与 ox 的交点 a_x° 处作连系线，则 $A^\circ\ a^\circ$ 必在其上。

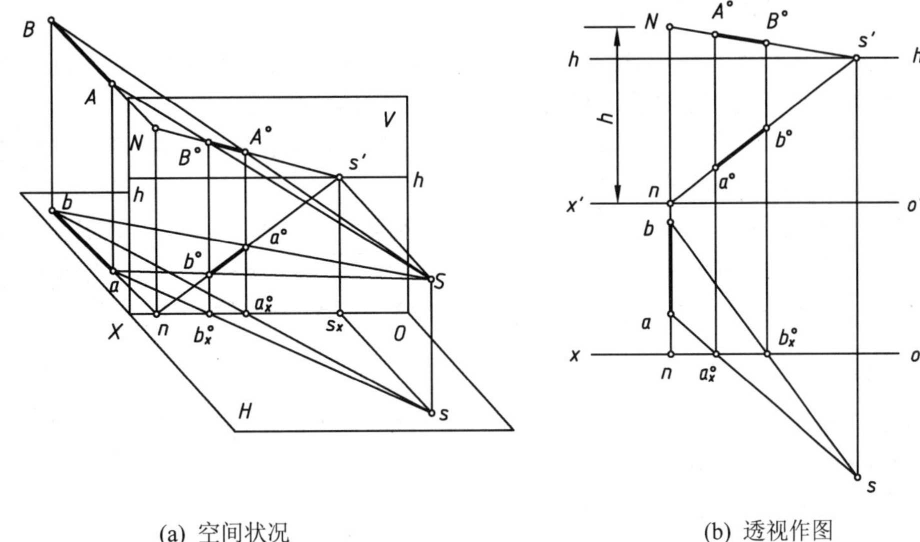

(a) 空间状况 (b) 透视作图

图 12.17 画面垂直线的透视作法

至于端点 A° 、a° 的位置，如图 12.18(a)所示，可过 A、a 任作两条平行的 H 面平行线 $A\overline{A}$、$a\overline{a}$ 作为辅助线，并与 V 面交得迹点 $\overline{A}$ 、$\overline{a}$。因 a 在 H 面上，故 $\overline{a}$ 在 OX 上，且 $\overline{A}\ \overline{a} \perp OX$，其长度则等于 Aa 的高度 h，因而也为真高线。

再作辅助线的灭点 F，则连线 $\overline{A}F$、$\overline{a}F$ 为辅助线的全透视，必通过 A° 、a° 。

在图 12.18(c)中，过 a 任意作辅助线的 H 面投影 $a\overline{a}$，并在它与 ox 的交点 $\overline{a}$ 作连系线，与 $o'x'$交得 $\overline{a}$。由之量取高度 h，得到 $\overline{A}$。再在 H 面上，作 $sf /\!/ a\overline{a}$，并在它与 ox 的交点 f 处作连系线，与 h-h 交得辅助线的灭点 F。

于是连线 $\overline{a}F$、$\overline{A}F$ 即可与通过 a_x° 的连系线交得透视 A° a° 。

图 12.18 也相当于：已知一点 A 的 H 面投影 a，及 A 点离开 H 面的高度。求作 A 点的透视 A° 和次透视 a° 。

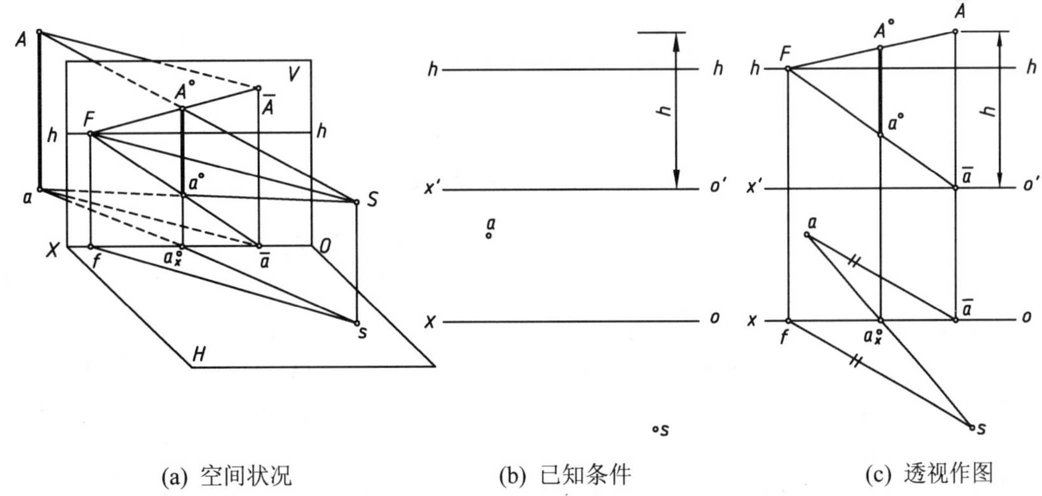

(a) 空间状况 (b) 已知条件 (c) 透视作图

图 12.18 *H* 面垂直线的透视作法

5. 其他位置直线的透视作法

对于其他位置直线，如一般位置直线、画面平行线等，可以作出它们端点的透视来连成直线的透视。如能利用直线的透视的其他特性，还可简化作图。

【例 12.1】 如图 12.19 所示，设基线 ox 的平行线 AB 的 H 面投影为 ab，离开 H 面的高度为 h，求透视 A° B° 和次透视 a° b° 。

【解】 过点 A，a 分别作 V 面垂直线$\overline{A}A$、$a\overline{a}$，$a\overline{a}$为辅助线，迹点为$\overline{a}$、$\overline{A}$，且$\overline{a}\ \overline{A}=h$。它们公有灭点 s'。由 sa 与 ox 的交点a_x° 处作连系线，即可与 $s'\overline{A}$ 、$s'\overline{a}$ 交得 A° 、a° 点。由 A° 、a° 作水平线，与连线 sb 同 ox 的交点 b_x° 处竖直线，交得透视 A° B° 及次透视 a° b° 。

6. 平面的透视做法

这里只介绍几种特殊位置的平面图形的透视做法，如一般位置等以后结合立体来介绍。

1) H 面的平行面——视线法

H 面平行面的灭线为视平线 h-h。

H 面平行面即水平面，为画面相交面之一，故有灭线。平行于所有 H 面平行面的视平面，为通过视点 S 的水平面，故它与画面相交成的灭线，即为视干线 h-h。作平面图形的透视。实为作其边线的透视。所有边线的灭点、必在视平线 h-h 上。

下面只介绍 H 面上平面图形的透视作法，为以后画立体的透视作准备。一般的 H 面平行面，也结合平面立体来介绍。

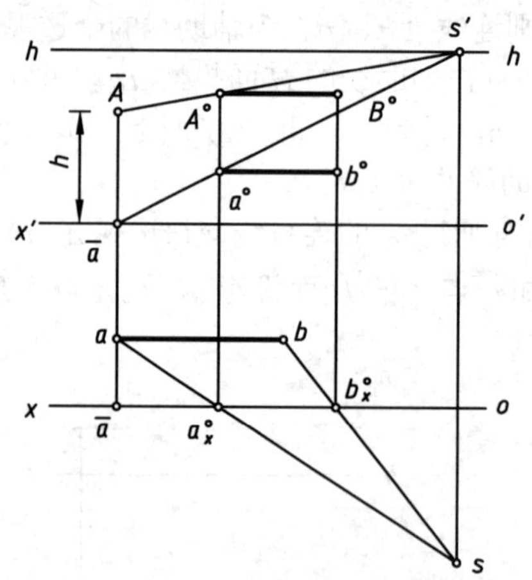

图 12.19 基线平行线的透视作法

在图 12.20 中，设将画面 V 上的 $o'x'$、h-h 及透视图形布置在站点 s 到 ox 之间，以节省图幅。先作，$sf_1 // ab$ 及 $sf_2 // ac$，由与 ox 交点 f_1、f_2 处作连系线，与 h-h 相交得灭点 F_1、F_2。

因 a 在 ox 上，由之作连系线，与 $o'x'$相交得 A° (a°)。连线 A° F_1 为 AB 的全透视。再由连线 sb 与 ox 交点 b_x° 处作连系线，与 A° F_1 交得 B° (b°)。同样，作连线 A° F_2，同 sc 与 ox 交点 c_x° 处连系线，交得 C° (c°)。

至于 C° D° ，因 CD 线上一点 C 的透视 C° 已作出，作连线 C° F_1，同由 sd 与 ox 交点 d_x° 处连系线，交得 D° (d°)。

同样，作出 $D^\circ E^\circ$（$d^\circ e^\circ$）、$B^\circ F^\circ$（$b^\circ f^\circ$）和 $E^\circ F^\circ$（$e^\circ f^\circ$），即得透视以及重合的次透视 $A^\circ B^\circ \cdots a^\circ b^\circ \cdots$

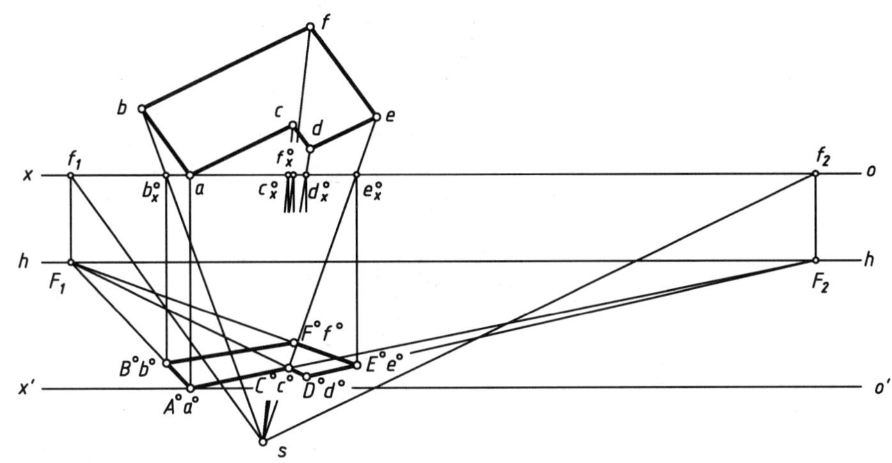

图 12.20 *H* 面上图形的透视作法——视线法

2) *H* 面的垂直面

【例 12.2】 设墙面上有一正方形窗框 *ABCD*，其底边离开 *H* 面高度，等于正方形边长 *l* 的一半。其 *H* 面投影及视点位置，如图 12.21 所示，设用视线法作其透视。

【解】 先求出水平线 *AB*、*CD* 的灭点 *F*。过 *F* 点的竖直线为墙面的灭线。再将墙面扩大，如图中将 *ab* 延长，与 *ox* 交于迹点 *n*，由 *n* 作垂线，为墙面的迹线，也为墙面上水平线和竖直线的真高线。在上可量取高度。因正方形边长为 *l*，已由 *ab* 表达，即 $ab=AB=CD=l$。故作 $n\overline{A}=\dfrac{1}{2}l$，$\overline{A}\,\overline{D}=l$，作连线 $\overline{A}F$、$\overline{D}F$，并同连线 *sa*、*sb* 与 *ox* 交点 a_x°、b_x° 处竖直线，相交得正方形的透视 $A^\circ B^\circ C^\circ D^\circ$。图中并作了过 *n* 的一段墙脚线的透视。

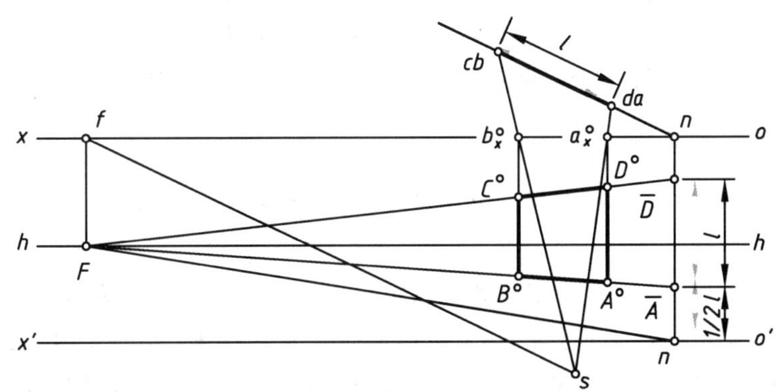

图 12.21 *H* 面垂直面的透视作法

3) *V* 面的平行面

【例 12.3】设正面墙上有一正方形窗框 *ABCD*，其底边 *AB* 的高度等于正方形边长 *l* 的一半。其 *H* 面投影及视点的位置，如图 12.22 所示。

【解】 此时，由于正方形 $ABCD$ 平行画面 V，因在 V 面后方，故透视 $A^\circ\ B^\circ\ C^\circ\ D^\circ$ 为一个略小的正方形，各边的透视仍分别为水平和竖直方向。

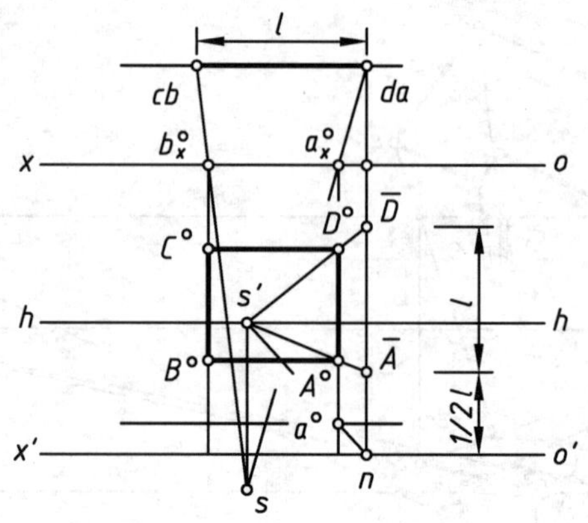

图 12.22　V 面平行面的透视作法

设在空间，过 a、A、D 各点作水平辅助线垂直 V 面，它们的迹点 n、$\overline{A}$、$\overline{D}$ 反映了正方形的高度。这些辅助线的灭点为主点 s'。连线 ns'、$\overline{A}s'$、$\overline{D}s'$为它们的全透视。

再引视线 Sa、SA、SD 的 H 面投影 sa，与 ox 的交点 a_x° 处引竖直线，与 ns'、$\overline{A}s'$、$\overline{D}s'$ 交得透视 a° 、A° 、D° 。由之作水平线，与由 sb 与 ox 交点 b_x° 处连系线，交得 $B^\circ\ C^\circ$ 。于是就得透视 $A^\circ\ B^\circ\ C^\circ\ D^\circ$ ，图中还作出了墙脚线的透视。

12.3.2　量点法作透视图

前面曾应用交线法作 H 面上画面相交线的透视。这时必须画出辅助线的 H 面投影，以定辅助线的迹点和灭点。如能使得辅助线的迹点和灭点具有规律，则可免用 H 面投影来作图，这种方法将称为**量点法**。现先以 H 面上直线来引出量点法的作图规律，然后推广到所有画面相交线的量点法作透视。当直线为画面垂直线时，其量点法又称为**距点法**。

下面以量点法作 H 面上直线的透视为例来讲述量点法的应用。

1. 辅助线及其迹点的确定

如图 12.23 所示，设 H 面上有直线 AB，其 H 面投影 ab 与之重合。画面、视点的位置如图 12.23 所示。

先将 $AB(ab)$延长，与 OX 轴交于迹点 $N(n)$。现过点 A、B，在 H 面上作互相平行的辅助线 $A\overline{A}$、$B\overline{B}$，与 OX 交于迹点 $\overline{A}$、$\overline{B}$。设作辅助线 $A\overline{A}$、$B\overline{B}$ 时，使迹点如 $A\overline{A}$ 的迹点 $\overline{A}$，到直线本身的迹点 N 间距离 $\overline{A}N$，等于 A 点到其迹点 N 间距离 AN，即使得 $\overline{A}N=AN$。也等于 A 点绕 N 点转到 OX 上 $\overline{A}$ 点。于是由 $\overline{A}N$ 的长度，反映了 A 点到 N 点的长度。同时，使 $B\overline{B}\ /\!/\ A\overline{A}$，所以 $\overline{B}N=BN$，因而 $\overline{A}\ \overline{B}=AB$。此时，$N$、$\overline{A}$、$\overline{B}$ 均在 OX 上，即在 H 面的迹线上。

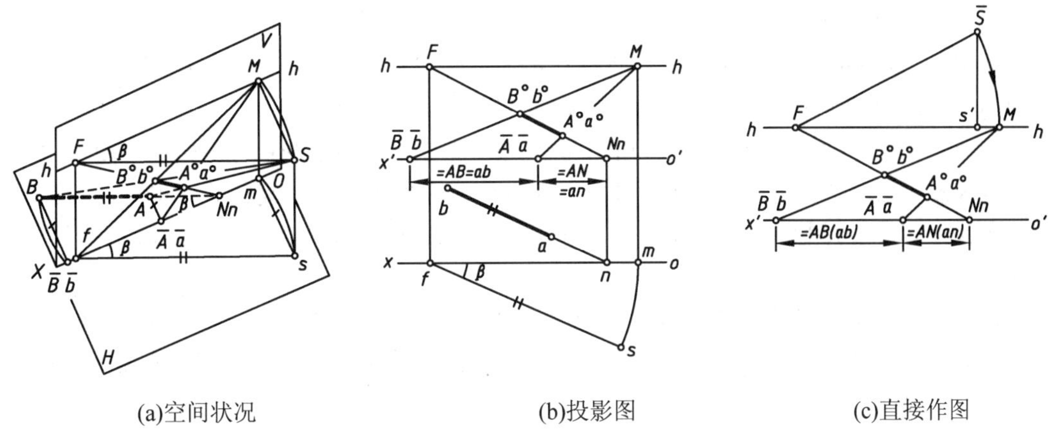

(a)空间状况　　(b)投影图　　(c)直接作图

图 12.23　*H* 面上直线的透视作法——量点法

2. 辅助线的灭点

由视点 *S* 作视线 *SF*∥*AN*，与画面 *V* 交得 *AN* 线的灭点 *F*。再由 *S* 作视线 *SM*∥$A\overline{A}$，与 *V* 面交得辅助线 $A\overline{A}$ 的灭点 *M*。*M* 也为 $B\overline{B}$ 的灭点。此时，*F*、*M* 均在 *h*–*h* 上，即在 *H* 面的灭线上。

于是，由全透视 *NF* 与 $\overline{A}M$、$\overline{B}M$ 交得透视 A°、B°，线段 $A^{\circ}B^{\circ}$ 即为 *AB* 的透视。

由于 *SF*∥*AN*，*SM*∥$A\overline{A}$，*h*–*h*∥*OX*，故△*SFM*∽△$AN\overline{A}$。因在△$AN\overline{A}$ 中，$\overline{A}N=AN$，故其是一个等腰三角形，故△*SFM* 也为一个等腰三角形，所以 *SF*=*MF*。也等于将 *S* 点绕 *F* 点转到 *h*–*h* 上 *M* 点。也就是说，辅助线的灭点 *M* 到原来直线的灭点 *F* 间距离，等于视点 *S* 到灭点 *F* 间距离。因此，作此时辅助线 $A\overline{A}$、$B\overline{B}$ 的灭点 *M* 很有规律。

该情况下，因 *AB* 与 *ab* 重合，$A^{\circ}B^{\circ}=a^{\circ}b^{\circ}$，故 *M* 点亦为 *ab* 的辅助线 $a\overline{a}$、$b\overline{b}$ 的灭点。因此，上述作法等于求次透视 $a^{\circ}b^{\circ}$ 的作法。

3. 量点法

如上所述，对于 *H* 面上直线 *AB*(*ab*)，可在 *OX* 轴上量取 *NA*(*na*)、*AB*(*ab*)等长度，作出线上点 *A*(*a*)、*B*(*b*)的透视 A° (a°)、B° (b°)，故把这种辅助线的灭点 *M*，称为直线 *AB*(*ab*)的量点(或测点)，特用字母 *M* 表示。这种作直线段的透视的方法，称为量点法。

在图 12.23(a)的 *H* 面上，因△*sfm* 为△*SFM* 的 *H* 面投影，*sf*=*SF*、*fm*=*FM*；因 *SF*=*FM*，故 *sf*=*fm*。所以 *M* 点的 *H* 面投影 *m*，也相当于将站点 *s* 绕了 *f* 点，转至 *ox* 上 *m* 点的位置。

于是得出量点法作图步骤如下。

在投影图如图(b)中，如已知 *s* 及 *ab*。

(1) 先求出 *f* 点及灭点 *F*。

(2) 再以 *f* 为圆心，*sf* 为半径，将 *s* 转至 *ox* 上 *M* 点。

(3) 由 *m* 作竖直线，与 *h*–*h* 相交得量点 *M*。

(4) 可在 *h*–*h* 上，直接量取 *FM*=*fm* 来得到 *M* 点。

再在画面 *V* 上，于 *o'x'* 上作出迹点 *N*(*n*)，量取 $N\overline{A}$ ($n\overline{a}$)=*NA*(*na*)、$\overline{AB}$ ($\overline{ab}$)=*AB*(*ab*)。作连线 $\overline{A}M$($\overline{a}M$)、$\overline{B}M$($\overline{b}M$)，与全透视 *NF*(*nF*)交得透视 A°、B° 和 a°、b°。于是，线段 $A^{\circ}B^{\circ}$ ($a^{\circ}b^{\circ}$)即为直线 *AB*(*ab*)的透视。

4. 直接用量点法作图

从图 12.23 (b)中可以看出，用量点法作图时，除了灭点 F、量点 M 和迹点 $N(n)$外，不必利用直线本身的 H 面投影来作视线的 H 面投影。

因此，如图 12.23(c)所示，设已知画面上 $o'x'$、h-h、s'及 F、$N(n)$点；如又将图 12.23(a)中视点 S 及主视线 Ss' 绕 h-h，转入画面上 $\overline{S}$ 点位置。本图是向上旋转的；也可向下旋转。

于是，以 F 为圆心，$\overline{S}F$ 为半径。将 $\overline{S}$ 转至 h-h 上，就得量点 M。然后，就可作出 A° B° (a° b°)。

量点法与之前的视线法和交线法作透视图相比，在作建筑物的透视图时，可以不必用建筑物的平面图(H 面投影)来进行作图，并且该法较为灵活机动，为深入研究透视作图问题，提供了一个良好的方法。

12.3.3 建筑形体的透视作法

立体的透视为立体表面的透视。作平面立体的透视实为作立体棱线的透视。

立体的形状由其表面的形状所决定。而平面立体表面的形状、大小和位置，由立体的棱线所决定。因此，平面立体的透视是由各种不同方向、长度和位置直线的透视所表达的。

作平面立体的透视，实为作直线的透视，可利用各种不同位置直线的透视特性，以及迹点、灭点、真高线和平面的透视特性等来作图。此外，还可利用合适的辅助线和其他一些作透视的方法来作图。作图时先作出主体的轮廓，然后再加细节部分。

在正式的建筑透视图上，图形完成后应擦去基线、视平线、次透视和所有作图线。也不画不可见的轮廓线，不注尺寸、字母代号等。

【例 12.4】 绘制图 12.24 中水平投影和正面投影所示房屋轮廓的透视。画面、视点等的已知条件 s、ox、$o'x'$和 h-h 等。如图 12.24 所示，透视布置在站点 s 和 ox 之间。

【解】 此房屋轮廓由左右两个长方体组成，共有 3 种方向直线，所有墙角线，即侧棱 AA_1 等，均为竖直线而平行于画面，它们的透视仍为竖直方向；其余为两组方向不同的水平线，它们的灭点为 F_1、F_2，作法如图 12.24 所示。

地面即为基面 H。先作墙角线 AA_1的透视。因 a 位于 ox 上，故 AA_1 位于画面上，其透视即为本身，高度不变。可由 a 作竖直线，与 $o'x'$ 相交得墙脚 A 的透视 A° 点，墙角线高度可以从置于右方的正面投影上，由 a_1'作水平线来相交得 A_1°。如正面投影未置于旁边，则可量取真高即是。

再作水平线 AB、A_1B_1 的透视。先画全透视 A° F_1、$A_1^\circ F_1$，与由连线 sb 与 ox 交点 b_x° 处作竖直线，交得 A° B° 、$A_1^\circ B_1^\circ$ 和墙角线 $B^\circ B_1^\circ$。同法，作连线 A° F_2、$A_1^\circ F_2$，同连线 sc 与 ox 交点 c_x° 处竖直线，交得透视 A° C° 、$A_1^\circ C_1^\circ$ 和 $C^\circ C_1^\circ$。然后，作 $B_1^\circ F_2$ 和 $C_1^\circ F_1$，交得左方屋顶上的 $B_1^\circ G_1^\circ$ 和 $C_1^\circ G_1^\circ$。

至于右方长方体，没有一条侧棱与画面重合，也没有一条水平线的迹点。故延长水平线和作真高线来求侧棱和水平线的透视。如图 12.24 所示，延长 ef 与 ox 交于 $\overline{e}$ 点，由之作竖直线，即为真高线，由正面投影中的 e_2'作水平线，交得真高线 $\overline{E}$ $\overline{E_2}$ ，于是作连线 $\overline{E}F_1$、$\overline{E}_2F_1$；并由 se、sf 与 ox 交点 e_x° 、f_x° 处作竖直线，交得墙角线 $E^\circ E_2^\circ$ 和屋顶线 $E_2^\circ F_2^\circ$ 。

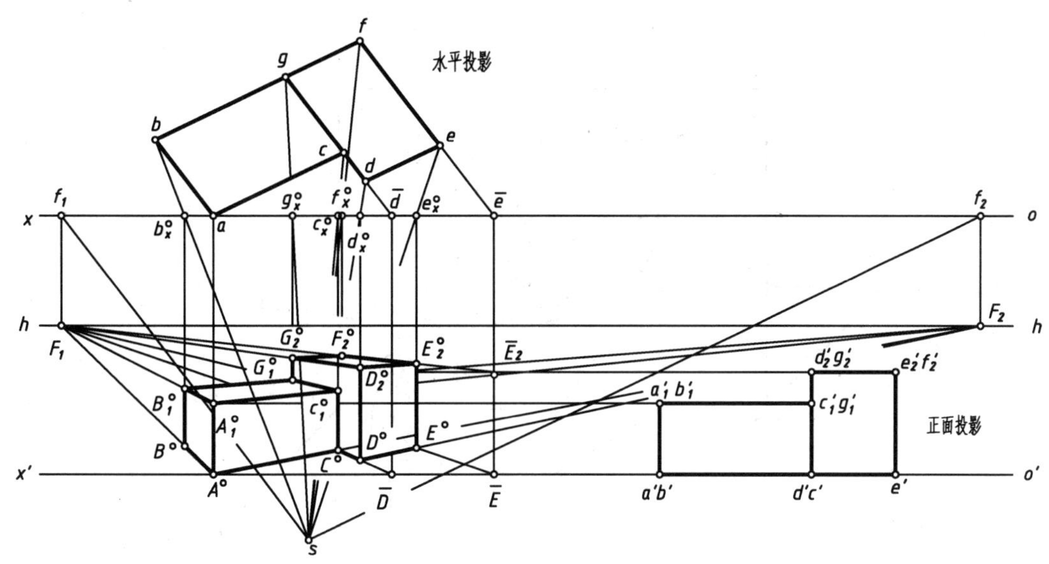

图 12.24 房屋轮廓的透视作法

12.3.4 透视图的选择

在学习透视图的原理和画法时，不仅要熟练掌握各种画法，还应掌握和了解怎样才算是一张画得好的透视图。怎样画好透视图，这个问题包括如何选择视点和画面的位置及角度、透视类型以及如何确定配景的大小尺度等。

当视点、画面和物体三者的相对位置不同时，形体的透视图将呈现不同的形状。人们要求画出的透视图应当符合人们处于最适宜位置观察建筑物时所获得的最清晰的视觉印象。因此，这三者的相对位置不能随意确定，否则，就不能准确地反映设计意图。

1. 人眼的视觉范围

据人体工程学可知，当人以一只眼睛凝视前方物体时，其视觉范围是有限的。如图 12.25 所示，此范围是以人眼为顶点的“视锥”。通过测定，其“视域”接近于长轴为 b 的椭圆形，对应的水平视角 α 在 120°～148° 之间；椭圆的短轴为 h，对应的垂直视角 δ 约为 110°～125°，然而观察清晰的范围实际都在 60° 以内，而以 28°～37° 为最佳。因此，在绘画透视图时，视角的大小一般以 28°～37° 为宜。在特殊情况下，如画室内透视，视角可用到 60° 或稍大些，但绝不宜达到 90°。

2. 视点的选择

视点的选择实际体现为站点的位置和视高的选择。

1) 站点的位置

站点的位置包括视距和站位两个问题。其原则如下。

(1) 保证视角大小适宜。如图 12.26(a)所示，过站点 s 作一左一右两条外围视线与基线相交，此两个交点之间距离 B 称为画幅宽度，当视距 D 取 2.0B 时，所对应的视角约为 28°；当视距 D 取 1.5B 时，所对应的视角约为 37°。因此，在一般情况下视距 D 的大小应以(1.5～2.0)B 为宜。

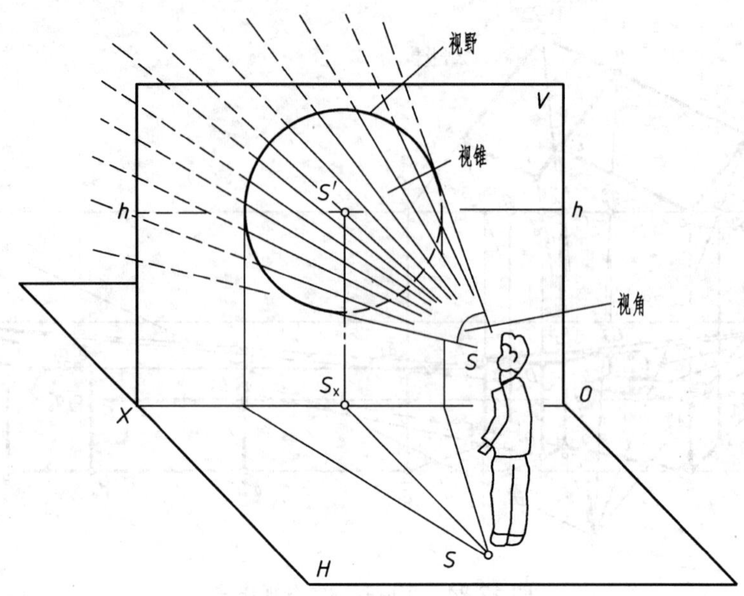

图 12.25　视锥及其视域

(2) 保证站点位置在画幅宽度 B 的中部 1/3 范围以内，一般来说越接近中垂线的位置越好，以保证画面不失真。

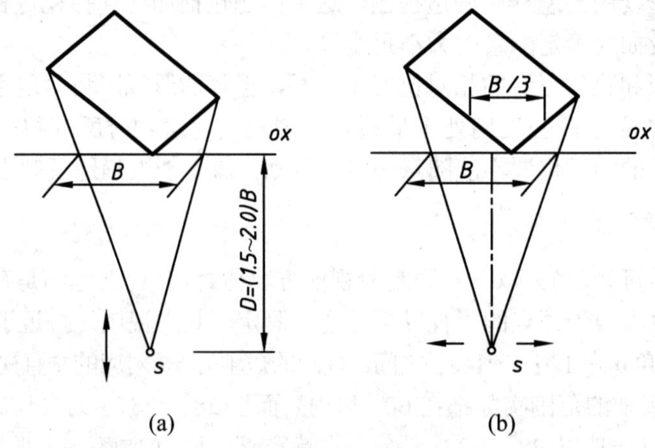

图 12.26　站点位置的选定

以上是站点位置选择的一般规律，但有时为了获得某种特殊效果，也可以突破此规定。总之，站点位置的选择应以有利于建筑形象的表达和四面布局为原则。

2) 视高的选择

视高的选择即视平线高度的选择。这个问题比较灵活，对一般建筑或室内透视，以人的身高 1.5～1.8m 确定视平线的高度为宜。但为了使透视图取得某种特殊效果，有时也可将视高适当提高或降低。在图 12.27 中的 3 个图，分别为按一般视平线、降低视平线及提高视平线画出的透视图效果实例，可供选择视高时参考。

(a) 一般视平线

(b) 降低视平线

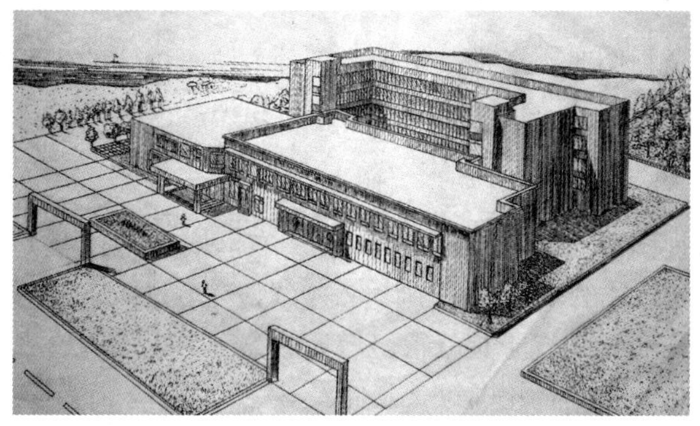

(c) 提高视平线

图 12.27 不同视高时的建筑物透视效果

3. 画面与建筑形体相对位置的选择

这主要视建筑形体的外观特征和对画透视图的要求而定，如图 12.28 所示。

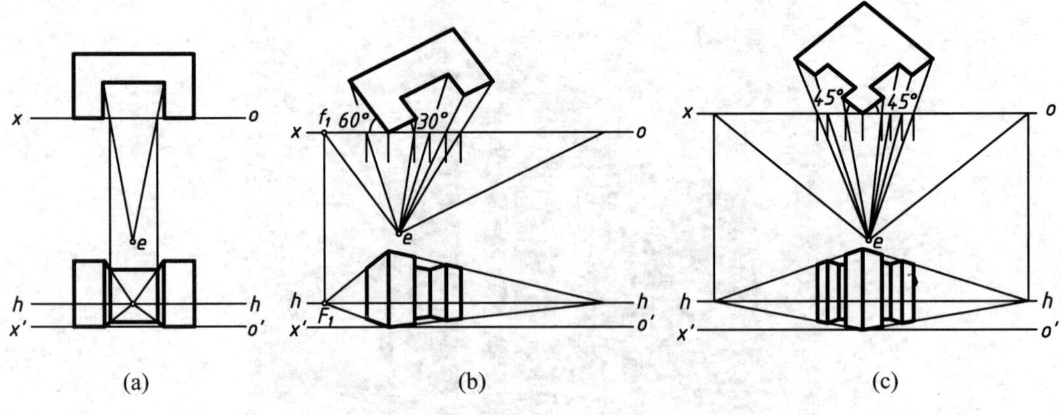

(a) (b) (c)

图 12.28　画面与建筑形体的 3 种位置

12.4　透视图中的简捷作图法

绘制建筑物的透视时，首先绘制主要轮廓的透视。这部分的透视，可以应用视线法及量点法等作出。至于建筑细部，在原来的平面图上，往往没有详细或完整地表示出来，而是由详图表示的；又如根据某层的平面图，如底层的平面图绘制透视时，则楼层的门窗、屋檐等，在底层的平面图上，也没有表示出来，甚至细部的图形很小，即使应用视线法等作图，由于作图线很长，误差也大。在这些情况下，可以应用一些辅助方法来补充作图。

此外，在视线法及量点法等作透视图的基本方法上，本节另外介绍一些实用方法(如网格法作图、理想透视作图等)。

12.4.1　透视图中的倍增与分割

在绘制建筑物的透视图时，通常是按上述各种方法画出它的主要轮廓线后，再逐步画出它的细部。此时要应用到有关倍增与分割的几何知识，以确保所画透视图的准确性。

1. 矩形的倍增

设要将某形体透视图中的 *A*、*B* 两立面向左、右倍增(图 12.29)，此时可先将其上、下轮廓线延伸，再过两竖直线的中点 0、1 画一条中线，然后过点 1 画对角线与延伸后的轮廓线相交，过该相交点作竖直线，于是就得倍增后的第一个矩形的透视。以此类推，如要向上、下倍增，则只要将各条竖直轮廓等长延伸。

2. 矩形的分割

矩形的分割有等分、任意等分和按某一比例分割等几种情况。

1) 等分

利用矩形的两条对角线就可将矩形分为两个竖向的或横向的相等矩形，或 4 个相等的矩形(图 12.30)。

2) 若干等分

利用一条对角线和一组等距的平行线，就可将矩形分割成若干相等的矩形，如图 12.31(a)所示。

3) 按某种比例分割

利用一条对角线和一组间距为某种比例的平行线，就可将矩形分割成宽度为某种比例的矩形，如图 12.31(b)所示。

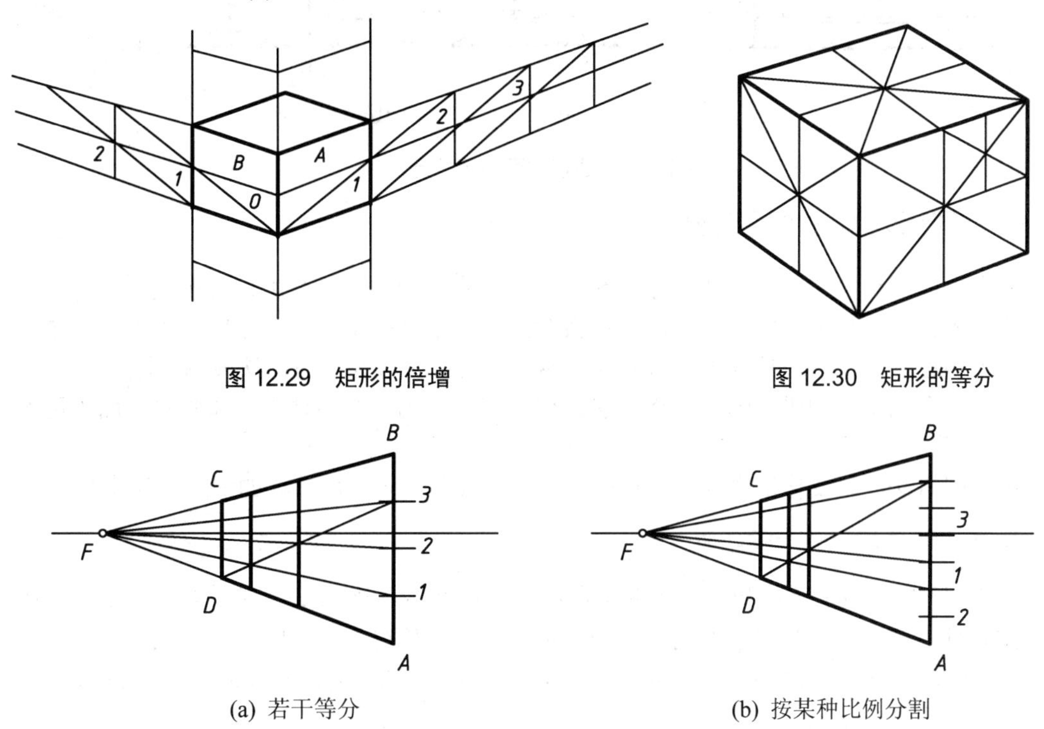

图 12.29 矩形的倍增

图 12.30 矩形的等分

(a) 若干等分

(b) 按某种比例分割

图 12.31 透视矩形的分割

3. 建筑矩形立面细部的定位

设已作出了房屋主要轮廓的透视，在上述知识的基础上就不难根据建筑立面图所给出的各个细部的形状和尺寸，画出它们所在的部位，如图 12.32 所示。

其具体作法是：过真高线的顶点 *B* 作一水平线(相当于升高基线)，并在其上根据立面图所给的尺寸截取一系列点，连接 *EC* 并延长，交视平线于一点 *F*(相当于量点 *M*)，于是过 *F* 作直线与上述一系列点相连，就可在 *BC* 线上得出各窗框左右边线的透视位置。再在真高线 *AB* 上定出各处窗台、窗口的高度，作直线与左边的灭点相连就可得到窗框上下边线的透视。图中由于左边的灭点不在图纸内，故过点 *E* 另立一条真高线，将其上各点与 *F* 连接，它们与 *CD* 的交点分别为各窗框上下边线透视上的点。

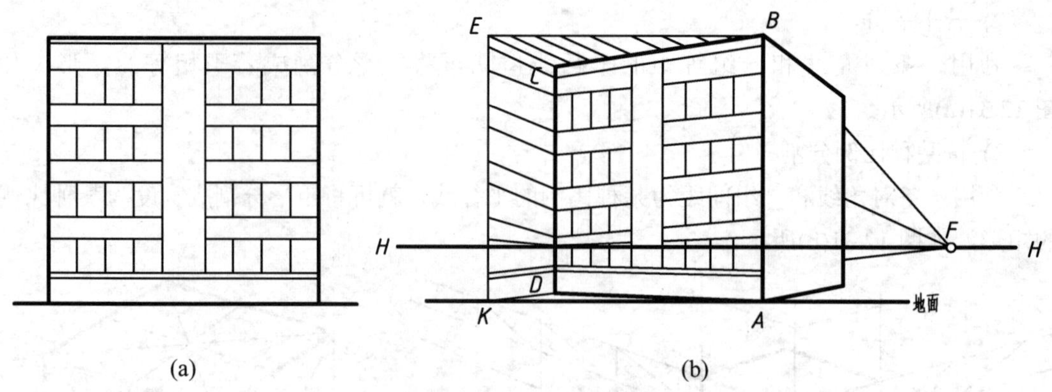

(a) (b)

图 12.32 建筑立面细部的定位

12.4.2 利用网格法作透视图

凡遇平面图形不整齐、弯曲或分散等情况，可将它们纳入一个由正方形组成的网格中来定位。先作出这种方格网的透视，然后按图形在方格网中位置，在相应的透视网格中，定出图形的透视位置。这种利用方格来作出透视的方法，称为方格网法或网络法。

本书只介绍水平的平面图上方格网法。推而广之，也可在各种垂直和倾斜平面上用方格网作透视。

利用网格法，只要作出物体主要轮廓的透视，细节则可应用前述的辅助作法来加绘。

1. 水平方格网一边平行画面

图 12.33 为一组建筑群和道路等的平面图。现用网格法来绘制透视平面图。由于房屋互相倾斜且有道路等，故把它们纳入一个方格网中，且使得方格网的一组格线平行画面，于是另一组垂直画面。图中把表示画面位置的 OX 轴重叠于格网的最前格线。作图过程如下。

1) 方格网的透视

如图 12.34 所示，透视设要放大一倍画出。根据已定的视高，放大一倍后，作出 $o'x'$ 和 h-h，主点 s'。再根据图 12.33 中 H 面上已定的视距 Ss_x，放大一倍后的 Ss'，S 绕了 h-h 向下旋转入画面内 $\overline{S}$ 的位置。

一组水平格线垂直画面，灭点 s'。它们的迹点 0、$\overline{1}$、$\overline{2}$、…间距离，反映了方格宽度，将图 12.33 中大小放大一倍后，根据对视点 $S(s_x)$的左右相对位置，作出图中 $o'x'$上 0、$\overline{1}$、$\overline{2}$、…位置。连接 $s'0$、$s'\overline{1}$、$s'\overline{2}$、…为这组格线的全透视。图中并作出了成 45° 方向的方格网对角线的灭点 F_{45° (=D)。连线 $0F_{45^\circ}$ 即对角线的全透视。$0F_{45^\circ}$与 $s'\overline{1}$、$s'\overline{2}$、…的交点 11、12、…处，作 $o'x'$的平行线，即为平行画面的一组格线的透视。

如某处位置需要较小格子定位，则在透视格子中，利用对角线加一些小格子，如图 12.33 中道路转弯处。

2) 透视平面图

根据图 12.33 中建筑物的平面图和道路等在方格网中位置，在图 12.34 中，尽可能准确地先目测出一些点的透视位置，再连成建筑物和道路等的透视平面图。

一点在格线上的位置，当定到透视网格上时，一点把格线分成的两段的长度之比。在平行于画面的格线上点，这个分比在透视格线上不变；但在不平行于画面的格线上点，定到透视格线时，应考虑“近长远短”的规律。例如，一点位于平面图上格线的中点，当在平行于画面的格线上时，仍在透视格线的中点；但在不平行于画面的格线上时，在透视中，近的一段要比远的一段长些。如一点不在格线上，则到附近格线的距离，也应考虑到这些性质。

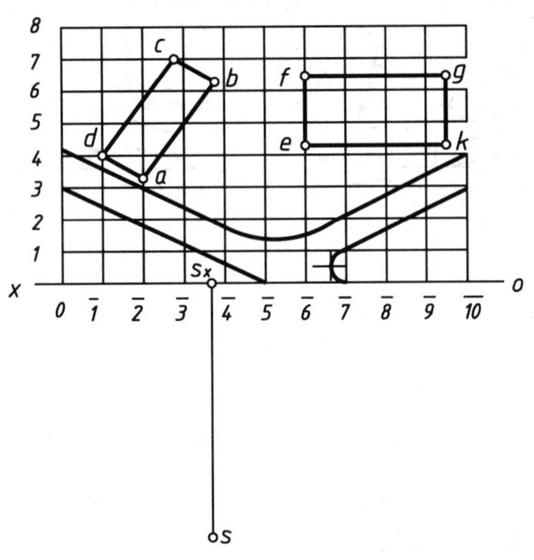

图 12.33 平面图加方格网

另外，如物体上互相平行的轮廓线，当平行于画面时仍互相平行，当不平行画面时，应考虑到它们的全透视，应相交于视平线 h–h 上一点，即灭点。

3) 透视高度

量取建筑物的透视高度，可用下述方法：因平行画面的正方形，透视仍为一个正方形，即高度与宽度相等。如墙角线 aA 的空间高度相当于网格 1.6 格宽度。则在透视中心，$a^\circ A^\circ$ 的高度相当于该处水平的透视网格线上 1.6 格透视网格宽度 $a^\circ A_1$。作图时，由 a^0 作 $o'x'$ 平行线，与 $s'\bar{2}$、$s'\bar{3}$ 交得该处一格宽度 $a^\circ a_1$，于是取长度 $a^\circ A_1=1.6a^\circ a_1$。即为 1.6 格透视宽度，再取 $a^\circ A^\circ=a^\circ A_1$，即得 A°。

同法，可作出屋顶的端点 B°、C°、D°，即可连得左方房屋的透视。如把 $a^\circ b^\circ$ 延长，与 h–h 相交得灭点 F_1，则作图时可用 F_1 来简化作图，或作校核之用。

右方一座房屋的高度，相当于两个格线的长度，E° 作法如图 12.34 所示。由于此座房屋的一组水平线平行画面，故透视平行 $o'x'$；另一组垂直画面，故它们的灭点为 s'。

2. 水平方格网边线不平行画面

图 12.35 为一组建筑群的总平面图。由于建筑物互相平行，故选择平行于建筑物水平轮廓线的方格网。图 12.35 中，ox 反映了画面的位置，可见方格网的两组格线为画面相交线而均有灭点。又设图 12.35 的透视放大约一倍画出。

透视图如图 12.36 所示，首先根据视点的位置，由视高、视距定出 $o'x'$、h–h 和 $\bar{s}$。本图中各尺寸均放大一倍画出，并根据格线对画面的夹角 β，作两组格线的灭点 F_1、F_2(F_2 越出书页外)，并作出方格网的一种方向对角线的灭点 F_{45°。

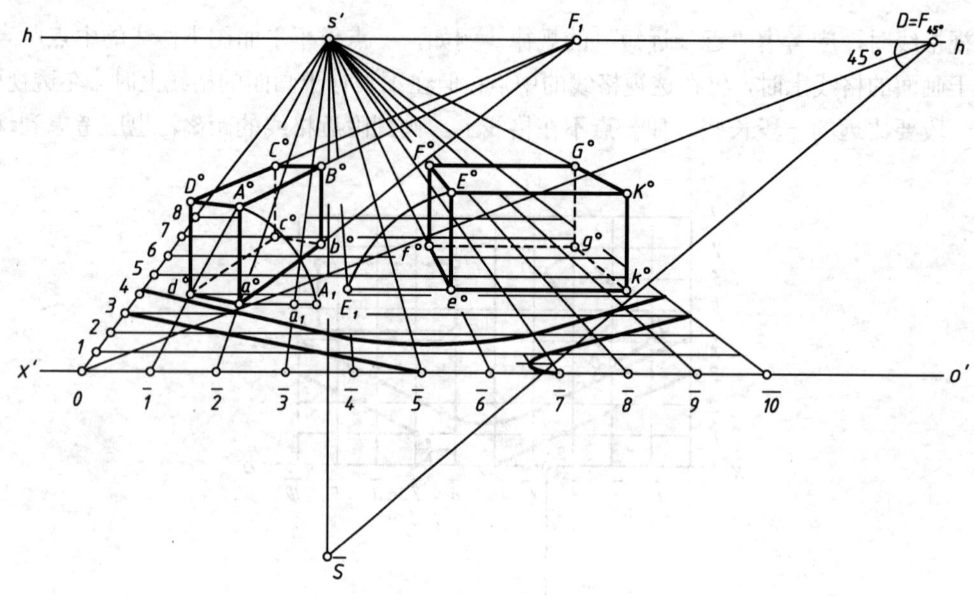

图 12.34　网格法作透视

可用任一种方法，如视线法、量点法先作出方格网的透视。图 12.36 是用量点法作出的。故先求量点 M_1，再在 $o'x'$上作放大一倍后的格子宽度。得 $\overline{1}$、$\overline{2}$、…，与 M_1 连得 $\overline{1}\,M_1$、$\overline{2}\,M_1$、…，与 $0F_1$ 相交得 1°、2°、…，于是与 F_2 连得一组格线的全透视 $1^\circ F_2$、$2^\circ F_2$、…。再与格子对角线的全透视 $0F_{45^\circ}$，相交得点 11、22、…，于是与 F_1 连得另一组格线的全透视 $11F_1$、$22F_1$、…但是由于 $0F_1$ 上仅有 7 格，而 $0F_2$ 上有 10 格，故再要通过图中一个点，如点 47，加一条对角线 $47F_{45^\circ}$，补全 $8_1^\circ F_1$，$9_1^\circ F_1$ 及 $10_1^\circ F_1$。

于是根据图 12.35 中建筑物在方格网中位置，如图 12.36 所示，作出各建筑物的透视平面图。

再根据房屋的已知高度，作出房屋的透视。本图中透视高度，是用置于左方集中真高线 nN 来作出的。

由于房屋的两组水平方向轮廓线的灭点为 F_1、F_2，利用它们可以简化作图。

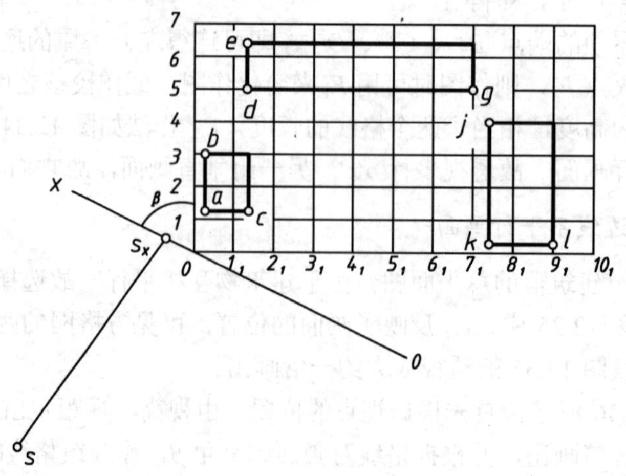

图 12.35　平面图加方格网

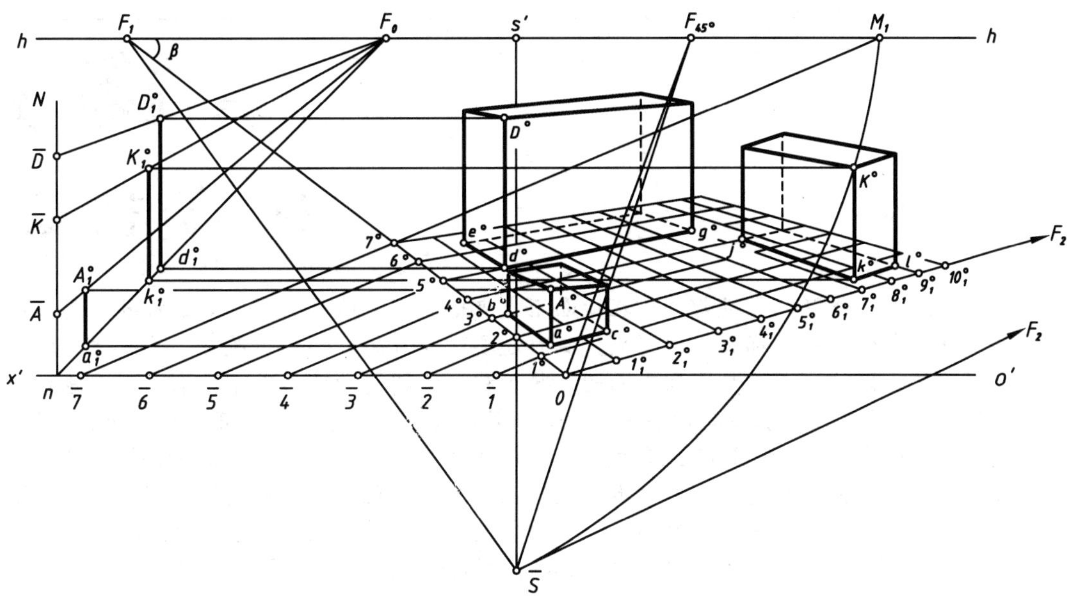

图 12.36 网格法作透视

章后小结

(1) 一个建筑的群体或总体，也往往要以透视图来表达建筑群体之间或各部分之间的配合关系和空间处理的效果。本章重点介绍了绘制建筑透视图的几种几何作图方法。

(2) 在建筑设计过程中，为了表达设计意图，在建筑物未建之前，常常需要画出建筑物建成后的内外部整体和局部的直观形象，以给予人们视觉印象和造型感受。建筑透视图是建筑工程图的辅助图纸。

第13章 标高投影

教学提示： 工程形体一般都修建在地面上或者地面下。地面的形状对建筑的布置、房屋的施工及设备的安装等都有很大影响。有时还要对原有的地形进行改造，如修建广场、庭院及道路等。因此，一般要求在平面图上将工程形体周边的地形表示出来。又因地面形状比较复杂，并且高度和长度之比相差很大，一般情况下不宜采用三面正投影图进行表达，常常需要绘制地形图，以便于在图纸上解决相关问题 。为此产生了一种新的图示方法，称为标高投影。标高投影就是在形体的水平投影上，加注高程数字来表达形体形状的一种图示方法，或者可以理解成用单面投影加数字的方式显示地形地貌立体形象的图示方法。

学习要求： 掌握点、线、面以及立体的标高投影表示方法，能利用标高投影的知识解决工程中地形地貌的相关问题。

13.1 点、直线和平面的标高投影

13.1.1 点的标高投影

假设空间点 A 位于已知水平面 H 的上方 4 个单位，如图 13.1(a)所示，点 B 位于 H 上方 5 单位，点 C 位于 H 下方 2 个单位，点 D 在 H 面上，那么，在 A、B、C、D 的水平投

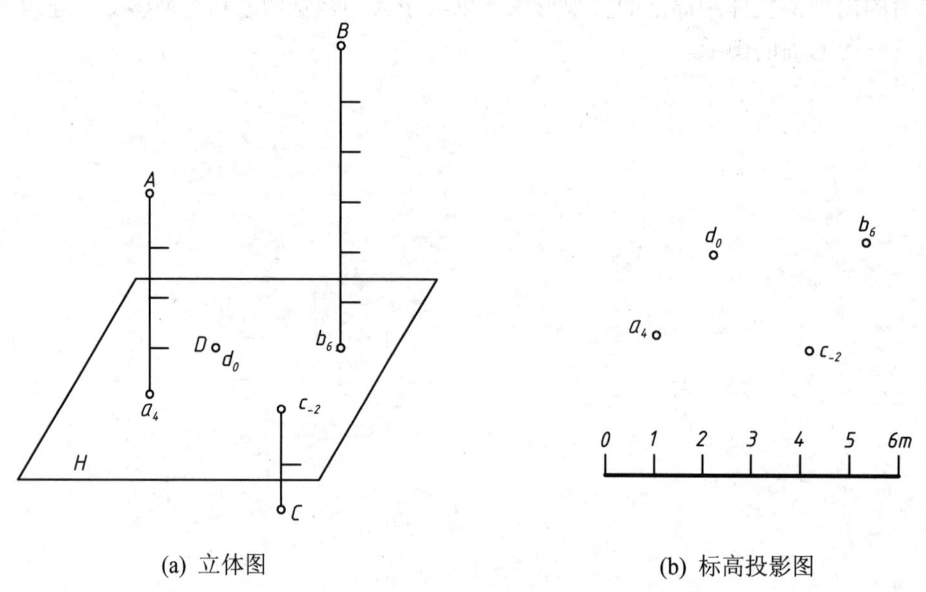

(a) 立体图　　(b) 标高投影图

图 13.1　点的标高投影

影 a、b、c、d 的旁边注上相应的高度值 4、6、−2、0，如图 13.1(b)所示即得点 A、B、C、D 的标高投影图。我们看到的 4、6、−2、0 四个高度值，称为点的标高。

为了和前面正投影的知识相对应，通常以 H 面作为基准面，它的标高值为零。比 H 面高的点的标高为正值，比 H 面低的点的标高为负值。对于建筑物而言，通常以首层地面作为基准面。结合地形测量，以青岛市外黄海海平面作为零标高的基准面。根据标高投影图确定上述点 A 空间位置时，注意到点 A 的 H 投影 a 的脚标是 4，那么从 a 向上按比例尺量取 4 个单位，就确定出点 A。对于点 C，则是对应 c 的脚标−2，从 c 向下量取 2 个单位，从而得出点 C。在标高投影图中，要确定形体的空间形状和位置，还应该设置比例尺，并注明刻度单位，如图 13.1(b)下方所示。常用的标高单位为米(m)，今后标高投影图上未注明单位的均以米作为默认单位。

13.1.2 直线的标高投影

1. 直线的表示方法

在一直线 AB 的 H 面投影 ab 上，我们标出线上两点 a、b 的标高，就确定出线 AB 的标高投影，如图 13.2 所示。

2. 直线的实长及整数标高点

求直线段 AB 的实际长度和对 H 面的倾角，可用换面法求解。作图过程中，只要分别过 a 和 b 引线垂直 ab(图 13.3)，并在所引垂线上，按比例尺分别截取相应的标高数 4 和 2，得点 A 和 B。AB 的长度就是所求实长。AB 和 ab 间的夹角，就是所求的倾角 α。

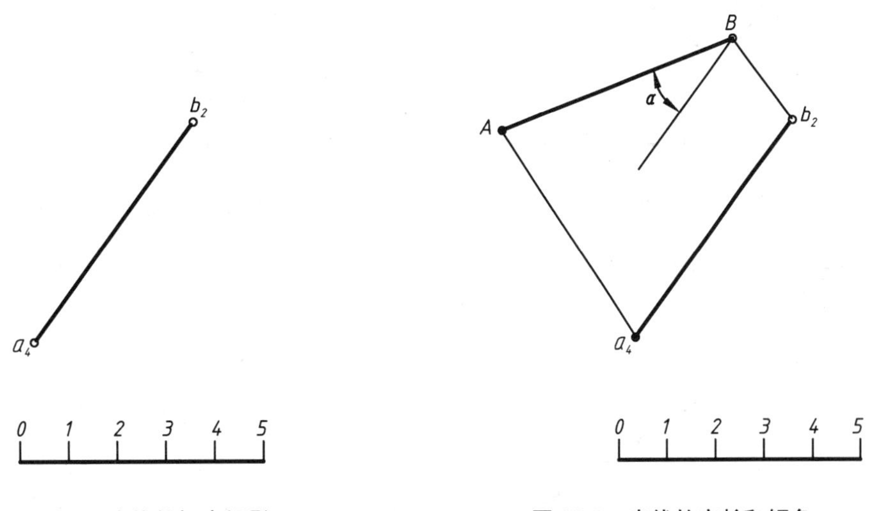

图 13.2 直线的标高投影　　图 13.3 直线的实长和倾角

在实际工作中，常常遇到两点的标高数字不是整数的情况，需要在直线的投影上定出各整数标高点，称为刻度。如图 13.4 所示，已知直线 AB 两个端点的标高投影 $a_{4.5}$、$b_{7.8}$，求 AB 上整数标高点。为此，作 5 条平行 ab 等距的平行线，令最下一条高度为 4，最上一条高度为 8，由 $a_{4.5}$、$b_{7.8}$ 两点作垂线垂直 $a_{4.5}b_{7.8}$，在其垂线上分别按标高数字 4.5 和 7.8 定出 A、B 两点。连接 A、B，它与各平行线交点即为直线上的整数标高点。再将它们投影到 $a_{4.5}b_{7.8}$

上去，得到直线上的整数标高点的投影。如果平行线的间距采用单位长度，还可以同时求出 AB 的实长及其对 H 面的倾角 α。

3. 直线的坡度和平距

如图 13.5 所示，在直线上两点之间的高度差值和它们的水平距离(水平投影长度)之比称为直线的坡度，用符号 i 表示。

$$i=高度差/水平距离=H_1/L=\tan\alpha$$

上式表明两点间的水平距离为 1 单位(m)时，两点间的高度差，即等于坡度。

当两点间的高度差值为 1 单位(m)时两点间的水平距离称为平距，用符号 l 表示。

$$l=高度差/水平距离=L/H_1=\text{ctan}\alpha$$

由此可知，直线的坡度和平距成倒数关系，即 $i=1/l$。坡度越大，平距就越小；坡度越小，平距越大。

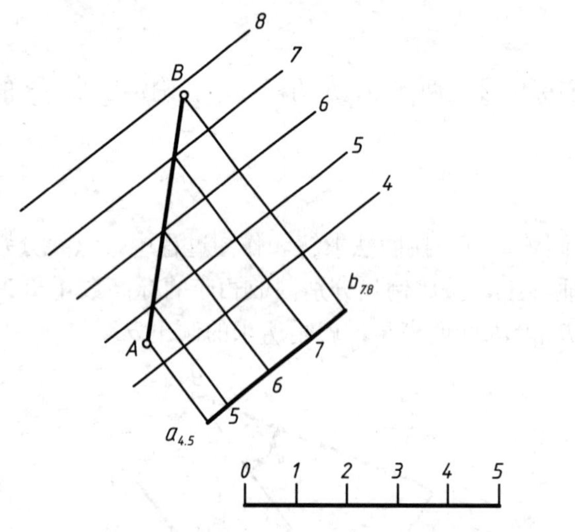

图 13.4 直线的刻度

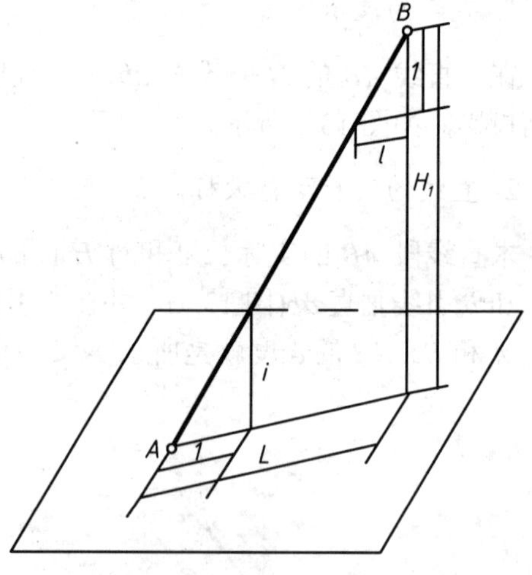

图 13.5 直线的坡度和平距

【例 13.1】 图 13.6 中已知某直线段 AB 的标高投影，试求出直线段 AB 上 C 点标高以及直线 AB 的坡度。

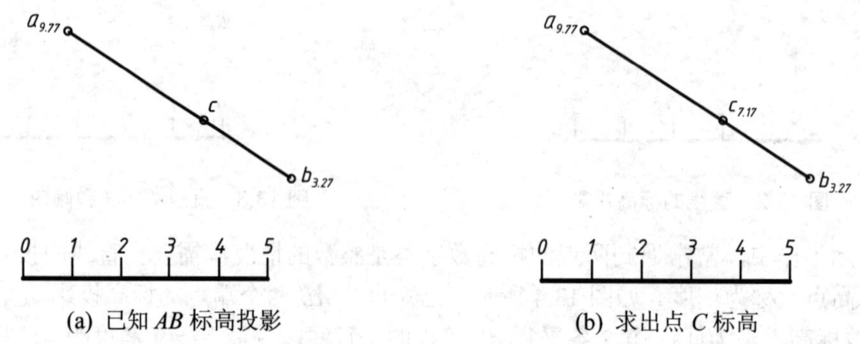

(a) 已知 AB 标高投影　　(b) 求出点 C 标高

图 13.6 求直线坡度及点 C 标高

【解】 A、B 两点高度差值 $H=9.77-3.27=6.5$

由比例尺量取 L=5

$$i = 6.5 \div 5 = 1.3$$

再由比例尺量取 $ac = 2$

$$i = 1.3 = H_{ac} \div 2 \quad 得出 \quad H_{ac} = 2.6$$

$$C\text{点标高为 } 9.77-2.6 = 7.17$$

13.1.3 平面的标高投影

平面的标高投影，与正投影相同，可以用不在一个线上的三点、直线和直线外一点、两相交直线、两平行直线等的标高投影来表示。在标高投影中，采用一些特殊几何元素将平面表示出来，比如用平面上的最大坡度线和平面上的水平线组合起来显示一个平面的空间位置。

1. 平面上的等高线

通过学习特殊位置的直线可知，平面上所有水平线是一组无数根的等高线(每根直线上的点高度相同)。为了简化起见，在实际应用中我们采用平面上整数标高的水平线为等高线，并把平面和基准面(H 面)的交线，作为高程为零的等高线(又称迹线，平面交基准面的痕迹线)。

图 13.7 中表示平面上等高线的标高投影。经过分析，平面上的等高线有以下几点特性。

(1) 等高线是直线。

(2) 等高线互相平行。

(3) 平距相等。

2. 最大坡度线及坡度比例尺

在正投影中，求平面对 H 面夹角 α 时，利用平面上的最大坡度线和 H 面夹角即为平面对 H 面夹角的方法，这种情况下最大坡度线和平面上的水平线在空间垂直，根据直角定理，这个垂直也反映在 H 面的投影。在标高投影里，将平面上的最大坡度线赋以整数标高，并画成一粗一细的双线，使之与一般直线有所区别，这种表示平面的方法称为平面的坡度比例尺(图 13.8)。

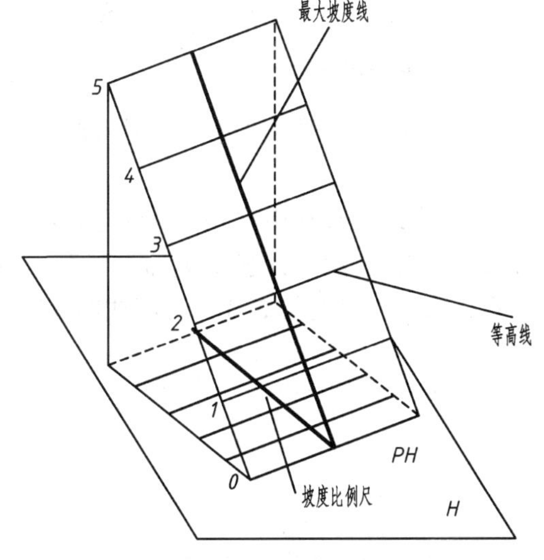

图 13.7 坡度比例尺的立体图

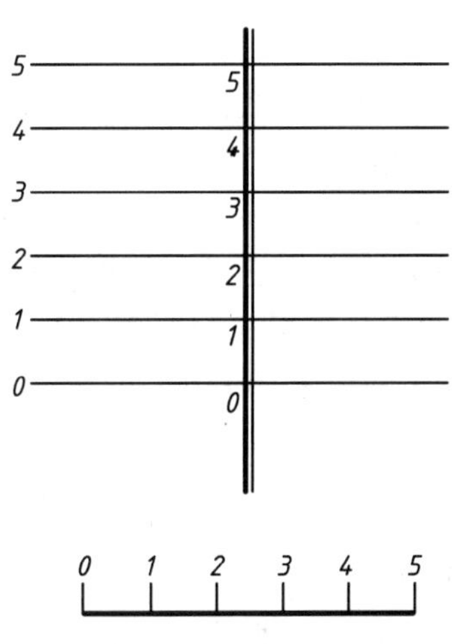

图 13.8 坡度比例尺投影图

3. 平面的常用表示方法

常用的平面表示方法有以下几种。

(1) 用几何元素法表示平面(点、线、面表示平面，正投影知识里面已经讲过)。

(2) 用坡度比例尺表示平面。

(3) 用一条等高线(或平面的迹线)和平面的坡度表示平面。

其中第三种方法用图13.9演示如下。

如图13.9所示，平面上的一条等高线就可以定出最大坡度线的方向，即平面的方向。由于平面的坡度已知，那么平面的位置和方向就可以确定出来。如果要作平面上的等高线，先利用坡度求得等高线的平距(坡度的倒数)，然后作已知等高线的垂线，在垂线上按图示比例尺截取平距，过各分点作已知等高线的平行线，即得到平面上的等高线的标高投影。在理解这个方法的时候不妨认为给出一根等高线和坡度及坡度的方向，就相当于知道平面上两个特殊位置的相交线(水平线和最大坡度线)。

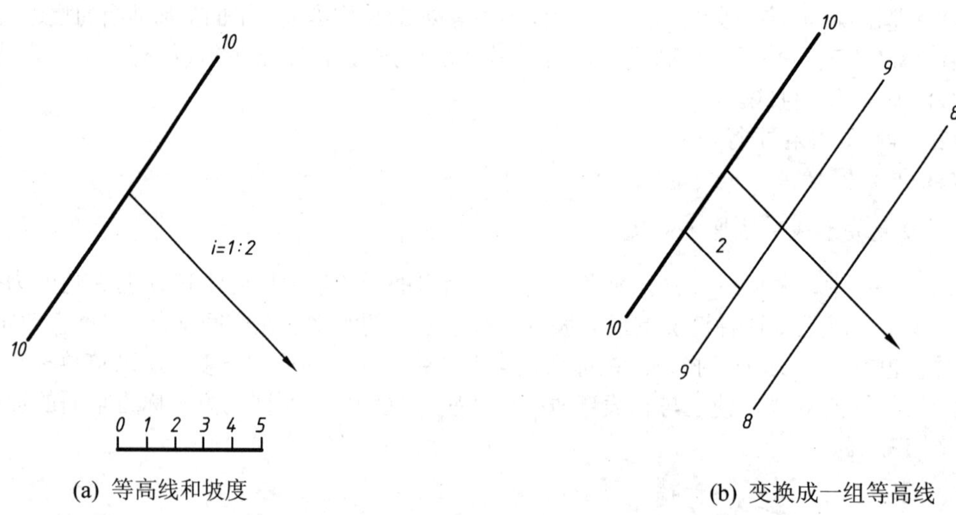

(a) 等高线和坡度　　(b) 变换成一组等高线

图13.9　用平面上的等高线和坡度表示平面

【例13.2】 如图13.10(a)所示，已知一个三角形平面△ABC，三顶点的标高分别为19、15、17，试求平面上的等高线及最大坡度线。

【解】 如图13.10所示，首先求出$a_{19}b_{15}$上各个标高点，在这个过程中应该格外注意直线AB上标高为17的点，它和c_{17}的连线能确定最终等高线的方向。然后分别过$a_{19}b_{15}$上标高为16和18的点作与标高为17的等高线平行，最后得到3条平面上的等高线。等高线的垂线，即为平面上的最大坡度线。

4. 两平面的相对位置

两平面在空间有相交和平行两种可能的相对位置。

1) 两平面平行

在这种情况下，两平面的坡度比例尺平行。而且标高数字的增减方向一致，如图13.11(a)所示。

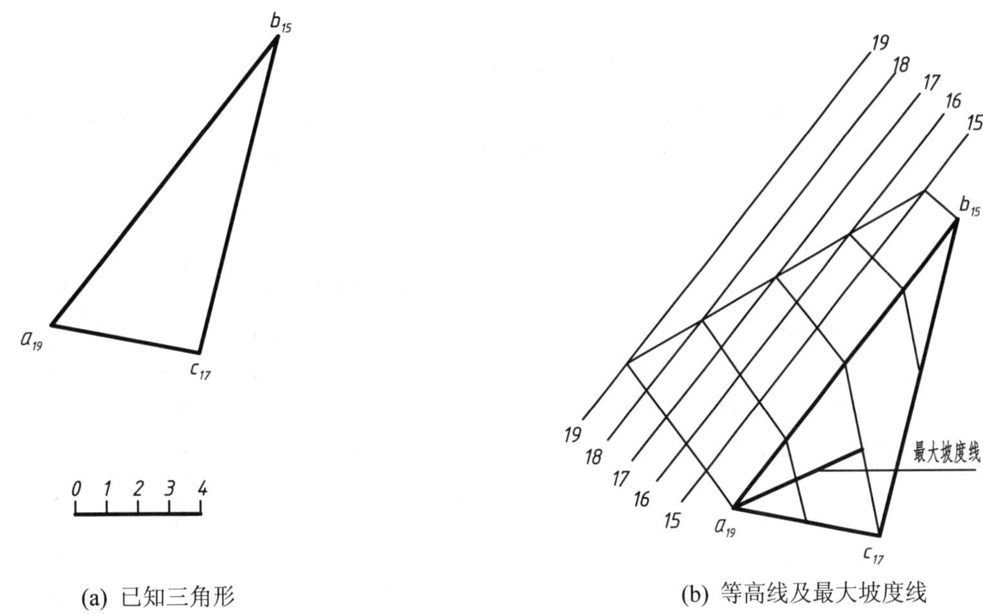

(a) 已知三角形　　(b) 等高线及最大坡度线

图 13.10　求平面上的等高线及最大坡度线

2) 两平面相交

在这种情况下，两平面会产生交线。求作交线的过程中会利用到正投影知识面与面相交求解过程中的辅助平面法。辅助平面一般采用整数标高的水平面，它和已知平面的交线是等高线，两已知平面上同一高度的等高线的交点一定是两平面的共有点。具体作图过程如图 13.11(b)所示。

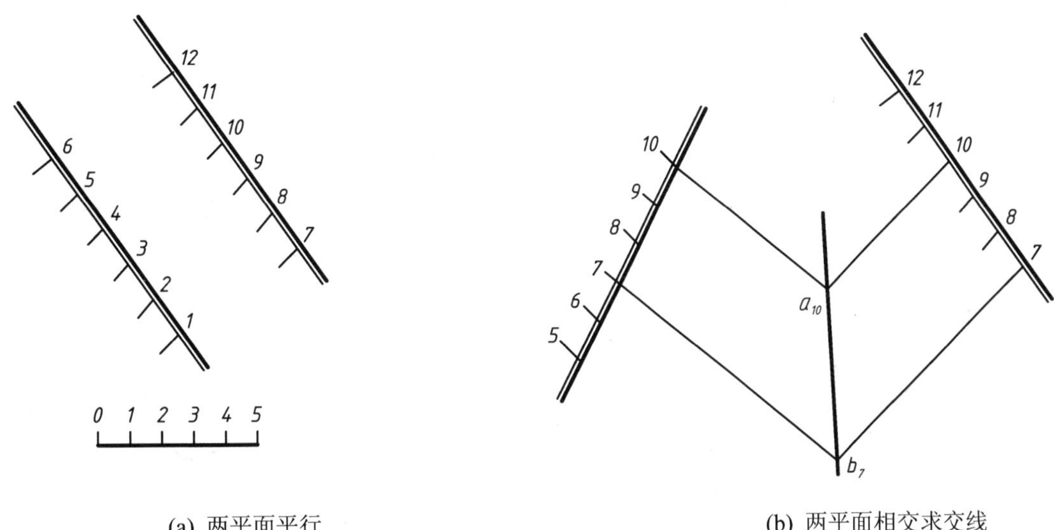

(a) 两平面平行　　(b) 两平面相交求交线

图 13.11　两平面的不同位置关系

【例 13.3】 某村拟建一鱼塘，塘底比地面低 4m，四侧的坡度显示在图 13.12 中，设地面是水平面，标高为零，试绘出鱼塘 4 个边坡和地面交线，以及各边坡间交线。

【解】 根据已知标高和坡度，首先算出平距：

$$L_1=L_2=L_3=4\times1=4\text{ 单位}$$

$$L_4=4\times4/3=16/3\text{ 单位}$$

按照算出的距离作出相应的底边的平行线，就是鱼塘上部的边界，即四边坡和地面的交线。至于边坡间交线，可以通过连接塘底和塘顶的对应顶点的方法得出，最后结果如图 13.12(b)所示。

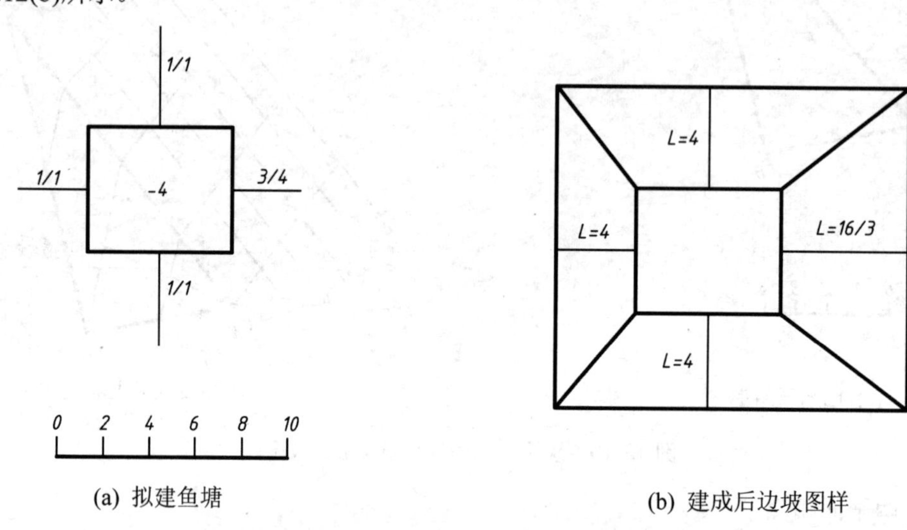

(a) 拟建鱼塘 (b) 建成后边坡图样

图 13.12 绘出鱼塘 4 个边坡和地面交线，以及各边坡间交线

13.2 曲线和曲面的标高投影

13.2.1 曲线的标高投影

曲线的的标高投影，由曲线上一系列点的标高投影的连线来表示，如图 13.13(a)所示。呈水平位置的平面曲线，即本身就是等高线，一般只标注一个标高，如图 13.13(b)所示。

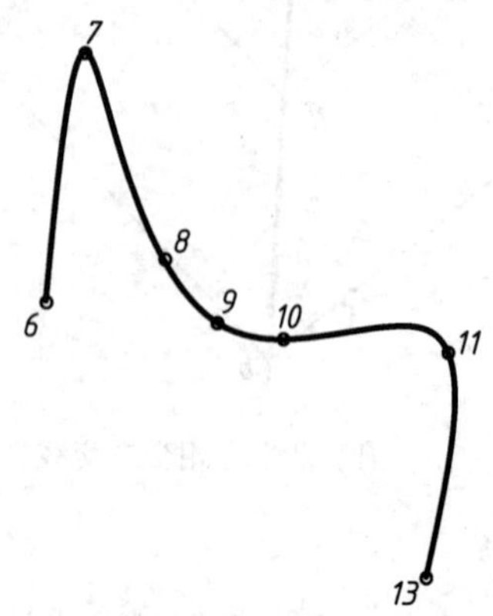

(b) 一般位置曲线的标高投影

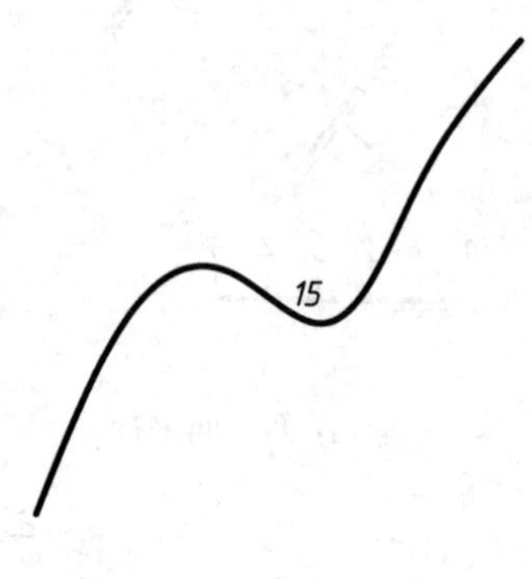

(b) 水平面上曲线的标高投影

图 13.13 曲线的标高投影

13.2.2 曲面的标高投影

曲面的标高投影，由面上一组等高线表示。这组等高线相当于一组水平面与曲面的交线。图 13.14 是一正圆锥，图 13.15 是一倒置圆锥的标高投影。我们将一系列的水平面与其相截，得到的截交线就是等高线，图中所示是采用整数标高的等高线。在等高线上注明标高，最后还要注明锥顶的标高，以确定是圆锥还是圆台。正圆锥的等高线越往外，高度越低，倒置圆锥和正圆锥相反，等高线越往外标高值越大。

上面两个图样中应该注意：标高的数字字头按规定朝向高处。

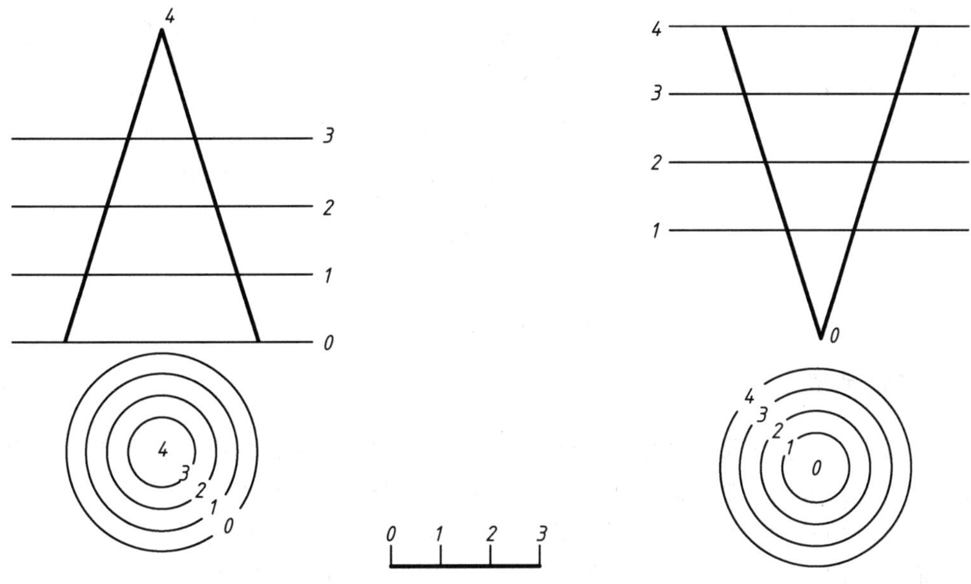

图 13.14　正圆锥面的标高投影　　　　图 13.15　倒置圆锥的标高投影

13.2.3 地形图

地形面的表示方法与曲面相同，仍然由等高线表示，如图 13.16 所示。地面一般都是不规则的曲面，因此，地形等高线也是不规则的曲线。地形面上的等高线有以下一些特征。

(1) 等高线一般是封闭曲线。

(2) 除悬崖绝壁的地方外，等高线不相交。

(3) 等高线稀疏程度表现地形地貌的具体特性，等高线越密，坡度越陡，反之地势越平坦。

在图 13.16 所示地形图中通过观察我们知道，该图中有 3 个凸起的坡，每根等高线之间的间距是 20m，右上部分最陡峭，右侧地势较为平缓。

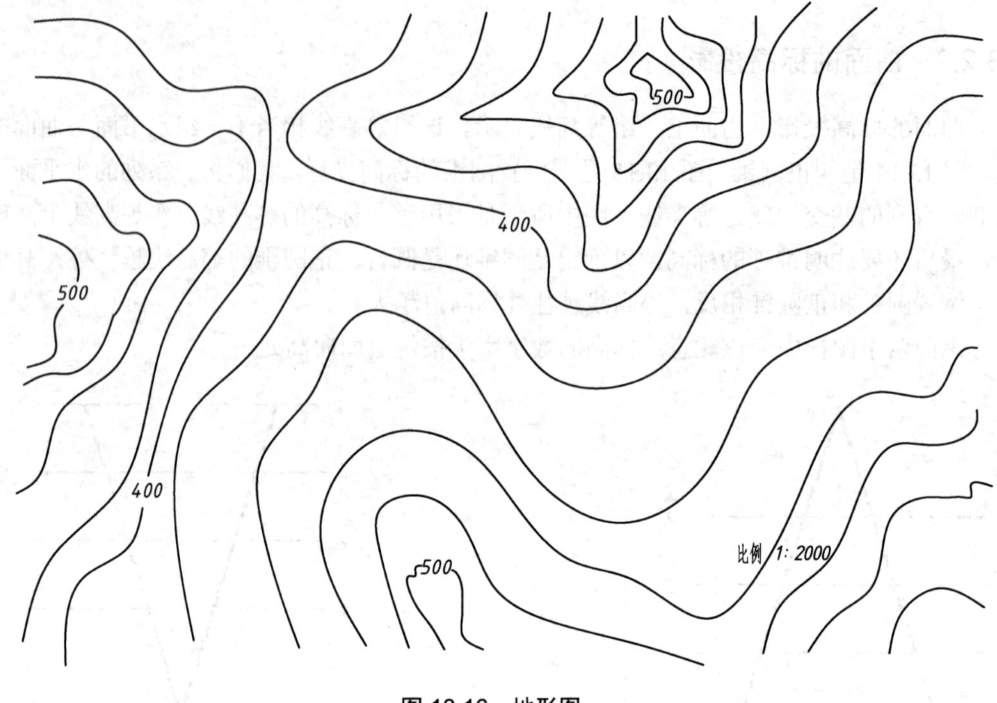

图 13.16 地形图

13.2.4 同坡曲面

如果曲面上各处最大坡度线的坡度都相同，称这个曲面为同坡曲面。正圆锥面，弯曲的路堤和路堑的边坡面，都是同坡曲面。图 13.17 中设通过一条曲线 5678，在右前方有一个坡度为 1∶1 的同坡曲面，它可以看作是以曲线上各顶点的坡度相同的多个正圆锥面的包络面。因而同坡曲面各等高线相切于各正圆锥面的标高相同的各等高线。

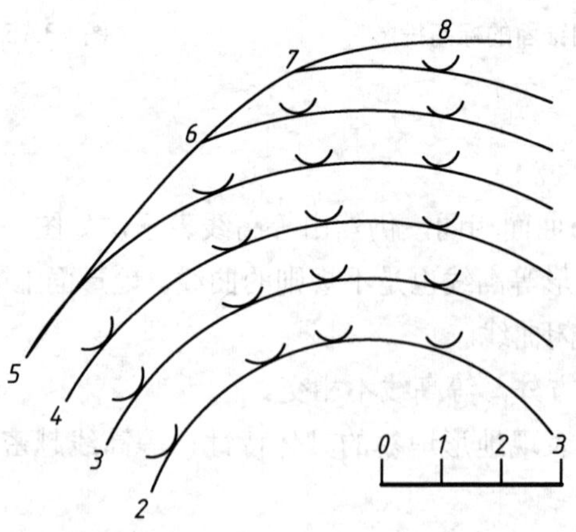

图 13.17 同坡曲面

因此，若已知曲线的标高投影，并知各同坡曲面的坡度，就可以以其倒数为平距，并以此为半径差作出各圆锥面上同心圆形状的等高线，由之可作出同坡曲面上与其相切的各等高线。

【例 13.4】 如图 13.18(a)所示为一个弯曲倾斜道路与干道相连，干道顶面标高+4，设地面标高为零，弯道由地面逐渐升高和干道相接，弯道两边都是同坡曲面，试作出同坡曲面的等高线。

【解】 (1) 算出边坡的平距 $l=1\div1=1$ 单位。

(2) 弯道处的两条路边即为同坡曲面的导线，在导线上取一些整数标高点(如 a、b、c、d)作为锥顶的位置。

(3) 在正圆锥上同标高的等高线的曲切线(包络线)，即是同坡曲面上的等高线。

图中还作出了同坡曲面与主干道坡面的交线，连接两坡面相同等高线的交点，就得到两坡面的交线。

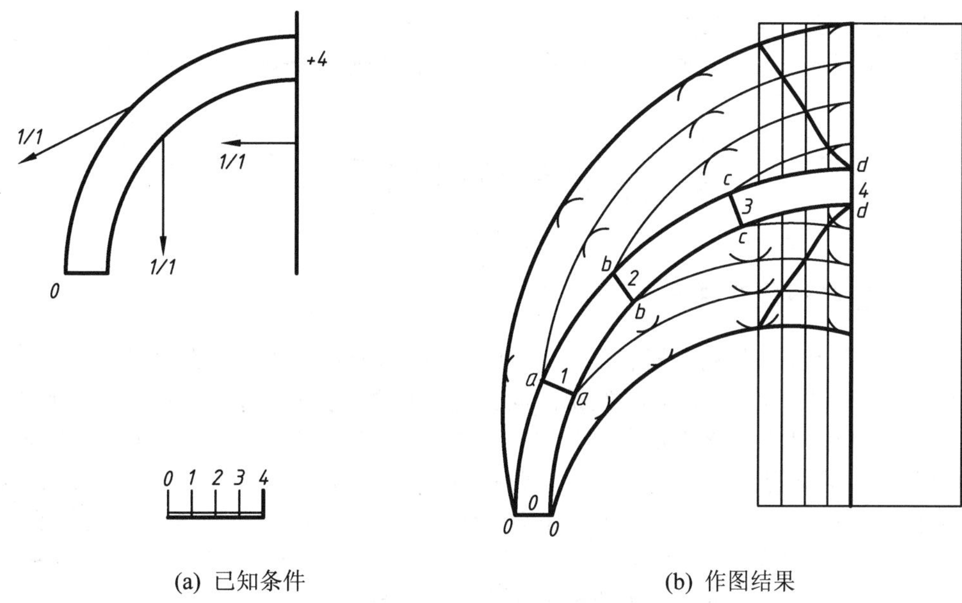

(a) 已知条件　　　　(b) 作图结果

图 13.18 作同坡曲面上的等高线

章 后 小 结

(1) 建筑物都是建在地面上或地面下的，由于地面形状比较复杂，高低不平，没有一定规则，且地面的高度和地面的长度、宽度之比相差很大，不能采用三面投影图来表示。

(2) 用标高投影法来绘制地形图，主要用于解决实际工程问题。

第 14 章 建筑施工图

教学提示：本章是全书的重点，是制图理论与建筑实践相联系的桥梁。首先讲述房屋的组成和房屋建筑工程图中的有关规定，接着重点介绍了建筑施工图的识读与绘制。本章的重点是识读和绘制建筑施工图。

学习要求：通过本章的学习，学生应该熟练掌握识读和绘制建筑施工图的方法。

14.1 建筑施工图概述

14.1.1 房屋的组成及其作用

建筑是人们为了满足社会的需要，利用所掌握的物质技术手段，在科学规律和美学法则的支配下，通过对空间的限定、组织而创造的人为的社会生活环境。建筑是一种物质产品，需要用物质技术条件来满足人们的物质要求。同时建筑又是一种艺术创造，以满足人们的精神需求。建筑分建筑物和构筑物。建筑物是指人们直接经常在内生活和工作的地方。构筑物是不直接供人们在内进行生产和生活的建筑，它是特殊建筑物，具有各自的独立性，可以单独成为一个结构体系，是用来为工业生产和民用生活服务的。常见的构筑物有烟囱、水塔、水池、油罐、冷却塔、挡土墙和水坝等。

房屋是供人们生产、生活、学习及娱乐的场所。按其使用功能和使用对象的不同通常可分为厂房、库房及农机站等生产性建筑与商场、住宅和体育场馆等民用建筑。各种不同的房屋尽管它们在使用要求、空间组合、外部形状、结构形式等方面各自不同，但是它们的基本构造是类似的。现以如图 14.1 所示某建筑为例，将房屋各组成部分名称及其作用作以简单介绍。

一幢房屋，一般是由基础、墙、柱、楼板层、地面、屋顶、楼梯与台阶、门窗等几大部分组成。它们各处在不同的部位，发挥着各自的作用。其中，起承重作用的部分称构件，如基础、墙、柱、梁和板等；而起围护及装饰作用的部分称为配件，如门、窗和隔墙等。因此，房屋是由许多构件、配件和装修构造组成的。

1) 基础

基础是建筑物埋在地面以下的承重结构，它承受建筑物的全部荷载，并把这些荷载传给地基。

2) 墙

墙位于基础上部，主要起承重、围护和分隔作用，根据受力情况，一般分为承重墙和非承重墙。承重墙承受屋顶、楼层传来的各种荷载，并将其传给基础；同时，还起围护和分隔作用，抵御风、雨、雪及寒暑对室内的影响，将整体的大空间划分为局部小空间。非承重墙主要起围护和分隔作用。

3）柱

有些建筑由墙承重，有些则由柱承重。承重的柱一般称为结构柱。除此之外，建筑中还有起增加建筑稳定性和刚度作用的柱，称为构造柱。

4) 楼板层

在楼房建筑中，楼板层是水平承重和分隔构件，将楼层的荷载通过楼板传给柱或墙，同时对墙体还有水平支撑作用。楼板层由楼板、楼面和顶棚组成。

5) 地面

首层室内地坪称为地面，仅承受首层室内的活荷载和本身自重，通过垫层传到土层上。

6) 屋顶

屋顶是建筑物顶部的承重和围护结构，由承重层、防水层和保温、隔热等其他构造层组成。

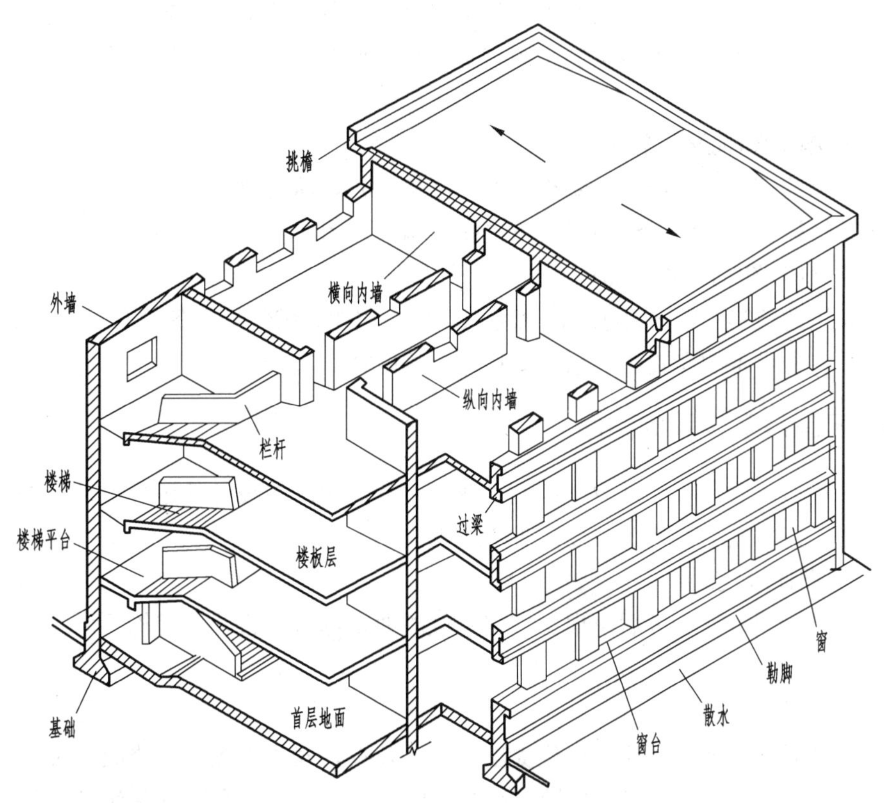

图 14.1　房屋的构造和组成

7) 楼梯与台阶

楼梯是楼房中联系上下层的垂直交通设施，供人们上下楼层和紧急疏散之用。

台阶是室内外高差的构造处理方式，同时供室内外交通之用。

8) 门窗

门是建筑的出入口，也是紧急疏散口，兼做采光通风之用。

窗是采光、通风、眺望等功能的设施，要求具有隔声、保温、防风沙等功能。

除以上主要建筑构件之外，还有天沟、雨篷、雨水管、勒脚、散水、明沟等起排水和保护墙体作用的构件和建筑装修构件。

房屋的第一层称为底层或首层，最上一层称为顶层。底层与顶层之间的若干层可依次称为二层、三层、……或统称为中间层。

14.1.2 施工图的分类

建造房屋的全过程包括规划、设计、施工及验收等多个阶段。每个不同阶段都有不同要求的图纸。其中，用以指导施工的图纸称施工图。它是遵照建筑制图国家标准的有关规定，使用正投影法绘制的，包括图形、尺寸、文字及特定符号等资料的图纸。

完整的房屋施工图按其内容与作用的不同可分为以下 3 大类。

1) 建筑施工图(简称建施图)

主要用来表示建筑物的规划位置、外部造型、内部各房间的布置、内外装修、构造及施工要求等。它的主要内容包括施工图首页、总平面图、各层平面图、立面图、剖面图及详图。

2) 结构施工图(简称结施图)

主要表示建筑物承重结构的结构类型、结构布置、构件种类、数量、大小及做法。它的内容包括结构设计说明、结构平面布置图及构件详图。

3) 设备施工图(简称设施图)

主要表达建筑物的给水排水、暖气通风、供电照明、燃气等设备的布置和施工要求等。它主要包括各种设备的布置图、系统图和详图等内容。

14.1.3 房屋建筑设计的程序

房屋的建造一般需要经过设计和施工两个过程。按房屋设计的过程，其程序一般可分为初步设计、技术设计和施工图设计 3 个阶段。

1) 初步设计阶段

设计人员接受设计任务后，根据使用单位的要求综合分析，合理构思后作出几种方案以供选用。

2）技术设计阶段

根据审批后的方案图及建设单位提出的修改建议，对方案图进行修改，进一步解决构件造型、平面布置、房屋外形等问题，绘制出比较详细的图，报送有关部门审批。

3）施工图设计阶段

根据审批后的技术设计图，进一步解决各种技术问题，取得各工种的协调统一，绘制出一套既能满足施工需要又能反映房屋整体和细部全部内容的图样。

14.1.4 绘制建筑施工图的有关规定

建筑工程图是标准化、规范化的图纸，绘制时必须遵守建筑行业相关规定。我国现行建筑制图规定主要有《房屋建筑制图统一标准》(GB/T 50001—2010)、《总图制图标准》(GB/T 50103—2010)、《建筑制图标准》(GB/T 50104—2010)、《建筑结构制图标准》(GB/T 50105—2010)等。这些标准旨在统一制图表达，提高制图效率，便于阅读和交流。

1. 图线

图线的宽度 *b* 应从下列线宽系列中选取。

0.13mm、0.18mm、0.25mm、0.35mm、0.5mm、0.7mm、1.0mm、1.4mm。

每个图样应根据复杂程度与比例大小，先确定基本线宽 *b*，再选用适当的线宽组。

2. 比例

由于建筑物的实体比图纸大得多，不可能按实际大小绘制，故要将其缩小后绘制；而精密仪器的零件往往又很小，需要放大后绘制。缩小或放大绘制图样需要按一定的比例。

图形与实物相对应的线性尺寸之比称为比例。比值大于 1 的称放大比例；比值小于 1 为缩小比例。

比例＝图样上的线段长度/实物上的相应线段长度。

比例的大小是指其比值的大小，如 1∶50 就比 1∶100 大。

建筑专业制图选用比例应符合表 14-1。

表 14-1 建筑施工图中所用的比例

图　名	比　例
总平面图、管线图、土方图	1∶500，1∶1000，1∶2000
建筑物或构筑物的平面图、立面图、剖面图	1∶50，1∶100，1∶150，1∶200，1∶300
建筑物或构筑物的局部放大图	1∶10，1∶20，1∶25，1∶30，1∶50
配件及构造详图	1∶1，1∶2，1∶5，1∶10，1∶15，1∶20，1∶25，1∶30，1∶50

一般情况下，一个图样一般选用一个比例。根据专业制图的需要，同一图样也可选用两种不同的比例。如梁的侧立面与横断面就应采用两个不同的比例(主要用于长度与宽度相差悬殊的构配件)。

在工程图样上，比例应以阿拉伯数字表示，比例的符号为“∶”，如 1∶1，1∶20，1∶100 等。其他表示方法是不允许的(如 1/100)。

3. 定位轴线及编号

确定建筑物承重构件位置的线称为定位轴线，各承重构件均需标注纵横两个方向的定位轴线，非承重或次要构件应标注附加轴线。

定位轴线应用细点画线绘制。一般应编号，编号应注写在轴线端部的圆内。圆应用细实线绘制，直径为 8mm～10mm。定位轴线圆的圆心，应在定位轴线的延长线上或延长线的折线上。

平面图上定位轴线的编号，宜标注在图样的下方与左侧。横向编号应用阿拉伯数字，从左至右顺序编写，竖向编号应用大写拉丁字母，从下至上顺序编写。

英文字母的 *I*、*O*、*Z* 不得用作轴线编号，是为了防止和数字 1、0、2 混淆。如字母数量不够使用，可增用双字母或单字母加数字注脚，如 *AA*、*BA*、…、*YA* 或 A_1、B_1、…、Y_1，如图 14.2 所示。

B
A
1
2
3
4
5
6

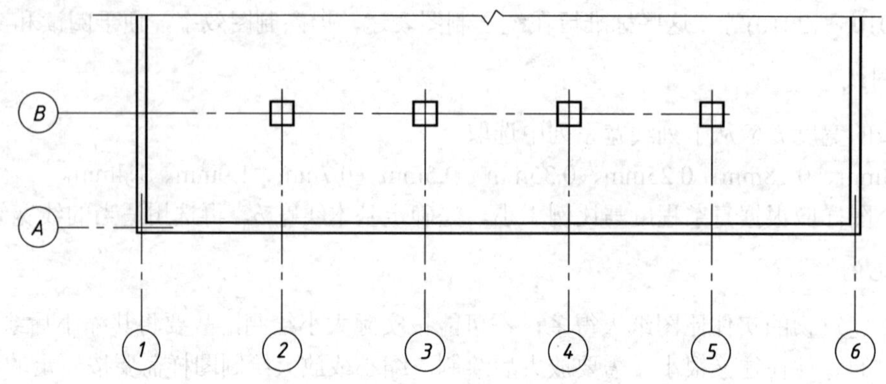

图 14.2　定位轴线编号顺序

附加定位轴线的编号，应以分数形式表示，并应按下列规定编写。

(1) 两根轴线间的附加轴线，应以分母表示前一轴线的编号，分子表示附加轴线的编号，编号宜用阿拉伯数字顺序编写，如图 14.3 所示。

(2) 1 号轴线或 A 号轴线之前的附加轴线的分母应以 01 或 0A 表示，如图 14.3 所示。

1/2 表示2号轴线后附加的第1根轴线
1/01 表示1号轴线前附加的第1根轴线
3/C 表示C号轴线后附加的第3根轴线
3/0A 表示A号轴线前附加的第3根轴线

图 14.3　附加轴线

一个详图适用于几根轴线时，应同时注明各有关轴线的编号，如图 14.4 所示。

1
3
1
3
1
3,6…
1
~
15

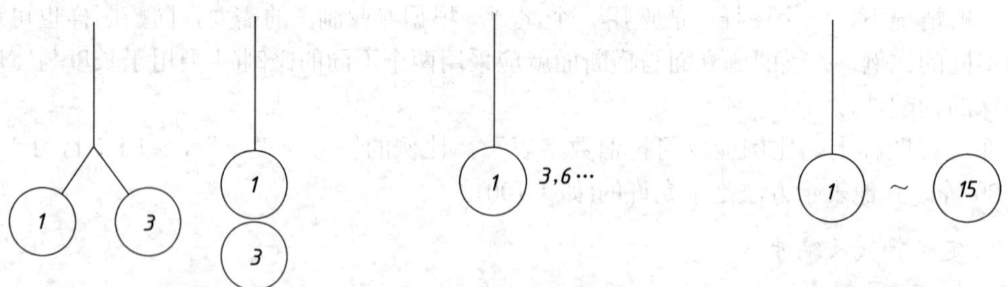

(a) 用于 2 根轴线时　(b) 用于 3 根或 3 根以上轴线时　(c) 用于 3 根以上连续轴线时

图 14.4　详图的轴线编号

圆形平面图中定位轴线的编号，其径向轴线宜用阿拉伯数字表示，从左下角开始，按逆时针顺序编写；其圆周轴线宜用大写拉丁字母表示，从外向内顺序编写，如图 14.5 和图 14.6 所示。

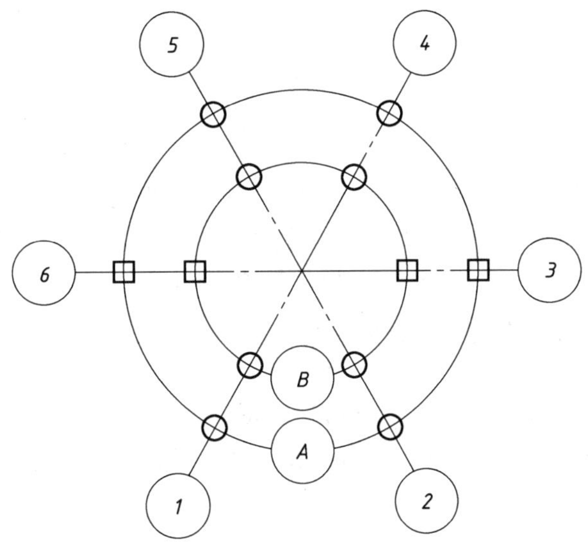

图 14.5 圆形平面定位轴线编号

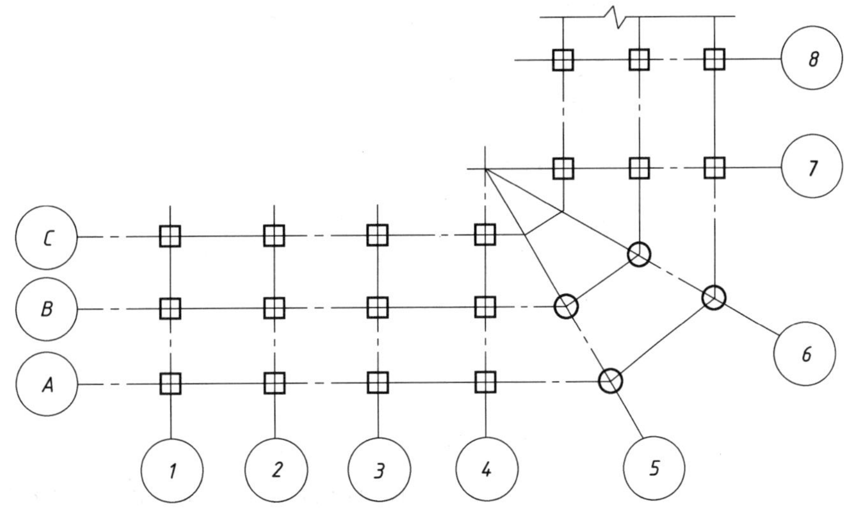

图 14.6 折线形平面定位轴线编号

4. 标高

标高是标注建筑物各部位高度的另一种尺寸形式，有绝对标高和相对标高两种。以青岛附近黄海平均海平面为零点所确定的标高，称为绝对标高，又称海拔标高。以建筑物某一部位(通常是底层室内主要地坪)为零点所确定的标高，称为相对标高。因为绝对标高不便于使用，所以除总平面图外，施工图中都使用相对标高，并应当在建筑设计总说明中说明其换算关系。

标高符号应以直角等腰三角形表示，按如图 14.7(a)所示形式用细实线绘制，如标注位置不够，也可按如图 14.7(b)所示形式绘制。标高符号的具体画法如图 14.7(c)、(d)所示。

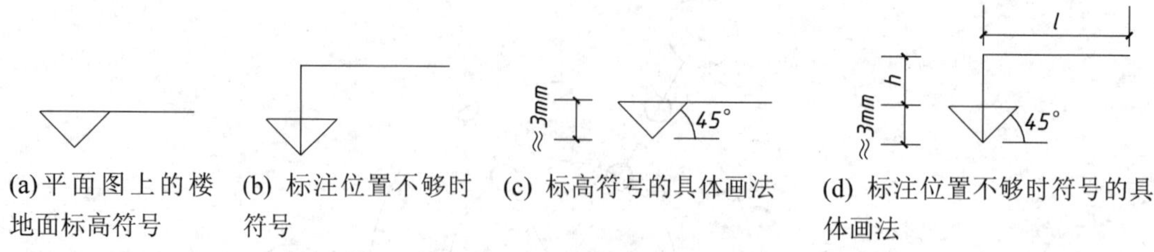

(a)平面图上的楼地面标高符号　(b) 标注位置不够时符号　(c) 标高符号的具体画法　(d) 标注位置不够时符号的具体画法

图 14.7　标高符号的具体画法

总平面图室外地坪标高符号，宜用涂黑的三角形表示，如图 14.8(a)所示，具体画法如图 14.8(b)所示。

标高符号的尖端应指至被注高度的位置。尖端一般应向下，也可向上。标高数字应注写在标高符号的左侧或右侧，如图 14.8(c)所示。在图样的同一位置需表示几个不同标高时，标高数字可按如图 14.8(d)所示的形式注写。

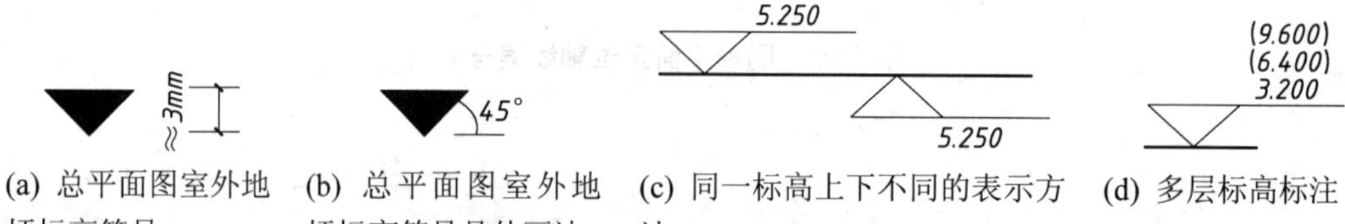

(a) 总平面图室外地坪标高符号　(b) 总平面图室外地坪标高符号具体画法　(c) 同一标高上下不同的表示方法　(d) 多层标高标注

图 14.8　标高符号的表示方法

标高数字应以米(m)为单位，注写到小数点以后第三位。在总平面图中，可注写到小数点以后第二位。零点标高应注写成±0.000，正数标高不注“+”，负数标高应注“－”，例如 3.000、－0.600。

5. 索引符号与详图符号

1) 索引符号

图样中的某一局部或构件，如需另见详图，应以索引符号索引，如图 14.9(a)所示。索引符号是由直径为 8mm～10mm 的圆和水平直径组成的，圆及水平直径均应以细实线绘制。索引符号应按下列规定编写。

(1) 索引出的详图，如与被索引的详图同在一张图纸内，应在索引符号的上半圆中用阿拉伯数字注明该详图的编号，并在下半圆中间画一段水平细实线，如图 14.9(b)所示。

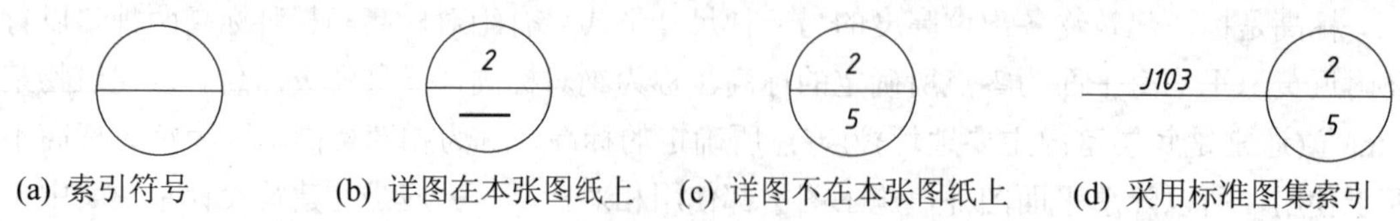

(a) 索引符号　(b) 详图在本张图纸上　(c) 详图不在本张图纸上　(d) 采用标准图集索引

图 14.9 索引符号

(2) 索引出的详图，如与被索引的详图不在同一张图纸内，应在索引符号的上半圆中用阿拉伯数字注明该详图的编号，在索引符号的下半圆中用阿拉伯数字注明该详图所在图纸的编号，如图 14.9(c)所示。数字较多时，可加文字标注。

(3) 索引出的详图，如采用标准图，应在索引符号水平直径的延长线上加注该标准图册的编号，如图 14.9(d)所示。

索引符号如用于索引剖面详图，应在被剖切的部位绘制剖切位置线，并以引出线引出索引符号。引出线所在的一侧应为投射方向，如图 14.10 所示。

零件、钢筋、杆件、设备等的编号，以直径为 5mm～6mm(同一图样应保持一致)的细实线圆表示，其编号应用阿拉伯数字按顺序编写。

2) 详图符号

详图的位置和编号，应以详图符号表示。详图符号的圆应以直径为 14mm 粗实线绘制。详图应按下列规定编号。

(1) 详图与被索引的图样同在一张图纸内时，阿拉伯数字注明详图的编号，如图 14.11(a)所示。

(2) 详图与被索引的图样不在同一张图纸内，符号内画一水平直径，在上半圆中注明详图编号，在下半圆中注明被索引的图纸的编号，如图 14.11(b)所示。

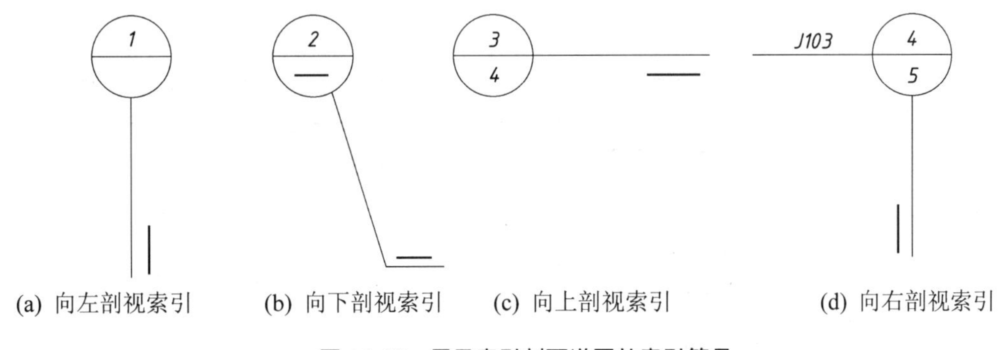

(a) 向左剖视索引　(b) 向下剖视索引　(c) 向上剖视索引　(d) 向右剖视索引

图 14.10 用于索引剖面详图的索引符号

(a) 详图与被索引图样在同张图纸上　(b) 详图与被索引图样不在同一张图纸上

图 14.11 详图符号

6. 引出线

引出线应以细实线绘制，宜采用水平方向的直线、与水平方向成 30°、45°、60°、90°的直线，或经上述角度再折为水平线。文字说明宜注写在水平线的上方[图 14.12(a)]，也可注写在水平线的端部[图 14.12(b)]。索引详图的引出线，应与水平直径线相连接。

同时引出几个相同部分的引出线，宜互相平行[图 14.13(a)]，也可画成集中于一点的放射线[图 14.13(b)]。

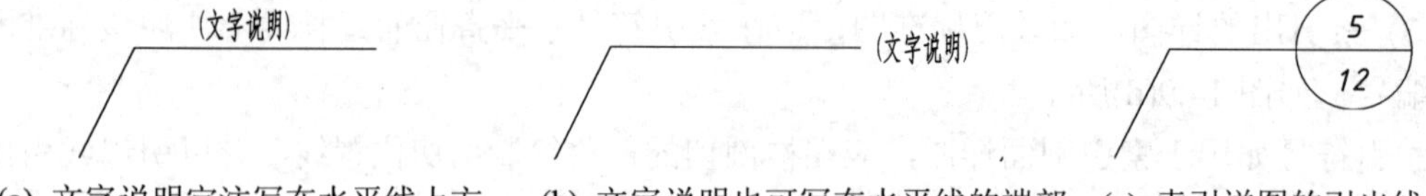

(a) 文字说明宜注写在水平线上方　(b) 文字说明也可写在水平线的端部　(c) 索引详图的引出线

图 14.12　引出线图

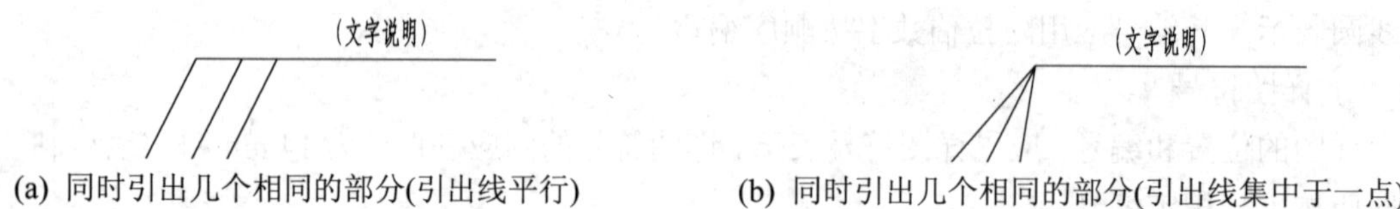

(a) 同时引出几个相同的部分(引出线平行)　(b) 同时引出几个相同的部分(引出线集中于一点)

图 14.13　共用引出线

7. 图例

为了绘图简便，表达清楚，“国标”规定了一系列图形符号来代表建筑构配件、卫生设备、建筑材料等，这种图形符号称为图例，见表 14-2。

表 14-2　建筑材料图例

序号	名　称	图　例	备　注
1	自然土壤		包括各种自然土壤
2	夯实土壤		
3	砂、灰土		靠近轮廓线绘较密的点
4	砂粒土、碎砖三合土		
5	石材		
6	毛石		
7	普通砖		包括实心砖，多孔砖、砌块等砌体，断面较不易绘出图例线时，可涂红
8	混凝土		① 本图例指能够承重的混凝土及钢筋混凝土 ② 包括各种强度等级、骨料、添加剂的混凝土 ③ 在剖面图上画出钢筋时，不画图例线 ④ 断面图形小，不易画出图例线时，可涂黑
9	钢筋混凝土		
10	多孔材料		包括水泥珍珠岩、沥青珍珠岩、泡沫混凝土、非承重加气混凝土、软木、蛭石制品等

14.2 施工图首页

施工图中除各种图样外，还包括图纸目录、设计说明、工程做法表、门窗统计表等文字性说明。这部分内容通常集中编写，放于施工图的前部，一些中小工程内容较少时，可以全部绘制于施工图的第一张图纸上，成为施工图首页。

施工图首页服务于全套图纸，但习惯上由建筑设计人员编写，可认为是建筑施工图的一部分。

14.2.1 图纸目录

图纸目录的主要作用是便于查找图纸，常置于全套图的首页，一般以表格形式编写，说明该套施工图有几类，各类图纸分别有几张，每张图纸的图名、图号、图幅大小等。

表 14-3 为某市北山小区 1#住宅楼工程的图纸目录实例。

表 14-3 图纸目录

序号	图 号	图 纸 名 称	图 纸 型 号
1	建施-01	图纸目录、建筑设计说明	
2	建施-02	建筑设计说明、建筑构造及配件明细表、门窗表，总平面图	
3	建施-03	一层平面图	
4	建施-04	2～5 层平面图	
5	建施-05	屋顶排水平面图	
6	建施-06	南立面图	
7	建施-07	北立面图	
8	建施-08	东立面图、西立面图	
9	建施-09	1—1 剖面图、2—2 剖面图	
10	建施-10	楼梯详图、厨卫详图	
11	结施…	…	
12	设施…	…	

14.2.2 设计说明

建筑设计说明主要用于说明建筑概况、设计依据、施工要求及需要特别注意的事项等。有时，其他专业的设计说明可以和建筑设计说明合并为整套图纸的总说明，放置于所有施工图的最前面。

以下为某市北山小区 1 号住宅楼工程的设计说明实例。

建筑施工图设计说明

一、设计依据

1. 本工程的建设审批单位已通过的规划设计。

2．甲方通过的建筑单体方案。

3．建设单位提供的用地红线坐标图、用地现状图。

4．依据现行国家有关规范、规定及标准。

建筑工程设计文件编制深度规定建质[2003]84号

《民用建筑设计通则》(GB 50352—2005)

《建筑设计防火规范》(GBJ 50016—2006)

《住宅设计规范》(GB 50096—1999)(2003年版)

《河南省居住建筑节能设计标准》(DBJ 41/071—2006)

《住宅建筑规范》(GBJ 50368—2005)

其他有关国家及地方规范及规定。

5．场地条件：达到“三通一平”，地下水位无侵蚀性。

6．依据各有关专业提出的施工图设计资料，地质勘测资料。

二、项目概况

1．本工程为平煤集团八矿北山小区1号住宅楼施工图，建筑定位见总平面图。

2．本工程建筑结构形式为砖混结构，建筑结构的类别为丙类，结构合理。使用年限为50年，抗震设防烈度为6度。

3．建筑耐火等级为二级。

4．建筑层数、高度：地上5层，楼梯间出屋面，建筑高度17.3m。

5．本工程总建筑面积1300m^2，建筑基底面积260m^2。

6．其他指标：住宅套型数量为20户。

三、设计范围

本施工图设计仅为北山小区1号住宅楼工程单体部分施工图设计，室外详细工程及配套建筑见另行设计。

四、建筑定位坐标及标高

1．建筑物相对标高±0.000对应之绝对标高，根据规划和满足地基持力层确定。

2．各层标注标高为完成面标高(建筑标高)，屋面标高为结构标高。

3．本工程标高以m为单位，总平面尺寸以m为单位，其他尺寸以mm为单位。

五、墙体工程

1．墙体的基础部分见结施。

2．混合结构的承重砌体墙详建施图。

3．砌体采用240mm厚承重(多孔砖)非黏土砖，用M10砂浆砌筑，其构造和技术要求详见结施，外墙外保温见节能设计，内墙采用保温砂浆抹面。

4．墙身防潮层：在室内地坪下约60mm处做20mm厚1∶2水泥砂浆内加3%～5%防水剂的墙身防潮层(在此标高为钢筋混凝土构造，或下为砌石构造时可不做)，当室内地坪变化处防潮层应重叠500mm，并在高低差埋土一侧墙身做20mm厚1∶2水泥砂浆防潮层，埋土侧为室外，还应刷1.5mm厚聚氨酯防水涂料(或其他防潮材料)。

5．墙体留洞及封堵

(1) 砌筑墙预留洞见建施和设备图。

(2) 砌筑墙体预留洞过梁见结施说明。

(3) 预留洞的封堵：混凝土墙留洞的封堵见结施，其余砌筑墙留洞待管道设备安装完毕后，用C15细石混凝土填实。

六、楼地面工程

1．所有卫生间、厨房楼地面均比同层楼地面标高低20mm。

2．卫生间楼地面向地漏处做0.5%的坡。

3．内墙阳角做1∶2水泥砂浆护角，高度与门洞齐，做法详见05YJ7R6(1/14)。

七、屋面工程

1．本工程的屋面防水等级为二级，防水层合理使用年限为15年，做法见屋顶平面图。

2．屋面做法及屋面节点索引见建施“屋面排水平面图”，露台、雨篷等见“各层平面图”及有关详图。

3．屋面排水组织见屋面平面图，内排水雨水管见水施图，外排雨水斗、雨水管采用UPVC管，除图中另有注明者外，雨水管的公称直径均为DN100。

4．隔汽层的设置：本工程的屋面设置隔汽层，其构造见05YJ1屋3。

八、门窗

1．建筑外门窗抗风压性能分级为三级，气密性能分级为3级，水密性能分级为3级，保温性能分级为7级，隔声性能分级为3级。

2．门窗玻璃的选用应遵照《建筑玻璃应用技术规程》(JGJ 113—2003)和《建筑安全玻璃管理规定》发改运行[2003]2116号及地方主管部门的有关规定。

3．门窗立面均表示洞口尺寸，门窗加工尺寸要按照装修面厚度由承包商予以调整。

4．门窗立樘：外门窗立樘详墙身节点图，内门窗立樘除图中另有注明者外，平开门双向立樘墙中，单向平开门立樘开启方向立樘墙中。

5．门窗选料、颜色、玻璃见“门窗表”附注。

6．木门：木门洞口尺寸、樘数详门窗表，其制作材料及要求均详05YJ4-1说明及做法。

7．塑钢门窗：采用灰色高级塑钢型材框料，窗及阳台门采用80系列，其他推拉门采用70系列，双层中空玻璃，(6+6+6) 厚Low-E玻璃，其制作、安装均应满足05YJ4-1说明及做法要求。

8．不同朝向窗墙比外窗传热系数应满足DBJ 41/071—2006的有关规定。

9．一层门窗防盗设施由甲方自定。

九、外装修工程

1．外装修设计和做法索引见“立面图”及外墙详图。

2．承包商进行二次设计轻钢结构、装饰物等，经确认后，向建筑设计单位提供预埋件的设置要求。

3．设有外墙外保温的建筑构造详见索引标准图及外墙详图。

4．外装修选用的各项材料其材质、规格、颜色等，均由施工单位提供样板，经建设和设计单位确认后进行封样，并据此验收。

5．所有外墙水平阳角下沿线脚均做滴水线，做法详见建筑构造及配件明细表。

十、内装修工程

1．内装修工程执行《建筑内部装修设计防火规范》(GB 50222—1995)，楼地面部分执行《建筑地面设计规范》(GB 50037—1996)。

2．楼地面构造交接处和地坪高度变化处，除图中另有注明者外均位于齐平门扇开启面处。

3．凡设有地漏房间应做防水层，图中未注明整个房间做坡度的，均在地漏周围 1m 范围内做 1%～2%坡度坡向地漏；有水房间的楼地面应低于相邻房间 20mm。

十一、油漆涂料工程

1．内装修选用的各项材料，均由施工单位制作样板和选样，经确认后进行封样，并据此进行验收。

2．室内装修所采用的油漆涂料见“室内装修做法表”；所有预埋木构件和木砖均需作防腐。

3．木门油漆选用乳白色调和漆，做法为 05YJ-1 第 77 页涂 1。

4．楼梯扶手选用绿色清漆，做法为 05YJ-1 第 77 页涂 1；栏杆采用绿色调和漆，做法为 05YJ-1 第 77 页涂 1。

5．室内外各项露明金属件的油漆为刷防锈漆 2 道后再做同室内外部位相同颜色的漆，做法为 05YJ1 第 77 页涂 1。(钢构件除锈后先刷红丹防锈漆一道)

6．各项油漆均由施工单位制作样板，经确认后进行封样，并据此进行验收。

十二、室外工程

1．外挑檐、雨篷、室外台阶、坡道、散水做法见建筑构造及配件明细表。

2．水簸箕采用为 05YJ5-1 第 33 页 4。

十三、建筑设备、设施工程

1．卫生洁具、成品隔断由建设单位与设计单位商定，并应与施工配合。

2．厨房设备由甲方自定。

3. 灯具等影响美观的器具须经建设单位与设计单位确认样品后，方可批量加工、安装。

十四、其他施工中注意事项

1. 图中所选用标准图中有对结构工种的预埋件、预留洞，如楼梯、平台钢栏杆、门窗、建筑配件等，本图所标注的各种留洞与预埋件应与各工种密切配合后，确认无误方可施工。

2. 两种材料的墙体交接处，应根据饰面材质在做饰面前加钉金属网在施工中加贴玻璃丝网格布，防止裂缝。

3．预埋木砖及贴邻墙体的木质面均做防腐处理，露明铁件均做防锈处理。

4．门窗过梁见结施。

5．楼板留洞的封堵：待设备管线安装完毕后，用 C20 细石混凝土封堵密实。

6．施工中应严格执行国家各项施工质量验收规范。

十五、所有室外雨篷、挑檐及外挑构件均须做滴水线，做法参见建筑构造及配件明细表。

十六、各层楼、地面除图纸注明外均做 120mm 高踢脚线，材料做法同相连楼、地面。

十七、本设计中有关装饰材料、颜色、规格于施工前应做样板，由业主、设计院共同研究确定。

十八、严禁未经设计确认和有关部门批准擅自改动承重结构、主要使用功能或建筑外观，不得拆改水、暖、电、燃气、通信等配套设施。

十九、建设单位应在住宅交付使用时提供给用户“住宅使用说明书”和“住宅质量保证书”。

二十、本设计文件凡未详尽之处，均按国家施工规程及验收规范处理，施工中对设计图纸不明确处应及时向设计院反映，由业主、设计院、施工单位及监理公司协商。

二十一、本次设计只含一般室内装饰设计。

二十二、由于用地有较大高差，场地竖向处理时应符合规划规范要求，以免对建筑造成影响。

14.2.3 门窗表

为了方便门窗的下料、制作和安装，需将建筑的门窗进行编号，统计汇总后列成表格。门窗统计表用于说明门窗类型，每种类型的名称、洞口尺寸、每层数量和总数量以及可选用的标准图集、其他备注等。

表 14-4 为某市北山小区 1 号住宅楼工程的门窗表实例。

表 14-4 门窗表

类别	设计编号	洞口尺寸/mm		窗口数量(个/层)			采用标准图集及编号		备注
		宽	高	1 层	2～5 层	6 层	图集代号	编号	
门	M-1	1000	2100	4	4	0			节能防盗门甲方自定 K≤2.7
	M-2	900	2100	8	8	0	05YJ4-1	M-1PM-0921	
	M-3	800	2100	8	8	0	05YJ4-1	M-2PM-0821	下带百叶
	M-1'	1000	2100	0	0	2			节能防盗门甲方自定 K≤2.7
	TLM-1	1500	2100	4	4	0	05YJ4-1	仿 S80K-2TM-1521	
	TLM-2	1560	2100	4	4	0			储藏小间门及以上柜门甲方自定
	TLM-3	1560	2800	4	4	0	05YJ4-1	仿 S80K-2TM-1525	到板底
	MD-1	1500	2100	2	0	0			
	M-3'	800	2100	2	2	0	05YJ4-1	仿 S80K-1PM-0821	塑钢砂玻璃门

续表

类别	设计编号	洞口尺寸/mm		窗口数量(个/层)			采用标准图集及编号		备注
		宽	高	1 层	2～5 层	6 层	图集代号	编号	
窗	C-1	1500	1600	8	10	3	05YJ4-1	S80KJ-2TC-1515	80系列塑钢窗
	C-2	1000	1600	4	4	0	05YJ4-1	仿 S80KJ-2TC-1215	80 系列塑钢窗，厨房门为火灾时可自动关闭的乙级防火门
	C-3	900	1600	4	4	0	05YJ4-1	仿 S80K-2TC-1215	80 系列塑钢窗，厨房门为火灾时可自动关闭的乙级防火门

注：1．门窗安装：所有门窗均按照施工验收规范安装五金、拉手及插销等配件。

2．外门窗均带纱扇，一层门窗防盗设施为普通圆钢铁栅防盗网。

14.2.4　工程做法表

对房屋的屋面、楼地面、顶棚、内外墙面、踢脚、墙裙、散水、台阶等建筑细部，根据其构造做法可以绘出详图进行局部图示，也可以用列成表格的方法集中加以说明，这种表格称为工程做法。

当大量引用通用图集中的标准做法时，使用工程做法表十分方便高效。工程做法表的内容一般包括：工程构造的部位、名称、做法及备注说明等，因为多数工程做法属于房屋的基本土建装修，所以又称为建筑装修表。

表 14-5 为某市北山小区 1 号住宅楼工程的工程做法表实例。

表 14-5　建筑构造及配件明细表

序号	部位		图集号	详图号	备注
1	屋面	屋面	05YJ1	屋 3(B1-50-F1)	高聚物改性沥青卷材防水屋面
2	地面	室内房间	05YJ1	地 1	
		卫生间、厨房	05YJ1	地 46	
3	楼面	其他室内房间	05YJ1	1/26	除楼梯间外，其他均为毛楼面，楼面加铺 40 厚水泥膨胀蛭石
		厨房、卫生间	05YJ1	29/33	
4	内墙面	厨房、卫生间	05YJ1	11/40	厨房贴至顶，面砖规格由甲方自定，卫生间为毛墙
		其他室内房间	05YJ1	4/39	面层白色仿磁 3 道，压光
5	顶棚	厨房、卫生间	05YJ1	4/67	面层白色仿磁 3 道，压光
		其他室内房间	05YJ1	3/67	面层白色仿磁 3 道，压光
6	涂料	内墙面及顶棚	05YJ1	涂27/83	白色仿瓷涂料三遍
		所有木表面	05YJ1	涂1/77	乳白色调解漆(楼梯扶手为绿色调和漆)
		所有铁件表面	05YJ1	涂1/77	绿色调和漆

续表

序号	部位	图集号	详图号	备注
7	楼梯栏杆、扶手	05YJ8	1/24 1/74 2/78	高度为 1050
8	散水	05YJ9-1	3/51	宽 900(变形缝间距 6 米)
9	雨水配件出水口	05YJ5-1	4/21 4/23	UPVC 落水管 DN=100
10	护角	05YJ7	1/14	R=6，护角高度 2100m
11	踢角	05YJ7	⊕	与墙面做平
12	外墙	05YJ1	外墙(仅面层做法)	外墙保温做法：涂料部分见面砖 05YJ3-1 相关节点做法
13	平顶角线	05YJ7	3/14	R=10
14	内窗台	05YJ7	3/21	
15	勒脚	05YJ6	3/1	
16	外窗套	05YJ6	7、8/7	H=100(凸出 60)
17	晒衣架	05YJ6	8/30	
18	楼梯入口雨篷	05YJ6	3/9	
19	楼梯出口雨篷	05YJ6	2/9	
20	屋面出入口	05YJ5-1	4/12	
21	泛水	05YJ5-1	D/10	
22	女儿墙压顶	仿 05YJ5-1	B/9	配筋见结施
23	坡道	05YJ1	坡5/117	
24	滴水线	05YJ6	C/27	

14.3 总平面图

14.3.1 总平面图的形成和用途

建筑总平面图是表明一项建设工程总体布置情况的图纸。它是在建设基地的地形图上，把已有的、新建的和拟建的建筑物、构筑物以及道路、绿化等按与地形图同样比例绘制出来的平面图。

建筑总平面图主要表明新建平面形状、层数、室内外地面标高，新建道路、绿化、场地排水和管线的布置情况，并表明原有建筑、道路、绿化等和新建筑的相互关系以及环境保护方面的要求等。由于建设工程的性质、规模及所在基地的地形、地貌的不同，建筑总平面图所包括的内容有的较为简单，有的则比较复杂，必要时还可分项绘出竖向布置图、管线综合布置图及绿化布置图等。

总平面图是新建房屋定位、放线以及布置施工现场的依据。

14.3.2 总平面图的图示方法

由于总平面图包括地区较大，国家制图标准(以下简称“国标”)规定：总平面图的比例应用1∶500，1∶1000，1∶2000来绘制。实际工程中，总平面图常用1∶500的比例绘制。

由于比例较小，总平面图上的房屋、道路、桥梁、绿化等都用图例表示。表14-6列出的为“国标”规定的总平面图图例。在较复杂的总平面图中，如用了一些“国标”上没有的图例，应在图纸的适当位置以附加图例的形式加以说明。

表14-6 总平面图图例

名称	图例	说明
新建的建筑物	X= Y= ① 12F/2D H=59.00m	新建建筑物以粗实线表示与室外地坪相接处±0.00外墙定位轮廓线 建筑物一般以±0.00高度处的外墙定位轴线交叉点坐标定位。轴线用细实线表示，并标明轴线号 根据不同设计阶段标注建筑编号，地上、地下层数，建筑高度，建筑出入口位置（两种表示方法均可，但同一图纸采用一种表示方法） 地下建筑物以粗虚线表示其轮廓 建筑上部（±0.00以上）外挑建筑用细实线表示 建筑物上部连廊用细虚线表示并标注位置
原有的建筑物		用细实线表示
计划扩建预留地或建筑物		用中粗虚线表示
拆除的建筑物		用细实线表示
挡土墙	5.00 1.50	挡土墙根据不同设计阶段的需要标注 $\frac{墙顶标高}{墙底标高}$
围墙及大门		
新建的道路	0.3% 100.00 R=6.00 107.50	R=6.00表示道路转弯半径；“107.50”为道路中心线交叉点设计标高，两种表示方式均可，同一图纸采用同一种方式表示，“100.00”表示变坡点之间距离，“0.3%”表示道路坡度，——►表示坡向
原有的道路		
计划扩建的道路		

续表

名　称	图　例	说　明
室内地坪标高	151.10(+0.00)	数字平行于建筑物书写
室外地坪标高	▼ 143.00	室外标高也可采用地形等高线
填挖边坡		

总图应按上北下南方向绘制。根据场地形状或布局，可向左或向右偏转，但不宜超过45°。

图 14.14 中 *X* 为南北方向轴线，*X* 的增量在 *X* 轴线上，*Y* 为东西方向轴线 *Y* 的增量在 *Y* 轴线上。*A* 轴相当于测量坐标网中的 *X* 轴，*B* 轴相当于测量坐标网中的 *Y* 轴。

坐标网格应以细实线表示。测量坐标网应画成交叉十字线，坐标代号宜用“*X*、*Y*”表示；建筑坐标网应画成网格通线，自设坐标代号宜用“*A*、*B*”，坐标值为负数时，应注“－”号，为正数时，“+”号可以省略。

总平面图上有测量和建筑两种坐标系统时，应在附注中注明两种坐标系统的换算公式。

表示建筑物、构筑物位置的坐标应根据设计不同阶段要求标注，当建筑物或构筑物与坐标轴线平行时，可标其对角坐标。与坐标轴线成角度或建筑平面复杂时，宜标注三个以上坐标，坐标宜标注在图纸上。根据工程具体情况，建筑物、构筑物也可用相对尺寸定位。

在同一张图上，主要建筑物、构筑物用坐标定位时，根据工程具体情况也可用相对尺寸定位。

新建房屋的朝向与风向，可在图纸的适当位置绘制指北针或风向频率玫瑰图(简称“风玫瑰”)[图 14.15(a)]来表示。指北针应按“国标”规定绘制[图 14.15(b)]，其圆用细实线，直径为 24mm；指针尾部宽度为 3mm，指针头部应注“北”或“N”字。如需用较大直径绘制指北针时，指针尾部宽度宜为直径的 1/8。

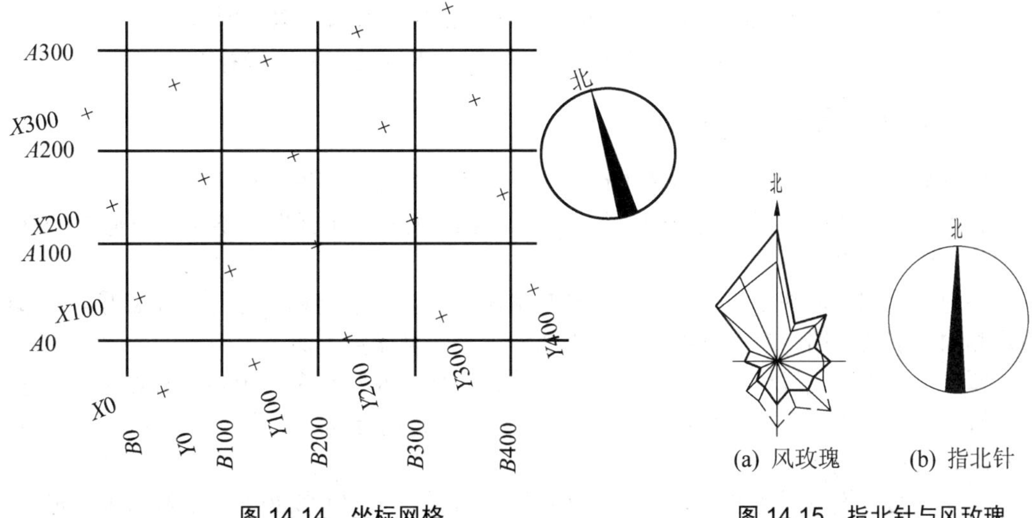

图 14.14　坐标网格

图 14.15　指北针与风玫瑰

风向频率玫瑰图在 8 个或 16 个方位线上用端点与中心的距离，代表当地这一风向在一年中发生次数的多少，粗实线表示全年风向，细虚线范围表示夏季风向。风向由各方位吹向中心，风向线最长者为主导风向。

总平面图上的尺寸应标注新建房屋的总长、总宽及与周围房屋或道路的间距。尺寸以米为单位，标注到小数点后两位。新建房屋的层数在房屋图形右上角上用点数或数字表示，一般低层、多层用点数表示层数，高层用数字表示。如果为群体建筑，也可统一用点数或数字表示。

新建房屋的室内地坪标高为绝对标高的零点。

14.3.3 总平面图的内容

总平面施工图的内容主要有以下两方面。

(1) 为建设用地及相邻地带的现状(地形与地物)。

(2) 为新建建筑及设施的平面与竖向定位，以及道路、绿化设计。

前者多由城建规划部门提供并附有建设要求，构成设计前提条件。后者则是建筑师运作的设计内容。两者在图纸内均应充分、正确的表达，才能便于施工。此点与单体建筑施工图有所不同。

总平面应表达有以下几方面内容。

(1) 保留的地形和地物。

(2) 测量坐标网、坐标值。

(3) 场地四界的测量坐标(或定位尺寸)，道路红线和建筑红线或用地界线的位置。

(4) 场地四邻原有及规划道路的位置(主要坐标值或定位尺寸)，以及主要建筑物和构筑物的位置、名称、层数。

(5) 建筑物、构筑物的名称或编号、层数、定位坐标或相互关系尺寸。

(6) 广场、停车场、运动场地、道路、无障碍设施、排水沟、挡土墙、护坡的定位 (坐标或相互关系)尺寸。

(7) 指北针或风玫瑰图。

(8) 建筑物、构筑物使用编号时，应列出“建筑物和构筑物名称编号表”。

(9) 注明施工图设计的依据、尺寸单位、比例、坐标及高程系统补充图例等。

14.3.4 总平面图的识读举例

现以某市北山小区 1 号住宅楼工程为实例，进行建筑总平面图的识读。

总平面图主要用于新建建筑的定位，如图 14.16 所示总平面图，绘图比例是 1∶500，图中的风玫瑰标出了方位。

场地的北部为坡地，等高线显示了地势情况，数字表示高程。在等高线断开处，园区的北侧构筑了挡土墙，东西两端同实体围墙相连，南侧设置了两个大门。

园区中，粗实线线框显示出了新建建筑，1 号楼，左上角和右上角以圆点表示该建筑的层数，该建筑共 5 层，局部 6 层；细实线显示出了原有建筑，2 号、3 号、4 号、5 号楼；以及虚线表示的预留地。

各建筑间，设有道路和台阶，标注了路面的标高，如“136.80”，注意这里的形式为室外标高，数值为绝对标高数值，精准至小数点后两位；而新建建筑 1 号楼线框内的标高为室内底层相对标高±0.000 部位对应的绝对标高 137.50。

在围墙和挡土墙的拐角、建筑物的拐角和道路的拐角处，标注了测量坐标。结合这些坐标和 1 号楼外侧的线性尺寸标注，可定位新建建筑。

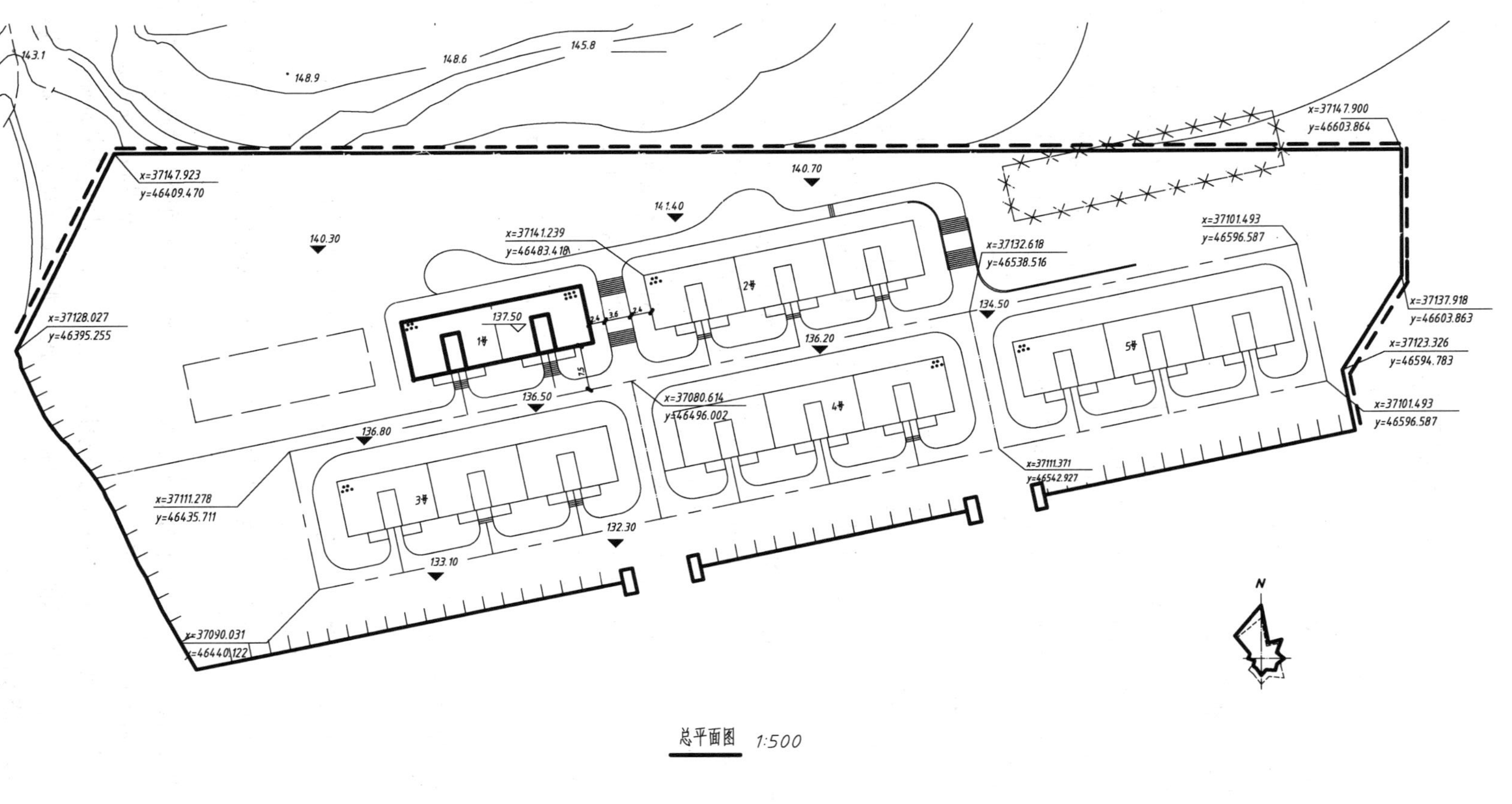

图 14.16 某小区住宅总平面图

14.4 建筑平面图

在建筑施工图中，平面图是最基本、最重要的图样，尤其是首层平面图，含有大量的工程信息，是需要重点绘制和识读的对象。

14.4.1 建筑平面图概述

将建筑物所处位置的水平面视为水平投影面(即 H 面)，建筑物置于 H 面之上，凡是向水平投影面作正投影所产生的图样统称为平面图，主要有以下几种类型。

(1) 通常所指的建筑平面图，是用一个假想水平面，在窗台上沿剖切整个建筑，移去剖切面上方的房屋，将留下的部分向水平投影面作正投影所得到的图样，简称平面图。平面图用来表达房屋的平面布置情况，标定了主要构配件的水平位置、形状和大小，在施工过程中是进行放线、砌筑、安装门窗等工作的依据。

当建筑物为多层时，应每层剖切，得到的平面图以所在楼层命名，称为×层平面图(×为楼层号)，如一(首)层平面图、二层平面图、三层平面图等。如果上下各楼层的房间数量、大小和布置都一样时，则相同的楼层可用一个平面图表示，称为标准层平面图或×——×层平面图。

(2) 当建筑物的某一部分较为特殊或需要详细表达，而将其水平剖视图单独绘出时，称为局部平面图，常以所绘部位命名，如卫生间平面图、楼梯间平面图等。局部平面图的作用与一般建筑平面图的作用基本相同，且多用作建筑详图。

(3) 完整的房屋建筑向水平投影面作正投影所得到的图样，称为屋顶平面图。它是整幢建筑的俯视图，是多面投影图的重要组成部分。屋顶平面图表明了屋顶的形状、屋面排水组织及屋面上各构配件的布置情况。

由上可以看出，只有屋顶平面图才是真正意义的平面图，建筑平面图和局部平面图实际上属于剖面图。

14.4.2 建筑平面图的图例及符号

1. 图例

由于建筑施工图的绘图比例较小，某些内容因此无法用真实投影绘制，如门、窗等一些尺寸较小的建筑构配件，可以使用图例来表示。

有时仅以真实投影绘制并不能较好地反映实际情况，也可以使用图例来示意，如孔洞、坑槽等。

此外，某些内容用真实投影绘制十分烦琐而又毫无必要，如立面图中的砖石，断面图中的建筑材料等，以图例表示，不但大大提高效率，而且使图面清晰明确，易于识读。

图例使投影图具有专业图的实用色彩，正确使用简化图例是从学习投影原理过渡到专业制图的重要环节。在绘制施工图时，应当根据需要，确定哪些必须是真实投影，哪些用图例表示，哪些可以省略不画。

图例应按《建筑制图标准》(GB/T 50104—2010)中的规定绘制，表 14-7 给出了建筑物中常用构造及配件图例。

表 14-7　常用构造及配件图例

名称	图例	说明	名称	图例	说明
墙体		1. 上图为外墙，下图为内墙 2. 外墙细线表示有保温层或有幕墙 3. 应加注文字或涂色或图案填充表示各种材料的墙体 4. 在各层平面图中防火墙宜着重以特殊图案填充表示	单扇平开或单向弹簧门		1. 门的名称代号用 M 表示 2. 平面图中，下为外，上为内，门开启线为 90°、60° 或 45° 3. 立面图中，开启线实线为外开，虚线为内开。开启线交角的一侧为安装合页一侧。开启线在建筑立面图中可不表示，在室内设计立面大样图中可根据需要绘出 4. 剖面图中，左为外，右为内 5. 立面形式应按实际情况绘制
隔断		1. 加注文字或涂色或图案填充表示各种材料的轻质隔断 2. 适用于到顶与不到顶隔断	单面开启双扇门（包括平开或单面弹簧）		
栏杆			旋转门		
楼梯 顶层		1. 上图为顶层楼梯平面，中图为中间层楼梯平面，下图为底层楼梯平面	折叠门		

续表

名称		图例	说明	名称	图例	说明
楼梯	中间层楼梯平面	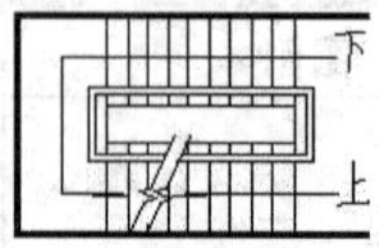	2.需设置靠墙扶手或中间扶手时，应在图中表示	墙中双面推拉门	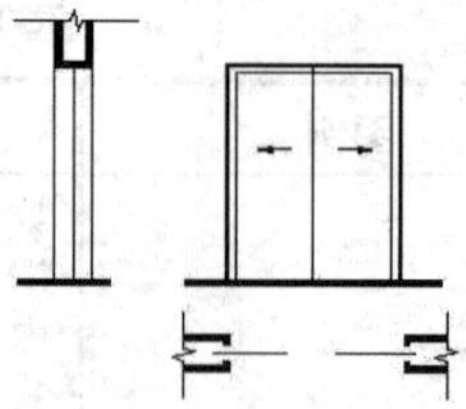	
	底层	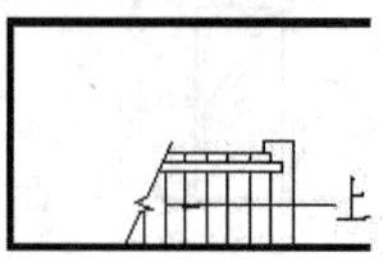		单扇平开或双向弹簧门	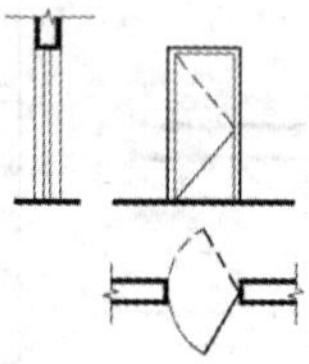	
坡道		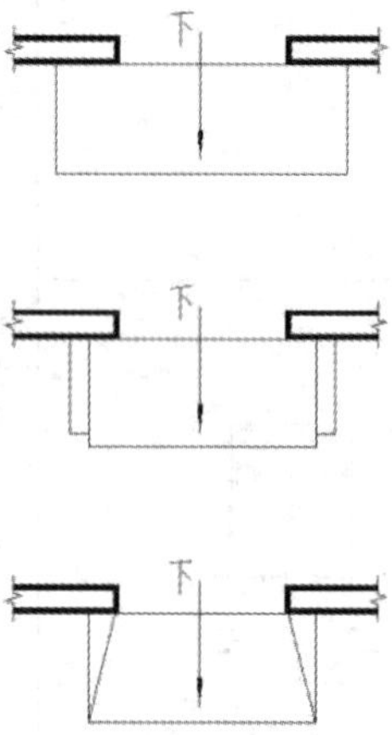	上图为两侧垂直的门口坡道，中图为有挡墙的门口坡道，下图为两侧找坡的门口坡道	双面开启双扇门（包括双面平开或双面弹簧	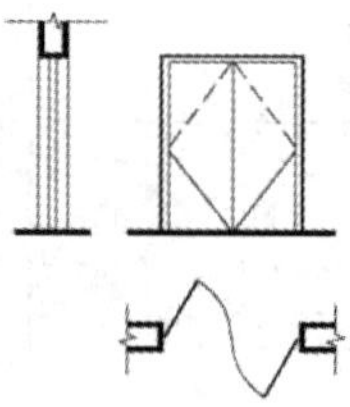	

2. 符号

施工图中的符号不是建筑物的投影组成，而是人为规定的专用图形，这些图形具有特定的样式和含义，有着不可替代的作用。

例如，图纸上常见的定位轴线，在现实的墙体或柱中并不存在，它是一根假想的辅助线。绘图时将承重结构的特定位置与其重合，这样，当这根线的位置确定后，与之对齐的承重结构也就定位了。如果对每一根轴线进行编号，则位于轴线上的墙体或柱也同时具有各自的编号。

以上例子中，由细点画线与圆圈组成的定位轴线及其编号，只是一种图示符号，是施工图常用符号中的一种，这些符号并非任何实体在投影面上的投影，但它们对于施工图的使用有着重要意义，是施工图的重要内容。

为了保证图纸的规范性与统一性，符号必须按国家规定绘制和使用。一套完整的建筑施工图常包括以下符号。

定位轴线及其编号、索引符号与详图符号、引出线、标高、指北针与风玫瑰图、剖切符号、箭头、折断线与连接符号、对称符号等。

其中，某些符号在本书前面的章节已有所述及，此处不再赘述。其他符号将在下面的内容中加以介绍。

14.4.3 建筑平面图的图示内容与规定画法

建筑平面图一般采用 1∶200～1∶100 的比例绘制；当内容较少时，屋顶平面图常按 1∶200 的比例绘制，局部平面图根据需要，可采用 1∶100，1∶50，1∶20，1∶10 等比例绘制。

1. 建筑平面图和局部平面图

建筑平面图和局部平面图通常包括以下内容。

(1) 轴线及其编号。定位轴线是确定建筑构配件位置及相互关系的基准线，主要承重构件一般直接位于轴线上，纵横交错的轴线网也给其他构配件的定位带来方便。通过定位轴线，大体可以看出房间的开间、进深和规模。

(2) 墙体和柱。墙体和柱围合出各种形状的房间，显示了建筑空间的平面组成，是平面图的主要内容。

墙体指各种材料的承重墙和非承重墙，包括轻质隔断及某些斜坡屋面(如利用坡屋顶空间的阁楼层)。柱指各种材料的承重柱、构造柱等。

墙体和柱应按真实投影进行绘制，图线分为剖切轮廓线(粗实线)和可见轮廓线(中实线)。同时，还应注意不同比例的平面图，其抹灰层、材料图例的省略画法如下。

① 比例大于 1∶50 的平面图，应画出抹灰层，并宜画出材料图例。

② 比例等于 1∶50 的平面图，抹灰层的面层线应根据需要而定。

③ 比例小于 1∶50 的平面图，可不画出抹灰层。

④ 比例为 1∶100～1∶200 的平面图，可画简化的材料图例(如砌体墙涂红、钢筋混凝土涂黑等)。

⑤ 比例小于 1∶200 的平面图，可不画材料图例。

(3) 门窗及其编号。门窗一般位于墙体上，与墙体共同分隔空间。门的位置还显示了建筑的交通组织。

门窗实际是墙体上的洞口，多数可以被剖切到，绘制时将此处墙线断开，以相应图例显示。对于不能剖切到的高窗，则不断开墙线，用虚线绘制。门窗应编号，编号直接注写于门窗旁边。

(4) 楼梯。在平面图中，楼梯是交通流线的起点或终点。楼梯的形式多样，但都可以按楼层分为 3 类：底层、中间层和顶层。因为楼梯竖向贯穿楼层，所以除顶层外，楼梯段在每层都会被剖断，剖断处以折断线示意。中间层与底层的区别是，中间层梯段被剖断后，向下投影还可见下层楼梯，而底层则没有。

楼梯参照《建筑制图标准》中的图例绘制，其中，楼梯段、休息平台、楼梯井、踏步和扶手应为真实投影线，此外还包括折断线和指示行进方向的箭头与文字。

(5) 其他建筑构配件。常见的其他建筑构配件有：卫生洁具、门口线(门槛)、操作平台、设备基座、台阶、坡道等。底层平面图还会有散水、明沟、花坛、雨水管(只在底层表示)

等，楼层平面图则还会有本层阳台、下一层的雨篷顶面和局部屋面等。

某些不可见或位于水平剖切面之上的构配件，当需要表达时，应使用虚线绘制，如地沟、高窗、吊柜等。

在建筑施工图中，各种设备管线、电气设施、暖气片等无须绘制，家具按需要绘制。

(6) 尺寸标注。建筑施工图的尺寸标注可以分为外部尺寸和内部尺寸两种。

在建筑物四周，沿外墙应标注三道尺寸，即外部尺寸。最靠近建筑的一道是表示外墙细部的尺寸，如门窗洞口及墙垛的宽度及定位尺寸等；中间一道用于标注轴线尺寸；最外一道则标注整个建筑的总尺寸(局部平面图不标注总尺寸)。

除外部尺寸外，图上还应当有必要的局部尺寸，即内部尺寸。如墙体厚度和位置、洞口位置和宽度、踏步位置和宽度等，凡是在图上无法确定位置和大小，又未经专门说明的，都应标注其定位尺寸和定形尺寸。标注时，应注写与其最邻近的轴线间的尺寸。

尺寸标注以线性尺寸为主，此外，还包括径向尺寸、角度和坡度。为了方便施工，宜少用角度标注，而转换为线性尺寸进行定位。

(7) 标高。建筑平面图中应标注主要楼地面的完成面标高。一般取底层室内地坪为零点标高，其他各处室内楼地面，凡竖向位置不同，都应标注其相对标高。底层平面图还应标注室外标高。

(8) 文字说明。常见的文字说明有图名、比例、房间名称或编号、门窗编号、构配件名称、做法引注等。

(9) 索引符号。图中如需另画详图或引用标准图集来表达局部构造，应在图中的相应部位以索引符号索引，包括剖切索引和指向索引。相同的建筑构造或配件，索引符号可仅在一处绘出。

(10) 指北针和剖切符号。指北针应绘制在建筑物±0.000 标高的平面图上，并应放在明显位置，所指方向应与总图一致。剖切符号应注在±0.000 标高的平面图或首层平面图上。指北针用于确定建筑朝向；剖切符号用于指示剖面图的剖切位置及剖视方向。

剖切符号应当编号以便查找，编号的书写位置与剖切方向有关，旁边还应注写剖面图所在的图纸。剖切符号与剖视图逐一对应。

(11) 其他符号。其他符号有箭头、折断线、连接符号、对称符号等。

箭头多用于指示坡度和楼梯走向。指示坡度箭头应指向下坡方向，指示楼梯走向时以图样所在楼层为起始面。此外，在进行角度标注、径向标注及标注弧长时，尺寸起止符号也可使用箭头。

2. 屋顶平面图

屋顶平面图通常包括以下内容。

(1) 轴线及其编号。屋顶平面图内容较少，可只绘制端部和主要转折处的轴线及其编号。

(2) 屋面构配件。

平屋面一般包括女儿墙、挑檐、檐沟、上人孔、天窗、水箱、烟囱、通气道及爬梯等。

坡屋面一般包括屋面瓦、屋脊线、挑檐、檐沟、天沟、天窗、老虎窗、烟囱及通气道等。

(3) 排水组织。平屋面应绘出排水方向和坡度、分水线位置。有组织排水还应确定雨水口位置。坡屋面采用有组织排水时，应绘出檐沟的排水方向和坡度、分水线、雨水口位置。

(4) 尺寸标注。屋顶平面图四周可只画两道尺寸，即细部尺寸和总尺寸，而省略轴线尺寸。局部尺寸主要是屋面构配件和分水线、雨水口的定位定形尺寸。

(5) 文字说明及索引符号。文字说明主要有图名、比例、构配件注释及做法引注等。当图中有需要另画详图或引用标准图集的构造时，应在相应部位以索引符号索引。

14.4.4 建筑平面图的识读举例

现以某市北山小区 1 号住宅楼工程为实例，进行建筑平面图的识读。

通过首页图中的设计说明，我们大体了解了本工程的功能、规模及结构形式等基本情况，对识读平面图等各种图样将有一定的帮助。

1. 首层平面图的识读

如图 14.17 所示，由图名可知，为首层平面图，比例是 1∶100。

图 14.17 中右上角绘有指北针，可知房屋坐北朝南。

本建筑为单元式住宅，共两个单元，一梯两户。从平面图的形状和总长总宽尺寸，可计算出房屋的占地面积。

从图中墙体的分隔情况和房间的名称，可了解房屋内部各房间的配置、用途、数量及其相互间的联系情况。本建筑为砖混结构，所以建筑的墙体较多且布置规整，南侧布置了主要使用房间——卧室，北侧布置了次要房间——厨房、卫生间；由于园区道路限制，楼梯间设在了南向。

从图中定位轴线的编号及其间距，可了解到各承重构件的位置及房间的大小。本建筑横向轴线为 1～21，纵向轴线为 A～F，墙体承重。

图中标注有外部尺寸和内部尺寸。从各道尺寸的标注，可了解各房间的开间、进深、外墙与门窗及室内设备的大小和位置。

1) 外部尺寸

为了方便读图和施工，一般在图形的外部，注写三道尺寸。

第一道尺寸，表示外墙上的门窗洞口、墙垛的形状和位置，依托轴线注写，如本例中 1、2 轴线间 A 轴线上的窗 C-1，宽度 1500mm，位置为左距 1 轴线 700mm，右距 2 轴线 700mm。

第二道尺寸，表示轴线间的距离，用以表示房间的开间和进深，如本例中 3、5 轴线，A、B 轴线间的卧室，开间 2600mm，进深 4200mm。

第三道尺寸，表示外轮廓的总尺寸，即指从一端外墙边到另一端外墙边的总长和总宽。

另外，阳台、散水、台阶或坡道等的细部尺寸，可单独标注。

三道尺寸线之间应留有适当的距离，一般为 7～10mm，其中，第一道尺寸应离图形的最外轮廓线 10～15mm，以便注写尺寸数字。如果房屋前后或左右不对称，则平面图上四边都应标注尺寸，如有对称，可只标注在左侧和下方。

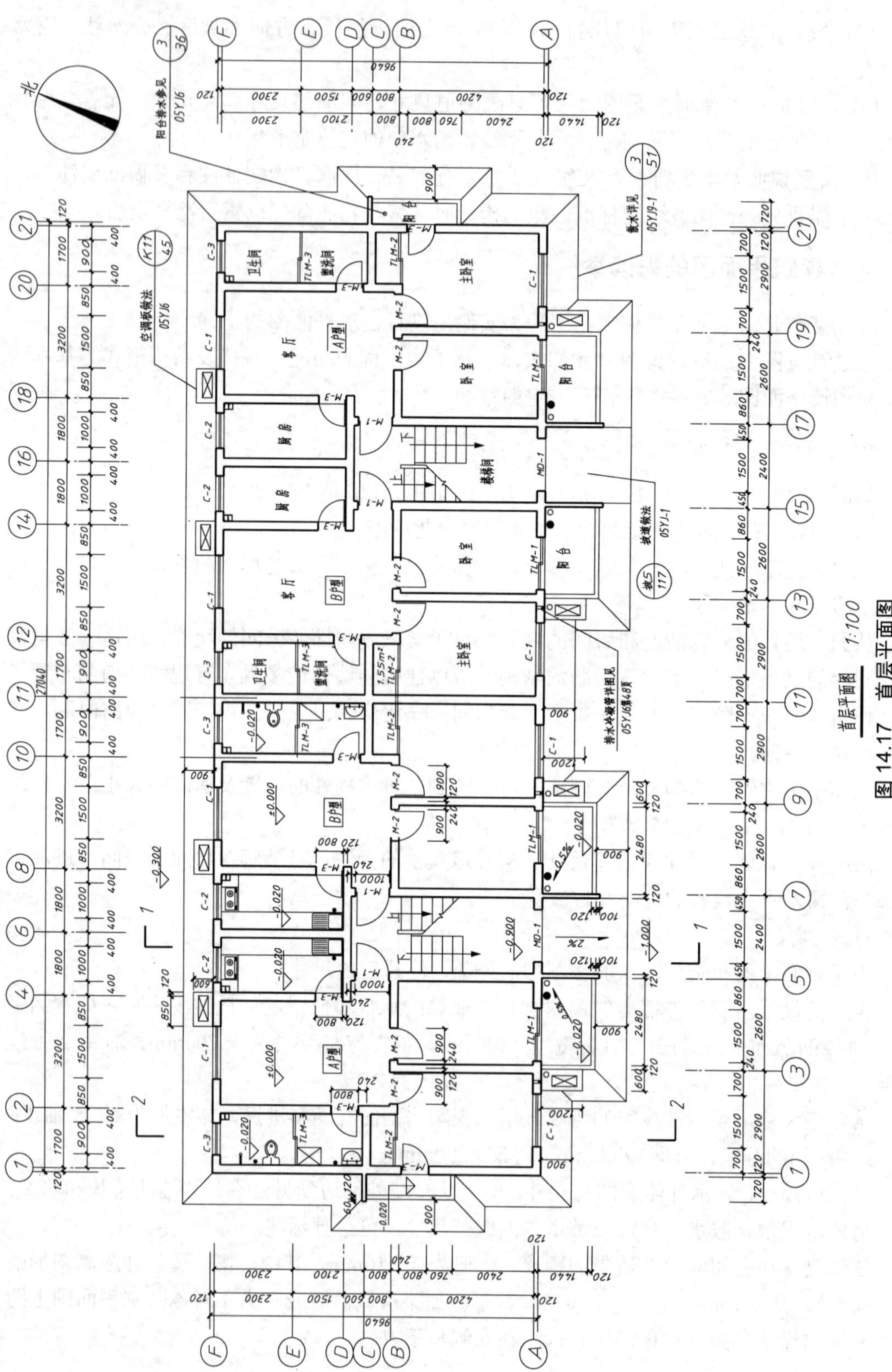

图 14.17 首层平面图

2) 内部尺寸

为了说明房屋的内部大小和室内的门窗洞、孔洞、墙厚和固定设施(厨房和卫生间的固定器具，搁板等)的大小和位置，在平面图上应注写相关的内部尺寸。

3) 标高

2～4 轴线间的客厅标注了标高±0.000，显示该部位被设置为该项工程的相对零点标高，多数房间地面都处于此高度，而卫生间、厨房和阳台的地面为－0.020，楼梯间的入口处为－0.900，室外地面为－0.100，室内外高差为 1000mm。

从图中门窗的图例及其编号，可了解到门窗的数量、类型和位置，如本例中的 M-1、TLM-1(推拉门)、C-1 等。

右侧单元在每个房间，还标注了使用功能。

沿建筑四周是宽度 900mm 的混凝土散水。入口处有室外平台呈 2%的坡度斜向室外。紧贴建筑 A 轴线外墙，在 3、9、13、19 轴线上共有 4 根雨水管；F 轴线外墙，在 1、11、21 轴线上共有 3 根雨水管(可与立面图及屋顶平面图对照确认)。

图中共有 4 处详图索引，均引用了标准图集 05YJ，即 2005 年版河南省建筑标准图集。

图中还有两处剖切符号，对应于 1—1、2—2 剖面图。

2. 楼层平面图的识读

如图 14.18 所示为 2～5 层平面图，比例 1∶100。本建筑的中间各层变化不大，故将其合成为一个平面图。楼层平面图的表达内容和要求，基本与底层平面图相同，但不必再绘出指北针和剖切符号，室外构配件也只需绘出本层剖切面以下和下一层剖切面以上的内容。

通过各层平面图的轴线和墙体可以看出，外墙上下贯通，主要承重构件保持上下对正，符合结构的合理性。

由于作为垂直交通设施的楼梯竖向贯穿各楼层，因此，建筑的两个室内楼梯间在各层平面图中的位置保持不变。与首层平面图不同，楼层平面图中的楼梯可以显示出完整的平面形式。

在图中，建筑南面底层入口上方设一雨篷，标注为仅二层有。

图中楼面各部位标高的注写方式特别，均为 4 个数值由下而上分别表示 2～5 层的标高。

3. 屋顶平面图的识读

如图 14.19 所示为屋顶平面图，绘图比例是 1∶100。屋顶平面图内容较少，主要显示屋顶的建筑构配件和排水组织；本例楼梯间出屋面，故这里还显示了楼梯的顶层。

从图中可以看出，该建筑屋顶为平屋面，南北双侧排水，坡度 2%斜向外纵墙边的天沟，天沟坡度 5%分段斜向水落口。

4. 局部平面图的识读

如图 14.20 所示为局部平面图示例。因为在 1∶100 的各层平面图中，厨房、卫生间的固定设施图形太小，无法清晰表达，所以需要放大绘出，选择的绘图比例是 1∶50。

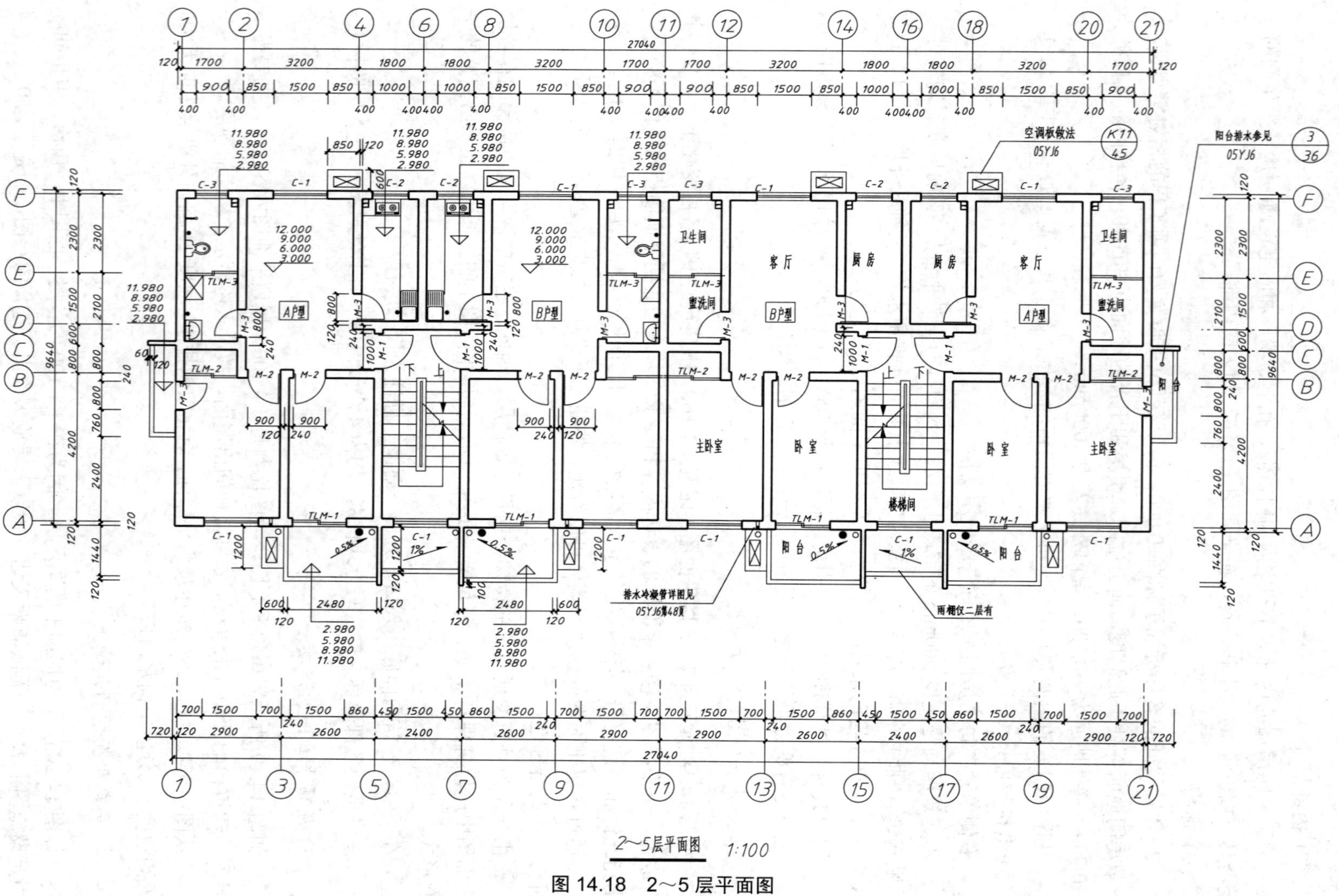

图 14.18 2~5 层平面图

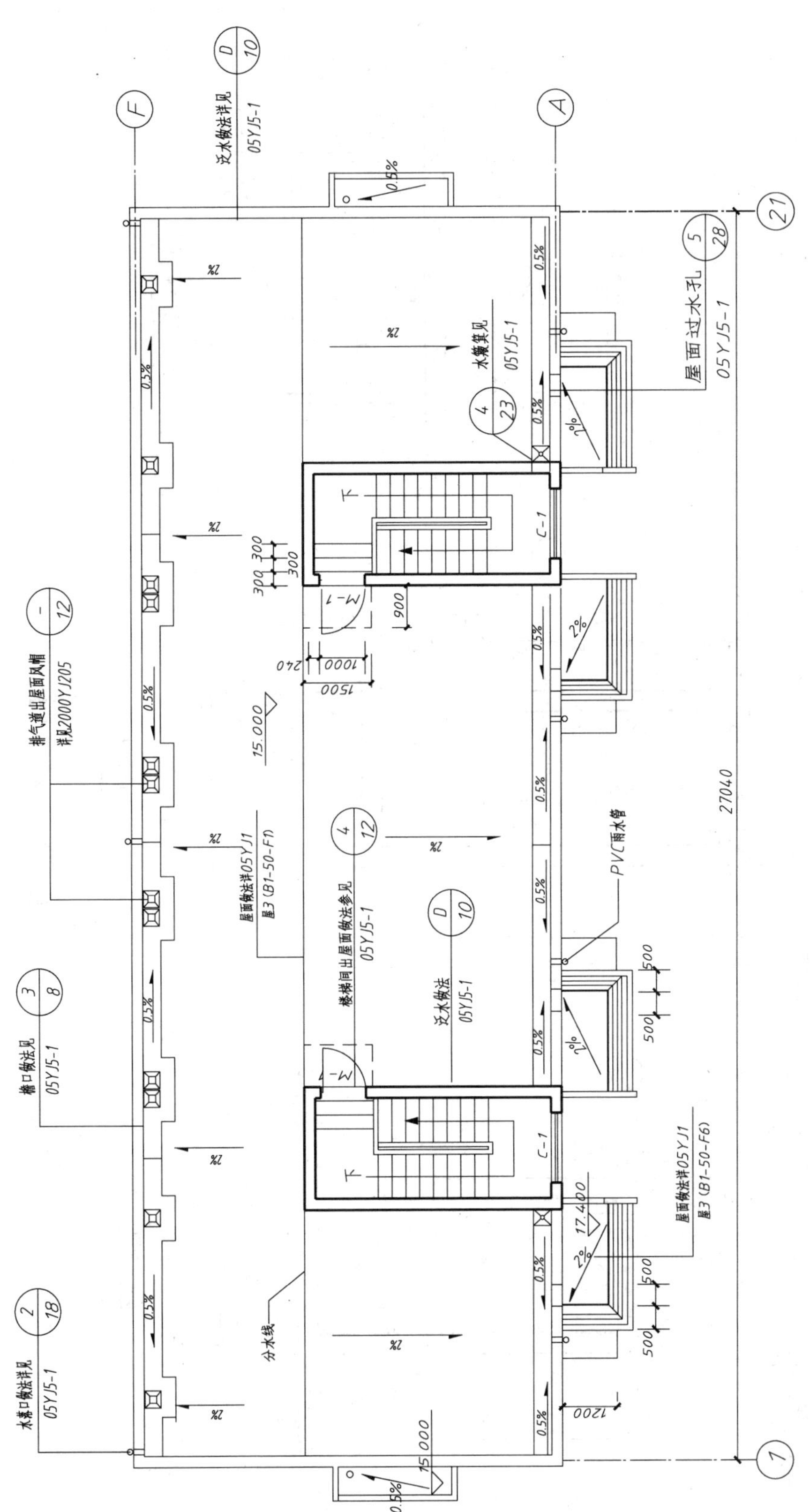

图 14.19 屋顶平面图

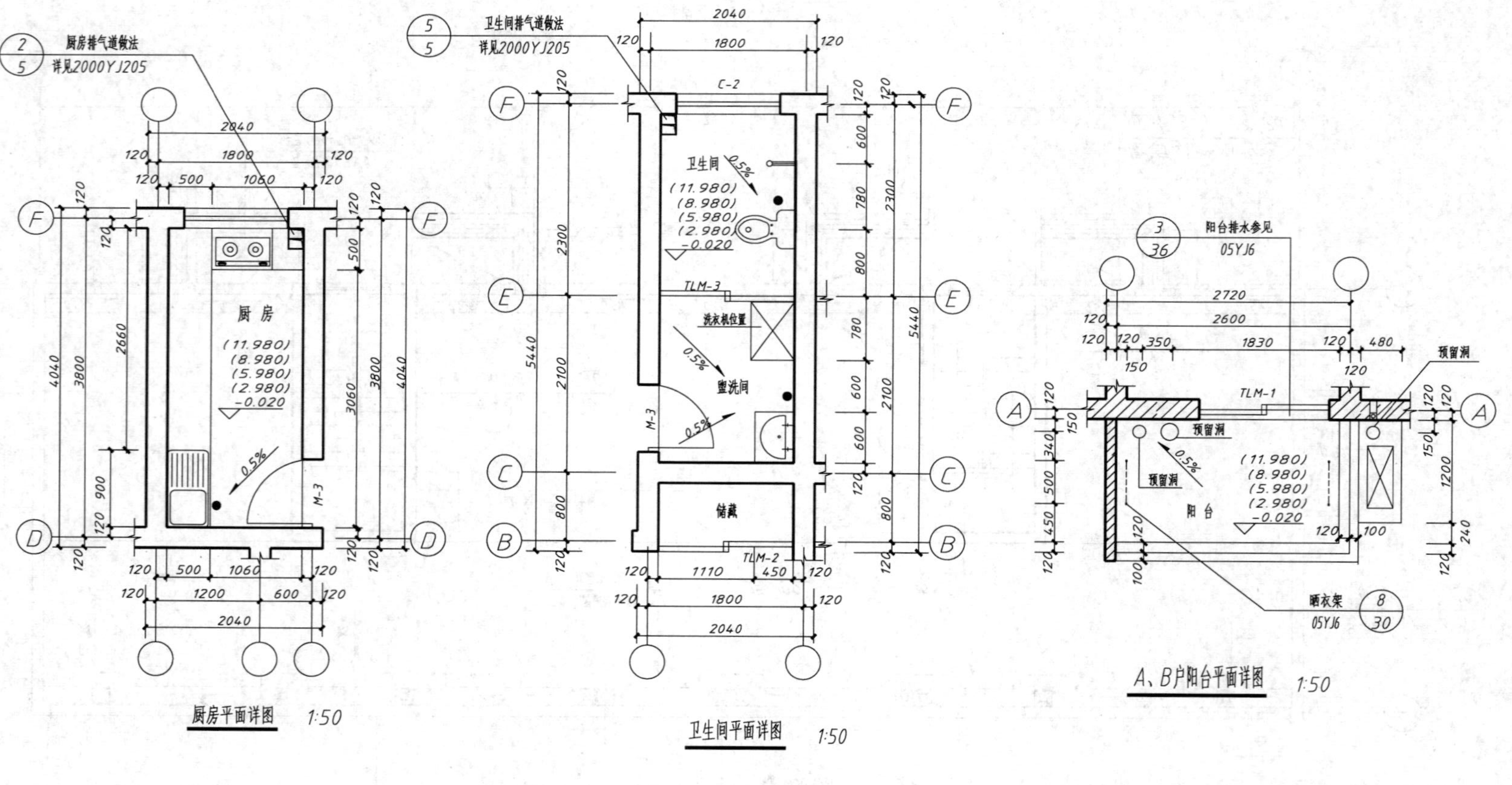
厨房排气道做法
详见2000YJ205
厨房
(11.980)
(8.980)
(5.980)
(2.980)
-0.020
0.5%
M-3
厨房平面详图 1:50
卫生间排气道做法
详见2000YJ205
C-2
卫生间
TLM-3
洗衣机位置
盥洗间
储藏
TLM-2
卫生间平面详图 1:50
阳台排水参见
05YJ6
TLM-1
预留洞
阳台
晒衣架
A、B户阳台平面详图 1:50

图 14.20　局部平面图

根据图示的定位轴线和编号，可以在各层平面图中确定此图样的位置。因为比例稍大，图中清楚地绘出了墙体、门窗、主要卫生洁具的形状和定位尺寸。其中，卫生洁具为采购成品，不用标注详细尺寸，只需定位即可。

图中的两标高符号，不但指明了厨房、卫生间室内的建筑标高，而且表明该平面图对一～五层都适用。箭头显示了排水方向，坡度为 0.5%。

阳台的平面详图显示了阳台的细部尺寸、预留孔洞、排水坡度及标高等信息。

14.4.5 建筑平面图的绘图步骤

建筑平面图通常可按照以下 3 个步骤进行绘制。

1. 定比例选图幅

根据建筑的规模和复杂程度确定绘图比例，然后按图样大小挑选合适的图幅。普通建筑的比例以 1∶100 居多，图样大小应将外部尺寸和轴线编号一并考虑在内。除图纸目录所常用的 A4 幅面外，一套图的图幅数不宜多于两种。

2. 绘制底稿

底稿必须利用绘图工具和仪器，使用稍硬的铅笔按如下顺序绘制。

(1) 绘制图框和标题栏，均匀布置图面，绘出定位轴线。

(2) 绘出全部墙、柱断面和门窗洞口，同时补全未定轴线的次要的非承重墙。

(3) 绘出所有的建筑构配件、卫生器具的图例或外形轮廓。

(4) 标注尺寸和符号。

(5) 安排好书写文字、标注尺寸的位置。

3. 校核，加深图线

加深图线应按照从上到下、从左到右、从细线到粗线的步骤进行，作为最终的成果图，应极为认真仔细。

图线的宽度 b，应根据图样的复杂程度和比例，按《房屋建筑制图统一标准》(GB/T 50001—2010)中图线的规定选用。绘制较简单的图样时，可采用两种线宽的线宽组，其线宽比宜为 b、$0.25b$。建筑专业、室内设计专业制图采用的各种图线，应符合表 14-8 的规定。

表 14-8　图线

名称		线型	线宽	一般用途
实线	粗	▬▬▬▬	b	1. 平、剖面图中被剖切的主要建筑构造(包括构配件)的轮廓线 2. 建筑立面图或室内立面图的外轮廓线 3. 建筑构造详图中被剖切的主要部分的轮廓线 4. 建筑构配件详图中的外轮廓线

续表

名称		线型	线宽	一般用途
实线	中粗		0.7b	1. 平、剖面图中被剖切的次要建筑构造(包括构配件)的轮廓线 2. 建筑平、立、剖面图中建筑构配件的轮廓线 3. 建筑构造详图及建筑构配件详图中的一般轮廓线
	中		0.5b	小于 0.7b 的图形线、尺寸线、尺寸界线、索引符号、标高符号、详图材料做法引出线、粉刷线、保温层线、地面、墙面的高差分界线等
	细		0.25b	图例填充线、家具线、纹样线等
虚线	中粗		0.7b	1. 建筑构造详图及建筑构配件不可见的轮廓线 2. 平面图中的梁式起重机(吊车)轮廓线 3. 拟建、扩建建筑物轮廓线
	中		0.5b	投影线、小于 0.5b 的不可见轮廓线
	细		0.25b	图例填充线、家具线等
单点画线	粗		B	起重机(吊车)轨道线
单点长画线	细		0.25b	中心线、对称线、定位轴线
折断线	细		0.25b	部分省略表示时的断开界线
波浪线	细		0.25b	部分省略表示时的断开界线，曲线形构间断开界限 构造层次的断开界限

14.5 建筑立面图

14.5.1 建筑立面图概述

假设在建筑物四周放置 4 个竖直投影面，即 V 面、W 面、V 面的平行面和 W 面的平行面。建筑物向这四个投影面作正投影所得到的图样，统称为建筑立面图如图 14.21 所示。

投影面的位置并不固定，可以根据建筑物的形状确定，以方便、清晰地表达建筑型体为准，一般选择与建筑主体走向相一致。

建筑立面图与屋顶平面图共同组成了建筑的多面投影图，在工程中主要用来表明房屋的外形外貌，反映房屋的高度、层数，屋顶的形式，墙面的做法，门窗的形式、大小和位置，以及窗台、阳台、雨篷、檐口、勒脚、台阶等构造和配件各部位的标高。

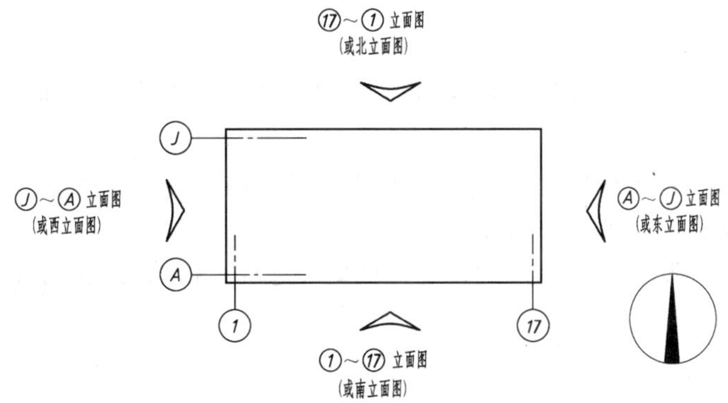

图 14.21 建筑立面图的投影方向及名称

立面图的名称，通常有以下 3 种命名方式。

(1) 按立面的主次命名。把房屋的主要出入口或反映房屋外貌主要特征的立面图称为正立面图，而把其他立面图分别称之为背立面图、左侧立面图和右侧立面图等。

(2) 按着房屋的朝向命名。可把房屋的各个立面图分别称为南立面图、北立面图、东立面图和西立面图。

(3) 按立面图两端的定位轴线编号来命名，如①～⑩立面图、Ⓐ～Ⓔ立面图等。有定位轴线的建筑物宜按此方式命名。

平面形状曲折的建筑物，可绘制展开立面图，圆形或多边形平面的建筑物，也可分段展开绘制立面图，但均应在图名后加注“展开”两字。

14.5.2 建筑立面图的图示内容与规定画法

建筑立面图一般采用 1∶200～1∶100 的比例绘制，通常包括以下内容。

1. 轴线及其编号

立面图只需绘出建筑两端的定位轴线和编号，用于标定立面，以便与平面图对照识读。

2. 构配件投影线

立面图是建筑物某一侧面在投影面上的全部投影，由该侧面所有构配件的可见投影线组成。因为建筑的立面造型丰富多彩，所以立面图的图线也往往十分繁杂，其中，最重要的是墙、屋顶及门窗的投影线。

外墙与屋顶(主要是坡屋顶)围合成了建筑型体，其投影线构成了建筑的主要轮廓线，对建筑的整体塑造具有决定性的作用。外门窗在建筑表面常占有大片的面积，与外墙一起共同围合了建筑物，是立面图中的主要内容。图示时，外墙和屋顶轮廓一般以真实投影绘制，其饰面材料以图例示意，如面砖、屋面瓦等。门窗的细部配件较多，当比例较小时不易绘制。门窗一般按《建筑制图标准》中规定的图例表达，但应如实反映主要参数。

其他常见的构配件还有：阳台、雨篷、立柱、花坛、台阶、坡道、勒脚、栏杆、挑檐、水箱、室外楼梯及雨水管等，应注意表达和识读。

3. 尺寸标注

立面图的尺寸标注以线性尺寸和标高为主，有时也有径向尺寸、角度标注或坡度(直角三角形形式)。

线性尺寸一般注在图样最下部的两轴线间，如需要，也可标注一些局部尺寸，如建筑构造、设施或构配件的定形定位尺寸。

立面图上应标注某些重要部位的标高，如室外地坪、楼面、阳台、雨篷、檐口、女儿墙及门窗等。

4. 文字说明

文字说明包括图名、比例和注释。

建筑立面图在施工过程中，主要用于室外装修。立面图上应当使用引出线和文字表明建筑外立面各部位的饰面材料、颜色和装修做法等。

5. 索引符号

如需另画详图或引用标准图集来表达局部构造，应在图中的相应部位以索引符号索引。

14.5.3 建筑立面图的识读举例

如图 14.22 所示，由图名可知，此为南立面图，比例是 1∶100，与平面图一致，便于对照阅读。

从图中可看到房屋的南立面外貌形状，了解屋顶、门窗、阳台、雨篷等细部的形式和位置。如入口共两个，在单元的中部，其上方有一雨篷；每层均有阳台，在阳台的一侧设置了搁板。

从图中的标注的标高可知，此房屋室外地面比室内±0.000 低 1000mm，楼梯间局部屋顶标高为 18.500，因此房屋的总高度为 19.500m。标高一般标注在图形外，要求符号排列整齐，大小一致。如果立面左右对称，可以只标注左侧。本例中，左侧标注了窗洞口的标高，右侧标注了层高。另外，为清楚起见，标高符号也可标注在图形的内部，如本例中的楼梯间的窗户。

从图上的文字说明，了解房屋外墙的装饰做法，如本例中的“白色外墙漆喷涂做法详见 05YJ 外墙 15”，是引用标准图集中的做法。

图 14.22 上的某些细部，带有详图索引符号，如本例中一层的阳台部位。

图 14.22 中阳台的一侧有一根雨水管。

由 14.23 为北立面图，图 14.24 为东、西立面图，读者可自行阅读。

浅灰色外墙漆喷涂
做法详05YJ1外墙15
橘黄色外墙漆喷涂
做法详05YJ1外墙15
白色外墙漆喷涂
做法详05YJ1外墙15
白色外墙漆喷涂
做法详05YJ1外墙15
蓝色外墙漆喷涂
做法详05YJ1外墙15
白色外墙漆喷涂
做法详05YJ1外墙15
橘黄色外墙漆喷涂
做法详05YJ1外墙15
白色外墙漆喷涂
做法详05YJ1外墙15
蓝色外墙漆喷涂
做法详05YJ1外墙15
红色波纹瓦
浅灰色外墙漆喷涂
做法详05YJ1外墙15
150×300灰色亚光釉面砖贴面
做法详05YJ1外墙12
150×300灰色亚光釉面砖贴面
做法详05YJ1外墙12
720
26800
19500
南立面图 1:100

图 14.22 南立面图

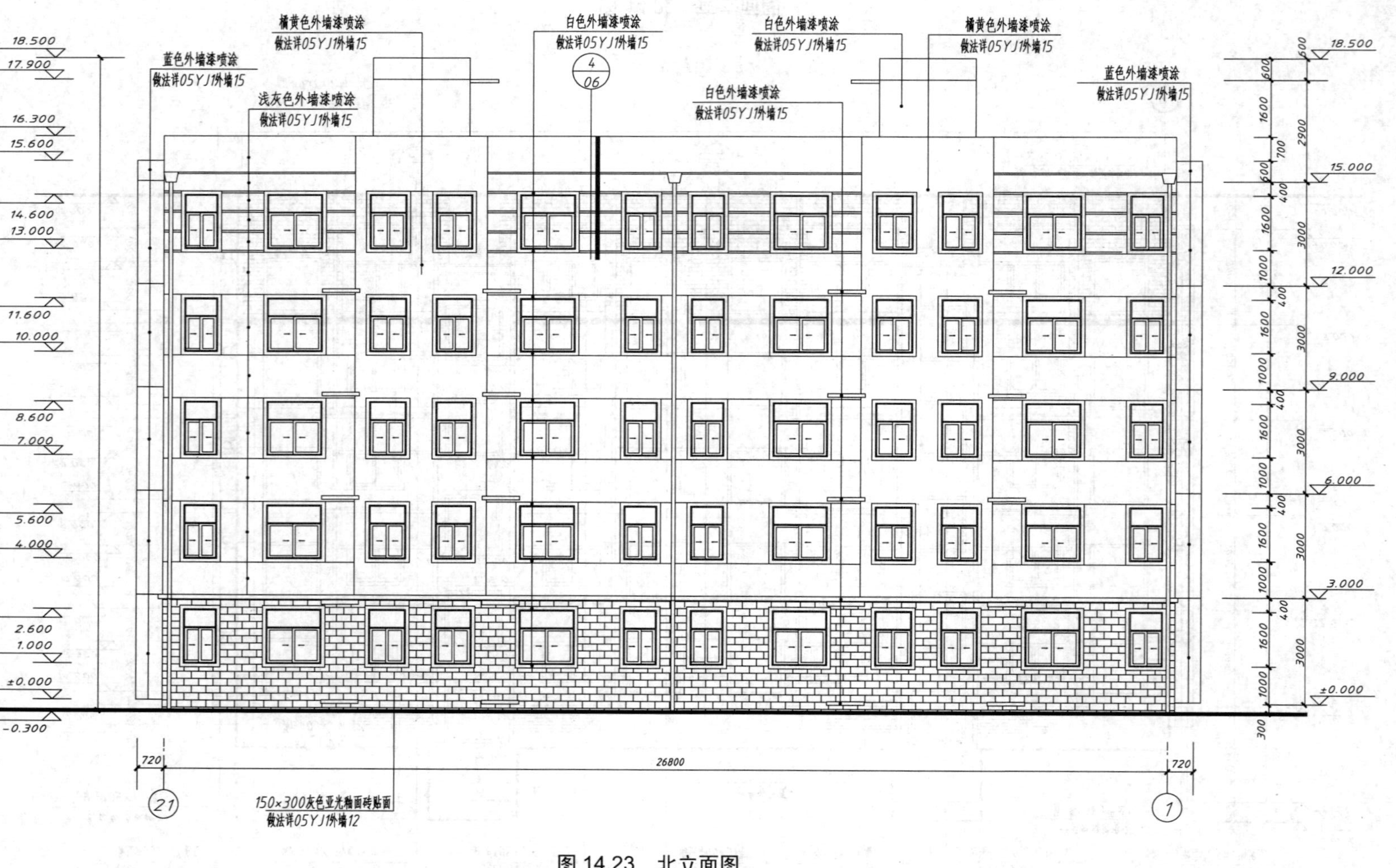
橘黄色外墙漆喷涂
做法详05YJ1外墙15
白色外墙漆喷涂
做法详05YJ1外墙15
白色外墙漆喷涂
做法详05YJ1外墙15
橘黄色外墙漆喷涂
做法详05YJ1外墙15
蓝色外墙漆喷涂
做法详05YJ1外墙15
浅灰色外墙漆喷涂
做法详05YJ1外墙15
白色外墙漆喷涂
做法详05YJ1外墙15
蓝色外墙漆喷涂
做法详05YJ1外墙15
150×300灰色亚光釉面砖贴面
做法详05YJ1外墙12
26800

图 14.23 北立面图

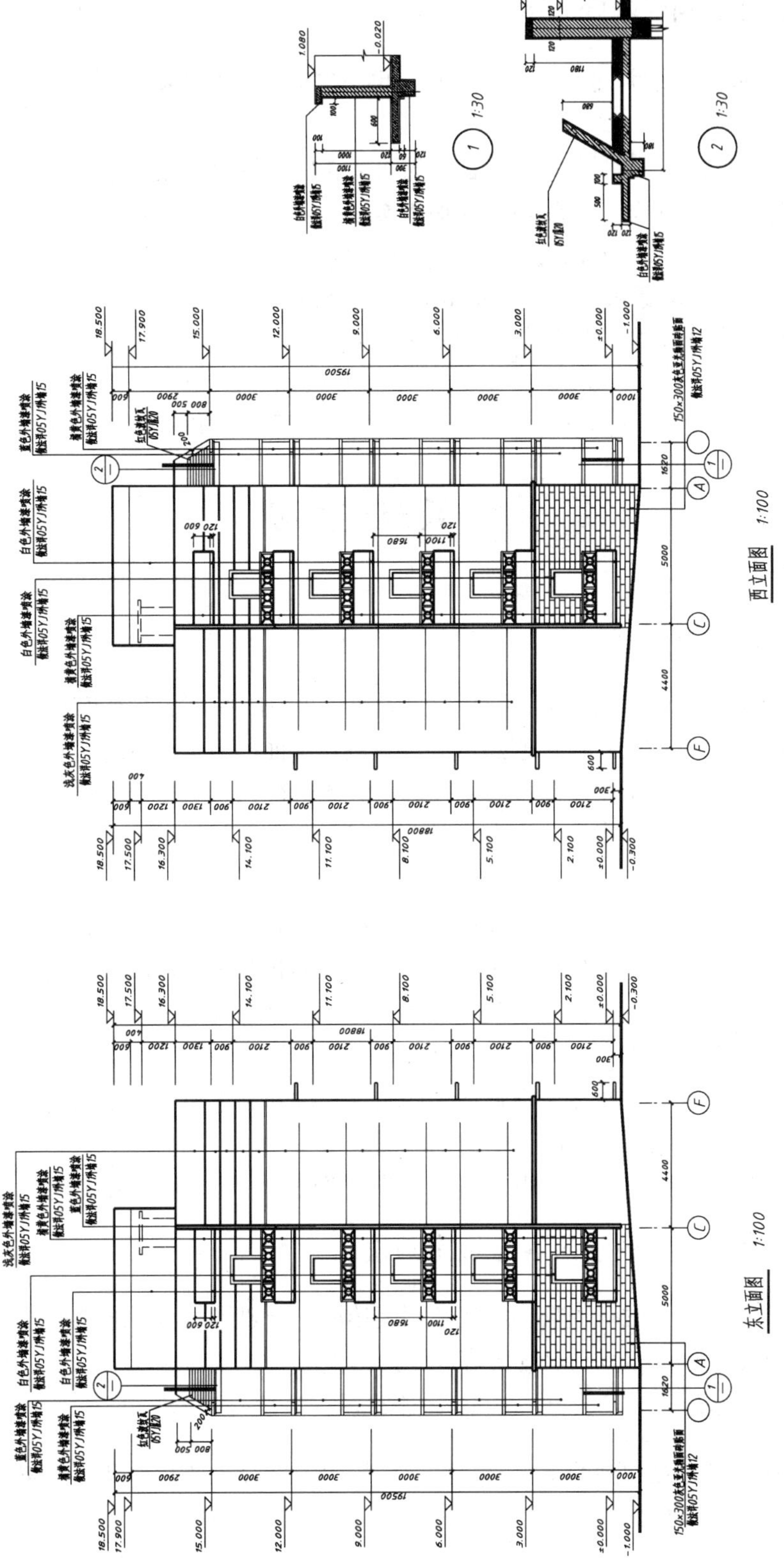

图 14.24 东、西立面图

14.5.4 建筑立面图的绘图步骤

绘制建筑立面图与绘制建筑平面图一样，也是先选定比例和图幅，然后绘制底稿，最后用铅笔加深。

在用铅笔加深建筑立面图图线时，图线符合表 14-8 所列的规定。

(1) 室外地坪线宜画成线宽为 1.4*b* 的加粗实线。

(2) 建筑立面图的外轮廓线，应画成线宽为 *b* 的粗实线。

(3) 建筑构配件的轮廓线，一般画成 0.7*b* 的中粗线。

(4) 尺寸线、尺寸界线、索引符号、标高符号、引出线、粉刷线，一般画成 0.5*b* 的中实线。

(5) 图例填充线、家具线、纹样线等，一般画成 0.25*b* 的细实线。

14.6 建筑剖面图

14.6.1 建筑剖面图概述

建筑物由复杂的内部组成。仅仅通过平面图和立面图，并不能完全表达这些内部构造。为了显示出建筑的内部结构，可以假想一个竖直剖切平面，将房屋剖开，移去剖开平面与观察者之间的部分，并作出剩余部分的正投影图，此时得到的图样称为建筑剖面图。

假想的剖切面也可以是多个。当多个相互平行的剖切面剖切时，得到的剖面图为阶梯剖面图。

剖面图主要用来表示房屋内部的竖向分层、结构形式、构造方式、材料、做法、各部位间的联系及高度等情况。如楼板的竖向位置、梁板的相互关系、屋面的构造层次等。它与建筑平面图、立面图相配合，是建筑施工图中不可缺少的基本图样之一。

剖面图的剖切位置应选在房屋的主要部位或建筑构造较为典型的部位，通常应通过门窗洞口和楼梯间。剖面图的数量应根据房屋的复杂程度和施工实际需要而定。两层以上的楼房一般至少要有一个通过楼梯间剖切的剖面图。

剖面图的图名、剖切位置和剖视方向，由首层平面图中的剖切符号确定。

14.6.2 建筑剖面图的图示内容与规定画法

建筑剖面图的比例视建筑的规模和复杂程度选取，一般采用与平面图相同或较大些的比例绘制。建筑剖面图通常包括以下内容。

1. 轴线及其编号

在剖面图中，凡是被剖到的承重墙、柱都应标出定位轴线及其编号，以便与平面图对照识读，对建筑进行定位。

2. 梁、板、柱和墙体

建筑剖面图的主要作用就是表达各构配件的竖向位置关系。作为水平承重构件的各种框架梁、过梁、各种楼板、屋面板以及圈梁、地坪等，在平面图和立面图中通常是不可见或者不直观的构件，但在剖面图中，不仅能清晰地显示出这些构件的断面形状，而且可以很容易地确定其竖向位置关系。

建筑物的各种荷载最终都要经过墙和柱传给基础，可见，水平承重构件与墙、柱的相互位置关系也是剖面图表达的重要内容，对指导施工具有重要意义。

梁、板、柱和墙体的投影图线分为剖切部分轮廓线(粗实线)和可见部分轮廓线(中实线)，都应按真实投影绘制。其中，被剖切部分是图示内容的主体，需重点绘制和识读。

墙体和柱在最底层地面之下以折断线断开，基础可忽略不画。

不同比例的剖面图，其抹灰层、楼地面、材料图例的省略画法，应符合下列规定。

(1) 比例大于 1∶50 的剖面图，应画出抹灰层与楼地面、屋面的面层线，并宜画出材料图例。

(2) 比例等于 1∶50 的剖面图，宜画出楼地面、屋面的面层线，抹灰层的面层线应根据需要而定。

(3) 比例小于 1∶50 的剖面图，可不画出抹灰层，但宜画出楼地面、屋面的面层线。

(4) 比例为 1∶100～1∶200 的剖面图，可画简化的材料图例(如砌体墙涂红、钢筋混凝土涂黑等)，但宜画出楼地面、屋面的面层线。

(5) 比例小于 1∶200 的剖面图，可不画材料图例，楼地面、屋面的面层线可不画出。

3. 门窗

剖面图中的门窗可分为两类：一是被剖切的门窗，一般都位于被剖切的墙体上，显示了其竖向位置和尺寸，是重要的图示内容，应按图例要求绘制；二是未剖切到的可见门窗，其实质是该门窗的立面投影。

剖面图中的门窗不用注写编号。

4. 楼梯

凡是有楼层的建筑，至少要有一个通过楼梯间剖切的剖面图，并且在剖切位置和剖切方向的选择上，应尽可能多地显示出楼梯的构造组成。

楼梯的投影线一般也包括剖切和可见两部分。从剖切部分可以清楚地看出楼梯段的倾角、板厚、踏步尺寸、踏步数以及楼层平台、休息平台的竖向位置等。可见部分包括栏杆扶手和梯段，栏杆扶手一般简化绘制；梯段则分为明步楼梯和暗步楼梯，暗步楼梯常以虚线绘出不可见的踏步。

5. 其他建筑构配件

其他建筑构配件主要有：台阶、坡道、雨篷、挑檐、女儿墙、阳台、踢脚、吊顶、水箱、花坛及雨水管等。

6. 尺寸标注

建剖剖面图的尺寸标注也可以分为外部尺寸标注和内部尺寸标注两种。

图样底部应标注轴线间距和端部轴线间的总尺寸，上方的屋顶部分通常不标。图样左右两侧应至少标注一侧，且应当标注三道尺寸：最靠近图样的一道显示外墙上的细部尺寸，主要是门窗洞口的位置和间距；中间一道标注地面、楼板的间距，用于显示层高；最外层为总尺寸，显示建筑总高。

根据需要，建筑剖面图还包括一定数量的内部尺寸，用于确定一些局部建筑构配件的位置和形状。

7. 标高

标高专用于竖向位置的标注。建筑剖面图中除使用线性尺寸进行标注外，还必须注明重要部位的标高，以方便施工。需要注明的部位一般包括：室内外地坪、楼面、平台面、屋面、门窗洞口以及吊顶、雨篷、挑檐、梁的底面。楼地面和平台面应标注建筑标高，即工程完成面标高。

楼地面和门窗标高通常紧贴三道尺寸线的最外道注写，并竖向成直线排列。其他标高可直接注写于相应部位。

8. 文字说明

常见的文字说明有图名、比例、构配件名称及做法引注等。

9. 索引符号

如需另画详图或引用标准图集来表达局部构造，应在图中的相应部位以索引符号索引。

10. 其他符号

其他符号有箭头、折断线、连接符号及对称符号等。

14.6.3 建筑剖面图的识读举例

如图 14.25 中 1—1 剖面图所示，比例是 1∶100，翻看首层平面图，找到相应的剖切符号，以确定该剖面图的剖切位置和剖切方向。在识读过程中，也不能离开各层平面图，而应当随时对照，便于对照阅读。本例中，剖切位置在③～⑦轴线间，通过楼梯间，剖切后向右投视，为一横剖面图。

从图中可以看出，建筑共五层，局部六层，层高 3000mm，建筑室内外高差为 1000mm，楼板及屋面为钢筋混凝土板。

图 14.25 中左右两侧均标注了标高和线性尺寸，表示外墙上的门窗洞口、楼地面、楼梯的平台面的高度信息；还标注了内部尺寸，注明了楼梯踏步的高度。

图中还注写了屋面、女儿墙压顶和楼梯栏杆的详图索引，索引到标准图集。

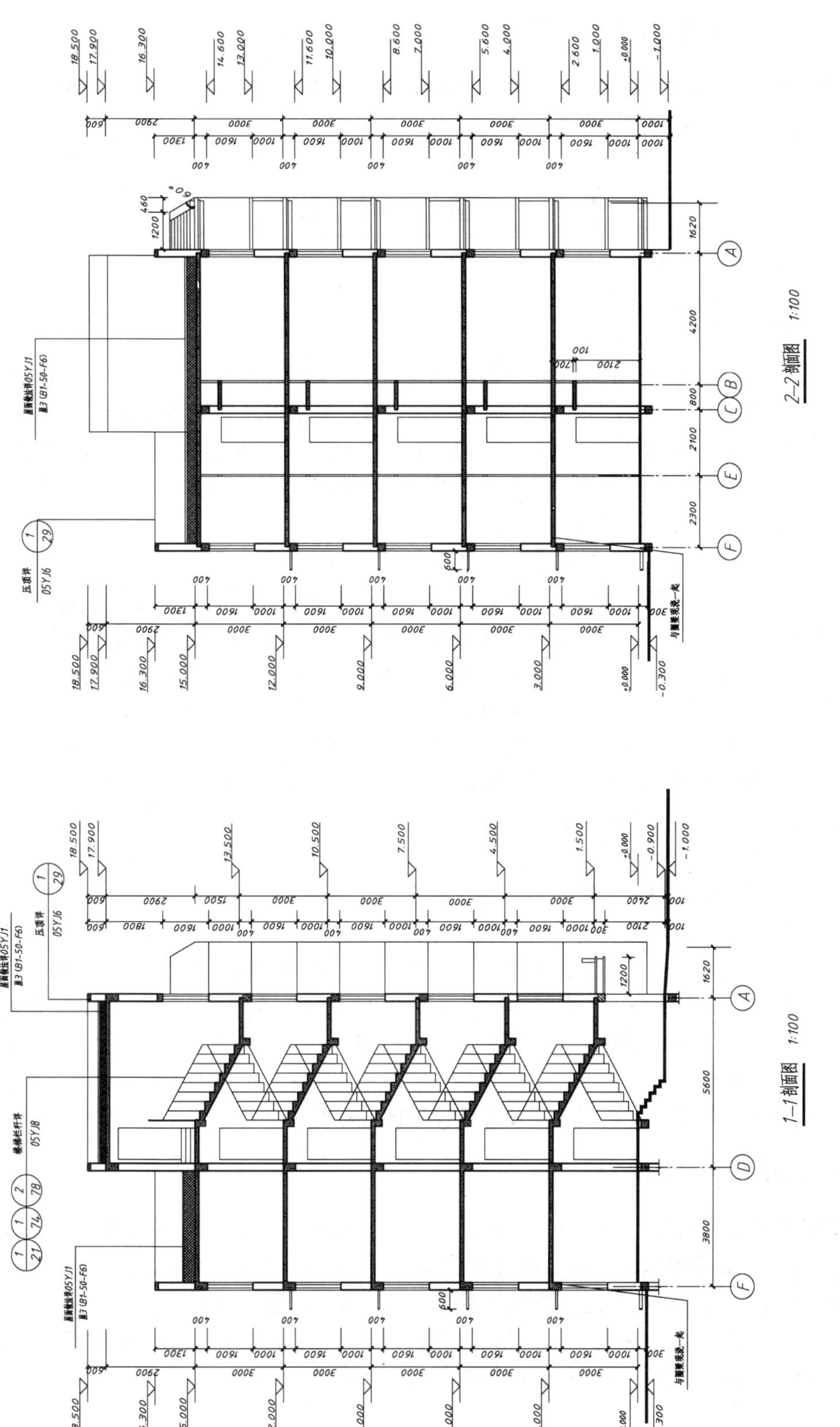

图 14.25 1—1、2—2剖面图

14.6.4 建筑剖面图的绘图步骤

绘制建筑剖面图同样是先选定比例和图幅，然后绘制底稿，最后用铅笔加深。其绘制方法和图线要求与绘制建筑平面图时类似，此处不再赘述。

14.7 建筑详图

14.7.1 建筑详图概述

建筑平、立、剖面图一般采用较小的比例绘制，而某些建筑构配件(如门窗、楼梯、阳台及各种装饰等)和某些建筑剖面节点(如檐口、窗台、散水以及楼地面面层和屋面面层等)的详细构造无法表达清楚。为了满足施工要求，必须将这些细部或构、配件用较大的比例绘制出来，以便清晰表达构造层次、做法、用料和详细尺寸等内容，指导施工，这种图样称为建筑详图，也称为大样图或节点详图。

建筑详图是建筑平、立、剖面图等基本图的补充和深化，它不是建筑施工图的必有部分，是否使用详图根据需要来定。例如，某些十分简单的工程可以不画详图。但是，如果建筑含有较为特殊的构造、样式、做法等，仅靠建筑平、立、剖面图等基本图无法完全表达时，必须绘制相应部位的详图，不得省略。对于采用标准图或通用详图的建筑构、配件和剖面节点，只要注明所采用的图集名称、编号或页次，则可不必再画详图。

建筑详图并非一种独立的图样，它实际上是前面讲过的平、立、剖面图样中的一种或几种的组合。各种详图的绘制方法、图示内容和要求也与前述的平、立、剖面图基本相同，可对照学习。所不同的是，详图只绘制建筑的局部，且详图的比例较大，因而其轴线编号的圆圈直径可增大为 10mm 绘制。详图也应注写图名和比例。另外，详图必须注写详图编号，编号应与被索引的图样上的索引符号相对应。

在建筑详图中，同样能够继续用索引符号引出详图，既可以引用标准图集，也可以专门绘制。在建筑施工图中，详图的种类繁多，不一而足，如楼梯详图、檐口详图、门窗节点详图、墙身详图、台阶详图、雨篷详图、变形缝详图等。凡是不易表达清楚的建筑细部，都可绘制详图。其主要特点是，用能清晰表达所绘节点或构配件的较大比例绘制，尺寸标注齐全，文字说明详尽。

本书仅对较为常见的外墙剖面详图和楼梯详图进行简单介绍。

14.7.2 外墙剖面详图

外墙剖面详图又称为墙身大样图，是建筑外墙剖面的局部放大图，它显示了从地面(有时是从地下室地面)至檐口或女儿墙顶的几乎所有重要的墙身节点，是使用最多的建筑详图之一。如图 14.26 所示为本工程的外墙剖面详图，绘图比例是 1∶20。

由于比例较大，致使图样过长，此时，常将门窗等沿高度方向完全相同的部分断开略去，中间以连接符号相连，但简化绘制的构件仍应按原尺寸进行标注。

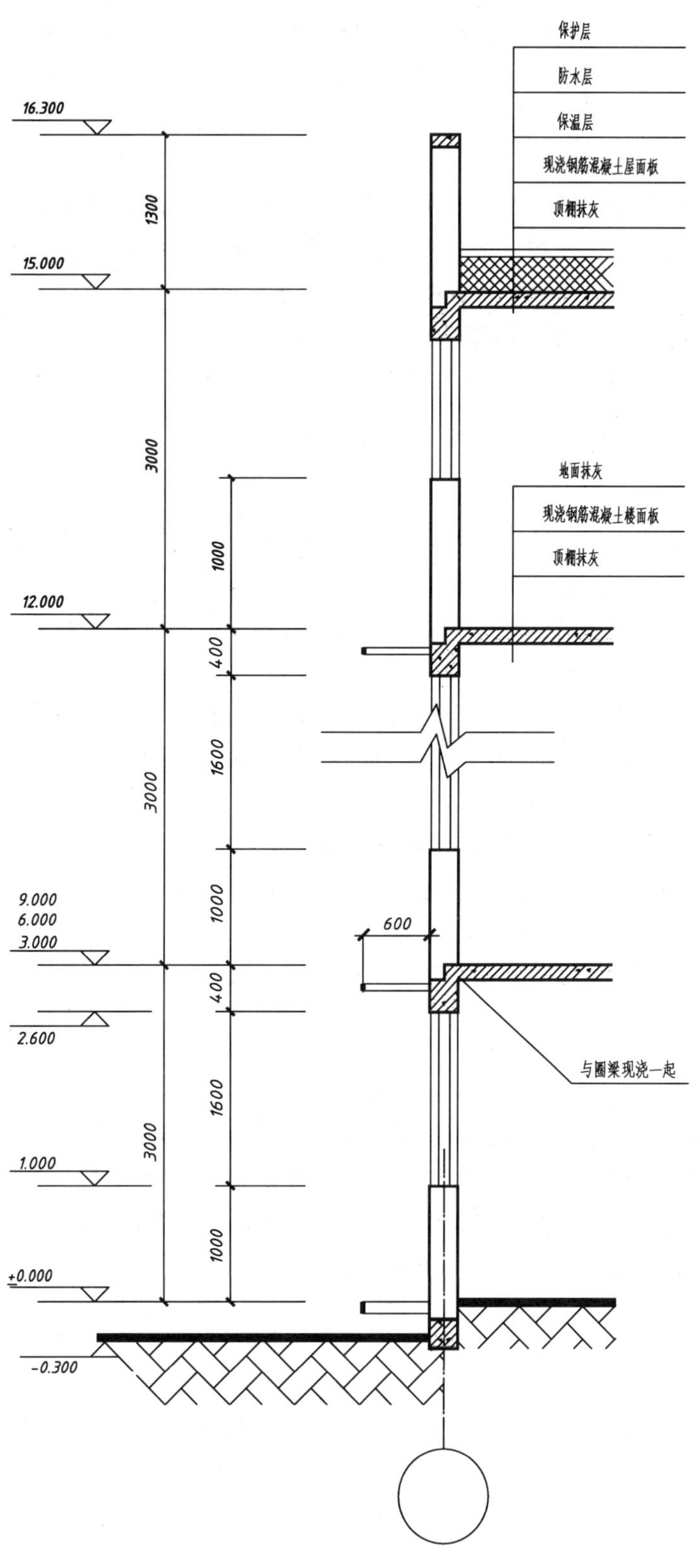

图 14.26 外墙剖面详图

此外墙剖面详图的右侧以一条竖直的折断线断开，表明它是建筑物的一个局部，墙身下注写了轴线编号，指明本图适用于所有外墙，图样左侧为两道外部尺寸及标高。

14.7.3 楼梯详图

在建筑平面图和剖面图中都包含了楼梯部分的投影，但因为楼梯踏步、栏杆、扶手等各细部的尺寸相对较小，图线又十分密集，所以不易表达和标注，绘制建筑施工图时，常常将其放大绘制成楼梯详图。楼梯详图表示楼梯的组成和结构形式，一般包括楼梯平面图和楼梯剖面图，必要时画出楼梯踏步和栏杆的详图。

如图 14.27 和图 14.28 所示为本工程的楼梯详图，由平面图和剖面图两种图样组成，绘图比例都是 1∶50。

1. 楼梯平面图

楼梯平面图是楼房各层楼梯间的局部平面图，相当于建筑平面图的局部放大。因为一般情况下，楼梯在中间各层的平面几乎完全一样，仅仅是标高不同，所以中间各层可以合并为一个标准层来表示，又称为中间层。这样，楼梯平面图通常由底层、中间层和顶层 3 个图样组成。

本例楼梯为平行双跑平行楼梯，楼梯间开间 2400mm，梯段宽 1050mm，梯井宽 60mm，每梯段踏步数均相同，为 9 步，梯段水平方向长 2400mm，分为 8 个踏面，踏面宽 300mm，注意图中的标注方式，应为 300×8=2400。

地面、楼层平台及转向平台的标高见相应标注。

另外，一层平面中，显示出了连接室内外的坡道，标准层平面显示出了入口上方的雨篷。由于本例楼梯间出屋面，还单独绘出了楼梯间屋顶平面，其内容参见“屋顶平面图”。

一层楼梯平面图中应标出剖面详图的剖切符号，以对应楼梯剖面详图。

2. 楼梯剖面图

根据平面详图中的剖切符号，可知剖面详图的剖切位置和剖切方向。

楼梯剖面详图相当于建筑剖面图的局部放大，其绘制和识读方法与剖面图基本相同。从图中可以看出，楼梯休息平台板各层标高分别为 1.500、4.500、7.500 和 10.500。每梯段踏步数均相同，为 9 步，梯段竖向高为 1500mm，分为 9 个踢面，每踢面高 166mm，注意图中的标注方式，应为 166×9=1494≈15000mm。

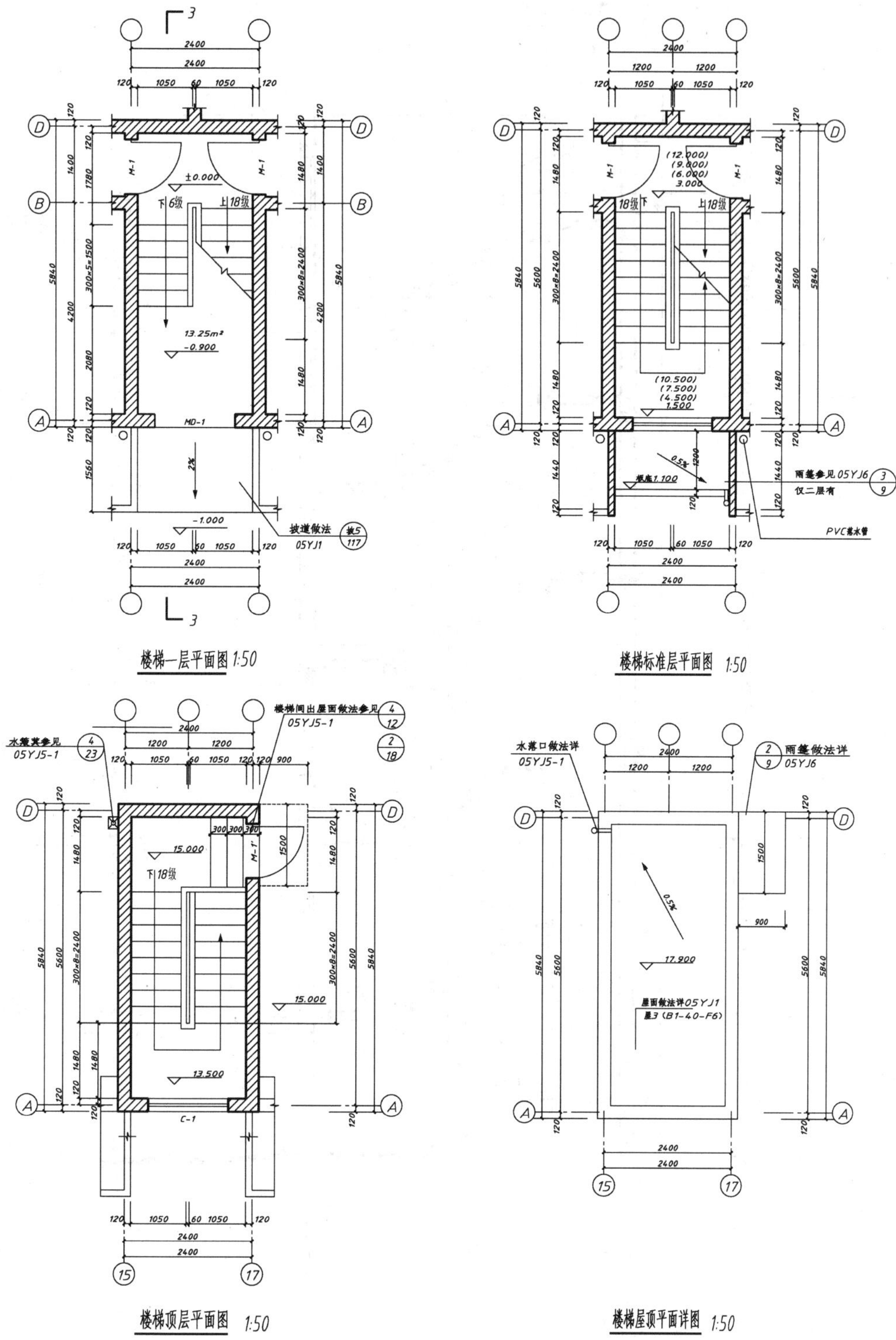

楼梯一层平面图 1:50
楼梯标准层平面图 1:50
楼梯顶层平面图 1:50
楼梯屋顶平面详图 1:50
坡道做法 05YJ1
雨篷参见 05YJ6
仅二层有
PVC落水管
楼梯间出屋面做法参见 05YJ5-1
水簸箕参见 05YJ5-1
水落口做法详 05YJ5-1
雨篷做法详 05YJ6
屋面做法详05YJ1
屋3（B1-40-F6）

图 14.27 楼梯平面图

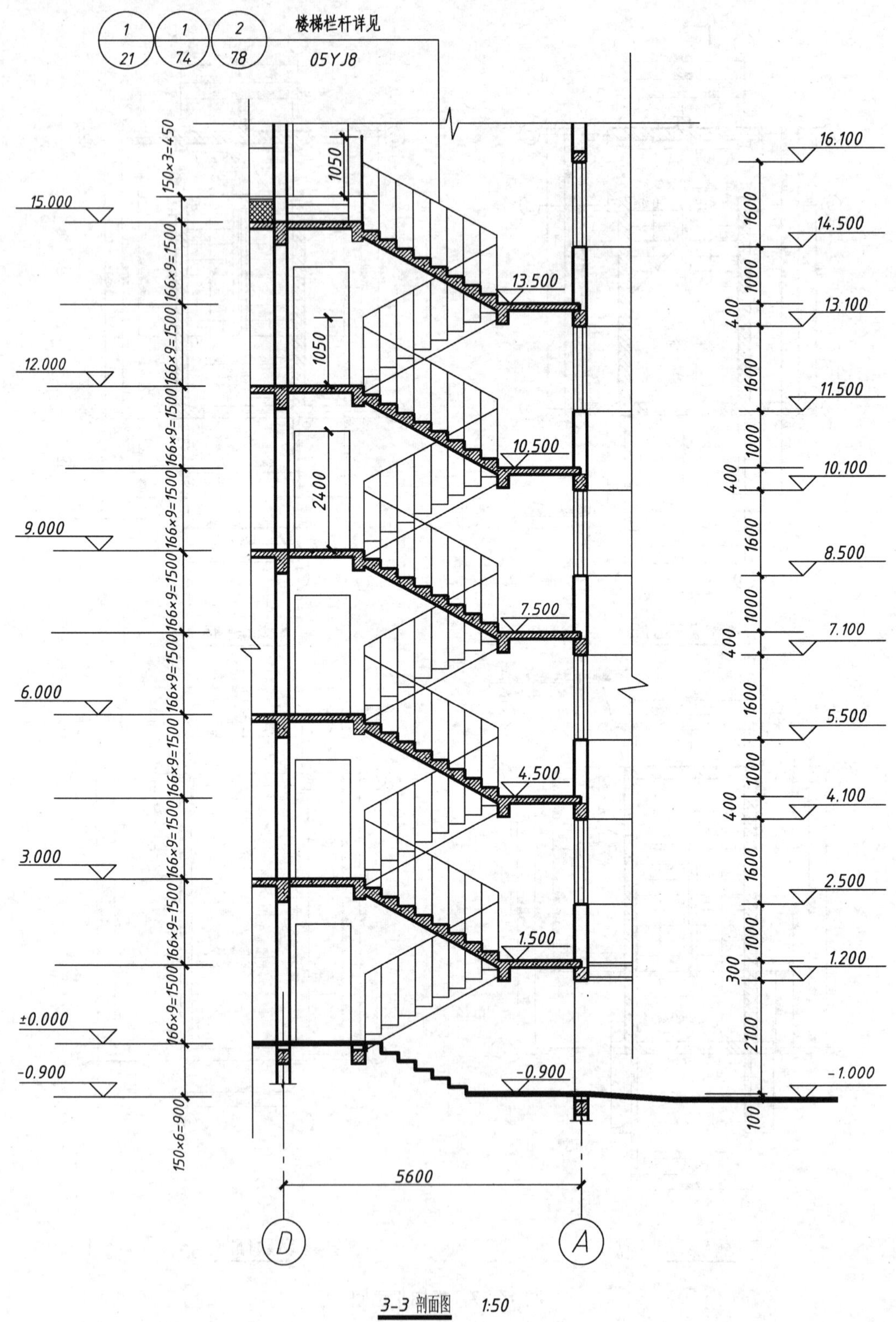

3-3 剖面图 1:50

图 14.28 楼梯剖面图

章 后 小 结

(1) 建筑施工图是制图基本理论与建筑实践相联系的桥梁。本章主要介绍利用画法几何和制图基本理论的知识，识读和绘制建筑施工图。

(2) 建筑施工图是指导施工的图样，主要用来表示建筑物的规划位置、外部造型、内部各房间的布置、内外装修、构造及施工要求等。它的主要内容包括施工图首页、总平面图、各层平面图、立面图、剖面图及详图。

第 15 章 结构施工图

教学提示：本章首先讲述了钢筋混凝土的有关知识，重点介绍了基础施工图、结构施工图、楼梯结构图的概念、图示方法、读图、绘图的步骤和方法，最后介绍了钢结构图。本章重点是识读和绘制结构施工图。

学习要求：通过本章的学习，学生应熟练掌握识读和绘制基础施工图、结构施工图及楼梯结构图等施工图的步骤和方法。

15.1 结构施工图概述

任何一幢建筑物，都是由基础、墙体、柱、梁、楼板或屋面板等构件所组成的。这些构件承受着建筑物的各种荷载，并按一定的构造和连接方式组成空间结构体系，这种结构体系称为建筑结构。

建筑结构由上部结构和下部结构组成。上部结构有墙体、柱、梁、板及屋架等构件，下部结构有基础和地下室等。建筑结构按照主要承重构件所采用的材料不同，一般可分为钢筋混凝土结构、钢结构、砖混结构(由钢筋混凝土与砖石混合使用的结构)、木结构及砖石结构 5 大类。目前，我国最常用的是钢筋混凝土结构和砖混结构，其中钢结构以其优良的承载能力正逐步得以普及。如图 15.1 所示为内框架结构示意图，图中说明了基础、柱、梁及板等构件在房屋中的位置及相互关系。

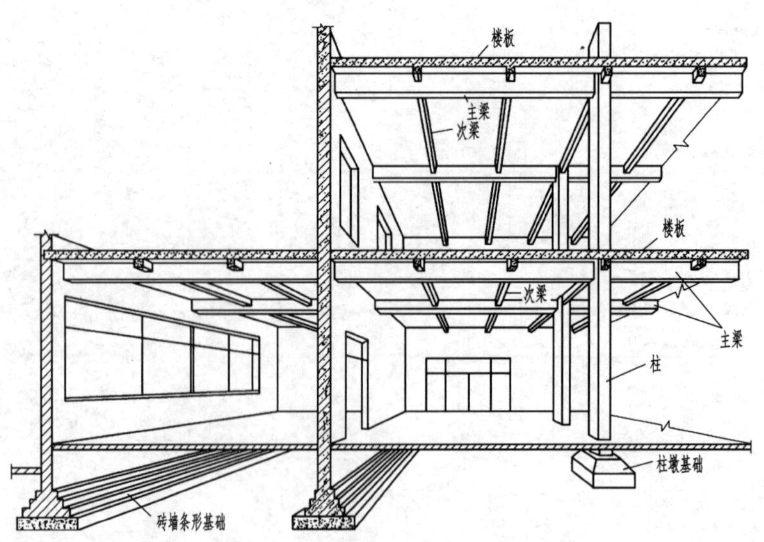

图 15.1 内框架结构示意图

15.1.1 结构施工图的内容和用途

要设计一幢房屋，除了从事建筑设计的人员要画建筑施工图外，从事结构设计的人员还要按照建筑设计各方面的要求进一步进行结构设计，包括结构平面布置、各承重构件(如基础、柱、梁、板、墙体等)的力学计算，在此计算的基础上决定各承重构件的具体形状、大小、所用材料、内部构造及它们之间的相互关系，最后将设计成果绘制成图样，用以指导施工(如施工放线、混凝土浇筑及梁、板的安装等)，这种图样称为结构施工图，简称“结施”。

结构施工图主要表达结构设计的内容，它是表示建筑物各承重构件(如基础、承重墙、柱、梁、板、屋架等)的布置、形状、大小、材料、构造及其相互关系的图样。它还要反映出其他专业(如建筑、给排水、暖通及电气等)对结构的要求。结构施工图主要用来作为施工放线、基坑开挖、模板安装、绑扎钢筋、设置预埋件和预留孔洞、浇筑混凝土，安装梁、板、柱等构件，以及编制预算和施工组织设计的依据。

房屋结构按承重构件的材料可分为以下几类。

(1) 砖混结构——承重墙用砖或砌块砌筑，梁、楼板和楼梯等承重构件都是钢筋混凝土构件。

(2) 钢筋混凝土结构——承重的柱、梁、楼板和屋面都是钢筋混凝土构件。

(3) 砖木结构——墙用砖砌筑，梁、楼板和屋架都是木构件。

(4) 钢结构——承重构件全部为钢材。

(5) 木结构——承重构件全部为木材。

结构施工图主要包括下列内容。

(1) 结构设计说明。其包括抗震设计与防火要求，地基与基础，地下室，钢筋混凝土各结构构件，砖砌体，后浇带与施工缝等部分选用的材料类型、规格、强度等级，施工注意事项等。很多设计单位已把上述内容逐一详列在一张“结构说明”图纸上，供设计者选用。

(2) 结构平面图。其包括以下几类。

① 基础平面图，工业建筑还有设备基础布置图。

② 楼层结构平面布置图，工业建筑还包括柱网、吊车梁、柱间支撑、连系梁布置等。

③ 屋面结构平面图，包括屋面板、天沟板、屋架、天窗架及支撑系统布置等。

(3) 构件详图，包括以下几类。

① 梁、板、柱及基础构件详图。

② 楼梯结构详图。

③ 屋架结构详图。

④ 其他结构详图。

15.1.2 结构施工图中常用的构件代号

房屋结构的基本构件，如梁、柱、板、墙等，结构繁多，布置复杂，为了图示简明扼要，并把构件区分清楚，便于施工、制表、查阅，有必要把每类构件给予代号。现摘录部分常用构件代号见表15-1。

表 15-1　常用构件代号(部分)

名　称	代　号	名　称	代　号
板	B	屋架	WJ
屋面板	WB	框架	KJ
楼梯板	TB	刚架	GJ
盖板	GB	支架	ZJ
空心板	KB	柱	Z
剪力墙	Q	框架柱	KZ
梁	L	构造柱	GZ
框架梁	KL	基础	J
屋面梁	WL	桩	ZH
吊车梁	DL	梯	T
圈梁	QL	雨篷	YP
过梁	GL	阳台	YT
连系梁	LL	预埋件	M
基础梁	JL	钢筋网	W
楼梯梁	TL	钢筋骨架	G

注：1. 预制钢筋混凝土构件、现浇钢筋混凝土构件、钢构件，一般可直接采用本表中的构件代号。在绘图中，当需要区别上述构件的材料种类时，可在构件代号前加注材料代号，并在图纸中加以说明。
2. 预应力钢筋混凝土构件的代号，应在构件代号前加注“Y－”，如 Y－KB 表示预应力钢筋混凝土空心板。

15.2　钢筋混凝土构件详图

15.2.1　钢筋混凝土结构施工图的表示方法

用钢筋混凝土制成的梁、板、柱及基础等构件，称为钢筋混凝土构件。钢筋混凝土构件，有在工地现场浇制的，称为预制钢筋混凝土构件。此外还有的构件，制作时对混凝土预加一定的压力以提高构件的强度和抗裂性能，称为预应力钢筋混凝土构件。

1. 混凝土的表示方法

混凝土按其抗压强度的不同分为不同的强度等级。常用的混凝土强度等级有 C20、C30、C40、C50 及 C60 等。在结构施工图上，以文字标注。

2. 钢筋的表示方法

1) 钢筋的分类和作用

配置在钢筋混凝土结构中的钢筋，按其作用可分为下列几种(图 15.2)。

(1)受力筋——承受拉、压应力的钢筋。用于梁、板、柱等各种钢筋混凝土构件。梁、板的受力筋还分为直筋和弯筋两种。

(2) 箍筋——承受一部分拉应力，并固定受力筋的位置，多用于梁和柱内。

(3) 架立钢筋——用以固定梁内的箍筋位置，构成梁内的钢筋骨架。

(4) 分布钢筋——用于板内，与板的受力筋垂直布置，将承受的重量均匀地传给受力筋，并固定受力筋的位置，以及抵抗热胀冷缩引起的温度变形。

(5) 其他构造钢筋——因构件构造要求或施工安装需要而配置的构造筋，如腰筋、预埋锚固筋、吊环等。

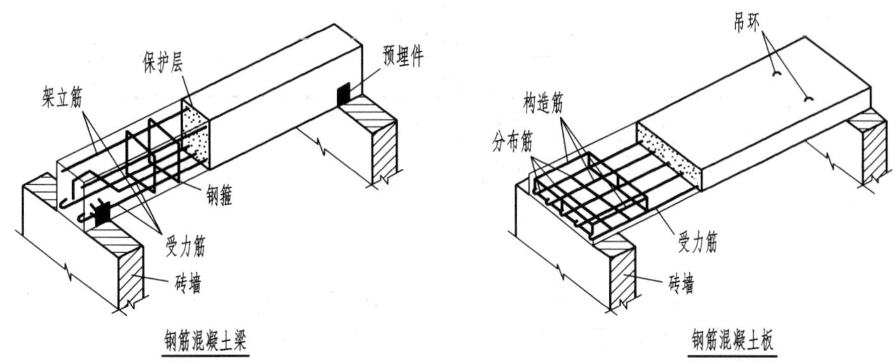

图 15.2 钢筋混凝土梁、板配筋示意图

2) 钢筋的等级和代号

在钢筋混凝土结构设计规范中，对国产建筑用钢筋，按其产品种类等级不同，分别给予不同代号，以便标注及识别。表 15-2 为普通钢筋强度标准值。表中 HPB300 指强度级别为 300MPa 的热轧光圆钢筋，RRB400 指强度级别为 400MPa 的余热处理带肋钢筋；HRB500 指强度级别为 500MPa 的普通热轧带肋钢筋，HRBF400 指强度级别为 400MPa 的细晶粒热轧带肋钢筋。

表 15-2 普钢筋强度标准值(N/mm^2)

牌　　号	符　　号	公称直径 d(mm)	屈服强度标准值 f_{yk}	极限强度标准值 f_{stk}
HPB300	Φ	6～22	300	420
HRB335 HRBF335	Φ Φ^F	6～50	335	455
HRB400 HRBF400 RRB400	Φ Φ^F Φ^R	6～50	400	540
HRB500 HRBF500	Φ Φ^F	6～40	500	630

3)钢筋的保护层

为了保护钢筋、防腐蚀、防火以及加强钢筋与混凝土的粘结力，在构件中钢筋外边缘至构件表面之间应留有一定厚度的保护层。根据《混凝土结构设计规范》(GB 50010—2010)规定：纵向受力的普通钢筋及预应力钢筋，其混凝土保护层厚度不应小于钢筋的公称直径 d，设计使用年限为 50 年的混凝土结构，最外层钢筋的保护层厚度应符合表 15-3 的规定：设计使用年限为 100 年的混凝土结构，最外层钢筋的保护层厚度不应小于表 15-3 中数值的 1.4 倍。

表 15-3 混凝土保护层的最小厚度 c(mm)

环 境 类 别	板、墙、壳	梁、柱、杆
一	15	20
二 a	20	25

续表

环境类别	板、墙、壳	梁、柱、杆
二 b	25	35
三 a	30	40
三 b	40	50

注：1．混凝土强度等级不大于 C25 时，表中保护层厚度数值应增加 5mm。

2．钢筋混凝土基础宜设置混凝土垫层，基础中钢筋的混凝土保护层厚度应从垫层顶面算起，且不应大于 40mm。

4) 钢筋的弯钩

为了使钢筋和混凝土具有良好的粘结力，避免钢筋在受拉时滑动，应对光圆钢筋的两端进行弯钩处理，弯钩常做成半圆弯钩或直弯钩，如图 15.3(a)、(b)所示。钢箍常采用光圆钢筋，故两端处也要作出弯钩，一般分别在两端各伸长 50mm 左右，将弯钩常做成 135°或 90°，如图 15.3(c)所示。

带肋钢筋由于与混凝土的粘结力强，所以两端不必加弯钩。

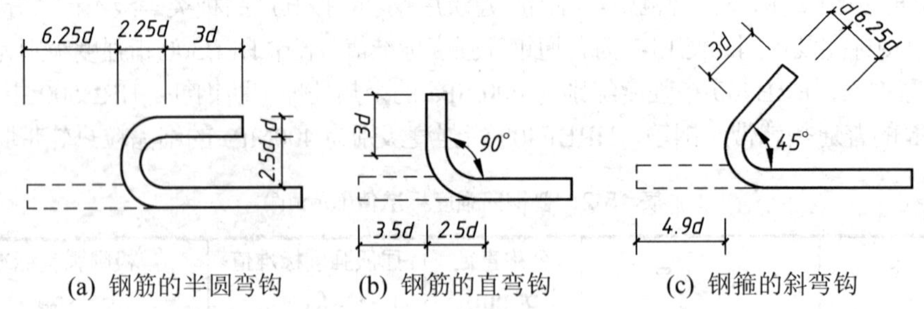

(a) 钢筋的半圆弯钩　(b) 钢筋的直弯钩　(c) 钢箍的斜弯钩

图 15.3　钢筋和钢箍的弯钩及简化画法

15.2.2　钢筋混凝土结构图的图示特点

为了突出表示钢筋的配置状况，在构件的立面图和断面图上，轮廓线用中或细实线画出，图内不画材料图例，而用粗实线(在立面图)和黑圆点(在断面图)表示钢筋。并要对钢筋加以说明标注。

(1) 钢筋的一般表示法，常见的表示方法见表 15-4。

表 15-4　钢筋表示方法

名　称	图　例	说　明
钢筋横断面	●	
无弯钩的钢筋横断面		下图表示长短钢筋投影重叠时，可在短钢筋的端部用 45°划线表示
预应力钢筋横断面		
预应力钢筋或钢铰线		用粗双点画线
无弯钩的钢筋搭接		
带半圆形弯钩的钢筋端部		

续表

名　称	图　例	说　明
带半圆形弯钩的钢筋搭接		
带直弯钩的钢筋端部		
带直弯钩的钢筋搭接		
带丝扣的钢筋端部		

(2) 钢筋的标注方法。

钢筋(或钢丝束)的标注应包括钢筋的编号、数量或间距、代号、直径及所在位置，通常应沿钢筋的长度标注或标注在有关钢筋的引出线上。

梁、柱的箍筋和板的分布筋，一般应注出间距，不注数量。

简单的构件，钢筋可不编号。具体标注方式如图 15.4 所示。

(3) 当构件纵横向尺寸相差悬殊时，可在同一详图中纵横向选用不同比例。

(4) 结构图中的构件标高，一般标注出构件底面的结构标高。

图 15.4　钢筋的标注

(5) 构件配筋较简单时，可在其模板图的一角用局部剖面的方式，绘出其钢筋布置。构件对称时，在同一图中可以一半表示模板，一半表示配筋。

15.3 平面整体表示方法

15.3.1 平面整体表示方法概述

混凝土结构施工图平面整体表示方法(简称平法)对我国目前混凝土结构施工图的设计表示方法作了重大改革。平法的表达形式，是把结构构件的尺寸和配筋等，按照平面整体表示方法制图规则，整体直接表达在各类构件的结构平面布置图上，再与标准构造详图相配合，即构成一套新型完整的结构设计。平法改变了传统的将构件从结构平面布置图中索引出来，再逐个绘制配筋详图的烦琐方法，因此，平法的作图简单，表达清晰，适合于常用的现浇混凝土柱、剪力墙、梁等，目前已广泛应用于各设计单位和建设单位。

按平法设计绘制的施工图，是由各类结构构件的平法施工图和标准构造详图两大部分构成。平法施工图包括构件平面布置图和用表格表示的建筑物各层层号、标高、层高表，标准构造详图一般采用图集。在平面布置图上表示各构件尺寸和配筋的方式，有平面注写(标注梁)、列表注写(标注柱和剪力墙)和截面注写(标注柱和剪力墙和梁)3 种形式。下面以柱和梁为例，简单介绍“平法”中平面注写、列表注写和截面注写方式的表达方法。关于“平法”中其他构件以及其他表达方法，请参阅《混凝土结构施工图平面整体表示方法制图规划和构造详图》(03G 101—1)。

15.3.2 柱平法施工图的表示方法

柱平法施工图是在绘出柱的平面布置图的基础上，采用列表注写方式或截面注写方式来表示柱的截面尺寸和钢筋配置的结构工程图。

1. 柱列表注写方式

在以适当比例绘制出的柱平面布置图(包括框架柱、框支柱、梁上柱和剪力墙上柱)上，标注出柱的轴线编号、轴线间尺寸，并将所有柱进行编号(由类型代号和序号组成)，分别在同一编号的柱中选择一个或几个柱的截面，以轴线为界标注柱的相关尺寸，并列出柱表。在柱表中注写柱号、柱段起止标高、几何尺寸(含柱截面对轴线的偏心情况)与配筋的具体数值，并配以各种柱截面形状及其箍筋类型图。

各段柱的起止标高，是自柱根部往上以变截面位置或截面未变但配筋改变处为界分段注写的。其中，框架柱和框支柱的根部标高是指基础顶面标高；芯柱的根部标高是指根据结构实际需要而定的起始位置标高；梁上柱的根部标高是指梁顶面标高；剪力墙上柱的根部标高分两种：当柱与剪力墙重叠一层时，其根部标高为墙顶面往下一层的结构层楼面标高；当柱纵筋锚固在墙顶部时，其根部标高为墙顶面标高。

现以图 15.5 为例进行说明。对于矩形柱，在平面图中应注写截面尺寸 $b \times h$ 及轴线关系的几何参数代号 b_1、b_2 和 h_1、h_2 的具体数值，须对应于各段柱分别注写，其中 $b=b_1+b_2$，$h=h_1+h_2$。当截面的某一边收缩变化至与轴线重合或偏到轴线的另一侧时，b_1、b_2、h_1、h_2 中的某项为零或负值。

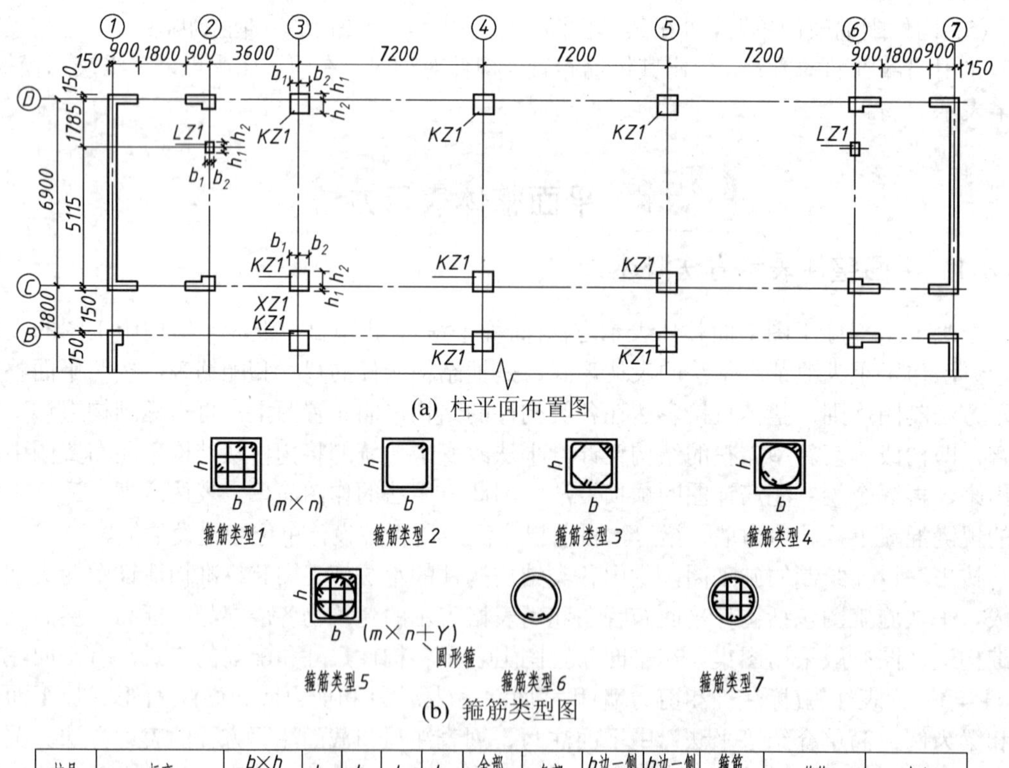

(a) 柱平面布置图

(b) 箍筋类型图

柱号	标高	$b \times h$(圆柱直径D)	b_1	b_2	h_1	h_2	全部纵筋	角部	b边一侧中部筋	h边一侧中部筋	箍筋类型号	箍筋	备注
KZ1	−0.030—19.470	750×700	375	375	150	550	24Φ25				1(5×4)	Φ10@100/200	
	19.470—37.470	650×600	325	325	150	450		4Φ22	5Φ22	4Φ20	1(4×4)	Φ10@100/200	
	37.470—59.070	550×500	275	275	150	350		4Φ22	5Φ22	4Φ20	1(4×4)	Φ8@100/200	
XZ1	−0.030—8.670						8Φ25				按标准构造详图	Φ10@200	③×Ⓑ轴KZ1中设置

(c) 柱表

图 15.5 柱平法施工图列表注写方式

该图中有 *KZ1*(框架柱)、*XZ1*(芯柱)、*LZ1*(梁上柱)3 种柱，图 15.5(c)的柱表为框架柱 *KZ1* 和芯柱 *XZ1* 的配筋情况，它分别注写了 *KZ1* 和 *XZ1* 不同标高部分的截面尺寸和配筋，如在标高 19.470～37.470m 这段，*KZ1* 的截面尺寸为 650mm×600mm，柱边离垂直轴线距离左右相等，均为 325mm，柱边离水平轴线距离一边为 150mm，另一边为 450mm。配置的角筋为直径 22mm 的 HRB335 钢筋，*b* 边一侧中部配置了 5 根直径为 22mm 的 HRB335 级钢筋，*h* 边一侧中部配置了 4 根直径为 20mm 的 HRB335 级钢筋，箍筋为直径 10mm 的 HPB235 钢筋，其中的斜线“/”区分柱端箍筋加密区与柱身非加密区长度范围内箍筋的不同间距(100/200)，当圆柱采用螺旋箍筋时，需要在箍筋前加“*L*”。

对于圆柱，柱表中 $b \times h$ 一栏须采用在圆柱直径数字前加 *d* 表示。为了表达简单，圆柱截面与轴线的关系也用 b_1、b_2 和 h_1、h_2 表示，并使 $d=b_1+b_2=h_1+h_2$。

图中出现的芯柱，其截面尺寸按构造确定，并按标准构造图施工，设计不注；当设计者采用与标准构造详图不同的做法时，应进行注明。芯柱定位随框架柱，不需要注写其与轴线的几何关系。

当柱纵筋直径相同，各边根数也相同时，将纵筋注写在“全部纵筋”一栏中。此外，柱纵筋分角筋、截面 *b* 边中部筋和截面 *h* 边中部筋三项，应分别注写在柱表中的对应位置，对于采用对称配筋的矩形截面柱，可以仅注写一侧中部筋，对称边省略不注。

2. 柱截面注写方式

(1) 截面注写方式是指在分标准层绘制的柱平面布置图的柱截面上，分别在同一编号的柱中选择一个截面，以直接注写截面尺寸和配筋具体数值的方式来表达柱平法施工图，如图 15.6 所示。

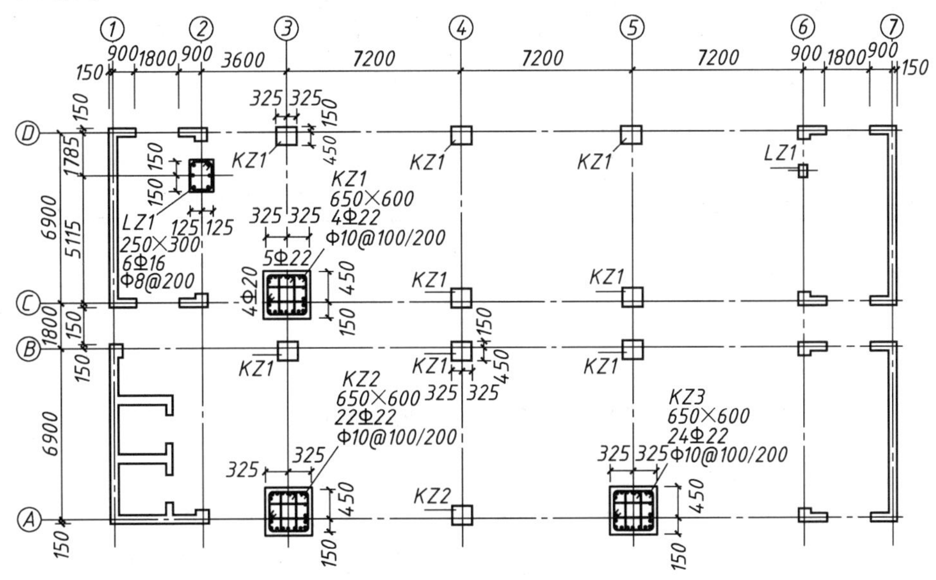

图 15.6　柱平法施工图截面注写方式

(2) 截面注写方式，从相同编号的柱中选择一个截面，按另一种比例原位放大绘制柱截面配筋图，并在各配筋图上继其编号后再注写截面尺寸 $b \times h$、角筋或全部纵筋(当纵筋采用一种直径且能够图示清楚时)、箍筋的具体数值，以及在柱截面配筋图上标注柱截面与轴线关系的 b_1、b_2 和 h_1、h_2 的具体数值。当纵筋采用两种直径时，须再注写截面各边中部筋的具体数值(对于采用对称配筋的矩形截面柱，可仅在一侧注写中部筋，对称边省略不注)。

(3) 在截面注写方式中，如柱的分段截面尺寸和配筋均相同，仅分段截面与轴线关系不同时，可将其编为同一柱号，但此时应在未画配筋的柱截面上注写该柱截面与轴线关系的具体尺寸。

15.3.3 梁平法施工图表示方法

梁平法施工图是在梁平面布置图上采用平面注写方式表达。梁平面布置图应分别按梁的不同结构层(标准层)将全部梁和与其相关联的柱、墙、板一起采用适当比例绘制。

为了表达梁结构图的平面整体表示法，下面分别用传统方式和平面注写方式画出一根两跨钢筋混凝土框架梁的配筋图。

图 15.7 是用传统表达方式画出的一根两跨钢筋混凝土框架梁的配筋图(为简化起见，图中只画出立面图和断面图，箍筋的加密区只在支座处画出)。从该图可以了解该梁的支撑情况、跨度、断面尺寸，以及各部分钢筋的配置状况。

如采用平面注写方法表达图 15.7 所示的两跨框架梁，可在该梁的平面布置图上标注梁的截面尺寸和配筋具体数量，如图 15.8 所示。梁的平面注写包括集中标注和原位标注两部分。集中标注表达梁的通用数值，其内容包括梁编号、梁截面尺寸、梁箍筋、梁上部贯通钢筋或架立筋以及梁顶面标高高度差。当集中标注的某项数值不适用于梁的某部位时，则将该项数值原位标注，原位标注表达梁各部分的特殊值，如梁支座处上部纵筋、梁下部纵筋、侧面纵向构造或抗扭纵筋、附加箍筋或吊筋等。施工时，原位标注取值优先。

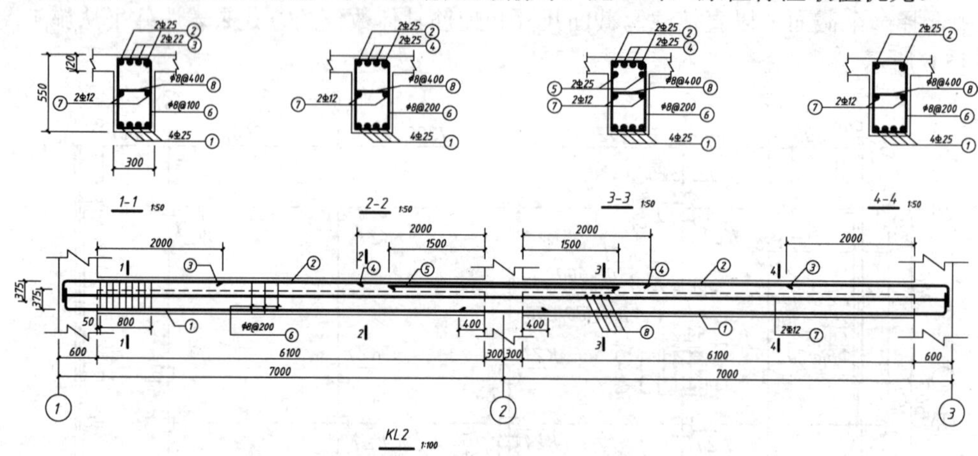

图 15.7 两跨框架梁配筋详图

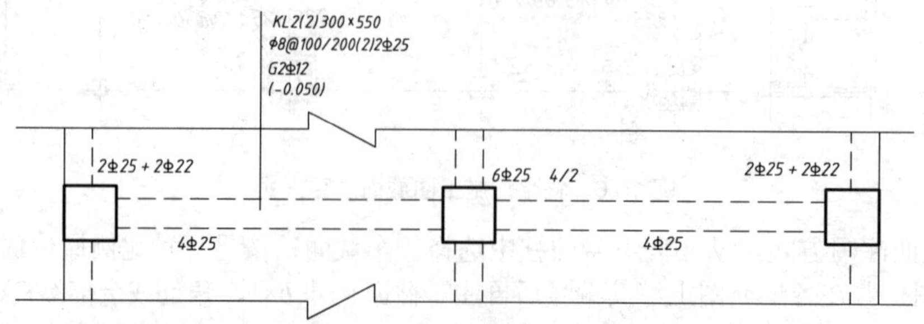

图 15.8 框架梁平面注写方式示例

图 15.8 说明如下。

(1) *KL*2(2)300×550：表示这是一根框架梁，编号为 2，共有 2 跨(括号中的数字)，梁断面尺寸是 300×550。

(2) ϕ8@100/200(2) 2Φ25：表示箍筋是直径为 8mm 的Ⅰ级钢筋，加密区(靠近支座处)间距为 100 mm，非加密区间距为 200 mm，均为 2 肢箍；2Φ25 表示梁的上部配有 2 根直径为 25 的Ⅱ级钢筋为贯通筋。

(3) G2Φ12：表示梁的两侧面共配置 2Φ12 的纵向构造钢筋。

(4) (−0.05)：为选注内容，表示梁顶面标高相对于楼层结构标高的高差值，需写在括号内。梁顶面标高高于楼层结构标高时，高差为正，反之为负。图中(−0.05)表示该梁顶面标高比楼层结构标高低 0.05 m。

(5) 2Φ25+2Φ22：表示该处除放置集中标注注明的 2Φ25 上部贯通钢筋外，还在上部放置了 2Φ22 的端部支座钢筋。

(6) 6Φ25 4/2：表示除了集中标注注明的 2Φ25 上部贯通钢筋外，还在上部放置了 4Φ25 的中间支座钢筋(共 6 根)，分两排放置，上排为 4Φ25，第二排为 2Φ25(即 4/2)。

(7) 4Φ25：表示两跨梁的底部都配有 4Φ25 的纵筋。

图 15.8 中并无标注各类钢筋的长度及伸入支座长度等尺寸，这些尺寸都由施工单位的技术人员查阅图集 03G 101—1 中的标准构造详图，对照确定。

图 15.9 是图集中画出的二级抗震等级楼层框架梁 *KL* 纵向钢筋构造图。图中画出该梁面筋、底筋，端支座筋和中间支座筋等的伸入(支座)长度和搭接要求。图中 l_{aE} 是抗震结构中梁的纵向受拉钢筋的最小锚固长度，可在图集中有关表格中查出。

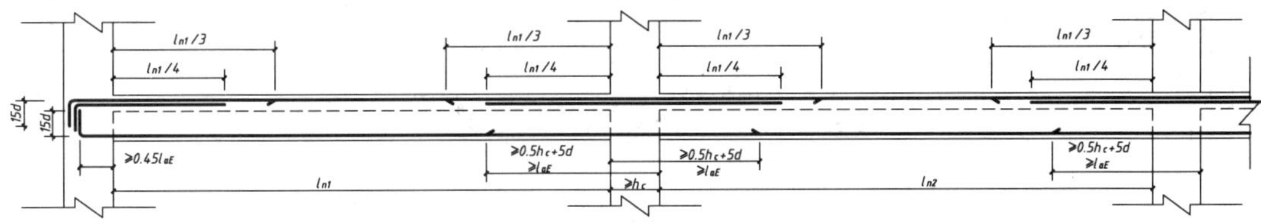

图 15.9　二级抗震等级楼层框架梁 *KL*

对于梁中的附加箍筋或吊筋，应将其画在平面图中的主梁上，用线引注总配筋值(附加箍筋的肢数注在括号内)，如图 15.10 所示。当多数附加箍筋或吊筋相同时，可以在梁平法施工图上统一注明，少数与统一注明值不同时，再原位引注。

梁平面注写综合举例如图 15.11 所示。

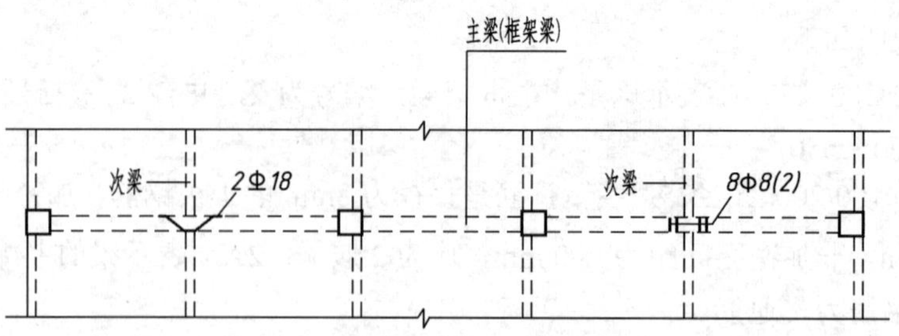

图 15.10 附加箍筋和吊筋的画法

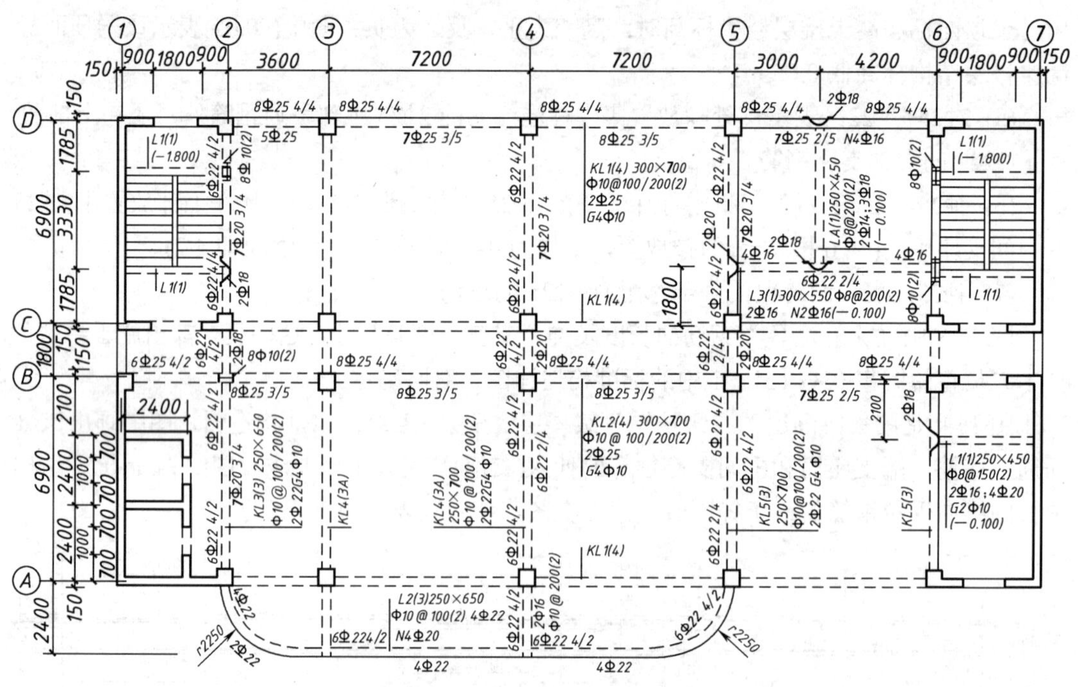

图 15.11 梁的平面注写方式综合示例

15.4 基 础 图

基础是房屋底部与地基接触的承重构件，它承受房屋的全部荷载，并传给基础下面的地基。根据上部结构的形式和地基承载能力的不同，基础可分为条形基础、独立基础、片筏基础和箱形基础等。如图 15.12 和图 15.13 所示是最常见的条形基础和独立基础，条形基础一般用作承重砖墙的基础，独立基础通常为柱子的基础。图 15.14 是以条形基础为例，介绍与基础有关的一些知识。基础下部的土壤称为地基；为基础施工而开挖的土坑称为基坑；基坑边线就是施工放线的灰线；从室内地面到基础顶面的墙称为基础墙；从室外设计地面到基础底面的垂直距离称为埋置深度；基础墙下部做成阶梯形的砌体称为大放脚；防潮层是防止地下水对墙体侵蚀的一层防潮材料。

基础结构图由基础平面图和基础详图组成。

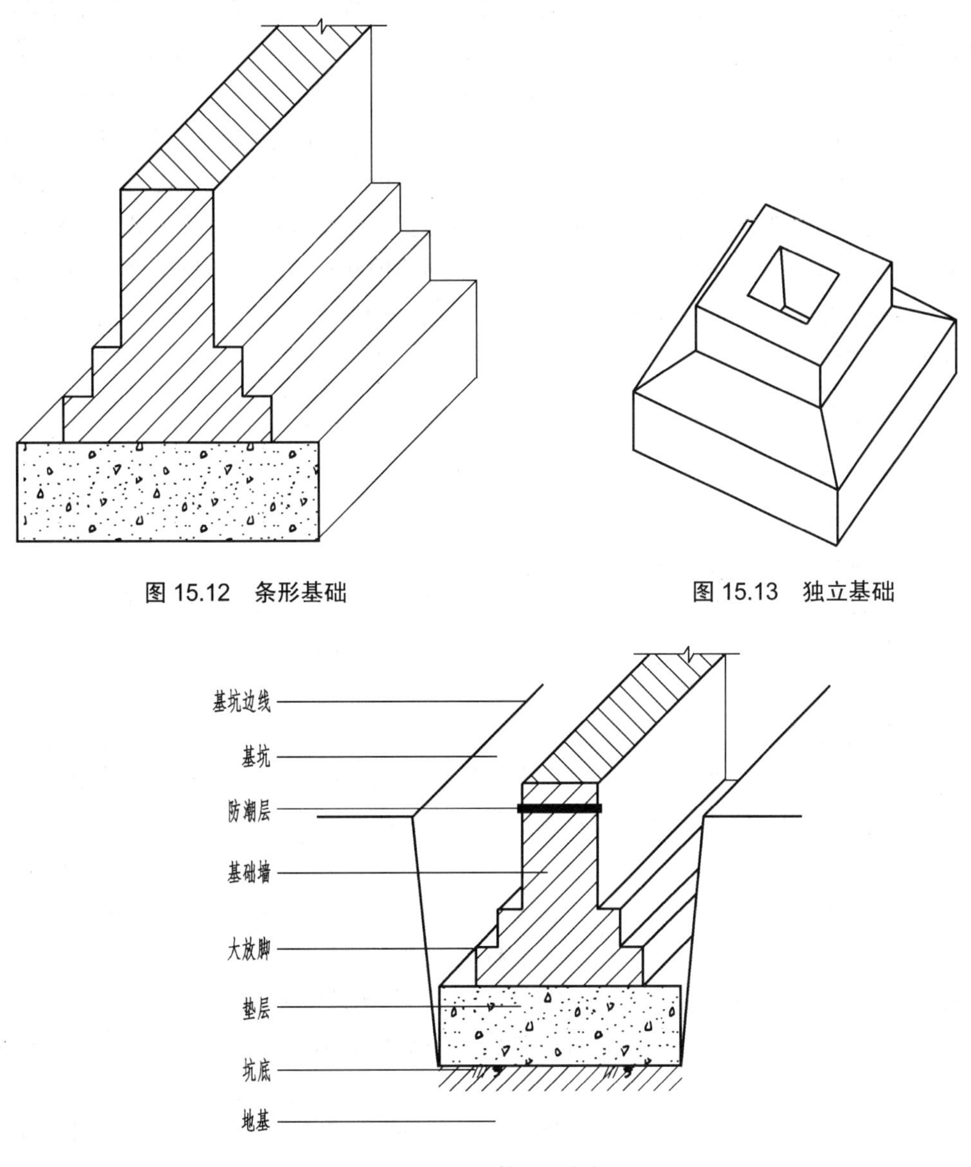

图 15.12 条形基础

图 15.13 独立基础

图 15.14 基础的有关知识

15.4.1 基础平面图

1. 基础平面图的产生和画法

基础平面图是表示基坑在未回填土时基础平面布置的图样，它是假想用一个水平面沿基础墙顶部剖切后所作出的水平投影图。基础平面图通常只画出基础墙、柱的截面及基础底面的轮廓线，基础的大放脚等细部的可见轮廓线都省略不画，这些细部的形状和尺寸用基础详图表示。

基础平面图的比例、轴线及轴线尺寸与建筑平面图一致。其图线要求是：剖切到的基础墙轮廓线画粗实线，基础底面的轮廓线画细实线，可见的梁画粗实线(单线)，不可见的梁画粗点画线(单线)；剖切到的钢筋混凝土柱断面，由于绘图比例较小，要涂黑表示。

在基础平面图中，应注明基础的大小尺寸和定位尺寸。大小尺寸是指基础墙断面尺寸、柱断面尺寸以及基础底面宽度尺寸；定位尺寸是指基础墙、柱以及基础底面与轴线的联系尺寸。图中还应注明剖切符号。基础的断面形状与埋置深度要根据上部的荷载以及地基承载力而定，同一幢房屋由于各处有不同的荷载和不同的地基承载力，所以下面有不同的基础。对每一种不同的基础，都要画出它的断面图，并在基础平面图上用 1－1、2－2 等剖切符号表明该断面的位置。

2. 基础平面布置图实例

基础平面图主要内容如下。

(1) 图名、比例。

(2) 纵向、横向定位轴线及编号。

(3) 基础平面布置，即基础墙、柱、基础底面的形状(大小)与定位轴线的关系。

(4) 基础梁的位置与编号。

(5) 基础断面图的剖切位置线及编号。

(6) 基础的定形尺寸、定位尺寸和轴线间尺寸。

(7) 地沟与孔洞。由于给排水的要求，常常设置地沟或在地面以下的基础墙上预留孔洞，在基础平面图中用虚线表示地沟或孔洞的位置，并注明大小及洞底的标高。

(8) 必要的施工说明。

(9) 当基础底面标高有变化时，应在基础平面图对应部位附近画一段垫层的垂直剖面图，用来表示基底标高的变化，并标出基底的标高。

如图 15.15 所示为某砖混结构房屋的基础平面图，为板式基础。

图中最外部细实线为基础底板的轮廓，每两条粗实线表示一道基础墙的宽度，大放脚则省略不画。

基础平面图中应注上基础墙厚、基底宽度、轴线间尺寸及轴线间总尺寸，同时应注上轴线编号以备施工时定位放线之用。图中涂黑的小方块表示钢筋混凝土构造柱断面。

15.4.2 基础详图

因为在基础平面图中只表明了基础的平面布置，而基础的形状、大小、构造、材料及埋置深度均未表明，所以在结构施工图中还需要画出基础详图。基础详图是垂直剖切的断面图。

图 15.16 是该住宅板式基础的纵横向结构详图。从图中可以看出，基础底板厚度为 300mm，板底标高为-2.800，其下有 100mm 厚的垫层；底板内配置双向钢筋，横向板底 ϕ12@150，板顶 ϕ12@150；纵向板底 ϕ12@140，板顶 ϕ12@140。

基础墙的大放脚高度 120mm，宽度为 60mm，基础墙厚为 240 mm；基础墙内设置有地圈梁，梁顶的标高为-0.060，截面为 240mm×240mm，还标注了梁的配筋情况。

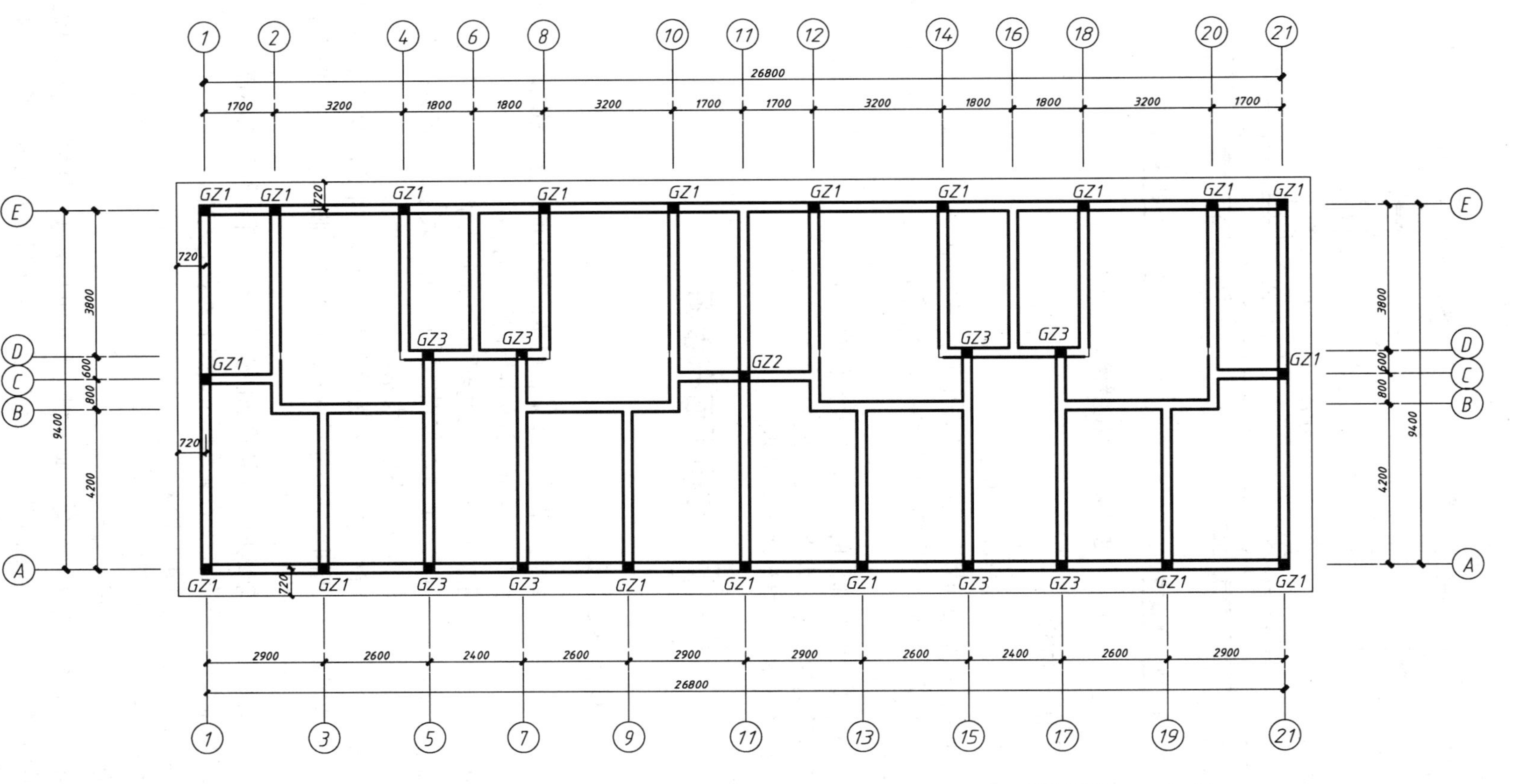

图 15.15 基础平面布置图

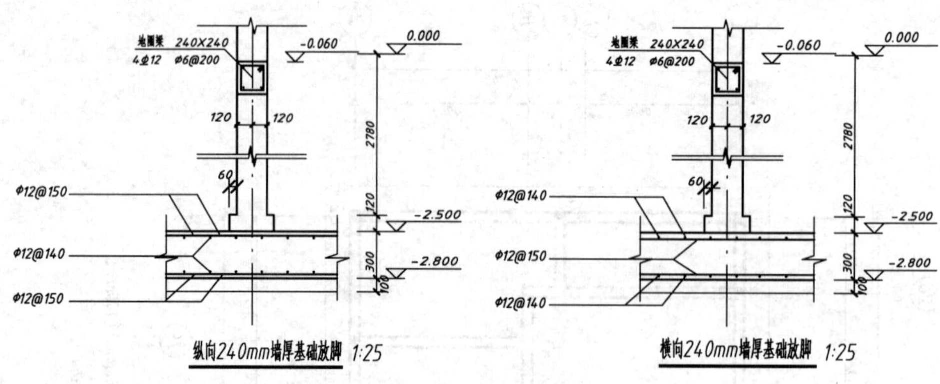

图 15.16　基础详图

15.4.3　基础施工图的阅读

阅读基础施工图时，一般应注意以下几点。

(1) 检查基础施工图的平面布置与建筑施工图中的首层平面图是否一致。

(2) 把基础平面布置图与基础详图对照进行阅读，明确墙体与轴线的位置关系，是对称轴线还是偏轴线。

(3) 在基础详图中阅读出各部位的尺寸及主要部位的标高。

(4) 阅读出地下管沟的位置、大小及具体做法。

(5) 查明所用的各种材料及对材料的施工要求。

15.5　结构平面布置图

15.5.1　结构平面图的一般画法

对于多层建筑，一般应分层绘制。但是，如果各层楼面结构布置情况相同时，可只画出一个楼层结构平面图，并注明应用各层的层数和各层的结构标高。

在结构平面图中，构件应采用轮廓线表示，如能用单线表示清楚时，也可用单线表示，如梁、屋架、支撑等可用粗点画线表示其中心位置。采用轮廓线表示时，可见的构件轮廓线用中实线表示，不可见构件的轮廓线用中虚线表示。

在楼层结构平面图中，如果有相同的结构布置时，可只绘制一部分，并用大写的拉丁字母或汉字外加细实线圆圈表示相同部分的分类符号，其他相同部分仅标注分类符号。分类符号圆圈直径为4～6mm，如图15.17所示。

在楼层结构平面图中，定位轴线应与建筑平面图保持一致，并标注结构标高。

结构平面图中的剖面图、断面详图的编号顺序宜按下列规定编排。

(1) 外墙按顺时针方向从左下角开始编号。

(2) 内横墙从左至右，从上至下编号。

(3) 内纵墙从上至下，从左至右编号。

对于现浇楼板来说，每种规格的钢筋只画一根，并注明其编号、规格、直径、间距或数量等，与受力筋垂直的分布筋不必画出，但要在附注中或钢筋表中说明其级别、直径、间距(或数量)及长度等，如图15.18所示。

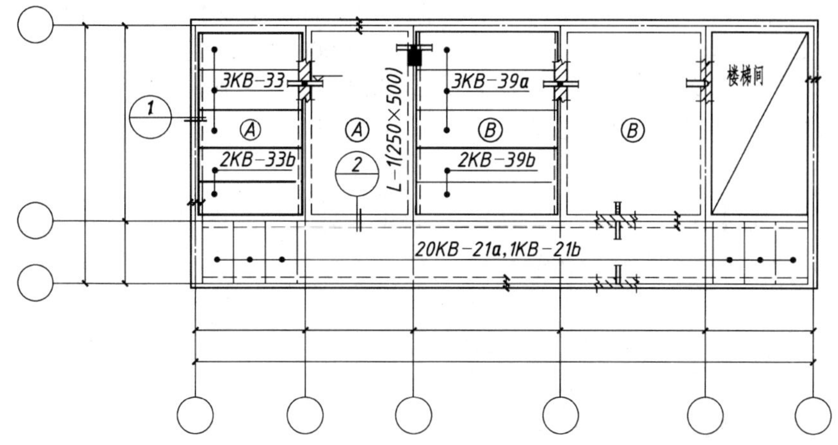

图 15.17 结构平面图示例

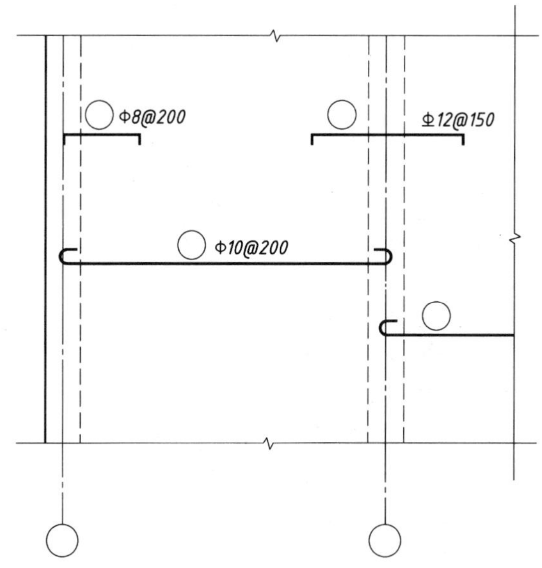

图 15.18 现浇钢筋混凝土板结构平面图示例

15.5.2 读图示例

现以某住宅的楼层结构平面图为例(图 5.19)，说明结构平面图的内容和读图方法。

图中墙角处涂黑的为钢筋混凝土柱，标注的说明为构造柱。

图中虚线为不可见的构件轮廓线(被楼板挡住的墙或梁)，如果是梁，需要在梁的一侧标注梁的代号，如果是墙，则不做标注。本例图中的梁使用中粗点画线表示，如图中阳台部位的 *TL*1、*TL*2，即为挑梁，*BL*1 为边梁。

该住宅楼楼板主要采用装配式钢筋混凝土板，如本例图中的 D、E、2、4 轴线间，标注为 7YKB3251，此形式引自河南省标，含义为 7 块预应力空心板，板长 3200mm，板宽 500mm，荷载等级为 1 级，板厚为 120mm；同时，还标注了代号“戊”，即这是第五种类型。板轴线 8、10 间的这个位置，板的装配情况与此相同。

厨房和卫生间采用现浇钢筋混凝土板，图中直接标注了钢筋配置的情况，如本例图中的 D、E、1、2 轴线间，编号分别为 *XB*2，板厚为 90mm，板底有钢筋通筋布置①、②，板顶钢筋布置于边缘支座处③、④，均为ϕ12@140。对于现浇楼板来说，每种规格的钢筋只画一根，并注明其编号、规格、直径、间距或数量等。

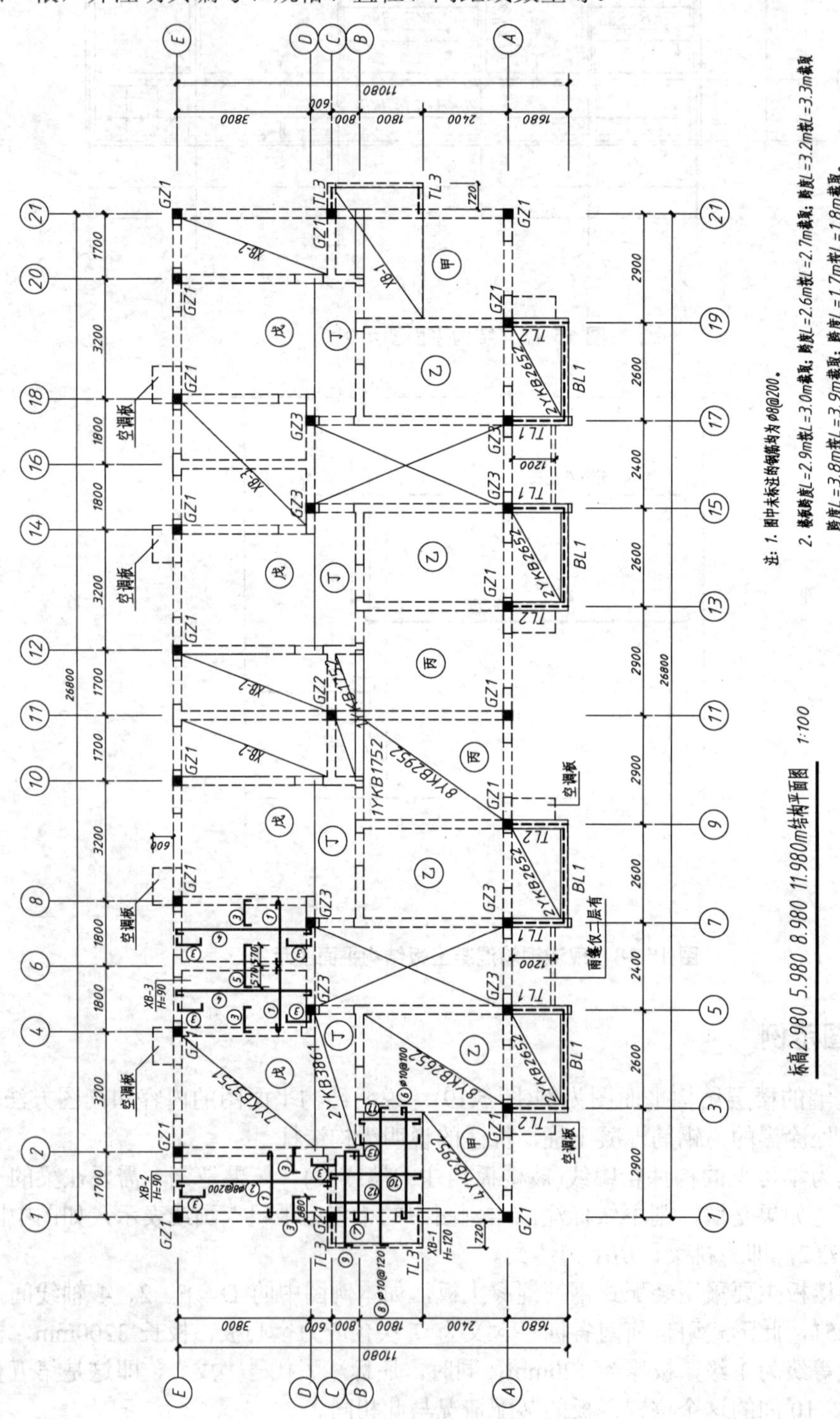

图 15.19 楼层结构平面布置图

15.6 楼梯结构详图

楼梯结构详图包括楼梯结构平面图、楼梯剖面图和配筋图。本节以前述住宅楼的楼梯结构详图为例，说明楼梯结构详图的图示特点。

15.6.1 楼梯结构平面图

楼梯结构平面图表示了楼梯板和楼梯梁的平面布置、代号、尺寸及结构标高。一般包括地下层平面图、底层平面图、标准层平面图和顶层平面图，常用 1∶50 的比例绘制。楼梯结构平面图和楼层结构平面图一样，都是水平剖面图，只是水平剖切位置不同。通常把剖切位置选择在每层楼层平台的楼梯梁顶面，以表示平台、梯段和楼梯梁的结构布置。

楼梯结构平面图中对各承重构件，如楼梯梁(TL)、楼梯板(TB)、平台板等进行了标注，梯段的长度标注采用“踏面宽×(步级数-1)=梯段长度”的方式。楼梯结构平面图的轴线编号应与建筑施工图一致，剖切符号一般只在底层楼梯结构平面图中表示。

如图 15.20 所示的楼梯结构平面图共有 3 个，分别是底层平面图、标准层平面图和顶层平面图，比例为 1∶50。楼梯平台板、楼梯梁和梯段板都采用现浇钢筋混凝土，图中画出了现浇板内的配筋，梯段板和楼梯梁另有详图画出，故只注明其代号和编号。从图中可知：梯段板共有两种(TB－1、TB－2)，楼梯梁为 TL－1。

15.6.2 楼梯结构剖面图及楼梯板的配筋图

楼梯结构剖面图表示楼梯承重构件的竖向布置、构造和连接情况，比例与楼梯结构平面图相同。如图 15.21 所示的 1－1 剖面图，剖切位置和剖视方向表示在底层楼梯结构平面图中。表示了剖到的梯段板、楼梯平台、楼梯梁和未剖切到的可见的梯段板(细实线)的形状和连接情况。剖切到的梯段板、楼梯平台、楼梯梁的轮廓线用粗实线画出。

在楼梯结构剖面图中，应标注出梯段的外形尺寸、楼层高度和楼梯平台的结构标高。

绘制楼梯结构剖面图时，由于选用的比例较小(1∶50)，不能详细地表示楼梯板和楼梯梁的配筋，需另外用较大的比例(如 1∶30，1∶25，1∶20)画出楼梯的配筋图。楼梯配筋图主要由楼梯板和楼梯梁的配筋断面图组成。如图 15.22 所示，梯段板 TB－2 厚 110mm，板底布置的纵向钢筋是直径为①ϕ10@100，板中的分布筋直径为②ϕ8@200，支座处板顶的受力筋是直径为③、④ϕ10@130。如在配筋图中不能清楚表示钢筋布置，或是对看图易产生混淆的钢筋，应在附近画出其钢筋详图(比例可以缩小)作为参考。

由于楼梯平台板的配筋已在楼梯结构平面图中画出，故在楼梯板配筋图中楼梯梁和平台板的配筋不必画出，图中只要画出与楼梯板相连的楼梯梁、一段楼梯平台的外形线(细实线)就可以了。

这里还作出 TL—1 的断面图，显示了配筋情况。

如果采用较大比例(1∶30，1∶25)绘制楼梯结构剖面图，可把楼梯板的配筋图与楼梯结构剖面图结合，从而可以减少绘图的数量。

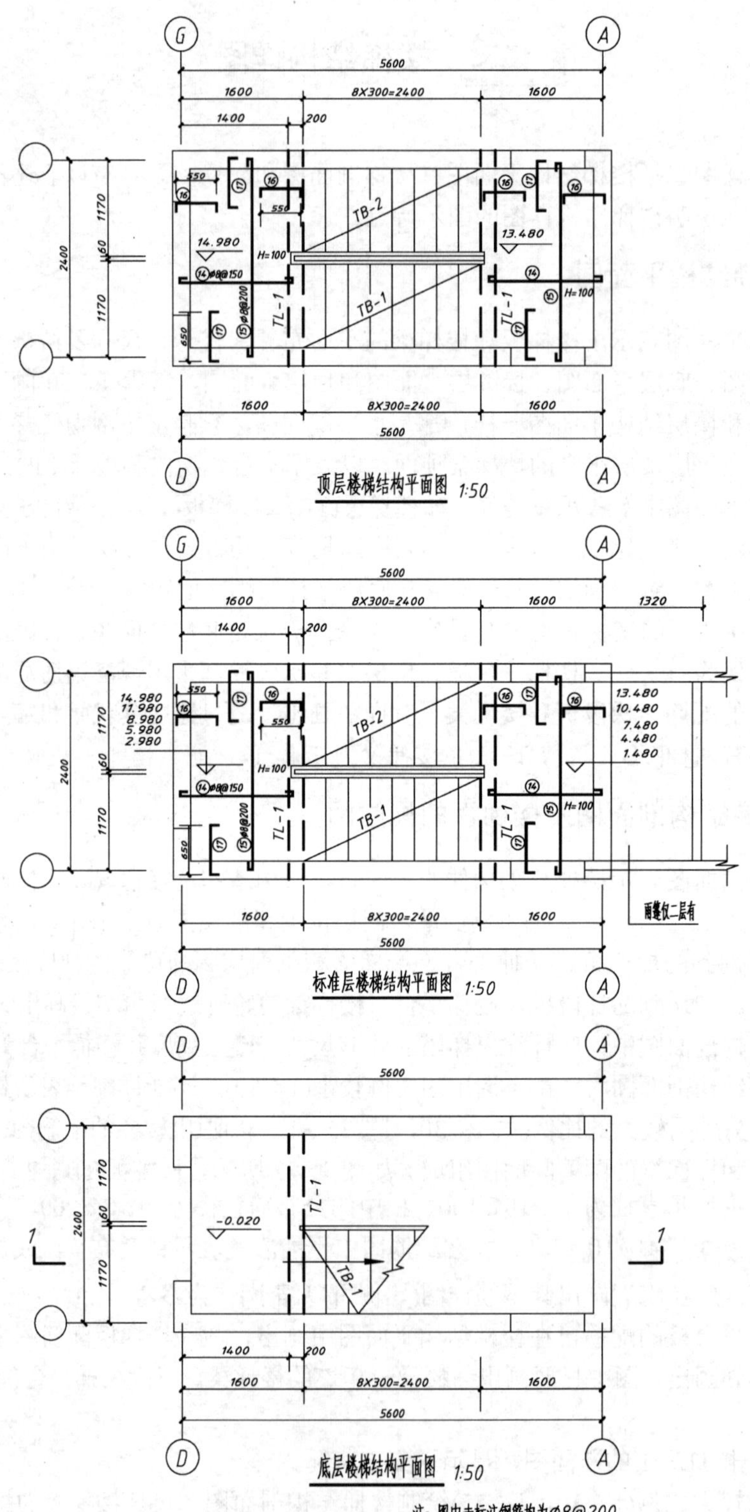

图 15.20　楼梯结构平面布置图

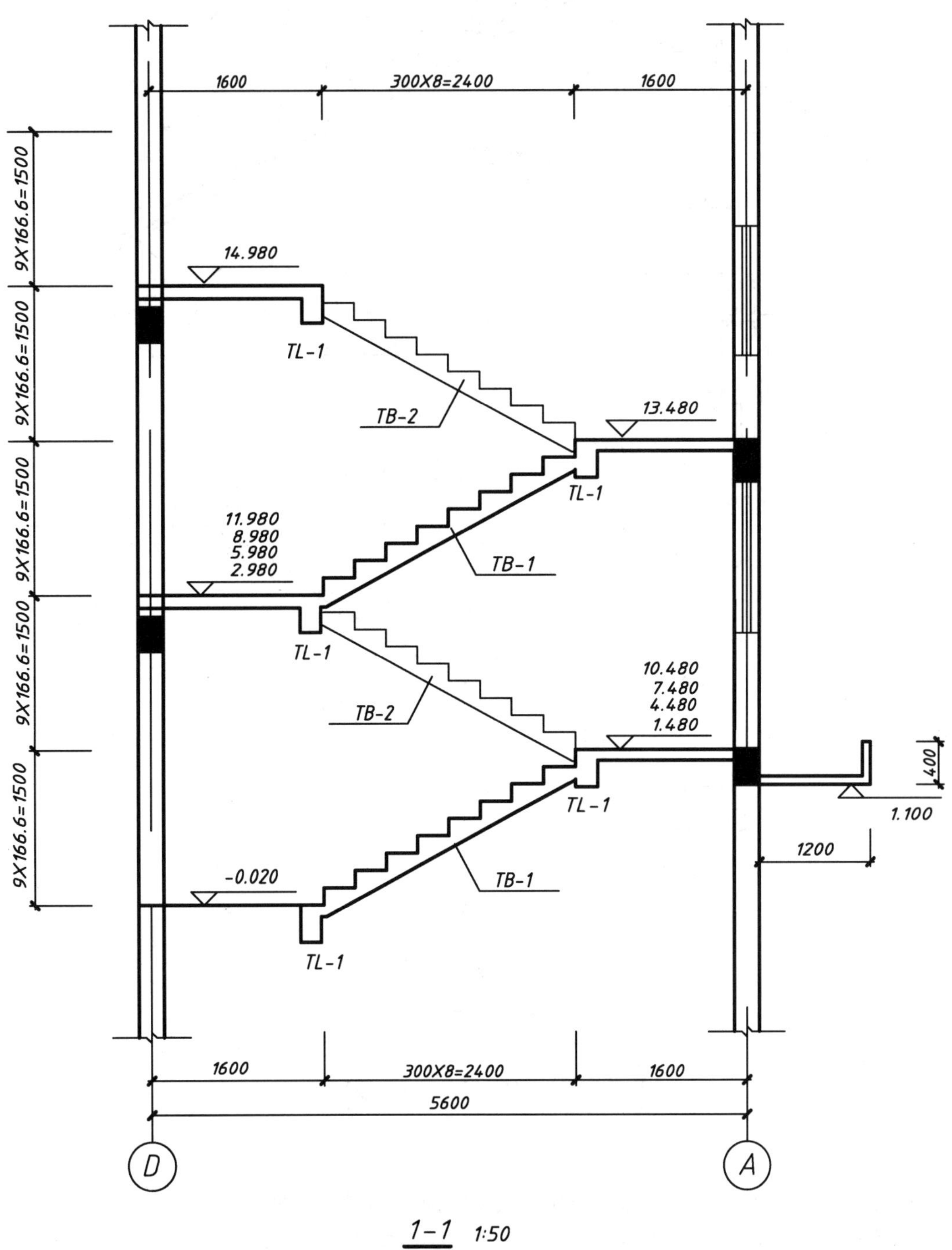

图 15.21 楼梯结构剖面图

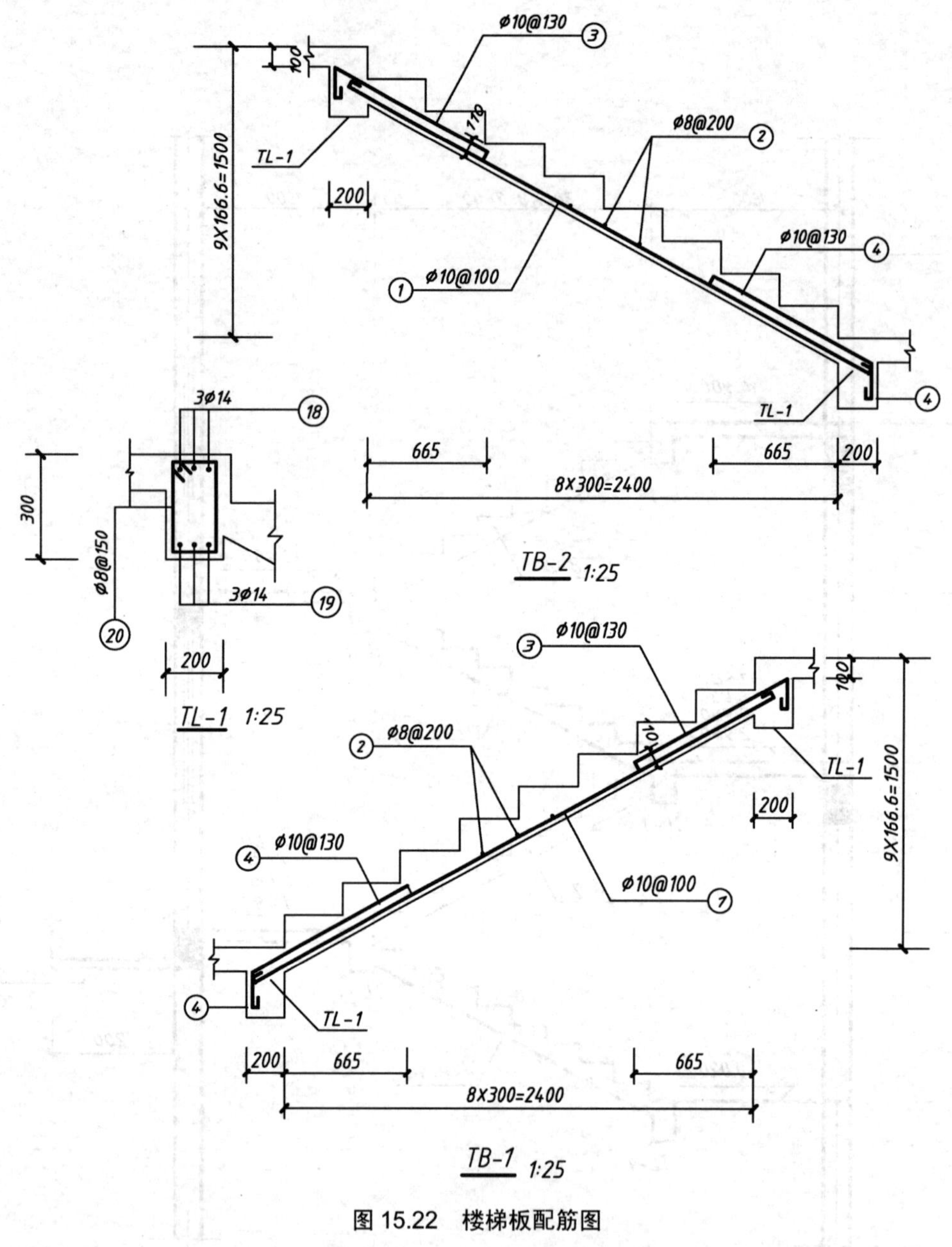

图 15.22 楼梯板配筋图

15.7 钢结构图

钢结构是用钢板、热轧型钢或冷加工成型的薄壁型钢制造的结构，主要用于大跨度结构，重型厂房、高耸结构和高层建筑。现以钢屋架结构详图为例说明。

钢屋架结构详图是表示钢屋架的形式、大小、型钢规格、杆件组合，以及连接方法的图样，作为金属结构厂或施工单位制作的依据，包括屋架简图(又称屋架示意图)，屋架详图(包括立面图和节点图)，杆件详图，连接板详图，预埋件详图，钢材用量表，说明。

钢结构图包括构件的总体布置图和钢结构节点详图。总体布置图表示整个钢结构构件的布置情况，一般用单线条绘制并标注几何中心线尺寸；钢结构节点详图包括构件的断面尺寸、类型以及节点的连接方式等。

15.7.1 钢结构中常用的符号

钢结构中常用的图形符号和补充符号见表15-5。

表15-5 常用的图形符号和补充符号

焊缝名称	示意图	图形符号	符号名称	示意图	补充符号	标注方法
V形焊缝			围焊焊缝符号			
单边V形焊缝			三面焊缝符号			
角焊缝			带垫板符号			
I形焊缝			现场焊缝符号			
点焊缝			相同焊接符号			
			尾部符号			

螺栓、孔、电焊铆钉的表示方法见表15-6。

表15-6 螺栓、孔、电焊铆钉的表示方法

名　称	图　例	说　明	名　称	图　例
永久螺栓	M Φ	1．细“+”线表示定位线	圆形螺栓孔	Φ

续表

名　称	图　例	说　明	名　称	图　例
高强螺栓		2．M表示螺栓型号 3．ϕ表示螺栓孔直径 4．d表示膨胀螺栓、电焊缝铆钉直径 5．采用引出线标注螺栓时，横线上表示螺栓规格，横线下表示螺栓孔直径	长圆形螺栓孔	
安装螺栓			电焊铆钉	
胀锚螺栓				

15.7.2　详图编制的内容

详图编制的内容主要包括以下 4 项。

(1) 图纸目录视工程规模的大小，可以按子项工程或结构系统为单位编制。

(2) 钢结构设计总说明应根据设计图总说明编写，其内容一般应有设计依据(如工程设计合同书、有关工程设计的文件、设计基础资料及规范、规程等)、设计荷载、工程概况、对钢材的钢号及性能要求、焊条型号和焊接方法、质量要求等；图中未注明的焊缝和螺栓孔尺寸要求、高强度螺栓摩擦面抗滑移系数、预应力、构件加工、预装、除锈与涂装等施工要求及注意事项等，以及图中未能表达清楚的一些内容，都应在总说明中加以说明。

(3) 结构布置图主要供现场安装用。以钢结构设计图为依据，以同一类构件系统(如屋盖系统、刚架系统、吊车梁系统、平台等)为绘制对象，绘制该系统的平面布置和剖面布置(一般有横向剖面和纵向剖面)，并对所有的构件编号;布置图尺寸应注明各构件的定位尺寸、轴线关系、标高等，布置图中一般附有构件表、设计总说明等。

(4) 构件详图依据设计图及布置图中的构件编号编制，主要供构件加工厂加工并组装使用，也是构件出厂运输的构件单元图，绘制时应按主要表示面绘制每一构件的图形零配件及组装关系，并对每一构件中的零件编号，编制各构件的材料表和本图构件的加工说明等。

安装节点详图、施工详图中一般不再绘制安装节点详图，仅当构件详图无法清楚表示构件相互连接处的构造关系时，可绘制相关的节点详图。

15.7.3　钢结构施工详图绘制的基本规定

1. 图纸幅面

钢结构施工详图的图纸幅面以 A1、A2 为主，在一套图纸中应尽量采用一种规格的幅面。

2. 比例

所有图形应按比例绘制，根据图形用途和复杂程度按常用比例选用。一般结构布置的平、立、剖面采用 1∶100，1∶200，构件图用 1∶50，节点图用 1∶10，1∶15，也可用

1∶20，1∶25。一般情况下，图形宜选用同一种比例，格构式结构的构件，同一图形可用两种比例，几何中心线用较小的比例，截面用较大的比例。当构件纵横向截面尺寸相差悬殊时，也可在同一图中的纵横向选用不同的比例。

3. 图面线型

绘制施工图时，应根据不同用途选用线型，要保持图形中相对的粗细关系。

4. 字体

图纸上书写的文字、数字和符号等，均应清晰、端正，排列整齐。钢结构详图中使用的文字均采用仿宋体，汉字采用国家公布实施的简化汉字。

5. 定位轴线及编号

定位轴线及编号圆圈以细实线绘制，圆的直径为8～10mm。平面及纵横剖面布置图的定位轴线及其编号应与设计图为准，横为列，竖为行。列轴线以大写字母表示，行轴线以数字表示。

6. 尺寸标注及标高

图中标注的尺寸，除标高以m为单位外，其余均以mm为单位。尺寸线、尺寸界线应用细实线绘制，尺寸起止符号用中粗线绘制，线长 2～3mm，其倾斜方向应与尺寸界线成顺时针 45° 角。

7. 符号

钢结构详图中常用的符号有剖切符号、对称符号、连接符号、索引符号等。

(1) 剖切符号。剖切符号图形只表示剖切处的截面形状，并以粗线绘制，不作投影。

(2) 对称符号。完全对称的构件图或节点图，可只画出该图的一半，并在对称轴线上用对称符号表示。

(3) 连接符号。当所绘制的构件图与另一构件图形仅一部分不相同时，则可只绘制不同的部分而以连接符号表示与另一构件相同部分连接。

15.7.4 钢屋架结构详图

钢屋架结构详图是表示钢屋架的形式、大小、型钢的规格、杆件的组合和连接情况的图样，其主要内容包括屋架简图、屋架详图、杆件详图、连接板详图、预埋件详图以及钢材用料表等。本节主要介绍屋架详图的内容和绘制。

图 15.23 中画出了用单线表示的钢屋架简图，用以表达屋架的结构形式，各杆件的计算长度，作为放样的一种依据。该梯形屋架由于左右对称，故可采用对称画法只画出一半多一点，用折断线断开。屋架简图的比例用 1∶100 或 1∶200。习惯上放在图纸的左上角或右上角。图中要注明屋架的跨度(24000)、高度(3190)，以及节点之间杆件的长度尺寸等。

屋架详图是用较大的比例画出的屋架立面图。应与屋架简图相一致。本例只是为了说明钢屋架结构详图的内容和绘制，故只选取了左端一小部分。

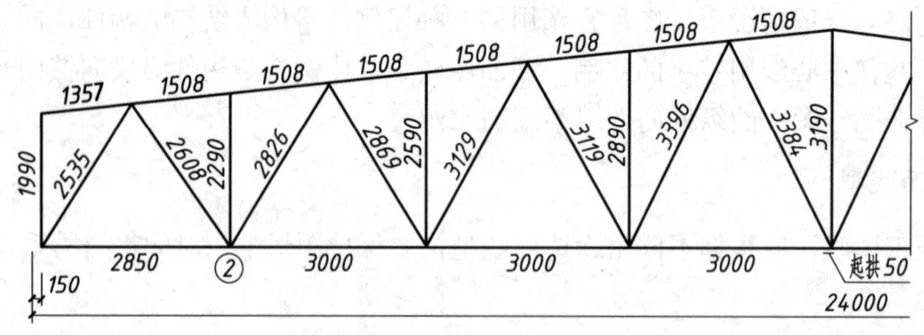

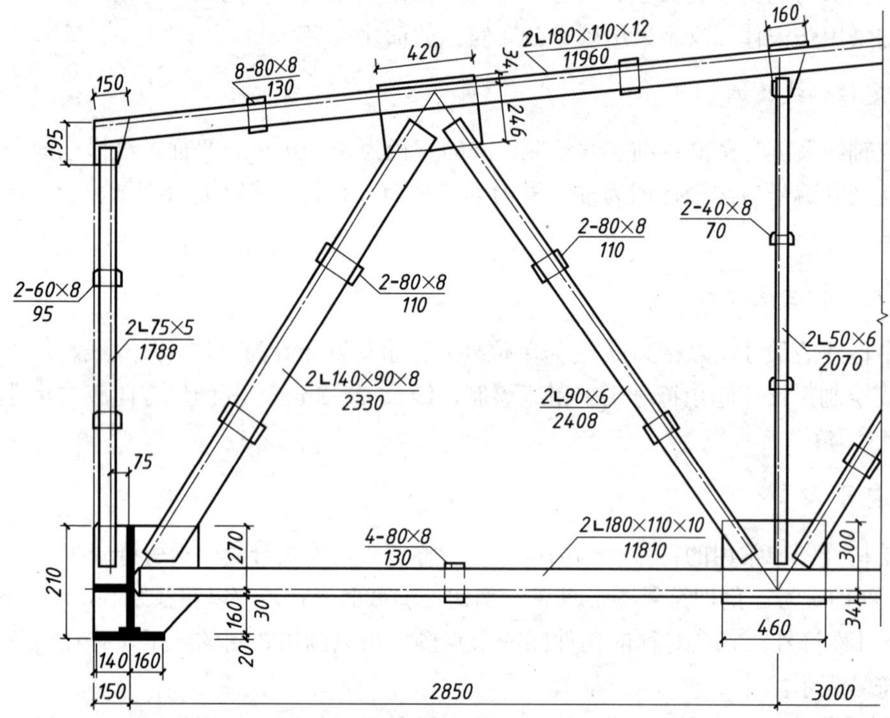

图 15.23　钢屋架结构详图示例

在同一钢屋架详图中，因杆件长度与断面尺寸相差较大，故绘图时经常采用两种比例。屋架轴线长度采用较小的比例，而杆件的断面则采用较大的比例。这样既可节省图纸，又能把细部表示清楚。

图 15.24 是屋架简图中编号为 2 的一个下弦节点的详图。这个节点是由两根斜腹杆和一根竖腹杆通过节点板和下弦杆焊接而形成的。两根斜腹杆都分别用两根等边角钢(90×6)组成；竖腹杆由两根等边角钢(50×6)组成；下弦杆由两根不等边角钢(180×110×10)组成，由于每根杆件都由两根角钢所组成，所以在两角钢间有连接板。图中画出了斜腹杆和竖腹杆的扁钢连接板，且注明了它们的宽度、厚度和长度尺寸。节点板的形状和大小，根据每个节点杆件的位置和计算焊缝的长度来确定，图中的节点板为一矩形板，注明了它的尺寸。图中应注明各型钢的长度尺寸，如 2408、2070、2550、11810。除了连接板按图上所标明的块数沿杆件的长度均匀分布外，也应注明各杆件的定位尺寸(如 105、190、165)和节点板

的定位尺寸(如 250、210、34、300)。图中还对各种杆件、节点板、连接板编绘了零件编号，标注了焊缝符号。

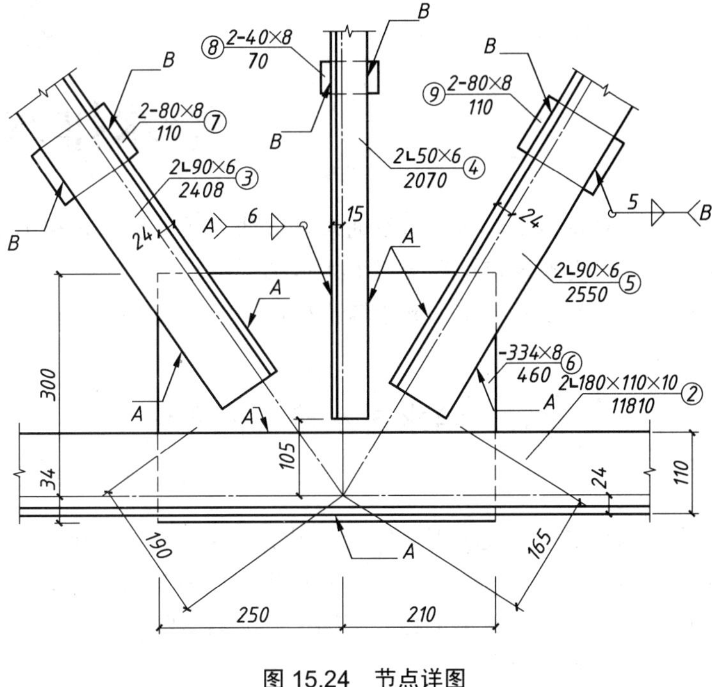

图 15.24　节点详图

章后小结

(1) 结构施工图主要讲述基础施工图、结构平面布置图、楼梯配筋图的识读、绘制的步骤和方法，掌握平面整体表示方法。

(2) 结构施工图是指导各建筑构件施工的依据，为后续建筑构造、混凝土结构的课程学习打下坚实的基础。

第16章 给水排水施工图

教学提示：本章首先讲述给排水施工图的表示方法，接着重点介绍了给排水平面布置图和系统轴测图。本章的重点是识读和绘制给排水施工图。

学习要求：通过本章的学习，学生应熟练掌握识读和绘制给排水施工图的方法。

16.1 给水排水施工图概述

给水排水工程是满足城镇居民和工业生产等用水需要的工程设施，是现代工业建筑与民用建筑的一个重要组成部分。整个工程与房屋建筑、水利机械、水工结构等工程密切联系，在设计过程中，应该注意与建筑工程和结构工程的紧密配合、协调一致。只有这样，建筑物的各种功能才能得到充分发挥。

给水排水工程是由各种管道及配件、水的处理、储存设备等组成的。整个工程可分为给水工程、排水工程、室内给排水工程(又称建筑给排水工程)。给水工程是指水源取水、水质净化、净水输送、配水使用等工程，排水工程是指污水(生活、生产污水及雨水)排除、污水处理、处理后的污水排入江河湖泊等工程。室内给排水工程是指室内给水、室内排水、热水供应、消防用水及屋面排水等工程。

16.1.1 给排水工程图的分类

给排水工程图按其作用和内容分为以下几种。

(1) 室内给排水工程图。其主要画出房屋内的厨房、浴厕等房间，工矿企业中的锅炉间、澡堂以及需用水车间等用水部门的管道、用水设备的布置。一般包括管道平面布置图、管网系统轴测图、卫生设备或用水设备安装详图等。

(2) 室外管网及附属设备图。其主要画出敷设在室外地下各种管道的平面及高程布置，一般包括城镇街区内的街道干管平面图、工矿企业内的厂区管网平面图以及相应的管道纵剖面图和横剖面图。此外，还有管网上的附属设施，如消防栓、闸门井、检查井、排放口等施工图。

(3) 水处理工艺设备图。其主要指自来水厂和污水处理厂等的设计图样，如水厂内各个水处理构筑物和连接管道的总平面布置图，反映高程布置的流程图，以及取水构筑物、投药间、泵房等单项工程的平面、剖面等设计图，给水和各种污水处理构筑物(如沉淀池、过滤池、沼气池等)的工艺设计图等。

16.1.2 给排水施工图的表示方法及一般规定

1. 图示特点

(1) 给水排水施工图的图样一般采用正投影绘制，系统图采用轴测投影图绘制，工艺流程图采用示意法绘制。

(2) 图示的管道、器材和设备一般采用国家有关制图标准规定的图例表示。管道与墙的距离示意性绘出，安装时按有关施工规范确定，即使暗装管道也与明装管道一样画在墙外，但应附加说明。

(3) 图线。

新设计的各种给水、排水管线分别采用粗实线、粗虚线表示。独立画出的排水系统图，排水管线也可以采用粗实线。

原有的各种给水排水管线分别采用中实线表示，当其轮廓线不可见时分别采用中虚线。给水排水设备、零(附)件的可见轮廓线采用中实线，其不可见轮廓线采用中虚线。总图中建筑物和构筑物的可见轮廓线、制图中的各种标注线采用细实线表示，建筑的不可见轮廓线采用细虚线表示。

(4) 比例。

给水排水专业制图常用的比例与建筑专业图一致，必要时可采用较大的比例。

在系统图中，如局部表达有困难时，该处可不按比例绘制。

2. 管道画法及标注的一般规定

1) 管道画法

给水排水施工图是民用建筑中常见的管道施工图的一种。管道施工图从图形上可分成单线图和双线图。

管道一般为圆柱管，若完全按投影绘制，应画出内外圆柱面的投影，如图 16.1(a)所示。在实际施工中，要安装的管线往往很长而且很多，把这些管线画在图纸上时，线条往往纵横交错，密集繁多。为了在图纸上完整地显示这些代表管道的线条，图形中用两根线条表示管道的形状。这种不用线条表示管道壁厚的方法通常叫做双线表示法，用它画出的图样称为双线图，如图 16.1(b)所示。由于管道的截面尺寸比管子的长度尺寸要小得多，所以在小比例的施工图中，往往把管子的壁厚和空心的管腔全部看成是一条线的投影。这种在图形中用一根粗实线表示管道的方法叫做单线表示法，由它画成的图样称为单线图，如图 16.1(c)所示。

2) 管径

管径应以毫米为单位。不同的管材，管径的表示方式不同。镀锌或不镀锌钢管、铸铁管等管材，管径以公称直径表示，如 *DN*15、*DN*20；钢筋混凝土(或混凝土)管、陶瓷管、耐酸陶瓷管、缸瓦管等管材，管径以内径 *d* 表示，如 *d*230、*d*380 等。无缝钢管、焊接钢管(直缝或螺旋缝)、不锈钢管等管材以外径 *D*×壁厚表示，(如 *D*120×4、*D*159×4.5 等)。塑料管材管径按产品标准的方法表示。

管径的标注方法、单管及多管的标注如图 16.2 所示。

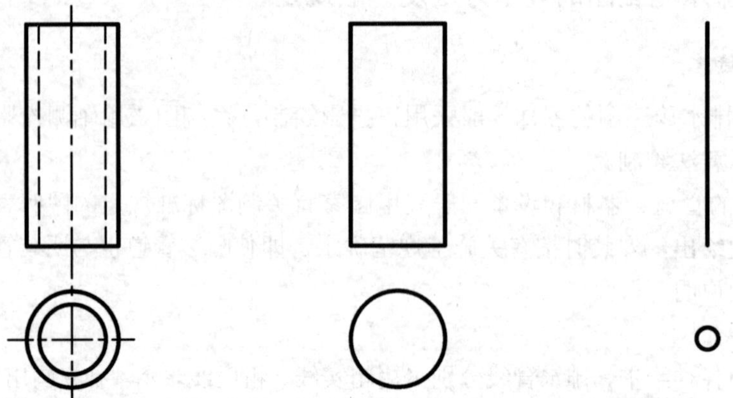

图 16.1　管道的各种表示方法

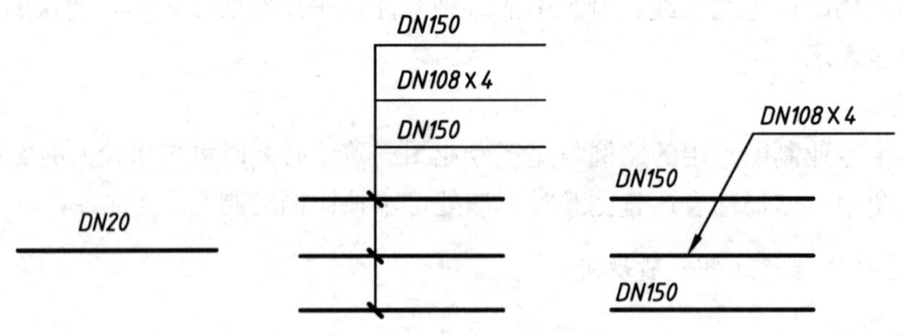

图 16.2　单管及多管管径的注法

3) 编号

当建筑物的给水排水进、出口数量多于一个时，要进行编号以进行索引，索引符号如图 16.3 所示。

建筑物内穿过楼层的立管，数量多于一个时，也要进行编号进行索引，索引符号如图 16.4 所示。

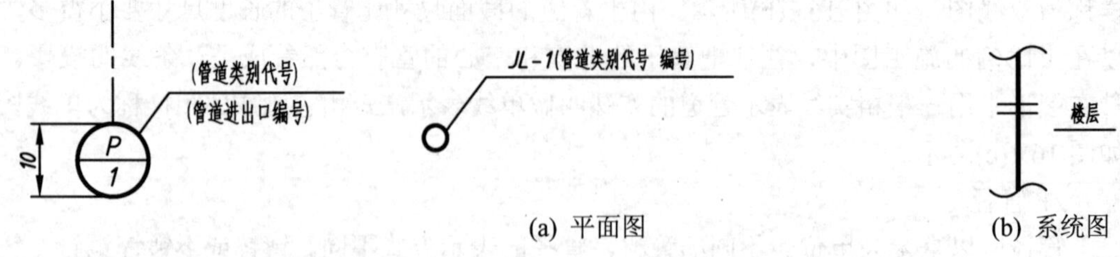

图 16.3　给水排水进出口编号方法

图 16.4　给水排水立管编号表示法

与平面布置图索引符号相对应的系统图中，详图符号与索引符号类似，只是圆圈为粗实线，直径为 14mm。

给水排水附属构筑物(阀门井、检查井、水表井、化粪池等)多于一个时应编号。构筑物的编号方法为：构筑物代号—编号。给水阀门井的编号顺序，应从水源到用户，从干管到支管再到用户；排水检查井的编号顺序，应从上游到下游，先支管后干管。

4) 管道的转向、连接和交叉的表示

管道转向如图 16.5 所示。管道连接的表示方法如图 16.6(a)、(b)所示。

当管线空间相交时，则管线投影交叉。为了完整显示，常将被遮挡的管线断开表示，如图 16.7(a)表示两排管线交叉。对于多根管线交叉时，可用同样方法表示。如图 16.7(b)所示，若为平面图，则其中管道 1 最高，2 管次高，3 管次低，4 管最低；若为立面图，那么 1 管最前，2 管次前，3 管次后，4 管最后。

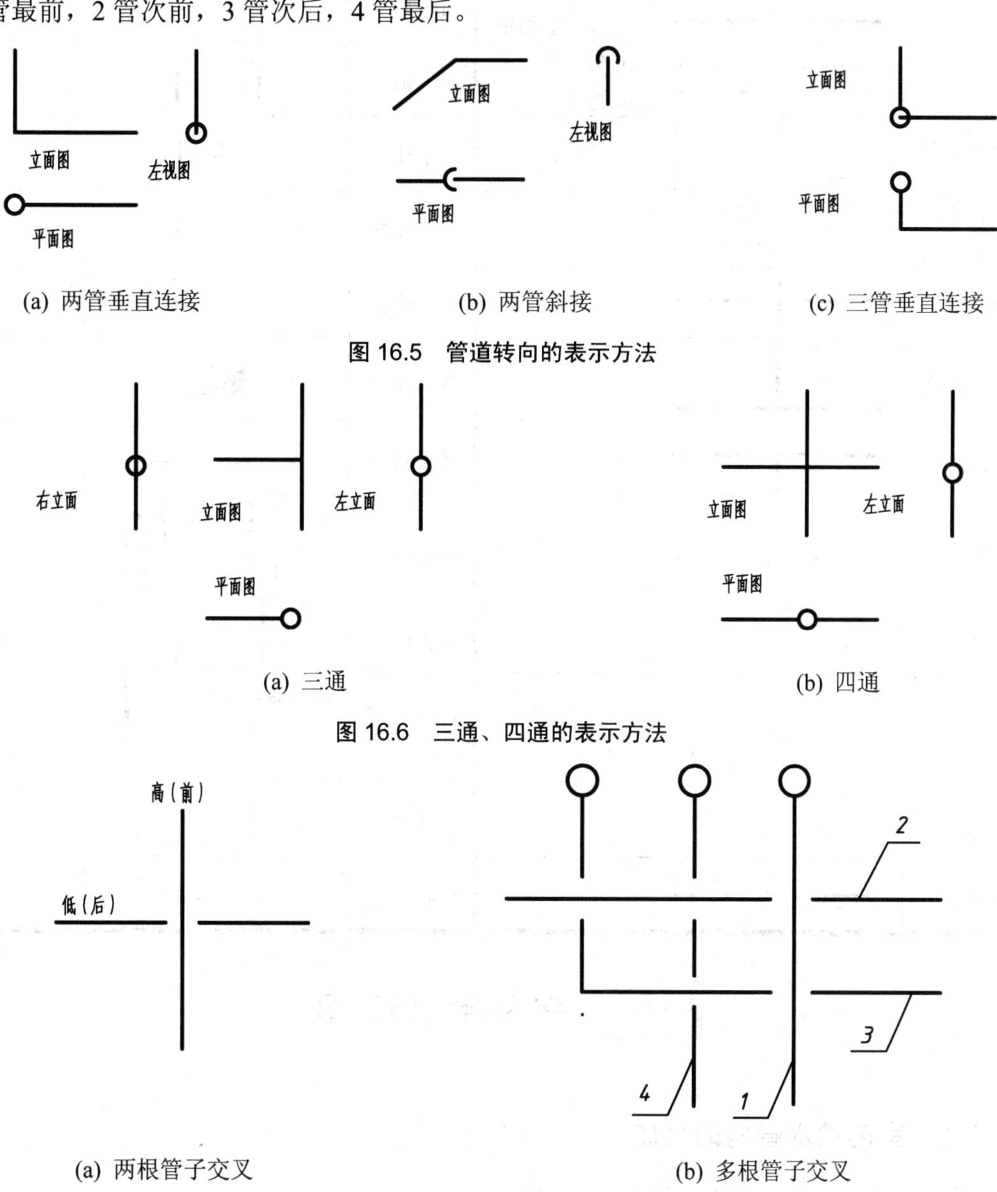

(a) 两管垂直连接　(b) 两管斜接　(c) 三管垂直连接

图 16.5　管道转向的表示方法

(a) 三通　(b) 四通

图 16.6　三通、四通的表示方法

(a) 两根管子交叉　(b) 多根管子交叉

图 16.7　管子交叉的表示方法

3. 图例

给排水工程图常见图例见表 16-1。

表 16-1　给水排水常用图例

名称	图例	说明	名称	图例	说明
管道		用于一张图内只有一种管道	截止阀		
	J P	用汉语拼音字头表示管道类别	清扫口		
		用图例表示管道类别	通气帽		
管道立管标注	J1L1(管道类别代号编号) J1L1		雨水斗	YD	
管道进出口编号	P1 1 管道类别代号 管道进出口编号		圆形地漏		
交叉管			淋浴喷头		
三通连接			水表井		
四通连接			气动阀		
原有管道	代号		存水弯		
拆除管道	代号		检查口		
废气管道	代号		延时自闭冲洗阀		
预留发展管道	代号		大便器		
地沟管	代号		洗脸盆		

16.2 室内给水施工图

16.2.1 室内给水管网的组成

室内给水管网(图 16.8)，由以下部分组成。

(1) 引入管。自室外(厂区、校区、住宅区)管网引入房屋内部的一段水平管。引入管应有不小于 0.003 的坡度、斜向室外给水管网。每条引入管装有阀门，必要时还要装设泄水装置，以便于管网检修时泄水。

(2) 水表节点。用以记录用水量。根据用水情况可在每户、每个单元、每幢建筑物或在一个住宅区内设置水表。

(3) 室内配水管网。包括干管、立管、支管。

(4) 配水器具与附件。包括各种配水龙头、闸阀等。

(5) 升压及储水设备。当用水量大、水压不足时，需要设置水箱和水泵等设备。

(6) 室内消防设备。按照建筑物的防火等级要求需要设置消防给水时，一般应设消防水池、消火栓等消防设备。有特殊要求时，应专门装设自动喷淋消防或水幕消防设备。

室内给水系统布置方式有多种，按照有无加压和流量调节设备分为：直接供水方式[图 16.8(a)]，水泵、水箱供水方式[图 16.8(b)]和气压给水装置供水方式等。有时还采用建筑物的下面几层由室外给水管网直接供水，上面几层设水箱供水的方式，或设若干水箱(水泵)分别供给相应楼层，即“分区供水”方式[图 16.8(c)]。

若按水平干管敷设位置的不同，可分为下行上给式和上行下给式两种：下行上给式[图 16.8(a)]，干管敷设在地下室或首层地面下，一般用于住宅、公共建筑以及水压能满足要求的建筑物；上行下给式[图 16.8(b)]，干管敷设在顶层的顶棚上或阁楼中，由于室外管网给水压力不足，建筑物上需设置蓄水箱或高压水箱和水泵，一般用于多层民用建筑、公共建筑(澡堂、洗衣房)或生产流程不允许在底层地面下敷设管道，以及地下水位高、敷设管道有困难的地方。

若按照配水干管或配水立管是否互相连接成环状来区分，又可分为环形和树枝形两种。环形是指干管首尾相接，有两根引入管，一般用于生产性建筑，如图 16.8(a)所示。树枝形是指干管首尾不相接，只有一个引入管，支管布置形状像树枝，一般用于民用建筑，如图 16.8(b)所示。

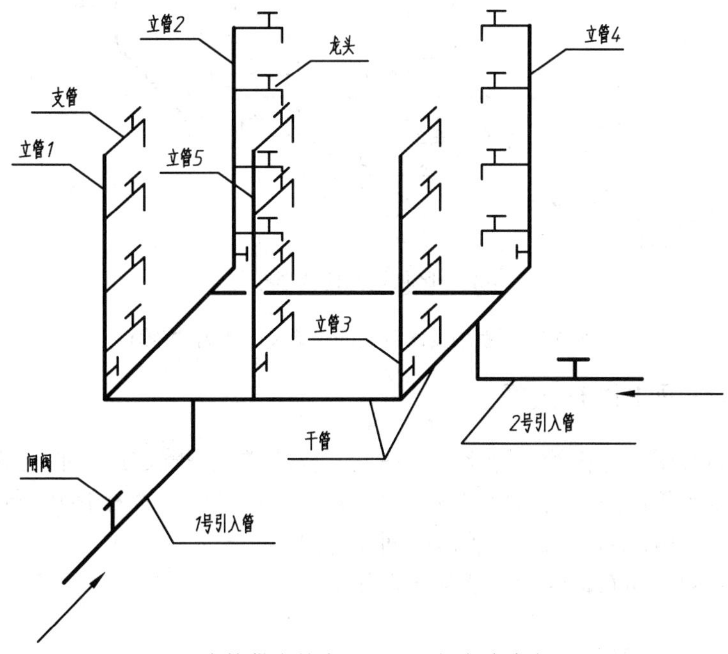

(a) 直接供水的水平环形下行上给式布置

图 16.8 室内给水管网的组成及布置方式

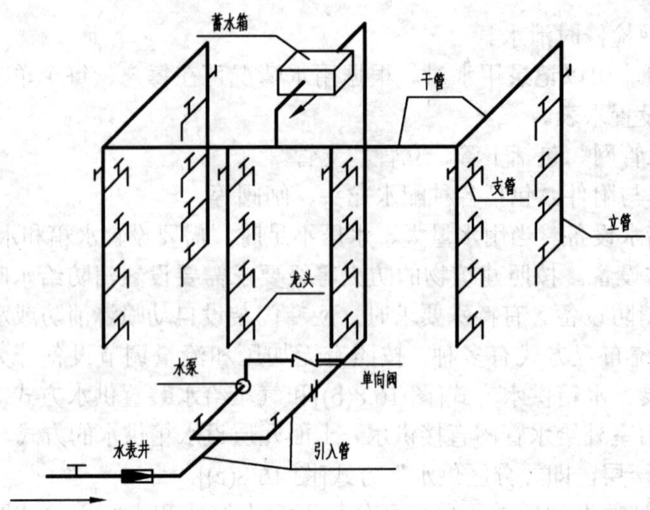

(b) 设水泵、水箱的树枝形上行下给式布置

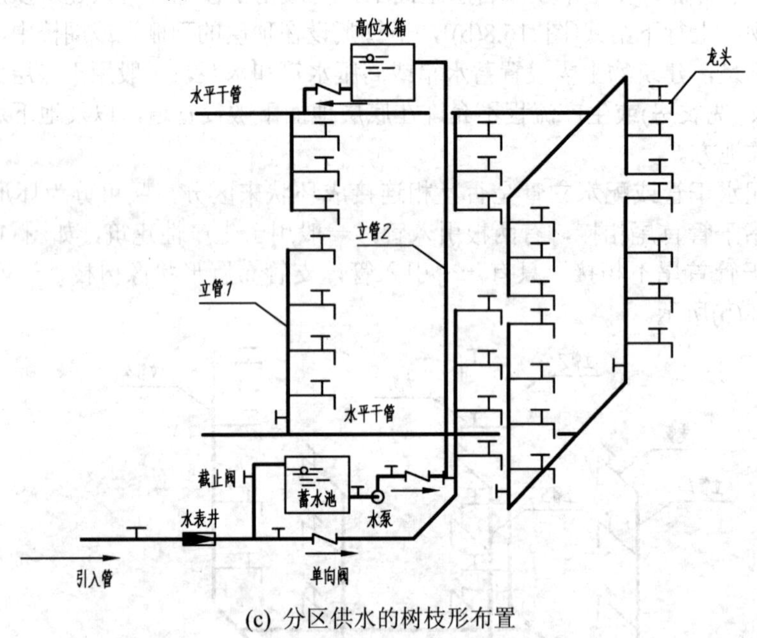

(c) 分区供水的树枝形布置

图 16.8 室内给水管网的组成及布置方式(续)

16.2.2 给水管网平面布置图

管网平面布置图是室内给水排水工程图的重要图样，是管道施工的重要依据。在房屋内部，凡需要用水的房间，均需要配以卫生设备和给水用具。如图 16.9 所示是北山小区 1 号住宅楼卫生间、厨房的室内给水管网平面布置图。

室内给水管网平面布置图的画法和特点如下。

1) 比例

可采用与建筑平面图相同的比例绘制(1∶100)。若用水房间中的设备或给水管道较复杂，可采用 1∶50 或 1∶25 局部放大画出有水房间的平面图。

2) 平面布置图的数量

多层房屋给水管道平面布置图原则上应分层绘制，对于用水房间的卫生设备及管道布置完全相同的楼层，可以绘制一个平面布置图，但是底层平面布置图必须单独画出，以反映室内外管道的连接情况。

3) 平面布置图的画法

室内给水平面布置图是在建筑平面图的基础上，表达室内给水管道在房间内的布置和卫生设备的位置情况。建筑平面图只是一个辅助内容，因此，建筑平面图中的墙、柱等轮廓线、台阶、楼梯、门窗等内容都用细实线(0.25*b*)画出，其他一些细部可以省略不画。为使土建施工和管道设备的安装能够相互对照、核实，在各层平面图上应标注墙、柱轴线，并在底层平面布置图上标注轴线间的尺寸。轴线的编号和轴线间的尺寸必须与建筑平面图一致。

4) 绘出卫生设备的平面布置

在平面布置图中，各种卫生器具如洗脸盆、大便器、小便器等都是工业定型产品，不必详细画出，可按“国标”规定的图例表示，图例外轮廓用中实线(0.5*b*)，内轮廓用细实线(0.25*b*)画出。施工时按照《给水排水国家标准图集》来安装。给水排水工程图常用图例见表 16-1。对于现场砌筑的非定型产品，如盥洗槽、小便槽、污水池等，通常另有建筑专业绘制的施工详图，在平面布置图上只需按比例绘出图例即可。各种卫生器具都不标注外形尺寸，如施工或安装需要，要标注其定位尺寸。

5) 管道的画法

管道是室内管网平面布置图的主要内容，给水管道要画至设备的放水龙头或冲洗水箱的支管接口。首层平面布置图应画出引入管、水平干管、立管、支管和配水龙头，如图 16.9 所示。当房屋内给水管道的进口以及穿过二层及二层以上的立管数多于一个时，要按规定进行编号。注意，给水立管是指每个给水系统穿过地坪及各楼层的竖向给水干管，在空间竖向转折的各种管道不能算为立管。

例如，如图 16.9 所示，引入管为 $DN20\times5$，即 5 根。其中，第一根自房屋轴线 F 的墙角入内，到达立管 1(标记为 *JL*—1)，向上，通过首层水平干管依次将水送入淋浴喷头、大便器和盥洗槽。

同样，第二根引入管自房屋轴线 F 的墙角入内，到达立管 1(标记为 *JL*—1)，向上，通过二层水平干管依次将水送入二层淋浴喷头、大便器和盥洗槽。

6) 尺寸标注

在平面布置图上一般只需在底层平面布置图中标注轴线及轴线间的尺寸，各楼层、地面的相对标高；各段管道的管径、坡度、标高及各管段的长度在平面图中一般不进行标注。

16.2.3 给水管网轴测图

室内给排水工程图，除平面布置图外还应配以立体图(通常画成正面斜轴测图)表示给水管的空间布置情况。画管网轴测图时应注意以下几点。

1. 轴向选择

通常把房屋高度方向作为 *OZ* 轴，*OX* 轴和 *OY* 轴的选择则以能使图上管道简单明了，避免管道过多地交错为原则。

图 16.10 是根据图 16.9 给水管道平面布置图画出来的给水管网正面斜轴测图。

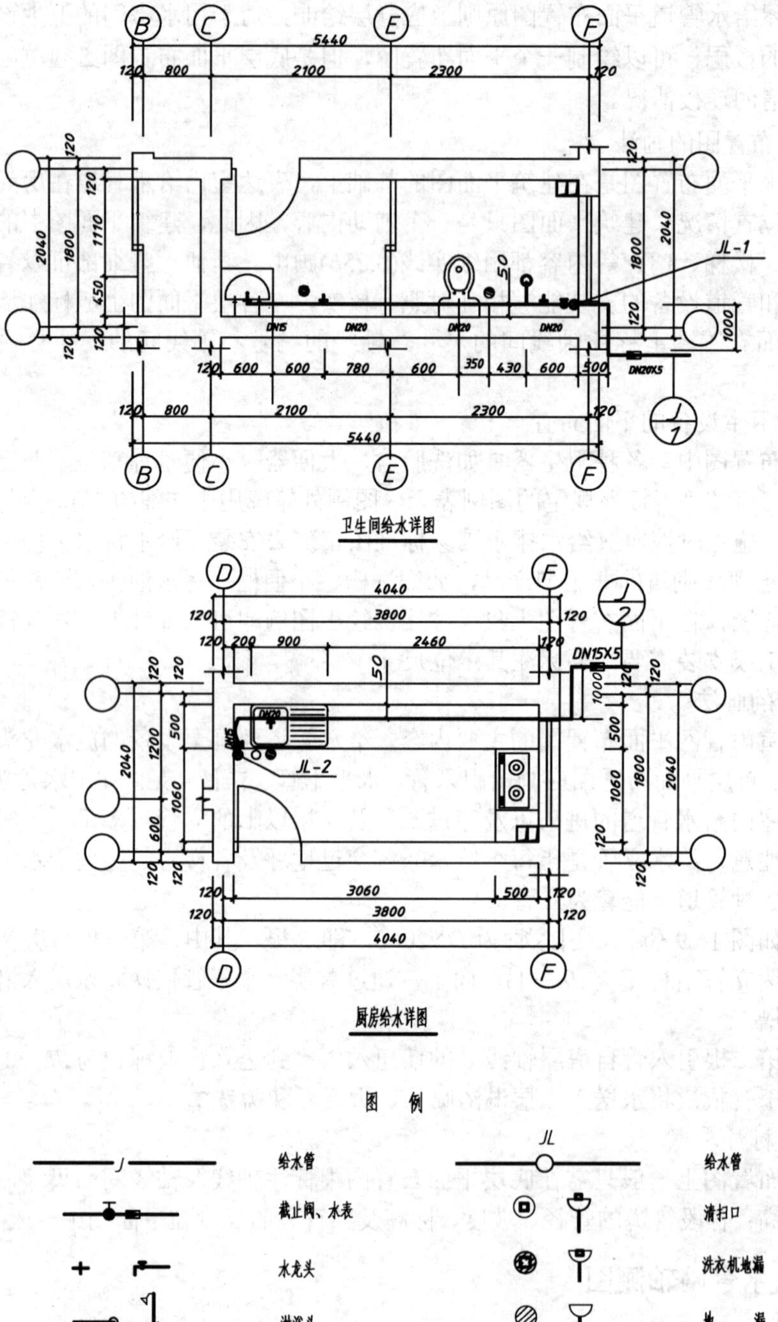

图 16.9　室内给水管网平面布置图

2. 轴测图的比例与平面布置图相同

OX、*OY* 向的尺寸可直接从平面图上量取，*OZ* 向尺寸根据房屋的层高和配水龙头的习

惯安装高度尺寸决定。

图 16.10 的层高为 3.0m，盥洗槽、洗涤池等的水龙头高度为 300+600=900mm，淋浴喷头的高度为 1700mm。

3. 轴测图的画图顺序

轴测图画图的顺序如下。

(1) 从引入管开始(设引入管标高为-0.900)，画出靠近引入管的立管 *JL*—1，5 根。

(2) 根据首层水平干管的标高(-0.020)，画出平行于 *OX* 轴的水平干管。

(3) 在立管上根据楼地面的标高，画出并标注楼层、地面的高度。

(4) 根据各干管的轴向，画出与立管 *JL*—1 相连接的各层的水平干管。

(5) 画出水表、淋浴喷头、大便器、高位水箱、水龙头等图例符号。

(6) 标注各管道的直径和标高。为了使轴测图表达清楚，当各层管网布置相同时，轴测图上中间层的管路可以省略不画，在折断的支管处注上“同顶层”即可。

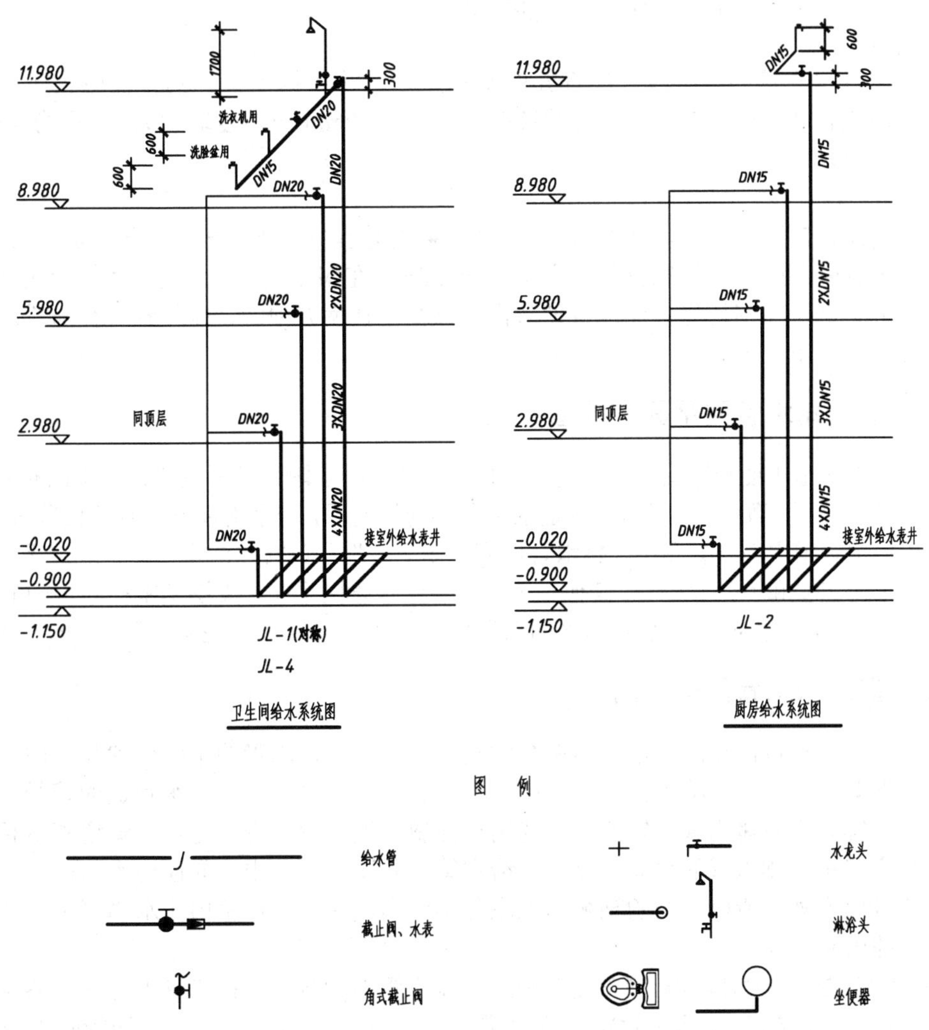

图 16.10 室内给水管网轴测图

16.3 室内排水施工图

16.3.1 室内排水管网的组成

室内排水管网，由以下部分组成。

1) 排水横管

连接卫生器具及大便器的水平管段称为排水横管。连接大便器的水平横管管径不小于100mm，且流向立管方向有2%的坡度。当大便器多于一个或卫生器具多于两个时，排水横管应有清扫口。

2) 排水立管

管径一般为100mm，但不能小于50mm或小于所连接的横管管径。立管在首层和顶层应有检查口。多层建筑中则每隔一层应有一个检查口。

3) 排出管

把室内排水立管的污水排入检查井的水平管段，称为排出管。其管径应大于或等于100mm。向检查井方向应有1%～2%的坡度(管径为100mm时坡度取2%，管径为150mm时坡度取1%)。

4) 排气管

在顶层检查口以上的一段立管称为排气管，以排除臭气。排气管应高出屋面0.3m(平屋面)至0.7m(坡屋面)，该建筑物排气管高出屋面0.6m。在寒冷地区，排气管管径应比立管管径大50mm以备冬季时因管内结冰致使管内径减少。在南方地区，排气管管径与排水立管相同，最小不应小于50mm。

16.3.2 室内排水管网平面布置图

室内排水管道平面布置图用来表达室内排水管道、排水附件及卫生器具的平面布置，各种卫生器具的类型、数量，各段排水管道的位置和连接情况，排水附件如地漏的设置等内容。

室内排水管道平面布置图中，排水管道应画至卫生器具的排水泄水口处，底层平面布置图还应画出排出管和室外检查井。其他图示方法与给水管网平面布置图基本相同，不再赘述。

图16.11(a)是卫生间按排水管网平面布置图。图16.11(b)是厨房排水管网平面布置图。

16.3.3 室内排水管网轴测图

室内排水管道也需要用排水管网系统轴测图来表达各排水管的空间位置和走向，各排水附件如地漏、存水弯、检查口在管道中的位置和连接关系，及各排水管道的管径、坡度和标高等内容。室内排水管网轴测图仍选用正面斜轴测，图示方法与给水管道基本相同。在同一幢房屋中，排水管的轴向选择应与给水管轴测图一致。由于粪便污水与盥洗、淋浴间分两路排出室外，所以它们的轴测图也应分别画出。注意：在室内排水横管上标注的标高是指管的内底标高。

图16.12是卫生间排水管网轴测图和厨房排水管网轴测图。在支管上与卫生器具或大便器相接处，应画出存水弯(水封)。水封的作用是使 U 形管内保持一定高度(50～100mm)的水层，以阻止室外下水道中产生的臭气和有害气体污染室内空气，影响卫生。

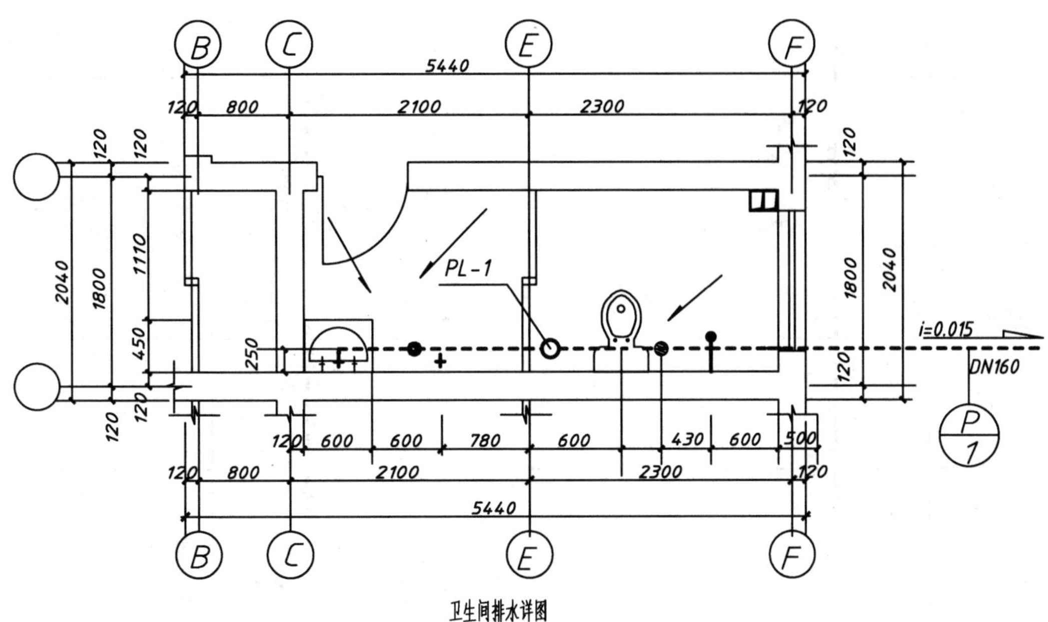

(a) 卫生间排水管网平面布置图

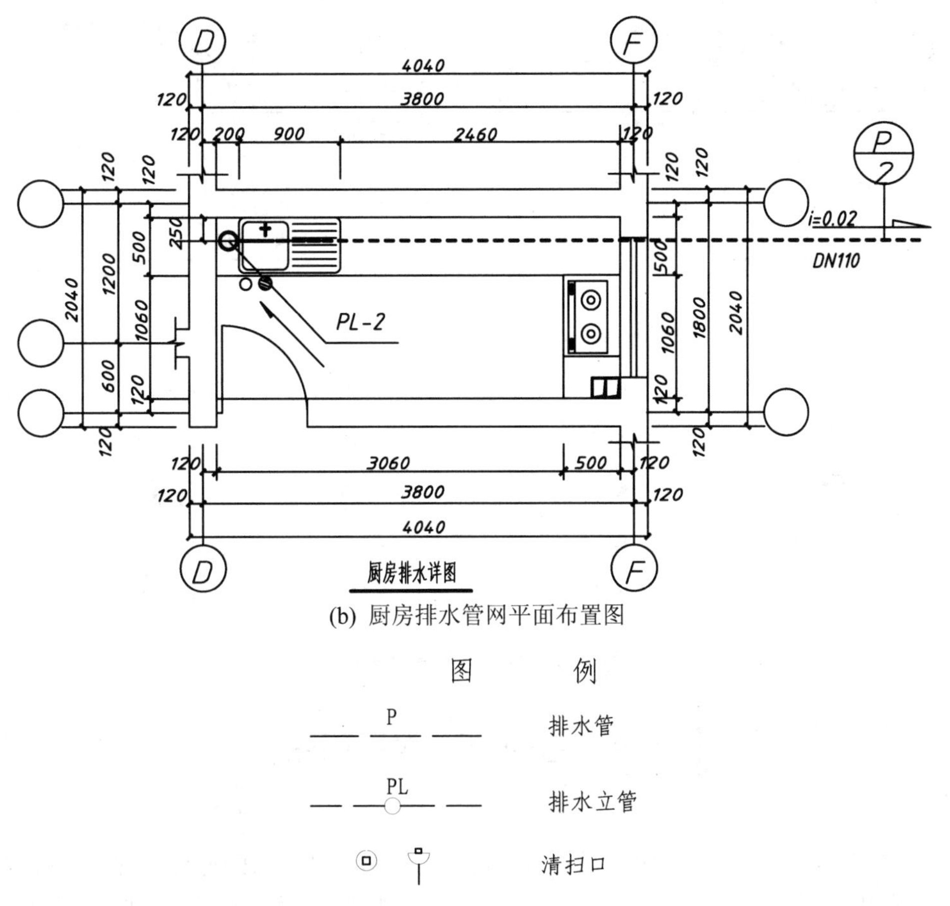

(b) 厨房排水管网平面布置图

图 16.11　室内排水管网平面布置图

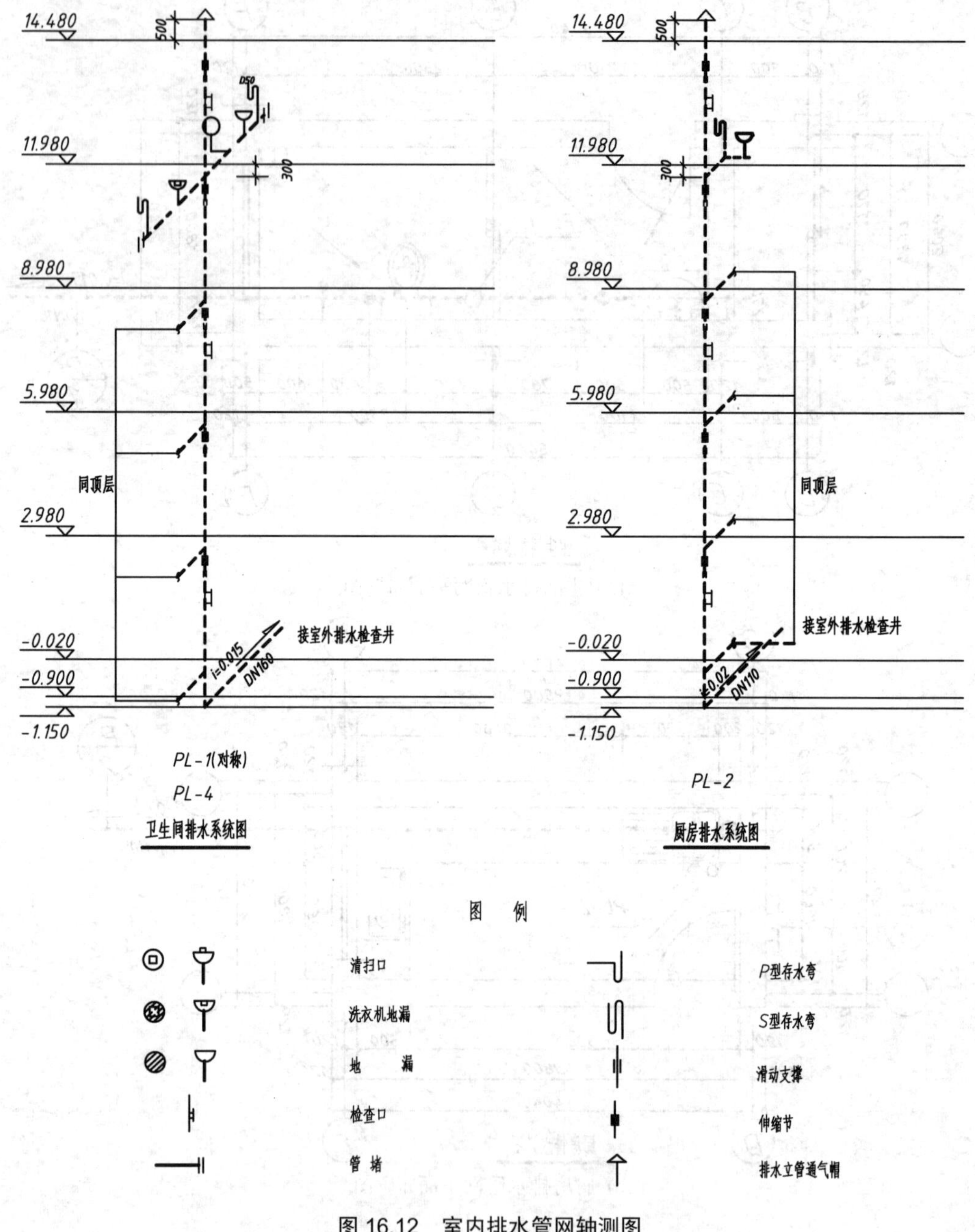

图 16.12　室内排水管网轴测图

16.4 室外给排水平面图

室外管网平面图是为了表明房屋室内给排水管道与室外管道的连接情况、给排水等管道与房屋间的位置关系、局部构筑物(如检查井、化粪池、隔油井、污水抽升设备)的设置等情况。

16.4.1 室外给排水平面图的图示特点

室外给排水平面图一般采用 1∶500 或 1∶1000 等较小的比例绘制。

室外给排水平面图图示重点为拟建房屋室内给水引入管、污水排出管与室外管网的连接情况，适当显示室外管网及排水设施与房屋之间的位置关系。因此在绘制时，一般采用中实线画出房屋外墙的轮廓，用粗实线画出给水管道，用粗虚线画出给排水管道。

在室外给排水平面图中，用直径 2～3mm 的小圆圈画出检查井，用直径 2～3mm 的小圆点画出水表、阀门井。

为了说明排水管道每段的长度、坡度、管径等情况，可直接在管道旁边注写长度、管径、坡度和流向。给水管道一般只注写长度和管径。

16.4.2 室外给排水平面图的作图步骤

室外给排水平面图的作图步骤如下。

(1) 绘制拟建房屋的轮廓。

(2) 绘制给水引入管和污水排出管。

(3) 绘制室内外给排水管线。

(4) 绘制室内外给排水管线上的附属构筑物、消防设施、水表井、检查井、阀门井等。

(5) 绘制连接管和相应的支管。

(6) 注写各种尺寸、数据、说明等。

16.4.3 室外给排水平面图的阅读

图 16.13 为某住宅楼的室外管网平面图，给水引入管在住宅楼卫生间、厨房的外墙附近进入室内，在室外部分和消防引入管在东南方向位置与市政给水管网相接。排水管在卫生间、厨房外墙附近向西北方向排入化粪池，出化粪池后接市政排水管网，在建筑物的南北两面各有一个雨水排水口，其管道直接接入市政排水管网。同时在排水管网的转弯处设有检查井，排水管道均设有 2%的坡度流向市政排水管网。

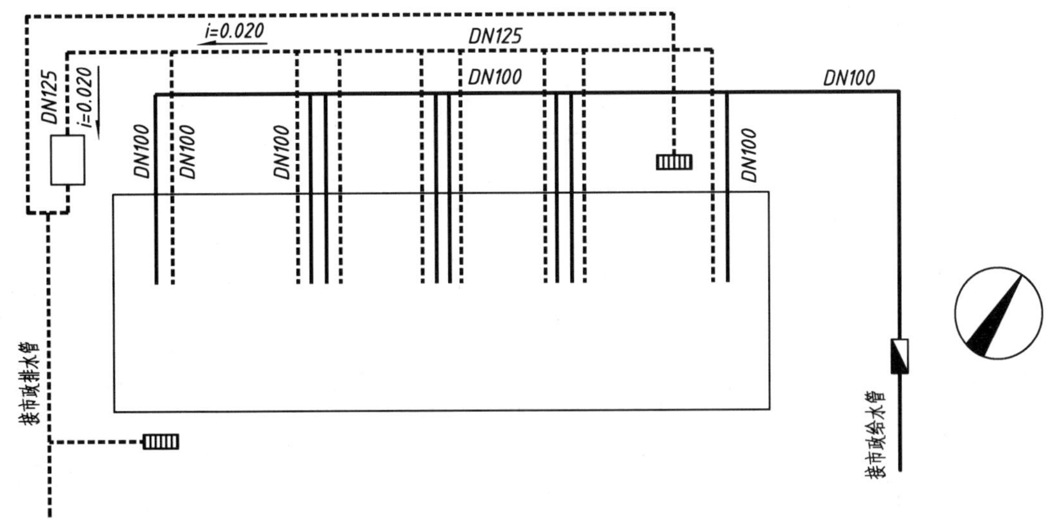

图 16.13 室外管网平面布置图

章后小结

(1) 给水排水施工图是建筑设备施工图中的一种，本章重点介绍了给水排水平面图和系统轴测图的识读和绘制的理论和方法。

(2) 给水排水施工图是水管敷设的依据，掌握给水排水平面图和系统轴测图为今后学习市政管网系统打下基础。

第 17 章 道路及桥梁、涵洞、隧道工程图

教学提示：本章通过对道路及常见道路工程构造物的投影图的讲解，使学生了解一般道路工程制图中常见工程图的种类及画法，并能读懂工程图。

学习要求：通过本章学习，学生应掌握公路路线工程、桥、涵洞和隧道的图示内容及画图时应注意的事项。

17.1 概述

道路是一种供车辆行驶和行人步行的带状结构物，其基本组成包括路基、路面、桥梁、涵洞、隧道、防护工程和排水设施等。道路根据它们不同的组成和功能特点，可分为公路与城市道路两种。位于城市郊区和城市以外的道路称为公路，位于城市范围以内的道路称为城市道路。

道路工程制图是道桥专业的一门重要的专业基础课程，它主要研究公路和市政道路的构造、工程图样的绘制和识读等内容，对公路及市政道路的施工起着重要的作用。

修建一项道路都需要一套完整的、符合施工要求和规范、能被工程人员看懂的工程图样。在施工阶段，工程图样是指导施工、编制施工计划，工程预算、准备材料、组织施工等的根本依据和法规。任何从事施工生产的人员，如果缺乏识读图样的能力，就无法准确地将设计蓝图落实到工地现场，科学地组织施工。

绘制道路工程图时，应遵守《道路工程制图标准》中的有关规定。

本章内容主要叙述公路及公路桥梁、涵洞、隧道工程图。

17.2 道路路线工程图

道路路线是指道路沿长度方向的行车道中心线，是一条空间曲线。其反映了路线的上下起伏(竖曲线)及平面弯曲(平曲线)以及沿线两侧一定范围内的地形、地物情况。

公路路线工程图包括路线平面图、路线纵断面图和路线横断面图。

17.2.1 道路路线平面图的内容

如图 17.1 所示，为某公路从 K3+300 至 K5+200 段的路线平面图。

1. 地形部分

(1) 比例。道路路线平面图所用比例一般较小，通常在城镇区为 1∶500 或 1∶1000，山岭区为 1∶2000，丘陵区和平原区为 1∶5000 或 1∶10000。

(2) 方向。应画出指北针或测量坐标网，用来指明道路在该地区的方位与走向。图 17.1 采用指北针的箭头所指为正北方向，指北针宜用细实线绘制。

(3) 地形。平面图中地形起伏情况主要是用等高线表示，本图中每两根等高线之间的高差为 2m，每隔四条等高线画出一条粗的计曲线，并标有相应的高程数字。根据图中等高线的疏密，可以判断地势的陡峭与平坦。

(4) 地貌地物。平面图中地形面上的地貌地物如河流、房屋、道路、桥梁、电力线、植被等，都是按规定图例绘制的。常见的地形图例见表 17-1。对照图例可知，山上有橘树、南边有土堤等。

表 17-1 常见的地形图例

名称	图例	名称	图例	名称	图例
水渠(有堤岸)		公路		房屋	砖2
水渠(有沟堑)		原有道路行道树		水稻田	
河流		变电所(室)		旱田	
冲沟		电线塔		果园	
主要土堤		配电线		树林	

(5) 水准点。为满足设计与施工的需要，沿线要设置一定数量的水准点，既要在沿线附近，又不至于被施工或行车破坏。在图中用符号“⊗”表示水准点的位置。标注出水准点代号 *BM* 并加以编号，图 17.1 中水准点地面标高分别为 58.460m、57.230m。

2. 路线部分

(1) 设计路线。用加粗实线表示路线，由于道路的宽度相对于长度来说尺寸要小得多，公路的宽度只有在较大比例的平面图中才能画清楚，因此通常沿道路中心线画出一条加粗的实线(2*b*)来表示新设计的路线。如果有比较路线，可以用粗虚线绘出。

(2) 里程桩。道路路线的总长度和各段之间的长度用里程桩号表示。一般沿路线的前进方向从起点到终点的左侧注写公里桩，用符号“⚲”表示桩位，公里注写在符号上方。如图 17.1 所示中的“*K*1”表示离起点 1km。百米桩宜标注在路线前进方向的右侧，用垂直于路线的细短线表示桩位，如本图中的 *K*1 公里桩的前方注写的 1，表示桩号为 *K*1+100，说明该点距路线起点为 1100m。

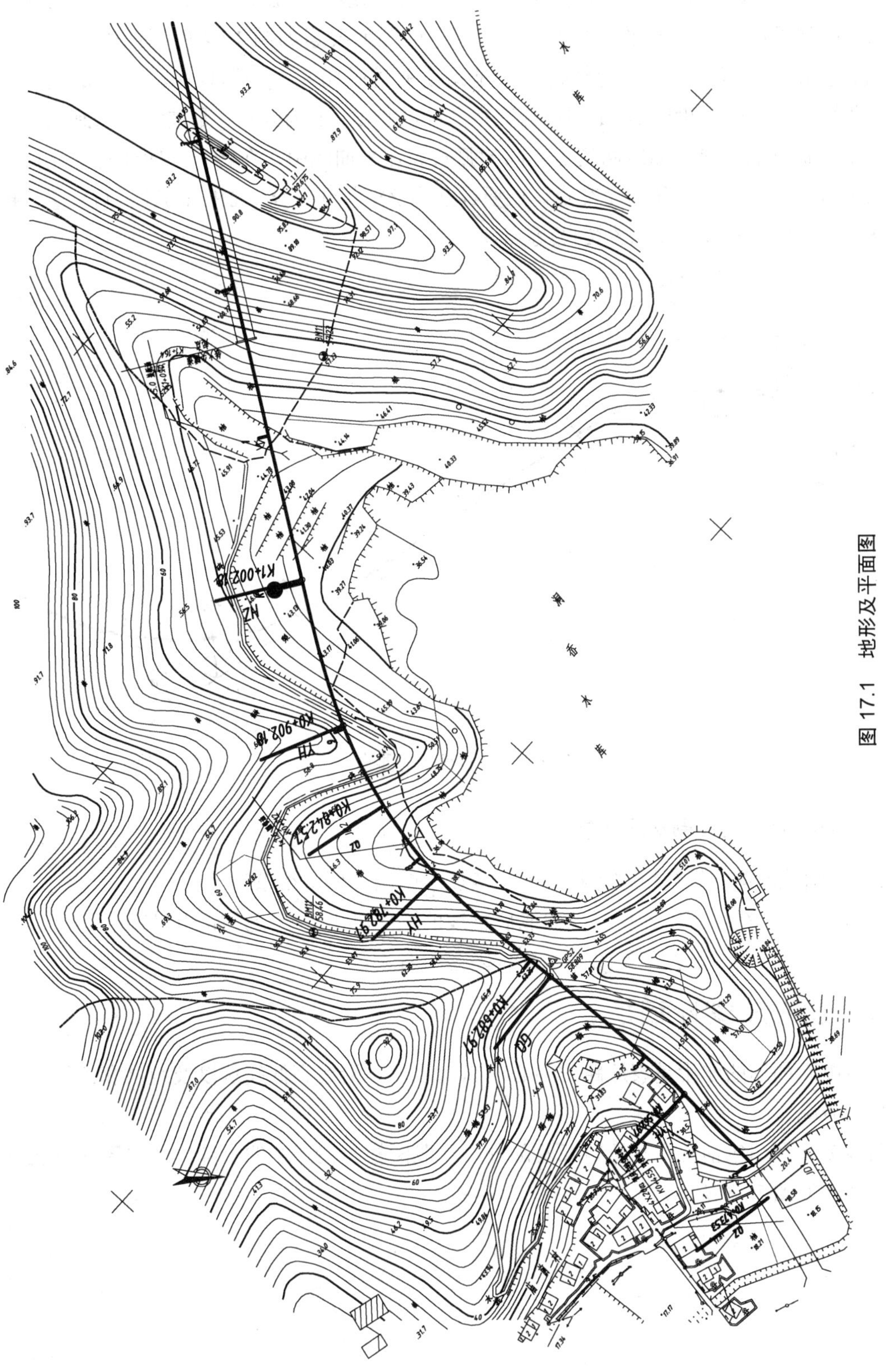

图 17.1　地形及平面图

(3) 平曲线要素。道路路线在平面上是由直线和曲线段组成的。在路线的转折处应设平曲线，最常见的较简单的平曲线为圆弧，基本的几何要素如图 17.2 所示：JD_1 为交点，是路线两直线的理论交点，α 为转折角，是路线前进时向左(α_z)或向右(α_Y)偏转的角度。R 为圆曲线半径；T 为切线长，是切点与交点之间的长度；E 为外距，是曲线中点到交点的距离；L 为曲线长，是圆曲线两切点之间的弧长。在平曲线中，在转折处应注写交点代号并依次编号，如 *JD2* 表示第二个交点。还要标注出 *ZY*(直圆)、*QZ*(曲中)、*YZ*(圆直)、*ZH*(直缓)、*HY*(缓圆)、*YH*(圆缓)、*HZ*(缓直)等点。

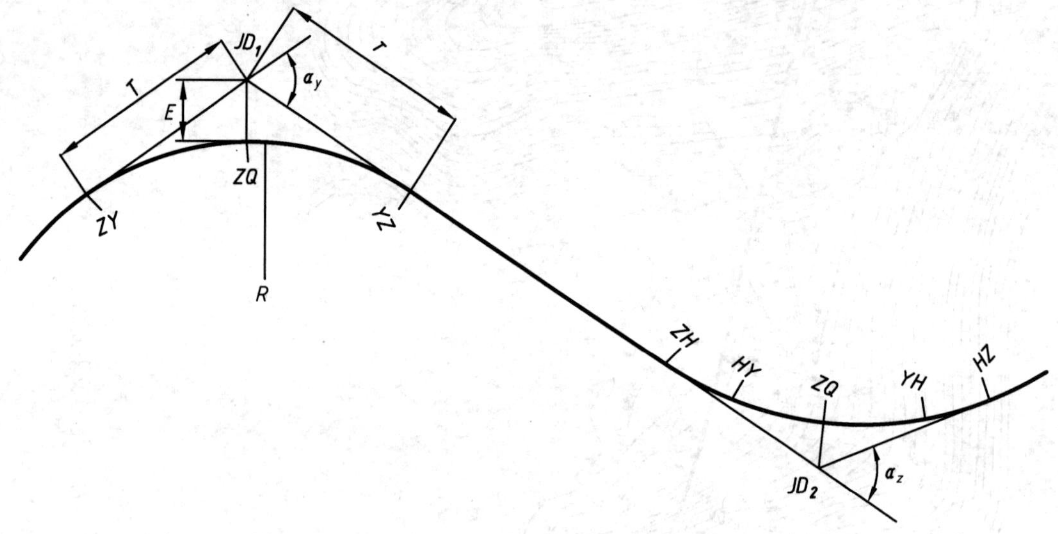

图 17.2　平曲线几何要素

3. 道路平面图的绘制及注意事项

(1) 先画地形图，等高线按先粗后细步骤徒手画出，要求线条顺滑。

(2) 画路中心线，用绘图仪器先曲线后直线的顺序画出中心线并加粗(2*b*)。

(3) 路线平面图应从左到右绘制，桩号为左小右大。

17.2.2 道路路线纵断面图

路线纵断面图的作用是表达路线中心的纵向线型、沿线高低起伏以及地质和沿线设置构造物的概况。

路线纵断面图包括图样和资料表两部分，一般图样画在图纸的上部，资料表布置在图纸的下部，如图 17.3 所示。

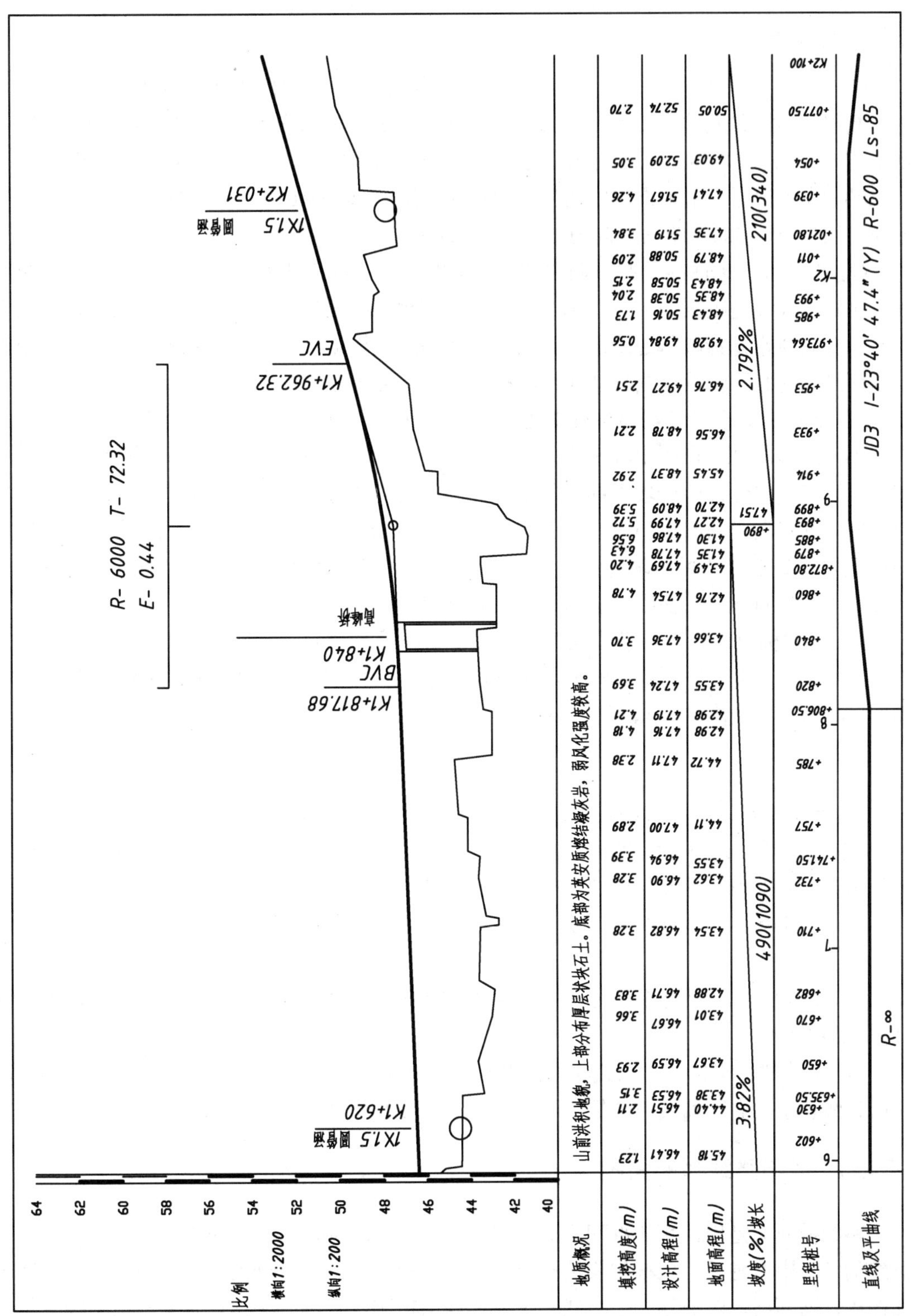

图 17.3　路线的纵断面图

1. 图样部分

(1) 比例。纵断面图的水平方向表示路线的长度(前进方向)，竖直方向表示设计线和地面的高程。由于路线的高差比路线的长度尺寸小得多，所以规定沿路线铅垂方向的比例比水平方向比例大10倍。规定在山岭地区，水平方向比例为1∶2000，铅垂方向的比例为1∶200；在平原区，水平方向比例为1∶5000，铅垂方向的比例为1∶500。图17.3中水平方向比例为1∶2000，铅垂方向的比例为1∶200。

(2) 设计线和地面线。在纵断面图中，道路的设计线用粗实线表示，原地面线用细实线表示，设计线是根据地形起伏和公路等级，按相应的工程技术标准而确定的。设计线上各点的标高通常是指路基边缘的设计高程。地面线是根据原地面上沿线各点的实测中心桩高程而绘制的。比较设计线与地面线的相对位置，可决定填挖高度。

(3) 竖曲线。在设计线纵坡变更处，按技术标准的规定应设置圆弧竖曲线。竖曲线分为凸形和凹形两种，在图中分别用“┌┬┐”和“┬”符号表示。符号中部的竖线应对准变坡点，竖线左侧标注变坡点的里程桩号，竖曲线右侧标注曲线中点的高程。符号的水平两端应对准竖曲线的起点和终点，竖曲线要素(半径*R*、切线长*T*、外矩*E*)的数值标注在水平线上方。图17.3中的变坡点的桩号为*K*6+890，竖曲线终点的高程为47.51m，设有凹曲线 (半径*R*为6000m、切线长*T*为72.32m、外矩*E*为0.44m)。

(4) 工程构筑物。道路沿线的工程构筑物如桥梁、涵洞等，应在设计线的上方或下方引出标注，竖直引出线应对准构筑物的中心位置，并注出构筑物的名称、规格和里程桩号，如图17.3所示的涵洞和高峰桥的位置。

2. 资料部分

(1) 地质概况。根据实测资料，在图中注出沿线各段的地质情况。

(2) 填挖高度。设计线在地面线的下方为挖，设计线在地面线的上方为填。填挖高度的值为该桩号的设计标高与地面标高之差的绝对值。

(3) 设计标高和地面标高。分别表示设计线和地面线上各点桩号的设计高程和地面高程。

(4) 里程桩号。沿线各点的桩号是按测量的里程数值填入的。桩号从左向右排列，应列出各加桩号。

(5) 平曲线。平曲线一般是由直线和曲线组成的。直线用水平线表示，道路左转曲线用凹折线表示，右转曲线用凸折线表示。如图17.3所示为带有缓和段的右转平曲线。

17.2.3 道路路线横断面图

路线横断面是用假想的剖切平面，垂直于路中心线剖切得到的图形。工程上要求，在路线的每一中心桩处，应根据实测资料和设计要求，画出一系列的路基横断面图。在横断面图中，路面线、路肩线、边坡线、护坡线均用粗实线表示，路面厚度用中粗实线表示，原有地面线用细实线表示，路中心线用细点画线表示。

路线横断面图的水平方向和高度方向宜采用相同比例，一般比例为 1∶400，1∶200，1∶100 和 1∶50。

路基横断面图的基本形式有以下 3 种。

(1) 填方路基[图 17.4(a)]。整个路基全为填土区，填土高度等于设计标高减去地面标高，填方路基的边坡一般为 1∶1.5。在图下面就标上该断面的里程桩号、中心线处的填方高度(H_T)，填方面积 A_T。

(2) 挖方路基[图 17.4(b)]。整个路基全为挖方区，挖土高度等于地面标高减去设计标高，挖方边坡一般为 1∶1。在图下面就标上该断面的里程桩号、中心线处的挖方高度(H_W)，挖方面积(A_W)。

(3) 半填半挖路基[图 17.4(c)]。路基横断面一部分为填土区，一部分为挖土区，是两种路基的综合，在图下面就标上该断面的里程桩号、中心线处的填方高度(H_W)、挖方高度(H_T)，填方面积(A_W)、填方面积 A_T。

道路横断面绘制及注意事项如下。

(1) 在同一张图纸内绘制的路基横断面图，应按里程桩号顺序排列，从图纸的左下方开始，由下向上，再由左向右。

(2) 绘图比例应在图纸中注释说明。

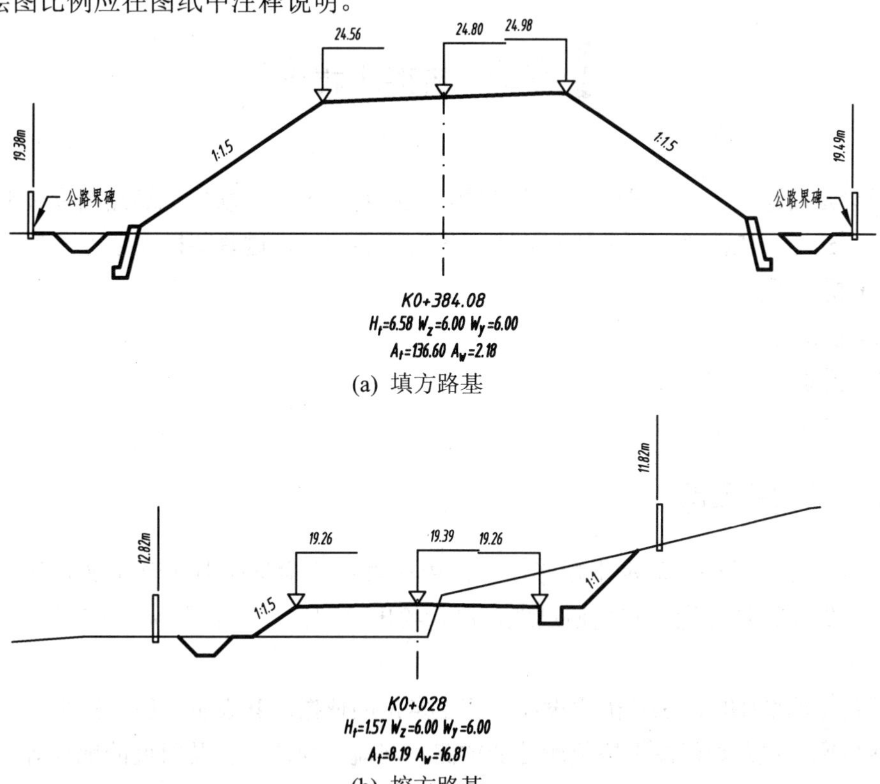

(a) 填方路基

(b) 挖方路基

图 17.4 路基横断面图的基本形式

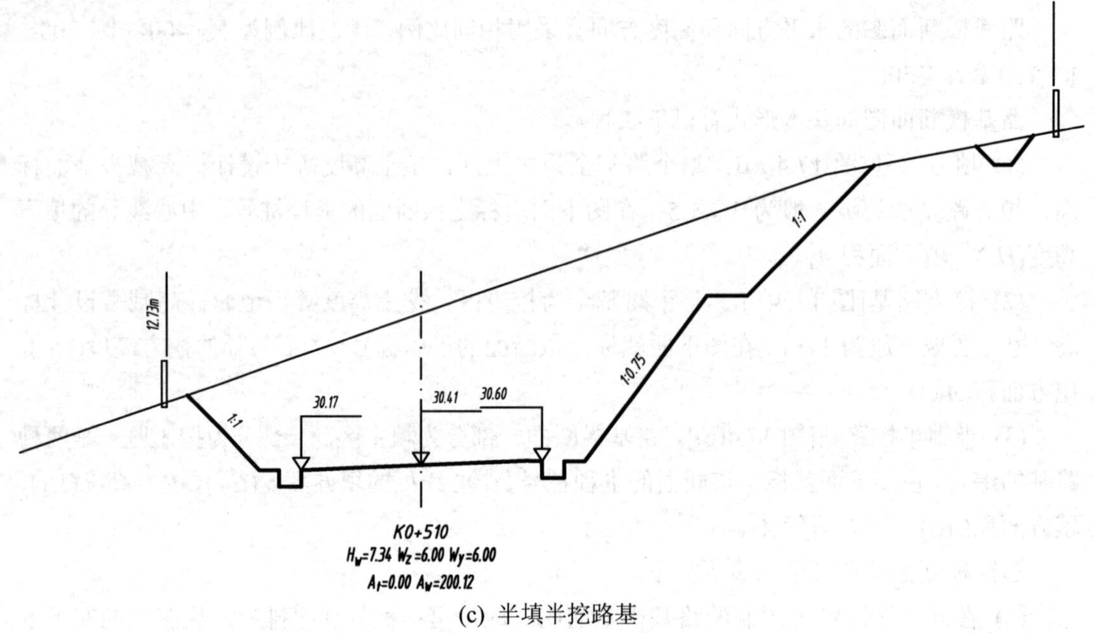

(c) 半填半挖路基

图 17.4　路基横断面图的基本形式(续)

17.3　桥梁工程图

桥梁是公路工程中常见的工程构筑物，道路跨越河流、峡谷或道路需立体交叉时要修建桥梁。建造一座桥梁，从设计到施工要绘制很多图样，这些图样大致可分为以下 4 类。

(1) 桥位平面图。

(2) 桥位地质断面图。

(3) 桥梁总体布置图。

(4) 构件结构图。

17.3.1　桥位平面图

桥位平面图是桥梁的水平投影图，是用来表示桥梁与周围地形地物的总体布局。其画法与道路平面图相同，它是通过地形测量绘出的图样。一般比例为 1∶500，1∶1000，1∶2000 等。

桥位平面图(图 17.5)是桥梁设计与施工定位的依据。其表示桥所在的平面位置与路线的连接情况，以及地形图上桥位所处的道路、河流、地质钻孔及附近的地物等。该桥刚好处在平曲线上，平曲线半径为 500m，桥为 3 孔预应力混凝土空心板简支梁桥。符号“◐孔 1”、“◐孔 2”表示桥台、桥墩的地质钻孔编号，其他的图例可参照道路平面图。

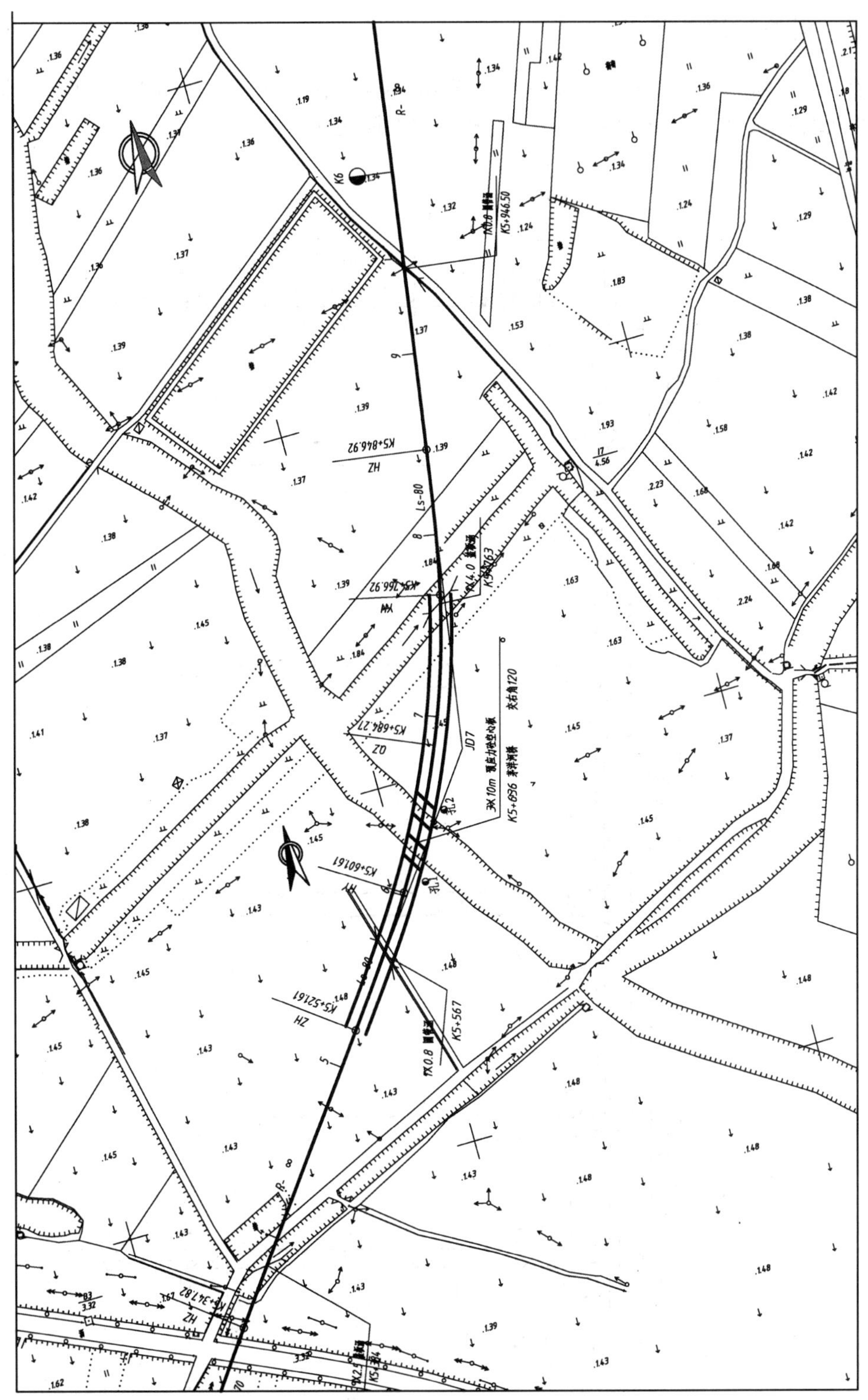

图 17.5 桥位平面图

17.3.2 桥位地质断面图

桥位地质断面图是根据水文调查和地质钻探所得的资料绘制的桥位所在河流河床位置的地质断面图(图 17.6)。断面图的比例与桥梁立面图比例一致。

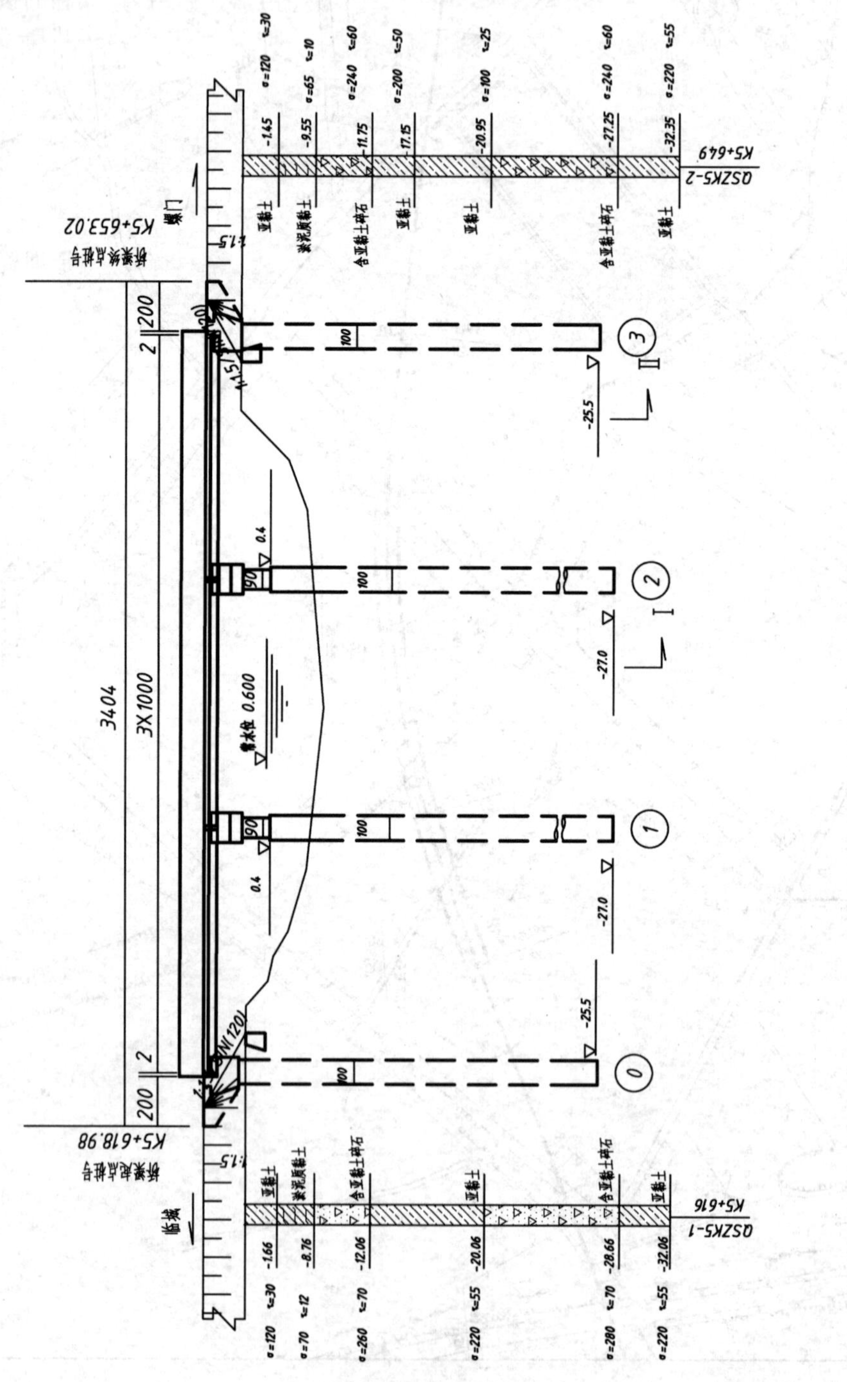

图 17.6 桥梁地质断面图

17.3.3 桥梁总体布置图

桥梁总体布置图和构件图主要是表明桥梁的形式、跨径、孔数、总体尺寸、桥面标高、桥面宽度、各主要构件的相互关系，桥梁各部分的标高、材料数量以及总的技术说明等，都是施工时确定墩台位置、安装构件和控制标高的依据。

桥梁总体布置图一般由立面图、平面图和剖面图组成。在图 17.7 中由于图幅的原因，立面图与平面图没有对正，但原则上应长对正。

(1) 立面图[图 17.7(a)]。反映出桥梁的特征和桥型，共 3 孔，每孔跨径为 10m，桥梁的总跨径为 3404m。

下部结构中，桥墩与桥台都采用柱式墩台，由立柱与基桩组成。由于埋置较深，故采用折断画法。

上部结构为简支预应力空心板梁。

通过该图还可了解到河流水文情况，根据标高尺寸，可知基桩和桥台基础埋深、梁底与桥中心的标高尺寸。

(2) 平面图[图 17.7(b)]。采用半平面和半剖视图表示。半平面图主要表达了桥面和锥形护坡的情况。图中只有双向车道，无人行道，该桥为斜交桥，交角为 120°。右半部采用的是剖切画法，假想把上部结构移去后，画出了桥墩和桥台的平面形状与位置，图中的圆是立柱的投影，各立柱中心线间距为 4.85m。

(3) 剖面图[图 17.7(c)]。从立面图中剖切位置可以看出，Ⅰ—Ⅰ剖面是在跨中位置，Ⅱ—Ⅱ剖面是在边跨位置。桥墩与桥台的上部结构相同，桥面总宽为 12m，是由 9 块预应力空心板梁拼装而成。从图中可知桥墩部分的立柱直径为 0.9m，桩直径为 1m。桥台部分的立柱与桩是相同径，均为 1m。

17.3.4 构件图

在工程上，除了桥梁的总体布置外，还有采用比例比较大的桥梁结构施工图。常用的结构构件图有桥墩图、桥台图、桥墩基桩钢筋构造图、主梁配筋图等。下面介绍这几种常见的构件图。

(1) 图 17.8 为墩台构造图。

(2) 图 17.9 为 10m 空心板(中板)构造图。

(3) 图 17.10 为桥台桩基钢筋构造图。

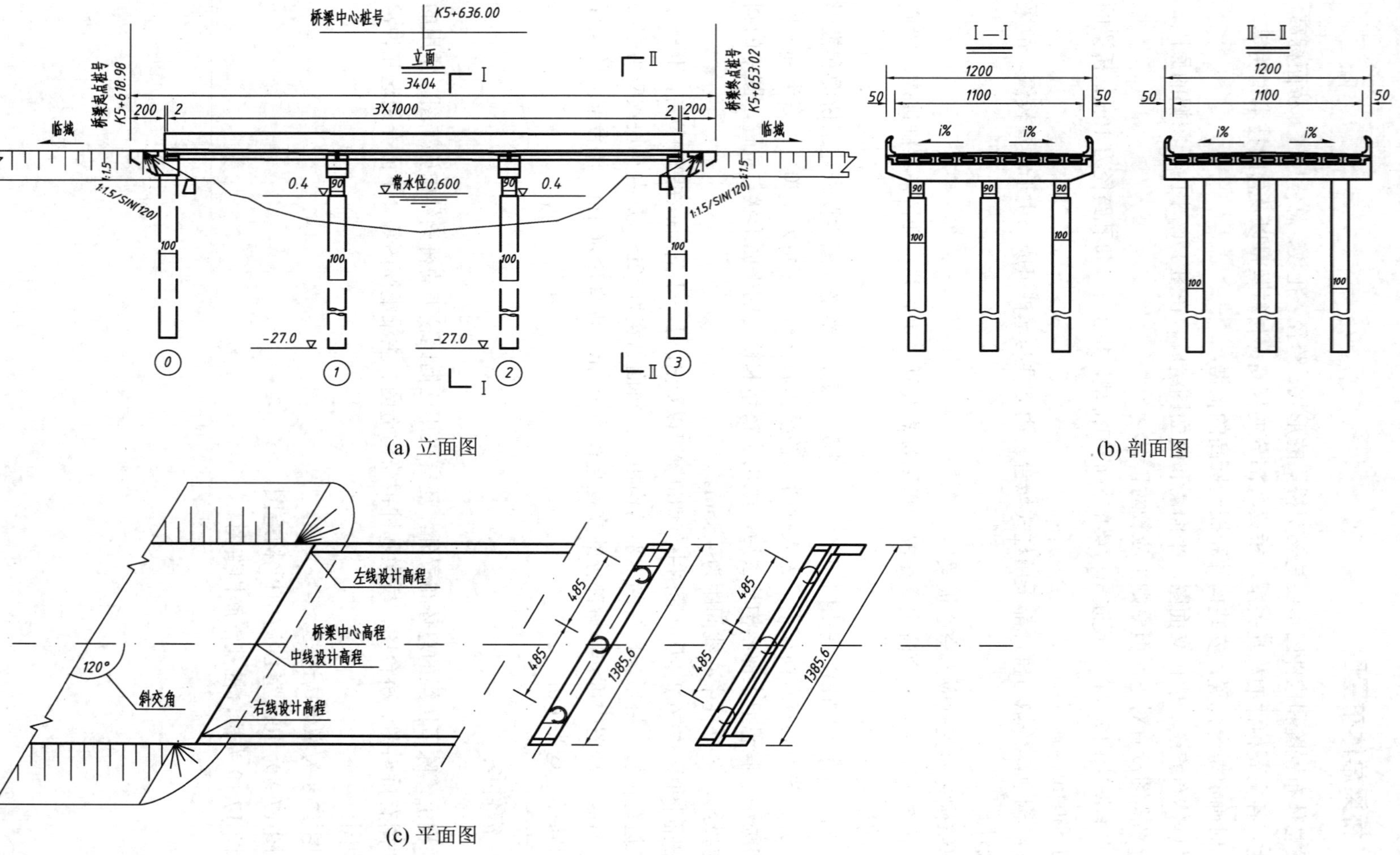

(a) 立面图

(b) 剖面图

(c) 平面图

图 17.7 桥梁总体布置图

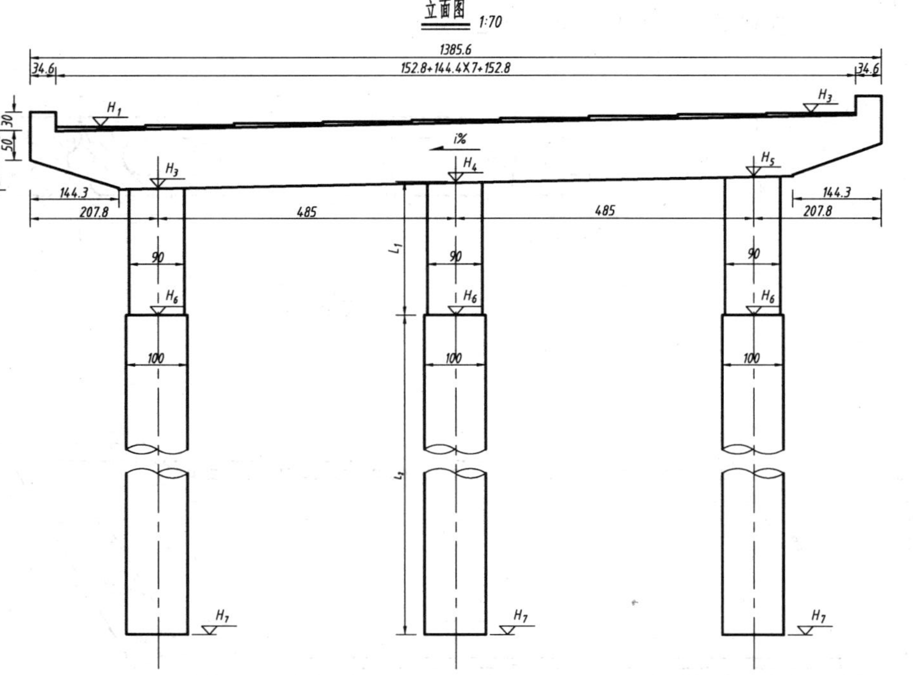

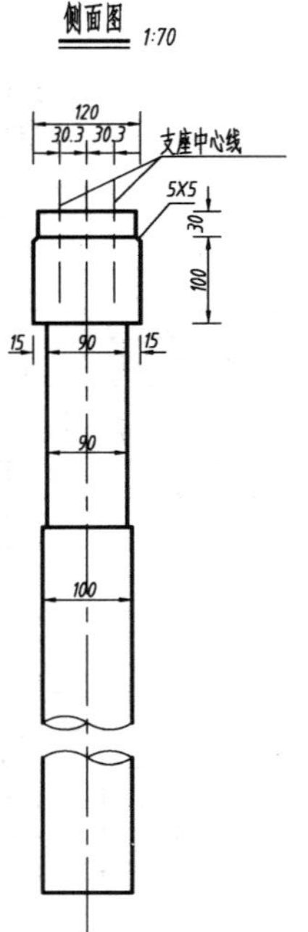

桥墩参数表

墩号	h (m)	H_1 (m)	H_2 (m)	H_3 (m)	H_4 (m)	H_5 (m)	H_6 (m)	H_7 (m)	i	L_1 (m)	L_2 (m)
1	0.063	2.128	2.635	1.130	1.343	1.556	0.4	-27	0.044	0.943	27.4
2	0.064	2.114	2.622	1.216	1.430	1.643	0.4	-27	0.044	1.030	27.4

注：1. 图中尺寸除标高以米计，余均以厘米为单位。

2. 注意盖梁横坡设置方向。

图 17.8 墩台构造图

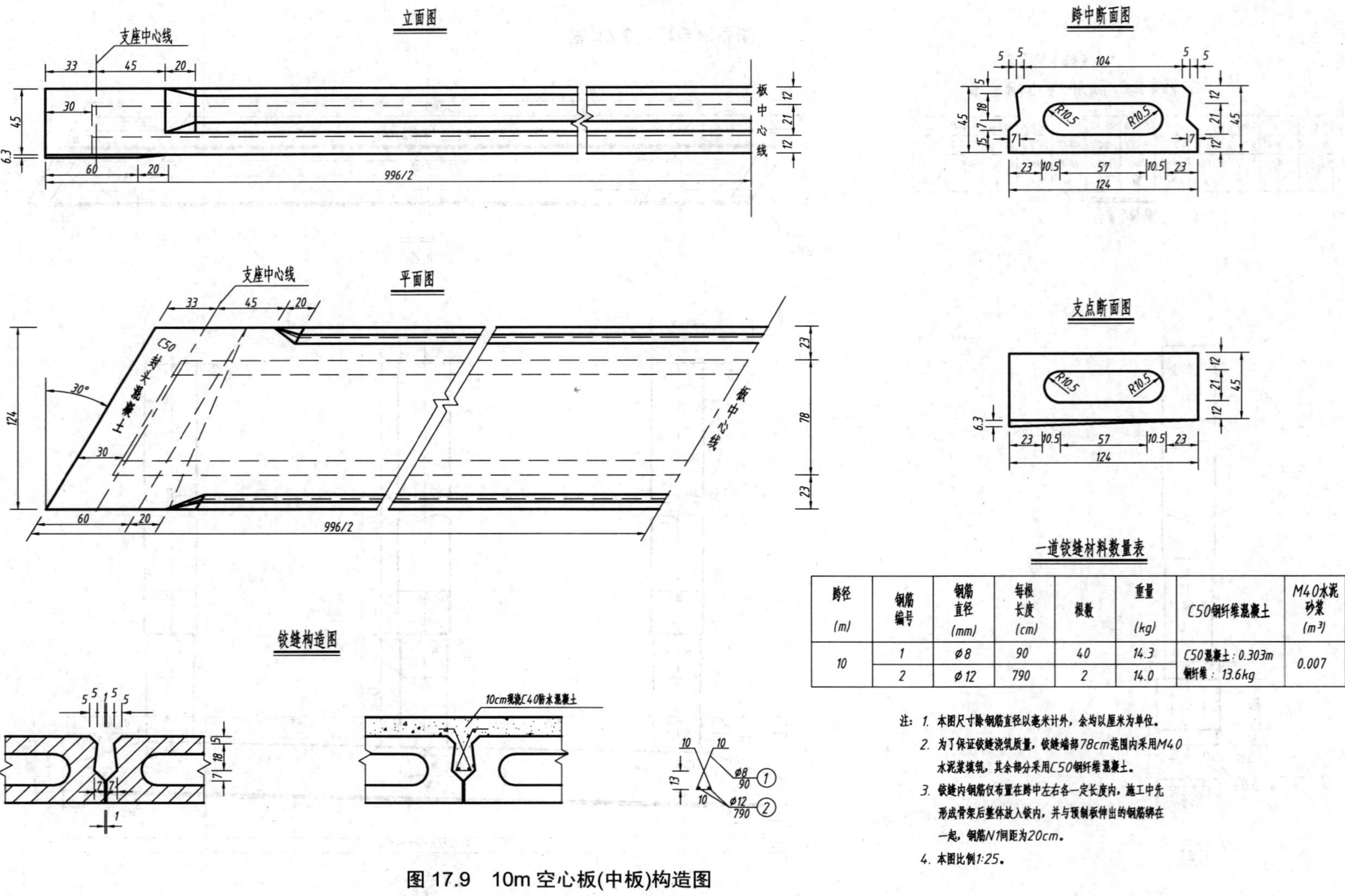

一道铰缝材料数量表

跨径 (m)	钢筋编号	钢筋直径 (mm)	每根长度 (cm)	根数	重量 (kg)	C50钢纤维混凝土	M40水泥砂浆 (m^3)
10	1	ϕ8	90	40	14.3	C50混凝土：0.303m 钢纤维：13.6kg	0.007
	2	ϕ12	790	2	14.0		

注：1. 本图尺寸除钢筋直径以毫米计外，余均以厘米为单位。

2. 为了保证铰缝浇筑质量，铰缝端部78cm范围内采用M40水泥浆填筑，其余部分采用C50钢纤维混凝土。

3. 铰缝内钢筋仅布置在跨中左右各一定长度内，施工中先形成骨架后整体放入铰内，并与预制板伸出的钢筋绑在一起，钢筋N1间距为20cm。

4. 本图比例1:25。

图 17.9　10m 空心板(中板)构造图

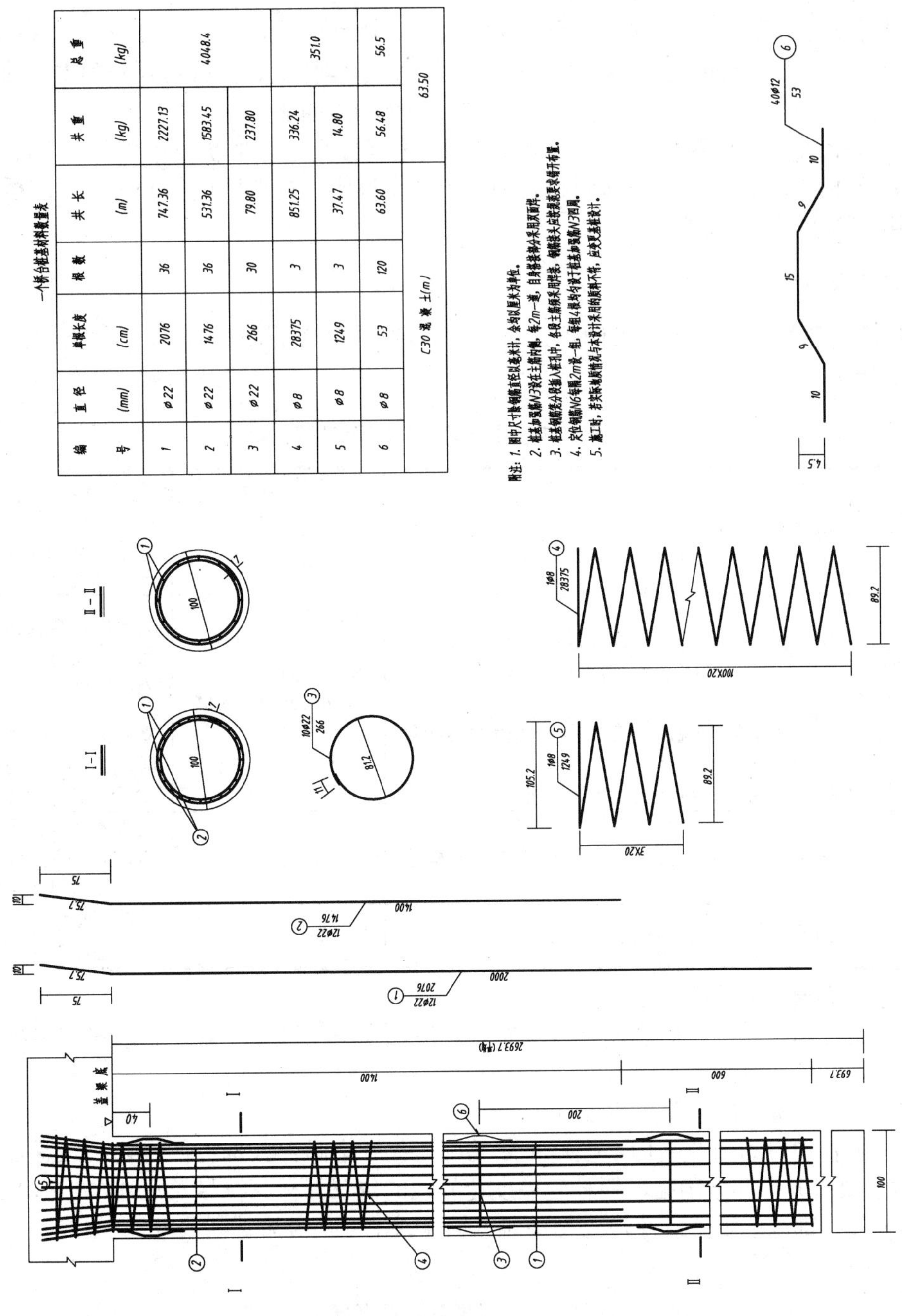

一个桥台桩基材料数量表

编号	直径 (mm)	单根长度 (cm)	根数	共长 (m)	共重 (kg)	总重 (kg)
1	⌀22	2076	36	747.36	2227.13	4048.4
2	⌀22	1476	36	531.36	1583.45	
3	⌀22	266	30	79.80	237.80	
4	⌀8	28375	3	851.25	336.24	351.0
5	⌀8	1249	3	37.47	14.80	
6	⌀8	53	120	63.60	56.48	56.5
C30混凝土 (m³)						63.50

图 17.10　桥台桩基钢筋构造图

17.3.5　桥梁工程图的读图和绘制

1. 桥梁工程图的读图

(1) 先看图纸的标题栏和附注，了解桥梁名称、种类、主要技术指标、施工措施、比例、尺寸单位等。读桥位平面图、桥位地质断面图，了解桥的位置、水文、地质状况，以及与河道或道路的相交情况。

(2) 看总体图：掌握桥型、孔数、跨径大小、墩台数目、总长、总高，了解河床断面及地质情况。再看立面图同时对照侧面和平面图，了解桥宽、人行道尺寸和主梁的断面形式、尺寸，墩台形状和尺寸，对桥梁的全貌有一个初步的概念。

(3) 分别阅读构件图和大样图。确定各构件的详细尺寸、形状及相互之间的联系。

(4) 阅读工程数量表、钢筋明细表和图中文字说明、材料断面符号等，了解桥梁各部分使用的建筑材料及数量。

2. 桥梁工程图的绘制

绘制桥梁工程图，应该先确定投影图数目(包括剖面和断面)、比例和图幅，可参照表 17-2 选用。

表 17-2　桥梁图比例线型参照表

图　名	说　明	常用比例	线　型
桥位平面图	表示桥梁在线路上的位置以及周围地质、地貌、地形、农田、房屋等	1：500 1：2000	桥道路用粗实线，等高线的计曲线用中线，其余用细实线
桥位地质断面图	表示桥位处的河床、地质断面及水文等。 高度方向比例比水平方向比例大数倍	高度方向： 1：500～1：100 水平方向： 1：2000～1：500	河床底用粗实线，其他如土质及材料代号均为细实线
桥梁总体布置图	表示桥梁的全貌、长度、高度及桥梁各构件的相互联系。 横断面图可以跟立面图比例不统一	1：500～1：50	立面图、平面图用中实线，纵、横剖面图用粗实线，其余用细实线
结构图	表示梁、桥台、人行道和栏杆等构件的构造	1：50～1：10	构件外形投影用中实线，剖、断图外轮廓用细实线，钢筋用粗实线
详图	钢筋图、钢筋的焊接等	1：10～1：3	钢筋用粗实线，其余一般用细实线

桥梁工程图的绘制步骤如下。

(1) 布置和画出各投影图的基线。布置时应注意留出图标、说明、投影图名称和标注尺寸的地方，并注意各个投影图的布局合理。

(2) 画出各构件的主要轮廓线。

(3) 画各构件的细部结构。根据主要轮廓从大到小画全各构件的投影，注意各投影的对应线条要对齐，并把剖面、栏杆、坡度符号线的位置、标高符号及尺寸线等画出来。

(4) 各细部线条画完，经检查无误即可加深或上墨，最后标注尺寸注解等。

17.4 隧道工程图

隧道是道路穿越山岭的建筑物，它虽然形体很长，但中间断面形状很少变化。隧道主要由洞身和洞门组成，此外，还有安全避让、照明设备、通风设备、防水排水设备等。隧道工程图除了用平面图表示位置外，主要图样还包括纵断面图、隧道洞门图、横断面图(表示洞身形状和衬砌)及避车洞图等。本章仅介绍隧道平面图和洞门图。

17.4.1 隧道平面图

图 17.11 为某公路隧道平面示意图。可以看出隧道通过山岭，从桩号 *K*1+149 到桩号 *K*1+561，全长 412m，为一直线。

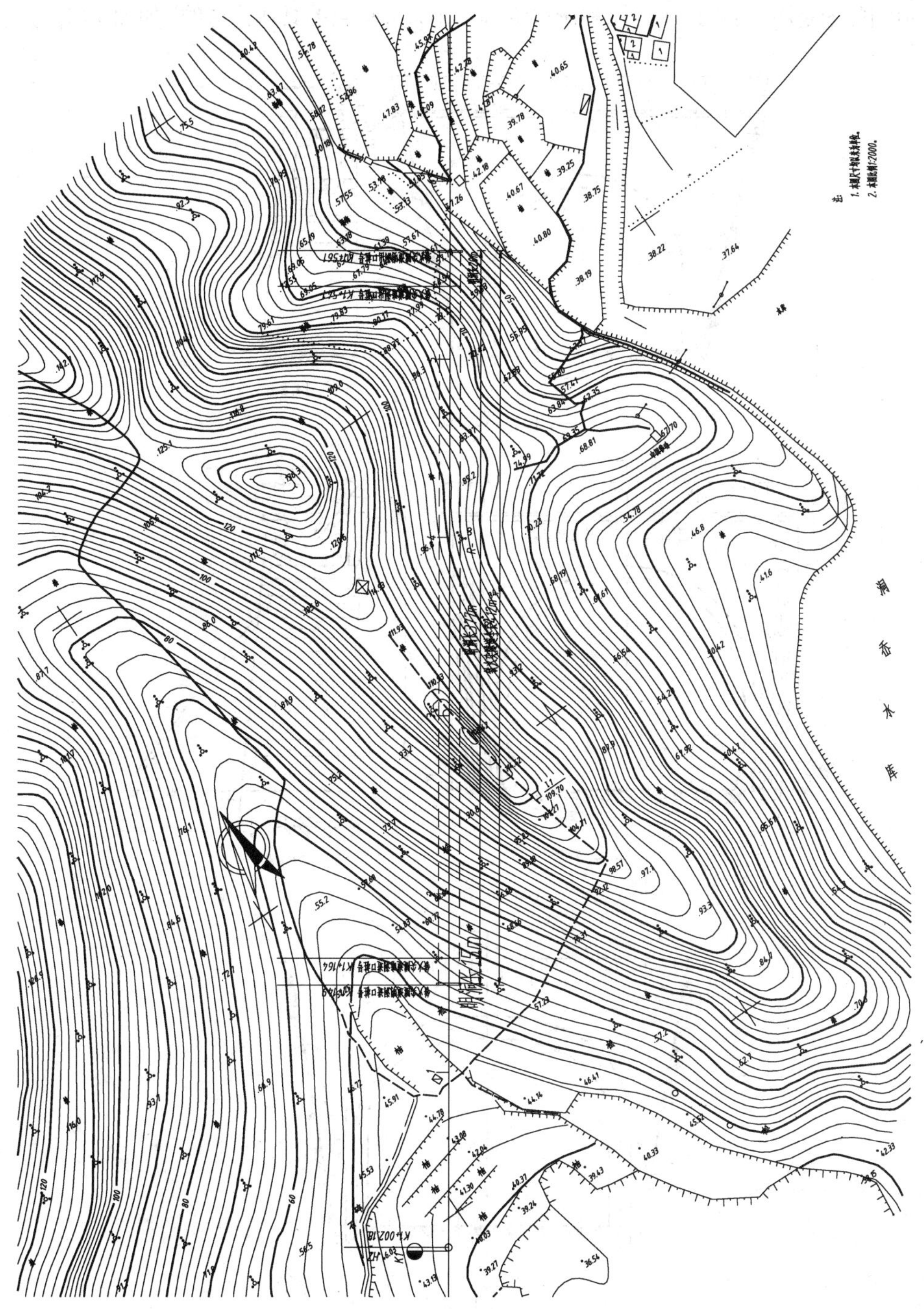

图 17.11 隧道平面图

17.4.2　隧道洞门图

隧道洞门的形式有很多，从构造形式、建筑材料及相对位置可以划分为多种类型，常见的有端墙式、翼墙式和环框式 3 种，如图 17.12 所示。

隧道洞门图是用立面图、平面图和洞口纵剖面图来表达它的具体构造的，如图 17.13 所示。

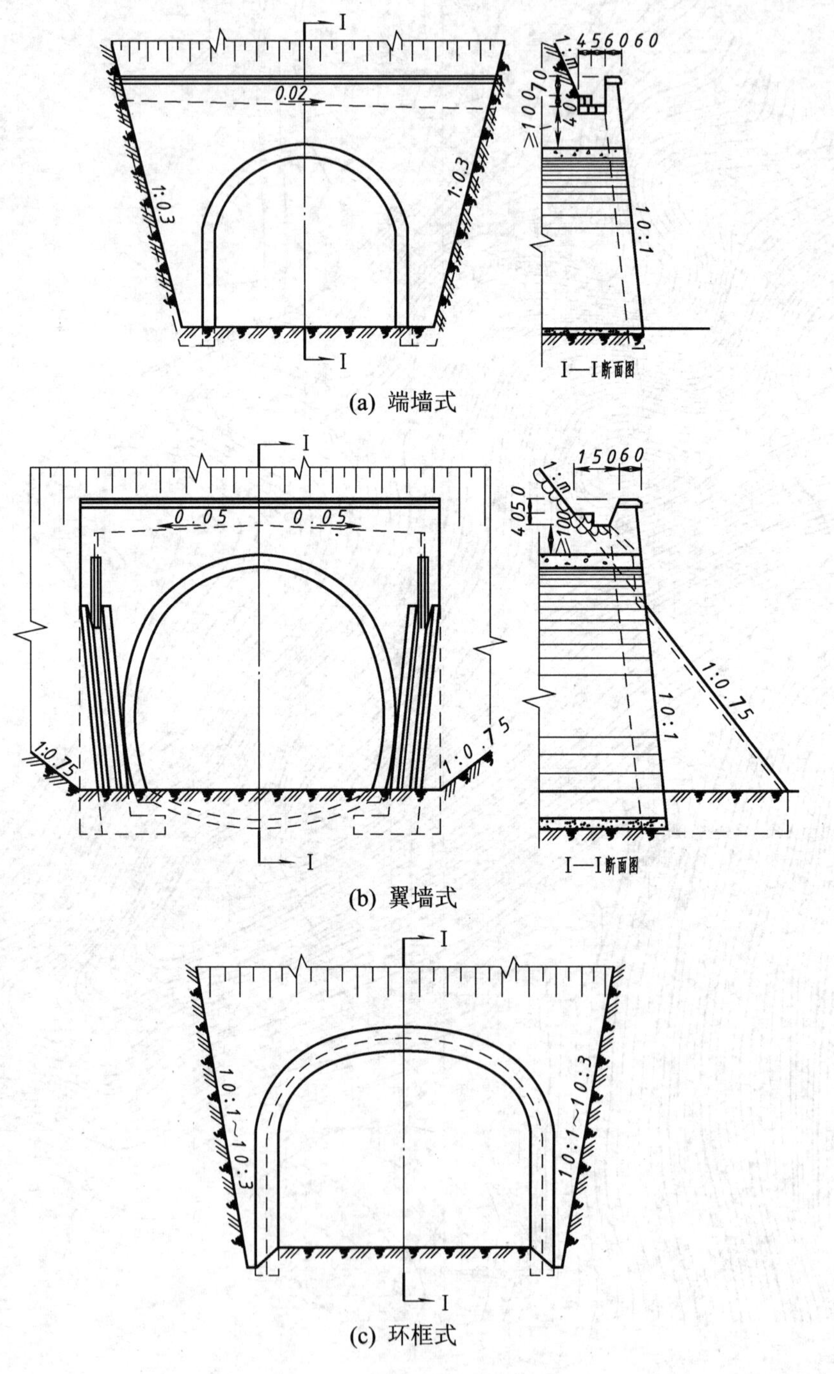

图 17.12　隧道洞门的形式

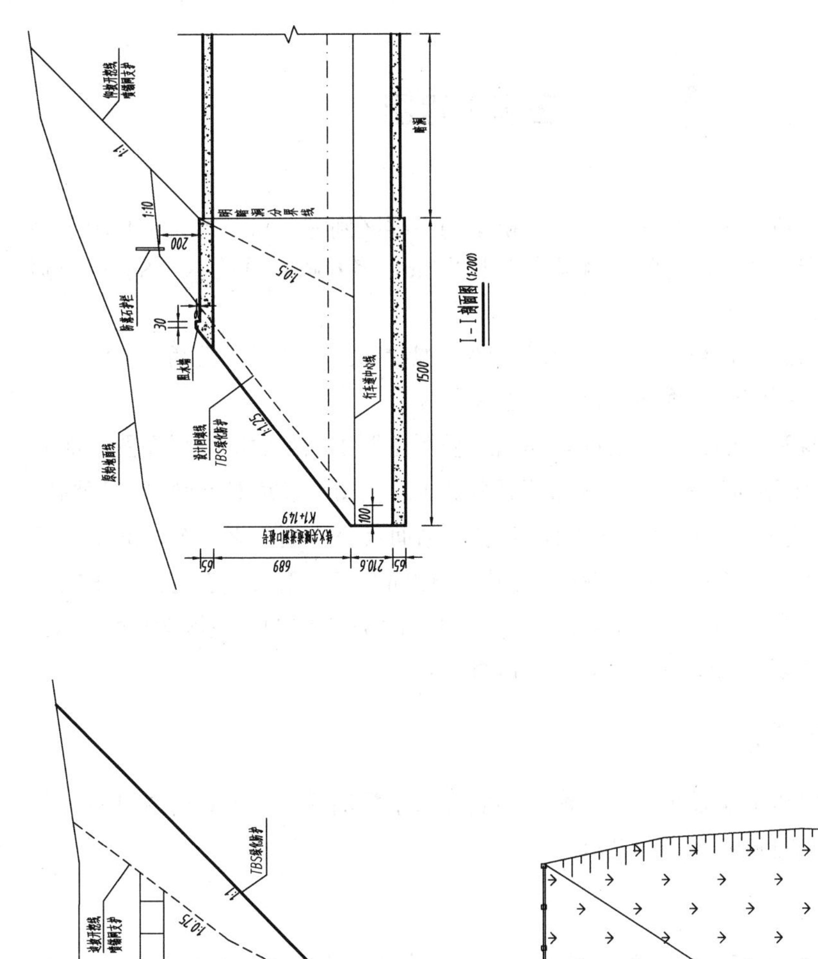
I-I 剖面图 (1:200)
行车道中心线
1500
1:0.5
1:1.25
1:10
1:1
200
洞门立面图 (1:200)
1290
TBS绿化防护
1:0.75
1:0.5
1:1
200
2%
2%

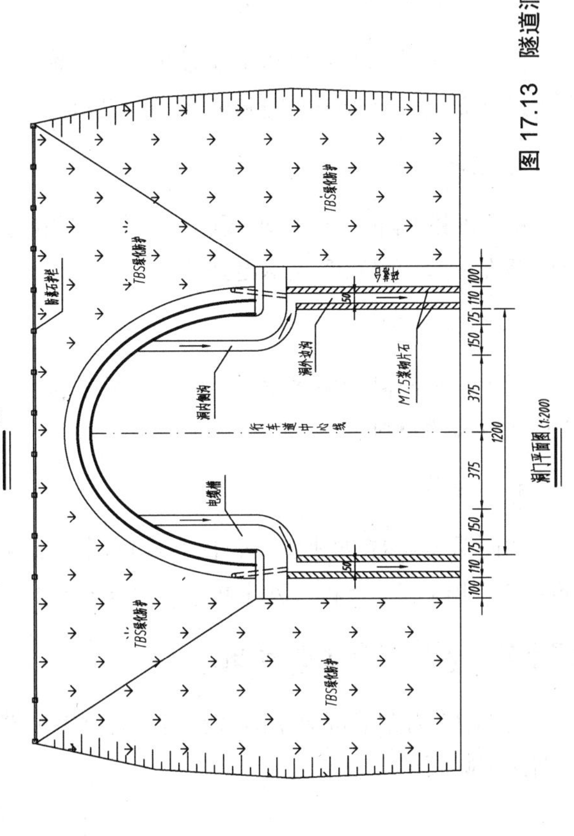
洞门平面图 (1:200)
TBS绿化防护
M7.5浆砌片石
1200
375
375
150
150

图 17.13 隧道洞门图

17.5 涵洞工程图

涵洞是排泄路堤下水流的工程构筑物，它与桥梁的主要区别在于路径的大小和填土高度。《公路工程技术标准》规定，凡单孔涵洞跨径小于 5m，多孔跨径总长小于 8m 以及圆管涵、箱涵均称为涵洞。

涵洞的种类很多，按建筑材料分为钢筋混凝土涵、混凝土涵、砖涵、石涵、木涵、金属涵。按其构造形式分为圆管涵、拱涵、箱涵、盖板涵等。

涵洞是由洞口、洞身和基础三部分组成。涵洞工程图主要由纵剖面图、平面图、侧面图和必要的构造详图(如钢筋布置图、翼墙断面图等)组成。在图示表达时，涵洞工程图以水流方向为纵向(即与路线前进方向垂直布置)，并以纵剖面代替立面。平面图一般不考虑涵洞上方的覆土，或假想土层是透明的。有时平面图与侧面图以半剖形式表达，水平剖面图一般沿基础顶面剖切，横剖面图则垂直于纵向剖切。洞口正面布置图画在侧面投影图上。本章仅供钢筋混凝土盖板涵图和钢筋混凝土圆管涵图为参照。

17.5.1 钢筋混凝土盖板涵

图 17.14 为单孔钢筋混凝土盖板涵洞，洞口两侧为八字翼墙式。由于其构造对称，故采用纵剖面图、全剖平面图和侧面图来表示。

1. 纵剖面图

纵剖面图把带有 1∶5 坡度的八字翼墙和洞身的连接关系以及洞高、洞底铺砌厚度、基础纵断面形状、材料等表示出来。

2. 全剖平面图

图中表示出涵洞墙身宽度、八字翼墙的位置、洞身长度、洞口平面形状和尺寸，以及墙身和翼墙的材料。

3. 侧面图

侧面图为左右(即进水口、出水口)两个方向视图的合成视图，主要表示洞高和净跨，同时表示出缘石、盖板、八字翼墙、基础相对位置和侧面形状。

17.5.2 钢筋混凝土圆管涵

图 17.15 为钢筋混凝土圆管涵洞，洞口为锥坡式。由于其构造对称，故采用纵剖面图、平面图和侧面图来表示。

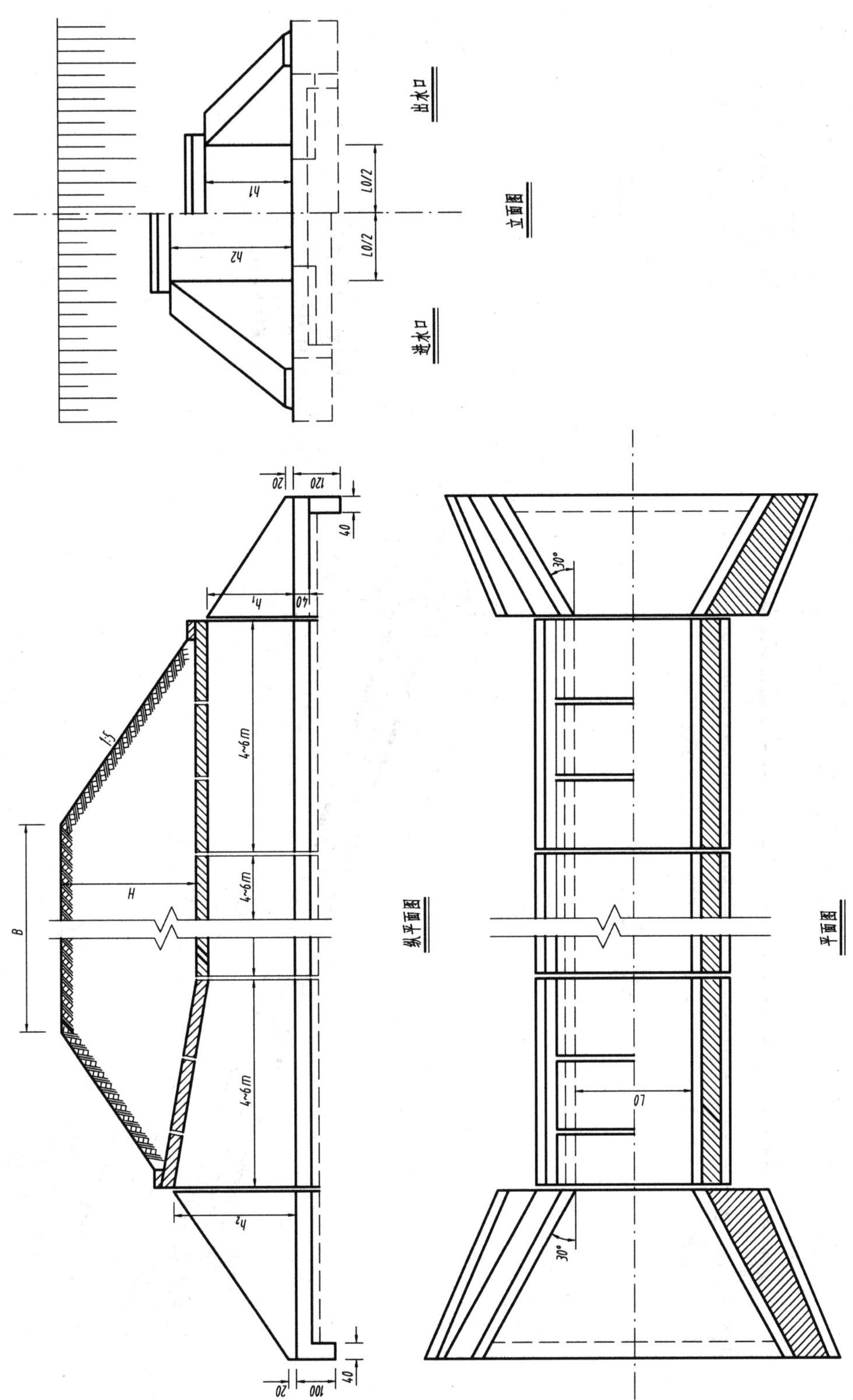

图 17.14 单孔钢筋混凝土盖板涵构造图

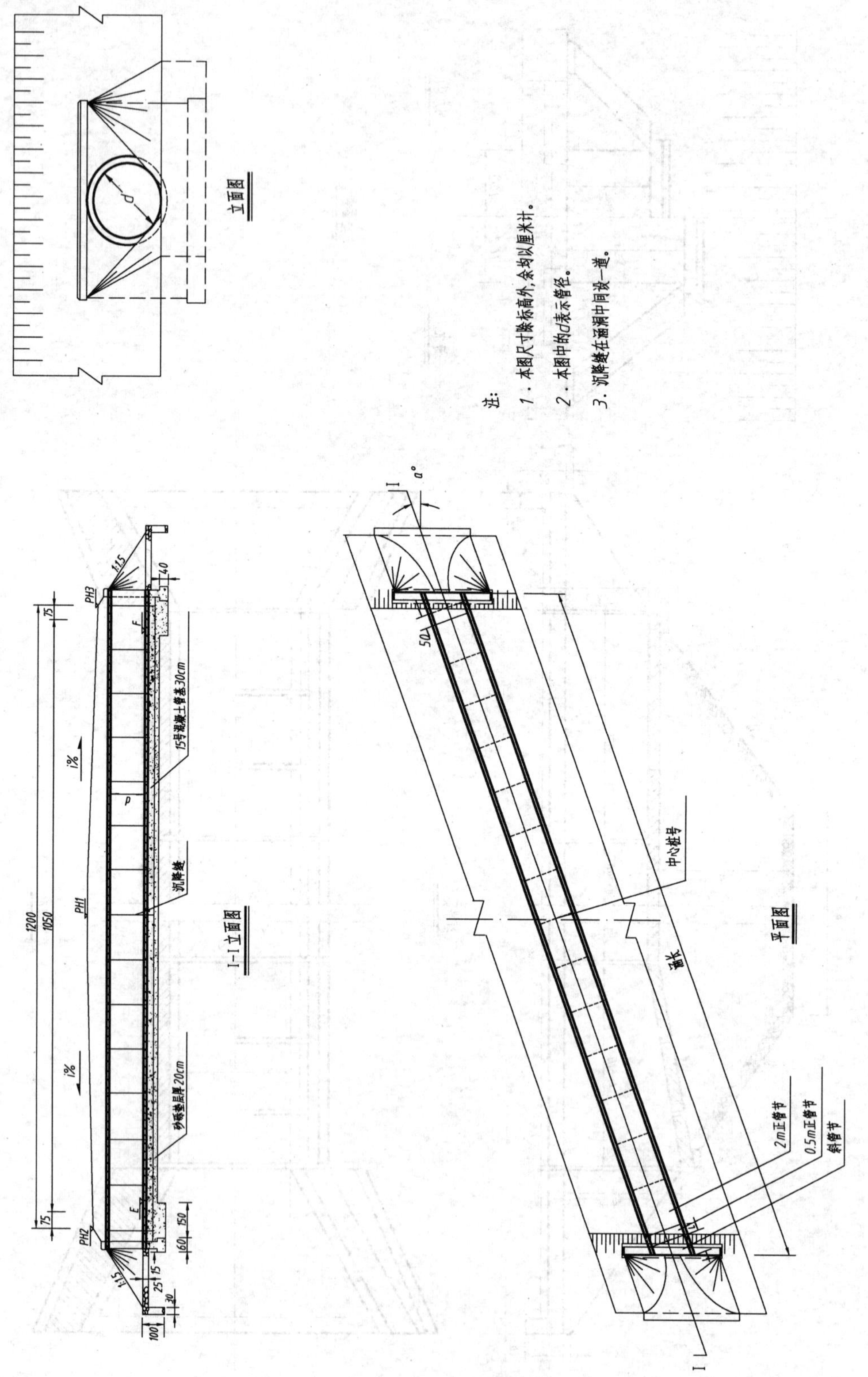

图 17.15 钢筋混凝土圆管涵构造图

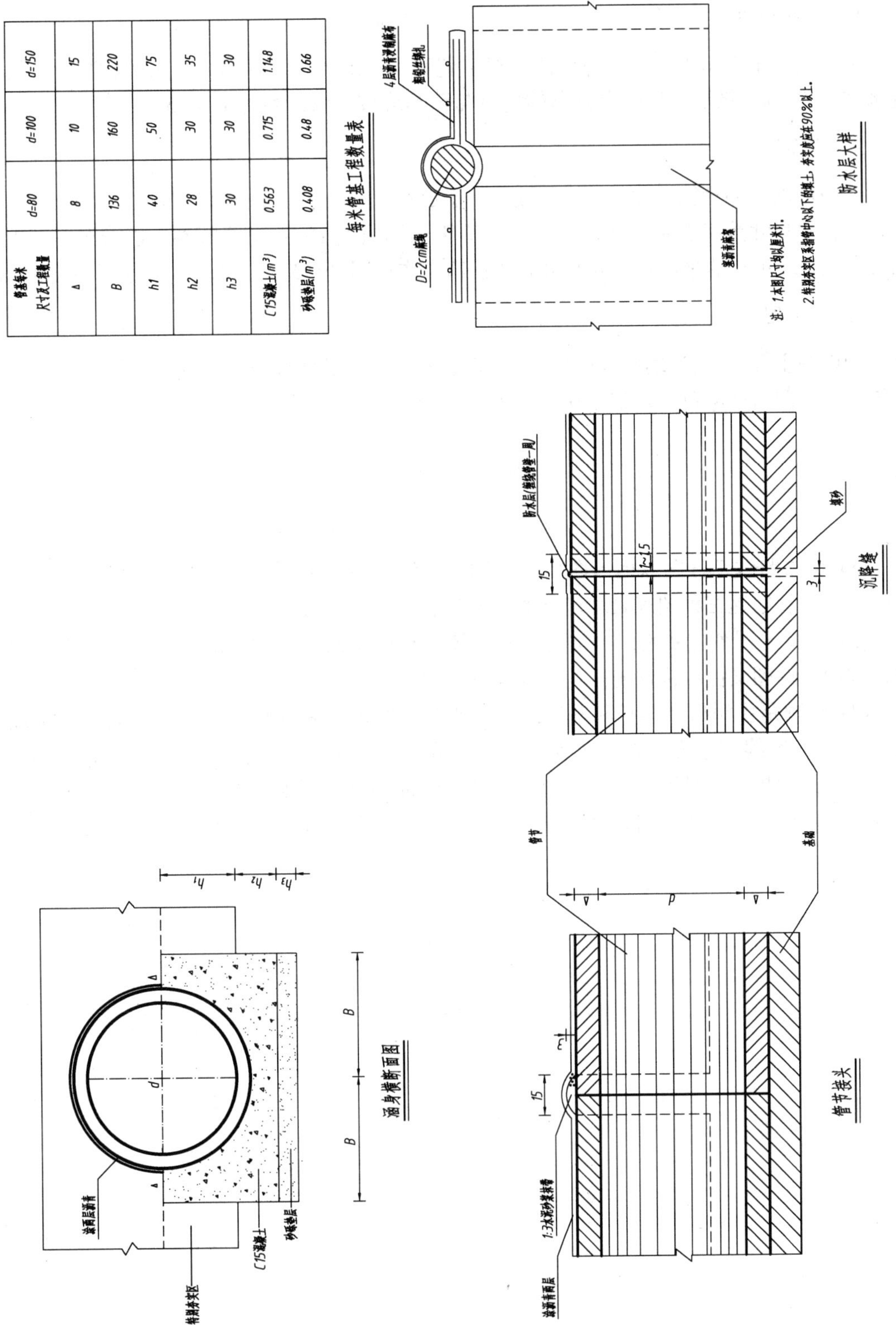

管基每米尺寸及工程数量	d=80	d=100	d=150
Δ	8	10	15
B	136	160	220
h1	40	50	75
h2	28	30	35
h3	30	30	30
C15混凝土(m^3)	0.563	0.715	1.148
砂砾垫层(m^3)	0.408	0.48	0.66

图 17.16　钢筋混凝土圆管涵涵身构造图

1. 纵剖面图

纵剖面图中表示出涵洞各部分的相对位置和构造形状以及各部分所用的材料。如设计流水坡度为 i%，锥形护坡顺水方向的坡度与路基边坡一致，均为 1∶1.5。

2. 平面图

图中可以看到管径尺寸与管壁厚度，由于道路上的涵洞数量众多，而且尺寸大小不一，所以具体的尺寸数字需要在另一张圆管涵涵身构造图(图 17.16)上查阅到。以及洞口基础、端墙、缘石和护坡的平面形状和尺寸，涵顶覆土作透明体处理，并以示坡线表示路基边缘。

3. 侧面图

侧面图主要表示管涵孔径和壁厚、洞口缘石和端墙的侧面形状及尺寸、锥形护坡的坡度等。为使图形清晰可见，把土壤作为透明体处理。

章后小结

(1) 道路路线工程图以地形图为平面图，以纵向展开断面图为立面图，以横断面图为侧面图，并利用这三种图来表达道路的空间位置、线型和尺寸。

(2) 桥梁工程图主要是由桥梁总体布置图、桥位平面图、桥位地质断面图及构件图组成，其中构件图又由各构件的构造图和配筋图组成。

(3) 涵洞是由洞口、洞身和基础三部分组成，在表达涵洞时，涵洞工程图以水流方向为纵向(即与路线前进方向垂直布置)，并以纵剖面代替立面。平面图一般不考虑涵洞上方的覆土，或假想土层是透明的。有时平面图与侧面图以半剖形式表达，水平剖面图一般沿基础顶面剖切，横剖面图则垂直于纵向剖切。洞口正面布置图画在侧面投影图上。

参 考 文 献

[1] 中华人民共和国住房和城乡建设部. 总图制图标准(GB/T 50103—2010)[M]. 北京：中国计划出版社，2011.

[2] 中华人民共和国住房和城乡建设部. 建筑制图标准(GB/T 50104—2010)[M]. 北京：中国计划出版社，2011.

[3] 中华人民共和国住房和城乡建设部. 房屋建筑制图统一标准(GB/T 50001—2010)[M]. 北京：中国计划出版社，2011.

[4] 中华人民共和国住房和城乡建设部. 建筑结构制图标准(GB/T 50105—2010)[M]. 北京：中国计划出版社，2011.

[5] 中华人民共和国住房和城乡建设部. 建筑给水排水制图规范(GB/T 20015—2010)[M]. 北京：中国计划出版社，2011.

[6] 何斌，陈锦昌，陈炽坤. 建筑制图[M]. 6 版. 北京：高等教育出版社，2010.

[7] 乐荷卿，陈美华. 土木建筑制图[M]. 3 版. 武汉：武汉理工大学出版社，2005.

[8] 毛家华，莫章金. 建筑工程制图与识图[M]. 北京：高等教育出版社，2001.

[9] 同济大学建筑制图教研室. 画法几何[M]. 3 版. 上海：同济大学出版社，2004.

[10] 唐人卫. 画法几何及土木工程制图[M]. 南京：东南大学出版社，2003.

[11] 陆叔华. 建筑制图与识图[M]. 北京：高等教育出版社，2004.

[12] 侯军. 建设工程制图图例及符号大全[M]. 北京：中国建筑工业出版社，2004.

[13] 何铭新. 画法几何及土木工程制图[M]. 武汉：武汉理工大学出版社，2003.

[14] 王成刚，张佑林，赵奇平. 工程图学简明教程[M]. 武汉：武汉理工大学出版社，2007.

[15] 朱育万. 画法几何及土木工程制图[M]. 北京：高等教育出版社，2005.

[16] 王晓琴，庞行志. 画法几何及土木工程制图[M]. 武汉：华中科技大学出版社，2004.